普通高等教育土木与交通类“十三五”规划教材

基础工程

主编　何春保　金仁和

·北京·

内 容 提 要

本教材根据2011年颁布的《高等学校土木工程本科指导性专业规范》编写，按照应用型人才和卓越工程师培养计划要求，注重地基基础设计原理，密切结合最新规范，注重培养学生的计算分析能力。本教材除绪论外分为9章，包括：浅基础，连续基础，桩基础，沉井及地下连续墙，地基处理，挡土墙与护坡工程，基坑工程，特殊性土地基，地基基础抗震设计。

本教材可作为土木工程专业、水利水电工程等相关专业本科教材，也可供土建类其他各专业及有关工程技术人员参考。

图书在版编目（CIP）数据

基础工程 / 何春保，金仁和主编. -- 北京 : 中国水利水电出版社，2018.7
普通高等教育土木与交通类“十三五”规划教材
ISBN 978-7-5170-6694-1

Ⅰ. ①基… Ⅱ. ①何… ②金… Ⅲ. ①地基－基础(工程)－高等学校－教材 Ⅳ. ①TU47

中国版本图书馆CIP数据核字(2018)第173230号

书 名	普通高等教育土木与交通类“十三五”规划教材 **基础工程** JICHU GONGCHENG
作 者	主 编 何春保 金仁和
出版发行	中国水利水电出版社 （北京市海淀区玉渊潭南路1号D座 100038） 网址：www.waterpub.com.cn E-mail：sales@waterpub.com.cn 电话：（010）68367658（营销中心）
经 售	北京科水图书销售中心（零售） 电话：（010）88383994、63202643、68545874 全国各地新华书店和相关出版物销售网点
排 版	中国水利水电出版社微机排版中心
印 刷	北京瑞斯通印务发展有限公司
规 格	184mm×260mm 16开本 23.75印张 547千字
版 次	2018年7月第1版 2018年7月第1次印刷
印 数	0001—3000册
定 价	**58.00**元

本书编委会

主　　编： 何春保　金仁和

副 主 编： 刘艳华　周翠玲　兰晓玲　刘爱华　张耀军

参　　编： 胡海英　霍　飞　黄　欢　李　勇　王瑞兰

QIANYAN 前言

本教材是根据2011年颁布的《高等学校土木工程本科指导性专业规范》中有关培养应用型人才的要求，并结合教育部卓越工程师培养计划的要求而编写的。本教材适应应用型本科多学时基础工程课程教学的需要，可作为土木工程专业、水利水电工程等相关专业本科教材，也可供土建类其他各专业及有关工程技术人员参考。

本教材的编写总结了参编院校多年积累的教学经验，吸取了其他各兄弟院校教材的优点，加强了基本概念及理论知识的阐述，力图保持基础工程基本理论的系统性，遵循最新相关规范的要求，并恰当地把握内容的深度和广度，注重培养学生的应用能力，方便教学。本教材在编写时注重理论联系实际，并遵循课程教学规律，由浅入深、循序渐进，并辅以思考题和练习题，让学生能够对基本概念、计算原理、计算方法和综合应用有更深入的理解，从而使学生巩固和加强课程学习成果。

本教材共10章，包括绪论、浅基础、连续基础、桩基础、沉井及地下连续墙、地基处理、挡土墙与护坡工程、基坑工程、特殊性土地基和地基基础抗震设计。本教材编写人员分工如下：第1章由华南农业大学何春保编写；第2章由山东农业大学周翠玲编写；第3章由沈阳农业大学刘艳华编写；第4章由广东石油化工学院金仁和、李勇编写；第5章由山西农业大学霍飞编写；第6章由华南农业大学胡海英、黄欢编写；第7章由华南农业大学刘爱华、广东省水利水电科学研究院王瑞兰编写；第8章由华南农业大学何春保编写；第9章由山西农业大学兰晓玲编写；第10章由山东农业大学张耀军编写。全书由何春保、金仁和统稿。

本教材组织了华南农业大学、沈阳农业大学、山东农业大学、山西农业大学、广东石油化工学院等五所院校的具有多年丰富教学经验的教师编写，他们在完成繁重的教学科研任务之余，利用宝贵的休息时间完成了各自负责的章节编写，在此向他们表示衷心的感谢！

最后，在本教材完成之际，衷心感谢中国水利水电出版社的相关编辑，由于他们的支持和不断督促，本教材才得以与读者见面。

由于编者水平有限，书中难免存在一些错误或不妥之处，请读者批评指正。

编者

2017年12月

MULU

目录

第1章 绪论

1.1 基础工程的研究内容

房屋、桥梁、大坝、道路等各类建筑物都建在地层上，它们都包含三部分，即上部结构、基础和地基。建筑物的全部荷载都由它下面的地层来承担，受建筑物影响的那部分地层称为地基；建筑物向地基传递荷载的下部结构称为基础。基础将上部结构荷载传递给地基，起到承上启下的作用。

基础按照埋置深度不同，可以分为浅基础和深基础。浅基础的埋置深度一般小于5m，采用挖槽等简便的施工方法即可建造，如柱下独立基础、条形基础、筏板基础等。当表层地质条件不好，需要利用深层较好土层并借助专门的施工方法建造的基础（深度一般大于5m），即为深基础，如桩基、沉井、地下连续墙等。

基础工程包括基础的设计和施工以及与之相关的工程地质勘察、基础施工时所需的基坑开挖和支护、降（截）水和地基加固等。基础工程就是研究上部结构在荷载作用以及各种地质条件下的地基基础问题。

基础的功能决定了基础设计必须满足以下3个基本要求。

（1）强度要求。通过基础而作用在地基上的荷载不能超过地基的承载能力，保证地基不因地基土中的剪应力超过地基土的强度而破坏，并且应有足够的安全储备。

（2）变形要求。基础的设计还应保证基础沉降或其他特征变形不超过建筑物的允许值，保证上部结构不因沉降或其他特征变形过大而受损或影响正常使用。

（3）上部结构的其他要求。基础除满足以上要求外，还应满足上部结构对基础结构的强度、刚度和耐久性要求。

基础的设计与施工，不仅要考虑上部结构的具体情况和要求，还必须考虑各种不同的地质条件和周边环境以及土层原有状态的变化可能产生的影响，进行强度和变形的验算。

1.2 基础工程的重要性

基础工程是土木工程的重要组成部分，基础工程的设计和施工直接关系到建筑物的安全、经济和正常使用。地基基础的工程造价占土建工程总造价的20%～

40%，这就要求勘察、设计和施工合理，确保工程的顺利进行和正常运行，同时需要有更优化、合理的设计和施工方案来降低工程造价，还需要有丰富的地基基础实践经验。

已有相关统计表明，地基基础工程质量问题占到总建筑工程质量的21%。由于地基变形或不均匀沉降过大，地基强度不足或地基基础设计施工不合理等原因造成的工程质量事故很多。有的发生在施工过程中，如基坑失稳、基础失效；有的发生在建筑物施工后使用期间，如整体倾斜影响正常使用或基础间不均匀沉降造成上部结构开裂等。下面是几起典型的基础工程质量事故案例。

图1.1　加拿大特朗斯康谷仓

（1）特朗斯康谷仓。如图1.1所示，建于1941年的加拿大特朗斯康谷仓由65个圆柱形筒仓组成，南北长59.44m、东西宽23.47m、高31.00m。基础为钢筋混凝土筏板基础，厚61cm，埋深3.66m。谷仓于1911年动工，1913年秋完成。谷仓自重2万t，相当于装满谷物后总重的42.5%。1913年9月装谷物至31822m^{3}时，发现谷仓1h内沉降达30.5cm，并向西倾斜，24h后倾倒，西侧下陷7.32m，东侧抬高1.52m，倾斜27°。地基虽破坏，但钢筋混凝土筒仓却安然无恙。事后发现，基础下埋藏有厚达16m的软黏土层，储存谷物后，基底平均压力超过了地基的极限承载能力，地基发生整体滑移。这是一个典型的地基强度不足的例子。

（2）墨西哥城艺术宫。如图1.2所示，位于墨西哥首都的墨西哥城艺术宫是一座巨型的具有纪念性的早期建筑，于1904年落成，至今已有100多年的历史。墨西哥城下的土层表层为人工填土与砂夹卵石硬壳层，厚度为5cm，其下为超高压缩性淤泥，天然孔隙比高达7～12，天然含水量高达150%～600%，为世界罕见的软弱土，层厚达25m。因此，这座艺术宫严重下沉，沉降量竟然高达4m。临近的公路下沉2m。参观者需步下9级台阶才能从公路进入艺术宫。

图1.2　墨西哥城艺术宫

（3）莲花河畔塌楼。如图1.3所示，2009年6月27日，上海市莲花南路莲花河畔小区在建的13层7号楼倒塌。调查表明，紧贴7号楼北侧，在短时间内堆土过高，最高处达10m左右；与此同时，紧邻7号楼南侧的地下车库基坑正在开挖，开挖深度4.6m，大楼两侧的压力差使土体产生水平位移，过大的水平力超过了桩基的抗侧能力，导致房屋倾倒。楼房倒塌主要是由于土方堆放不当以及基坑开挖违反相关规定所致。

图 1.3 莲花河畔景苑 7 号楼

(4) 比萨斜塔。如图 1.4 所示，斜塔从地基到塔顶高 58.36m，从地面到塔顶高 55m，钟楼墙体在地面上的宽度是 4.09m，在塔顶宽 2.48m，总重约 14453t，重心在地基上方 22.6m 处。圆形地基面积为 285m^2，对地面的平均压强为 497kPa。倾斜角度 3.99°，偏离地基外沿 2.5m，顶层突出 4.5m。该塔的建造始于 1173 年 8 月，工程曾间断了两次很长的时间，历经约 200 年才完工。其最初设计的是 8 层，高 54.8m 的垂直结构，1185 年，当钟楼兴建到第 4 层时发现由于地基不均匀和土层松软，导致钟楼倾斜，偏向东南方，工程因此暂停。其后，建造者采取各种措施修正倾斜，刻意将钟楼上层搭建成反方向的倾斜，以便补偿已经发生的重心偏离。经多次维修整顿，该塔基本维持平衡，不至于倾倒，成为世界建筑史上的奇迹，每年数以万计的游客慕名而来。

图 1.4 比萨斜塔

由于基础工程都是地下隐蔽工程，一旦发生事故，往往难以补救甚至造成灾难性后果。因此，必须细致勘察，精心设计，精心施工，杜绝各类基础工程质量事故的发生，这也正是学习本门课程的重要性所在。

1.3 基础工程的发展

基础工程是一门古老的技术，也是人类社会在长期的生产实践过程中不断积累发展起来的一门应用科学。在人类文明几千年的发展历程中，古道石桥、长城运河、宫殿楼宇等无不凝聚着工匠名流的智慧。在我国，2200多年前的都江堰、1400多年前的赵州桥，无不凝聚着我国劳动人民的智慧和勤劳。自18—19世纪产业革命以来，人们在大规模的工程建设中遇到了大量的与岩土工程有关的技术问题，促进了土力学理论的发展。例如，1773年法国科学家C.A.库仑（C.A.Coulomb）提出了砂土抗剪强度公式和挡土墙土压力的滑楔理论；1875年英国学者W.J.M.朗金（Rankine）又从另一角度提出了挡土墙土压力理论。此外，法国工程师H.达西（Darcy）在1856年提出了层流运动的达西定律；捷克工程师E.文克勒（Winkler）在1867年提出了铁轨下任一点的接触压力与该点土的沉降成正比的假设；法国学者J.布辛奈斯克（Boussinesq）在1885年提出了竖向集中荷载作用下半无限弹性体应力和位移的理论解答。这些先驱者的工作为土力学的建立奠定了基础。然而，作为一个完整的工程学科的建立，则以太沙基1925年发表的第一本比较系统、完整的著作——《土力学》为标志。太沙基与R.佩克（Peck）在1948年发表的《工程实用土力学》中将理论、测试和工程经验密切结合，标志着“土力学和基础工程”真正成为一门独立的学科。1936年，第一届国际土力学与基础工程学术会议在哈佛大学召开，迄今该学术会议已召开了18届，把土力学与基础工程学科推向了更高的层次。

伴随着理论研究的逐步完善，基础工程应用技术也有了较大的发展，如1893年美国芝加哥人工挖块状的问世、1950年意大利米兰地下连续墙的出现、1957年德国采用土层锚杆支护深基坑等。此外，钻孔桩、旋挖桩以及搅拌桩、旋喷桩等机械设备的出现和应用，都极大地提高了基础工程的施工效率。

近年来，我国基础工程在设计计算理论、施工技术和方法、勘察技术等方面都取得了长足的进步，先后颁布了系列规范标准，如《建筑地基基础设计规范》（GB 50007—2011）、《建筑桩基技术规范》（JGJ 94—2008）、《复合地基技术规范》（GB/T 50783—2012）、《建筑地基处理技术规范》（JGJ 79—2012）、《土工合成材料应用技术规范》（GB/T 50290—2014）、《建筑边坡工程技术规范》（GB 50330—2013）、《建筑基坑支护技术规程》（JGJ 120—2012）、《湿陷性黄土地区建筑规范》（GB 50025—2004）、《膨胀土地区建筑技术规范》（GB 50112—2013）等，这些规范是我国基础工程各领域中取得的科研成果和工程经验的概括，反映了我国近10年基础工程的发展水平。

目前，基础工程的发展，包括在设计理论和方法方面的研究探讨，如考虑上部结构、地基基础共同作用理论和设计方法，概率极限状态设计理论和方法，土的非线性模型，土工数值分析方法、时空效应和信息化施工等，有利于复杂地质条件下的基础工程，如特大桥梁、深海工程、高耸建筑物等的研究和应用。随着我国经济建设的进一步发展，将不断遇到更多的基础工程问题，而克服这些难题也将进一步促进基础工程学科的发展。

1.4 本课程的特点和学习要求

本课程是一门理论性和实践性较强的土木类课程，专门研究建造在岩土地层上建筑物基础及有关结构物的设计与建造技术的工程学科，是岩土工程学的组成部分。本课程涉及土力学、工程地质学、结构力学、混凝土结构学、弹性力学、塑性力学、动力学等学科领域，其内容广泛，综合性强。学习时应该突出重点，兼顾全面。

本教材共10章。主要介绍浅基础、连续基础、桩基础、沉井及地下连续墙、地基处理、挡土墙与护坡工程、基坑工程、特殊性土地基、地基基础抗震设计等内容。

我国地域辽阔，由于自然地理环境不同，分布着多种多样的土类。某些土类（如湿陷性黄土、软土、膨胀土、红黏土和多年冻土等）还具有不同于一般土类的特殊性质。作为地基，必须针对其特性采取适当的工程措施。因此，地基基础问题的发生和解决具有明显的区域性特征。读者应充分认识本课程的特点，采用理论联系实际的方法，注意掌握岩土地层工程性质的识别与应用；充分利用勘探与试验资料；利用土力学知识，结合结构计算和施工知识，重视基础工程结构物与岩土地层共同作用的机理及其工程性状，注重实际效果的检验及工程经验，合理地解决基础工程问题。

通过本课程的学习，读者应掌握常规浅基础、深基础、地基处理及基坑支护结构的设计理论及其施工工艺。为便于理解、掌握各种设计计算方法，应注意将计算方法的理论依据与已学过的基础课（如土力学、结构力学、混凝土结构）中相应知识点紧密结合，并配合计算实例完成相应的习题，根据建（构）筑物的使用要求、荷载大小、基坑开挖规模及工程地质水文地质条件，选择合理的基础形式及支挡结构形式，掌握常规基础及支护结构的基本设计方法，具备基础工程施工及技术管理方面的基本能力。

此外，在理论学习过程中要能正确使用《建筑地基基础设计规范》（GB 50007—2011）、《建筑桩基技术规范》（JGJ 94—2008）、《复合地基技术规范》（GB/T 50783—2012）、《建筑地基处理技术规范》（JGJ 79—2012）、《土工合成材料应用技术规范》（GB/T 50290—2014）、《建筑边坡工程技术规范》（GB 50330—2013）、《建筑基坑支护技术规程》（JGJ 120—2012）等现行规范或规程解决实际工程计算问题，具备一定的工程实践应用能力。

思考题

1-1　什么是基础工程？基础有什么作用？

1-2　基础工程有什么重要性？为什么要学习基础工程？

1-3　如何学好基础工程？

第2章

浅基础

2.1 概述

地基基础设计方案通常有天然地基或人工地基上浅基础、深基础和深浅结合的基础（如桩-筏基础、桩-箱基础）。天然地基上浅基础由于埋深不大，用料较省，又无需复杂的施工设备，故基础工程工期短、造价低。当建筑场地土质较好时，应优先选用天然地基上浅基础方案。如果建筑场地浅层的土质不能满足建筑物对地基的承载力和变形要求时，应当选用经济可行的地基处理方案，即采用人工地基方案；如果地基处理不经济或无条件时，可采用深基础方案。

本章主要讨论天然地基上浅基础的设计原理和计算方法，这些设计原理和方法也适用于人工地基上的浅基础，只是采用后一种方案时，还需对所选的地基处理方法（见第6章）进行设计，并处理好人工地基与浅基础的相互影响。

2.1.1 浅基础设计的内容

在仔细研究分析相关岩土工程勘察资料及上部结构相关设计资料和设计要求，并进行现场了解和调整的基础上，天然地基上浅基础的设计内容一般包括以下7个方面。

（1）选择基础的材料、类型，进行基础平面布置。

（2）选择地基持力层并初步确定基础的埋置深度。

（3）确定地基承载力特征值。

（4）确定基础的底面尺寸，若存在软弱下卧层，还应验算软弱下卧层的承载力。

（5）必要时进行地基变形与稳定性验算。

（6）进行基础结构设计，以保证基础具有足够的强度、刚度和耐久性。

（7）绘制基础施工图，提出必要的施工说明。

上述浅基础设计的各项内容是互相关联、相互制约的。基础设计时可按上述顺序逐项进行设计与计算，如果在以上计算过程中有不满足要求的情况，应调整基础底面尺寸或基础埋深甚至上部结构设计，直至满足要求为止。如果地基软弱，为了减轻不均匀沉降的危害，在进行基础设计的同时，还需从整体上对建筑设计和结构设计采取相应的措施，并对施工提出具体要求。

2.1.2 地基基础设计原则

1. 地基基础设计等级

《建筑地基基础设计规范》(GB 50007—2011，以下简称《地基规范》)，根据地基复杂程度、建筑物规模和功能特征以及由于地基问题可能造成建筑物破坏或影响正常使用的程度，将地基基础设计分为3个设计等级，见表2.1。

表2.1 地基基础设计等级

设计等级	建筑和地基类型
甲级	• 重要的工业与民用建筑 • 30层以上的高层建筑 • 体型复杂，层数相差超过10层的高低层连成一体的建筑物 • 大面积的多层地下建筑物（如地下车库、商场、运动场等） • 对地基变形有特殊要求的建筑物 • 复杂地质条件下的坡上建筑物（包括高边坡） • 对原有工程影响较大的新建建筑物 • 场地和地基条件复杂的一般建筑物 • 位于复杂地质条件及软土地区的二层及二层以上地下室的基坑工程 • 开挖深度大于15m的基坑工程 • 周边环境条件复杂、环境保护要求高的基坑工程
乙级	• 除甲级、丙级以外的工业与民用建筑物 • 除甲级、丙级以外的基坑工程
丙级	• 场地和地基条件简单、荷载分布均匀的7层及7层以下民用建筑及一般工业建筑；次要的轻型建筑物 • 非软土地区且场地地质条件简单、基坑周边环境条件简单、环境保护要求不高且开挖深度小于5m的基坑工程

2. 地基基础设计原则

根据建筑物的地基基础设计等级及长期荷载作用下地基变形对上部结构的影响程度，地基基础设计应按下列要求进行。

(1) 所有建筑物的地基计算均应满足承载力计算的有关规定。

(2) 设计等级为甲级、乙级的建筑物，均应按地基变形设计（即应验算地基变形）。

(3) 表2.2所列范围内的丙级建筑物可不作变形验算，如有下列情况之一时，仍应作变形验算。

1) 地基承载力特征值小于130kPa，且体型复杂的建筑。

2) 在基础上及其附近有地面堆载或相邻基础荷载差异较大，可能引起地基产生过大的不均匀沉降时。

3) 软弱地基上的建筑物存在偏心荷载时。

4) 相邻建筑距离过近，可能发生倾斜时。

5) 地基内有厚度较大或厚薄不均的填土，其自重固结未完成时。

(4) 对经常受水平荷载作用的高层建筑、高耸结构和挡土墙等，以及建造在斜坡上或边坡附近的建筑物和构筑物，还应验算其稳定性。

(5) 基坑工程应进行稳定性验算。

（6）当地下水埋藏较浅，建筑地下室或地下构筑物存在上浮问题时，还应进行抗浮验算。

表 2.2　　可不做地基变形验算、设计等级为丙级的建筑物范围

<table>
<tr><td rowspan="2">地基主要受力层情况</td><td colspan="3">地基承载力特征值 f_{ak}/kPa</td><td>$80\leqslant f_{ak}<100$</td><td>$100\leqslant f_{ak}<130$</td><td>$130\leqslant f_{ak}<160$</td><td>$160\leqslant f_{ak}<200$</td><td>$200\leqslant f_{ak}<300$</td></tr>
<tr><td colspan="3">各土层坡度/%</td><td>≤5</td><td>≤10</td><td>≤10</td><td>≤10</td><td>≤10</td></tr>
<tr><td rowspan="8">建筑类型</td><td colspan="3">砌体承重结构、框架结构/层数</td><td>≤5</td><td>≤5</td><td>≤6</td><td>≤6</td><td>≤7</td></tr>
<tr><td rowspan="4">单层排架结构（6m 柱距）</td><td rowspan="2">单跨</td><td>吊车额定起重量/t</td><td>10～15</td><td>15～20</td><td>20～30</td><td>30～50</td><td>50～100</td></tr>
<tr><td>厂房跨度/m</td><td>≤18</td><td>≤24</td><td>≤30</td><td>≤30</td><td>≤30</td></tr>
<tr><td rowspan="2">多跨</td><td>吊车额定起重量/t</td><td>5～10</td><td>10～15</td><td>15～20</td><td>20～30</td><td>30～75</td></tr>
<tr><td>厂房跨度/m</td><td>≤18</td><td>≤24</td><td>≤30</td><td>≤30</td><td>≤30</td></tr>
<tr><td colspan="2">烟囱</td><td>高度/m</td><td>≤40</td><td>≤50</td><td colspan="2">≤75</td><td>≤100</td></tr>
<tr><td colspan="2" rowspan="2">水塔</td><td>高度/m</td><td>≤20</td><td>≤30</td><td colspan="2">≤30</td><td>≤30</td></tr>
<tr><td>容积/m^3</td><td>50～100</td><td>100～200</td><td>200～300</td><td>300～500</td><td>500～1000</td></tr>
</table>

注　1. 地基主要受力层系指条形基础底面下深度为 $3b$（b 为基础底面宽度），独立基础下为 $1.5b$，且厚度均不小于 5m 的范围（二层以下一般的民用建筑除外）。

2. 地基主要受力层中如有承载力特征值小于 130kPa 的土层时，表中砌体承重结构的设计应符合《建筑地基基础设计规范》第 7 章的有关要求。

3. 表中砌体承重结构和框架结构均指民用建筑，对于工业建筑可按厂房高度、荷载情况折合成与其相当的民用建筑层数。

4. 表中吊车额定起重量、烟囱高度和水塔容积的数值系指最大值。

3. 关于荷载取值的规定

在地基基础设计中，所采用的荷载效应与相应的抗力限值应按下列规定采用。

（1）按地基承载力确定基础底面积及埋深时，传至基础底面上的荷载效应应按正常使用极限状态下荷载效应的标准组合。相应的抗力应采用地基承载力特征值。

（2）计算地基变形时，传至基础底面上的荷载效应应按正常使用极限状态下荷载效应的准永久组合，不应计入风荷载和地震作用；相应的限值应为地基变形允许值。

（3）计算挡土墙、地基或斜坡稳定以及基础抗浮稳定时，荷载效应应按承载能力极限状态下荷载效应的基本组合，但其分项系数均为 1.0。

（4）在确定基础高度、支挡结构截面、计算基础或支挡结构内力、确定配筋和验算材料强度时，上部结构传来的荷载效应组合和相应的基底反力，应按承载能力极限状态下荷载效应的基本组合采用相应的分项系数。

当需要验算基础裂缝宽度时，应按正常使用极限状态下荷载效应标准组合。

（5）由永久荷载效应控制的基本组合值可取标准组合值的 1.35 倍。

2.2　浅基础类型

浅基础根据结构形式可分为无筋扩展基础、扩展基础、联合基础、柱下条形基础、柱下交叉条形基础、筏型基础、箱型基础和壳体基础等。根据基础所用材料和受力性能可分为无筋基础（刚性基础）和钢筋混凝土基础（柔性基础）。

2.2.1 无筋扩展基础

无筋扩展基础通常指由砖、毛石、混凝土或毛石混凝土、灰土和三合土等材料组成的，且无需配置钢筋的墙下条形基础和柱下独立基础，又称刚性基础，如图2.1所示。

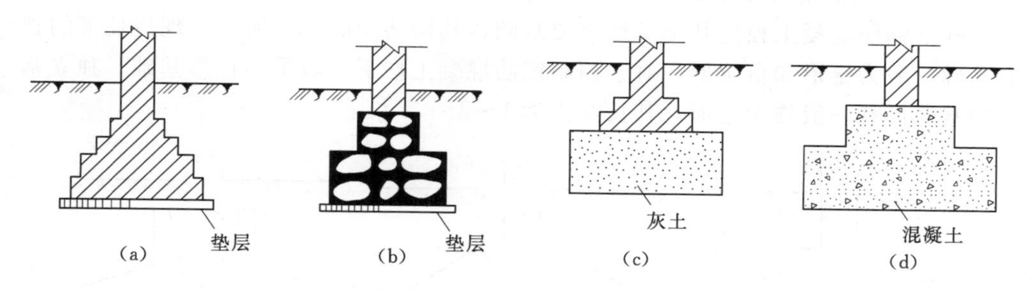

图2.1 无筋扩展基础

(a) 砖基础；(b) 毛石基础；(c) 灰土或三合土基础；(d) 混凝土或毛石混凝土基础

1. 砖基础

砖砌体具有一定的抗压强度，但抗拉强度和抗剪强度低，抗冻性差，适用于干燥较温暖的地区，不宜用于寒冷和潮湿地区。在地下水位以上可用混合砂浆砌筑，水下或地基土潮湿时应采用水泥砂浆砌筑。砖基础取材容易、施工方便，应用较为广泛。

2. 毛石基础

毛石基础是用未经人工加工的石材和砂浆砌筑而成。毛石的强度和抗冻性能优于砖，能就地取材，施工方便，价格较低，是常用的基础材料之一。

3. 灰土基础

灰土基础是用熟化后的石灰和黏性土按比例拌和并夯实而成。石灰和土料按体积配合比为3∶7或2∶8，拌和均匀后在基槽内分层夯实，每层虚铺灰土220～250mm，夯实至150mm，称为“一步灰土”。根据需要可设计成二步灰土或三步灰土。灰土虽然抗剪强度较低、抗水性能差，但因取材容易、施工简单、价格便宜，故灰土基础宜在比较干燥的土层中使用，在我国华北和西北地区应用较广泛。

4、三合土基础

三合土是由石灰、砂和骨料（矿渣、碎砖或碎石）加水混合而成。施工时石灰、砂、骨料按体积配合比为1∶2∶4或1∶3∶6拌和均匀后再分层夯实。三合土基础常用于我国南方地区，地下水位较低的四层及四层以下的民用建筑工程中。

5. 混凝土基础和毛石混凝土基础

混凝土基础的抗压强度、耐久性和抗冻性比较好，而且可做成任何形状又便于机械化施工。因此，当荷载较大或位于地下水位以下时，可考虑选用混凝土基础。为节省水泥用量常在混凝土中掺入占体积25%～30%的毛石（石块尺寸不宜超过300mm），即做成毛石混凝土基础。

2.2.2 扩展基础

扩展基础系指柱下钢筋混凝土独立基础和墙下钢筋混凝土条形基础。与无筋扩展基础相比，扩展基础具有良好的抗弯和抗剪性能，因此也称为柔性基础。扩展基础可在竖向荷载较大、地基承载力不高以及承受弯矩和水平荷载等情况下使用。由于这类基础可通过扩大基础底面积的方法来满足地基承载力的要求，而不必增大基础埋深，因而特别适用于需要“宽基浅埋”的工程。

1. 柱下钢筋混凝土独立基础

柱下钢筋混凝土独立基础又称单独基础，其构造如图 2.2 所示。现浇柱下的独立基础一般为锥形和台阶形，对于预制钢筋混凝土柱下一般采用杯形基础。独立基础的基底形状一般均为矩形，其长宽比为 1～3。

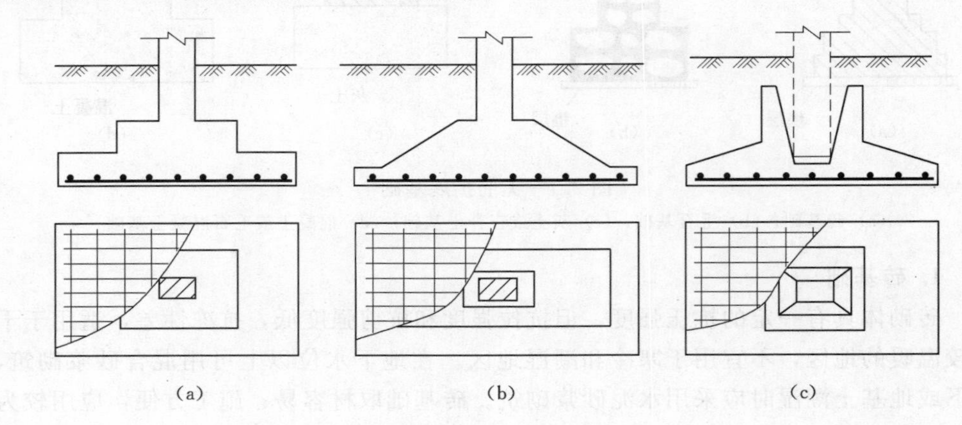

图 2.2　柱下钢筋混凝土独立基础

(a) 台阶形基础；(b) 锥形基础；(c) 杯形基础

2. 墙下钢筋混凝土条形基础

墙下钢筋混凝土条形基础构造如图 2.3 所示，一般做成板式（或称为无肋式），如图 2.3 (a) 所示。如地基不均匀，为了增强基础的整体性和纵向抗弯能力，减小不均匀沉降，可以采用有肋的钢筋混凝土条形基础 [图 2.3 (b)]，肋部配置纵向钢筋和箍筋，以承受由于不均匀沉降引起的弯曲应力。由于这种基础的高度可以很小，故适用于需要“宽基浅埋”的情况。

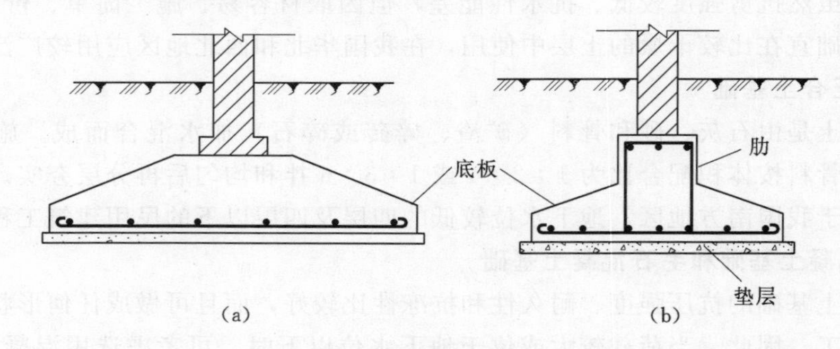

图 2.3　墙下钢筋混凝土条形基础

(a) 无肋；(b) 有肋

2.2.3　联合基础

联合基础是指相邻两柱公共的钢筋混凝土基础，又称双柱联合基础，这种基础不仅可增大基底面积，而且还能起调整不均匀沉降、防止两柱间相向倾斜的作用。常见的双柱联合基础有矩形、梯形和连梁式等几种形式，如图 2.4 所示。

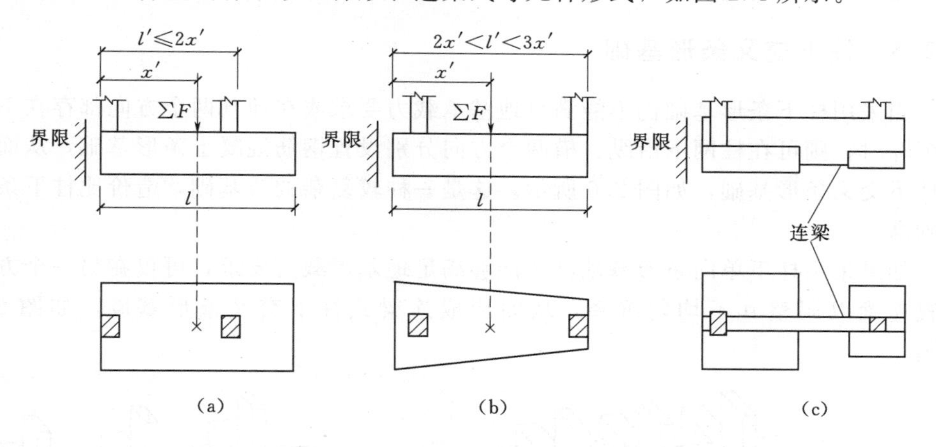

图 2.4　双柱联合基础

(a) 矩形联合基础；(b) 梯形联合基础；(c) 连梁式联合基础

在为相邻两柱分别设置独立基础时，常因其中一柱靠近建筑界限，或因两柱间距较小，而出现基底面积不足或荷载偏心过大等情况，此时可考虑采用联合基础。

2.2.4　柱下条形基础

当柱荷载较大、地基软弱或地基压缩性分布不均匀时，为了满足地基承载力要求，减小柱基之间的不均匀沉降，可将同一方向或同一轴线上若干根柱子的单独基础联合成长条形连续基础，称为柱下条形基础，如图 2.5 所示。为了增强基础的整体刚度，柱下条形基础通常设置肋梁，因而基础的断面通常为倒 T 形，T 形截面中部高度较大者即为肋梁，底部横向外伸部分为翼板，一般情况下，常用等截面的柱下条形基础［图 2.5 (a)］；当柱荷载较大时，可在柱两侧局部增高（加腋）做成柱位加腋的柱下条形基础［图 2.5 (b)］。这种基础的抗弯刚度较大，因而具有调整不均匀沉降的能力，可使各柱的竖向位移较为均匀。柱下条形基础常用于软弱

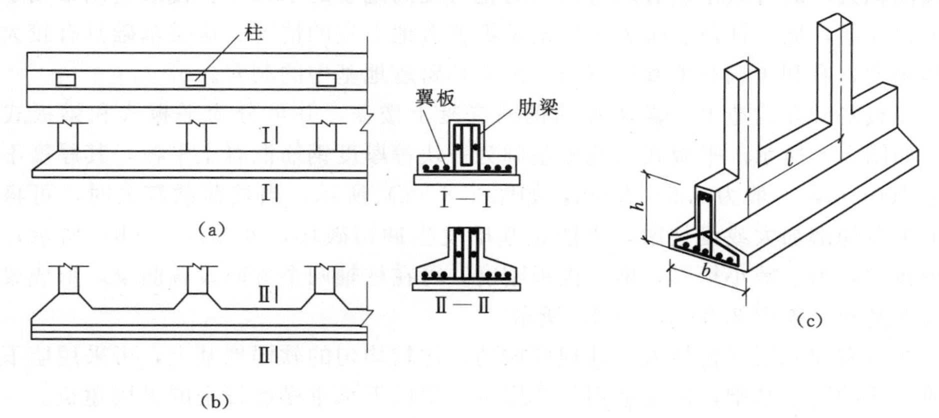

图 2.5　柱下条形基础

(a) 等截面；(b) 柱位处加腋；(c) 条形基础尺寸

地基上的框架结构或排架结构中。另外，当柱距较小、基底面积较大、相邻基础十分接近时，为方便施工，也可采用柱下条形基础。

2.2.5　柱下交叉条形基础

当采用柱下条形基础仍不能满足地基承载力要求或在地基两个方向都存在不均匀沉降时，则可在柱网下沿纵、横两个方向分别设置钢筋混凝土条形基础，从而形成柱下交叉条形基础，如图 2.6 所示。这是一种较复杂的浅基础，造价比柱下条形基础高。

如果采用柱下单向条形基础已经能够满足地基承载力要求，可仅在另一个方向设置连梁以调整其不均匀沉降，从而形成连梁式柱下交叉条形基础，如图 2.7 所示。

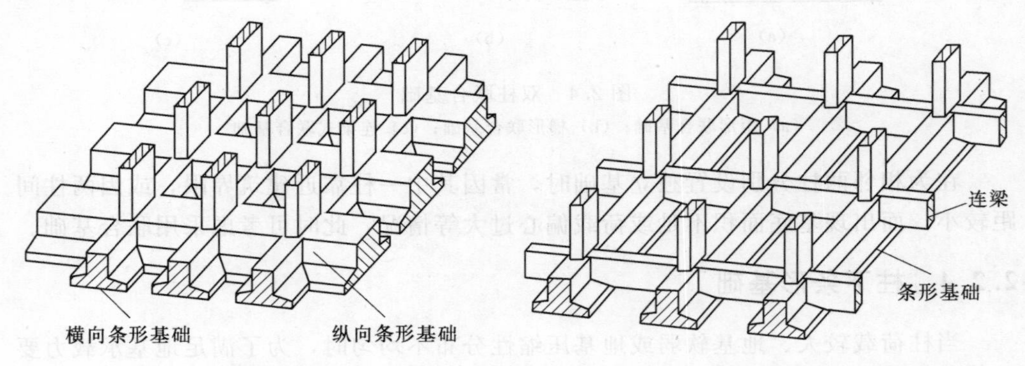

图 2.6　柱下交叉条形基础　　　图 2.7　连梁式柱下交叉条形基础

2.2.6　筏形基础

当采用柱下交叉条形基础仍不能满足地基承载力要求，或交叉条形基础的底面积占建筑物平面面积的比例较大，或者建筑物在使用上有要求时，可以将建筑物柱或墙下的基础连成一片，这种满堂式的基础称为筏形（片筏）基础。筏板基础由于其底面积大，故可减小基底压力，同时也可提高地基的承载力。筏形基础常用于地基土很软弱，墙、柱荷载很大和特别是需要有地下室的情况。这类基础具有较大的整体刚度，有利于调整地基的不均匀沉降和跨越地基中的洞穴。

筏板基础在构造上好像倒置的钢筋混凝土楼盖，并可分为平板式和梁板式两种，如图 2.8 所示。平板式的筏板基础为一块等厚度钢筋混凝土平板，其厚度不应小于 500mm，一般为 0.5～2.5m，如图 2.8（a）所示。当柱荷载较大时，可将柱位下板厚局部加大或设柱墩，以防止基础发生冲切破坏，如图 2.8（b）所示；若柱距较大，为了减小板厚，增大筏板刚度，可在柱轴两个方向设置肋梁，形成梁板式筏形基础，如图 2.8（c）、（d）所示。

在具有硬壳层（包括人工处理形成的）比较均匀的软弱地基上，可采用墙下浅埋或不埋的筏形基础，但仅适用于 6 层及 6 层以下承重横墙较密的民用建筑。

2.2.7　箱形基础

箱形基础是由钢筋混凝土底板、顶板和若干纵横墙组成的整体空间结构，如图

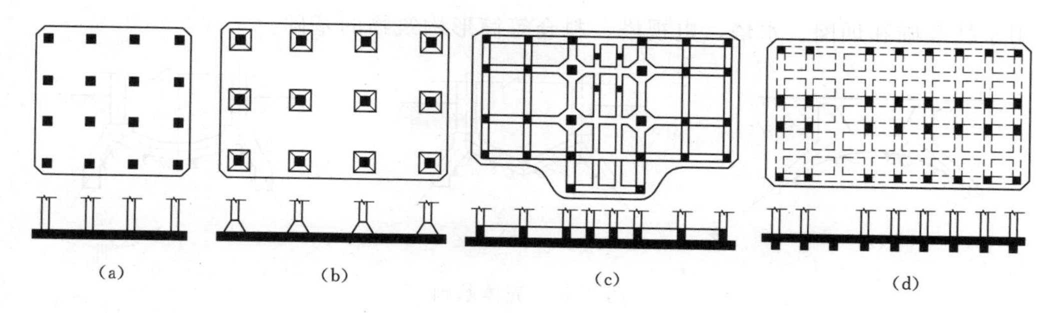

图 2.8 筏形基础

(a)、(b) 平板式；(c)、(d) 梁板式

2.9 所示。与一般实体基础相比，箱形基础具有很大的抗弯刚度，一般不会发生地基不均匀变形，从而基本上消除了因地基变形而使建筑物开裂的可能；箱形基础埋深较大，基础中空，使开挖卸去的土重部分或全部抵偿了上部结构传来的荷载，从而减少了基底的附加压力，降低了地基沉降量，故箱形基础又称为补偿性基础。另外，箱形基础的抗震性能较好。

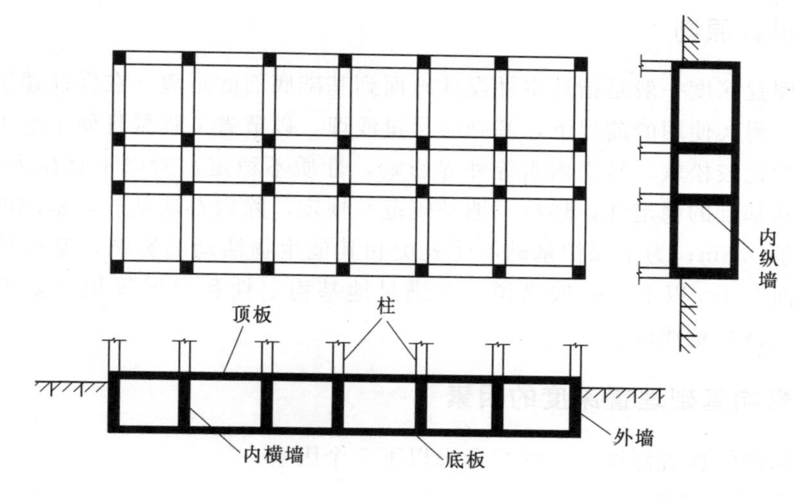

图 2.9 箱形基础

箱形基础适用于软弱地基上的高层、超高层、重型或对不均匀沉降要求严格的建筑。基础的中空部分还可作为储藏室、设备间、库房等，但不可用作地下停车场。

箱形基础的钢筋、水泥用量大，施工技术复杂，工期长，造价高。因此，工程中是否采用箱形基础，应与其他可能的地基基础方案进行技术经济分析比较后再做决定。

2.2.8 壳体基础

为了更好地发挥基础的受力性能，可将基础的形式做成壳体，如图 2.10 所示。常见的壳体基础的形式有正圆锥壳、M 形组合壳和内球外锥组合壳 3 种。壳体基础的优点是省材料、造价低、力学性能好；缺点是施工技术要求较高。壳体基础可用于柱基础和烟囱、水塔、电视塔、料仓等筒形构筑物的基础。

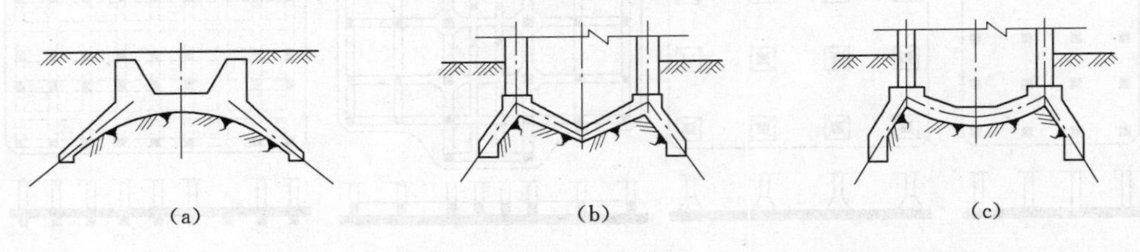

图 2.10　壳体基础
(a) 正圆锥壳；(b) M 形组合壳；(c) 内球外锥组合壳

另外，砖基础、毛石基础和钢筋混凝土基础在施工前常在基坑底面铺设强度等级为 C15 的素混凝土垫层，其厚度为 100mm。垫层作用是保护坑底土体不被人为扰动和雨水浸泡，同时改善基础的施工条件。

2.3　基础埋置深度确定

2.3.1　设计原则

基础埋置深度一般是指从室外设计地面到基础底面的距离。在保证建筑物基础安全稳定、耐久使用的前提下，基础应尽量浅埋，以节省工程量且便于施工。由于地表土一般比较松软，易受雨水等外界影响，性质不稳定，所以不宜作为持力层。为保证地基基础的稳定性，现行《地基规范》规定，除岩石地基外，基础的埋置深度不宜小于 0.5m；为了保护基础不受人类和其他生物活动的影响，基础顶面应低于设计地面 0.1m 以上。一般来说，在满足地基稳定性和变形等相关要求的情况下，基础应该尽量浅埋。

2.3.2　影响基础埋置深度的因素

确定基础的埋置深度，应综合考虑以下 5 个因素。

1. 上部结构情况

上部结构情况包括建筑物使用功能、类型、规模、荷载大小与性质。例如，利用地下室作为地下车库、地下商店、文化体育活动场地或作为人防设施时，其基础埋深至少大于 3m。

基础上荷载大小和性质不同，对地基土的要求也不同，因而会影响基础的埋置深度。一般来讲，荷载越大，基础埋深也就越大。荷载性质对基础埋深也会产生很大的影响，对于承受水平荷载的基础，必须有足够的埋深来获得土的侧向抗力，以保证基础的稳定性，减小建筑物的整体倾斜，防止倾覆和滑移；承受上拔力的结构，如输电塔基础，也要求有一定的埋深，以提供足够的抗拔阻力。高层建筑由于使用要求及地基持力层承载力需要，一般均设置地下室，其基础的埋深除应考虑上述因素外，一般还应考虑下列要求。

(1) 对一般天然地基，基础埋深不宜小于 $H/15$（H 为建筑物室外地坪至檐口的高度），且不宜小于 3m。

（2）对于桩基，基础埋深不宜小于 $H/18$（基础埋深系指室外地坪至承台底）。

（3）对于岩石地基，基础埋深不受第（1）条限制，但当建筑物高宽比大于 4 时，应验算倾覆，必要时可设置基础锚杆。

2. 工程地质条件

工程地质条件往往对基础设计方案起着决定性作用，应当选择地基承载力高的坚硬土层作为地基持力层，由此确定基础的埋置深度。天然地基土因土层性质不同，大体上可分为以下 4 种情况，如图 2.11 所示。

（1）在地基受力层范围内，自上而下都是分布均匀、压缩性小的好土层，如图 2.11（a）所示，这时基础埋深由其他条件和最小埋深确定。

（2）自上而下都是压缩性高、承载力低的软弱土层，如图 2.11（b）所示，对于低层房屋，可采用浅基础，但应采用相应的措施以减轻地基变形过大产生的危害。

（3）上部为软弱土层而下部为良好土层，如图 2.11（c）所示。这时，持力层的选择应区别对待。

1）当软弱表层土较薄，厚度小于 2m 时，应将软弱土层挖除，将基础置于下部坚实土层上。

2）当表层软弱土层较厚，厚度达 2～4m 时，低层房屋可考虑扩大基底面积，加强上部结构刚度，把基础放置在软土层上，对于重要建筑物，一定要把基础置于下部坚实土层上。

3）当表层软弱土层很厚，厚度大于 5m 时，挖除软弱土层工程量太大，可考虑采用人工地基、桩基础或其他深基础方案。

（4）上部为良好土层而下部为软弱土层，如图 2.11（d）所示。基础尽量浅埋，即采用“宽基浅埋”方案。利用表层好土层作为持力层，以减小软弱下卧层所受的压力。若好土层很薄，则按第（2）种情况处理。

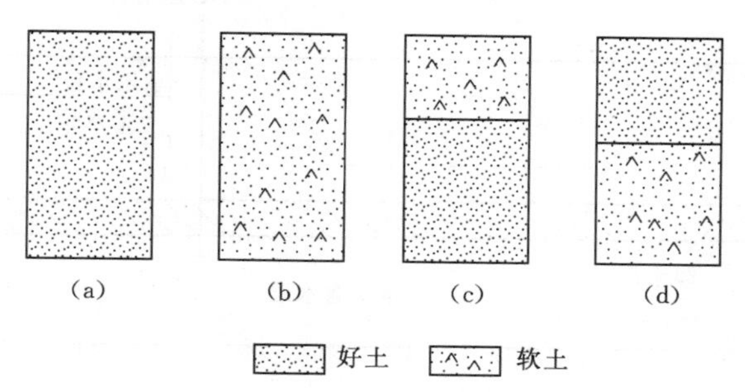

图 2.11　地基土层的组成类型

此外，当地基土在水平方向的分布很不均匀时，同一建筑物基础的埋深可不相同。对于墙下条形基础，可沿墙长将基础底面分段做成高低不同的台阶状，并由浅到深逐渐过渡，分段长度不宜小于相邻两段底面高差的 1～2 倍且不应小于 1m，如图 2.12 所示。

3. 水文地质条件

地下水的情况与基础埋深也有密切关系。当地基中有地下水时，基础应尽量埋置在地下水位以上，以方便施工。当基础必须置于地下水位以下时，应考虑基坑排

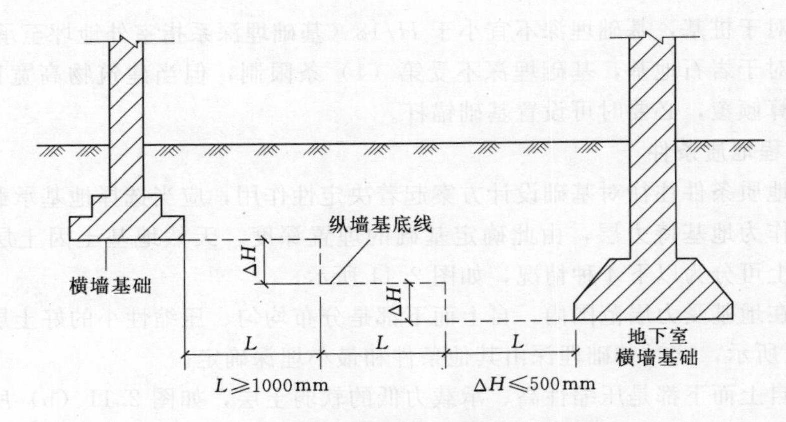

图 2.12 墙基础埋深变化时台阶做法

水、坑壁围护等措施以及地下水有无侵蚀性等，设计时还应考虑地下室防渗和抗浮等问题。

当持力层下埋藏有承压含水层时（图 2.13），为防止坑底土被承压水冲破（即流土），要求坑底以下土的自重应力大于承压含水层顶面的静水压力，即

$$\gamma_0 h > \gamma_w h_w \tag{2.1}$$

$$\gamma_0 = \frac{\gamma_1 h_1 + \gamma_2 h_2}{h} \tag{2.2}$$

式中 γ_0——基坑底面至承压含水层顶面范围内土的加权平均重度，对地下水位以下的土取饱和重度，kN/m^3；

h——基坑底面至承压含水层顶面的距离，m；

γ_w——水的重度，kN/m^3；

h_w——承压水位，m。

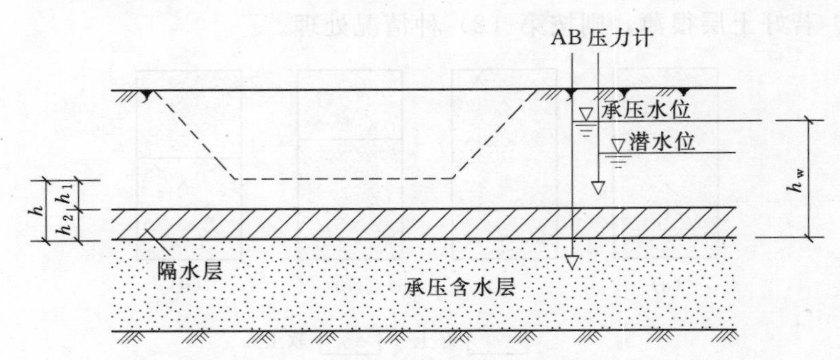

图 2.13 基坑下埋藏有承压含水层的情况

如果式（2.1）无法得到满足，应设法降低承压水头或减小基础埋深，对于平面尺寸较大的基础，在满足式（2.1）的要求时，还应有不小于 1.1 的安全系数 K，即

$$K = \frac{\gamma_0 h}{\gamma_w h_w} \geqslant 1.1 \tag{2.3}$$

4. 地基冻融条件

地表下一定范围内，土层温度随大气温度而变化。季节性冻土是指冬季冻结、

天暖融化的土层，在我国北方地区分布较广。若产生冻胀，基础有可能被上抬，土层融化时，土体软化，强度降低，地基产生融陷，地基土的冻胀与融陷通常是不均匀的。因此，容易引起建筑物开裂损坏。

土冻结后是否会产生冻胀现象，主要与土的粒径大小、含水量的多少及地下水位高低等因素有关。对于结合水含量极少的粗粒土，因不发生水分迁移，故不存在冻胀问题；处于坚硬状态的黏性土，因为结合水的含量很少，冻胀作用也很微弱。某些细粒土（粉砂、粉土和黏性土）由于结合水表面能较大，又存在毛细水，故水分迁移现象明显，冻胀较严重；若地下水位高或通过毛细水能使水分向冻结区补充，则冻胀也会比较严重。《地基规范》根据冻胀对建筑物的危害程度，把地基土的冻胀性分为不冻胀、弱冻胀、冻胀、强冻涨和特强冻胀5类。

对于冻胀性土应考虑冻胀对基础埋置深度的影响，其最小埋深 d_{min} 可按式(2.4)确定，即

$$d_{min}=z_d-h_{max} \tag{2.4}$$

式中　d_{min}——基底最小埋置深度，m；

z_d——设计冻深，m；按现行《地基规范》的有关规定取值；

h_{max}——基础底面以下允许残留冻土层最大厚度，m，按《地基规范》的有关规定取值。

5. 场地环境条件

在靠近原有建筑物修建新基础时，为了保证原有建筑物的安全和正常使用，新建建筑物的基础埋深不宜大于原有建筑基础埋深；否则，新、旧基础间应保持一定净距，其值一般不应小于两基础底面高差的1～2倍，如图2.14所示。如果不能满足这一要求，则在基础施工期间应采取有效措施以保证邻近原有建筑物的安全。例如，新建条形基础分段开挖修筑；基坑壁设置临时加固支撑；事先打入板桩或设置其他挡土结构；对原有建筑物地基进行加固等。

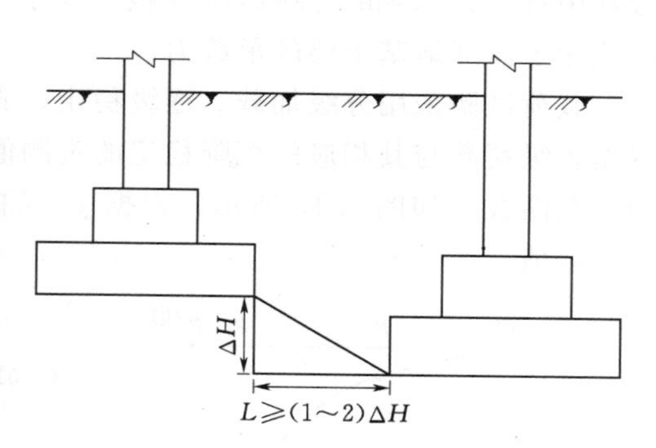

图2.14　不同埋深的相邻基础

如果在基础影响范围内有管道或沟、坑等地下设施通过时，基础底面一般应低于这些设施的底面；否则应采取有效措施，消除基础对地下设施的不利影响。

若建筑物场地靠近各种土坡，包括山坡、河岸、海滨、湖边等，则基础埋深应考虑邻近土坡临空面的稳定性。

2.4　地基承载力的确定

2.4.1　地基承载力概念

地基承载力是指地基承受荷载的能力。地基基础设计首先必须保证荷载作用下地基应具有足够的安全性。在保证地基稳定的条件下，使建筑物的沉降量不超过允

许值的地基承载力称为地基承载力特征值，以 f_a 表示。

确定地基承载力特征值是地基基础设计中一个至关重要而又十分复杂的问题，它不仅与地基土的形成条件和性质有关，而且还与基础的类型、底面尺寸、埋深、上部结构的类型、荷载性质与大小及施工等因素密切相关。

2.4.2 地基承载力特征值的确定方法

地基承载力特征值的确定主要有以下 4 种方法。

(1) 按现场载荷试验确定。

(2) 根据土的抗剪强度指标由理论公式计算确定。

(3) 按现行规范提供的承载力表确定。

(4) 在土质基本相同的情况下，参照相邻建筑物的工程经验确定。

以上方法各有所长、互为补充，在具体工程中，往往需要用多种方法综合确定，确定的精度宜按建筑物的安全等级、地质条件并结合当地经验适当选择。

1. 按现场载荷试验确定

载荷试验有浅层平板载荷试验、深层平板载荷试验和螺旋板载荷试验。前者适用于浅层地基，后两者适用于深层地基。《地基规范》规定，浅层平板载荷试验承压板的面积宜为 0.25～0.5m^2，对软土不应小于 0.5m^2；深层平板载荷试验的承压板常用直径为 0.8m 的圆形刚性板，要求承压板周围的土层高度不应小于 0.8m，由此测定深部地基土层的承载力。

载荷试验采用分级加载、逐级稳定、直到破坏的试验步骤进行。试验完毕后，根据各级荷载与其相应的沉降稳定的观测值，采取适当比例尺绘制荷载 p 与沉降 s 的关系曲线，如图 2.15 所示，根据 $p-s$ 曲线确定地基承载力特征值 f_{ak}。按下述规定取值。

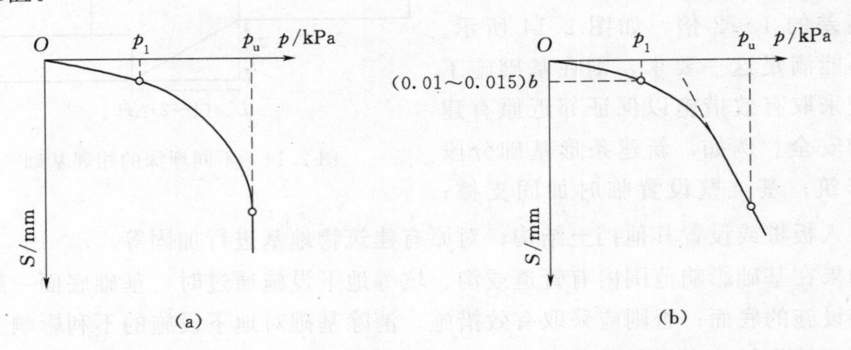

图 2.15　按载荷试验方法确定地基承载力特征值

(a) 低压缩土；(b) 高压缩土

(1) 当 $p-s$ 曲线上有明显比例界限时，取该比例界限所对应的荷载值 p_1 作为地基承载力特征值，如图 2.15 (a) 所示。

(2) 当极限荷载 p_u 小于比例界限荷载的 2 倍时，取其极限荷载值的一半，即取 $p_u/2$ 作为地基承载力特征值。

(3) 当不能按上述要求确定时，若承压板的面积为 0.25～0.5m^2 时，可取 $s/b=$ 0.01～0.015 所对应的荷载值作为地基承载力特征值，但其值不应大于最大加载量的一半，如图 2.15（b）所示。

（4）对同一土层，应选择 3 个以上的试验点，当试验实测值的极差（最大值与最小值之差）不超过其平均值的 30%时，取其平均值作为该土层的地基承载力特征值 f_{ak}。

载荷试验的优点是压力的影响深度可达 1.5～2.0 倍的承压板宽度，故能较好地反映天然土体的压缩性。对于成分或结构很不均匀的土层，如杂填土、裂隙土、风化岩等，它则显示出用别的方法难以替代的作用。其缺点是试验工作量和费用较大，时间较长。

2. 根据土的抗剪强度指标由理论公式计算确定

《地基规范》规定，当基底荷载偏心距 $e\leqslant l/30$（l 为偏心方向基础边长）时，根据土的抗剪强度指标确定地基承载力特征值可按式（2.5）计算，即

$$f_a=M_b\gamma b+M_d\gamma_m d+M_c c_k \tag{2.5}$$

式中 f_a——由土的抗剪强度指标确定的地基承载力特征值，kPa；

M_b、M_d、M_c——承载力系数，由土的内摩擦角标准值 φ_k 查表 2.3 确定；

b——基础底面宽度，m，当基底宽度大于 6m 时按 6m 取值；对于砂土，小于 3m 时按 3m 取值；

d——基础埋置深度，m，取值方法与式（2.6）相同；

γ——基础底面以下土的重度，地下水位以下取有效重度，kN/m^3；

γ_m——基础底面以上土的加权平均重度，地下水位以下取有效重度，kN/m^3；

c_k——基础底面下一倍基础宽度的深度范围内土的黏聚力标准值。

表 2.3 承载力系数 M_b、M_d、M_c

土的内摩擦角标准值 φ_k/(°)	M_b	M_d	M_c
0	0	1.00	3.14
2	0.03	1.12	3.32
4	0.06	1.25	3.51
6	0.10	1.39	3.71
8	0.14	1.55	3.93
10	0.18	1.73	4.17
12	0.23	1.94	4.42
14	0.29	2.17	4.69
16	0.36	2.43	5.00
18	0.43	2.72	5.31
20	0.51	3.06	5.66
22	0.61	3.44	6.04
24	0.80	3.87	6.45
26	1.10	4.37	6.90
28	1.40	4.93	7.40

续表

土的内摩擦角标准值 φ_k/(°)	M_b	M_d	M_c
30	1.90	5.59	7.95
32	2.60	6.35	8.55
34	3.40	7.21	9.22
36	4.20	8.25	9.97
38	5.00	9.44	10.80
40	5.80	10.84	11.73

3. 按规范承载力表确定

我国各地区规范给出了按野外鉴别结果，室内物理力学指标，或现场动力触探试验锤击数查取地基承载力特征值 f_{ak} 的表格，这些表格是将各地区载荷试验资料经回归分析并结合经验编制的。表 2.4 给出的是砂土按标准贯入试验锤击数 N 查取承载力特征值的表格。

表 2.4　　砂土承载力特征值 f_{ak}　　单位：kPa

土类 \ N	10	15	30	50
中砂、粗砂	180	250	340	500
粉砂、细砂	140	180	250	340

注　现场试验锤击数应经下式修正：$N=\mu-1.645\sigma$，式中 μ 和 σ 分别为现场试验锤击数的平均值和标准差。

4. 按建筑经验确定

在拟建场地的附近，常有不同时期建造的各类建筑物。调查这些建筑物的结构类型、基础形式、地基条件和使用现状，对于确定拟建场地的地基承载力具有一定的参考价值。

在按建筑经验确定地基承载力时，需要了解拟建场地是否存在人工填土、暗沟、土洞、软弱夹层等不利情况。对于地基持力层，可以通过现场开挖，根据土的名称和所处的状态估计地基承载力。这些工作还需在基坑开挖验槽时进行验证。

2.4.3　地基承载力特征值的修正

当基础宽度大于 3m、埋置深度大于 0.5m 时，从载荷试验或其他原位测试、规范表格等方法确定的地基承载力特征值，应按式（2.6）进行修正，即

$$f_a=f_{ak}+\eta_b\gamma(b-3)+\eta_d\gamma_m(d-0.5) \tag{2.6}$$

式中　f_a——修正后的地基承载力特征值，kPa；

f_{ak}——地基承载力特征值，kPa；

η_b、η_d——基础宽度和埋深的地基承载力修正系数，按基底下土的类别查表 2.5 确定；

b——基础底面宽度，m，当基底宽度大于 6m 时按 6m 取值，小于 3m 时按 3m 取值；

d——基础埋置深度，m，一般自室外地面标高算起；在填方整平地区，可

自填土地面标高算起，但填土在上部结构施工后完成时，应从天然地面标高算起；对于地下室，如果采用箱形基础或筏形基础时，基础埋深自室外地面标高算起；当采用独立基础或条形基础时，应从室内地面标高算起。对于主裙楼一体的主体结构基础，可将裙楼荷载视为基础两侧的超载，当超载宽度大于基础宽度 2 倍时，可将超载折算成土层厚度作为基础的附加埋深；

γ——基础底面以下土的重度，地下水位以下取有效重度，kN/m^3；

γ_m——基础底面以上土的加权平均重度，地下水位以下的土层取有效重度，kN/m^3。

表 2.5　　承载力修正系数

土的类别		η_b	η_d
淤泥和淤泥质土		0	1.0
人工填土 e 或 $I_L \geqslant 0.85$ 的黏性土		0	1.0
红黏土	含水比 $a_w > 0.8$	0	1.2
	含水比 $a_w \leqslant 0.8$	0.15	1.4
大面积压实填土	压实系数大于 0.95、黏粒含量 $\rho_c \geqslant 10\%$ 的粉土	0	1.5
	最大干密度大于 $2.1t/m^3$ 的级配砂石	0	2.0
粉土	黏粒含量 $\rho_c \geqslant 10\%$ 的粉土	0.3	1.5
	黏粒含量 $\rho_c < 10\%$ 的粉土	0.5	2.0
e 或 $I_L < 0.85$ 的黏性土		0.3	1.6
粉砂、细砂（不包括很湿与饱和时的稍密状态）		2.0	3.0
中砂、粗砂、砾砂和碎石土		3.0	4.4

注 1. 强风化和全风化的岩石，可参照所风化成的相应土类取值，其他状态下的岩石不修正。
2. 地基承载力特征值按深层平板载荷试验确定时，η_d 取 0。

【例 2.1】 某墙下条形基础，基础底面宽度为 3.8m，基础埋深 1.6m，地下水位位于地面以下 1.0m 处，地质剖面如图 2.16 所示，试确定地基持力层的承载力特征值。

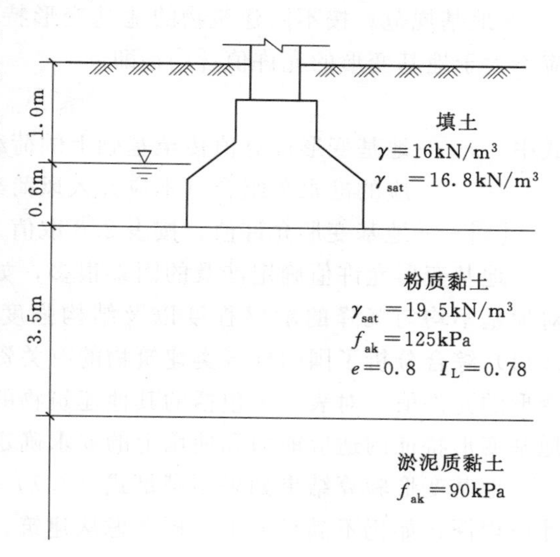

图 2.16 ［例 2.1］图

解　因为基础宽度 $b=3.8m>3m$，基础埋深 $d=1.6m>0.5m$，所以持力层承载力特征值需要进行宽度和深度修正，由表 2.5 查得 $\eta_b=0.3$、$\eta_d=1.6$。

$$\gamma_m=\frac{16\times1+(16.8-10)\times0.6}{1.6}$$

$$=12.55(kN/m^3)$$

由式（2.6）可得修正后的地基承载力特征值为

$$
\begin{aligned}
f_{a} &= f_{ak} + \eta_{b}\gamma(b-3) + \eta_{d}\gamma_{m}(d-0.5) \\
&= 125 + 0.3\times(19.5-10)\times(3.8-3) + 1.6\times12.55\times(1.6-0.5) \\
&= 149.37(\text{kPa})
\end{aligned}
$$

【例2.2】 某条形基础，基础底面宽度为2.5m，基础埋深为1.5m，合力偏心距$e=0.04$m，地基土内摩擦角$\varphi_{k}=24°$，黏聚力$c_{k}=15$kPa，地下水位位于地面以下0.8m处，地下水位以上土的重度为$\gamma=18\text{kN/m}^3$，地下水位以下土的饱和重度为$\gamma_{sat}=19\text{kN/m}^3$。试确定地基持力层的承载力特征值。

解 由题意知，$e=0.04\text{m}<b/30=2.5/30=0.0825\text{m}$，可以采用规范推荐的强度理论公式来确定地基持力层的承载力特征值。由$\varphi_{k}=24°$查表2.3，得$M_{b}=0.8$、$M_{d}=3.87$、$M_{c}=6.45$。

$$
\gamma_{m} = \frac{18\times0.8+(19-10)\times0.7}{1.5} = 13.8(\text{kN/m}^3)
$$

由式（2.5）可得地基持力层的承载力特征值为

$$
\begin{aligned}
f_{a} &= M_{b}\gamma b + M_{d}\gamma_{m}d + M_{c}c_{k} \\
&= 0.8\times(19-10)\times2.5 + 3.87\times13.8\times1.5 + 6.45\times15 = 194.86(\text{kPa})
\end{aligned}
$$

2.4.4 地基变形验算

按前述方法确定的地基承载力特征值虽然可保证建筑物在防止地基剪切破坏方面具有足够的安全度，但却不一定保证地基变形满足要求。因为在荷载作用下，地基土总要产生压缩变形，使建筑物产生沉降。由于不同建筑物的结构类型、整体刚度、使用要求的差异，对地基变形的敏感程度、危害、变形要求也不同。因此，对于各种类型建筑物，如何控制对其不利的沉降形式——地基变形特征，使其不会影响建筑物的正常使用或安全，也是地基基础设计必须予以充分考虑的一个基本问题。

《地基规范》按不同建筑物的地基变形特征，要求建筑物地基变形的计算值s应不大于地基变形的允许值$[s]$，即

$$
s \leqslant [s] \tag{2.7}
$$

式中 s——地基变形计算值传至基础上的荷载F_{k}应按正常使用极限状态下荷载效应的准永久组合（不应计入风荷载和地震作用）确定；

$[s]$——地基变形允许值，按表2.6取值。

地基变形允许值确定涉及的因素很多，如建筑物的结构特点和具体使用要求，对地基不均匀沉降的敏感程度以及结构强度储备等。《地基规范》（GB 5007—2011）综合分析了国内外各类建筑物的有关资料，提出了表2.6所列的建筑物地基变形的允许值。对表中未包括的其他建筑物的地基变形允许值，可根据上部结构对地基变形特征的适应能力和使用上的要求确定。

地基变形验算结果如果不满足式（2.7）的要求，可以先适当调整基础底面尺寸或埋深，如仍不满足要求，再考虑从建筑、结构、施工等方面采取有效措施以防止不均匀沉降对建筑物的损害，或改用其他地基基础设计方案。

地基变形按其特征可分为4种，即沉降量、沉降差、倾斜和局部倾斜。

表 2.6　　**建筑物的地基变形允许值**

变形特征		地基土类别	
		中、低压缩性土	高压缩性土
砌体承重结构基础的局部倾斜		0.002	0.003
工业与民用建筑相邻柱基的沉降差	(1) 框架结构	$0.002l$	$0.003l$
	(2) 砌体墙填充的边排柱	$0.0007l$	$0.001l$
	(3) 当基础不均匀沉降时不产生附加应力的结构	$0.005l$	$0.005l$
单层排架结构（柱距为 6m）柱基的沉降量/mm		(120)	200
桥式吊车轨面的倾斜（按不调整轨道考虑）	纵向	0.004	
	横向	0.003	
多层和高层建筑的整体倾斜	$H_g \leqslant 60$	0.004	
	$24 < H_g \leqslant 60$	0.003	
	$60 < H_g \leqslant 100$	0.0025	
	$H_g > 100$	0.002	
体型简单的高层建筑基础的平均沉降量/mm		200	
高耸结构基础的倾斜	$H_g \leqslant 20$	0.008	
	$20 < H_g \leqslant 50$	0.006	
	$50 < H_g \leqslant 100$	0.005	
	$100 < H_g \leqslant 150$	0.004	
	$150 < H_g \leqslant 200$	0.003	
	$200 < H_g \leqslant 250$	0.002	
高耸结构基础的沉降量/mm	$H_g \leqslant 100$	400	
	$100 < H_g \leqslant 200$	300	
	$200 < H_g \leqslant 250$	200	

注 1. 本表数值为建筑物地基实际最终变形允许值。
2. 有括号者仅适用于中压缩性土。
3. l 为相邻柱基的中心距离，mm；H_g 为自室外地面起算的建筑物高度，m。

(1) 沉降量：指独立基础中心点的沉降值或整幢建筑物基础的平均沉降值。

若沉降量过大，将影响建筑物的正常使用。对于单层排架结构柱基、高层建筑和高耸结构基础须计算沉降量，并使其小于允许值。

(2) 沉降差：一般指相邻柱基中点的沉降量之差。

相邻柱基沉降差过大，就会导致上部结构产生附加应力，严重时建筑物会发生开裂、倾斜甚至破坏。对于建筑物地基不均匀，有相邻载荷影响或荷载差异较大的框架结构、单层排架结构，其地基变形由沉降差控制，需验算基础的沉降差，并将其控制在允许值以内。

(3) 倾斜：指基础倾斜方向两端点的沉降差与其距离的比值。

对于高耸结构以及长高比很小的高层建筑，整体刚度很大，可近似视为刚性结构，其地基变形应由建筑物的整体倾斜控制。

高耸结构重心高，基础倾斜使重心侧向移动而引起的偏心力矩，不仅使基底边缘压力增加而影响倾覆稳定性，还会导致高耸结构产生附加弯矩。因此，高耸结构基础的倾斜允许值随结构高度的增加而递减。一般地，地基土层的不均匀分布以及邻近建筑物的影响是高耸结构产生倾斜的重要原因；如果地基的压缩性比较均匀，且无邻近荷载的影响，对高耸结构只要基础中心沉降量不超过表 2.6 的允许值，可不作倾斜验算。

高层建筑横向整体倾斜允许值主要取决于人们视觉的敏感程度，高大的刚性建筑物倾斜值达到明显可见的程度时大致为 1/250，而结构损坏则大致当倾斜值达到 1/150 时才开始。

对于有吊车的工业厂房，还应验算桥式吊车轨面沿横向或纵向的倾斜，以免因倾斜而导致吊车自动滑行或卡轨。

(4) 局部倾斜：指砌体承重结构沿纵向 6～10m 内基础两点的沉降差与其距离的比值。

一般砌体承重结构房屋对地基不均匀沉降是很敏感的，因地基不均匀沉降所引起的损坏，最常见的是房屋外纵墙由于相对挠曲而引起的斜裂缝，有裂缝呈正“八”字形的墙体正向挠曲（下凹），有裂缝呈倒“八”字形的反向挠曲（凸起）。因此，砌体承重结构的地基变形由局部倾斜控制。

必须指出，目前的地基沉降计算方法还比较粗糙，因此，对于重要的或体型复杂的建筑物，或使用上对不均匀沉降有严格要求的建筑物，应进行系统的地基沉降观测。通过对观测结果的分析，一方面可以对计算方法进行验证，修正土的参数取值；另一方面可以预测沉降发展的趋势，如果最终沉降可能超出允许范围，则应及时采取处理措施。

在必要情况下，需要分别预估建筑物在施工期间和使用期间的地基变形值，以便预留建筑物有关部分之间的净空，考虑连接方法和施工顺序。一般多层建筑在施工期间完成的沉降量，对于砂土可认为其最终沉降量已完成 80%以上；对于其他低压缩性土可认为已完成最终沉降量的 50%～80%；对于中压缩性土可认为已完成 20%～50%；对于高压缩性土可认为已完成 5%～20%。

2.5 基础底面尺寸的确定

在初步选择基础类型和埋深后，就可以根据持力层的承载力特征值计算基础底面的尺寸。如果地基沉降计算深度范围内存在承载力显著低于持力层的下卧层时，则所选择的基底尺寸还须满足对软弱下卧层验算的要求。此外，必要时还应对地基变形或稳定性进行验算。

2.5.1 按地基持力层承载力确定基础底面尺寸

除烟囱等圆形结构物常采用圆形（或环形）基础外，一般柱、墙的基础通常采用矩形基础或条形基础，且采用对称布置。按荷载对基底形心的偏心情况，可以分为轴心受压基础和偏心受压基础两种。

1. 轴心受压基础

如图 2.17 所示，在轴心荷载作用下，基底压力视为均匀分布。按地基持力层

的承载力计算基底尺寸时，要求基础底面压力满足式（2.8）的要求，即

$$p_k \leqslant f_a \tag{2.8}$$

$$p_k = \frac{F_k + G_k}{A} \tag{2.9}$$

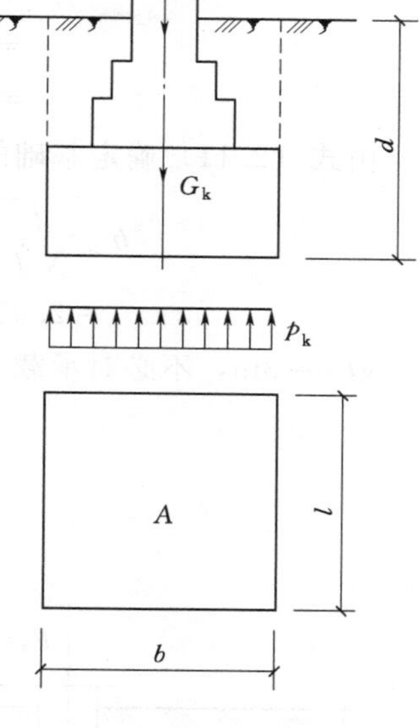

图 2.17 轴心受压基础

式中 f_a——修正后的地基持力层的承载力特征值，kPa；

p_k——相应于荷载效应标准组合时基础底面处的平均压力值，按式（2.9）计算，kPa；

F_k——相应于荷载效应标准组合时上部结构传至基础顶面的竖向力标准值，kN；

G_k——基础自重和基础上的土重，kN；对于一般实体基础，可近似取 $G_k = \gamma_G A d$（γ_G 为基础及回填土的平均重度，可取 $\gamma_G = 20\text{kN/m}^3$，$d$ 为基础平均埋深），但在地下水位以下部分应扣除浮托力，即 $G_k = \gamma_G A d - \gamma_w A h_w$（$h_w$ 为地下水位至基础底面的距离，m）；

A——基础底面面积，m^2。

由式（2.8）和式（2.9）可得基础底面积为

$$A \geqslant \frac{F_k}{f_a - \gamma_G d + \gamma_w h_w} \tag{2.10}$$

在轴心荷载作用下，柱下独立基础一般采用方形，其边长为

$$b \geqslant \sqrt{\frac{F_k}{f_a - \gamma_G d + \gamma_w h_w}} \tag{2.11}$$

对于墙下条形基础，可沿基础长度方向取单位长度 1m 进行计算，荷载也为相应的线荷载（kN/m），则条形基础宽度为

$$b \geqslant \frac{F_k}{f_a - \gamma_G d + \gamma_w h_w} \tag{2.12}$$

由式（2.11）和式（2.12）可知，确定基础底面宽度 b 时，需要知道地基承载力特征值 f_a，而 f_a 又与基础底面宽度 b 有关。因此，在确定基础底面尺寸时一般采用试算法，即先假定基础底面宽度 $b \leqslant 3\text{m}$，先按深度对地基承载力特征值 f_{ak} 进行修正，然后按式（2.11）或式（2.12）计算得到基底宽度 b；如果 $b \leqslant 3\text{m}$，表示假定正确，算得的基底宽度即为所求；如果 $b > 3\text{m}$，需重新修正地基承载力特征值，再按修正后的地基承载力特征值确定基础底面尺寸，如此反复计算一两次即可。最后确定的基底尺寸 b 和 l 均应符合 100mm 的整倍数。

【例 2.3】 某轴心受压柱下方形独立基础，上部结构传至基础顶面的竖向荷载 $F_k = 1350\text{kN}$。地质剖面如图 2.18 所示，试确定基础底面尺寸。

解 (1) 对地基承载力特征值进行深度修正。

根据已知条件，基础埋深 $d=1.3\text{m}$，查表 2.5 得：$\eta_d=1.0$，由式（2.6）得

$$\begin{aligned}f_a&=f_{ak}+\eta_b\gamma(b-3)+\eta_d\gamma_m(d-0.5)\\&=170+0+1.0\times16.5\times(1.3-0.5)\\&=183.2(\text{kPa})\end{aligned}$$

由式（2.11）确定基础的底面宽度为

$$\begin{aligned}b&\geqslant\sqrt{\frac{F_k}{f_a-\gamma_G d+\gamma_w h_w}}=\sqrt{\frac{1350}{183.2-20\times1.3}}\\&=2.93(\text{m})\end{aligned}$$

取 $b=3\text{m}$，不必对承载力进行宽度修正。

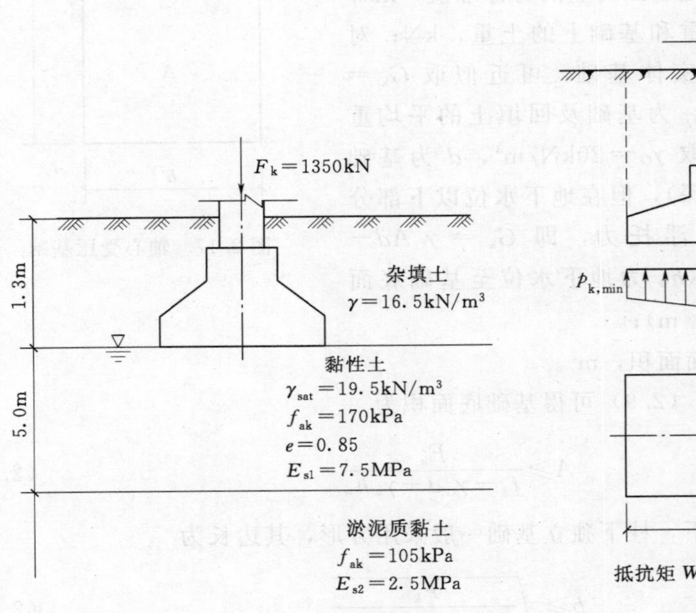

图 2.18 ［例 2.3 图］

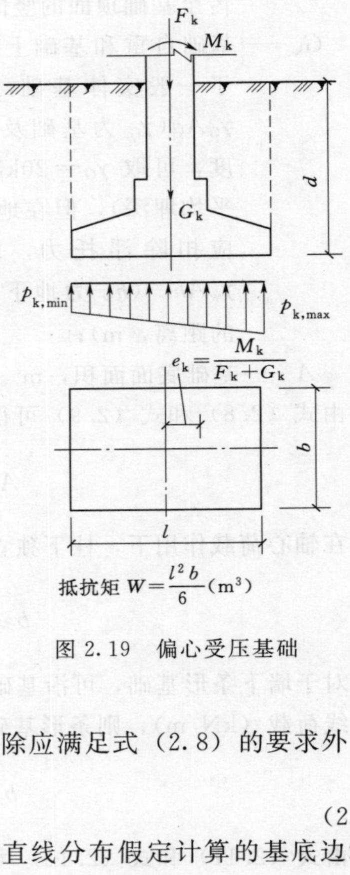

图 2.19 偏心受压基础

2. 偏心受压基础

如图 2.19 所示，对偏心荷载作用下的基础，除应满足式（2.8）的要求外，还应满足下列附加条件，即

$$p_{k,\max}\leqslant1.2f_a \tag{2.13}$$

式中 $p_{k,\max}$——相应于荷载效应标准组合时，按直线分布假定计算的基底边缘处的最大压力值，kPa；

f_a——修正后的地基承载力特征值，kPa。

对于常见的单向偏心矩形基础，当偏心距 $e_k\leqslant l/6$ 时，基底边缘最大、最小压力可按式（2.14）计算，即

$$p_{\substack{k,\max\\k,\min}}=\frac{F_k+G_k}{bl}\left(1\pm\frac{6e_k}{l}\right) \tag{2.14}$$

$$e_k=\frac{M_k}{F_k+G_k} \tag{2.15}$$

式中 l——偏心方向的基础边长，一般为基础长边边长，m；

b——垂直于偏心方向的基础边长，m；

M_k——相应于荷载效应的标准组合时基础所有荷载对基底形心的合力矩，kN·m；

e_k——偏心距；

其余符号含义同前。

一般情况下，为了避免由于基底压力分布不均匀所引起的过大不均匀沉降而导致基础过分倾斜，要求偏心距 e_k 满足下列条件，即

$$e_k \leqslant \frac{l}{6} \tag{2.16}$$

对于低压缩性地基土，当考虑短暂作用的偏心荷载时，偏心距 e_k 可适当放宽，但也应控制在 $l/4$ 以内。

确定矩形基础底面尺寸时，为了同时满足式（2.8）、式（2.13）和式（2.16）的条件，一般可按下列步骤进行。

（1）进行深度修正，初步确定修正后的地基承载力特征值 f_a。

（2）根据荷载偏心情况，将按轴心荷载作用计算得到的基础底面积增大10%～40%，即取

$$A=(1.1\sim1.4)\frac{F_k}{f_a-\gamma_G d+\gamma_w h_w} \tag{2.17}$$

（3）根据 A 初步选取基础底面长边 l 与短边 b 尺寸，一般取 $l/b=1.0\sim2.0$。

（4）考虑是否应对地基承载力特征值进行宽度修正。如果需要，则在承载力修正后重复上述（2）和（3）两个步骤，使所取宽度前后一致。

（5）计算偏心距 e_k 和基底边缘最大压力 $p_{k,\max}$，并验算是否满足式（2.13）和式（2.16）的要求。

（6）若不满足要求，可调整尺寸再行验算，如此反复一两次，便可确定出合适的基础底面尺寸。

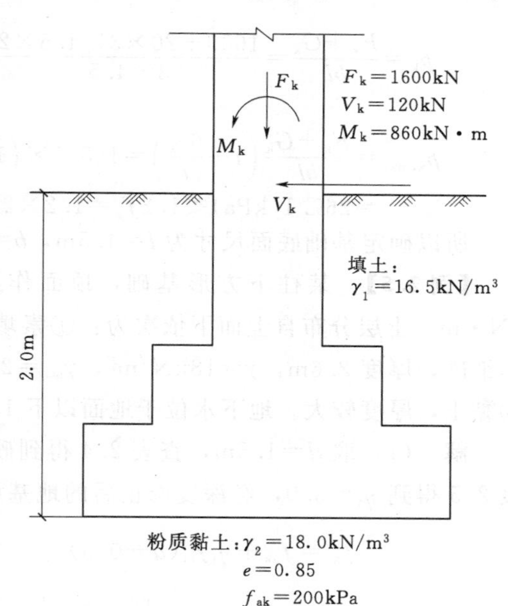

图 2.20　［例 2.4］图

【例 2.4】　试确定图 2.20 所示条件下某框架柱下独立基础底面尺寸。

解　（1）确定经深度修正后的地基承载力特征值。

查表 2.5 得：$\eta_d=1.0$，由式（2.6），得

$$\begin{aligned}f_a&=f_{ak}+\eta_b\gamma(b-3)+\eta_d\gamma_m(d-0.5)\\&=200+0+1.0\times16.5\times(2-0.5)\\&=224.75(\text{kPa})\end{aligned}$$

（2）初步确定基础的底面尺寸。

考虑荷载偏心，将基础底面积初步增大 40%，由式（2.17）得

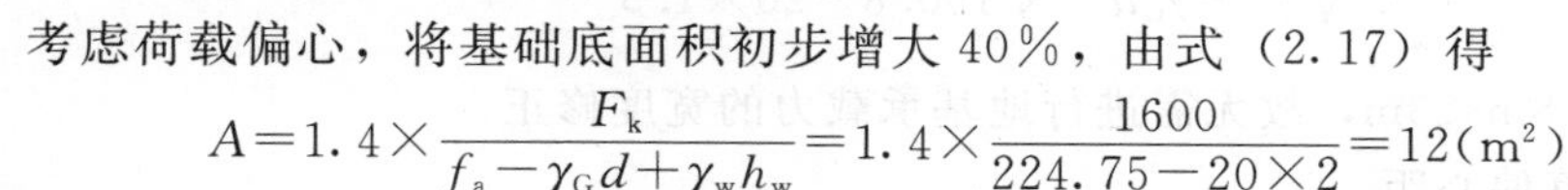

$$A=1.4\times\frac{F_k}{f_a-\gamma_G d+\gamma_w h_w}=1.4\times\frac{1600}{224.75-20\times2}=12(\text{m}^2)$$

初选基础底面长边 $l=4\text{m}$，短边 $b=3\text{m}$。

因 $b=3\text{m}$，故 f_{ak} 不需进行宽度修正。

(3) 验算荷载偏心距 e_k。

基底处的总竖向力为

$$F_k+G_k=1600+20\times2\times3\times4.0=2080(\text{kN})$$

基底处的总力矩为

$$M_k=860+120\times2=1100(\text{kN}\cdot\text{m})$$

偏心距 e_k 为

$$e_k=\frac{M_k}{F_k+G_k}=\frac{1100}{2080}=0.53(\text{m})<\frac{l}{6}=0.67\text{m}\quad\text{（满足要求）}$$

(4) 验算基底平均压力 p_k 和最大压力 $p_{k,\max}$。

$$p_k=\frac{F_k+G_k}{bl}=\frac{2080}{3\times4}=173.3(\text{kPa})<f_a=224.75\text{kPa}\quad\text{（满足要求）}$$

$$p_{k,\max}=\frac{F_k+G_k}{bl}\left(1+\frac{e_k}{l}\right)=\frac{2080}{3\times4}\times\left(1+\frac{6\times0.53}{4}\right)$$

$$=311.1(\text{kPa})>1.2f_a=1.2\times224.75=269.7(\text{kPa})\quad\text{（不满足要求）}$$

(5) 调整基础底面尺寸并重新验算。

取 $l=4.5\text{m}$，$b=3\text{m}$，则

$$e_k=\frac{M_k}{F_k+G_k}=\frac{1100}{1600+20\times3\times4.5\times2}=0.514(\text{m})<\frac{l}{6}=0.75\text{m}$$

（满足要求）

$$p_k=\frac{F_k+G_k}{bl}=\frac{1600+20\times3\times4.5\times2}{3\times4.5}=158.5(\text{kPa})<f_a=224.75\text{kPa}$$

（满足要求）

$$p_{k,\max}=\frac{F_k+G_k}{bl}\left(1+\frac{6e_k}{l}\right)=158.5\times\left(1+\frac{6\times0.514}{4.5}\right)$$

$$=267.1(\text{kPa})<1.2f_a=1.2\times224.75=269.7(\text{kPa})\quad\text{（满足要求）}$$

所以确定基础底面尺寸为 $l=4.5\text{m}$，$b=3\text{m}$。

【例 2.5】 某柱下方形基础，顶面作用竖向力 $F_k=400\text{kN}$，弯矩 $M_k=140\text{kN}\cdot\text{m}$。土层分布自上而下依次为：①素填土，松散，厚度 1m，$\gamma=16.4\text{kN/m}^3$；②细砂，厚度 2.6m，$\gamma=18\text{kN/m}^3$，$\gamma_{sat}=20\text{kN/m}^3$，标准贯入试验锤击数 $N=10$；③黏土，厚度较大。地下水位于地面以下 1.5m，试确定基底尺寸。

解 (1) 取 $d=1.5\text{m}$，查表 2.4 得到砂土承载力特征值 $f_{ak}=140\text{kPa}$，细砂查表 2.5 得到 $\eta_d=3.0$，经深度修正后的地基承载力特征值为

$$f_a=f_{ak}+\eta_d\gamma_m(d-0.5)$$

$$=140+3.0\times\frac{16.4\times1+0.5\times18}{1.5}\times1.0=190.8(\text{kPa})$$

(2) 初步确定基础底面尺寸：考虑偏心荷载增大 20%。

$$b=\sqrt{\frac{1.2F_k}{f_a-\gamma_G d}}=\sqrt{\frac{1.2\times400}{190.8-20\times1.5}}=1.73(\text{m})$$

取 $b=1.8\text{m}<3\text{m}$，故无需进行地基承载力的宽度修正。

(3) 验算偏心距。

$$e_k=\frac{M_k}{F_k+G_k}=\frac{140}{400+20\times1.8\times1.8\times1.5}=0.282(\mathrm{m})<\frac{l}{6}=0.3\mathrm{m}\quad(\text{可以})$$

(4) 验算基底最大压力为

$$p_{k,\max}=p_k\left(1+\frac{6e_k}{l}\right)=\frac{F_k+G_k}{bl}\left(1+\frac{6e_k}{l}\right)$$

$$=\frac{497.2}{1.8\times1.8}\left(1+\frac{6\times0.282}{3}\right)=240(\mathrm{kPa})>1.2f_a=228.96\mathrm{kPa}\quad(\text{不行})$$

(5) 调整基底尺寸再验算。

取 $b=l=2\mathrm{m}$，则 $F_k+G_k=400+20\times2\times2\times1.5=520(\mathrm{kN})$

$$e_k=\frac{M_k}{F_k+G_k}=\frac{140}{520}=0.270(\mathrm{m})<\frac{l}{6}=0.3\mathrm{m}\quad(\text{可以})$$

$$p_{k,\max}=p_k\left(1+\frac{6e_k}{l}\right)=\frac{F_k+G_k}{bl}\left(1+\frac{6e_k}{l}\right)$$

$$=\frac{520}{2\times2}\left(1+\frac{6\times0.270}{3}\right)=200.2(\mathrm{kPa})<1.2f_a=228.96\mathrm{kPa}\quad(\text{可以})$$

所以，基础埋深 $d=1.5\mathrm{m}$，基底尺寸为 $b=l=2\mathrm{m}$。

2.5.2 地基软弱下卧层承载力验算

基础底面尺寸按照持力层的承载力确定之后，如果地基受力层范围内存在软弱下卧层（承载力明显低于持力层的高压缩性土层）时，则需要验算软弱下卧层的承载力，以防止基础因软弱下卧层的破坏而产生过大的沉降。要求作用在软弱下卧层顶面处的附加应力与自重应力之和不超过它的承载力特征值，即

$$p_z+p_{cz}\leqslant f_{az}\tag{2.18}$$

式中 p_z——相应于荷载效应标准组合时，软弱下卧层顶面处的附加压力值，kPa；

p_{cz}——软弱下卧层顶面处土的自重压力值，kPa；

f_{az}——软弱下卧层顶面处经深度修正后的地基承载力特征值，kPa。

计算地基附加压力 p_z 时，一般采用简化方法，即参照双层地基中附加应力分布的理论解答，按压力扩散角的概念计算，如图 2.21 所示。假设基底处的附加压力 p_0（$p_0=p_k-\gamma_m d$）向下传递时按压力扩散角 θ 向外扩散至软弱下卧层的表面，根据基底与扩散面积上总附加压力相等的条件，附加压力 p_z 可按下列公式计算。

对于条形基础，有

$$p_z=\frac{b(p_k-\gamma_m d)}{b+2z\tan\theta}\tag{2.19}$$

对于矩形基础，有

$$p_z=\frac{lb(p_k-\gamma_m d)}{(l+2z\tan\theta)(b+2z\tan\theta)}\tag{2.20}$$

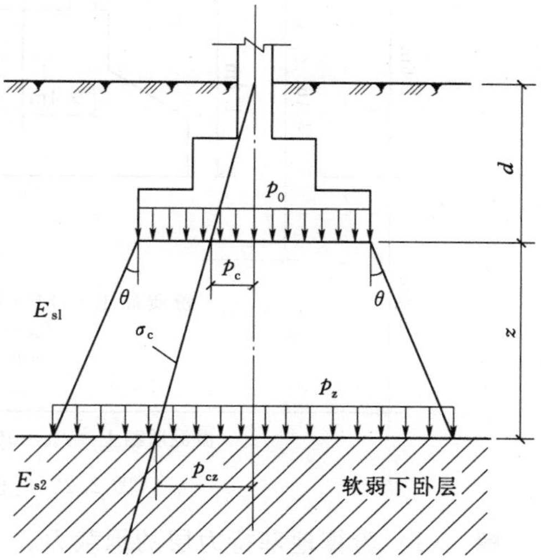

图 2.21 软弱下卧层验算

式中 b——条形基础或矩形基础的底面宽度，m；

l——条形基础或矩形基础的底面长度，m；

p_k——相应于荷载效应标准组合时的基底平均压力值，kPa；

γ_m——基底以上土的加权平均重度，地下水位以下取浮重度，kN/m³；

d——基础的埋置深度，m；

z——基底至软弱下卧层顶面的距离，m；

θ——地基压力扩散角，可按表2.7采用。

表2.7　　地基压力扩散角 θ 值

E_{s1}/E_{s2}	$z=0.25b$	$z\geqslant 0.50b$
3	6°	23°
5	10°	25°
10	20°	30°

注　1. E_{s1} 为上层土的压缩模量；E_{s2} 为下层土的压缩模量。

2. $z<0.25b$ 时取 $\theta=0°$，必要时，宜由试验确定；$z\geqslant 0.50b$ 时 θ 值不变。

由式（2.20）可知，如果要减小作用于软弱下卧层顶面处的附加压力 p_z，可以采取加大基底面积（使扩散面积加大）或减小基础埋深（使 z 加大）的措施。前一措施虽然可以有效地减小 p_z，但却可能使基础的沉降量加大。因为附加压力的影响深度会随着基底面积的增加而加大，从而可能使软弱下卧层的沉降量明显增加；反之，减小基础埋深可以使基底到软弱下卧层的距离 z 增加，使附加压力在软弱下卧层中的影响减小，因而基础沉降随之减小。因此，当存在软弱下卧层时，基础宜浅埋，这样不仅使“硬壳层”充分发挥应力扩散作用，同时也减小了基础沉降。

【例2.6】 在图2.22中的柱下矩形基础底面尺寸为5.0m×2.5m。试根据图中各项资料验算持力层和软弱下卧层的承载力是否满足要求。

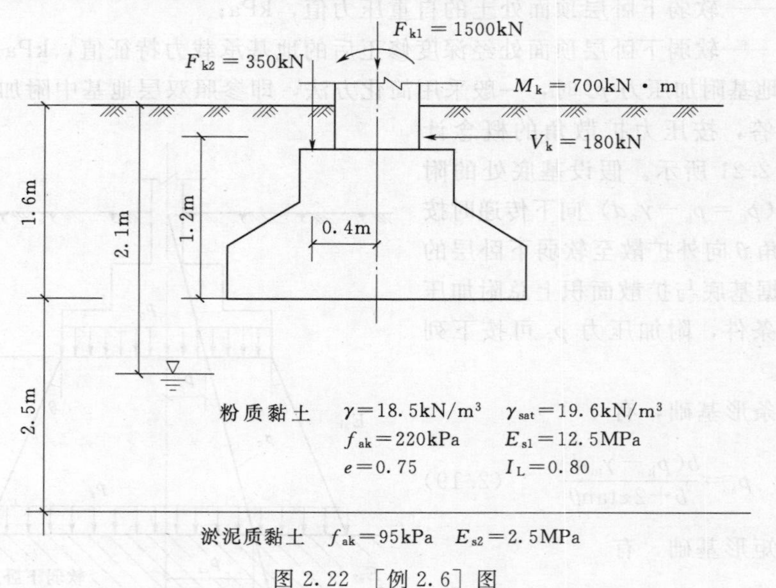

图2.22 ［例2.6］图

解 （1）验算地基持力层的承载力。

先对地基持力层承载力特征值 f_{ak} 进行修正。查表2.5得：$\eta_b=0.3$，$\eta_d=1.6$，

由式（2.6），得

$$f_a = f_{ak} + \eta_b \gamma(b-3) + \eta_d \gamma_m (d-0.5) = 220 + 0 + 1.6 \times 18.5 \times (1.6 - 0.5) = 252.56(\text{kPa})$$

基底处的总竖向力为

$$F_k + G_k = 1500 + 350 + 20 \times 1.6 \times 2.5 \times 5.0 = 2250(\text{kN})$$

基底处的总力矩为

$$M_k = 700 + 180 \times 1.2 + 350 \times 0.4 = 1056(\text{kN} \cdot \text{m})$$

基底平均压力为

$$p_k = \frac{F_k + G_k}{A} = \frac{2250}{2.5 \times 5} = 180(\text{kPa}) < f_a = 252.56\text{kPa} \quad \text{（满足要求）}$$

偏心距 e_k 为

$$e_k = \frac{M_k}{F_k + G_k} = \frac{1056}{2250} = 0.47(\text{m}) < \frac{l}{6} = 0.83\text{m} \quad \text{（满足要求）}$$

基底边缘最大压力为

$$p_{k,\max} = p_k\left(1 + \frac{6e_k}{l}\right) = 180 \times \left(1 + \frac{6 \times 0.47}{5}\right) = 281.52(\text{kPa}) < 1.2 f_a = 1.2 \times 252.56 = 303.07(\text{kPa}) \quad \text{（满足要求）}$$

（2）软弱下卧层承载力验算。

对软弱下卧层承载力特征值进行深度修正

$$\gamma_m = \frac{18.5 \times 2.1 + (19.6 - 10) \times (1.6 + 2.5 - 2.1)}{1.6 + 2.5} = 14.16(\text{kN/m}^3)$$

$$f_{az} = f_{ak} + \eta_d \gamma_m (d - 0.5) = 95 + 1.0 \times 14.16 \times (1.6 + 2.5 - 0.5) = 145.98(\text{kPa})$$

下卧层顶面处土的自重应力 p_{cz} 为

$$p_{cz} = 18.5 \times 2.1 + (19.6 - 10) \times (1.6 + 2.5 - 2.1) = 58.05(\text{kPa})$$

下卧层顶面处的附加应力 p_z 为

由 $E_{s1}/E_{s2} = 12.5/2.5 = 5$，$z/b = 2.5/2.5 = 1.0 > 0.5$，查表 2.7 得 $\theta = 25°$，由式（2.20）得

$$p_z = \frac{lb(p_k - \gamma_m d)}{(l + 2z\tan\theta)(b + 2z\tan\theta)} = \frac{5 \times 2.5 \times (180 - 18.5 \times 1.6)}{(5 + 2 \times 2.5 \times \tan 25°)(2.5 + 2 \times 2.5 \times \tan 25°)} = 53.07(\text{kPa})$$

验算：$p_z + p_{cz} = 53.07 + 58.05 = 111.12(\text{kPa}) < f_{az} = 145.98\text{kPa}$（满足要求）。

经验算，基础底面尺寸及埋深均满足要求。

2.5.3 地基稳定性验算

对于经常承受水平荷载作用的高层建筑、高耸结构以及建造在斜坡上或边坡附近的建筑物或构筑物，应对地基进行稳定性验算。

在水平荷载和竖向荷载共同作用下，基础可能和深层土层一起发生整体滑动破坏，这种地基破坏通常采用圆弧滑动面法进行验算，要求最危险的滑动面上诸力对滑动圆弧的圆心所产生的抗滑力矩 M_R 与滑动力矩 M_S 之比应满足式（2.21）要求，即

$$K = \frac{M_R}{M_S} \geqslant 1.2 \tag{2.21}$$

式中　K——地基稳定安全系数；

M_R——抗滑力矩，kN·m；

M_S——滑动力矩，kN·m。

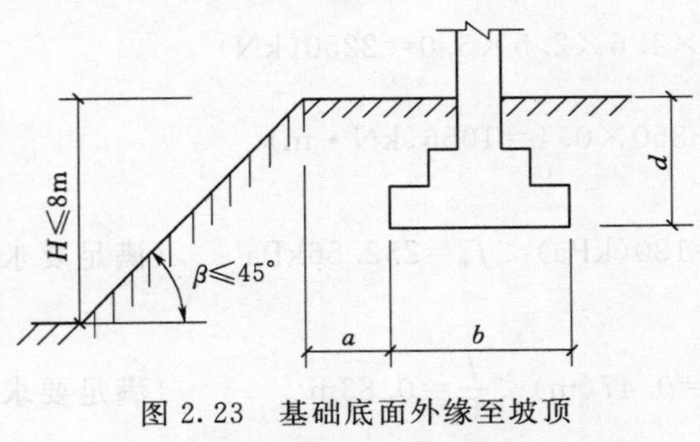

图2.23　基础底面外缘至坡顶边缘的水平距离示意图

关于圆弧滑动面法的稳定性计算，可参考《土力学》教材的有关章节。

对于修建于坡高和坡角不太大的稳定土坡坡顶的基础，如图2.23所示。当垂直于坡顶边缘线的基础底面边长$b \leqslant 3$m时，要求基础底面外边缘至坡顶边缘的水平距离a满足式(2.22)要求，且不得小于2.5m。

对条形基础，有

$$a \geqslant 3.5b - \frac{d}{\tan\beta} \tag{2.22a}$$

对矩形基础或圆形基础，有

$$a \geqslant 2.5b - \frac{d}{\tan\beta} \tag{2.22b}$$

式中　b——垂直于坡顶边缘线的基础底面边长，m；

d——基础埋深，m；

β——土坡坡角，(°)。

当不能满足式（2.22）的要求时，可以根据基底平均压力按圆弧滑动面法进行土坡稳定验算，以确定基础距坡顶边缘的距离和基础埋深。

2.6　扩展基础设计

2.6.1　无筋扩展基础设计

无筋扩展基础的抗压强度较高，而抗拉和抗剪强度较低，因此必须控制基础内的拉应力和剪应力，以保证基础不因受拉或受剪而破坏。《地基规范》规定，结构设计时可以通过控制材料强度等级和台阶宽高比（台阶的宽度与其高度之比）来确定基础的底面尺寸。而无需再进行内力分析和截面强度验算。

1. 基础的宽高比

图2.24所示为无筋扩展基础构造示意图。要求基础每个台阶的宽高比都不得超过表2.8的台阶宽高比的允许值。无筋扩展基础设计时，一般先选择适当的基础埋深和基础底面尺寸，按上述要求，基础高度应满足式（2.23）要求，即

$$H_0 \geqslant \frac{b-b_0}{2\tan\alpha} \tag{2.23}$$

式中　H_0——基础高度，m；

b——基础底面宽度，m；

b_0——基础顶面的墙体宽度或柱脚宽度，m；

$\tan\alpha$——基础台阶宽高比（b_2/H_0），其允许值可按表2.8选用；

α——材料的刚性角，(°)。

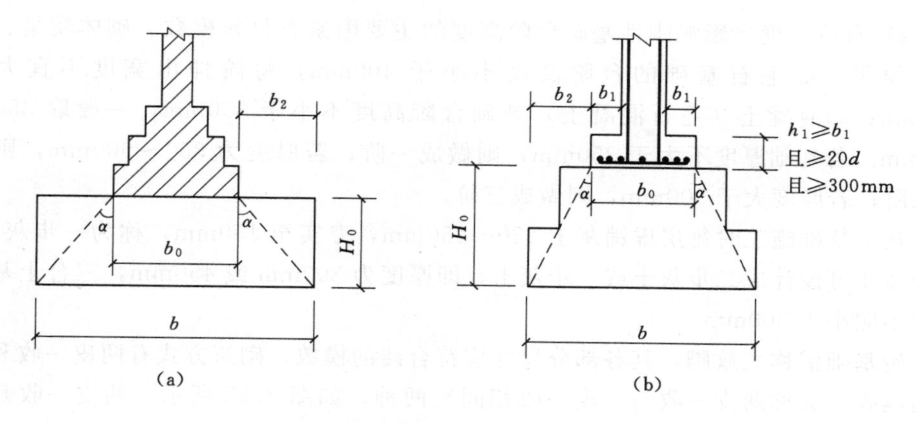

图 2.24　无筋扩展基础构造示意图
（d 为柱中纵向钢筋的直径）

由于台阶宽高比限制，无筋扩展基础的高度一般都比较大，但不应大于基础埋深；否则，应加大基础埋深或选择刚性角较大的基础类型（如混凝土基础），如仍不满足要求，可采用钢筋混凝土基础。

2. 基础形状、材料及构造要求

（1）断面形状。为了节约材料和施工方便，无筋扩展基础常作成阶梯形或锥形。材料多为一种，也可由两种材料叠合而成，如上层用砖砌体、下层用混凝土。

（2）基顶外伸宽度。基顶的外伸宽度 b_1 要求为砖基础时 $b_1 \geqslant 60$mm；毛石基础时 $b_1 \geqslant 100 \sim 150$mm；混凝土（或毛石混凝土）基础时 $b_1 \geqslant 50$mm。

（3）断面构造尺寸确定。

1）阶梯形基础的整个断面和每一台阶宽高比都不得超过表 2.8 中的台阶宽高比的允许值。

表 2.8　无筋扩展基础台阶宽高比的允许值

基础材料	质量要求	台阶宽高比的允许值 $\tan\alpha$		
		$p_k \leqslant 100$	$100 < p_k \leqslant 200$	$200 < p_k \leqslant 300$
混凝土基础	C15 混凝土	1：1.00	1：1.00	1：1.25
毛石混凝土基础	C15 混凝土	1：1.00	1：1.25	1：1.50
砖基础	砖不低于 MU10，砂浆不低于 M5	1：1.50	1：1.50	1：1.50
毛石基础	砂浆不低于 M5	1：1.25	1：1.50	—
灰土基础	体积比为 3：7 或 2：8 的灰土，其最小干密度：粉土 $1.55t/m^3$；粉质黏土 $1.50t/m^3$；黏土 $1.45t/m^3$	1：1.25	1：1.50	—
三合土基础	体积比 1：2：4～1：3：6（石灰：砂：骨料），每层约虚铺 220mm，夯至 150mm	1：1.50	1：2.00	—

注　1. p_k 为作用的标准组合时基础底面处的平均压力值，kPa。
2. 阶梯形毛石基础的每阶伸出宽度不宜大于 200mm。
3. 当基础由不同材料叠合组成时，应对接触部分作抗压验算。
4. 混凝土基础单侧扩展范围内基础底面处的平均压力值超过 300kPa 时，还应进行抗剪验算；对基底反力集中于立柱附近的岩石地基，应进行局部受压承载力验算。

2）台阶高度。影响刚性基础台阶高度的主要因素有材料模数、砌体质量、施工方便等。如毛石基础的台阶高度不小于400mm，每阶伸出宽度不宜大于200mm；如混凝土（毛石混凝土）基础台阶高度不小于300mm，一般取350～500mm。若基础厚度不大于350mm，则做成一阶；若厚度为350～900mm，则做成二阶；若厚度大于900mm，则做成三阶。

灰土基础施工时每层虚铺灰土220～250mm，夯实至150mm，称为一步灰土。根据需要可设计成二步灰土或三步灰土，即厚度为300mm或450mm，三合土基础厚度不应小于300mm。

砖基础俗称大放脚，其各部分尺寸应符合砖的模数。砌筑方式有两皮一收和二一间隔收（又称两皮一收与一皮一收相间）两种，如图2.25所示。两皮一收是每砌两皮砖，即120mm，收进1/4砖长，即60mm；二一间隔收是从底层开始，先砌两皮砖，收进1/4砖长，再砌一皮砖，收进1/4砖长，如此反复。

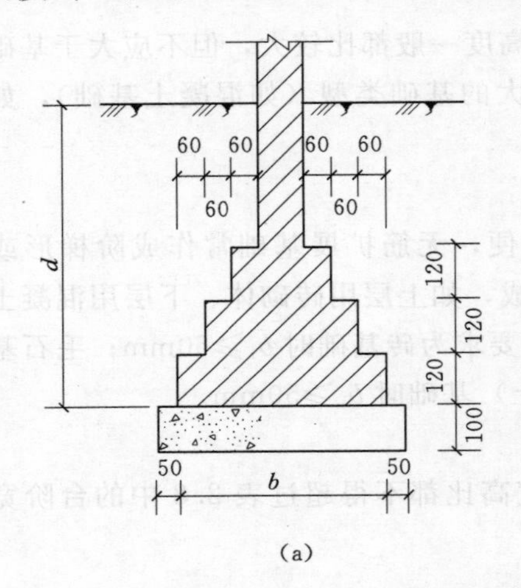

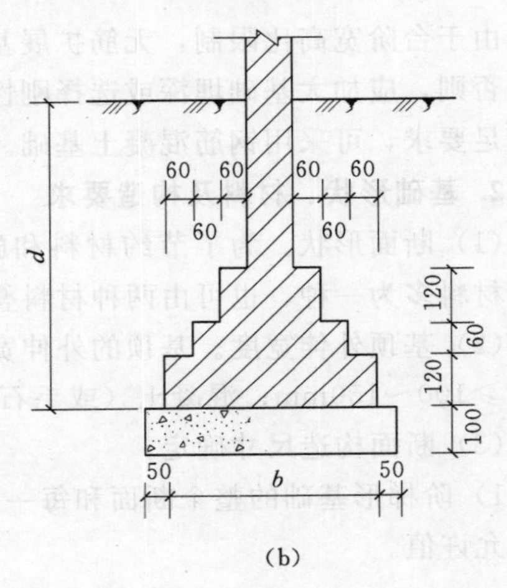

图2.25 砖基础剖面图（单位：mm）

(a) 两皮一收砌法；(b) 二一间隔收砌法

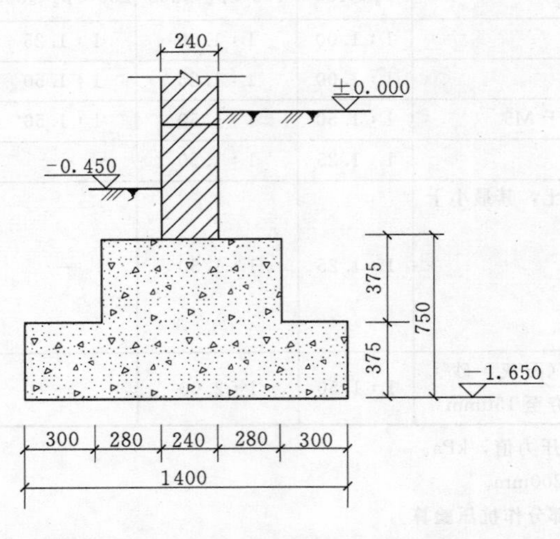

图2.26 ［例2.7］图（单位：mm）

（4）采用无筋扩展基础的钢筋混凝土柱，其柱脚高度 h_1 不得小于 b_1，如图2.24（b）所示，并不得小于300mm且不小于 $20d$（d 为柱中纵向受力钢筋的最大直径）。当柱中纵向钢筋在柱脚内的竖向锚固长度不满足锚固要求时，可沿水平方向弯折，弯折后的水平锚固长度不应小于 $10d$ 且不大于 $20d$。

【例2.7】 某砖混结构住宅楼，外墙厚240mm，基础埋深1.2m。上部结构传至基础顶面的竖向力 $F_k=150\text{kN/m}$（图2.26）。经深度修正后的地基承载力特征值 $f_a=140\text{kPa}$，室内外高差 0.45m。试设计此外墙基础。

解 (1) 确定基础的宽度 b。

设基础采用 C15 毛石混凝土阶梯形基础。基础自重计算高度为

$$d=1.2+0.45/2=1.425(\mathrm{m})$$

由式(2.12)计算基底宽度，即

$$b\geqslant\frac{F_k}{f_a-\gamma_G d+\gamma_w h_w}=\frac{150}{140-20\times1.425}=1.345(\mathrm{m})$$

取 $b=1.4\mathrm{m}<3\mathrm{m}$，地基承载力特征值不需要进行宽度修正。

(2) 确定台阶宽高比的允许值。

基底压力为

$$p_k=\frac{F_k+G_k}{A}=\frac{150+20\times1.425\times1.4}{1.4}=135.64(\mathrm{kPa})$$

查表 2.8，毛石混凝土基础台阶宽度比允许值为 1∶1.25。

(3) 确定基础高度 H_0。

由式(2.23)，得

$$H_0\geqslant\frac{b-b_0}{2\tan\alpha}=\frac{1.4-0.24}{2\times1/1.25}=0.725(\mathrm{m})\text{，取 }H_0=0.75\mathrm{m}。$$

(4) 确定基础剖面尺寸。

基础可以做成二阶，如图 2.26 所示。

验算台阶的宽高比：

$$\frac{b_2}{H_0}=\frac{(1.4-0.24)/2}{0.75}=\frac{0.58}{0.75}=\frac{1}{1.29}<\frac{1}{1.25}; \quad \frac{b_1}{h}=\frac{300}{375}=\frac{1}{1.25}$$

满足要求。

2.6.2 扩展基础设计

与无筋扩展基础相比，扩展基础由于配置了钢筋承担弯曲所产生的拉应力，因此扩展基础可不受台阶宽高比的限制，因此，基础可做得较薄，这样既节省材料又可减小基础埋深。但扩展基础需要满足抗弯、抗剪和抗冲切破坏的要求。

1. 扩展基础的构造

(1) 墙下条形基础构造要求。

1) 剖面形式。墙下钢筋混凝土条形基础剖面形式及构造要求如图 2.27 所示，按外形可分为无纵肋式条形基础和有纵肋式条形基础两种。基础高度按剪切计算确定，一般要求不宜小于 200mm。当基础高度小于 250mm 时，可做成等厚度板；当基础高度大于 250mm 时，可做成变厚度板。锥形基础的边缘高度不宜小于 200mm，且两个方向的坡度不宜大于 1∶3。带肋条形基础适用于荷载沿墙长分布不均匀或地基中有局部软弱土层时，肋梁的纵向钢筋和箍筋按经验确定。墙下条形基础配筋如图 2.28 所示。

2) 底板配筋。底板受力钢筋截面面积由计算确定，受力钢筋的最小直径不应小于 10mm，间距不应大于 200mm，也不应小于 100mm，最小配筋率不应小于 0.15%。纵向分布钢筋的直径不应小于 8mm，间距不应大于 300mm，每延米分布钢筋的面积不应小于受力钢筋面积的 15%。底板配筋如图 2.29 所示。

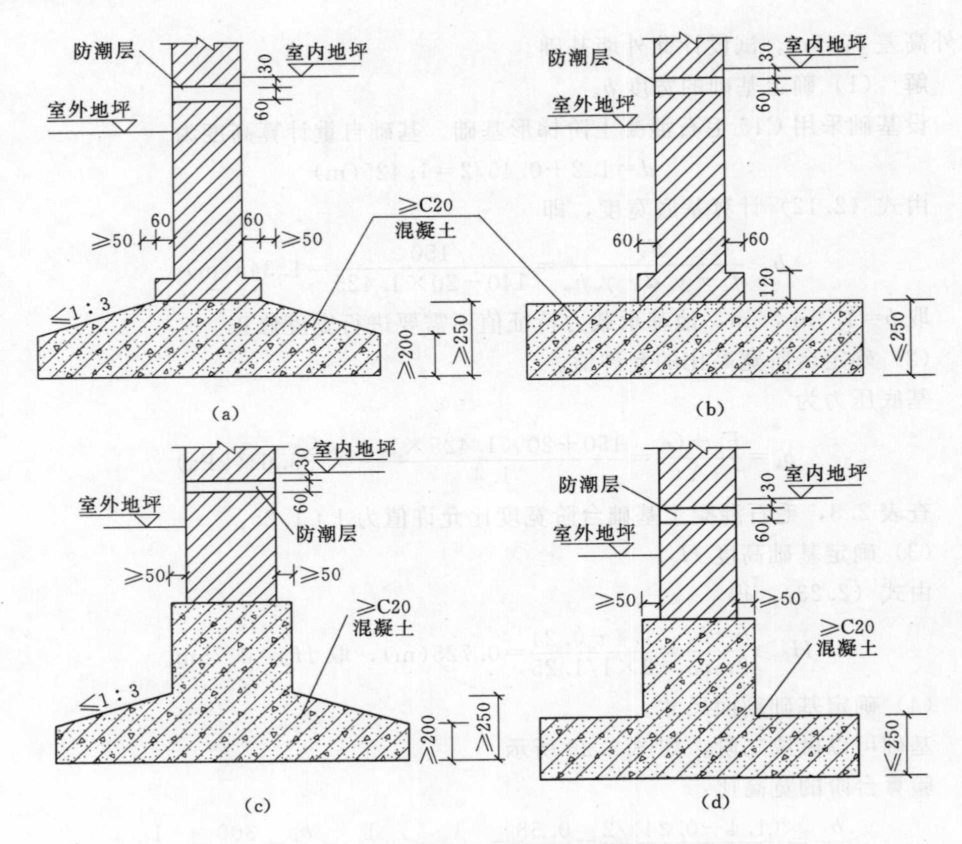

图 2.27　墙下条形基础剖面形式

(a) 锥形；(b) 平板式；(c) 带肋锥形；(d) 带肋平板式

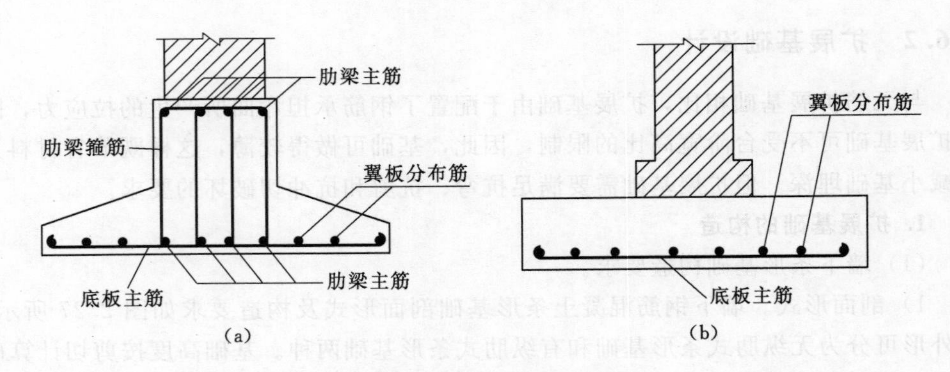

图 2.28　墙下条形基础配筋

(a) 带肋梁；(b) 无肋梁

基础底板在 T 形及“十”字形交接处，底板横向受力钢筋仅沿一个主要受力方向通长布置，另一方向的横向受力钢筋可布置到主要受力方向底板宽度 1/4 处，如图 2.29 (a)、(b) 所示；在拐角处底板横向受力钢筋应沿两个方向布置，如图 2.29 (c) 所示。

3) 基础混凝土强度等级。《地基规范》规定，混凝土强度等级不应低于 C20。

4) 钢筋保护层。当有垫层时，钢筋保护层净厚度不应小于 40mm，无垫层时不应小于 70mm。

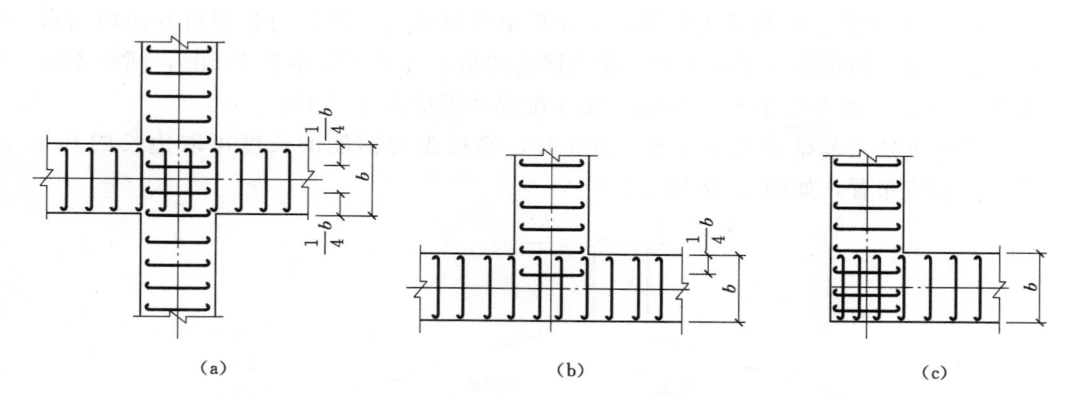

图 2.29 墙下条形基础底板配筋构造

(a)“十”字形交接处；(b) T 形交接处；(c) L 形拐角处

5）垫层要求。通常在基础底板下浇筑一层素混凝土垫层。垫层厚度不宜小于 70mm，混凝土强度等级不宜低于 C10；常做成 100mm 厚 C15 素混凝土垫层，周边各伸出基础 50～100mm。

（2）柱下独立基础构造要求。

1）平面形式。轴心受压基础底板一般宜用正方形；偏心受压基础一般采用矩形（弯矩方向为长边），长短边之比不宜大于 3.0。

2）剖面形式。基础剖面形式常为锥形和阶梯形两种。锥形基础的边缘高度 H_1 不宜小于 200mm，且两个方向的坡度不宜大于 1：3，顶部每边应沿柱边放出 50mm，如图 2.30 所示；阶梯形基础的每阶高度宜为 300～500mm，如图 2.31 所示。

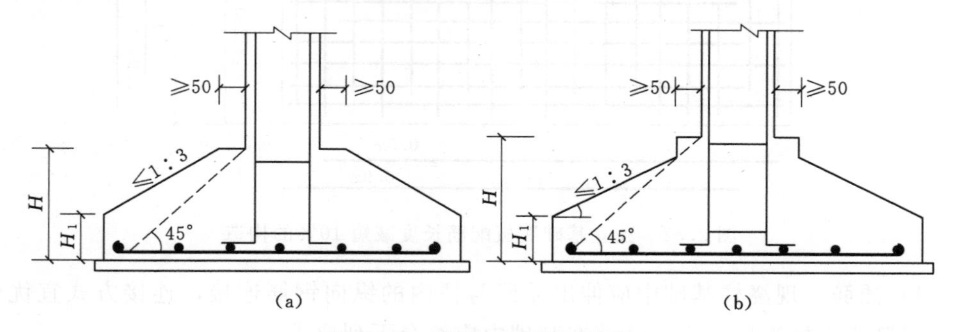

图 2.30 锥形基础剖面形式

(a) 形式一；(b) 形式二

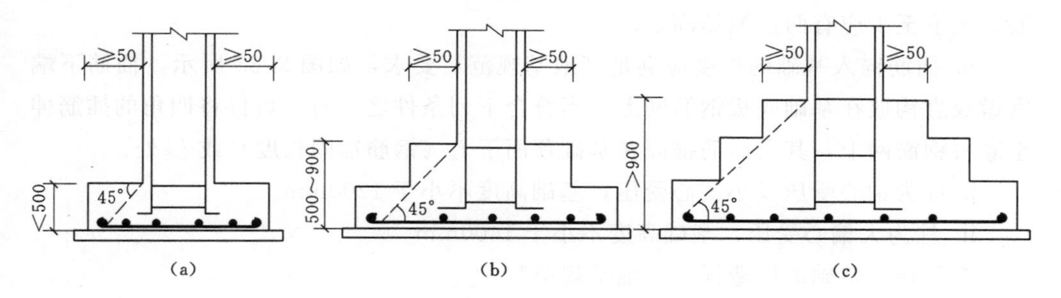

图 2.31 阶梯形基础剖面形式

(a) 单阶；(b) 两阶；(c) 三阶

3）底板配筋。底板受力钢筋截面面积由计算确定，沿长边和短边双向均匀布置，长边方向的钢筋设置在下面。受力钢筋的最小直径不应小于 10mm，间距不应大于 200mm，也不应小于 100mm，最小配筋率不应小于 0.15%。

当柱下独立基础边长不小于 2.5m 时，底板受力钢筋的长度可取边长的 0.9 倍，并交错布置，如图 2.32 所示。

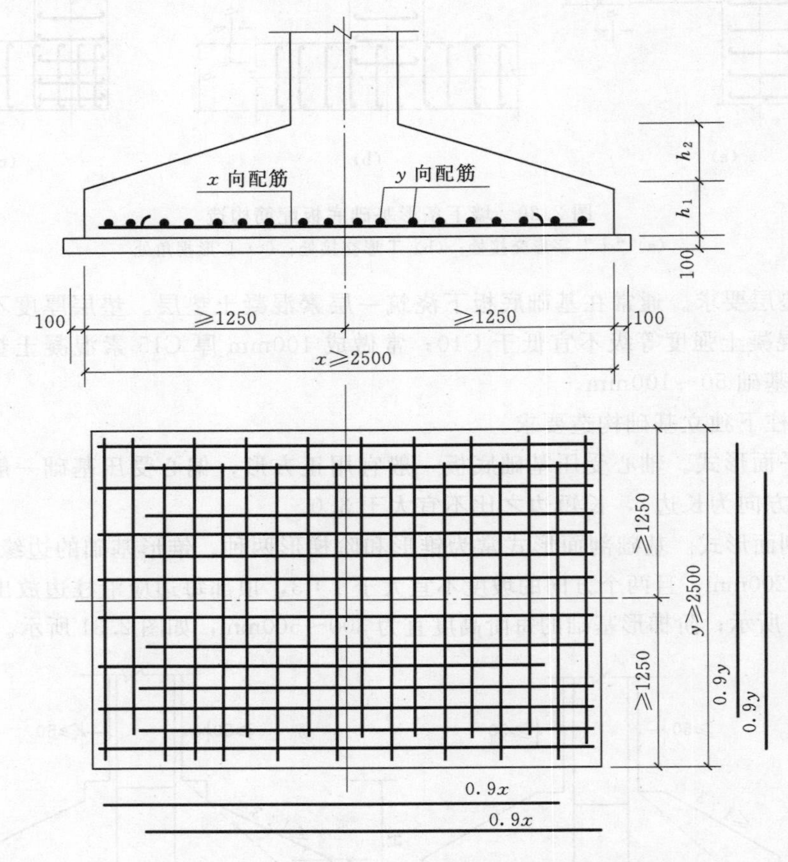

图 2.32　独立基础底板配筋长度减短 10%的构造

4）插筋。现浇柱基础中应伸出插筋与柱内的纵向钢筋连接，连接方式宜优先采用焊接或机械连接接头，插筋在基础内应符合下列要求。

a. 插筋的数量、直径以及钢筋种类应与柱内纵向钢筋相同，插入基础内的钢筋，上下至少应有两道箍筋固定。

b. 插筋锚入基础的长度应满足《地基规范》要求，如图 2.33 所示。插筋下端宜做成直钩放在基础底板钢筋网上。当符合下列条件之一时，可仅将四角的插筋伸至底板钢筋网上，其余插筋锚固在基础顶面下 l_a（钢筋锚固长度）或 l_{aE} 处。

i. 柱为轴心受压或小偏心受压，基础高度不小于 1200mm。

ii. 柱为大偏心受压，基础高度不小于 1400mm。

有关杯口基础的构造详见《地基规范》。

5）其他。混凝土强度等级、钢筋保护层厚度及垫层要求与墙下钢筋混凝土条形基础相同。

2. 墙下钢筋混凝土条形基础设计

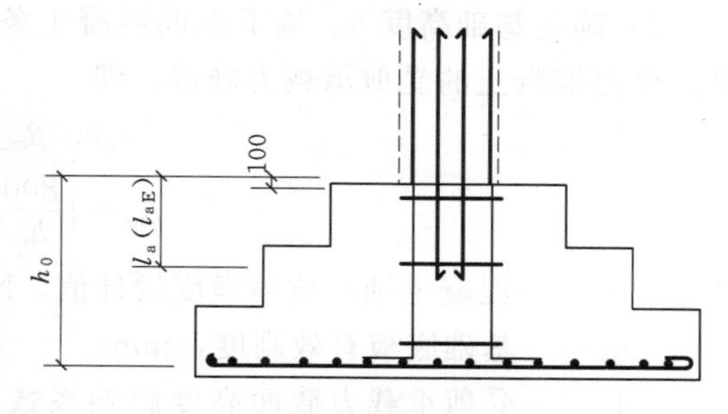

图 2.33 现浇柱基础中的插筋构造

墙下钢筋混凝土条形基础的截面设计包括确定基础高度和基础底板配筋。在这些设计计算中，上部结构传来的荷载效应应采用承载力极限状态的基本组合，相应的基底反力为地基净反力（不考虑基础及其上面土重所引起的反力），并以 p_j 表示。计算时，通常沿墙体长度方向取 1m 作为计算单元，即 $l=1$m。

(1) 轴心荷载作用。

1) 控制截面和内力确定。墙下钢筋混凝土条形基础在轴心荷载作用下的受力分析可简化为图 2.34 所示。它的受力情况如同一承受地基净反力 p_j 作用的倒置悬臂梁。

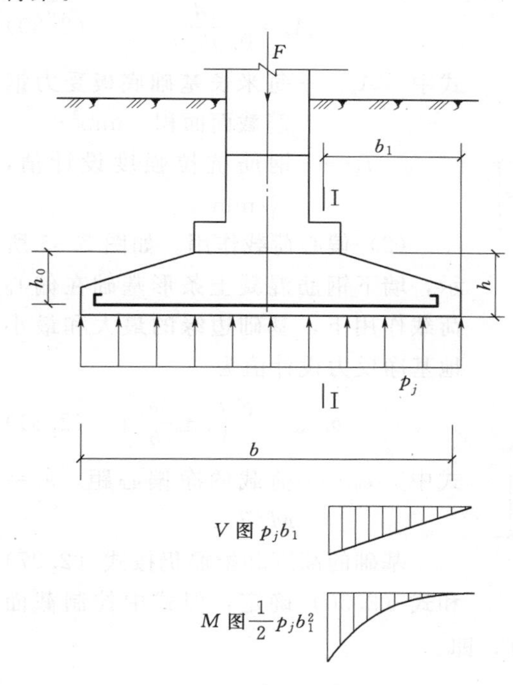

图 2.34 墙下钢筋混凝土条形基础受轴心荷载作用

地基净反力设计值可按式 (2.24) 计算，即

$$p_j=\frac{F}{bl}=\frac{F}{b} \quad (2.24)$$

式中 F——相应于荷载效应基本组合时上部结构传至基础顶面的竖向力设计值，kN；

b——基础宽度，m；

l——墙长，取 1m。

在地基净反力 p_j 作用下，将在基础底板内产生弯矩 M 和剪力 V，如图 2.34 中的弯矩和剪力所示。其值悬臂板根部 Ⅰ—Ⅰ 截面处最大，因此 Ⅰ—Ⅰ 截面为结构控制截面，此截面上的弯矩 M 和剪力 V 为结构的控制内力。如果基础为阶梯形，则每一变阶处都是控制截面，其对应的内力都是控制内力。

$$V=p_jb_1 \quad (2.25)$$

$$M=\frac{1}{2}p_jb_1^2 \quad (2.26)$$

式中 V——相应于荷载效应基本组合时控制截面 Ⅰ—Ⅰ 剪力设计值，kN；

M——相应于荷载效应基本组合时控制截面 Ⅰ—Ⅰ 弯矩设计值，kN·m；

b_1——基础悬臂部分计算截面的出挑长度，m，如图 2.34 所示：当墙体材料为混凝土时，b_1 为基础边缘到墙脚的距离；当为砖墙且放脚不大于 1/4 砖墙时，b_1 为基础边缘至墙脚的距离再加上 1/4 砖长。

2）确定基础高度 h。墙下钢筋混凝土条形基础内不配置箍筋和弯起筋，故基础高度由混凝土的受剪承载力确定，即

$$V \leqslant 0.7\beta_{hs} f_t h_0 \tag{2.27}$$

$$\beta_{hs} = \left(\frac{800}{h_0}\right)^{1/4} \tag{2.28}$$

式中 f_t——混凝土轴心抗压强度设计值，N/mm^2；

h_0——基础底板有效高度，mm；

β_{hs}——受剪承载力截面高度影响系数，当 $h_0 < 800$mm 时，取 $h_0 = 800$mm；当 $h_0 > 2000$mm 时，取 $h_0 = 2000$mm。

由式（2.25）、式（2.27）整理得

$$h_0 \geqslant \frac{p_j b_1}{0.7\beta_{hs} f_t} \tag{2.29}$$

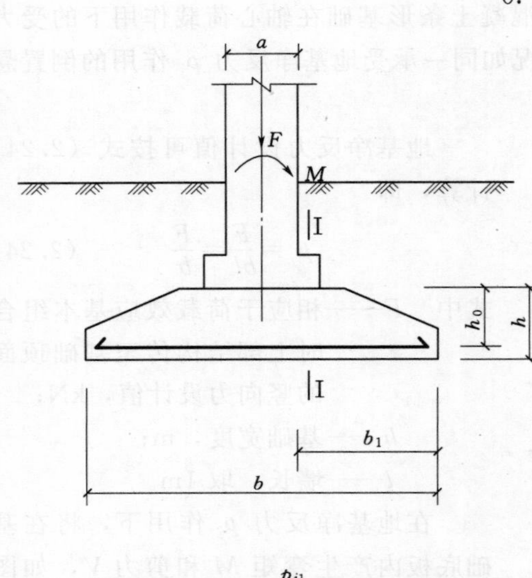

图 2.35 墙下条形基础受偏心荷载作用

3）确定基础底板配筋。基础每延米长度的受力钢筋截面面积为

$$A_s = \frac{M}{0.9 h_0 f_y} \tag{2.30}$$

式中 A_s——每米长基础底板受力钢筋截面面积，mm^2；

f_y——钢筋抗拉强度设计值，N/mm^2。

（2）偏心荷载作用。如图 2.35 所示，墙下钢筋混凝土条形基础在偏心荷载作用下，基础边缘的最大和最小地基净反力设计值为

$$p_{j,\max \atop j,\min} = \frac{F}{b}\left(1 \pm \frac{6e_0}{b}\right) \tag{2.31}$$

式中 e_0——荷载的净偏心距，$e_0 = M/F$。

基础的高度和配筋仍按式（2.27）和式（2.30）确定，但式中控制截面的剪力和弯矩设计值应改按下列公式计算，即

$$V = \frac{1}{2}(p_{j,\max} + p_{j\mathrm{I}}) b_1 \tag{2.32}$$

$$M = \frac{1}{6}(2p_{j,\max} + p_{j\mathrm{I}}) b_1^2 \tag{2.33}$$

式中的 $p_{j\mathrm{I}}$ 为计算截面Ⅰ—Ⅰ处的地基净反力设计值，按式（2.34）计算，即

$$p_{j\mathrm{I}} = p_{j,\min} + \frac{b - b_1}{b}(p_{j,\max} - p_{j,\min}) \tag{2.34}$$

【例 2.8】 某承重砖墙厚 240mm，传至条形基础顶面处的轴心荷载 $F_k = 150$kN/m。该处土层自地表起依次分布如下：第一层为粉质黏土，厚度为 2.2m，$\gamma = 17kN/m^3$，$e = 0.91$，$f_{ak} = 130$kPa，$E_{s1} = 8.1$MPa；第二层为淤泥质土，厚度

为 1.6m，$f_{ak}=65\text{kPa}$，$E_{s2}=2.6\text{MPa}$；第三层为中密中砂。地下水位在淤泥质土顶面处。建筑物对基础埋深没有特殊要求，且不必考虑土的冻胀问题。试设计该墙下钢筋混凝土条形基础（可近似取荷载效应基本组合的设计值为标准组合的 1.35 倍）。

解 （1）确定基础埋深。

依据题意，取基础埋深 $d=0.5\text{m}$。

（2）确定墙下钢筋混凝土条形基础的宽度 b。

经深度修正后的地基承载力特征值 f_a：查表 2.5 得 $\eta_d=1.0$。

$$f_a=f_{ak}+\eta_d\gamma_m(d-0.5)=130+1.0\times17\times(0.5-0.5)=130(\text{kPa})$$

$$b\geqslant\frac{F_k}{f_a-\gamma_G d}=\frac{150}{130-20\times0.5}=1.25(\text{m})$$

取 $b=1.3\text{m}$。

（3）软弱下卧层承载力验算。

由 $E_{s1}/E_{s2}=8.1/2.6=3.12$，$z/b=1.7/1.3>0.5$，查表 2.7 得 $\theta=23°$，$\tan\theta=0.424$。

$$p_k=\frac{F_k+G_k}{A}=\frac{150+20\times0.5\times1.3}{1.3}=125.4(\text{kPa})$$

下卧层顶面处的附加应力为

$$p_z=\frac{b(p_k-\gamma_m d)}{b+2z\tan\theta}=\frac{1.3\times(125.4-17\times0.5)}{1.3+2\times1.7\times0.424}=55.43(\text{kPa})$$

下卧层顶面处的自重应力为

$$p_{cz}=17\times2.2=37.4(\text{kPa})$$

深度修正后的软弱下卧层承载力特征值为

$$\gamma_m=\gamma=17\text{kN/m}^3$$

$$f_{az}=f_{ak}+\eta_d\gamma_m(d+z-0.5)=130+1.0\times17\times(2.2-0.5)=93.9(\text{kPa})$$

验算：$p_z+p_{cz}=55.3+37.4=92.7(\text{kPa})<f_{az}=93.9\text{kPa}$（满足要求）。

（4）确定基础高度。

采用 C20 混凝土，$f_t=1.1\text{N/mm}^2$；采用 HPB300 级的钢筋，$f_y=300\text{N/mm}^2$，地基净反力设计值为

$$p_j=\frac{F}{b}=\frac{1.35\times150}{1.3}=155.8(\text{kPa})$$

基础边缘至砖墙计算截面的距离为

$$b_1=\frac{1}{2}(1.3-0.24)=0.53(\text{m})$$

控制截面的剪力设计值 $V=p_j b_1=155.8\times0.53=82.57(\text{kN/m})$。

根据经验假定 $h=b/8=1300/8=162.5(\text{mm})$，条形基础的构造要求基础的最小高度不小于 200mm，取 $h=250\text{mm}$，$h_0=h-40-10/2=205(\text{mm})$（底板受力钢筋按直径为 10mm 估计）。

混凝土抗剪承载力验算，由式（2.27）得

$$0.7\beta_{hs}f_t h_0=0.7\times1\times1.1\times205=157.85(\text{kN/m})>V=82.57\text{kN/m}\quad（满足要求）$$

（5）确定基础底板配筋。

$$M=\frac{1}{2}p_j b_1^2=\frac{1}{2}\times 155.8\times 0.53^2=21.9(\text{kN}\cdot\text{m})$$

$$A_s=\frac{M}{0.9h_0 f_y}=\frac{21.9\times 10^6}{0.9\times 210\times 270}=429(\text{mm}^2)$$

选配钢筋 $\phi 10@170$，$A_s=462\text{mm}^2$，满足要求。

基础详图如图 2.36 所示。

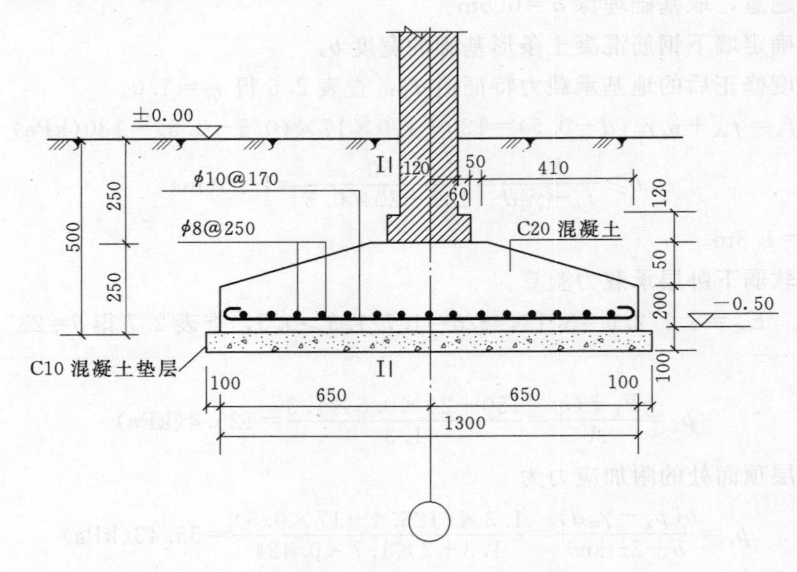

图 2.36 ［例 2.8］配筋图

3. 柱下钢筋混凝土单独基础设计

与墙下条形基础一样，在进行柱下独立基础设计时，一般先由地基承载力确定基础的底面尺寸，然后再进行基础的截面设计。基础截面设计主要包括确定基础高度和基础配筋计算。

(1) 轴心荷载作用。

1) 基础高度。在轴心荷载作用下，如果基础高度或台阶高度不足，基础将沿着柱周边或台阶高度的变化处产生冲切破坏，形成 45°斜裂面的角锥体，如图 2.37 所示。因此，柱下钢筋混凝土独立基础的高度由抗冲切验算确定。

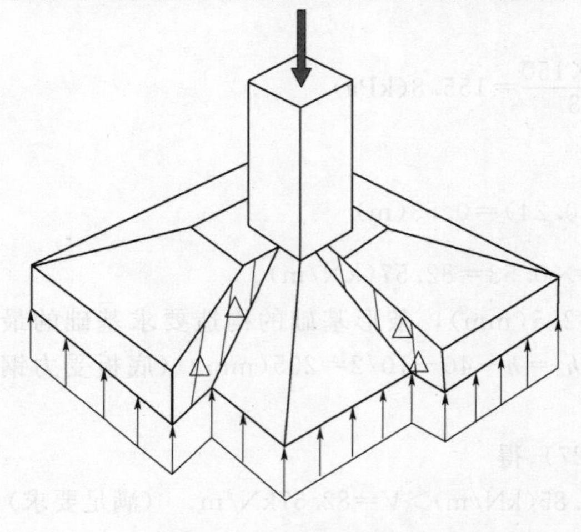

图 2.37 基础冲切破坏

为保证基础不发生冲切破坏，应对柱与基础交接处和基础变阶处进行冲切验算，必须使冲切破坏锥体以外的基底净反力所产生的冲切力不大于冲切面处混凝土的抗冲切承载力。当冲切破坏锥体落在基础底面以内（即 $b>b_c+2h_0$）时，如图 2.38 所示，基础高度由受冲切的承载力确定。对于矩形基础，柱短边一侧冲切破坏较柱长边一侧危险，所以，一般只需根据短边一侧冲切破坏条件来确定基础高度。

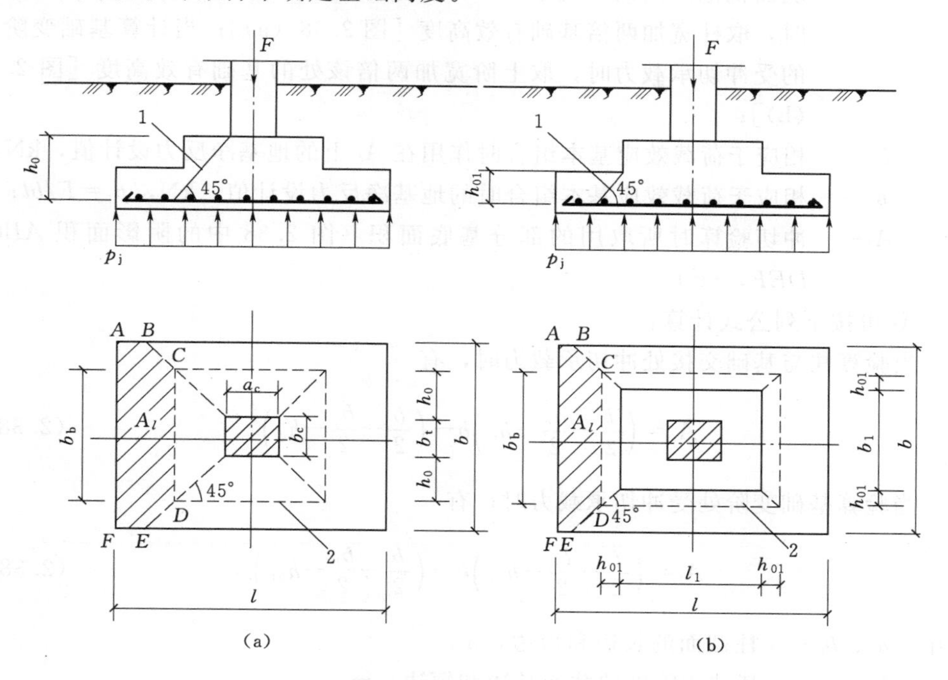

图 2.38 计算阶形基础的受冲切承载力截面位置

(a) 柱与基础交接处；(b) 基础变阶处

1—冲切破坏锥体最不利一侧斜截面；2—冲切破坏锥体的底面线

对于矩形截面柱的矩形基础，应验算柱与基础交接处［图 2.38 (a)］以及基础变阶处［图 2.38 (b)］的受冲切承载力。验算公式为

$$F_l \leqslant 0.7\beta_{hp} f_t b_m h_0 \quad (2.35)$$

$$b_m = \frac{b_t + b_b}{2} \quad (2.36)$$

$$F_l = p_j A_l \quad (2.37)$$

式中 β_{hp}——受冲切承载力截面高度影响系数，当 $h \leqslant 800$mm 时，β_{hp} 取 1.0；当 $h \geqslant 2000$mm 时，β_{hp} 取 0.9，其间按线性内插取值。

f_t——混凝土轴心抗拉强度设计值，kPa；

h_0——基础的有效高度，m，取两个方向配筋的有效高度平均值；

b_m——冲切破坏锥体最不利一侧计算长度，m，如图 2.39 所示；

b_t——冲切破坏锥体最不利一侧斜截面的上边长，m，当计算柱与基础交接处的受冲切承载力时，取柱宽［图 2.38 (a)］；当计算基础变阶处的受冲切承载力时，取上阶宽［图 2.38 (b)］；

b_b——冲切破坏锥体最不利一侧斜截面在基础

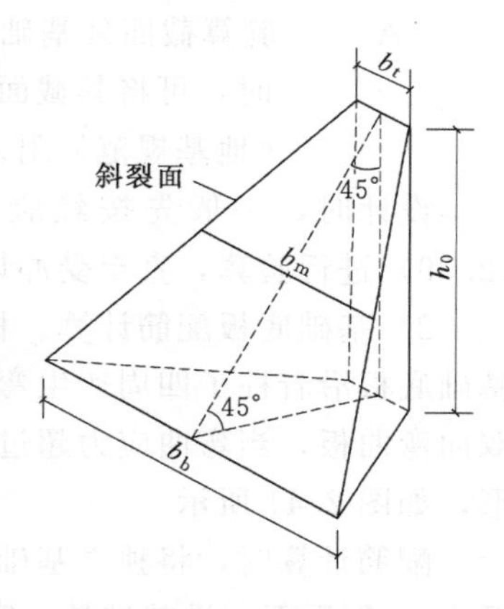

图 2.39 冲切斜裂面边长

底面积范围内的下边长，m，计算柱与基础交接处的受冲切承载力时，取柱宽加两倍基础有效高度［图 2.38（a）］；当计算基础变阶处的受冲切承载力时，取上阶宽加两倍该处的基础有效高度［图 2.38（b）］；

F_l——相应于荷载效应基本组合时作用在 A_l 上的地基净反力设计值，kN；

p_j——相应于荷载效应基本组合时的地基净反力设计值，kN，$p_j=F/bl$；

A_l——冲切验算时所取用的部分基底面积（图 2.38 中的阴影面积 $ABCDEF$，m^2）。

A_l 可按下列公式计算：

当验算柱与基础交接处冲切承载力时，有

$$A_l=\left(\frac{l}{2}-\frac{a_c}{2}-h_0\right)b-\left(\frac{b}{2}-\frac{b_c}{2}-h_0\right)^2 \tag{2.38a}$$

当验算基础变阶处受冲切承载力时，有

$$A_l=\left(\frac{l}{2}-\frac{l_1}{2}-h_{01}\right)b-\left(\frac{b}{2}-\frac{b_1}{2}-h_{01}\right)^2 \tag{2.38b}$$

式中 a_c、b_c——柱截面的长边和短边，m；

l_1、b_1——基础变阶处的截面长边和短边，m；

h_{01}——基础变阶处有效高度，mm。

当基础底面全部落在 45°冲切破坏锥体范围以内，即基础宽度不大于柱宽加两倍基础有效高度（$b\leqslant b_c+2h_0$）时，则成为刚性基础，无需进行冲切验算，仅需对基础进行斜截面受剪承载力验算即可，基础高度由受剪承载力控制，按式（2.39）验算，即

$$V_s\leqslant 0.7\beta_{hs}f_tA_0 \tag{2.39}$$

式中 V_s——相应于荷载效应基本组合时，柱与基础交接处或变阶处的剪力设计值，kN；取图 2.40 中阴影面积乘以基底平均净反力；

β_{hs}——受剪承载力截面高度影响系数；$\beta_{hs}=(800/h_0)^{1/4}$；当 $h_0<800$mm 时，取 $h_0=800$mm；当 $h_0>2000$mm 时，取 $h_0=2000$mm；

A_0——验算截面处基础的有效截面面积，m^2，当验算截面为阶梯形或锥形时，可将其截面折算成矩形截面，截面折算宽度和截面有效高度按《地基规范》附录 U 计算。

设计时，一般先按经验假定基础高度，得出 h_0，再代入式（2.35）或式（2.39）进行验算，直至受冲切或受剪切满足要求为止。

2）基础底板配筋计算。柱下钢筋混凝土独立基础承受荷载后，如同平板那样，基础底板沿着柱子四周产生弯曲，一般独立基础的长宽比小于 2.0，所以其底板为双向弯曲板，当弯曲应力超过基础的抗弯强度时，就会发生弯曲破坏，呈“井”字形，如图 2.41 所示。

配筋计算时，将独立基础的底板视为 4 块固定在柱边的梯形悬臂板，在基底净反力 p_j 作用下，沿基础长、宽两个方向的弯矩，等于梯形基底面积上地基净反力

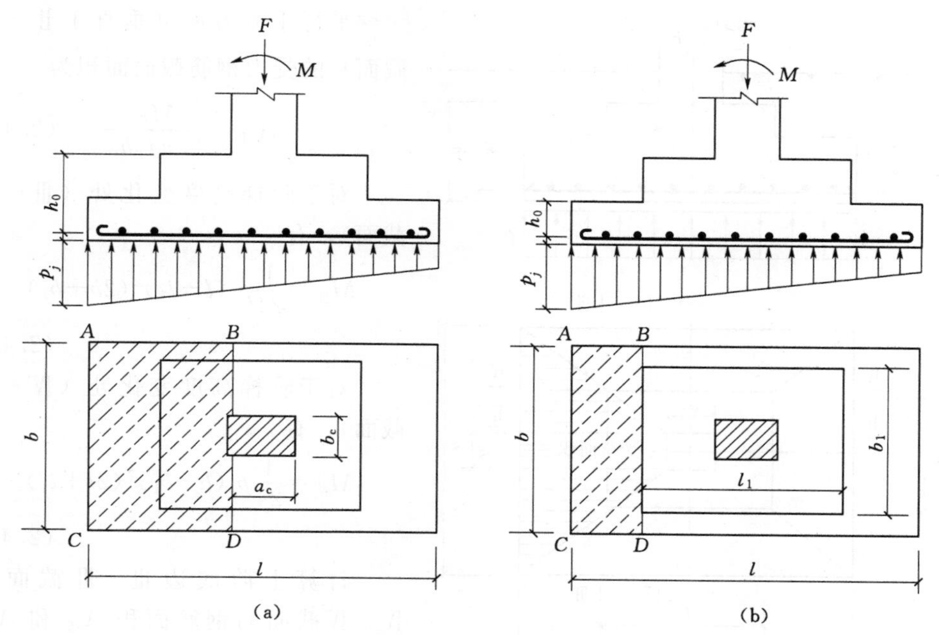

图 2.40 柱下独立基础受剪承载力验算

(a) 柱与基础交接处；(b) 基础变阶处

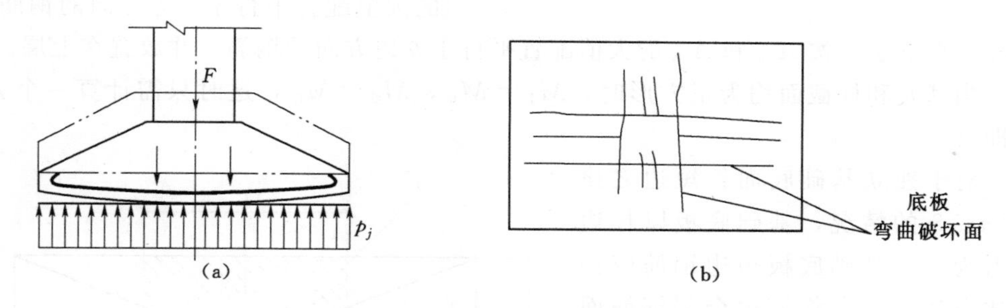

图 2.41 柱下独立基础弯曲破坏

所产生的力矩。控制截面为长、宽两个方向的柱边截面和变阶处的截面，如图 2.42 所示。

当基础台阶的宽高比不大于 2.5 时，可认为地基反力呈线性分布，底板控制截面的弯矩设计值及配筋可按下列公式计算。

对于柱边（Ⅰ—Ⅰ截面），有

$$M_{\mathrm{I}}=\frac{1}{24}p_j(l-a_c)^2(2b+b_c) \tag{2.40}$$

平行于 l 方向（垂直于Ⅰ—Ⅰ截面）的受力钢筋截面面积为

$$A_{s\mathrm{I}}=\frac{M_{\mathrm{I}}}{0.9f_y h_0} \tag{2.41}$$

对于柱边（Ⅱ—Ⅱ截面），有

$$M_{\mathrm{II}}=\frac{1}{24}p_j(b-b_c)^2(2l+a_c) \tag{2.42}$$

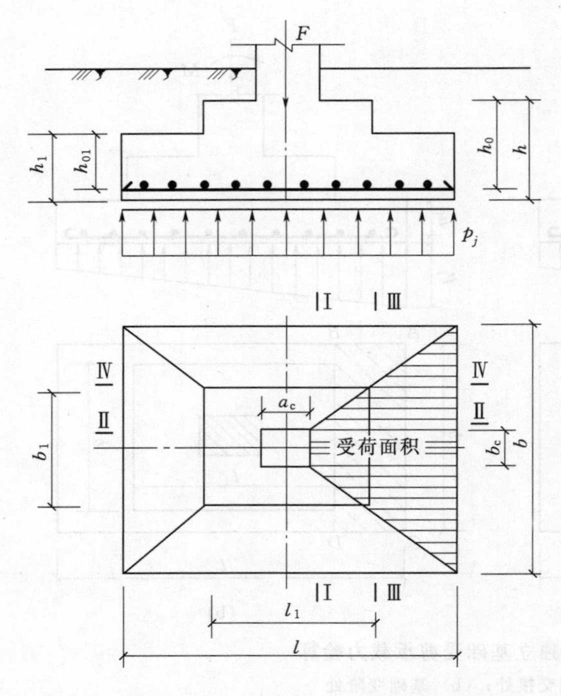

图 2.42　轴心受压基础矩形底板弯矩计算

平行于 b 方向（垂直于Ⅱ—Ⅱ截面）的受力钢筋截面面积为

$$A_{s\mathrm{II}}=\frac{M_{\mathrm{II}}}{0.9f_yh_0} \tag{2.43}$$

对于阶梯高度变化处（Ⅲ—Ⅲ截面），有

$$M_{\mathrm{III}}=\frac{1}{24}p_j(l-l_1)^2(2b+b_1) \tag{2.44}$$

对于阶梯高度变化处（Ⅳ—Ⅳ截面），有

$$M_{\mathrm{IV}}=\frac{1}{24}p_j(b-b_1)^2(2l+l_1) \tag{2.45}$$

计算上阶底边Ⅲ—Ⅲ截面和Ⅳ—Ⅳ截面的钢筋面积 $A_{s\mathrm{III}}$ 和 $A_{s\mathrm{IV}}$ 时，只要把各式中 h_0 换成下阶的有效高度 h_{01} 即可。然后按 $A_{s\mathrm{I}}$ 和 $A_{s\mathrm{III}}$ 的大值配置平行于 l 边方向的钢筋，并放置在下层；按 $A_{s\mathrm{II}}$ 和 $A_{s\mathrm{IV}}$ 的大值配置平行于 b 边方向的钢筋，并放置在上层。

当基底和柱截面均为正方形时，$M_{\mathrm{I}}=M_{\mathrm{II}}$，$M_{\mathrm{III}}=M_{\mathrm{IV}}$，这时只需计算一个方向即可。

对于独立基础底面长短边之比 $2\leqslant n\leqslant 3$ 的情况，基础底板以长边受力为主。基础底板短边钢筋应按下述方法布置：将短边全部钢筋面积乘以（$1-n/6$）后求得的钢筋，均匀分布在与柱中心线重合的宽度等于基础短边的中间带宽范围内，如图 2.43 阴影范围所示，其余的短边钢筋则均匀分布在中间带宽两侧。长边配筋应均匀分布在基础全宽范围内。

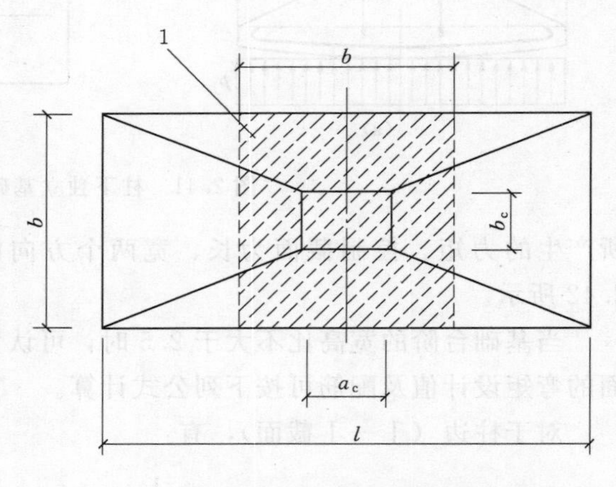

图 2.43　基础底板短边钢筋布置示意图

当基础的混凝土强度等级小于柱的混凝土强度等级时，还应验算柱下基础顶面的局部受压承载力。

（2）偏心荷载作用。

1）基础高度。偏心荷载作用下，基础底面净反力呈梯形分布，如图 2.44 所示。为保证基底反力呈线性分布且基础底面与地基之间不出现零应力区，必须使基础台阶的宽高比不大于 2.5 且荷载偏心距 $e\leqslant l/6$，此时基础边缘的最大和最小地基净反力为

$$p_{j,\max \atop j,\min}=\frac{F}{bl}\left(1\pm\frac{6e_0}{l}\right) \quad (2.46)$$

偏心受压基础高度确定与轴心受压基础基本相同。只需在作基础冲切和剪切验算时，将式（2.35）或式（2.39）中的 p_j 用 $p_{j,\max}$ 代替即可。

2）基础底板配筋。图 2.44 中基础底板各个控制截面的弯矩设计值按下列公式计算。

对于柱边（Ⅰ—Ⅰ截面），有

$$M_{\mathrm{I}}=\frac{1}{48}[(p_{j,\max}+p_{j\mathrm{I}})(2b+b_c)+(p_{j,\max}-p_{j\mathrm{I}})b](l-a_c)^2 \quad (2.47)$$

$$p_{j\mathrm{I}}=p_{j,\min}+\frac{l+a_c}{2l}(p_{j,\max}-p_{j,\min}) \quad (2.48)$$

式中 $p_{j\mathrm{I}}$——Ⅰ—Ⅰ截面处的净反力设计值。

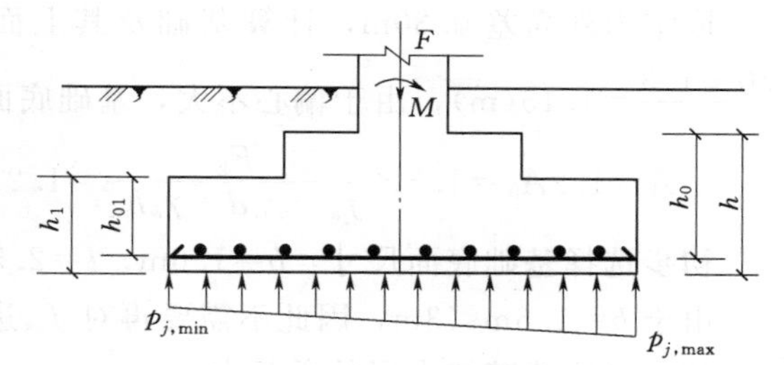

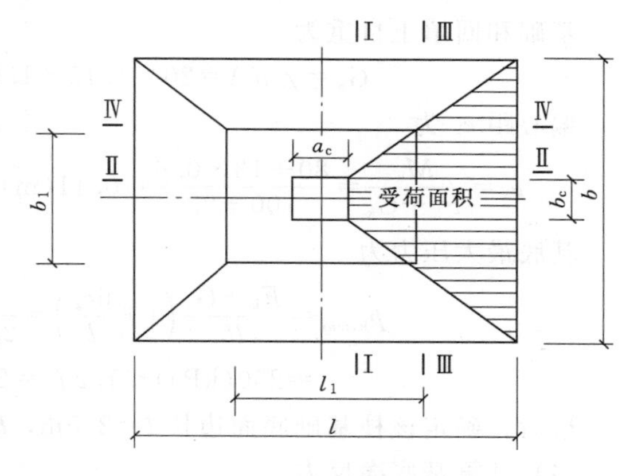

图 2.44 偏心荷载作用下基底净反力分布

对于柱边（Ⅱ—Ⅱ截面），有

$$M_{\mathrm{II}}=\frac{1}{48}(p_{j,\max}+p_{j,\min})(b-b_c)^2(2l+a_c) \quad (2.49)$$

对于阶梯高度变化处（Ⅲ—Ⅲ截面），有

$$M_{\mathrm{III}}=\frac{1}{48}[(p_{j,\max}+p_{j\mathrm{III}})(2b+b_1)+(p_{j,\max}-p_{j\mathrm{III}})b](l-l_1)^2 \quad (2.50)$$

式中 $p_{j\mathrm{III}}$——Ⅲ—Ⅲ截面处的净反力设计值，kN，可按式（2.48）计算，只需将式中的 a_c 用 l_1 代替即可。

对于阶梯高度变化处（Ⅳ—Ⅳ截面），有

$$M_{\mathrm{IV}}=\frac{1}{48}(p_{j,\max}+p_{j,\min})(b-b_1)^2(2l+l_1) \quad (2.51)$$

偏心受压基础底板的受力钢筋截面面积仍可按式（2.41）和式（2.43）计算。

符合构造要求的杯口基础，在与预制柱结合形成整体后，其性能与现浇柱基本相同，故其高度和底板配筋仍按柱边和高度变化处的截面进行计算。

【例 2.9】 某多层框架结构，柱截面尺寸为 300mm×400mm，上部结构传至柱底的荷载标准值：中心垂直荷载为 700kN，力矩为 80kN·m，水平荷载为 13kN。作用在柱底的荷载效应基本组合设计值：中心垂直荷载为 950kN，力矩为 108kN·m，水平荷载为 18kN。场地土质为均质黏性土，$\gamma=17.5\mathrm{kN/m^3}$，$e=0.7$，$I_L=0.78$，地基承载力特征值 $f_{ak}=226\mathrm{kPa}$。设计该框架边柱独立基础。

解 （1）确定经深度修正后的地基承载力特征值 f_a。

初选基础埋深 $d=1\mathrm{m}$，查表 2.5，得 $\eta_d=1.6$。

$$f_a=f_{ak}+\eta_d\gamma_m(d-0.5)=226+1.6\times17.5\times(1.0-0.5)=240(\mathrm{kPa})$$

（2）确定基础的底面尺寸。

取室内外高差0.30m，计算基础及其上面填土自重G_k时的基础埋深为$d=\frac{1.0+1.3}{2}=1.15(m)$，由于偏心不大，基础底面按20%增大，即

$$A=1.2A_0=1.2\times\frac{F_k}{f_a-\gamma_G d+\gamma_w h_w}=1.2\times\frac{700}{240-20\times1.15}=3.88(m^2)$$

初步选择基础底面尺寸：$b=1.6m$，$l=2.5m$。

由于$b=1.6m<3m$，因此不需要再对f_{ak}进行宽度修正。

(3) 验算地基持力层的承载力。

基础和回填土自重为

$$G_k=\gamma_G dA=20\times1.15\times1.6\times2.5=92(kN)$$

偏心距e_k为

$$e_k=\frac{M_k}{F_k+G_k}=\frac{80+13\times0.6}{700+92}=0.11(m)<\frac{l}{6}=0.42m \quad (满足要求)$$

基底最大压力为

$$p_{k,max}=\frac{F_k+G_k}{lb}\left(1+\frac{6e_k}{l}\right)=\frac{792}{2.5\times1.6}\left(1+\frac{6\times0.11}{2.5}\right)$$

$$=250(kPa)<1.2f_a=288kPa \quad (满足要求)$$

最后，确定该柱基础底面边长$l=2.5m$，$b=1.6m$。

(4) 计算基底净反力。

偏心距为

$$e_0=\frac{M}{F}=\frac{108+18\times0.6}{950}=0.125(m)$$

基底边缘处的最大和最小地基净反力设计值为

$$p_{j,max}=\frac{F}{bl}\left(1+\frac{6e_0}{l}\right)=\frac{950}{1.6\times2.5}\times\left(1+\frac{6\times0.125}{2.5}\right)=308.75(kPa)$$

$$p_{j,min}=\frac{F}{bl}\left(1-\frac{6e_0}{l}\right)=\frac{950}{1.6\times2.5}\times\left(1-\frac{6\times0.125}{2.5}\right)=166.25(kPa)$$

(5) 确定基础高度。

材料选用：C20混凝土，$f_t=1.1N/mm^2$；HPB300级钢筋，$f_y=270N/mm^2$；C15混凝土垫层，厚100mm。

初步确定基础高度$h=600mm$，采用二级阶梯形基础，每阶高度为300mm，如图2.45所示。

1) 验算柱与基础交接处抗冲切承载力。

$h_0=600-40-10=550(mm)=0.55m$，$b_t=b_c=0.3m$；$b_b=b_t+2h_0=0.3+2\times0.55=1.4(m)<b=1.6m$。

$$b_m=\frac{b_t+b_b}{2}=\frac{0.3+1.4}{2}=0.85(m)$$

因偏心受压，取$p_j=p_{j,max}=308.75kPa$。

则冲切力为

$$F_l=p_{j,max}A_l=p_{j,max}\left[\left(\frac{l}{2}-\frac{a_c}{2}-h_0\right)b-\left(\frac{b}{2}-\frac{b_c}{2}-h_0\right)^2\right]$$

$$=308.75\times\left[\left(\frac{2.5}{2}-\frac{0.4}{2}-0.55\right)\times1.6-\left(\frac{1.6}{2}-\frac{0.3}{2}-0.55\right)^2\right]$$

$$=243.9(kN)$$

$0.7\beta_{hp}f_t b_m h_0=0.7\times1.0\times1.1\times10^3\times0.85\times0.55=360(\text{kN})>F_l$，满足要求。

2）验算变阶处抗冲切承载力。

$h_{01}=300-40-10=250(\text{mm})=0.25\text{m}$，$b_t=b_1=0.8\text{m}$；$b_b=b_t+2h_{01}=0.8+2\times0.25=1.3(\text{m})<b=1.6\text{m}$。

$$b_m=\frac{b_t+b_b}{2}=\frac{0.8+1.3}{2}=1.15(\text{m})$$

冲切力为

$$\begin{aligned}F_l&=p_{j,\max}A_l=p_{j,\max}\left[\left(\frac{l}{2}-\frac{l_1}{2}-h_0\right)b-\left(\frac{b}{2}-\frac{b_1}{2}-h_0\right)^2\right]\\&=308.75\times\left[\left(\frac{2.5}{2}-\frac{1.25}{2}-0.25\right)\times1.6-\left(\frac{1.6}{2}-\frac{0.8}{2}-0.25\right)^2\right]\\&=178.3(\text{kN})\end{aligned}$$

$0.7\beta_{hp}f_t b_m h_{01}=0.7\times1.0\times1.1\times10^3\times1.15\times0.25=221.4(\text{kN})>F_l$，满足要求。

（6）基础底板的配筋。

柱边基础台阶宽高比为 1.05/0.6=1.75<2.5；变阶处宽高比为 0.525/0.3=1.75<2.5，满足要求。

1）基础长边方向。

对于柱边（Ⅰ—Ⅰ截面），有

$$\begin{aligned}p_{j\text{I}}&=p_{j,\min}+\frac{l+a_c}{2l}(p_{j,\max}-p_{j,\min})\\&=166.25+\frac{2.5+0.4}{2\times2.5}\times(308.75-166.25)=248.9(\text{kPa})\end{aligned}$$

$$\begin{aligned}M_\text{I}&=\frac{1}{48}[(p_{j,\max}+p_{j\text{I}})(2b+b_c)+(p_{j,\max}-p_{j\text{I}})b](l-a_c)^2\\&=\frac{1}{48}\times[(308.75+248.9)\times(2\times1.6+0.3)+(308.75-248.9)\times1.6]\\&\quad\times(2.5-0.4)^2\\&=188.12(\text{kN}\cdot\text{m})\end{aligned}$$

$$A_{s\text{I}}=\frac{M_\text{I}}{0.9f_y h_0}=\frac{188.12\times10^6}{0.9\times270\times550}=1408(\text{mm}^2)$$

对于阶梯高度变化处（Ⅲ—Ⅲ截面），有

$$\begin{aligned}p_{j\text{III}}&=p_{j,\min}+\frac{l+l_1}{2l}(p_{j,\max}-p_{j,\min})\\&=166.25+\frac{2.5+1.25}{2\times2.5}\times(308.75-166.25)=273.13(\text{kPa})\end{aligned}$$

$$\begin{aligned}M_\text{III}&=\frac{1}{48}[(p_{j,\max}+p_{j\text{III}})(2b+b_1)+(p_{j,\max}-p_{j\text{III}})b](l-l_1)^2\\&=\frac{1}{48}\times[(308.75+273.13)\times(2\times1.6+0.8)+(308.75-273.13)\times1.6]\\&\quad\times(2.5-1.25)^2\\&=77.62(\text{kN}\cdot\text{m})\end{aligned}$$

$$A_{s\text{III}}=\frac{M_\text{III}}{0.9f_y h_{01}}=\frac{77.62\times10^6}{0.9\times270\times250}=1278(\text{mm}^2)$$

比较 $A_{s\text{I}}$ 和 $A_{s\text{III}}$ 应按 $A_{s\text{I}}$ 配筋，在宽度 1.6m 范围内实际配 10ϕ14，$A_s=1538\text{mm}^2>1407\text{mm}^2$，实际配筋率为 $\rho=\dfrac{1538}{250\times1600+300\times800}=0.239\%>\rho_{\min}$，满足要求。

2）短边方向。

对于柱边（Ⅱ—Ⅱ截面），有

$$M_{\mathrm{II}}=\frac{1}{48}(p_{j,\max}+p_{j,\min})(b-b_c)^2(2l+a_c)$$

$$=\frac{1}{48}\times(308.75+166.25)\times(1.6-0.3)^2\times(2\times2.5+0.4)$$

$$=90.31(\mathrm{kN\cdot m})$$

$$A_{s\mathrm{II}}=\frac{M_{\mathrm{II}}}{0.9f_yh_0}=\frac{90.31\times10^6}{0.9\times270\times545}=682(\mathrm{mm}^2)$$

对于阶梯高度变化处（Ⅳ—Ⅳ截面），有

$$M_{\mathrm{IV}}=\frac{1}{48}(p_{j,\max}+p_{j,\min})(b-b_1)^2(2l+l_1)$$

$$=\frac{1}{48}\times(308.75+166.25)\times(1.6-0.8)^2\times(2\times2.5+1.25)$$

$$=39.58(\mathrm{kN\cdot m})$$

$$A_{s\mathrm{IV}}=\frac{M_{\mathrm{IV}}}{0.9f_yh_{01}}=\frac{39.58\times10^6}{0.9\times270\times245}=665(\mathrm{mm}^2)$$

比较 $A_{s\mathrm{II}}$ 和 $A_{s\mathrm{IV}}$ 应按 $A_{s\mathrm{II}}$ 配筋，在宽度 2.5m 范围内按构造要求实际选配 13ϕ10，$A_s=1021\mathrm{mm}^2>682\mathrm{mm}^2$，满足要求。基础配筋如图 2.45 所示。

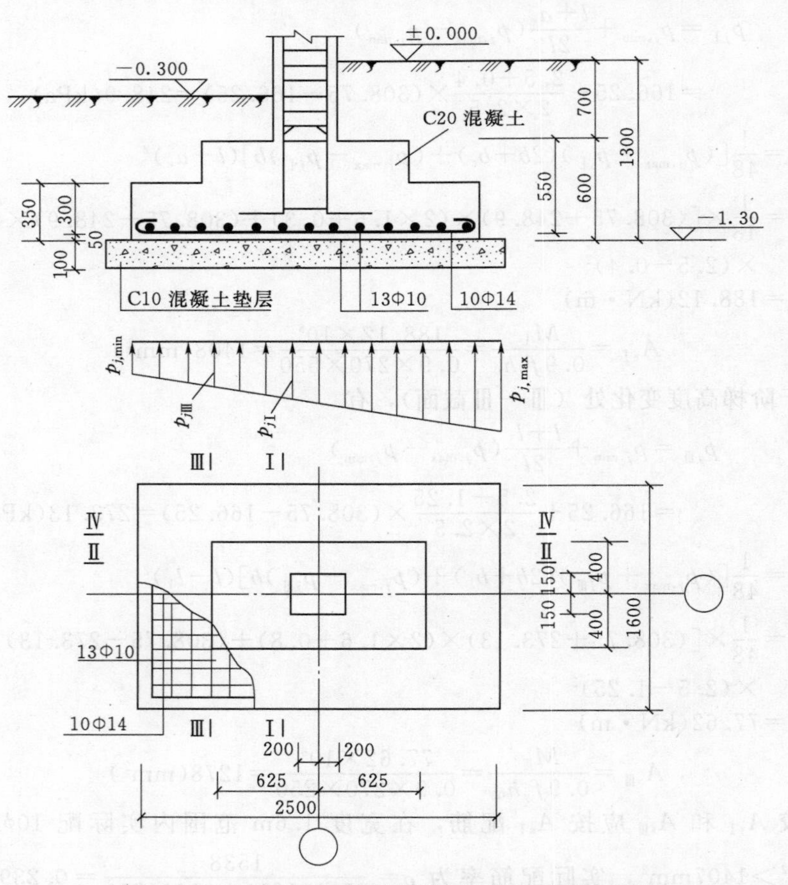

图 2.45 ［例 2.9］柱下钢筋混凝土独立基础配筋图

2.7 双柱联合基础设计

2.7.1 概述

如2.2节所述，当柱下独立基础不能满足承载力要求或受到场地限制做成不对称形状而使荷载偏心过大时，可考虑将该柱和相邻柱的基础连在一起形成联合基础。常见的联合基础可分为3种类型，即矩形联合基础、梯形联合基础和连梁式联合基础，如图2.4所示。

一般情况下，如果相邻两柱间距较小、荷载合力作用点比较靠近基础底面形心，即形心点与较大荷载柱外侧的距离 x 满足 $x \geqslant l'/2$（l' 为两柱外侧之间的距离）时，可采用矩形联合基础，如图2.4（a）所示；当柱荷载悬殊较大或受场地条件限制时，基础底面形心不可能与荷载合力作用点靠近，但满足 $l'/3 < x < l'/2$ 时，可考虑采用梯形联合基础，如图2.4（b）所示；如果两柱间距较大，为了阻止两独立基础相对转动、调整两基础间的不均匀沉降，可在两个基础之间架设不着地的刚性连系梁而形成连梁式联合基础，如图2.4（c）所示。

联合基础设计时通常作以下规定或假定。

（1）基础是刚性的。一般认为，当基础高度不小于柱距的1/6时，基础可视为是刚性的。

（2）基底压力为线性（平面）分布。

（3）基底主要受力层范围内土质均匀。

（4）不考虑上部结构刚度的影响。

2.7.2 矩形联合基础

矩形联合基础的设计步骤如下。

（1）确定柱荷载的合力作用点（荷载重心）位置。

（2）确定基础长度，使基础底面形心尽可能与柱荷载重心重合。

（3）根据地基承载力确定基础底面宽度。

（4）按反力线性分布的假定计算基底净反力设计值，并用静定分析法计算基础内力，画出弯矩图和剪力图。

（5）根据受冲切或受剪承载力确定基础高度。一般可先假设基础高度，代入式（2.52）或式（2.53）进行验算。

1）受冲切承载力验算。验算公式为

$$F_l \leqslant 0.7\beta_{hp} f_t u_m h_0 \tag{2.52}$$

式中 F_l——相应于荷载效应基本组合时的冲切力设计值，kN，取柱轴心荷载设计值减去冲切破坏锥体范围内的基底净反力，如图2.46所示；

u_m——临界截面的周长，m，取距离柱周边 $h_0/2$ 处板垂直截面的最不利周长；

其余符号意义与式（2.35）相同。

2）受剪承载力验算。由于基础高度较大，无需配置受剪钢筋。验算公式为

$$V \leqslant 0.7\beta_{hs} f_t b h_0 \tag{2.53}$$

式中 V——验算截面处相应于荷载效应基本组合时的剪力设计值，kN，验算截面按宽梁可取在冲切破坏锥体底面边缘处（图2.46）；

其余符号意义同前。

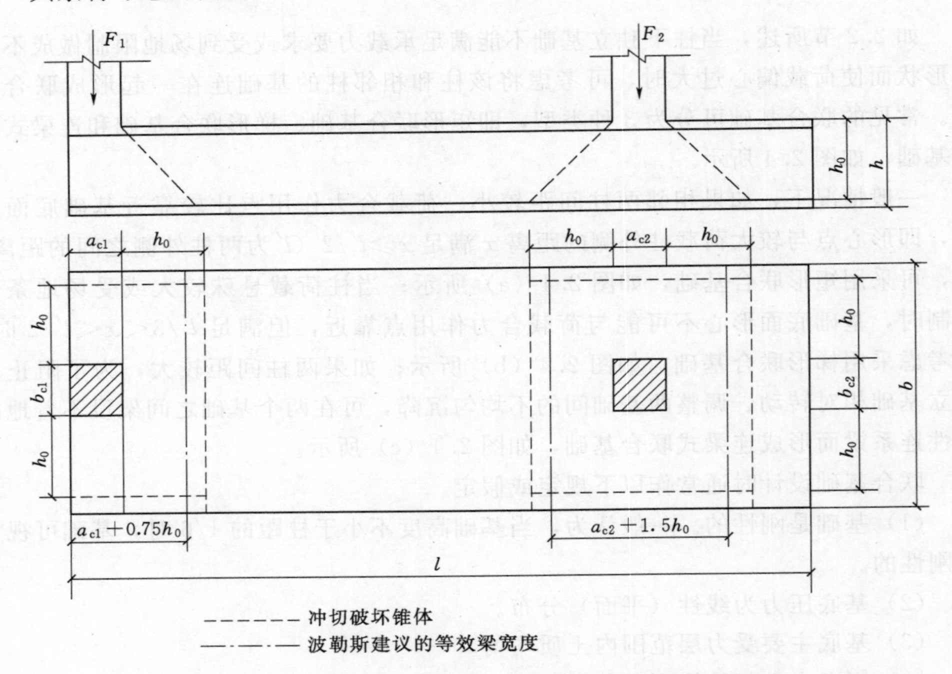

图2.46 矩形联合基础的抗剪切、抗冲切和横向配筋计算

（6）按弯矩图中的最大正负弯矩进行纵向配筋计算。

（7）按等效梁概念进行横向配筋计算。

由于矩形联合基础为一等厚度的平板，其在两柱间的受力方式如同一块单向板，而在靠近柱位的区段，基础的横向刚度很大。因此，根据J.E.波勒斯（J.E.Bowles）建议，认为可在柱边以外各取等于$0.75h_0$的宽度（图2.46）与柱宽合计为"等效梁"宽度。基础的横向受力钢筋按横向等效梁的柱边截面弯矩计算并配置于该截面内，等效梁以外的区段按构造要求配置。各横向等效梁底面的地基净反力以相应等效梁上的柱荷载计算。

【例2.10】 某7层框架结构柱z_1一侧与已有建筑物相邻，相应于荷载效应基本组合时的柱荷载设计值z_1轴力$F_1=1000$kN，z_2轴力$F_2=1500$kN，两柱间距为5m，弯矩、剪力较小，不作考虑。基础材料：混凝土采用C25，受力钢筋采用HRB400级钢筋。柱1、柱2截面尺寸均为400mm×400mm，要求基础左端与柱1侧面对齐。已确定基础埋深为1.3m，修正后的地基承载力特征值$f_a=180$kPa。试设计此两柱联合基础。

解 （1）计算柱荷载的合力作用点位置（荷载重心）。

对柱1的中心取矩，由$\sum M_1=0$，得

$$x_0=\frac{F_2 l_1+M_2-M_1}{F_1+F_2}=\frac{1500\times 5}{1000+1500}=3(\text{m})$$

(2) 确定基础长度 l。

设计成轴心受压基础，使基础底面形心与荷载重心重合，即

基础长度 $l=2(0.2+x_0)=2\times(0.2+3)=6.4(\text{m})$

(3) 计算基础底面宽度（荷载采用标准组合）。

柱荷载标准组合值可近似取基本组合值除以 1.35，于是有

$$b\geqslant\frac{F_{k1}+F_{k2}}{l(f_a-\gamma_G d+\gamma_w h_w)}=\frac{(1000+1500)/1.35}{6.4\times(180-20\times1.3)}=1.88(\text{m})，取 b=1.9\text{m}。$$

(4) 计算基础内力。地基净反力设计值，即

$$p_j=\frac{F_1+F_2}{lb}=\frac{1000+1500}{6.4\times1.9}=205.6(\text{kPa})$$

$$bp_j=1.9\times205.6=390.64(\text{kN/m})$$

按静定分析法计算，根据剪力和弯矩的计算结果绘出 V、M 图，如图 2.47 所示。

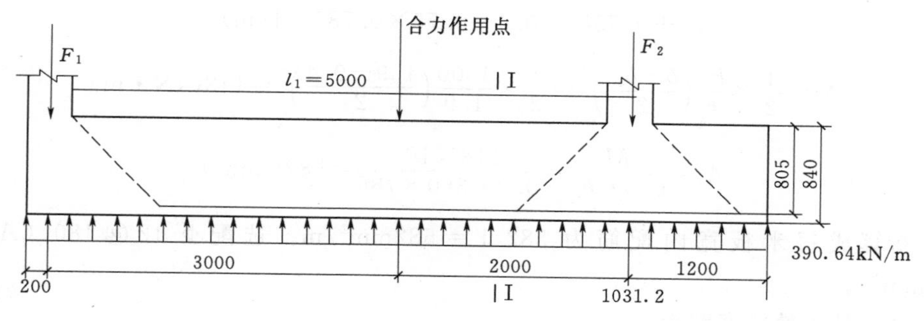

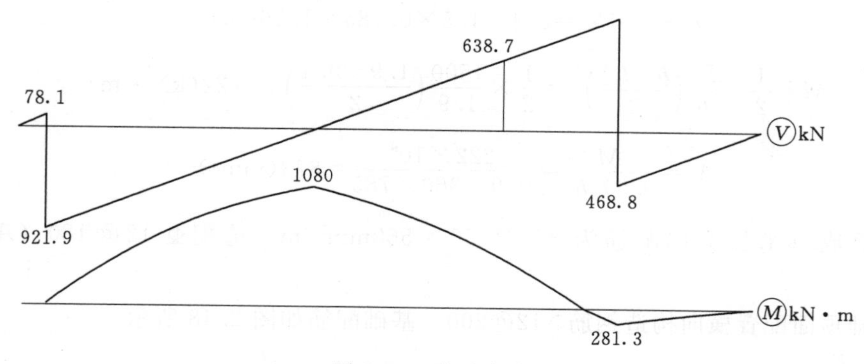

图 2.47 基础内力计算

(5) 基础高度计算。

$h=l_1/6=5000/6=833(\text{mm})$，取 $h=850\text{mm}$，$h_0=850-40-10/2=805(\text{mm})$。

由于 $b_c+2h_0=400+2\times805=2010(\text{mm})>b=1900\text{mm}$，可知柱冲切破坏锥体落在基础底面以外，基础高度应按受剪承载力确定。

取柱 2 冲切破坏锥体底面边缘处Ⅰ—Ⅰ截面为计算截面，该截面的剪力设计值为

$$V=390.64\times(5.2-0.2-0.805)-1000=638.7(\text{kN})$$

$0.7\beta_{hs} f_t b h_0 = 0.7 \times 0.99 \times 1.27 \times 10^3 \times 1.9 \times 0.805 = 1346.1(\text{kN}) > V$，满足要求。

（6）配筋计算。

1）纵向钢筋（采用HRB400级钢筋，$f_y = 360\text{N/mm}^2$）。

柱间负弯矩 $M_{max} = 1080\text{kN} \cdot \text{m}$ 时，有

$$A_s = \frac{M_{max}}{0.9 f_y h_0} = \frac{1080 \times 10^6}{0.9 \times 360 \times 805} = 4140(\text{mm}^2)$$

最大正弯矩 $M_{max} = 281.3\text{kN} \cdot \text{m}$ 时，有

$$A_s = \frac{M_{max}}{0.9 f_y h_0} = \frac{281.3 \times 10^6}{0.9 \times 360 \times 805} = 1079(\text{mm}^2)$$

选配钢筋：基础顶面配14⌀20（$A_s = 4398\text{mm}^2$）其中有1/3（5根）通长布置；基础底面（柱2下方）配10⌀12（$A_s = 1130\text{mm}^2$），1/2（5根）通长布置。

2）横向钢筋（采用HRB400级钢筋，$f_y = 360\text{N/mm}^2$）。

柱1处等效梁宽度为

$$a_{c1} + 0.75h_0 = 0.4 + 0.75 \times 0.785 = 1(\text{m})$$

$$M = \frac{1}{2} \times \frac{F_1}{b}\left(\frac{b - b_{c1}}{2}\right)^2 = \frac{1}{2} \times \frac{1000}{1.9}\left(\frac{1.9 - 0.4}{2}\right)^2 = 148(\text{kN} \cdot \text{m})$$

$$A_s = \frac{M}{0.9 f_y h_0} = \frac{148 \times 10^6}{0.9 \times 360 \times 785} = 582(\text{mm}^2)$$

折算成每米板宽内配筋为 $582/1 = 582\text{mm}^2/\text{m}$。选配⌀12@180（$A_s = 628\text{mm}^2$）。

柱2处等效梁宽度为

$$a_{c2} + 1.5h_0 = 0.4 + 1.5 \times 0.785 = 1.56(\text{m})$$

$$M = \frac{1}{2} \times \frac{F_2}{b}\left(\frac{b - b_{c2}}{2}\right)^2 = \frac{1}{2} \times \frac{1500}{1.9}\left(\frac{1.9 - 0.4}{2}\right)^2 = 222(\text{kN} \cdot \text{m})$$

$$A_s = \frac{M}{0.9 f_y h_0} = \frac{222 \times 10^6}{0.9 \times 360 \times 785} = 873(\text{mm}^2)$$

折算成每米板宽内配筋为 $873/1.56 = 560\text{mm}^2/\text{m}$。选配⌀12@180（$A_s = 628\text{mm}^2$）。

基础顶面配置横向构造钢筋Φ12@200。基础配筋如图2.48所示。

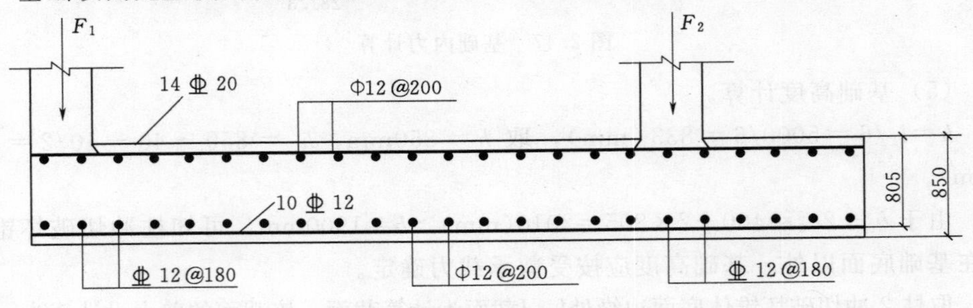

图2.48 ［例2.10］基础配筋图

2.7.3 梯形联合基础

当建筑界限靠近荷载较小的柱一侧时，采用矩形联合基础是合适的。对于荷载较大的柱一侧的空间受到约束的情况（图 2.49），如仍采用矩形联合基础，则基底形心无法与荷载重心重合。为使基底压力均匀分布，这时只能采用梯形联合基础。

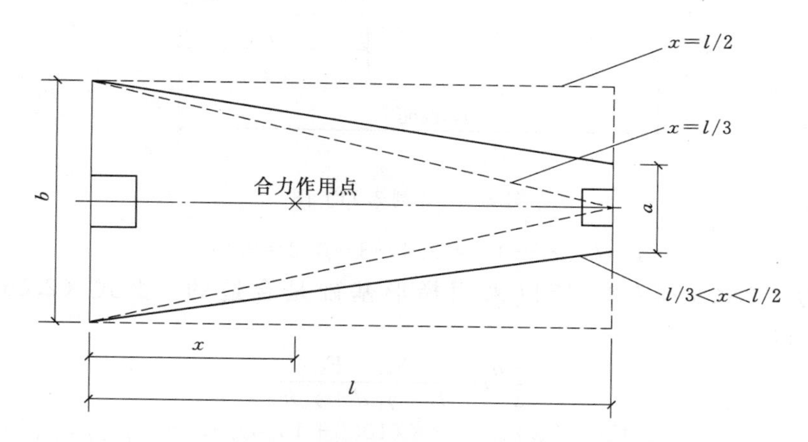

图 2.49 采用梯形联合基础的情况

从图 2.49 可以看出，梯形基础的适用范围是 $l/3<x<l/2$。当 $x=l/2$ 时，梯形基础转化为矩形基础。

根据梯形面积形心与荷载重心重合的条件，可得

$$x=\frac{l}{3}\frac{2a+b}{a+b} \tag{2.54}$$

又由地基承载力条件，有

$$A=\frac{F_{k1}+F_{k2}}{f_a-\gamma_G d+\gamma_w h_w} \tag{2.55}$$

其中

$$A=\frac{a+b}{2}l \tag{2.56}$$

联立求解式（2.54）～式（2.56），即可求得 a 和 b。然后可参照矩形基础的计算方法进行内力分析和设计，但需注意基础宽度沿纵向是变化的，因此纵向线性净反力为梯形分布。在选取受剪承载力验算截面和纵向配筋计算截面时，均应考虑板宽的变化（此时内力最大的截面不一定是最不利的截面）。等效梁沿横向的长度可取该段的平均长度。

与偏心受压的矩形基础相比，梯形基础虽然施工较为不便，但其基底面积较小，造价低，且沉降更为均匀。

【例 2.11】 在［例 2.10］中，若基础右端只能与柱边缘平齐（图 2.50），试确定梯形联合基础的底面尺寸。

解 由题意及［例 2.10］的计算结果，可得

$$l=l_1+0.4=5+0.4=5.4(\text{m})$$

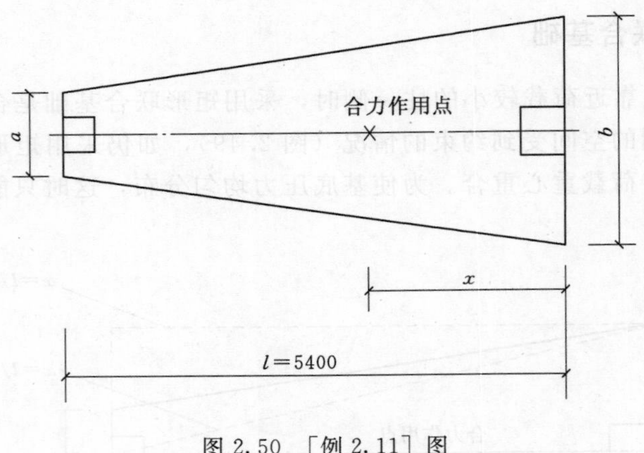

图 2.50 ［例 2.11］图

$$x=l-x_0-0.2=5.4-3-0.2=2.2(\mathrm{m})$$

因为 $l/3<x<l/2$，所以采用梯形基础是合适的。由式（2.55）和式（2.56），得

$$\frac{a+b}{2}l=\frac{F_{k1}+F_{k2}}{f_a-\gamma_G d+\gamma_w h_w}$$

$$a+b=\frac{2(F_{k1}+F_{k2})}{l(f_a-\gamma_G d+\gamma_w h_w)}=\frac{2\times(1000+1500)/1.35}{5.4\times(180-20\times1.3)}=4.45(\mathrm{m})$$

又由式（2.54），有

$$\frac{2a+b}{a+b}=\frac{3x}{l}=\frac{3\times2.2}{5.4}=1.22$$

联解上述两式，求得 $a=0.98\mathrm{m}$，$b=3.47\mathrm{m}$。

2.7.4 连梁式联合基础

如果两柱间的距离较大，就不宜采用矩形或梯形联合基础。因为随着柱距的增加，跨中的基底净反力会使跨中负弯矩急剧增大。此时采用连梁式联合基础是合适的，由于连梁的底面不着地，基底反力仅作用于两柱下的扩展基础，因而连梁中的弯矩较小。连梁的作用在于把偏心产生的弯矩传递给另一侧的柱基础，从而使分开的两基础都获得均匀的基底反力。当地基承载力较低时，两边的扩展基础可能会因面积的增加而靠得很近，这时可按第3章所述的柱下条形基础进行设计。

设计连梁式联合基础应注意的3个基本要点如下。

（1）连梁必须为刚性，梁宽不应小于最小柱宽。

（2）两基础的底面尺寸应满足地基承载力计算的要求，并避免不均匀沉降过大。

（3）连梁底面不应着地，以免造成计算困难。连梁自重在设计中通常可以忽略不计。

下面通过［例 2.12］来说明连梁式联合基础的设计原理。

【例 2.12】 在图 2.51 所示连梁式联合基础中，两柱截面尺寸均为 400mm×400mm，相应于荷载效应基本组合的柱荷载设计值 $F_1=950\mathrm{kN}$，$F_2=1440\mathrm{kN}$，柱距 6m，柱1基础允许挑出柱边缘 0.2m。已知基础埋深 $d=1.5\mathrm{m}$，地基承载力特征值 $f_a=190\mathrm{kPa}$。试确定基础底面尺寸并画出连梁的内力图。

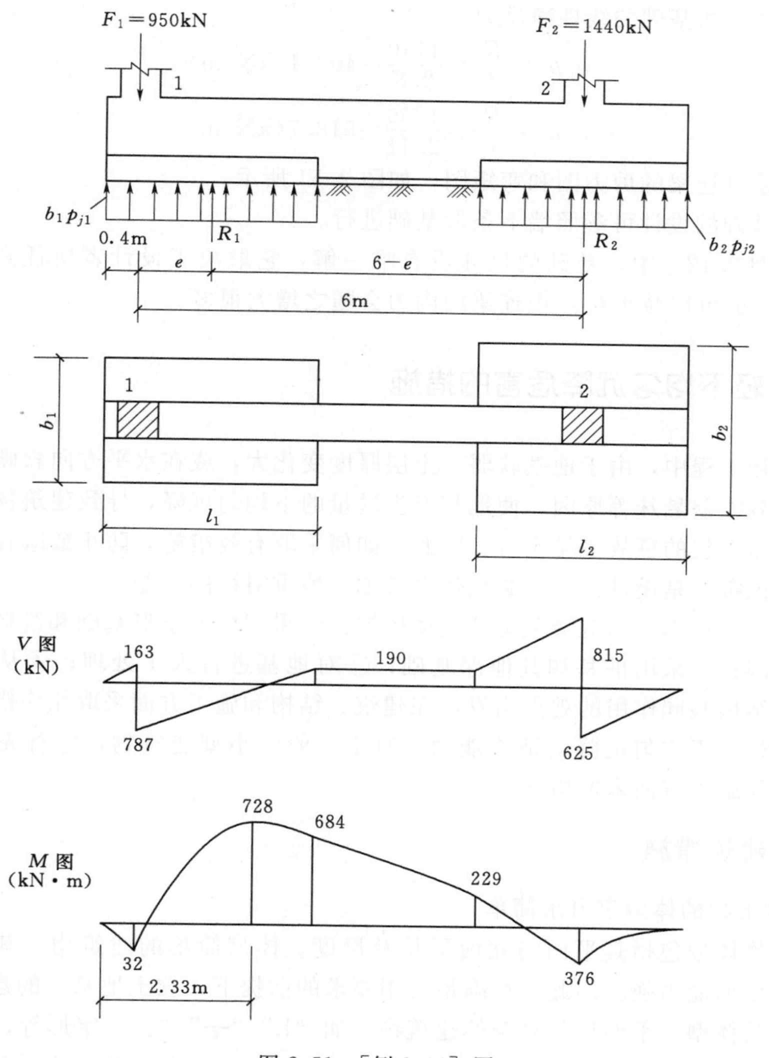

图 2.51 [例 2.12] 图

解 (1) 根据静力平衡条件求基底净反力合力 R_1 和 R_2。

初取 $e=1.0$m，对柱 2 取矩，由 $\sum M=0$，得

$$F_1\times 6-R_1\times(6-e)=0$$

$$R_1=\frac{F_1\times 6}{6-e}=\frac{950\times 6}{6-1}=1140(\text{kN})$$

$$R_2=F_1+F_2-R_1=950+1440-1140=1250(\text{kN})$$

(2) 确定基础底面尺寸（荷载用标准组合值）。

对于基础 1，有

$$l_1=2(0.4+e)=2\times(0.4+1)=2.8(\text{m})$$

$$b_1=\frac{R_{k1}}{l_1(f_a-\gamma_G d)}=\frac{1140/1.35}{2.8\times(190-20\times 1.5)}=1.88(\text{m})$$

对于基础 2（采用方形基础），有

$$b_2=l_2=\sqrt{\frac{R_{k2}}{f_a-\gamma_G d}}=\sqrt{\frac{1250/1.35}{190-20\times 1.5}}=2.41(\text{m})$$

(3) 计算两基础的线性净反力。

$$b_1 p_{j1} = \frac{R_1}{l_1} = \frac{1140}{2.8} = 407.1(\text{kN/m})$$

$$b_2 p_{j2} = \frac{R_2}{l_2} = \frac{1250}{2.41} = 518.7(\text{kN/m})$$

(4) 绘制连梁的剪力图和弯矩图，如图2.51所示。

扩展基础的设计可参照墙下条形基础进行。

在［例2.12］中，基础的尺寸没有唯一解，它取决于设计者所任意选定的e值。增大e值可以减小b_1，但连梁的内力会随之增大很多。

2.8 减轻不均匀沉降危害的措施

在实际工程中，由于地基软弱，土层厚度变化大，或在水平方向软硬不一，或建筑物荷载相差悬殊等原因，使地基产生过量的不均匀沉降，导致建筑物倾斜，墙体、楼地面开裂的事故屡见不鲜。因此，如何采取有效措施，防止或减轻不均匀沉降造成的危害，是设计工作中必须认真考虑、慎重对待的问题。

消除或减轻不均匀沉降危害的具体措施：①采用柱下条形基础和筏形基础等刚度大的基础；②采用桩基和其他深基础；③对地基进行人工处理；④从地基、基础、上部结构共同作用的观点出发，在建筑、结构和施工方面采取相应措施，以增强上部结构对不均匀沉降的适应能力。对于一般中小型建筑物，应首先考虑在建筑、结构和施工方面采取措施。

2.8.1 建筑措施

1. 建筑物的体型应力求简单

建筑物体型包括其平面与立面形状及尺度。体型简单的建筑物，其整体刚度大，抵抗变形能力强。因此，在满足使用要求的前提下，软土地基上的建筑物尽量采用简单的体型。平面形状复杂的建筑物，如“L”“┳”“工”字形等，在纵横单元交接处的基础密集，地基中附加应力相互重叠，导致该部分的沉降往往大于其他部位。尤其当一些“翼缘”尺度大时，建筑物整体性差，各部分刚度不对称，很容易因不均匀沉降而引起建筑物墙体的开裂。图2.52所示为软土地基上一幢L形平面建筑物一翼墙身开裂的实例。

当建筑物的高低或荷载差异较大时，也必然会加大地基的不均匀沉降。据调查，软土地基上紧接高差超过一层的砌体承重结构的房屋，低者很容易开裂，如图2.53所示。因此，地基软弱时，建筑物的紧接高差以不超过一层为宜。

2. 控制建筑物的长高比及合理布置纵横墙

建筑物在平面上的长度L与从基础底面算起的高度H_f之比，称为建筑物的长高比。建筑物的长高比越大，整体刚度越差，纵墙更容易因挠曲过度而开裂，如图2.54所示；相反，长高比小的建筑物，刚度大，调整地基不均匀沉降的能力强。根据工程经验，对于砌体承重的房屋，当预估沉降量大于120mm时，对于3层和3层以上的房屋，其长高比宜不大于2.5；对于平面简单，内、外墙贯通，横墙间距较小的房屋，其长高比一般不大于3.0；否则应设置沉降缝。

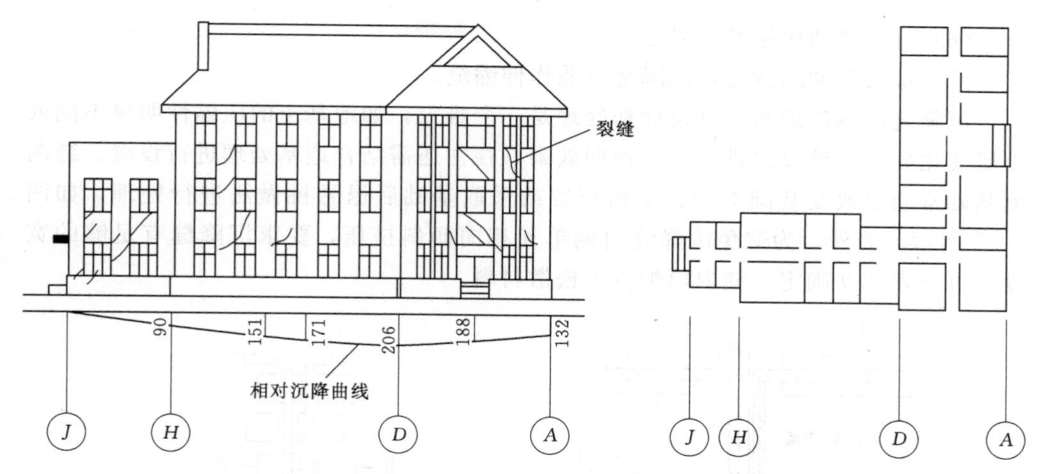

图 2.52　某 L 形建筑物一翼墙身开裂（单位：mm）

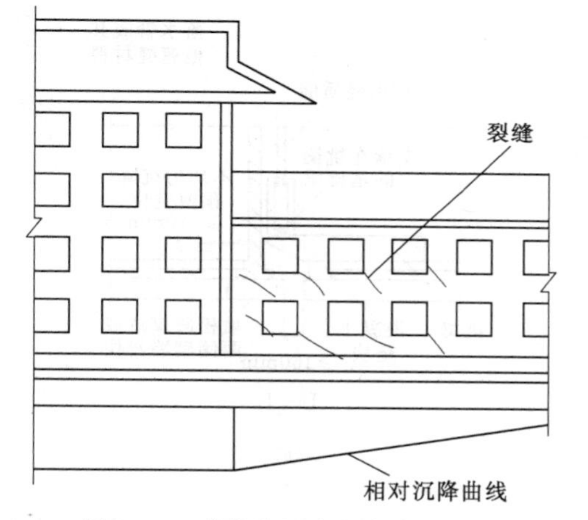

图 2.53　建筑物因高差太大而开裂

合理布置纵、横墙是增强砌体结构房屋整体刚度的重要措施之一。因此，当地基不良时，应尽量使内、外纵墙不转折或少转折，内横墙间距不宜过大，且与纵墙之间的连接应牢靠，必要时还应增强基础的刚度或强度。

3. 设置沉降缝

当建筑物的体型复杂或长高比过大时，可以用沉降缝将建筑物由基础到屋顶分割成若干个独立单元，使分割成的每个单元体型简单，长高比小，结构类型相同，且地基比较均匀，从而提高建筑物抵抗地基不均匀沉降的能力。建筑物的下列部位宜设置沉降缝。

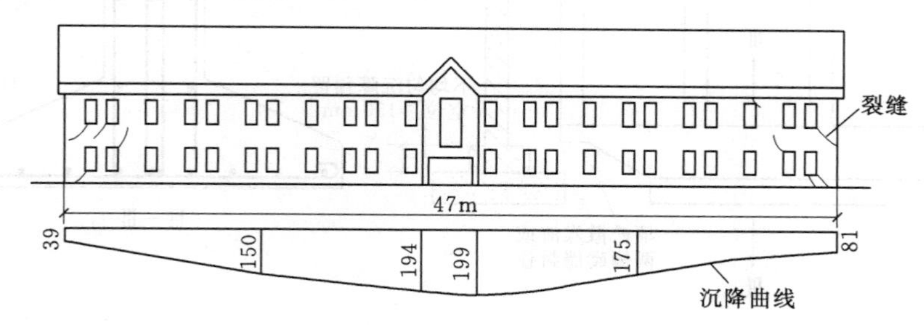

图 2.54　建筑物因长高比过大而开裂（单位：mm）

（1）建筑物平面的转折处。

（2）建筑物高度或荷载有很大差异处。

（3）长高比不符合要求的砌体承重结构或钢筋混凝土框架结构的适当部位。

（4）地基土的压缩性有显著差异处。

（5）建筑结构或基础类型不同处。

（6）分期建造房屋的交界处。

（7）拟设置伸缩缝处，沉降缝可兼作伸缩缝。

沉降缝两侧的地基基础设计和处理是一个难点，如地基土的压缩性明显不同或土层变化处，单纯设缝难以达到预期效果，往往还需结合地基处理进行设缝。缝两侧基础常通过改变基础类型、交错布置或采取基础后退悬挑做法进行处理，如图 2.55 所示。另外，为避免沉降缝两侧单元相向倾斜挤压，要求沉降缝有足够的宽度，可按表 2.9 确定，缝内填炉渣等松散材料。

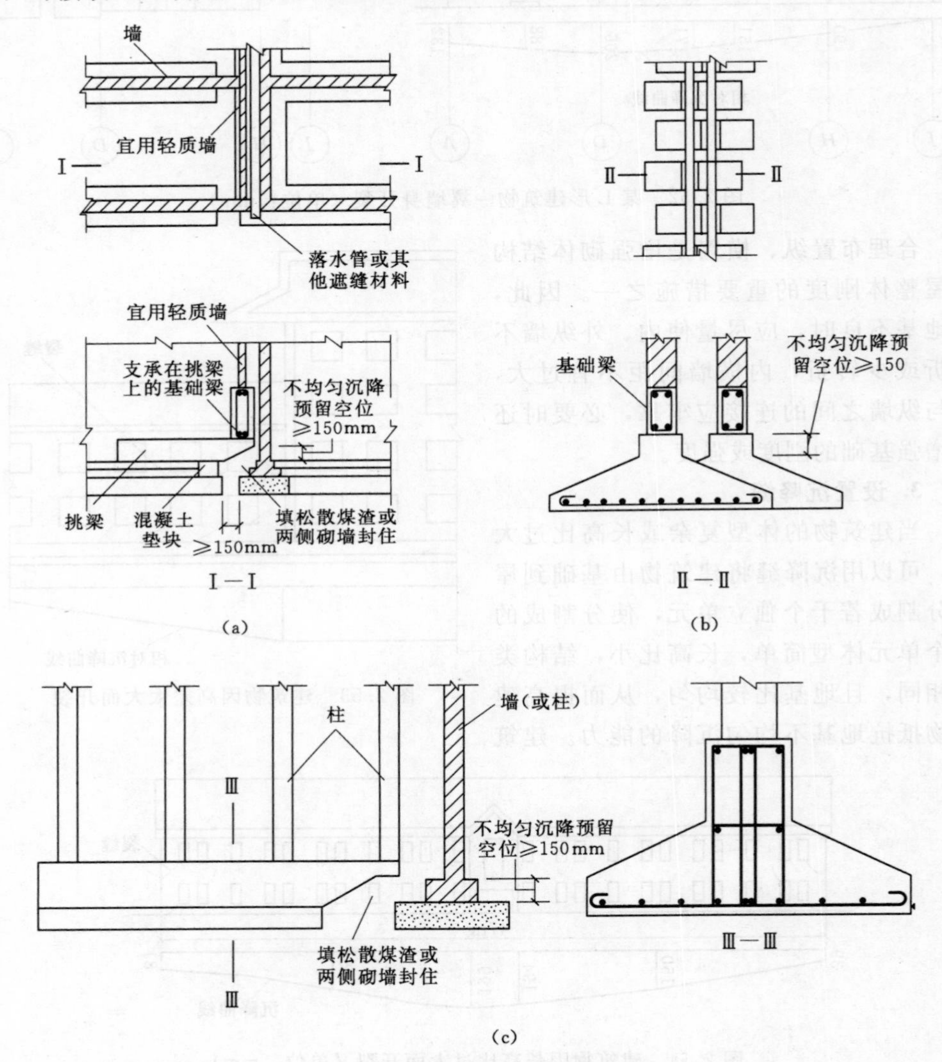

图 2.55　沉降缝构造示意图

（a）、（b）用于砌体结构房屋；（c）用于框架结构房屋

表 2.9　　房屋沉降缝的宽度

房屋层数	沉降缝宽度/mm	房屋层数	沉降缝宽度/mm
2～3 层	50～80	5 层以上	不小于 120
4～5 层	80～120		

注　当沉降缝两侧单元层数不同时，缝宽按层数大者取用。

如果沉降缝两侧的结构可能发生严重的相向倾斜，可以考虑将两者拉开一段距离，两者之间用能自由沉降的静定结构连接。对于框架结构，还可选取其中一跨（一个开间）改成简支或悬挑跨，使建筑物分为两个独立的沉降单元，如图 2.56 所示。

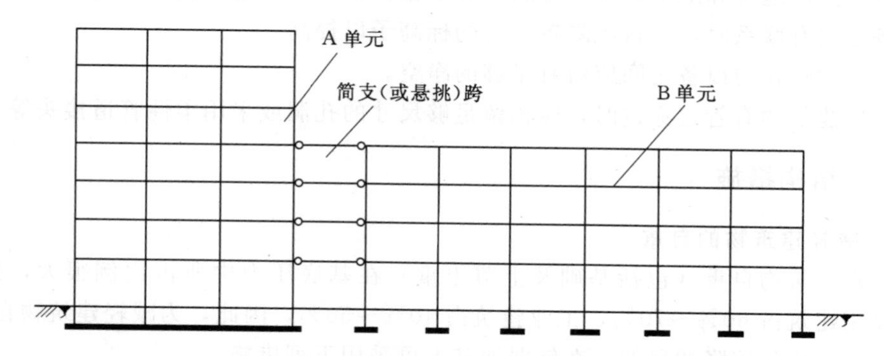

图 2.56　用简支（或悬挑）跨分隔沉降单元示意图

有防渗要求的地下室一般不宜设置沉降缝。因此，对于具有地下室和裙房的高层建筑，为减少高层部分与裙房之间不均匀沉降，常在施工时采用后浇带将两者断开，待两者的后期沉降差能满足设计要求时再连接成整体。

4. 控制相邻建筑物基础间的净距

由于地基中附加应力的扩散作用，使距离近的相邻建筑物间的沉降相互影响。产生的附加不均匀沉降可能造成建筑物的开裂或互倾，这种相互影响主要表现如下：

（1）同期建造的两相邻建筑物之间会彼此影响，特别是当相邻两建筑物轻（低）重（高）差别较大时，轻（低）者受重（高）者的影响较大。

（2）原有建筑物受相邻新建重型或高层建筑物的影响。

相邻建筑物之间所需的净距可按表 2.10 选用。从表 2.10 中可以看出，决定基础间净距的主要指标是受影响建筑（被影响建筑）的刚度（用长高比来衡量）和影响建筑（施加影响者）的预估平均沉降量，后者综合反映了地基的压缩性、限制建筑的规模和重量等因素的影响。

表 2.10　　相邻建筑物基础间的净距　　单位：m

影响建筑的预估平均沉降量 s/mm	受影响建筑的长高比	
	$2.0 \leqslant L/H_f < 3.0$	$3.0 \leqslant L/H_f < 5.0$
70～150	2～3	3～6
160～250	3～6	6～9
260～400	6～9	9～12
>400	9～12	≥12

注　1. 表中 L 为房屋长度或沉降缝分隔的单元长度，m；H_f 为自基础底面算起的房屋高度，m。
　　2. 当受影响建筑的长高比为 $1.5 < L/H_f < 2.0$ 时，净距可适当缩小。

相邻高耸结构（或对倾斜要求严格的构筑物）的外墙间隔距离，可根据倾斜允许值计算确定。

5. 调整建筑物的标高

建筑物的沉降过大时，改变了建筑物原有的标高，将会引起管道破损、雨水倒灌、设备运行受阻等情况，从而影响建筑物的正常使用，这时可采取以下措施。

(1) 室内地坪和地下设施的标高，应根据预估沉降量适当提高；建筑物各部分或设备之间有联系时，可将沉降较大者的标高予以提高。

(2) 建筑物与设备之间应留有足够的净空。

(3) 建筑物有管道穿过时，应预留足够尺寸的孔洞或采用柔性管道接头等。

2.8.2 结构措施

1. 减轻建筑物的自重

通常建筑物自重（包括基础及上覆土重）在基底压力中所占比例很大，据估计，民用建筑占60%～70%，工业建筑占40%～50%，因此，为减轻建筑物自重，达到减小不均匀沉降的目的，在软弱地基上可采用下列措施。

(1) 减少墙体重量。如采用空心砌块、多孔砖或其他轻质墙体材料。

(2) 选用轻型结构。如采用预应力钢筋混凝土结构、轻钢结构及各种轻型空间结构等。

(3) 减少基础及其上回填土的重量。可以选用覆土少、自重轻的基础形式，如采用补偿性基础、可浅埋的配筋扩展基础。如果室内地坪较高，可以采用架空地板减少室内回填土厚度。

2. 设置圈梁

圈梁的作用是提高砌体结构抵抗弯曲变形的能力，即增强建筑物的抗弯刚度。它是防止砌体墙出现裂缝和阻止裂缝开展的一项有效措施。通常是在房屋的上下方都设置圈梁。当建筑物产生碟形沉降时，墙体产生正向挠曲，下层圈梁将起作用；反之，墙体产生反向挠曲时，上层圈梁则起作用。

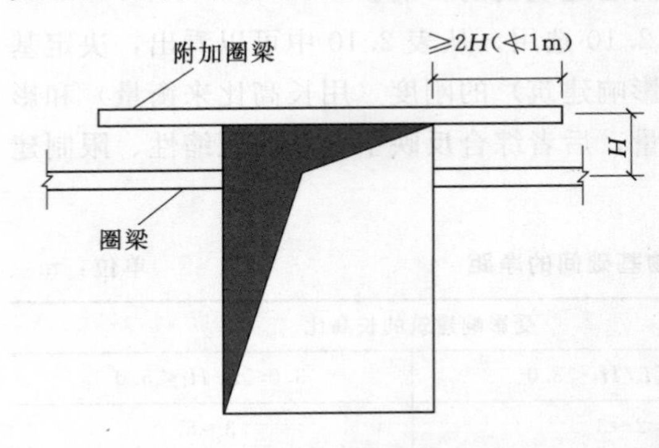

图 2.57 附加圈梁与圈梁的搭接

圈梁截面、配筋及平面布置等，可按现行《建筑抗震设计规范》(GB 50011—2010) 要求进行。对于多层房屋宜在基础顶面附近和顶层门窗顶处各设置一道，其他可隔层设置；当地基软弱，或建筑体型较复杂，荷载差异较大时，可层层设置。对于单层工业厂房、仓库可结合基础梁、联系梁、过梁等酌情设置。

圈梁应设置在外墙、内纵墙和主要内横墙上，并应在平面内连成封闭系统。如果圈梁在墙体门窗洞口处无法连通时，应增设相同截面的附加圈梁，如图 2.57 所示。如果墙体因开洞过大而受到严重削弱且地基又很软弱时，可考虑在削弱部位适当配筋，或利用钢筋混凝土边框加强。

3. 设置基础梁（地梁）

钢筋混凝土框架结构对不均匀沉降很敏感，很小的沉降差异就足以引起可观的附加内力，当这些附加内力与荷载作用下的内力之和超过构件的承载能力时，梁、柱端和楼板将会出现裂缝。对于采用柱下独立基础的框架结构，在基础间设置基础梁是加大结构刚度、减少不均匀沉降的有效措施之一，如图 2.58 所示。基础梁的底面一般置于基础顶面或略高些，过高则作用下降，过低则施工不便。基础梁的截面高度可取柱距的 1/14～1/8，上下均匀通常配筋。每侧配筋率为 0.4%～1.0%。

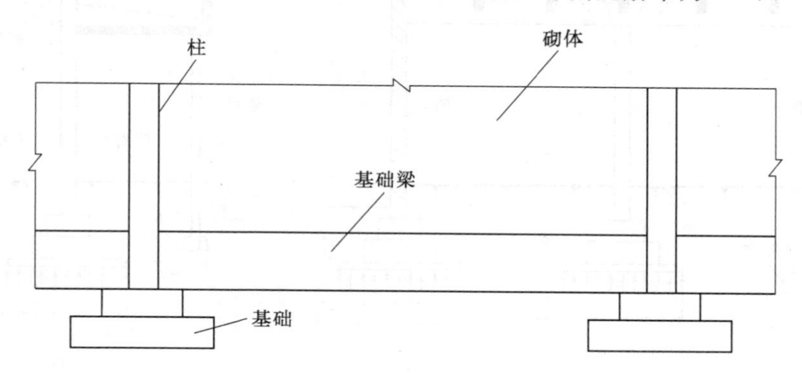

图 2.58 支承围护墙的基础梁

4. 减小或调整基底附加压力

（1）设置地下室（或半地下室）。采用补偿性基础设计方法，以挖除的土重去抵消部分甚至全部的建筑物重量，从而达到减小基底附加压力和沉降的目的。地下室或半地下室还可设置于建筑物荷载特别大的部位，通过这种方法可以使建筑物各部分的沉降趋于均匀。

（2）调整基底尺寸。按地基承载力确定出基础底面尺寸之后，应用沉降理论和必要的计算，并结合设计经验调整基底尺寸，加大基础的底面积可以减小沉降量。如图 2.59（a）所示，可以加大墙下条形基础的宽度。但是，对于图 2.59（b）所示的情况，如果采用增大框架基础的底面尺寸来减小与柱廊基础之间的沉降差，显然并不经济合理。通常的解决方法是：将门廊和主体建筑分离，或取消廊柱（也可另加装饰柱）改用飘檐等。

5. 选用非敏感性结构

砌体承重结构、钢筋混凝土框架结构对不均匀沉降很敏感，而排架结构或三铰拱等结构则对不均匀沉降有很大的顺从性，支座发生相对位移时不会引起很大的附加应力，因此可减轻不均匀沉降造成的危害。对于单层工业厂房、仓库和某些公共建筑，在情况许可时可以选用对地基沉降不敏感的结构。油罐、水池等的基础底板常采用柔性底板，以便更好地顺从、适应不均匀沉降。

2.8.3 施工措施

在软弱地基上进行工程建设施工时，合理安排施工顺序，注意某些施工方法，可有效地减小或调整部分不均匀沉降。

1. 合理安排施工顺序

当建筑物各部分高度或荷载差异大时，应按先高后低、先重后轻的顺序进行施工，必要时还应在高重建筑物竣工后间歇一段时间，再建造轻的邻近建筑物。如果

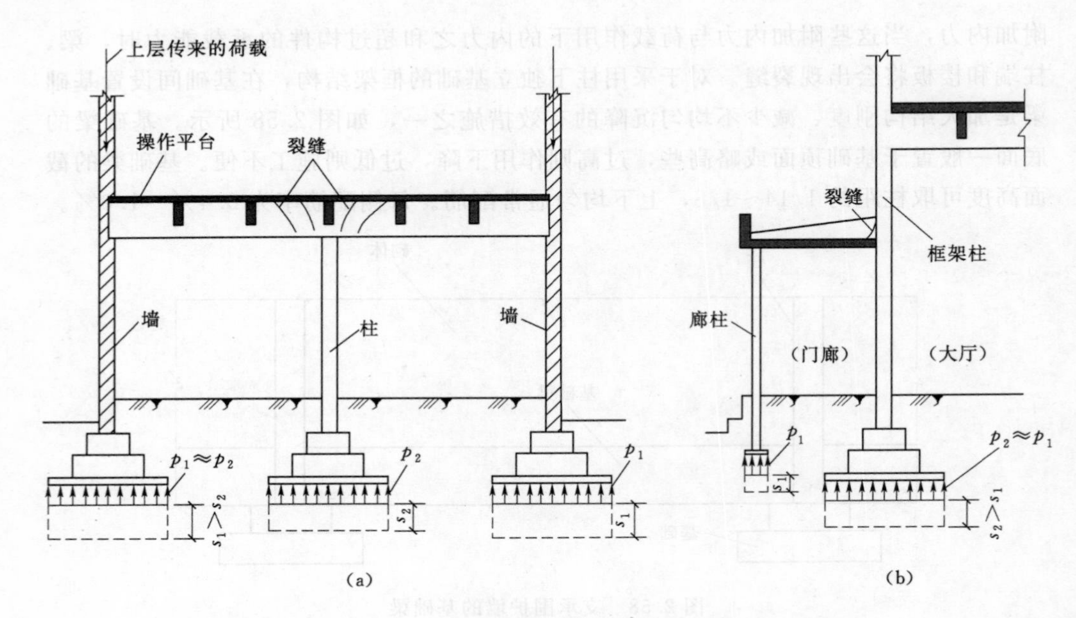

图 2.59 基础尺寸不当引起的损坏

(a) 墙基础与柱基础；(b) 框架柱基础与廊柱基础

重的主体建筑与轻的附属部分相连时，也应按上述原则处理。例如，北京五星级长城饭店，塔楼客房为 18 层，中心阁楼 22 层，采用两层箱形基础；共享大厅为 7 层，采用独立柱基。其施工顺序为：先盖高重的客房主楼与阁楼，使地基沉降大部分已产生；后盖轻低的大厅，有效地缩小了两者沉降差。

2. 注意施工方法

在已建成的建筑物周围，不宜堆放大量的建筑材料或土方等重物，以免地面荷载引起建筑物产生附加沉降。

拟建的密集建筑群内如有采用桩基础的建筑物，桩的施工应首先进行，并应注意采用合理的沉桩顺序。

在降低地下水位及开挖深基坑时，应密切注意对邻近建筑物可能产生的不利影响，必要时可以采用设置截水帷幕、控制基坑变形量等措施。

对于高灵敏度的淤泥及淤泥质软土，基槽开挖施工中需注意保护持力层不被扰动，通常可在基底标高以上，保留 200mm 厚的原土层，待施工基础混凝土垫层时再予以挖除，可避免基底超挖现象，扰动土的原状结构。如发现坑底软土被扰动，可仔细挖除扰动部分，用砂、碎石压实处理。在雨季施工时，要避免坑底土受雨水浸泡。另外，需注意控制加荷速率。

思 考 题

2-1 地基基础设计应满足哪些原则？

2-2 天然地基上浅基础有哪些类型？

2-3 什么是地基承载力特征值？确定地基承载力的方法有哪些？

2-4 什么是基础的埋置深度？影响基础埋深的因素有哪些？

2－5 何谓软弱下卧层？如何验算软弱下卧层的承载力？

2－6 对地基承载力特征值进行深度和宽度修正时，基础埋深如何确定？该埋深与计算基础和回填土的重力、基底附加压力时的埋深有何区别？

2－7 怎样确定基础的底面尺寸？

2－8 无筋扩展基础和扩展基础的高度在确定方法上有何不同？

2－9 建筑物变形特征指标有哪些？砌体承重结构、多层和高层建筑、高耸结构分别应由什么变性特征指标来控制？

2－10 减轻建筑物不均匀沉降危害的措施有哪些？

习 题

2－1 某条形基础底面宽度2.5m，埋深为1.5m，地基土为粉质黏土，重度为$\gamma=19\text{kN/m}^3$，土的内摩擦角$\varphi_k=26°$，黏聚力$c_k=15\text{kPa}$。试确定地基承载力特征值。

2－2 某拟建建筑物场地，自上而下地基土层为：①层杂填土，厚1.0m，$\gamma=18\text{kN/m}^3$；②层粉质黏土，厚4.2m，$\gamma=18.5\text{kN/m}^3$，孔隙比$e=0.85$，液化指数$I_L=0.75$，地基承载力特征值$f_{ak}=130\text{kPa}$。试按下列基础条件，分别计算修正后的地基承载力特征值。

(1) 矩形基础底面尺寸为4.0m×2.5m，埋深$d=1.2$m。

(2) 底面尺寸为9.0m×42m的箱形基础，埋深$d=4.2$m。

2－3 某毛石基础如习题2－3图所示，荷载效应标准组合时基础底面处的平均压力值为$p_k=110\text{kPa}$。基础中砂浆强度等级为M5。试问基础的高度H_0至少应取多少？

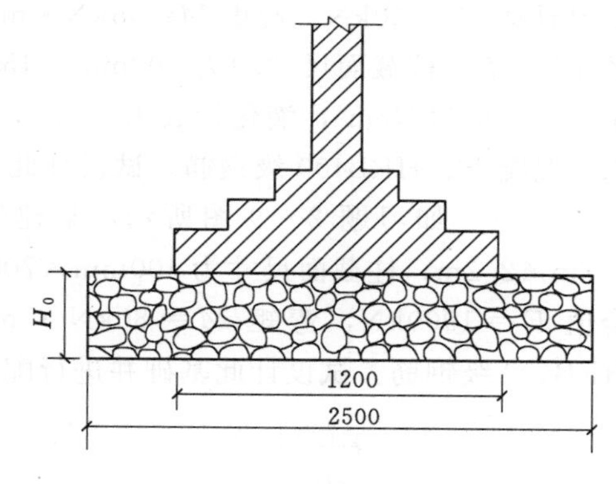

习题2－3图（单位：mm）

2－4 某中砂土的重度为$\gamma=18.0\text{kN/m}^3$，地基承载力特征值$f_{ak}=280\text{kPa}$。试设计一方形截面柱的基础，作用在基础顶面的轴心荷载标准值为$F_k=1.05\text{MN}$，基础埋深$d=1$m。试确定方形基础的底面边长。

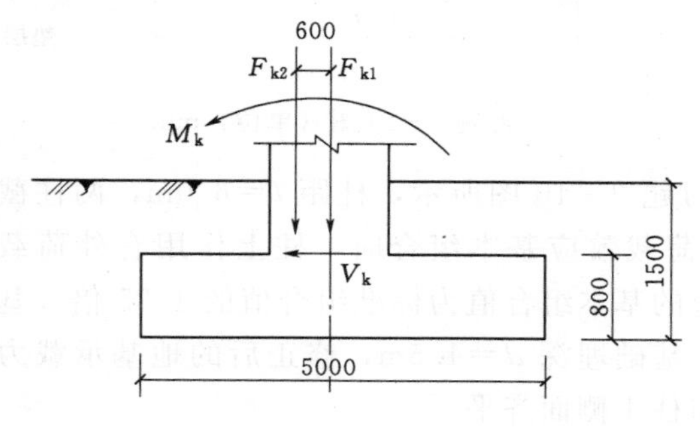

习题2－5图（单位：mm）

2－5 某柱下矩形基础底面尺寸为3.0m×5.0m，$F_{k1}=1500\text{kN}$，$F_{k2}=300\text{kN}$，$M_k=90\text{kN·m}$，$V_k=20\text{kN}$。如习题2－5图所示，基础埋深1.5m，基础及填土自重$\gamma_G=20\text{kN/m}^3$。试计算基础底面的最大压力。

2－6 某承重墙厚370mm，传至基础顶面的竖向荷载标准值$F_k=280\text{kN/m}$，基础埋深$d=0.8$m，地基资料如习题 2-6 图所示。试确定基础底面尺寸并验算软弱下卧层承载力。

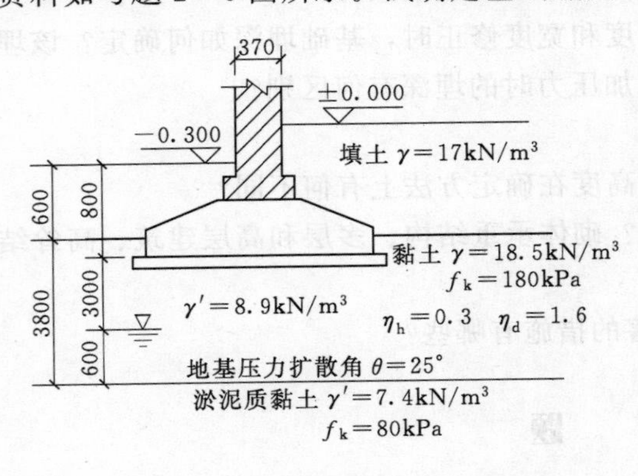

习题 2-6 图（单位：mm）

2-7 某墙下条形基础，墙体厚度为 240mm，传至基础顶面竖向荷载标准值 $F_k=150\text{kN/m}$，土层自地表起依次分布为：一层为粉质黏土，厚度 2.2m，$\gamma=17.0\text{kN/m}^3$，孔隙比 $e=0.91$，$f_{ak}=130\text{kPa}$，$E_{s1}=8.1\text{MPa}$；二层为淤泥质土，厚度 1.6m，$f_{ak}=65\text{kPa}$，$E_{s2}=2.6\text{MPa}$；三层为中密中砂。地下水位在淤泥质土顶面处。建筑物对基础埋深没有特殊要求，且不必考虑土的冻胀问题。

①试确定基础底面宽度（需进行软弱下卧层验算）。

②设计基础底面并配筋（可近似取荷载基本组合值为标准组合值的 1.35 倍）。

（提示：可取基础埋深 $d=0.5\text{m}$）

2-8 某柱下钢筋混凝土锥形独立基础，已知相应于荷载效应基本组合时柱荷载设计值 $F=850\text{kN}$，弯矩 $M=95\text{kN}\cdot\text{m}$，取荷载效应的基本组合值为标准组合值的 1.35 倍，柱截面尺寸均为 300mm×450mm。基础埋深为 1.3m，地基土为黏性土，$\gamma=18.5\text{kN/m}^3$，液化指数 $I_L=0.9$，地基承载力特征值为 $f_{ak}=150\text{kPa}$。采用 C25 混凝土、HRB400 级钢筋。试设计此基础。

2-9 如习题 2-9 图所示，某建筑采用柱下独立基础，基础底面尺寸为 3.7m×2.2m，柱截面尺寸为 400mm×700mm，作用在基础顶面荷载效应的基本组合值 $F=1900\text{kN}$，弯矩 $M=80\text{kN}\cdot\text{m}$，剪力 $V=20\text{kN}$；采用 C25 混凝土、HRB400 级钢筋。试设计此基础并进行配筋。

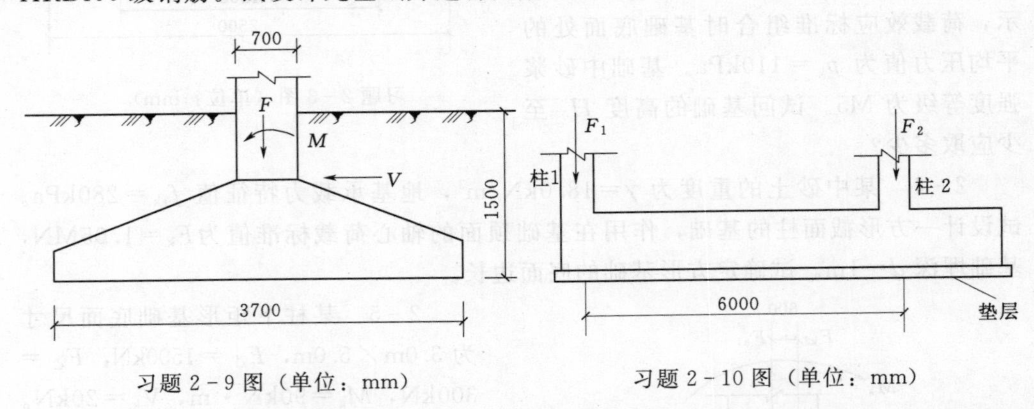

习题 2-9 图（单位：mm）　　习题 2-10 图（单位：mm）

2-10 设计某双柱联合基础。如习题 2-10 图所示，柱距 $l=6.0\text{m}$，两柱截面尺寸均为 400mm×400mm。相应于荷载效应基本组合时，柱上作用有外荷载 $F_1=600\text{kN}$，$F_2=1200\text{kN}$，取荷载效应的基本组合值为标准组合值的 1.35 倍。基础采用 C25 混凝土、HRB400 级钢筋。基础埋深 $d=1.5\text{m}$，修正后的地基承载力特征值为 $f_a=130\text{kPa}$。要求基础左端与柱 1 侧面齐平。

第3章

连续基础

连续基础是指在地基平面的一个或两个方向的尺度与其竖向截面的高度相比较大的基础，主要包括柱下条形基础、柱下十字交叉条形基础、筏形基础和箱形基础等。连续基础一般具有以下几个特点。

（1）与独立基础相比，一般具有较大的基础底面积，因此能够承受较大的建筑物荷载。

（2）连续基础的连续性能够增大建筑物的整体刚度，减小建筑物的不均匀沉降，提高建筑物的抗震性能。

（3）对于筏形基础和箱形基础而言，可以部分或全部补偿建筑物自重，从而减少建筑物总沉降量。

对连续基础进行受力分析时，一般可看成是地基上的受弯构件，如梁、板等。连续基础的挠曲特征、基底反力和截面内力分布与地基、基础以及上部结构的相对刚度特征有关。因此，在进行地基上梁或板的分析和设计时，需要考虑地基、基础和上部结构三者相互作用问题。

3.1 地基、基础与上部结构共同作用的概念

3.1.1 概述

常规的设计方法中，通常是将地基、基础和上部结构三部分作为彼此独立的结构单元进行分析，这样虽然满足了静力平衡条件的要求，但却完全忽略了三者在受荷前后的变形连续性，也就是说在受荷后，地基、基础和上部结构都将按照各自的刚度发生变形，那么在三者相互接触的位置就有可能由于彼此变形的不同而发生脱离现象，这与实际是不相符的。图3.1所示的高层框架结构体系，按照常规设计方法，能够满足上部结构、基础、地基之间作用力的平衡，却不能满足上部结构-基础、基础-地基之间的变形协调。当地基软弱、结构物对不均匀沉降敏感时，上述常规分析结果与实际情况的差别就增大。事实上，地基、基础和上部结构三者是一个统一的整体，三者相互联系共同承担荷载，在外荷载作用下，内力和变形均相互制约、彼此影响。由此可见，合理的分析方法，原则上应该是地基、基础和上部结构三者不仅要满足静力平衡条件，而且必须同时满足变形协调条件，这样才能揭示地基、基础和上部结构三者在外荷载作用下相互制约、彼此影响的内在联系，由此

所设计的地基基础方案才能够真正达到安全、经济、合理的目的。

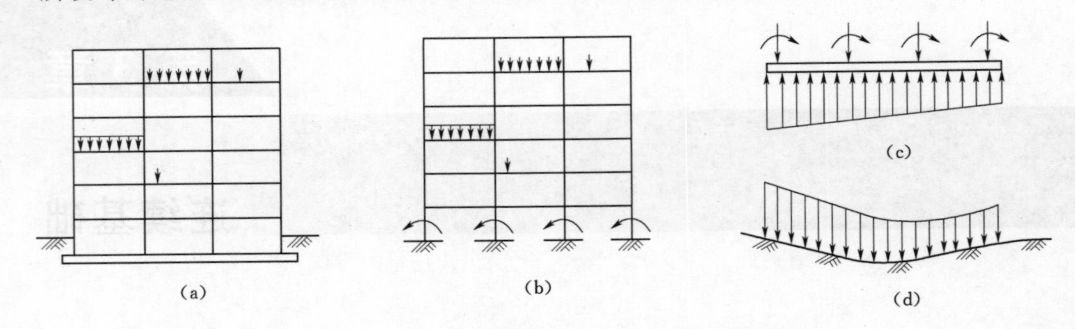

图 3.1 地基、基础与上部结构的相互作用关系
(a) 高层框架结构系统简图；(b) 上部结构；(c) 基础结构；(d) 地基计算

由于上部结构往往为空间结构，而地基土为半无限的三相体，所以按地基、基础和上部结构三者共同作用的原则进行整体的相互作用分析是比较复杂的。在分析和计算过程中，要借助计算机平台，采用能够全面反映结构影响和土的变形特征的地基计算模型进行分析和计算。

3.1.2 地基与基础的共同作用

1. 基底反力的分布规律

在地基、基础和上部结构三者相互作用的过程中，地基起主导作用，其次是基础，另外还受到上部结构刚度的约束作用。在常规设计法中，通常假设地基与基础之间的相互作用力——基底反力为线性分布。事实上，基底反力的分布是非常复杂的，其分布形式与地基、基础和上部结构的类型、刚度等有关。为便于分析，忽略上部结构的影响，探讨基础刚度对基底压力的影响。对于基础刚度对基底压力的影响，可以先思考两种极端情况，一种是基础刚度为零的柔性基础，另一种是基础刚度趋于无穷大的刚性基础。

(1) 柔性基础。柔性基础的抗弯刚度很小。这种基础就像放在地基上的柔软薄膜，可以随着地基的变形而任意弯曲，这样基础上任意一点的荷载传递到基底时不可能向四周扩散分布，所以基础像直接作用在地基上一样。基底反力分布与作用于基础上的荷载分布完全一致。如果在均布荷载作用下，柔性基础的基底沉降是中部大、边缘小［图 3.2 (a)］；如果使柔性基础的沉降均匀，则需增大基础边缘的荷载，减小基础中部荷载［图 3.2 (b)］。

(2) 刚性基础。刚性基础的抗弯刚度可以视为无穷大，在外力作用下，基础本身不会发生挠曲。假定基础绝对刚性，在集中荷载作用下，原来是平面的基底，沉降后仍然保持平面（图 3.2），即刚性基础的基底均匀下沉，此时基底反力将向两侧集中，边缘大，中部小。如果按弹性半空间理论，求得刚性基础的基底反力图，如图 3.3 中的实线所示，边缘处的值趋于无穷大。实际上，地基土抗剪强度有限，基础边缘处的土体受荷后首先屈服、破坏，部分应力将向中部转移，这样基底压力的分布将呈现为马鞍形，如图 3.3 中的虚线所示。刚性基础这种跨越基底中部，将所承担的荷载相对集中地传至基底边缘的现象叫做基础的“架越作用”。

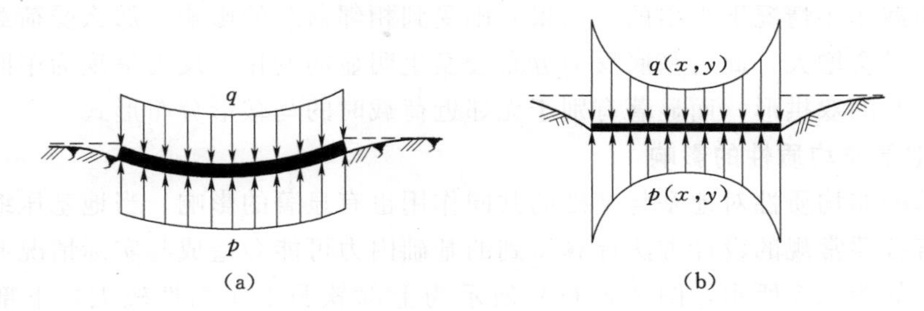

图 3.2 柔性基础的基底反力分布

(a) 均布荷载作用时基底反力 p=常数；(b) 沉降均匀时基底反力 $p(x, y) \neq$ 常数

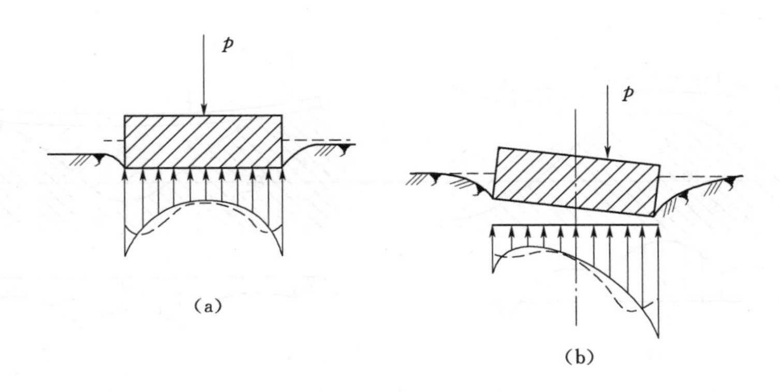

图 3.3 刚性基础的基底反力分布

(a) 中心荷载作用时；(b) 偏心荷载作用时

(3) 基础相对刚度的影响。基础相对刚度是指基础与地基之间的刚度比，称为基础相对刚度。基础相对刚度对基底反力的分布影响较大。对于图 3.4 (a) 所示的黏性土地基上的基础刚度较大的基础，当荷载不太大时，地基中的塑性区较小，基础的架越作用明显。当荷载增大时，塑性区不断扩大，基底反力会趋于均匀。在流塑状态的软土中，基底反力几乎呈直线分布。对于基础相对刚度较小的基础，如图 3.4 (c) 所示，由于基础的扩散能力不大，基底出现反力集中的现象，基础的内力反而不大。对于一般的黏性土地基上相对刚度适中的基础，如图 3.4 (b) 所示，其基底压力的分布介于图 3.4 (a) 与图 3.4 (c) 情况之间。

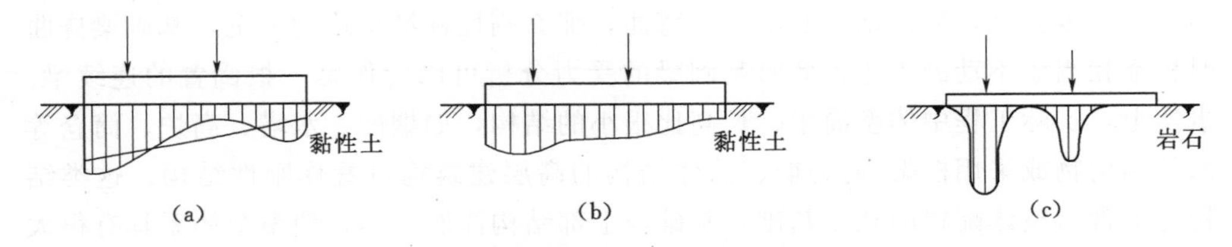

图 3.4 基础相对刚性与架越作用

(a) 基础刚度大；(b) 基础刚度适中；(c) 基础刚度小

由此可见，基础架越作用的强弱，取决于基础相对刚度的大小、土的压缩性及基底塑性区的大小。一般来说，基础的相对刚度越大，架越作用越明显，基底压力分布与上部荷载分布越不一致。

(4) 邻近荷载的影响。事实上，上述地基与基础的共同作用的分析是在没有考虑邻近荷载作用情况下得出的。如果基础受到相邻荷载的影响，那么受荷载影响一侧的沉降量会增大，此时基底反力分布会发生明显的变化，反力呈现为中间大两端小的向下凸的双拱形，而显著有别于无邻近荷载时的马鞍形分布形式。

2. 地基非均质性的影响

地基的非均质性对地基与基础的共同作用也有显著的影响。当地基压缩性不均匀时，若按照常规的设计方法计算得到的基础内力可能会造成与实际情况明显不同的现象。如图3.5所示，图3.5（a）所示为上部软弱土压缩性较大，下部坚硬土压缩性较小，而图3.5（b）所示的地基压缩性恰好与图3.5（a）所示的相反，外荷载及基础相同，但其挠曲情况和弯矩图截然不同。

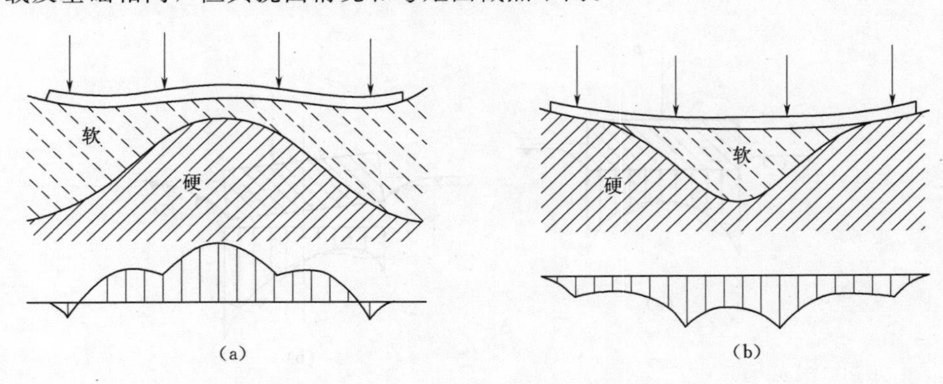

图3.5 地基压缩性不均匀的影响

（a）基础两端压缩性大；（b）基础两端压缩性小

此外，若外荷载分布不同也会对基础内力产生不同的影响，对于图3.6所示几种外荷载分布情况，图3.6（a）和图3.6（b）所示的情况比较有利，而图3.6（c）和图3.6（d）所示的情况则是不利的。

3.1.3 上部结构与基础的共同作用

上部结构刚度对基础的受力状态影响较大。上部结构刚度指的是整个上部结构对基础不均匀沉降或挠曲的抵抗能力，或称为整体刚度。如果上部结构为绝对刚性，比如长高比很小的现浇剪力墙结构，如图3.7所示，当地基变形时，由于上部结构的刚度较大，所以认为其不发生弯曲，那么刚性柱结构均匀下沉，基础梁挠曲时柱端相当于不动的支座，此时基础梁的受力分析可以看作是一根倒置的连续梁。事实上，实际工程中体型简单、长高比很小的结构，如烟囱、水塔、高炉、筒仓等高耸结构物或采用框架-剪力墙、筒体结构的高层建筑均可看作刚性结构。这类结构之下常为整体配置的独立基础，基础与上部结构浑然一体，使整个体系具有很大的刚度。当地基不均匀时，基础转动倾斜，但几乎不会发生相对挠曲，这类结构也可采用常规设计。

另外，实际工程中按照上部结构刚度对基础的影响，还有一类柔性结构。柔性结构是指上部结构的刚度较小，不会或者对地基变形产生较小影响的结构，如刚度较小的框架结构，或以屋架-柱-基础为承重体系的排架结构和木结构等。如果上部结构为刚度较小的框架结构，由于其刚度很小，对基础的变形几乎没有约束作用，在进行

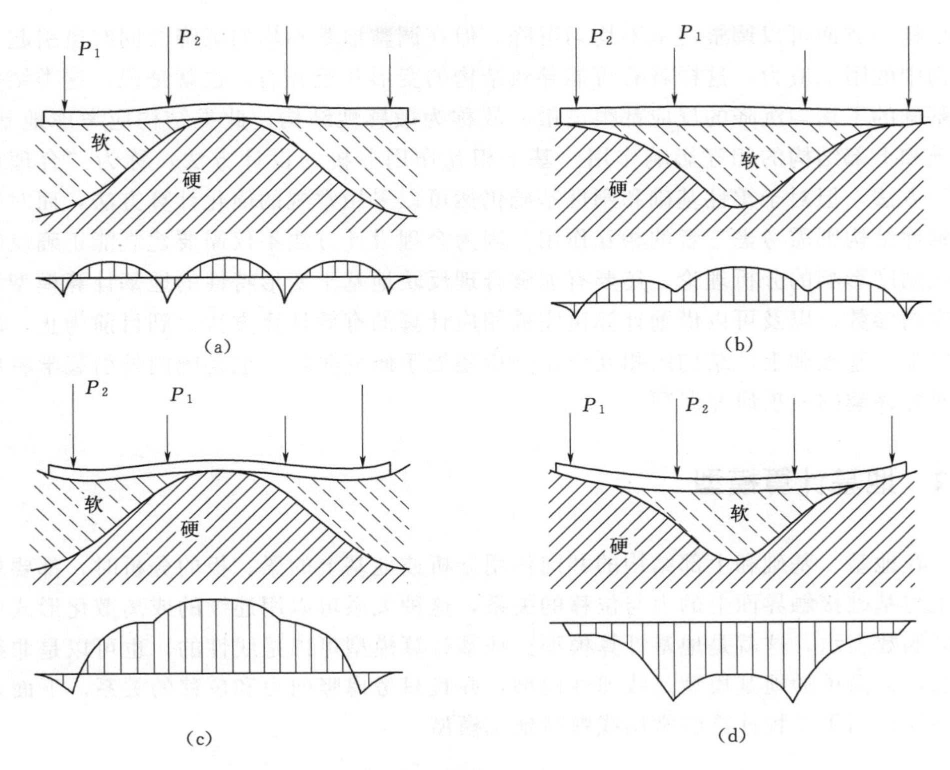

图 3.6　不均匀地基上条形基础荷载分布的影响

(a) 基础两端压缩性大，中间荷载大；(b) 基础两端压缩性小，中间荷载小；
(c) 基础两端压缩性大，中间荷载小；(d) 基础两端压缩性小，中间荷载大

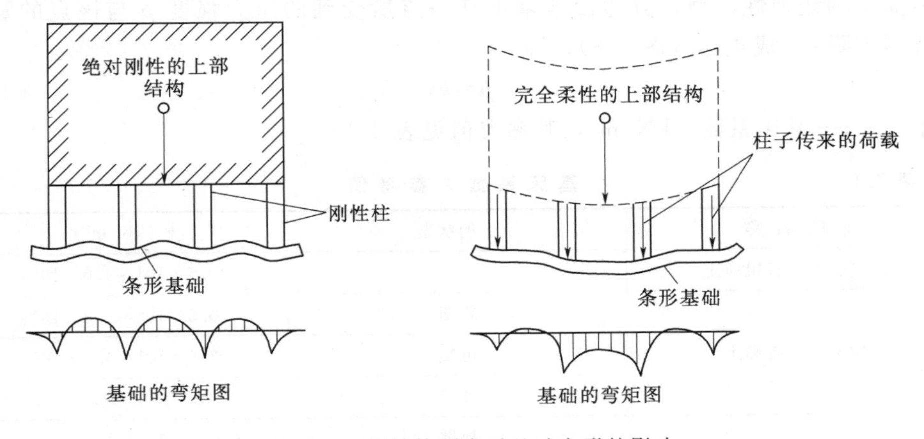

图 3.7　上部结构刚度对基础变形的影响

受力分析时可将上部结构简化为荷载直接作用在基础梁上，如图 3.7 所示。此外，由于整个承重体系对基础的不均匀沉降有很大的顺从性，故基础的沉降差不会引起主体结构的附加应力，传给基础的柱荷载也不会因此而有所改变。结构与地基变形之间并不存在彼此制约、相互作用的关系。这类结构最适合按常规方法设计。

由上述分析可知，上部结构的刚度对基础梁的受力有较大影响，其为绝对刚性和完全柔性，形成的基础弯曲变形和内力是截然不同的，如图 3.7 所示。实际上，建筑结构中最常见的砖石砌体承重结构和钢筋混凝土框架结构的刚度一般有限，这

类结构一方面可以调整地基不均匀沉降，但在调整地基不均匀沉降的同时也引起了结构中的附加应力，这样就有可能导致结构的变形甚至开裂，也就是说，这类结构对基础的不均匀沉降的反应都很灵敏，故称为敏感性结构。此类结构应考虑地基、基础和上部结构的相互影响作用。基于相互作用分析的设计方法，称为“合理设计”方法，但对于柔性基础和刚性基础仍然可以采用常规的简化计算方法，而对于敏感性结构则需考虑三者的相互作用。因为合理设计方法不仅需要建立能正确反映结构刚度影响的分析理论，还要有能够合理反映地基土变形特性的地基计算模型和相应的参数，以及可以借助计算机完成相应计算的有效计算方法。到目前为止，基于地基、基础和上部结构的相互作用分析还处于研究阶段，也是国内外引起学者广泛研究兴趣的一项研究课题。

3.2　地基计算模型

在地基、基础和上部结构的共同作用分析或地基上的梁、板的分析时，都要用到土与基础接触界面上的力与位移的关系，这种关系可以用连续的或离散化形式的特征函数表示，这就是地基计算模型。地基计算模型可以是线性的，也可以是非线性的，最简单的地基模型是线弹性模型，并且只考虑竖向力和位移的关系。下面仅介绍几种用于工程计算的常用线弹性地基模型。

3.2.1　文克勒地基模型

文克勒地基模型是由捷克工程师文克勒（Winkler）在1867年提出的，该模型是最简单的线弹性模型，其假设地基上任一点所受到的压力强度 p 与该点的竖向位移（沉降）s 成正比（图3.8），即

$$p=ks \tag{3.1}$$

式中　k——基床系数，kN/m^3，其参考值见表3.1。

表3.1　基床系数 k 参考值

土的名称	土的状态	k/(kN/m^3)
淤泥质土、有机质土		$0.5\times10^4\sim1.0\times10^4$
黏土、粉质黏土	软塑	$0.5\times10^4\sim2.0\times10^4$
	可塑	$2.0\times10^4\sim4.0\times10^4$
	硬塑	$4.0\times10^4\sim10.0\times10^4$
砂土	松散	$0.7\times10^4\sim1.5\times10^4$
	中密	$1.5\times10^4\sim2.5\times10^4$
	密实	$2.5\times10^4\sim4.0\times10^4$
砾石	中密	$2.5\times10^4\sim4.0\times10^4$
黄土、黄土性粉质黏土		$4.0\times10^4\sim5.0\times10^4$

文克勒地基模型假设地基表面某点的沉降与其他点的压力无关。该模型实际上是把连续的地基土体划分成许多竖直的土柱，把每条土柱看作是一根独立的弹簧。如果在弹簧体系上施加荷载，则每根弹簧所受的压力与该根弹簧的变形成正比（图

3.8)。这种模型的地基反力图形与基础底面的竖向位移形状是相似的。如果基础的刚度非常大，基础底面在受荷后保持为平面，则地基反力按直线规律变化。这与前面常规设计中所采用的基底压力简化计算方法是完全一致的。按照图示的弹簧体系，每根弹簧与相邻弹簧的压力和变形毫无关系，这样由弹簧所代表的土柱，在产生竖向变形的时候与相邻土柱之间没有摩擦阻力，也就是说地基中只有正应力而没有剪应力。因此，地基变形只限于基础底面范围之内。

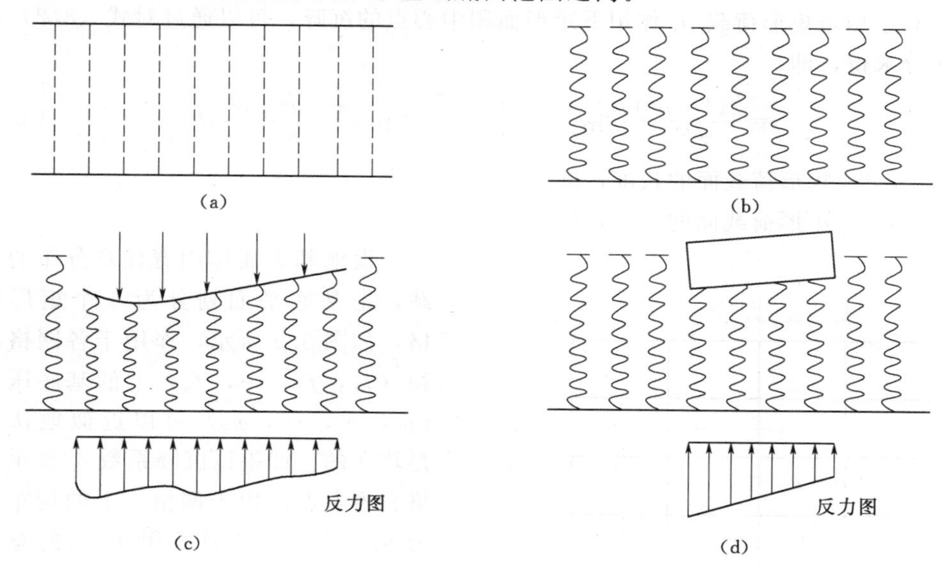

图 3.8　文克勒地基模型

(a) 侧面无摩擦阻力的土柱体系；(b) 弹簧体系；(c) 文克勒地基上的长基础梁；(d) 文克勒地基上的刚性基础

事实上，土柱之间（即地基中）存在着剪应力。正是由于剪应力的存在，才使基底压力在地基中产生应力扩散，并使基底以外的地表发生沉降。

尽管文克勒地基模型存在一定的局限性，但由于该模型参数少、便于应用，所以仍是目前最常用的地基模型之一。一般认为力学性质与水相近的地基，采用文克勒模型就比较合适。在下述情况下，可以考虑采用文克勒地基模型。

(1) 地基主要受力层为软土。由于软土的抗剪强度低，因而能够承受的剪应力值很小。

(2) 厚度不超过基础底面宽度之半的薄压缩层地基。这时地基中产生附加应力集中现象，剪应力很小。

(3) 基底下塑性区相应较大时。

(4) 支承在桩上的连续基础，可以用弹簧体系来代替群桩。

3.2.2　弹性半空间地基模型

弹性半空间地基模型将地基视为均质的线性变形半空间体，采用弹性力学中弹性半空间体理论公式求解地基中的附加应力或位移，此时地基上任意点的沉降与整个基底反力以及邻近荷载的分布有关。

根据布辛奈斯克（Boussinesq）解，在弹性半空间表面上作用一个竖向集中力

p时，半空间表面上离竖向集中力作用点距离为r处的地基表面沉降s为

$$s=\frac{p(1-\mu^2)}{\pi E_0 r} \tag{3.2}$$

式中 E_0——地基土的变形模量，MPa；

μ——地基土的泊松比；

r——地基表面任意点至集中力作用点的距离，m。

对于均布矩形荷载p_0作用下矩形面积中心点的沉降，可以通过对式（3.2）进行积分求得，即

$$s=\frac{2(1-\mu^2)}{\pi E_0}\left(l\ln\frac{b+\sqrt{l^2+b^2}}{l}+b\ln\frac{l+\sqrt{l^2+b^2}}{b}\right)p_0 \tag{3.3}$$

式中 l——矩形荷载面的长度，m；

b——矩形荷载面的宽度，m。

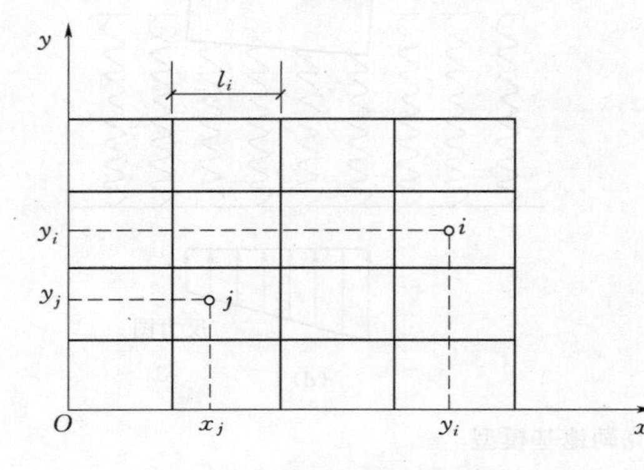

图3.9 基底网格的划分

设地基表面作用着任意分布的荷载，把基底平面划分为n个矩形网格，如图3.9所示，作用于各网格面积（f_1，f_2，…，f_n）上的基底压力（p_1，p_2，…，p_n）可以近似地认为是均布的。如果以沉降系数δ_{ij}表示网格i的中点作用于网格j上的均布压力$p_j=1/f_j$（此时面积f_j上的总压力$R_j=1$，$R_j=p_jf_j$称为集中基底压力）引起的沉降，则按叠加原理，网格i中点的沉降应为所有n个网格上的基底压力分别引起的沉降总和，即

$$\delta_i=\delta_{i1}p_1f_1+\delta_{i2}p_2f_2+\cdots+\delta_{in}p_nf_n=\sum_{j=1}^{n}\delta_{ij}R_j \tag{3.4}$$

对于整个基础，式（3.4）可用矩阵形式表示为

$$\begin{Bmatrix} s_1 \\ s_2 \\ \vdots \\ s_n \end{Bmatrix}=\begin{bmatrix} \delta_{11} & \delta_{12} & \cdots & \delta_{1n} \\ \delta_{21} & \delta_{22} & \cdots & \delta_{2n} \\ \vdots & \vdots & \ddots & \vdots \\ \delta_{n1} & \delta_{n2} & \cdots & \delta_{nn} \end{bmatrix}\begin{Bmatrix} R_1 \\ R_2 \\ \vdots \\ R_n \end{Bmatrix}$$

简写为

$$\{s\}=[\delta]\{R\} \tag{3.5}$$

式中 $[\delta]$——地基柔度矩阵。

为了简化计算，可以只对δ_{ij}按作用于j网格上的均布荷载$p_j=1/f_j$以式（3.3）计算，即

$$\delta_{ij}=\frac{1-\mu^2}{\pi E_0}\begin{cases} 2\left(\dfrac{1}{b_j}\ln\dfrac{b_j+\sqrt{l_j^2+b_j^2}}{l_j}+\dfrac{1}{l_j}\ln\dfrac{l_j+\sqrt{l_j^2+b_j^2}}{b_j}\right) & i=j \\ \dfrac{1}{\sqrt{(x_i-x_j)^2+(y_i-y_j)^2}} & i\neq j \end{cases} \tag{3.6}$$

弹性半空间地基模型具有能够扩散应力和变形的优点，可以反映邻近荷载的影响，但它的扩散能力往往超过地基的实际情况，所以计算所得的沉降量和地表的沉降范围常常比实测结果大，同时该模型没有考虑地基的成层性、非均质性以及土体应力-应变关系的非线性等重要因素的影响。

3.2.3 有限压缩层地基模型

有限压缩层地基模型是把计算沉降的分层总和法应用于地基上梁和板的分析，地基沉降等于沉降计算深度范围内各计算分层在侧限条件下的压缩量之和。这种模型能够较好地反映地基土扩散应力和应变的能力，可以反映邻近荷载的影响，考虑到土层沿深度和水平方向的变化，但仍无法考虑土的非线性和基底反力的塑性重分布。

有限压缩层地基模型的表达式与式（3.5）相同，式中的柔度矩阵［δ］需按分层总和法计算。将基底划分成 n 个矩形网格，并将其下面的地基分割成截面与网格相同的棱柱体，其下端到达硬层顶面或沉降计算深度。各棱柱体按照天然土层界面和计算精度要求分成若干计算层，于是沉降系数 δ_{ij} 的计算公式可以写成

$$\delta_{ij} = \sum_{t=1}^{n_c} \frac{\sigma_{tij} h_{ti}}{E_{sti}} \tag{3.7}$$

式中 h_{ti}、E_{sti}——第 i 个棱柱体中第 t 分层的厚度和压缩模量；

n_c——第 i 个棱柱体的分层数；

σ_{tij}——第 i 个棱柱体中第 t 分层由 $p_j=1/f_j$ 引起的竖向附加应力的平均值，可用该层中点处的附加应力值来代替。

3.3 文克勒地基上梁的计算

3.3.1 文克勒地基上梁的挠曲微分方程

在材料力学中，根据梁的纯弯曲得到的挠曲微分方程式为

$$EI\frac{\mathrm{d}^2\omega}{\mathrm{d}x^2} = -M \tag{3.8}$$

式中 ω——梁的挠度；

M——弯矩；

E——材料的弹性模量；

I——梁的截面惯性矩。

根据梁的微单元［图 3.10（b）］的静力平衡条件 $\sum M=0$、$\sum V=0$ 得到

$$\frac{\mathrm{d}M}{\mathrm{d}x} = V \tag{3.9}$$

$$\frac{\mathrm{d}V}{\mathrm{d}x} = bp - q \tag{3.10}$$

式中 V——剪力；

q——梁上的分布荷载；

p——地基反力；

b——梁的宽度。

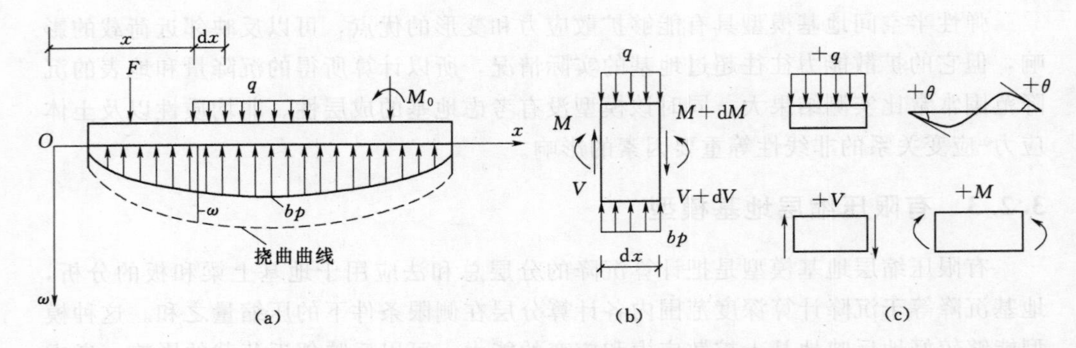

图 3.10 文克勒地基上基础梁的计算简图

(a) 梁上荷载和挠曲；(b) 梁的微单元；(c) 符号规定

将式（3.10）连续对坐标 x 求两次导数，可得

$$EI\frac{\mathrm{d}^4\omega}{\mathrm{d}x^4}=-\frac{\mathrm{d}^2M}{\mathrm{d}x^2}=-\frac{\mathrm{d}V}{\mathrm{d}x}=-bp+q \tag{3.11}$$

对于没有分布荷载作用，即 $q=0$ 的梁段，式（3.11）可写为

$$EI\frac{\mathrm{d}^4\omega}{\mathrm{d}x^4}=-bp \tag{3.12}$$

式（3.12）是基础梁的挠曲微分方程，对哪一种地基模型都适用。采用文克勒地基模型时，按式（3.1）$p=ks$ 进行计算。

根据变形协调条件，地基沉降等于梁的挠度，即 $s=\omega$，代入式（3.12）得

$$EI\frac{\mathrm{d}^4\omega}{\mathrm{d}x^4}=-bk\omega$$

或

$$\frac{\mathrm{d}^4\omega}{\mathrm{d}x^4}+\frac{kb}{EI}\omega=0 \tag{3.13}$$

式（3.13）即为文克勒地基上梁的挠曲微分方程。为了求解的方便，令

$$\lambda=\sqrt[4]{\frac{kb}{4EI}} \tag{3.14}$$

λ 称为梁的柔度特征值，量纲为［1/长度］，其倒数 $1/\lambda$ 称为特征长度。λ 值与地基的基床系数和梁的抗弯刚度有关，λ 值越小，基础的相对刚度越大。

将式（3.14）代入式（3.13）得到

$$\frac{\mathrm{d}^4\omega}{\mathrm{d}x^4}+4\lambda^4\omega=0 \tag{3.15}$$

式（3.15）是4阶常系数线性常微分方程，可以用比较简便的方法得到它的通解，即

$$\omega=\mathrm{e}^{\lambda x}(C_1\cos\lambda x+C_2\sin\lambda x)+\mathrm{e}^{-\lambda x}(C_3\cos\lambda x+C_4\sin\lambda x) \tag{3.16}$$

式中 C_1、C_2、C_3 和 C_4——积分常数，可按荷载类型（集中力或集中力偶）由已知条件（某些截面的某项位移或内力为已知）来确定；

e——自然对数的底。

如果设梁的长度为 l，则梁的柔度特征值 λ 与长度 l 的乘积 λl 称为柔度指数，其表征了文克勒地基上梁的相对刚柔程度的一个无量纲值。当 $\lambda l\to 0$ 时，梁的刚度

为无限大，可视为刚性梁；当$\lambda l \to \infty$时，梁是无限长的，可视为柔性梁。一般可按柔度指数λl值的大小将梁分为下列3种。

对于短梁（或刚性梁），有

$$\lambda l \leqslant \frac{\pi}{4}$$

对于有限长梁（或有限刚度梁），有

$$\frac{\pi}{4} < \lambda l < \pi$$

对于长梁（柔性梁），有

$$\lambda l \geqslant \pi$$

3.3.2 文克勒地基上无限长梁的解答

1. 竖向集中荷载作用下的解答

图3.11（a）表示一个竖向集中力F_0作用于无限长梁时的情况。取F_0的作用点为坐标原点O。离O点无限远处的梁挠度应为0，即当$x \to \infty$时，$\omega \to 0$。将此边界条件代入式（3.16），得$C_1 = C_2 = 0$。于是，对梁的右半部，式（3.16）成为

$$\omega = e^{-\lambda x}(C_3 \cos\lambda x + C_4 \sin\lambda x) \tag{3.17}$$

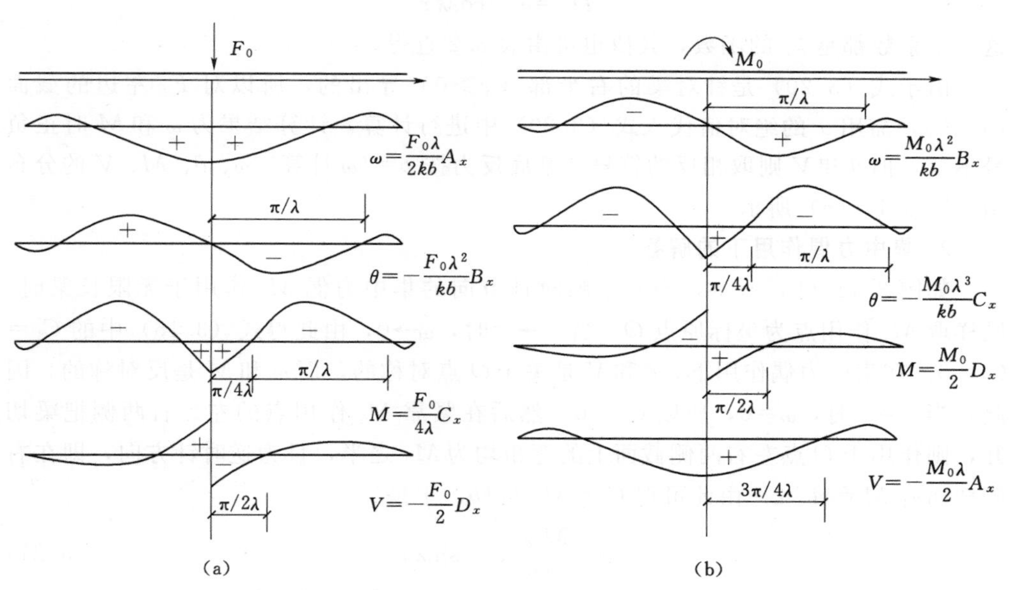

图3.11 无限长梁的挠度ω、转角θ、弯矩M、剪力V分布

（a）竖向荷载作用下；（b）集中力偶作用下

在竖向集中力作用下，梁的挠曲线和弯矩图是关于原点对称的，如图3.11（a）所示。因此，在$x=0$处，$\mathrm{d}\omega/\mathrm{d}x=0$，代入式（3.17）得$C_3 - C_4 = 0$。令$C_3 = C_4 = C$，则式（3.17）成为

$$\omega = e^{-\lambda x} C(\cos\lambda x + \sin\lambda x) \tag{3.18}$$

在O点处紧靠F_0的左、右侧把梁切开，则作用于O点左右两侧截面上的剪力均等于F_0之半，且指向下方。根据图3.10（c）中的符号规定，在右侧截面有$V=$

$-F_0/2$，由此得 $C=F_0\lambda/2kb$，代入式（3.18），则

$$\omega=\frac{F_0\lambda}{2kb}e^{-\lambda x}(\cos\lambda x+\sin\lambda x) \tag{3.19}$$

将式（3.19）对 x 依次取一阶、二阶和三阶导数，就可以求得梁截面的转角 $\theta\approx d\omega/dx$、弯矩 $M=-EI(d^2\omega/dx^2)$ 和剪力 $V=-EI(d^3\omega/dx^3)$。将所得公式归纳为

$$\begin{cases}\omega=\dfrac{F_0\lambda}{2kb}A_x\\[2ex]\theta=-\dfrac{F_0\lambda^2}{kb}B_x\\[2ex]M=\dfrac{F_0}{4\lambda}C_x\\[2ex]V=-\dfrac{F_0}{2}D_x\end{cases} \tag{3.20}$$

式中

$$A_x=e^{-\lambda x}(\cos\lambda x+\sin\lambda x)$$
$$B_x=e^{-\lambda x}\sin\lambda x$$
$$C_x=e^{-\lambda x}(\cos\lambda x-\sin\lambda x)$$
$$D_x=e^{-\lambda x}\cos\lambda x$$

这4个系数都是 λ_x 的函数，其值也可由表3.2查得。

由于式（3.20）是针对梁的右半部（$x>0$）导出的，所以对 F_0 左边的截面（$x<0$），需用 x 的绝对值代入式（3.20）中进行计算，计算结果为 ω 和 M 时正负号不变，但 θ 和 V 则取相反的符号。基底反力按 $p=k\omega$ 计算。ω、θ、M、V 的分布图如图3.11（a）所示。

2. 集中力偶作用下的解答

如图3.11（b）所示，当一个顺时针方向的集中力偶 M_0 作用于无限长梁时，同样取 M_0 作用点为坐标原点 O。当 $x\to\infty$ 时，$\omega\to 0$，由此得式（3.16）中的 $C_1=C_2=0$。在集中力偶作用下，θ 和 V 是关于 O 点对称的，而 ω 和 M 是反对称的。因此，当 $x=0$ 时，$\omega=0$，所以 $C_3=0$。然后在紧靠 M_0 作用点的左、右两侧把梁切开，则作用于 O 点左右两侧截面上的弯矩均为 M_0 之半，且为逆时针方向，即在右侧截面有 $M=M_0/2$。由此可得 $C_4=M_0\lambda^2/kb$，于是

$$\omega=\frac{M_0\lambda^2}{kb}e^{-\lambda x}\sin\lambda x \tag{3.21}$$

求 ω 对 x 的一、二、三阶导数后，所得的式子归纳为

$$\begin{cases}\omega=\dfrac{M_0\lambda^2}{kb}B_x\\[2ex]\theta=\dfrac{M_0\lambda^3}{kb}C_x\\[2ex]M=\dfrac{M_0}{2}D_x\\[2ex]V=-\dfrac{M_0\lambda}{2}A_x\end{cases} \tag{3.22}$$

式中系数 A_x、B_x、C_x、D_x 与式（3.20）相同。当计算截面位于 M_0 的左边

时，式（3.22）中的 x 取绝对值，ω 和 M 取与计算结果相反的符号，而 θ 和 V 的符号不变。ω、θ、M、V 的分布如图 3.11（b）所示。

计算承受若干个集中荷载的无限长梁上任意截面的 ω、θ、M 和 V 时，可以按式（3.20）或式（3.22）分别计算各荷载单独作用时在该截面引起的效应，然后叠加得到共同作用下的总效应。注意，在每次计算时均需把坐标原点移到相应的集中荷载作用点处。图 3.12 所示的无限长梁上 A、B、C 这 3 点的 4 个荷载 F_a、M_a、F_b、M_c 在截面 D 引起的弯矩 M_d 和剪力 V_d 分别为

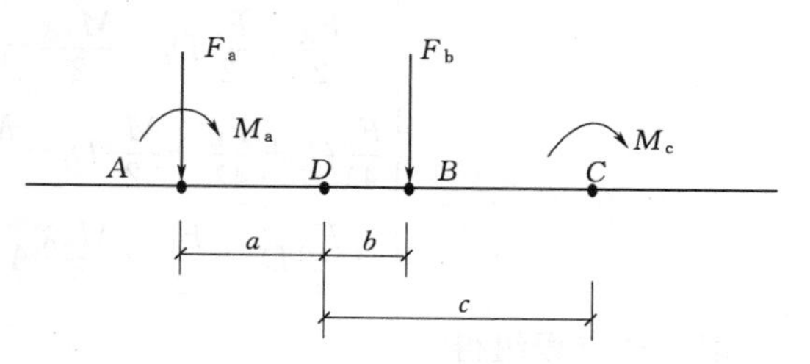

图 3.12　若干个集中荷载作用下的无限长梁

$$\begin{cases} M_d=\dfrac{F_a}{4\lambda}C_a+\dfrac{M_a}{2}D_a+\dfrac{F_b}{4\lambda}C_b-\dfrac{M_c}{2}D_c \\ V_d=-\dfrac{F_a}{2}D_a-\dfrac{M_a\lambda}{2}A_a+\dfrac{F_b}{2}D_b-\dfrac{M_c\lambda}{2}A_c \end{cases} \tag{3.23}$$

式中，系数 A_a、C_b、D_c 表示其所对应的 λ_x 值分别为 λ_a、λ_b、λ_c。

3.3.3　文克勒地基上有限长梁的解答

真正的无限长梁是没有的。满足 $\frac{\pi}{4}<\lambda l<\pi$ 的梁均称为有限长梁，对于有限长梁，有多种方法求解。这里介绍的方法均是以上面推导得的无限长梁的计算公式为基础，利用叠加原理来求得满足有限长梁的两个自由端边界条件的解答，其原理如下。

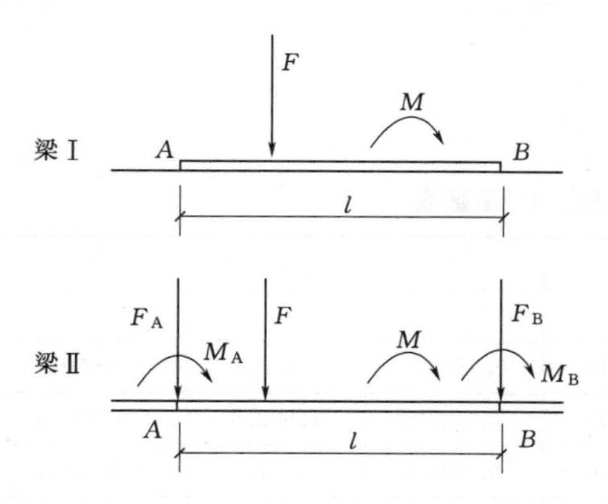

图 3.13　以叠加法计算文克勒地基上的无限长梁

设想将图 3.13 中的有限长梁（梁Ⅰ）用无限长梁（梁Ⅱ）来代替。显然，如果能设法消除无限长梁Ⅱ在 A、B 两截面处的弯矩和剪力，即满足有限长梁Ⅰ两端为自由端的边界条件，则无限长梁Ⅱ的内力与变形情况就完全等同于有限长梁Ⅰ了。将无限长梁Ⅱ紧靠 A、B 两截面的外侧各施加一对附加荷载 F_A、M_A 和 F_B、M_B（称为梁端边界条件力，其正方向如图 3.13 所示），并且使无限长梁在梁端边界条件力和已知荷载共同作用下，A、B 两截面的弯矩和剪力为零，那么由此可求出 F_A、M_A 和 F_B、M_B。再由叠加法计算在已知荷载和边界条件力的共同作用下，无限长梁Ⅱ上相应于梁Ⅰ所求截面处的 ω、θ、M 和 V 值，即为所求结果。

设外荷载在梁Ⅱ的 A、B 两截面上所产生的弯矩和剪力分别为 M_a、V_a 及 M_b、V_b，则要求两个梁端在 A、B 两截面产生的弯矩和剪力分别为 $-M_a$、$-V_a$ 及 $-M_b$、$-V_b$，由此可利用式（3.20）或式（3.22）列出方程组为

$$\begin{cases}\dfrac{F_A}{4\lambda}+\dfrac{F_B}{4\lambda}C_l+\dfrac{M_A}{2}-\dfrac{M_B}{2}D_l=-M_a\\ -\dfrac{F_A}{2}+\dfrac{F_B}{2}D_l-\dfrac{M_A\lambda}{2}-\dfrac{M_B\lambda}{2}A_l=-V_a\\ \dfrac{F_A}{4\lambda}C_l+\dfrac{F_B}{4\lambda}+\dfrac{M_A}{2}D_l-\dfrac{M_B}{2}=-M_b\\ -\dfrac{F_A}{2}D_l+\dfrac{F_B}{2}-\dfrac{M_A\lambda}{2}A_l-\dfrac{M_B\lambda}{2}=-V_b\end{cases}\tag{3.24}$$

解上述方程组得

$$\begin{cases}F_A=(E_l+F_lD_l)V_a+\lambda(E_l-F_lA_l)M_a\\ \qquad-(F_l+E_lD_l)V_b+\lambda(F_l-E_lA_l)M_b\\ M_A=-(E_l+F_lC_l)\dfrac{V_a}{2\lambda}-(E_l-F_lD_l)M_a\\ \qquad+(F_l+E_lC_l)\dfrac{V_b}{2\lambda}-(F_l-E_lD_l)M_b\\ F_B=(F_l+E_lD_l)V_a+\lambda(F_l-E_lA_l)M_a\\ \qquad-(E_l+F_lD_l)V_b+\lambda(E_l-F_lA_l)M_b\\ M_B=(F_l+E_lC_l)\dfrac{V_a}{2\lambda}+(F_l-E_lD_l)M_a\\ \qquad-(E_l+F_lC_l)\dfrac{V_b}{2\lambda}+(E_l-F_lD_l)M_b\end{cases}\tag{3.25}$$

式中

$$E_l=\frac{2e^{\lambda l}\,\mathrm{sh}\lambda l}{\mathrm{sh}^2\lambda l-\sin^2\lambda l}$$

$$F_l=\frac{2e^{\lambda l}\sin\lambda l}{\sin^2\lambda l-\mathrm{sh}^2\lambda l}$$

式中 sh——双曲线正弦函数；

E_l、F_l——按 λl 值由表 3.2 查得。

表 3.2　A_x、B_x、C_x、D_x、E_x、F_x 函数表

λ_x	A_x	B_x	C_x	D_x	E_x	F_x
0	1	0	1	1	∞	−∞
0.02	0.99961	0.01960	0.96040	0.980000	382156	−382105
0.04	0.99844	0.03842	0.92160	0.96002	48802.6	−48776.6
0.06	0.99654	0.05647	0.88360	0.94007	14851.3	−14738.0
0.08	0.99393	0.07377	0.84639	0.92016	9354.30	−6340.76
0.10	0.99065	0.09033	0.80998	0.90032	3321.06	−3310.01
0.12	0.98672	0.10618	0.77437	0.88054	1962.18	−1952.78
0.14	0.98217	0.12131	0.73954	0.68085	1261.70	−1253.48
0.16	0.97702	0.13567	0.70550	0.84126	863.174	−855.840
0.18	0.97131	0.14954	0.67224	0.82178	619.176	−612.524
0.20	0.96507	0.16266	0.63975	0.80241	461.078	−454.971

续表

λ_x	A_x	B_x	C_x	D_x	E_x	F_x
0.22	0.95831	0.17513	0.60804	0.78318	353.904	−348.240
0.24	0.95106	0.18698	0.57710	0.76408	278.526	−273.229
0.26	0.94336	0.19822	0.54691	0.74514	223.862	−218.874
0.28	0.93522	0.20887	0.51748	0.72635	183.183	−178.457
0.30	0.92666	0.21893	0.48880	0.70773	152.233	−147.733
0.35	0.90360	0.24164	0.42033	0.66196	101.318	−97.2646
0.40	0.87844	0.26103	0.35637	0.61740	71.7915	−68.0628
0.45	0.85150	0.27735	0.29680	0.57415	53.3711	−49.8871
0.50	0.82307	0.29079	0.24149	0.53228	41.2142	−37.9185
0.55	0.79343	0.30156	0.19030	0.49186	32.8243	−29.7654
0.60	0.76284	0.30988	0.14307	0.45295	26.8201	−23.7865
0.65	0.73153	0.31594	0.09966	0.41559	22.3922	−19.4496
0.70	0.69972	0.31991	0.05990	0.37981	19.0435	−16.1724
0.75	0.66761	0.32198	0.02364	0.34563	16.4562	−13.6409
$\pi/4$	0.64479	0.32240	0	0.32240	14.9672	−12.1834
0.80	0.63538	0.32233	−0.00928	0.31305	14.4202	−11.6477
0.85	0.60320	0.32111	−0.03902	0.28209	12.7924	−10.0518
0.90	0.57120	0.31848	−0.06574	0.25273	11.4729	−8.75491
0.95	0.53954	0.31458	−0.08962	0.22496	10.3905	−7.68705
1.00	0.50833	0.30956	−0.11079	0.19877	9.49305	−6.79724
1.05	0.47766	0.30354	−0.12943	0.17412	8.74207	−6.04780
1.10	0.44765	0.29666	−0.14567	0.15099	8.10850	−5.41038
1.15	0.41836	0.28901	−0.15967	0.12934	7.57013	−4.86335
1.20	0.38986	0.28072	−0.17158	0.10914	7.10976	−4.39002
1.25	0.36223	0.27189	−0.18155	0.09034	6.71390	−3.97735
1.30	0.33550	0.26260	−0.18970	0.07290	6.37186	−3.61500
1.35	0.30972	0.25295	−0.19617	0.05678	6.07508	−3.29477
1.40	0.28492	0.24301	−0.20110	0.04191	5.81664	−3.01003
1.45	0.26113	0.23286	−0.20459	0.02827	5.59088	−2.75541
1.50	0.23835	0.22257	−0.20679	0.01578	5.39317	−2.52652
1.55	0.21662	0.21220	−0.20779	0.00441	5.21965	−2.31974
$\pi/2$	0.20788	0.20788	−0.20788	0	5.15382	−2.23953
1.60	0.19592	0.20181	−0.20771	−0.00590	5.06711	−2.13210
1.65	0.17625	0.19144	−0.20664	−0.01520	4.93283	−1.96109
1.70	0.15762	0.18116	−0.20470	−0.02354	4.81454	−1.80464
1.75	0.14002	0.17099	−0.20197	−0.03097	4.71026	−1.66098
1.80	0.12342	0.16098	−0.19853	−0.03765	4.61834	−1.52865

续表

λ_x	A_x	B_x	C_x	D_x	E_x	F_x
1.85	0.10782	0.15115	−0.19448	−0.04333	4.53732	−1.40638
1.90	0.09318	0.14154	−0.18989	−0.04835	4.46596	−1.29312
1.95	0.07950	0.13217	−0.18483	−0.05267	4.40314	−1.18795
2.00	0.06674	0.12306	−0.17938	−0.05632	4.34792	1.09008
2.05	0.05488	0.11423	−0.17359	−0.05936	4.29946	−0.99885
2.10	0.04388	0.10571	−0.16753	−0.06182	4.25700	−0.91368
2.15	0.03373	0.09749	−0.16124	−0.06376	4.21988	−0.83407
2.20	0.02438	0.08958	−0.15479	−0.06521	4.18751	−0.75959
2.25	0.01580	0.08200	−0.14821	−0.06621	4.15936	−0.68987
2.30	0.00796	0.07476	−0.14156	−0.06680	4.13495	−0.62457
2.35	−0.00084	0.06785	−0.13487	−0.06702	4.11387	−0.56340
$3\pi/4$	0	0.06702	−0.13404	−0.06702	4.11147	−0.55610
2.40	−0.00562	0.06128	−0.12817	−0.06689	4.09573	−0.50611
2.45	−0.01143	0.05503	−0.12150	−0.06647	4.08019	−0.45248
2.50	−0.01663	0.04913	−0.11489	−0.06576	4.06692	−0.40229
2.55	−0.02127	0.04354	−0.10836	−0.06481	4.05568	−0.35537
2.60	−0.02536	0.03829	−0.10193	−0.06364	4.04618	−0.31156
2.65	−0.02894	0.03335	−0.09563	−0.06228	4.03821	−0.27070
2.70	−0.03204	0.02872	−0.08948	−0.06076	4.03157	0.23264
2.75	−0.03469	0.02440	−0.08348	−0.05909	4.02608	−0.19727
2.80	−0.03693	0.02037	−0.07767	−0.05730	4.02157	−0.16445
2.85	−0.03877	0.01663	−0.07203	−0.05540	4.01790	−0.13408
2.90	−0.04026	0.01316	−0.06659	−0.05343	4.01495	−0.10603
2.95	−0.04142	0.00997	−0.06134	−0.05138	4.01259	−0.08020
3.00	−0.04226	0.00703	−0.05631	−0.04929	4.01074	−0.05650
3.10	−0.04314	0.00187	−0.04688	−0.04501	4.00819	−0.01505
π	−0.04321	0	−0.04321	−0.04321	4.00748	0
3.20	−0.04307	−0.00238	−0.03831	−0.04069	4.00675	0.01910
3.40	−0.04079	−0.00853	−0.02374	−0.03227	4.00563	0.06840
3.60	−0.03659	−0.01209	−0.01241	−0.02450	4.00533	0.09693
3.80	−0.03138	−0.01369	−0.00400	−0.01769	4.00501	0.10969
4.00	−0.02583	−0.01386	−0.00189	−0.01197	4.00442	0.11105
4.20	−0.02042	−0.01307	0.00572	−0.00735	4.00364	0.10468
4.40	−0.01546	−0.01168	0.00791	−0.00377	4.00279	0.09354
4.60	−0.01112	−0.00999	0.00886	−0.00113	4.00200	0.07996
$3\pi/2$	−0.00898	−0.00898	0.00898	0	4.00161	0.07190
4.80	−0.00748	−0.00820	0.00892	0.00072	4.00134	0.06561

续表

λ_x	A_x	B_x	C_x	D_x	E_x	F_x
5.00	−0.00455	−0.00646	0.00837	0.00191	4.00085	0.05170
5.50	0.00001	−0.00288	0.00578	0.00290	4.00020	0.02307
6.00	0.00169	−0.00069	0.00307	0.00238	4.00003	0.00554
2π	0.00187	0	0.00187	0.00187	4.00001	0
6.50	0.00179	0.00032	0.00114	0.00147	4.00001	−0.00259
7.00	0.00129	0.00060	0.00009	0.00069	4.00001	−0.00479
$9\pi/4$	0.00120	0.00060	0	0.00060	4.00001	−0.00482
7.50	0.00071	0.00052	−0.00033	0.00019	4.00001	−0.00415
$5\pi/2$	0.00039	0.00039	−0.00039	0	4.00000	−0.00311
8.00	0.00028	0.00033	−0.00038	−0.00005	4.00000	−0.00266

当作用于有限长梁上的外荷载对称时，$V_a=-V_b$，$M_a=M_b$，则式（3.25）可简化为

$$\begin{cases}F_A=F_B=(E_l+F_l)[(1+D_l)V_a+\lambda(1-A_l)M_a]\\ M_A=-M_B=-(E_l+F_l)\left[(1+C_l)\dfrac{V_a}{2\lambda}+(1-D_l)M_a\right]\end{cases}\tag{3.26}$$

现将有限长梁的计算步骤归纳如下。

（1）按式（3.20）和式（3.22）以叠加法计算已知荷载在无限长梁Ⅱ上相应于有限长梁Ⅰ两端的 A 和 B 截面引起的弯矩和剪力 M_a、V_a 及 M_b、V_b。

（2）按式（3.25）和式（3.26）计算梁端边界条件力 F_A、M_A 和 F_B、M_B。

（3）再按式（3.20）和式（3.22）以叠加法计算在已知荷载和边界条件力的共同作用下，无限长梁Ⅱ上相应于有限长梁Ⅰ所求截面处的 ω、θ、M 和 V 值。

3.3.4 基床系数的确定

根据式（3.1）的定义，基床系数 k 可以表示为

$$k=\frac{p}{s}\tag{3.27}$$

由式（3.27）可知，基床系数 k 的取值受多种因素的影响，如基底压力的大小及分布、土的压缩性、土层厚度、邻近荷载影响等。因此，从严格意义上讲，在进行地基上梁或板的分析之前，基床系数的数值是难以准确确定的。下面仅介绍几种确定基床系数的方法以供参考。

1. 按基础的预估沉降量确定

对于某个特定的地基和基础条件，可用式（3.28）估算基床系数，即

$$k=\frac{p_0}{s_m}\tag{3.28}$$

式中 p_0——基底平均附加压力；

s_m——基础的平均沉降量。

对于厚度为 h 的薄压缩层地基，基底平均沉降 $s_m=\sigma_z h/E_s\approx p_0 h/E_s$，代入式（3.28）得

$$k=\frac{E_s}{h} \tag{3.29}$$

式中 E_s——土层的平均压缩模量。

如果薄压缩层地基由若干分层组成，则式（3.29）可写成

$$k=\frac{1}{\sum \frac{h_i}{E_{si}}} \tag{3.30}$$

式中 h_i、E_{si}——第 i 层土的厚度和压缩模量。

2. 按载荷试验成果确定

如果地基压缩层范围内的土质均匀，则可利用载荷试验成果来估算基床系数，即在 $p-s$ 曲线上取对应于基底平均反力 p 的刚性载荷板沉降值 s 来计算载荷板下的基床系数 $k_p=p/s$。对黏性土地基，实际基础下的基床系数按式（3.31）确定，即

$$k=\left(\frac{b_p}{b}\right)k_p \tag{3.31}$$

式中 b_p、b——载荷板和基础的宽度。

国外常按太沙基建议的方法，采用1英尺×1英尺（305mm×305mm）的方形载荷板进行试验。对于砂土，考虑到砂土的变形模量随深度逐渐增大的影响，采用式（3.32）计算，即

$$k=k_p\left(\frac{b+0.3}{2b}\right)^2\frac{b_p}{b} \tag{3.32}$$

式中，基础宽度的单位为m；基础和载荷板下的基床系数 k 和 k_p 的单位均取 MN/m^3。对黏性土，考虑基础长宽比 $m=l/b$ 的影响，用式（3.33）计算，即

$$k=k_p\frac{m+0.5}{1.5m}\frac{b_p}{b} \tag{3.33}$$

【例3.1】 某柱下钢筋混凝土条形基础如图3.14所示，基础长 $l=17$m，底面宽 $b=2.5$m，抗弯刚度 $EI=4.3\times10^3$ MPa·m^4，预估平均沉降 $s_m=39.7$mm。试计算基础中心点 C 处的挠度和弯矩。

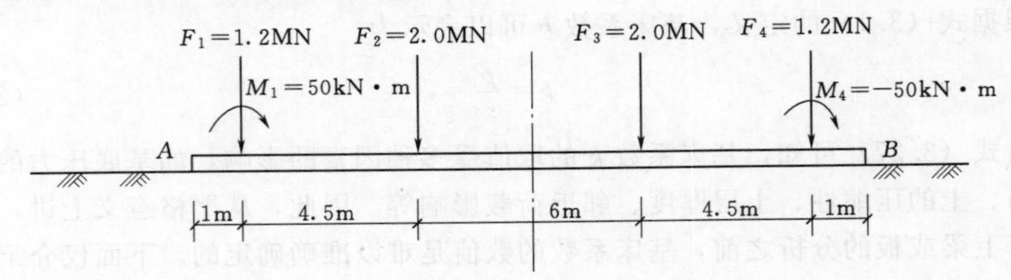

图3.14 ［例3.1］图

解 （1）确定基床系数 k 和梁的柔度指数 λl。

设基底附加压力 p_0 约等于基底平均净反力 p_j，有

$$p_0=\frac{\sum F}{lb}=\frac{(1200+2000)\times2}{17\times2.5}=150.6(\text{kPa})$$

按式（3.28），得基床系数为

$$k=\frac{p_0}{s_m}=\frac{0.1506}{0.0397}=3.8(\text{MN/m}^3)$$

柔度指数为

$$\lambda=\sqrt[4]{\frac{kb}{4EI}}=\sqrt[4]{\frac{3.8\times 2.5}{4\times 4.3\times 10^3}}=0.153(\mathrm{m}^{-1})$$

$$\lambda l=0.1533\times 17=2.606$$

因为 $\pi/4<\lambda l<\pi$，所以该梁属有限长梁。

(2) 按式 (3.20) 和式 (3.22) 计算无限长梁上相应于基础梁两端 A、B 处的弯矩 M 和剪力 V，计算结果列于表 3.3 中。

表 3.3 按无限长梁计算基础梁左端 B 处的内力值

外荷载	与 B 点距离 x/m	λ_x	A_x	C_x	D_x	M_b /(kN·m)	V_b /kN
$F_1=1200$kN	16.0	2.453		−0.1211	−0.0664	−237.0	39.8
$M_1=50$kN·m	16.0	2.453	−0.0117		−0.0664	−1.7	0.04
$F_2=2000$kN	11.5	1.763		−0.2011	−0.0327	−655.9	32.7
$F_3=2000$kN	5.5	0.843		−0.0349	0.2864	−113.8	−286.4
$F_4=1200$kN	1.0	0.153		0.7174	0.8481	1403.9	−508.9
$M_5=-50$kN·m	1.0	0.153	0.9769		0.8481	−21.2	3.7
总计						374.3	−719.1

由于存在对称性，故 $M_a=M_b=374.3$，$V_a=-V_b=-719.1$。

(3) 计算梁端边界条件力 F_A、M_A 和 F_B、M_B。

由 $\lambda l=2.606$ 查表 3.2 得：$A_l=-0.02579$，$C_l=-0.10117$，$D_l=-0.06348$，$E_l=4.04522$，$F_l=-0.30666$。代入式 (3.26) 得

$$\begin{aligned}F_A&=F_B\\&=(4.04522-0.30666)\times[(1-0.06348)\times 719.1+0.1533\times(1+0.02579)\times 374.3]\\&=2737.8(\mathrm{kN})\end{aligned}$$

$$\begin{aligned}M_A&=-M_B\\&=-(4.04522-0.30666)\times\left[(1-0.10117)\times\frac{719.1}{2\times 0.1533}+(1+0.06348)\times 374.3\right]\\&=-9369.5(\mathrm{kN\cdot m})\end{aligned}$$

(4) 计算外荷载与梁端边界条件力同时作用于无限长梁时，基础中 C 点的弯矩 M_C、挠度 ω_C 和基底净反力 p_C，计算结果列于表 3.4 中。

表 3.4 C 点处的弯矩与挠度计算表

外荷载与边界条件力	与 C 点距离 x/m	λ_x	A_x	B_x	C_x	D_x	$M_C/2$ /(kN·m)	$\omega_C/2$ /mm
$F_1=1200$kN	7.5	1.150	0.4184		−0.1597		−312.5	4.1
$M_1=50$kN·m	7.5	1.150		0.2890		0.1293	3.2	0.04
$F_2=2000$kN	3.0	0.460	0.8458		0.2857		931.8	13.6
$F_A=2737.8$kN	8.5	1.303	0.3340		−0.1910		−848.8	7.4
$M_A=-9369.5$kN·m	8.5	1.303		0.2620		0.0719	−336.8	−6.1
总计							−563.1	19.0

由于具有对称性，只计算 C 点左半部荷载的影响，然后将计算结果乘以 2，即

$$M_C = 2\times(-563.1) = -1126.2(\text{kN}\cdot\text{m})$$

$$\omega_C = 2\times 19.0 = 38.0(\text{mm})$$

$$p_C = k\omega_C = 3800\times 0.038 = 144.4(\text{kPa})$$

依照上述方法对其他各点计算后，便可绘制基础中点 C 处剪力图和弯矩图（略）。

【例 3.2】 试推导图 3.15 中外伸半无限梁（梁Ⅰ）在集中力 F_0 作用下 O 点的挠度计算公式。

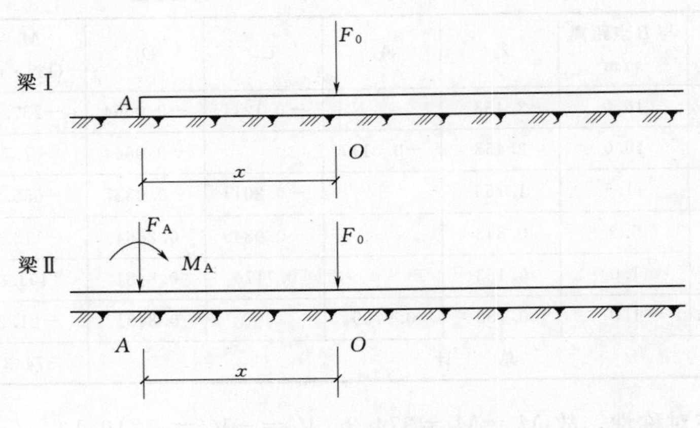

图 3.15 ［例 3.2］图

解 外伸半无限长梁 O 点的挠度可以按梁Ⅱ所示的无限长梁用叠加法求得，条件是在梁端边界条件力 F_A、M_A 和荷载 F_0 的共同作用下，梁Ⅱ A 点的弯矩和剪力为零。根据这一条件，由式（3.20）和式（3.22），有

$$\begin{cases} \dfrac{F_A S}{4} + \dfrac{M_A}{2} + \dfrac{M_A S}{2} C_x = 0 \\ -\dfrac{F_A}{2} - \dfrac{M_A}{2S} + \dfrac{F_0}{2} D_x = 0 \end{cases}$$

其中

$$S = \frac{1}{\lambda} = \sqrt[4]{\frac{4EI}{kb}}$$

解上述方程组，得

$$\begin{cases} F_A = F_0(C_x + 2D_x) \\ M_A = -F_0 S(C_x + D_x) \end{cases}$$

故 O 点的挠度为

$$\begin{aligned} \omega_0 &= \frac{F_0}{2kbS} + \frac{F_A}{2kbS}A_x + \frac{M_A}{kbS^2}B_x \\ &= \frac{F_0}{2kbS}[1 + (C_x + 2D_x)A_x - 2(C_x + D_x)B_x] \\ &= \frac{F_0}{2kbS}[1 + e^{-2\lambda x}(1 + 2\cos^2\lambda x - 2\cos\lambda x\sin\lambda x)] \end{aligned}$$

令

$$Z_x = 1 + e^{-2\lambda x}(1 + 2\cos^2\lambda x - 2\cos\lambda x\sin\lambda x) \tag{3.34}$$

则

$$\omega_0=\frac{F_0}{2kbS}Z_x \tag{3.35}$$

上述两式在推导交叉条形基础柱荷载分配公式时将被采用。注意，在式(3.34)中，当 $x=0$ 时（半无限长梁），$Z_x=4$，当 $x=\infty$ 时（无限长梁），$Z_x=1$。

3.4 地基上梁的数值分析

3.4.1 基本概念

3.3节给出了文克勒地基上梁的解析解，但如果基床系数沿梁长方向不是常数，或采用了非文克勒地基模型，那么就无法求得解析解，而只能寻求近似的数值解。

地基上某点 i 的沉降 s_i 与基底压力 p_i 之间的关系，仍可以采用式（3.1）的形式，即

$$k_i=\frac{p_i}{s_i} \tag{3.36}$$

式中，k_i 对于文克勒地基模型，其为常量，而对于非文克勒地基模型来说则其值是待定的。在数值分析时，k_i 需预先选取假定的初值，然后通过迭代计算逐步逼近真值。由于这种基床系数不但沿基底平面是变化的，而且在各轮迭代计算中也不断变化，所以称为“变基床系数”。

地基上梁的数值分析方法很多，常见的主要包括有限单元法、有限差分法等。这里仅介绍最常用的有限单元法。

3.4.2 有限单元法

1. 梁的刚度矩阵

将梁分成 m 段（图3.16），每段长可以不等。把每个分段作为一个梁单元，分段处和梁的变截面处都是节点位置。梁单元和节点编号如图3.16所示，节点总数 $n=m+1$。在每个节点下分别设置一根弹簧，以 L_i、b_i 与 L_{i+1}、b_{i+1} 分别代表节点 j 两边的单元长度和梁底宽度，则第 j 根弹簧的弹簧力 R_j 则代表基底面积 $f_i=(L_ib_i+L_{i+1}b_{i+1})/2$ 上的基底总反力。设此反力在面积 f_j 上是均布的，并以 p_j 表示，弹簧的压缩变形代表此处的地基沉降 s_j。根据接触条件，地基沉降应等于梁上相应节点的竖向位移，即 $s_j=\omega_j$，于是，按变基床系数的定义式（3.36），有

$$R_j=p_jf_j=k_j\omega_jf_j=K_j\omega_j \tag{3.37}$$

式中，$K_j=k_if_j$ 称为面积 f_j 上的集中变基床系数。

由此，地基上的梁就变成支承在 n 个不同刚度（K_1，K_2，…，K_n）的弹簧支座上的梁（图3.16），而连续的基底反力也就离散为 n 个集中反力（R_1，R_2，…，R_n）。

梁单元的单元刚度矩阵 $[\boldsymbol{k}]_e$ 为

$$[\boldsymbol{k}]_e=\frac{EI}{L^3}\begin{bmatrix}12 & 6L & -12L & 6L\\ 6L & 4L^2 & -6L & 2L^2\\ -12 & -6L & 12 & -6L\\ 6L & 2L^2 & -6L & 4L^2\end{bmatrix} \tag{3.38}$$

式中 E——梁单元材料的弹性模量；

I——梁单元的截面惯性矩；

L——梁单元长度。

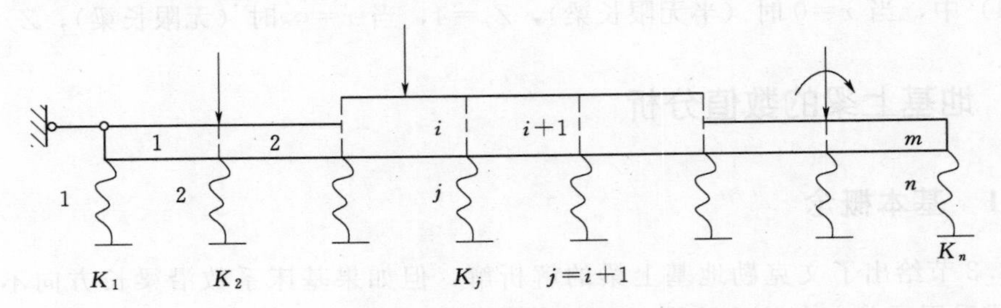

图 3.16 地基上梁的有限单元法计算图式

设节点 j 的竖向位移和转角分别为 ω_j 和 θ_j；节点力（竖向力和力矩）分别为 F_j 和 F_{mj}，则节点力与节点位移间的关系可以用矩阵形式表示为

$$\{\boldsymbol{F}\}=[\boldsymbol{K}_{\mathrm{b}}]\{\boldsymbol{\omega}\} \tag{3.39}$$

式中 $\{\boldsymbol{F}\}$——节点力列向量：$\{\boldsymbol{F}\}=\{F_1,F_{m1},F_2,F_{m2},\cdots,F_n,F_{mn}\}^{\mathrm{T}}$；

$\{\boldsymbol{\omega}\}$——节点位移列向量：$\{\boldsymbol{\omega}\}=\{\omega_1,\theta_1,\omega_2,\theta_2,\cdots,\omega_n,\theta_n\}^{\mathrm{T}}$；

$[\boldsymbol{K}_{\mathrm{b}}]$——梁的刚度矩阵，按对号入座原则由单元刚度矩阵组合而成。

2. 地基上梁的刚度矩阵

与梁节点的各个竖向位移和转角相对应，地基在任一节点 j 处也要考虑沉降 s_j 和基底倾斜 θ_j 两个方面。由于地基（即弹簧）与梁底接触处只能承担竖向集中反力 $R_j=K_js_j$，而不能抵抗转动。因此，基底反力偶 $R_{mj}=0$。基底反力列向量 $\{\boldsymbol{R}\}=\{R_1,R_{m1},R_2,R_{m2},\cdots,R_n,R_{mn}\}^{\mathrm{T}}$ 和基底沉降列向量 $\{\boldsymbol{s}\}=\{s_1,\theta_{s1},s_2,\theta_{s2},\cdots,s_n,\theta_{sn}\}^{\mathrm{T}}$ 之间存在以下关系，即

$$\{\boldsymbol{R}\}=[\boldsymbol{K}_{\mathrm{s}}]\{\boldsymbol{s}\} \tag{3.40}$$

式中 $[\boldsymbol{K}_{\mathrm{s}}]$——地基刚度矩阵：

$$[\boldsymbol{K}_{\mathrm{s}}]=\begin{bmatrix} K_1 & & & & & \\ & 0 & & & 0 & \\ & & K_2 & & & \\ & & & 0 & & \\ & & & & \ddots & \\ & 0 & & & K_n & \\ & & & & & 0 \end{bmatrix}$$

根据梁上各节点的静力平衡条件，作用于任一节点 j 的集中基底反力、节点力和节点荷载（竖向力 P_j 和集中力偶 M_j）之间应满足条件 $R_j+F_j=P_j$ 和 $R_{mj}+F_{mj}=M_j$，即

$$\{\boldsymbol{R}\}+\{\boldsymbol{F}\}=\{\boldsymbol{P}\} \tag{3.41}$$

式中 $\{\boldsymbol{P}\}$——节点荷载列向量：$\{\boldsymbol{P}\}=\{P_1,M_1,P_2,M_2,\cdots,P_n,M_n\}^{\mathrm{T}}$。

按接触条件，令式（3.40）中 $\{\boldsymbol{s}\}=\{\boldsymbol{\omega}\}$ 后，与式（3.39）一起代入式（3.41），可得

$$\{[\boldsymbol{K}_{\mathrm{b}}]+[\boldsymbol{K}_{\mathrm{s}}]\}\{\boldsymbol{\omega}\}=\{\boldsymbol{P}\} \tag{3.42}$$

令

$$[\boldsymbol{K}]=[\boldsymbol{K}_b]+[\boldsymbol{K}_s] \tag{3.43}$$

则

$$[\boldsymbol{K}]\{\boldsymbol{\omega}\}=\{\boldsymbol{P}\} \tag{3.44}$$

式中 $[\boldsymbol{K}]$——地基上梁的刚度矩阵。

对于文克勒地基上的梁，各节点下的集中基床系数 K_j 为已知，故由式(3.44) 可解得 $\{\boldsymbol{\omega}\}$，再按式 (3.37) 可求得基底反力。对于梁任意截面上的弯矩和剪力，可以利用各梁单元杆端力与杆端位移的关系求解，也可以按静力分析法计算。对于非文克勒地基上的梁，由于集中变基床系数在计算前无法预知，因此需采用迭代算法。

3.4.3 迭代计算步骤

采用迭代算法计算非文克勒地基上的梁内力时，可按以下步骤进行。

(1) 初选一基床系数 k，计算集中变基床系数 $K_j=kf_j$。

(2) 按式 (3.44) 计算梁节点位移 $\{\boldsymbol{\omega}\}$。

(3) 根据接触条件 $\{\boldsymbol{s}\}=\{\boldsymbol{\omega}\}$ 和式 (3.37) 计算基底反力 $\{\boldsymbol{p}\}$ 和集中基底力 $\{\boldsymbol{R}\}$，其中 $p_j=k_jf_j$。

(4) 按式 (3.5) 计算由 $\{\boldsymbol{p}\}$ (或 $\{\boldsymbol{R}\}$) 引起的基底沉降 $\{\boldsymbol{s}\}$。

(5) 计算集中变基床系数 $K_j=R_j/s_j$。

(6) 重复以上第 (2)～(5) 各个步骤，直至某轮计算中的基底反力与上一轮的基底反力的相对误差满足要求为止。

(7) 根据最后一轮所得的基底反力，计算梁各截面的内力。

在以上迭代计算中，如果出现某点的基底反力 $p_j<0$，则表示该点计算所得的反力为拉力，该处的基底与地基脱开，接触条件在该点得不到满足。此时，可令相应的 $K_j=0$，然后再从第 (2) 个步骤开始下一轮计算。

3.4.4 地基柔度矩阵

在每轮迭代计算中，都要按式 (3.4) 以地基柔度矩阵 $[\boldsymbol{\delta}]$ 计算基底沉降 $\{\boldsymbol{s}\}$，因此应先建立 $[\boldsymbol{\delta}]$ 矩阵以供各轮计算所用。

由于梁的横向刚度很大，因此在计算 $[\boldsymbol{\delta}]$ 中的沉降系数 δ_{ij} 时，应考虑梁横向刚度的影响。可将基底沿梁宽等分成若干个小面积，分别求得 i 段各小面积中由 $p_j=1/f_j$ 引起的沉降，取其平均值作为 δ_{ij}。

3.5 柱下条形基础

柱下条形基础是指布置成单向或双向的钢筋混凝土条形基础，也称为梁式基础或基础梁。它由一根肋梁及其横向向外伸出的翼板所组成（图 3.17）。由于肋梁的截面相对较大且配置一定数量的纵向受力钢筋和横向抗剪箍筋，因而具有较大的抗剪、抗弯及抗冲切的能力，所以常应用于荷载较大而地基承载力较小的情况，如软弱地基上的框架或排架结构。柱下条形基础具有刚度大、调整不均匀沉降能力强等优点，但造价相对于其他浅基础而言较高。因此，只有当遇到下列情况时可以考虑采用柱下条形基础。

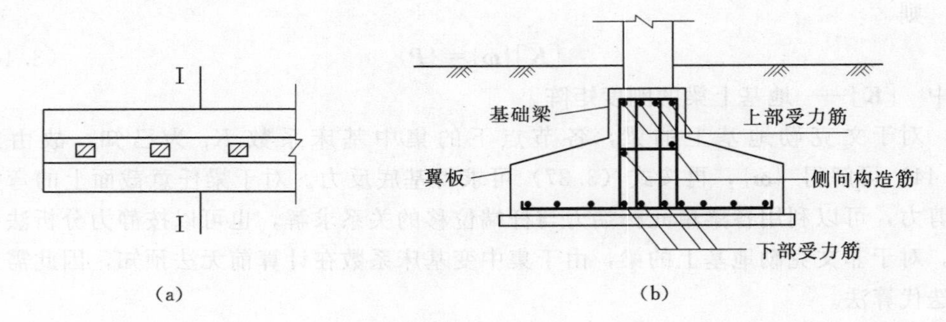

图 3.17 柱下条形基础

(a) 平面图；(b) 横剖面图

(1) 当地基较软弱，承载力较低，而上部传给地基的荷载较大，采用柱下独立基础不能满足设计要求时。

(2) 当柱下采用独立基础时，柱网较小，独立基础之间的净距离小于基础的宽度，或所设计的独立基础的底面积由于邻近建筑物或构筑物基础的限制而无法扩展时。

(3) 地基土质变化较大或局部有不均匀的软弱地基时（局部软弱夹层、土洞等）。

(4) 当荷载分布不均匀，地基刚度较小，有可能导致较大的不均匀沉降，而上部结构对基础沉降比较敏感，有可能产生较大的次应力或影响使用功能时。

(5) 当各柱荷载差异过大，采用柱下独立基础会引起基础之间较大的相对沉降差时。

3.5.1 构造要求

柱下条形基础的截面一般采用倒T形截面，由基础梁和翼板组成（图 3.17）。柱下条形基础的构造，除应满足扩展基础的构造要求外，还应符合下列规定。

(1) 柱下条形基础梁的高度宜为柱距的1/4～1/8。翼板厚度不应小于200mm。当翼板厚度大于250mm时，宜采用变厚度翼板，其顶面坡度宜不大于1∶3。

(2) 条形基础的端部宜向外伸出，其长度宜为第一跨距的0.25倍。

(3) 现浇柱与条形基础梁的交接处，基础梁的平面尺寸应大于柱的平面尺寸，且柱的边缘至基础梁边缘的距离不得小于50mm，如图3.18所示。

(4) 条形基础梁顶部和底部的纵向受力钢筋除应满足计算要求外，顶部钢筋应按计算配筋全部贯通，底部通长钢筋不应少于底部受力钢筋截面总面积的1/3。

(5) 柱下条形基础的混凝土强度等级不应低于C20。

3.5.2 内力计算

柱下条形基础设计计算的主要内容是求基础梁中的内力。根据柱荷载的不同，并考虑上部结构与地基基础相互作用，内力计算方法主要有简化计算法和弹性地基

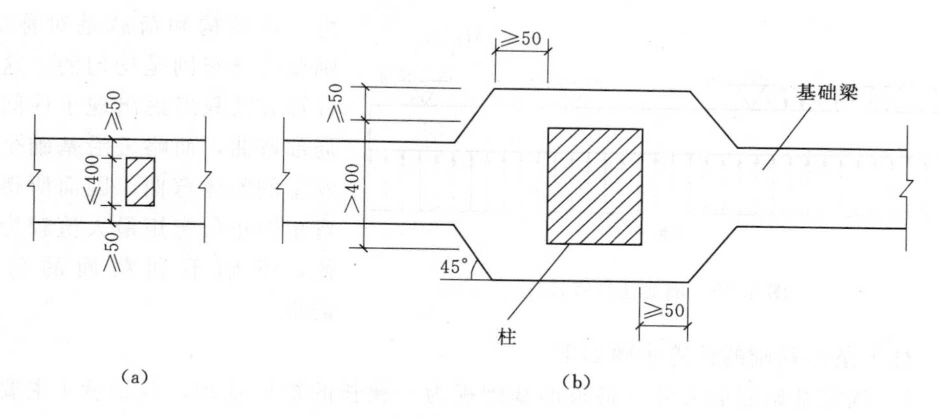

图 3.18　现浇柱与肋梁的平面连接
(a) 肋宽不变化；(b) 肋宽变化

梁法两种。

1. 简化计算法

根据上部结构刚度的大小，简化计算方法可分为静定分析法（静定梁法）和倒梁法两种。简化计算方法假设基底反力为直线分布，为满足这一假定，要求柱下条形基础具有足够的相对刚度。当柱距相差不大时，通常要求基础上的平均柱距 l_m 应满足式（3.45）的条件，即

$$l_m \leqslant 1.75\left(\frac{1}{\lambda}\right) \tag{3.45}$$

式中　$1/\lambda$——文克勒地基上梁的特征长度，$\lambda=\sqrt[4]{kb/4EI}$。

对一般柱距及中等压缩性的地基，按上述条件分析，柱下条形基础的高度应不小于平均柱距的 1/6。

（1）静定分析法。若上部结构的刚度很小（如单层排架结构）时，宜采用静定分析法。计算时，先按直线分布假定求出基底净反力，然后将柱荷载直接作用在基础梁上。这样基础梁上所有的作用力都已确定，故可按静力平衡条件计算出任一截面 i 上的弯矩 M_i 和剪力 V_i（图 3.19）。由于静定分析法假定上部结构为柔性结构，即不考虑上部结构刚度的有利影响，所以在荷载作用下基础梁将产生整体弯曲。与其他方法比较，这样计算所得的基础不利截面上的弯矩绝对值可能偏大很多。

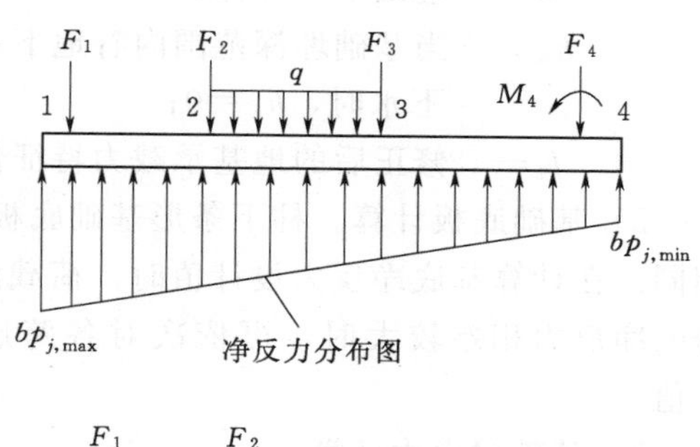

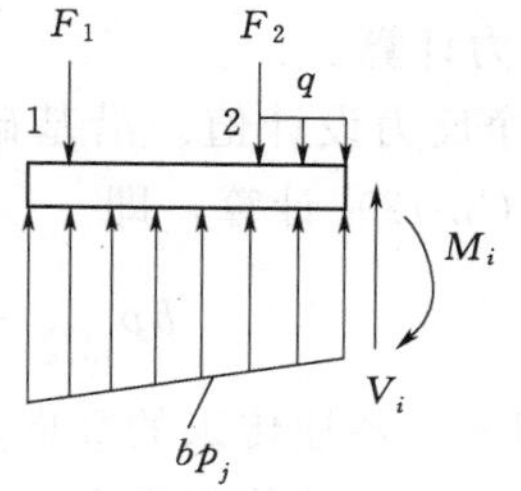

图 3.19　按静力平衡条件计算条形基础内力

（2）倒梁法。倒梁法假定上部结构是绝对刚性的，各柱之间没有沉降差异，因而可以把柱脚视为条形基础的铰支座，将基础梁看作是一根倒置的普通连续梁，而柱子看成是倒置的支座（图 3.20）。倒梁法假定反力为直线分布的基底净反

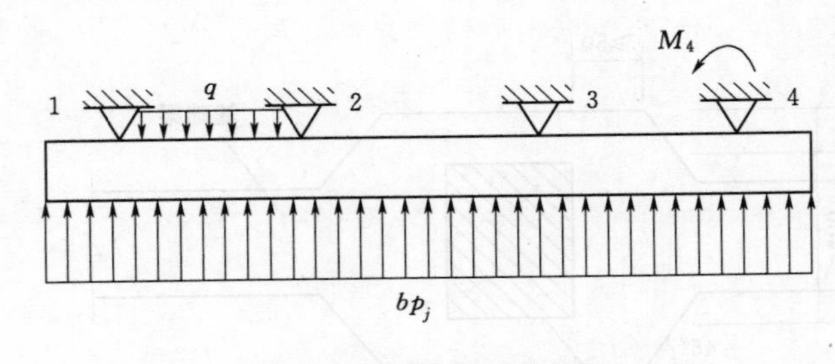

图 3.20 倒梁法计算简图

力。若结构和荷载是对称的，则反力分布则是均匀的。这种计算方法只考虑出现于柱间的局部弯曲，而略去沿基础全长发生的整体弯曲，因而所得的弯矩图正负弯矩最大值较为均衡，基础不利截面的弯矩最小。

柱下条形基础的计算步骤如下。

1）确定基础底面尺寸。将条形基础视为一狭长的矩形基础，其长度 l 主要按构造要求决定（只要决定伸出边柱的长度），并尽量使荷载的合力作用点与基础底面形心相重合。

当轴心荷载作用时，基底宽度 b 为

$$b \geqslant \frac{\sum F_k + G_{wk}}{(f_a - 20d + 10h_w)l} \tag{3.46}$$

当偏心荷载作用时，先按上式初定基础宽度并适当增大，然后按式（3.47）验算基础边缘压力，即

$$p_{k,\max} = \frac{\sum F_k + G_k + G_{wk}}{lb} + \frac{6\sum M_k}{bl^2} \leqslant 1.2 f_a \tag{3.47}$$

式中 $\sum F_k$——相应于荷载效应标准组合时各柱传来的竖向力之和；

G_k——基础自重和基础上的土重；

G_{wk}——作用在基础梁上墙的自重；

$\sum M_k$——各荷载对基础梁中点的力矩代数和；

d——基础平均埋深；

h_w——当基础埋深范围内有地下水时，基础底面至地下水位的距离；无地下水时，$h_w=0$；

f_a——修正后的地基承载力特征值。

2）基础底板计算。柱下条形基础底板的计算方法与墙下钢筋混凝土条形基础相同。在计算基底净反力设计值时，荷载沿纵向和横向的偏心都要予以考虑。当各跨的净反力相差较大时，可依次对各跨底板进行计算，净反力可取本跨内的最大值。

3）基础梁内力计算。

a. 计算基底净反力设计值。沿基础纵向分布的基底边缘最大和最小线性净反力设计值可按式（3.48）计算，即

$$bp_{j,\max \atop j,\min} = \frac{\sum F}{l} \pm \frac{6\sum M}{l^2} \tag{3.48}$$

式中 $\sum F$、$\sum M$——各柱传来的竖向力设计值之和及各荷载对基础梁中点的力矩设计值代数和。

b. 内力计算。当上部结构刚度很小时，可按静定分析法计算；当上部结构刚度较大时，则按倒梁法计算。

倒梁法由于计算简便，在设计中被广泛应用。在应用倒梁法进行计算时，常常

要进行一系列的假定。首先，倒梁法将地基反力作为地基梁的荷载，柱子看成是铰支座，基础梁看成为倒置的连续梁，将作用在地基梁上的荷载视为直线分布；其次，假定竖向荷载合力的作用点必须与基础梁形心相重合，若不能满足要求，两者偏心距以不超过基础梁长的3%为宜，若结构和荷载对称分布或合力作用点与基础形心相重合时，地基反力为均匀分布。此外，基础梁底板悬挑部分，按悬臂板计算，如横向有弯矩（对肋梁是扭矩），取最大净反力侧的悬臂外伸部分进行计算，并配置横向钢筋。总之，在比较均匀的地基上，上部结构刚度较好，荷载分布和柱距较均匀（如相差不超过20%），且条形基础梁的高度不小于1/6柱距时，基底反力可按直线分布，基础梁的内力可按倒梁法计算。

当条形基础的相对刚度较大时，由于基础的架越作用，其两端边跨的基底反力会有所增大，故两边跨的跨中弯矩及第一内支座的弯矩值宜乘以1.2的增大系数。需要指出，当荷载较大、土的压缩性较高或基础埋深较浅时，随着端部基底下塑性区的开展，架越作用将减弱、消失，甚至出现基底反力从端部向内转移的现象。

另外，采用倒梁法计算时，计算所得的支座反力一般不等于原有的柱子传来的轴力。这是因为反力呈直线分布及视柱脚为不动铰支座都可能与事实不符，并且上部结构的整体刚度对基础整体弯矩有抑制作用，使柱荷载的分布均匀化。若支座反力与相应的柱轴力相差较大（如相差20%以上），可采用实践中提出的“基底反力局部调整法”加以调整。此法是将支座反力与柱子的轴力之差（正或负的）均匀分布在相应支座两侧各1/3跨度范围内（对边支座的悬臂跨则取全部），作为基底压力的调整值，然后再按反力调整值作用下的连续梁计算内力，最后与原算得的内力叠加。经调整后不平衡力将明显减小，一般调整1～2次即可。

肋梁的配筋计算与一般的钢筋混凝土T形截面梁相仿，即对跨中按T形、对支座按矩形截面计算。当柱荷载对单向条形基础有扭力作用时，应作抗扭计算。

需要特别指出的是，静定分析法和倒梁法实际上代表了两种极端情况，且有很多前提条件。因此，在对条形基础进行截面设计时，不能完全基于计算结果，而应结合实际情况和设计经验，在配筋时作某些必要的调整。

【例3.3】 某钢筋混凝土柱下条形基础如图3.21所示，已知基础埋深为1.4m，经埋深修正后的地基承载力特征 $f_a=140\text{kPa}$，各柱荷载设计值如图3.3所示，柱荷载标准值 $F_{1k}=650\text{kN}$，$F_{2k}=1350\text{kN}$，$F_{3k}=1350\text{kN}$，$F_{4k}=650\text{kN}$。试确定基础的底面尺寸，并用倒梁法计算基础梁的内力。

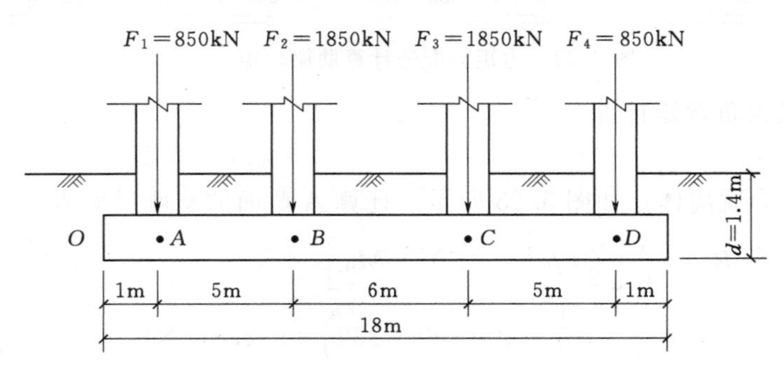

图3.21 ［例3.3］图

解 (1) 确定基础底面尺寸。

条形基础底面宽度为

$$b=\frac{\sum F_{\mathrm{k}}}{l(f_{\mathrm{a}}-20d)}=\frac{2\times(650+1350)}{18\times(130-20\times1.4)}=2.2(\mathrm{m})$$

(2) 用弯矩分配法计算肋梁弯矩。

沿基础纵向的地基净反力为

$$bp_j=\frac{\sum F}{l}=\frac{2\times(850+1850)}{18}=300(\mathrm{kN/m})$$

肋梁可以看成是在均布荷载 p_j 作用下，以柱作为支座的3跨不等连续梁。

A 截面（左边）的弯矩为

$$M_{A左}=\frac{1}{2}bp_jl_0^2=\frac{1}{2}\times300\times1^2=150(\mathrm{kN\cdot m})$$

边跨固端弯矩为

$$M_{BA}=\frac{1}{12}bp_jl_1^2=\frac{1}{12}\times300\times5^2=625(\mathrm{kN\cdot m})$$

中跨固端弯矩为

$$M_{BC}=\frac{1}{12}bp_jl_2^2=\frac{1}{12}\times300\times6^2=900(\mathrm{kN\cdot m})$$

力矩分配过程如图3.22所示。

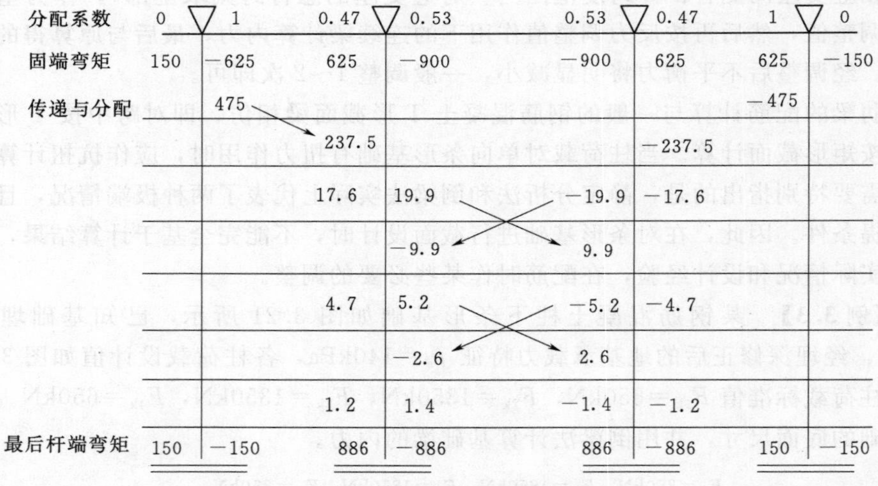

	A		B		C		D	
分配系数	0	1	0.47	0.53	0.53	0.47	1	0
固端弯矩	150	−625	625	−900	−900	625	625	−150
传递与分配		475					−475	
			237.5			−237.5		
			17.6	19.9	−19.9	−17.6		
				−9.9	9.9			
			4.7	5.2	−5.2	−4.7		
				−2.6	2.6			
			1.2	1.4	−1.4	−1.2		
最后杆端弯矩	150	−150	886	−886	886	−886	150	−150

图3.22 力矩分配法计算肋梁弯矩

(3) 跨中最大负弯矩计算。

AB 段：

取 OB 段作为脱离体，如图3.23所示，计算 A 截面的支座反力为

$$\begin{aligned}R_A&=\frac{1}{l_1}\left[\frac{1}{2}bp_j(l_0+l_1)^2-M_B\right]\\&=\frac{1}{5}\times\left(\frac{1}{2}\times300\times6^2-886\right)=902.8(\mathrm{kN})\end{aligned}$$

按跨中剪力为零的条件求跨中最大负弯矩，即：$bp_jx-R_A=300x-902.8=0$，则 $x=3.0\mathrm{m}$。

所以：$M_1=\frac{1}{2}bp_jx^2-R_A(3.0-1.0)$

$$=\frac{1}{2}\times300\times3^2-902.8\times2$$

$$=-455.6(\text{kN}\cdot\text{m})$$

BC 段对称，最大负弯矩在中间截面，即

$$M_2=-\frac{1}{8}bp_jl_2^2+M_B$$

$$=-\frac{1}{8}\times300\times6^2+886$$

$$=-464(\text{kN}\cdot\text{m})$$

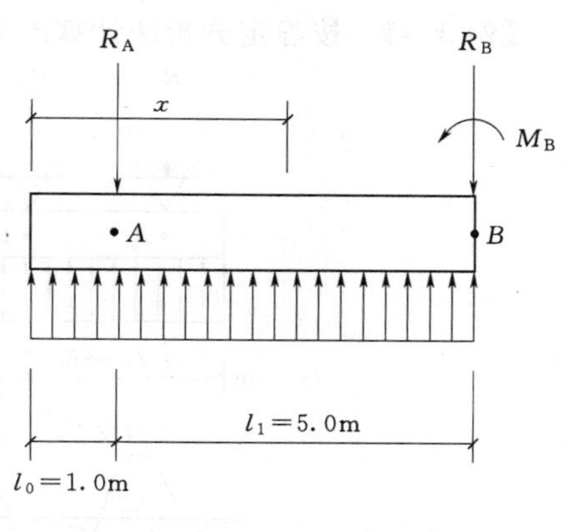

图 3.23 *OB* 脱离体计算简图

(4) 肋梁剪力计算。

A 截面左右两边的剪力为

$$V_{A左}=bp_jl_0=300\times1.0=300(\text{kN})$$

$$V_{A右}=-\frac{1}{2}bp_jl_1+\frac{M_B-M_A}{l_1}=-\frac{300\times5}{2}+\frac{886-150}{5}=602.8(\text{kN})$$

B 点左右两边的剪力为

$$V_{B左}=\frac{1}{2}bp_jl_1+\frac{M_B-M_A}{l_1}=\frac{300\times5}{2}+\frac{886-150}{5}=897.2(\text{kN})$$

$$V_{B右}=\frac{1}{2}bp_jl_2+\frac{M_B-M_C}{l_2}=\frac{300\times6}{2}+\frac{886-886}{6}=900(\text{kN})$$

由以上的计算结果可绘制条形基础的弯矩图和剪力图，见图 3.24。

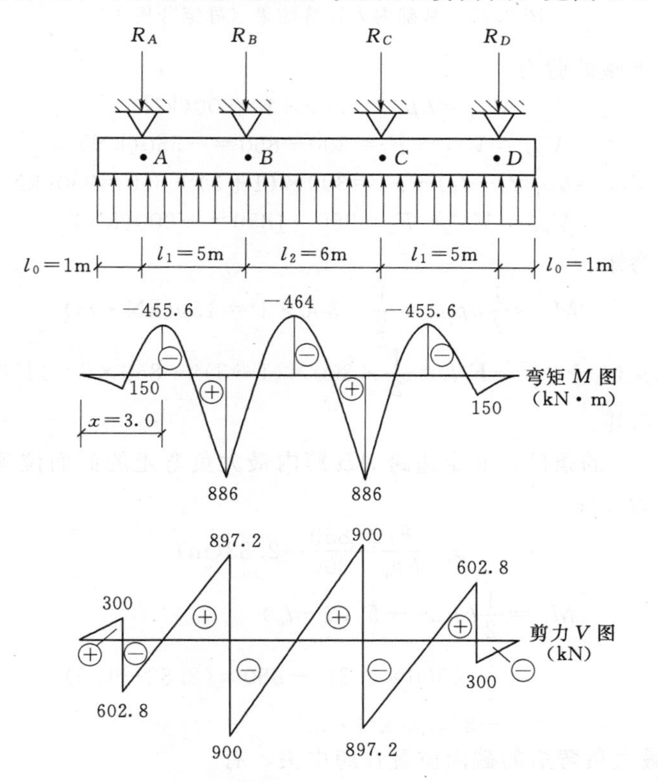

图 3.24 基础内力计算结果（倒梁法）

【例 3.4】 按静定分析法计算图 3.25 所示的柱下条形基础的内力。

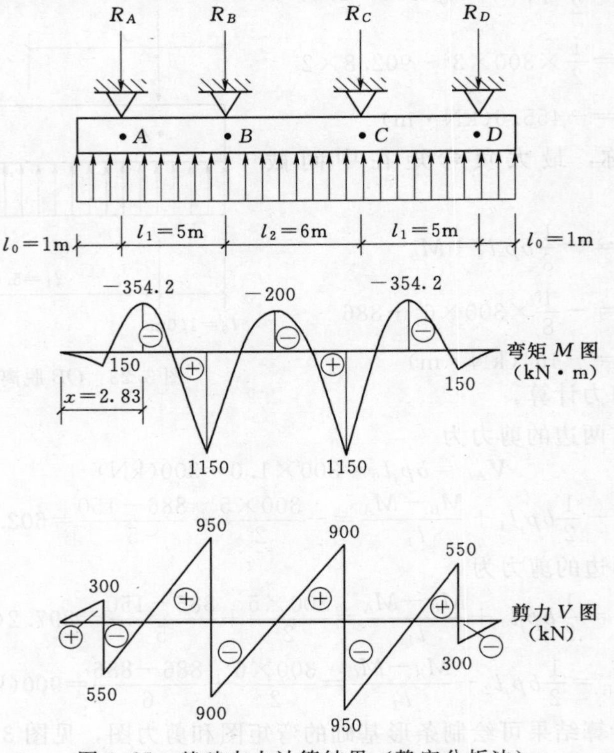

图 3.25 基础内力计算结果(静定分析法)

解 (1) 支座处剪力。

$$V_{A左}=bp_jl_0=300\times1=300(\text{kN})$$
$$V_{A右}=V_{A左}-F_1=300-850=-550(\text{kN})$$
$$V_{B左}=bp_j(l_0+l_1)-F_1=300\times(1+5)-850=950(\text{kN})$$
$$V_{B右}=V_{B左}-F_2=950-1850=-900(\text{kN})$$

(2) 截面弯矩。

$$M_A=\frac{1}{2}bp_jl_0^2=\frac{1}{2}\times300\times1^2=150(\text{kN}\cdot\text{m})$$

$$M_B=\frac{1}{2}bp_j(l_0+l_1)^2-F_1l_1=\frac{1}{2}\times300\times(1+5)^2-850\times5=1150(\text{kN}\cdot\text{m})$$

(3) 跨中弯矩。

按剪力 $V=0$ 的条件,确定边跨 AB 跨内最大负弯矩的截面位置(至条形基础左端点的距离为 x):

$$x=\frac{F_1}{bp_j}=\frac{850}{300}=2.83(\text{m})$$

$$\begin{aligned}M_1&=\frac{1}{2}bp_jx^2-F_1(x-l_0)\\&=\frac{1}{2}\times300\times2.83^2-850\times(2.83-1.0)\\&=-354.2(\text{kN}\cdot\text{m})\end{aligned}$$

BC 跨内最大负弯矩的截面位置在跨中央,有

$$M_1=\frac{1}{2}bp_j\left(l_0+l_1+\frac{l_2}{2}\right)^2-F_1\left(l_0+\frac{l_1}{2}\right)-F_2\left(\frac{l_2}{2}\right)$$

$$=\frac{1}{2}\times300\times9^2-850\times8-1850\times3$$
$$=-200(\text{kN}\cdot\text{m})$$

将计算结果绘制成弯矩图和剪力图，如图 3.25 所示。

由［例 3.3］和［例 3.4］的计算结果可见，两种计算方法得到的结果是不同的。这是由于倒梁法和静定分析方法均为简化计算方法，两种方法所进行的假设条件不同。

2. 弹性地基梁法

当不满足按简化计算法计算的条件时，如梁高不大于 1/6 柱距时，以及比较重要的工程时，宜按弹性地基梁法计算基础内力。

一般可以根据地基条件的复杂程度，分下列 3 种情况选择计算方法。

(1) 对基础宽度不小于可压缩土层厚度 2 倍的薄压缩层地基，如地基的压缩性均匀，则可按文克勒地基上梁的解析解计算，基床系数 k 可按式 (3.27) 或式 (3.28) 确定。

(2) 当基础宽度满足情况 (1) 的要求，但地基沿基础纵向的压缩性不均匀时，可沿纵向将地基划分成若干段（每段内的地基较为均匀），每段分别按式 (3.28) 计算基床系数，然后按文克勒地基上梁的数值分析法计算。

(3) 当基础宽度不满足情况 (1) 的要求，或应考虑邻近基础或地面堆载对所计算基础的沉降和内力的影响时，宜采用非文克勒地基上梁的数值分析法进行计算。

3.6 柱下十字交叉条形基础

柱下十字交叉条形基础是由纵、横两个方向的柱下条形基础所组成的一种空间结构，各柱位于两个方向基础梁的交叉节点处。其作用除可以进一步扩大基础底面积外，主要是利用其巨大的空间刚度以调整不均匀沉降。十字交叉条形基础通常是在地基土软弱、土的性质或柱荷载的分布在两个方向很不均匀，要求增强基础的空间刚度以调整地基的不均匀沉降时，常采用十字交叉条形基础。

在初步选择十字交叉条形基础的底面积时，可假设地基反力为直线分布。如果所有荷载的合力对基底形心的偏心很小，则可认为基底反力是均布的。由此可求出基础底面的总面积，然后具体选择纵、横向各条形基础的长度和底面宽度。要对交叉条形基础的内力进行比较仔细的分析是相当复杂的，目前常用的方法是简化计算法。

当上部结构具有很大的整体刚度时，可以像分析条形基础时那样，将交叉条形基础作为倒置的两组连续梁来对待，并以地基的净反力作为连续梁上的荷载。如果地基较软弱而均匀且基础刚度又较大，那么可以认为地基反力是直线分布的。

如果上部结构的刚度较小，则常采用比较简单的方法，把交叉节点处的柱荷载分配到纵、横两个方向的基础梁上，待柱荷载分配后，把交叉条形基础分离为若干单独的柱下条形基础，并按照 3.5 节所述方法进行分析和设计。

3.6.1 十字交叉条形基础节点力的分配

确定交叉节点处柱荷载的分配值时，无论采用什么方法，都必须满足以下两个条件。

(1) 静力平衡条件。各节点分配在纵、横基础梁上的荷载之和，应等于作用在该节点上的总荷载。

(2) 变形协调条件。纵、横基础梁在交叉节点处的位移应相等。

为了简化计算，设交叉节点处纵、横梁之间为铰接。当一个方向的基础梁有转角时，另一个方向的基础梁内不产生扭矩；节点上两个方向的弯矩分别由同向的基础梁承担，一个方向的弯矩不致引起另一个方向基础梁的变形。这就忽略了纵、横基础梁的扭转。为了防止这种简化计算使工程出现问题，在构造上，在柱位的前后左右，基础梁都必须配置封闭型的抗扭箍筋（直径为10～12mm），并适当增加基础梁的纵向配筋量。

图3.26所示为一十字交叉条形基础示意图。任一节点 i 上作用有竖向荷载 F_i，把 F_i 分解为作用于 x、y 方向基础梁上的 F_{ix}、F_{iy}。根据静力平衡条件，有

$$F_i = F_{ix} + F_{iy} \tag{3.49}$$

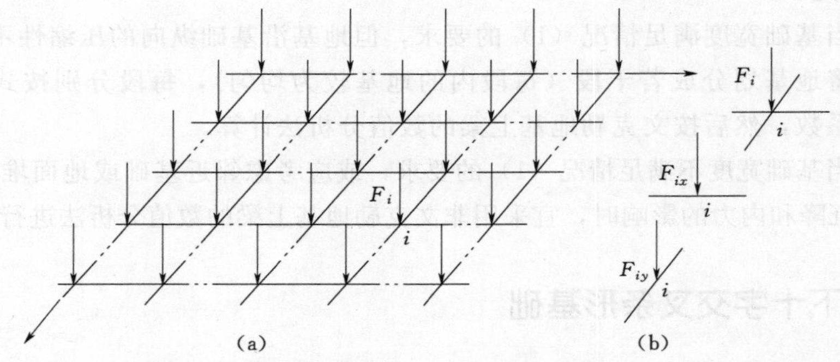

图3.26 十字交叉条形基础示意图
(a) 轴线及竖向荷载；(b) 节点荷载分配

对于变形协调条件，简化后只要求 x、y 方向的基础梁在交叉节点处的竖向位移 ω_{ix}、ω_{iy} 相等，即

$$\omega_{ix} = \omega_{iy} \tag{3.50}$$

如采用文克勒地基上梁的分析方法来计算 ω_{ix} 和 ω_{iy}，并忽略相邻荷载的影响，则节点荷载的分配计算就可大为简化。交叉条形基础的交叉节点类型可分为角柱、边柱和内柱三类。下面给出节点荷载的分配计算公式。

1. 角柱节点

图3.27 (a) 所示为最常见的角柱节点，即 x、y 方向基础梁均为外伸半无限长梁，外伸长度分别为 x、y，故节点 i 的竖向位移按照文克勒地基上梁的计算方法中无限长梁的挠度公式进行推导（此处略），最终可得

$$\omega_{ix} = \frac{F_{ix}}{2kb_x S_x} Z_x \tag{3.51a}$$

$$\omega_{iy} = \frac{F_{iy}}{2kb_y S_y} Z_y \tag{3.51b}$$

$$S_x = \frac{1}{\lambda_x} = \sqrt[4]{\frac{4EI_x}{kb_x}} \tag{3.52a}$$

$$S_y=\frac{1}{\lambda_y}=\sqrt[4]{\frac{4EI_y}{kb_y}} \tag{3.52b}$$

式中 b_x、b_y——x、y 方向基础的底面宽度；

S_x、S_y——x、y 方向基础梁的特征长度；

λ_x、λ_y——x、y 方向基础梁的柔度特征值；

k——地基的基床系数；

E——基础材料的弹性模量；

I_x、I_y——x、y 方向基础梁的截面惯性矩；

Z_x（或 Z_y）——$\lambda_x x$（或 $\lambda_y y$）的函数，可查表 3.5 或按式（3.34）计算，即

$$Z_x=1+e^{-2\lambda_x x}(1+2\cos^2\lambda_x x-2\cos\lambda_x x\sin\lambda_x x) \tag{3.53}$$

根据变形协调条件 $\omega_{ix}=\omega_{iy}$，有

$$\frac{Z_xF_{ix}}{b_xS_x}=\frac{Z_yF_{iy}}{b_yS_y} \tag{3.54}$$

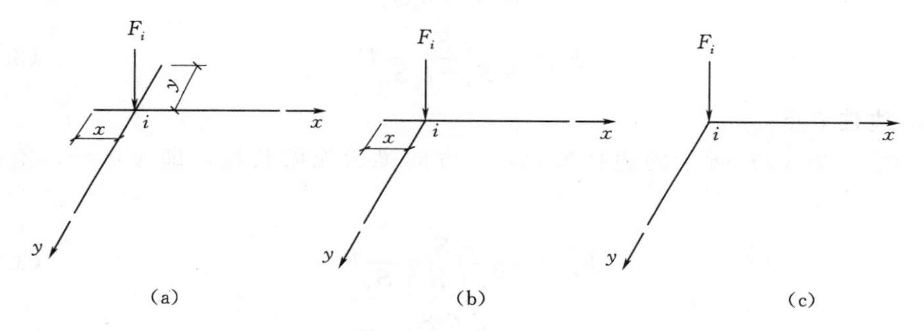

图 3.27 角柱节点

表 3.5 Z_x 函数表

λ_x	Z_x	λ_x	Z_x	λ_x	Z_x
0	4.000	0.24	2.501	0.70	1.292
0.01	3.921	0.26	2.410	0.75	1.239
0.02	3.843	0.28	2.323	0.80	1.196
0.03	3.767	0.30	2.241	0.85	1.161
0.04	3.693	0.32	2.163	0.90	1.132
0.05	3.620	0.34	2.089	0.95	1.109
0.06	3.548	0.36	2.018	1.00	1.091
0.07	3.478	0.38	1.952	1.10	1.067
0.08	3.410	0.40	1.889	1.20	1.053
0.09	3.343	0.42	1.830	1.40	1.044
0.10	3.277	0.44	1.774	1.60	1.043
0.12	3.150	0.46	1.721	1.80	1.042
0.14	3.029	0.48	1.672	2.00	1.039
0.16	2.913	0.50	1.625	2.50	1.022
0.18	2.803	0.55	1.520	3.00	1.008
0.20	2.697	0.60	1.431	3.50	1.002
0.22	2.596	0.65	1.355	≥4.00	1.000

将静力平衡条件 $F_i=F_{ix}+F_{iy}$ 代入式（3.54），可解得

$$F_{ix}=\frac{Z_y b_x S_x}{Z_y b_x S_x+Z_x b_y S_y}F_i \tag{3.55a}$$

$$F_{iy}=\frac{Z_x b_y S_y}{Z_y b_x S_x+Z_x b_y S_y}F_i \tag{3.55b}$$

式（3.55）即为所求的交叉节点柱荷载分配公式。

将图 3.27（b）中，$y=0$，$Z_y=4$，分配公式可写为

$$F_{ix}=\frac{4b_x S_x}{4b_x S_x+Z_x b_y S_y}F_i \tag{3.55c}$$

$$F_{iy}=\frac{Z_x b_y S_y}{4b_x S_x+Z_x b_y S_y}F_i \tag{3.55d}$$

对无外伸的角柱节点［图 3.27（c）］，$Z_x=Z_y=4$，分配公式为

$$F_{ix}=\frac{b_x S_x}{b_x S_x+b_y S_y}F_i \tag{3.55e}$$

$$F_{iy}=\frac{b_y S_y}{b_x S_x+b_y S_y}F_i \tag{3.55f}$$

2. 边柱节点

对图 3.28（a）所示的边柱节点，y 方向梁为无限长梁，即 $y=\infty$，$Z_y=1$，故得

$$F_{ix}=\frac{b_x S_x}{b_x S_x+Z_x b_y S_y}F_i \tag{3.56a}$$

$$F_{iy}=\frac{Z_x b_y S_y}{b_x S_x+b_y S_y}F_i \tag{3.56b}$$

对图 3.28（b），$Z_y=1$，$Z_x=4$，从而

$$F_{ix}=\frac{b_x S_x}{b_x S_x+4b_y S_y}F_i \tag{3.56c}$$

$$F_{iy}=\frac{4b_y S_y}{b_x S_x+4b_y S_y}F_i \tag{3.56d}$$

3. 内柱节点

对图 3.28（c）所示的内柱节点，$Z_x=Z_y=1$，故得

$$F_{ix}=\frac{b_x S_x}{b_x S_x+b_y S_y}F_i \tag{3.57a}$$

$$F_{iy}=\frac{b_y S_y}{b_x S_x+b_y S_y}F_i \tag{3.57b}$$

3.6.2 十字交叉条形基础节点力分配的调整

当十字交叉条形基础按纵、横向条形基础分别计算时，节点下的底板面积（重叠部分）被使用了两次。若各节点下重叠面积之和占基础总面积的比例较大，则设计可能偏于不安全。对此，可通过加大节点荷载的方法加以平衡。调整后的节点竖向荷载为

$$F'_{ix}=F_{ix}+\Delta F_{ix}=F_{ix}+\frac{F_{ix}}{F_i}\Delta A_i p_j \tag{3.58a}$$

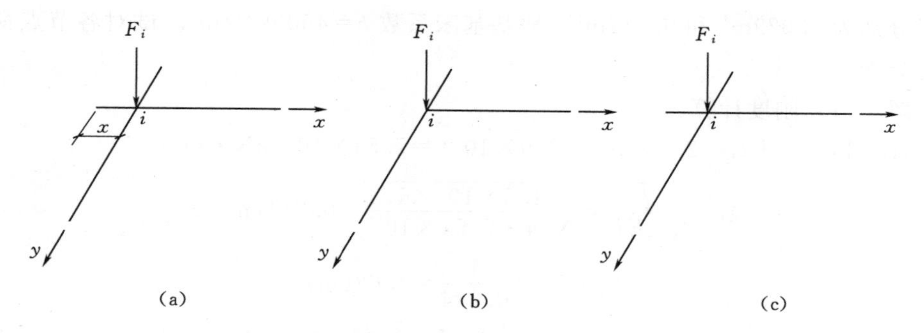

图 3.28 边柱及内柱节点

(a)、(b) 边柱节点；(c) 内柱节点

$$F'_{iy}=F_{iy}+\Delta F_{iy}=F_{iy}+\frac{F_{iy}}{F_i}\Delta A_i p_j \quad (3.58b)$$

式中 p_j——按十字交叉条形基础计算的基底净反力；

ΔF_{ix}、ΔF_{iy}——i 节点在 x、y 方向的荷载增量；

ΔA_i——i 节点下的重叠面积，按下述节点类型计算。

第Ⅰ类型［图 3.27 (a)、图 3.28 (a) 和 (c)］：$\Delta A_i=b_x b_y$。

第Ⅱ类型［图 3.27 (b)、图 3.28 (b)］：$\Delta A_i=\frac{1}{2}b_x b_y$。

第Ⅲ类型［图 3.27 (c)］：$\Delta A_i=0$。

对于第Ⅱ类型的节点，认为横向梁只伸到纵向梁宽度的一半处，故重叠面积只取交叉面积的一半。

【例 3.5】 某十字交叉条形基础，所受荷载情况如图 3.29 所示，其中竖向集中荷载的大小为 $F_1=1200$kN、$F_2=1800$kN、$F_3=2000$kN、$F_4=1600$kN。基础混凝土的强度等级为 C20，弹性模量 $E_c=2.6\times10^7$kN/m²，基础梁 L_1 和 L_2 的截面惯

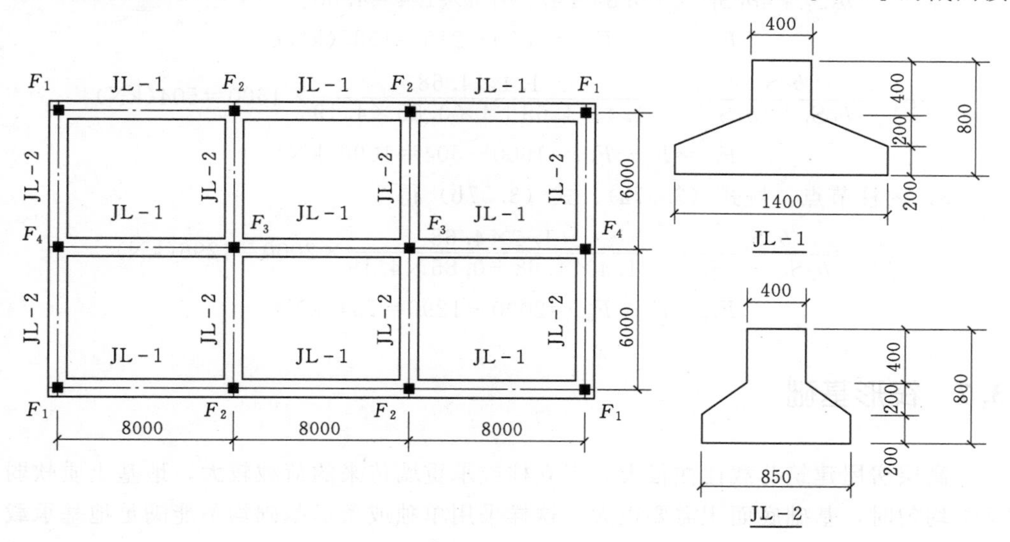

图 3.29 ［例 3.5］图

(图中尺寸以 mm 计)

性矩分别为 0.029m^4 和 0.012m^4，地基基床系数 $k=4500\text{kN/m}^3$。试对各节点荷载进行分配。

解 （1）刚度计算。

JL-1：$EI_1=2.6\times10^7\times2.9\times10^{-2}=7.54\times10^5(\text{kN}\cdot\text{m}^2)$

$$\lambda_1=\sqrt[4]{\frac{kb_1}{4EI_1}}=\sqrt[4]{\frac{4.5\times10^3\times1.4}{4\times7.54\times10^5}}=0.214(\text{m}^{-1})$$

$$S_1=\frac{1}{\lambda_1}=\frac{1}{0.214}=4.68(\text{m})$$

JL-2：$EI_2=2.6\times10^7\times1.2\times10^{-2}=2.96\times10^5(\text{kN}\cdot\text{m}^2)$

$$\lambda_2=\sqrt[4]{\frac{kb_2}{4EI_2}}=\sqrt[4]{\frac{4.5\times10^3\times0.85}{4\times2.96\times10^5}}=0.238(\text{m}^{-1})$$

$$S_2=\frac{1}{\lambda_2}=\frac{1}{0.238}=4.19(\text{m})$$

（2）荷载分配。

1）角柱节点。按式（3.55e）、式（3.55f）得

$$F_{1x}=\frac{b_1S_1}{b_1S_1+b_2S_2}F_1=\frac{1.4\times4.68}{1.4\times4.68+0.85\times4.19}\times1200=777(\text{kN})$$

$$F_{1y}=\frac{b_2S_2}{b_1S_1+b_2S_2}F_1=\frac{0.85\times4.19}{1.4\times4.68+0.85\times4.19}\times1200=423(\text{kN})$$

2）边柱节点。按式（3.56c）、式（3.56d）得

$$F_{2x}=\frac{b_2S_2}{b_2S_2+4b_1S_1}F_2=\frac{0.85\times4.19}{0.85\times4.19+4\times1.4\times4.68}\times1800=215(\text{kN})$$

$$F_{2y}=F_2-F_{2x}=1800-215=1585(\text{kN})$$

$$F_{4x}=\frac{b_1S_1}{b_1S_1+4b_2S_2}F_4=\frac{1.4\times4.68}{1.4\times4.68+4\times0.85\times4.19}\times1600=504(\text{kN})$$

$$F_{4y}=F_4-F_{4x}=1600-504=1096(\text{kN})$$

3）内柱节点。按式（3.57a）、式（3.57b）得

$$F_{3x}=\frac{b_1S_1}{b_1S_1+b_2S_2}F_3=\frac{1.4\times4.68}{1.4\times4.68+0.85\times4.19}\times2000=1296(\text{kN})$$

$$F_{3y}=F_3-F_{3x}=2000-1296=704(\text{kN})$$

3.7 筏形基础

高层房屋建筑荷载往往很大，当立柱或承重墙传来的荷载较大，地基土质软弱又不均匀时，基础底面积需要很大，这样采用单独或条形基础均不能满足地基承载力或沉降的要求，这时可采用筏板式钢筋混凝土基础。这样既扩大了基底面积又增加了基础的整体性，并避免建筑物局部发生不均匀沉降。筏形基础可以有效地提高基础承载力，增强基础刚性，调整地基不均匀沉降，因而是多高层房屋建筑常用的

基础形式。一般在下列情况下可考虑采用筏形基础。

（1）在软弱地基上，采用柱下条形基础或柱下十字交叉条形基础都不能满足上部结构对变形的要求和地基承载力要求时，可采用筏形基础。

（2）当建筑物的柱距较小而柱荷载又很大时，或柱子的荷载相差较大将会产生较大的沉降差，需要增加基础的整体刚度以调整不均匀沉降时，可考虑采用筏形基础。

（3）当建筑物有地下室或大型储液结构（如油库、水池等），筏形基础可以良好地结合使用要求，是一种理想的基础形式。

（4）对于有较大风荷载及地震作用的建筑物，要求基础有足够的刚度和稳定性以抵抗横向作用，可考虑采用筏形基础。

筏形基础分为梁板式和平板式两种类型，其选型应根据地基土质、上部结构体系、柱距、荷载大小、使用要求以及施工条件等因素确定。

梁板式筏形基础又分为单向肋和双向肋两种形式。单向肋是将两根或两根以上的柱下条形基础中间用底板将其连接成一个整体，以扩大基础的底面积并加强基础的整体刚度，如图3.30所示。双向肋筏形基础是指在纵、横两个方向上的柱下都布置肋梁，或可在柱网之间再布置次肋梁以减少底板的厚度，如图3.31所示。

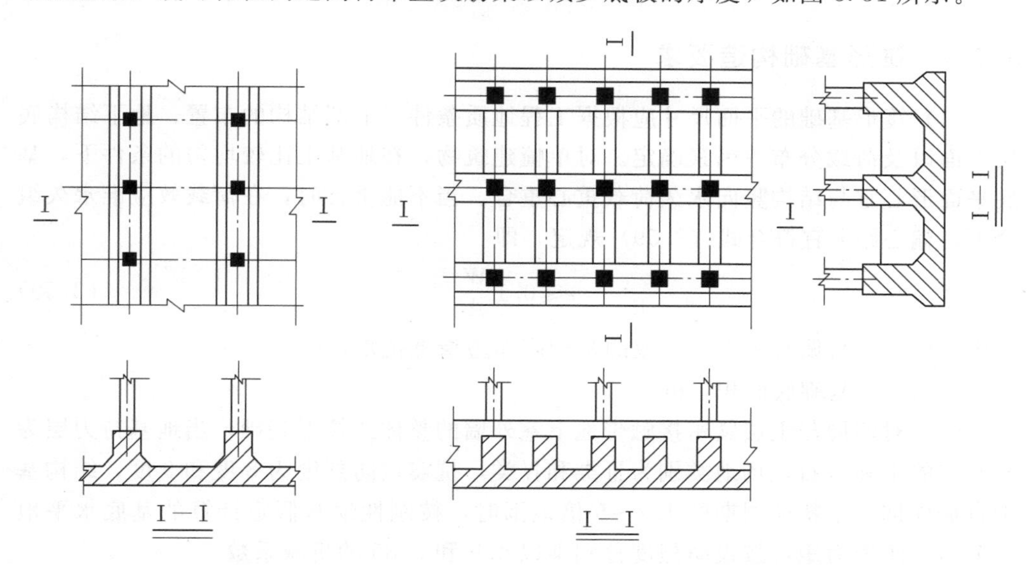

图3.30　单向肋筏板基础　　　　图3.31　双向肋筏板基础

平板式筏板基础如图3.32所示，其底板是一块厚度相等的钢筋混凝土平板，厚度一般可以初步确定一个值，然后再校核抗冲切强度。平板式筏板基础若作为地下室或储液池，要注意采取一定的防渗防漏措施。一般而言，平板式筏板基础底板是双向板。

平板式筏板基础施工方便，对地下室空间高度有利，但梁板式基础柱下所耗费的混凝土和钢筋都比较少，因而比较经济。在工程设计中，对于柱荷载较小而且柱子排列较均匀和间距也较小的结构（一般当柱距变化、柱间的荷载变化均不超过20%时），通常采用平板式筏形基础，如框架-核心筒结构、筒中筒结构；当纵、横柱网间的尺寸相差较大，上部结构的荷载也比较大时，宜采用梁板式筏形基础。

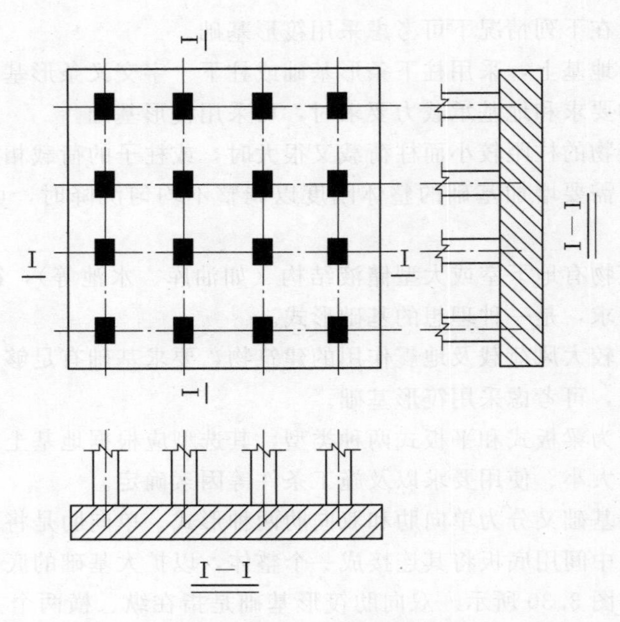

图 3.32　平板式筏板基础

3.7.1　筏形基础构造要求

（1）筏形基础的平面尺寸应根据工程地质条件、上部结构的布置、地下结构底层平面以及荷载分布等因素确定。对单幢建筑物，在地基土比较均匀的条件下，基底平面形心宜与结构竖向永久荷载重心重合。当不能重合时，在荷载效应准永久组合下，偏心距 e 宜符合式（3.59）规定，即

$$e \leqslant 0.1\frac{W}{A} \tag{3.59}$$

式中　W——与偏心距方向一致的基础底面边缘抵抗矩，m^3；

A——基础底面积，m^2。

（2）对四周与土层紧密接触带地下室外墙的整体式筏形基础，当地基持力层为非密实的土和岩石，场地类别为Ⅲ类和Ⅳ类，抗震设防烈度为 8 度和 9 度，结构基本自振周期处于特征周期的 1.2～5 倍范围时，按刚性地基假定计算的基底水平地震剪力、倾覆力矩可按设防烈度分别乘以 0.9 和 0.85 的折减系数。

（3）筏形基础的混凝土强度等级不应低于 C30，当有地下室时应采用防水混凝土。防水混凝土的抗渗等级应按表 3.6 选用。对重要建筑，宜采用自防水并设置架空排水层。

表 3.6　防水混凝土抗渗等级

埋置深度 d/m	设计抗渗等级	埋置深度 d/m	设计抗渗等级
$d<10$	P6	$20\leqslant d<30$	P10
$10\leqslant d<20$	P8	$30\leqslant d$	P12

（4）采用筏形基础的地下室，钢筋混凝土外墙厚度不应小于 250mm，内墙厚度不宜小于 200mm。墙的截面设计除满足承载力要求外，还应考虑变形、抗

裂及外墙防渗等要求。墙体内应设置双面钢筋，钢筋不宜采用光面圆钢筋，水平钢筋的直径不应小于 12mm，竖向钢筋的直径不应小于 10mm，间距不应大于 200mm。

筏形基础的板厚应根据上部结构的荷载大小，按受冲切和受剪承载力计算确定。

1）平板式筏基的板厚确定。平板式筏基的板厚应满足柱下受冲切承载力的要求。平板式筏基抗冲切验算应符合下列规定。

a. 平板式筏基进行抗冲切验算时应考虑作用在冲切临界面重心上的不平衡弯矩产生的附加剪力。对基础的边柱和角柱进行冲切验算时，其冲切力应分别乘以 1.1 和 1.2 的增大系数。距柱边 $h_0/2$ 处冲切临界截面的最大剪应力 $\tau_{\max}$ 应按式（3.60）、式（3.61）进行计算（图 3.33）。板的最小厚度不应小于 500mm。

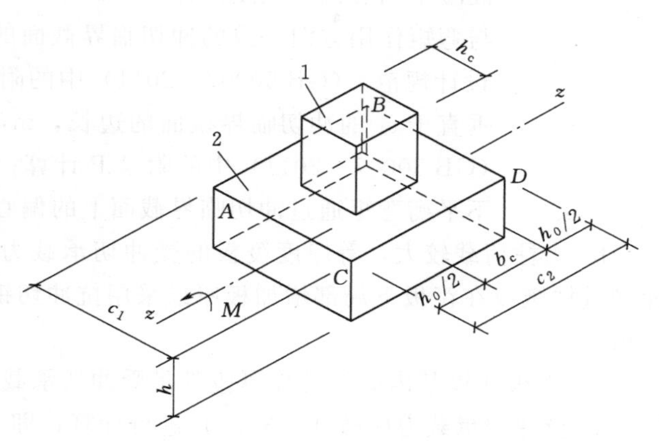

图 3.33 内柱冲切临界截面示意图
1—筏板；2—柱

$$\tau_{\max}=\frac{F_l}{u_m h_0}+\alpha_s\frac{M_{unb}c_{AB}}{I_s} \tag{3.60}$$

$$\tau_{\max}\leqslant 0.7\left(\frac{0.4+1.2}{\beta_s}\right)\beta_{hp}f_t \tag{3.61}$$

$$\alpha_s=1-\frac{1}{1+\frac{2}{3}\sqrt{\frac{c_1}{c_2}}} \tag{3.62}$$

式中 F_l——相应于作用的基本组合时的冲切力，kN，对内柱取轴力设计值减去筏板冲切破坏锥体内的基底净反力设计值；对边柱和角柱，取轴力设计值减去筏板冲切临界截面范围内的基底净反力设计值；

u_m——距柱边缘不小于 $h_0/2$ 处冲切临界截面的最小周长，m，应根据柱所处的部位按《建筑地基基础设计规范》（GB 50007—2011）中的附录 P 计算；

h_0——筏板的有效高度，m；

M_{unb}——作用在冲切临界截面重心上的不平衡弯矩设计值，kN·m；

c_{AB}——沿弯矩作用方向，冲切临界截面重心至冲切临界截面最大剪应力点的距离，m，按《建筑地基基础设计规范》（GB 50007—2011）中的附录 P 计算；

I_s——冲切临界截面对其重心的极惯性矩，m^4，按《建筑地基基础设计规范》（GB 50007—2011）中的附录 P 计算；

β_s——柱截面长边与短边的比值，当 $\beta_s<2$ 时，β_s 取 2，当 $\beta_s>4$ 时，β_s 取 4；

β_{hp}——受冲切承载力截面高度影响系数，当 $h \leqslant 800$mm 时，取 $\beta_{hp}=1.0$；当 $h \geqslant 2000$mm 时，取 $\beta_{hp}=0.9$，其间按线性内插法取值；

f_t——混凝土轴心抗拉强度设计值，kPa；

c_1——与弯矩作用方向一致的冲切临界截面的边长，m，按《建筑地基基础设计规范》（GB 50007—2011）中的附录P计算；

c_2——垂直于 c_1 的冲切临界截面的边长，m，按《建筑地基基础设计规范》（GB 50007—2011）中的附录P计算；

α_s——不平衡弯矩通过冲切临界截面上的偏心剪力来传递的分配系数。

b. 当柱荷载较大，等厚度筏板的受冲切承载力不能满足要求时，可在筏板上面增设柱墩或在筏板下局部增加板厚或采用抗冲切钢筋等措施满足受冲切承载能力要求。

2）平板式筏基内筒下的板厚应满足受冲切承载力的要求，并应符合下列规定。

a. 受冲切承载力应按式（3.63）进行计算，即

$$\frac{F_l}{u_m h_0} \leqslant \frac{0.7\beta_{hp} f_t}{\eta} \tag{3.63}$$

式中 F_l——相应于作用的基本组合时，内筒所承受的轴力设计值减去内筒下筏板冲切破坏锥体内的基底净反力设计值，kN。

u_m——距内筒外表面 $h_0/2$ 处冲切临界截面的周长，m（图3.34）；

h_0——距内筒外表面 $h_0/2$ 处筏板的截面有效高度，m；

η——内筒冲切临界截面周长影响系数，取1.25。

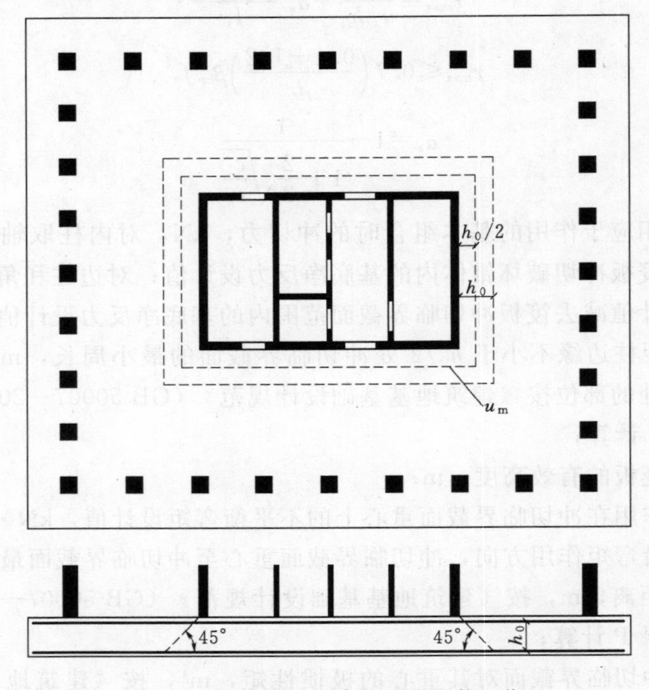

图3.34 筏板受内筒冲切的临界截面位置

b. 当需要考虑内筒根部弯矩的影响时，距内筒外表面 $h_0/2$ 处冲切临界截面的最大剪应力可按式（3.64）计算，此时 $\tau_{max} \leqslant 0.7\beta_{hp} f_t/\eta$。

3）平板式筏基除满足受冲切承载力外，还应验算距内筒和柱边缘 h_0 处截面的受剪承载力。当筏板变厚度时，还应验算变厚度处筏板的受剪承载力。

平板式筏基受剪承载力应按式（3.64）验算，当筏板的厚度大于 2000mm 时，宜在板厚中间部位设置直径不小于 12mm、间距不大于 300mm 的双向钢筋网。

$$V_s \leqslant 0.7\beta_{hs} f_t b_w h_0 \tag{3.64}$$

式中 V_s——相应于作用的基本组合时，基底净反力平均值产生的距内筒或柱边缘 h_0 处筏板单位宽度的剪力设计值，kN；

b_w——筏板计算截面单位宽度，m；

h_0——距内筒或柱边缘 h_0 处筏板的截面有效高度，m。

4）梁板式筏基底板除计算正截面受弯承载力外，其厚度还应满足受冲切承载力、受剪切承载力的要求。

梁板式筏基底板受冲切、受剪切承载力计算应符合下列规定。

a. 梁板式筏基底板受冲切承载力应按式（3.65）进行计算，即

$$F_l \leqslant 0.7\beta_{hp} f_t u_m h_0 \tag{3.65}$$

式中 F_l——作用的基本组合时，图 3.35 中阴影部分面积上的基底平均净反力设计值，kN；

u_m——距基础梁边 $h_0/2$ 处冲切临界截面的周长，m（图 3.35）。

b. 当底板板格为矩形双向板时，底板受冲切所需的厚度 h_0 应按式（3.66）进行计算，其底板厚度与最大双向板格的短边净跨之比不应小于 1/14，且板厚不应小于 400mm。

$$h_0 = \frac{(l_{n1}+l_{n2}) - \sqrt{(l_{n1}+l_{n2})^2 - \dfrac{4p_n l_{n1} l_{n2}}{p_n + 0.7\beta_{hp} f_t}}}{4} \tag{3.66}$$

式中 l_{n1}、l_{n2}——计算板格的短边和长边的净长度，m；

p_n——扣除底板及其上填土自重后，相应于作用的基本组合时的基底平均净反力设计值，kPa。

c. 梁板式筏基双向底板斜截面受剪承载力应按式（3.67）进行计算，即

$$V_s \leqslant 0.7\beta_{hs} f_t (l_{n2} - 2h_0) h_0 \tag{3.67}$$

式中 V_s——距梁边缘 h_0 处，作用在图 3.36 中阴影部分面积上的基底平均净反力产生的剪力设计值，kN。

d. 当底板板格为单向板时，其斜截面受剪承载力应按墙下条形基础底板的受剪承载力验算，其底板厚度不应小于 400mm。

梁板式筏基的肋梁除应满足正截面受弯及斜截面受剪承载力外，还须验算柱下肋梁顶面的局部受压承载力。地下室底层柱、剪力墙与梁板式筏基的基础梁连接的构造（图 3.37）应符合下列规定。首先，柱、墙的边缘至基础梁边缘的距离不应小于 50mm（图 3.37）；其次，当交叉基础梁的宽度小于柱截面的边长时，交叉基础梁连接处应设置“八”字角，柱角与“八”字角之间的净距不宜小于 50mm [图 3.37 (a)]。如果是单向基础梁与柱的连接，可按图 3.37（b）、（c）采用；如果是基础梁

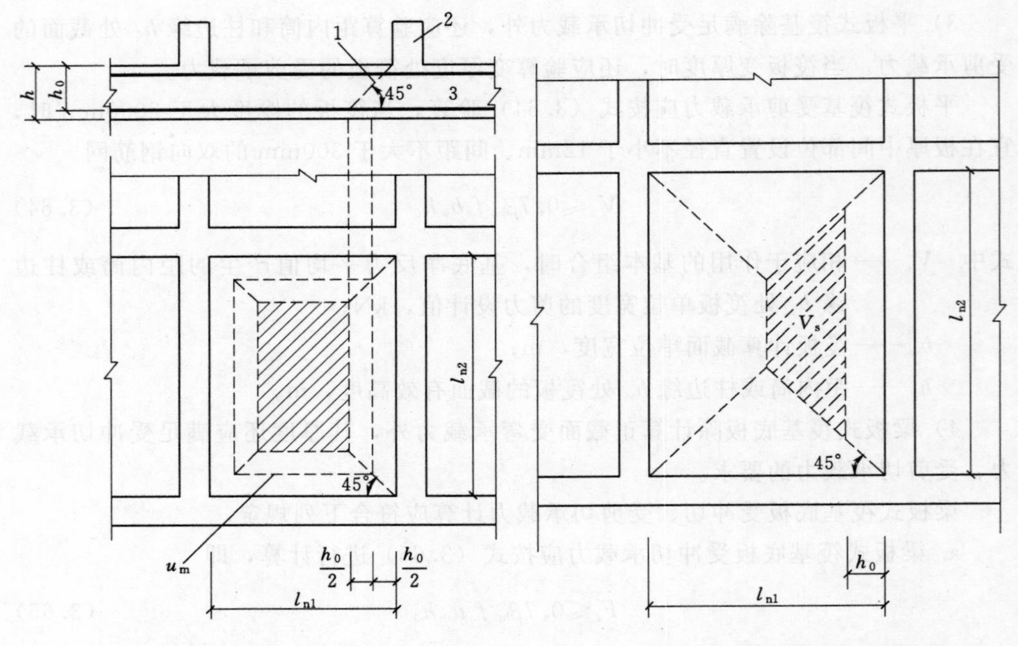

图 3.35 底板的冲切计算示意图

1—冲切破坏锥体的斜截面；2—梁；3—底板

图 3.36 底板剪切计算示意图

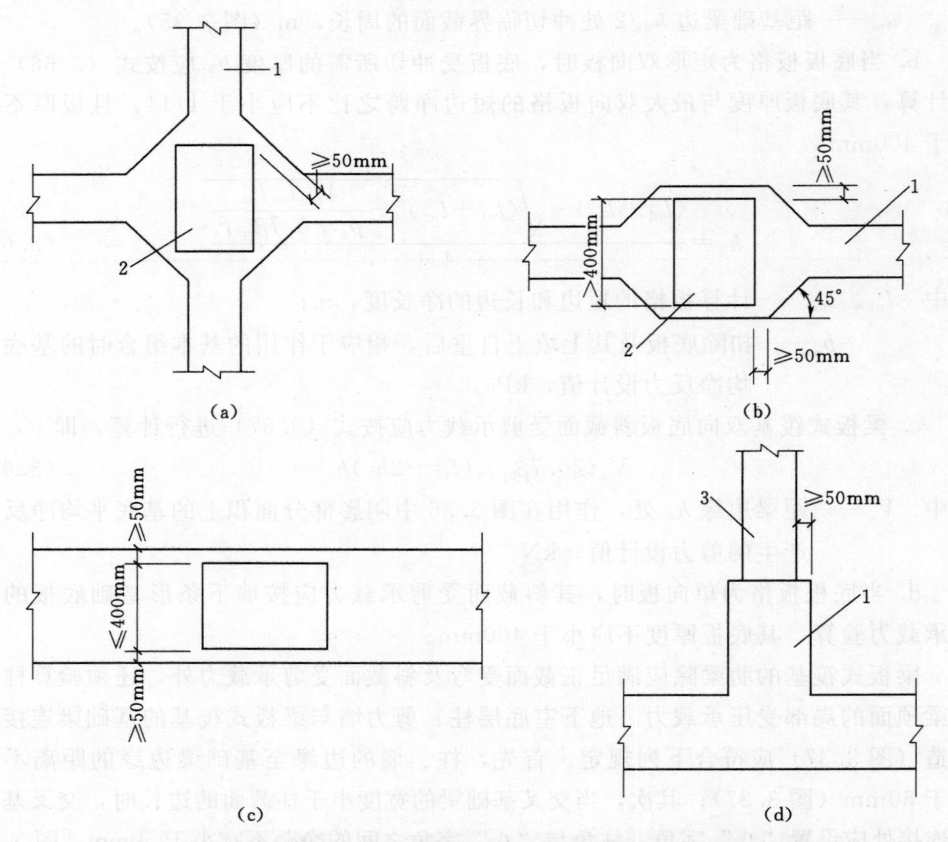

图 3.37 地下室底层柱或剪力墙与梁板式筏基的基础梁连接的构造要求

1—基础梁；2—柱；3—墙

与剪力墙的连接，可按图 3.37（d）采用。

在一般情况下，筏基底板边缘应伸出边柱和角柱外侧包线或侧墙以外，伸出长度不宜大于伸出方向边跨柱距的1/4，无外伸肋梁的底板，其伸出长度一般不宜大于 1.5m。双向外伸部分的底板直角应削成钝角。

（5）考虑到整体弯曲的影响，筏形基础的配筋除满足计算要求外，对梁板式筏基，纵、横方向的底部钢筋应有 1/3～1/2 贯通全跨，且配筋率不应小于 0.15%；跨中钢筋应按计算配筋全部连通。对平板式筏基，柱下板带和跨中板带的底部钢筋应有 1/3～1/2 贯通全跨，且配筋率不应小于 0.15%；顶部钢筋按计算配筋全部连通。

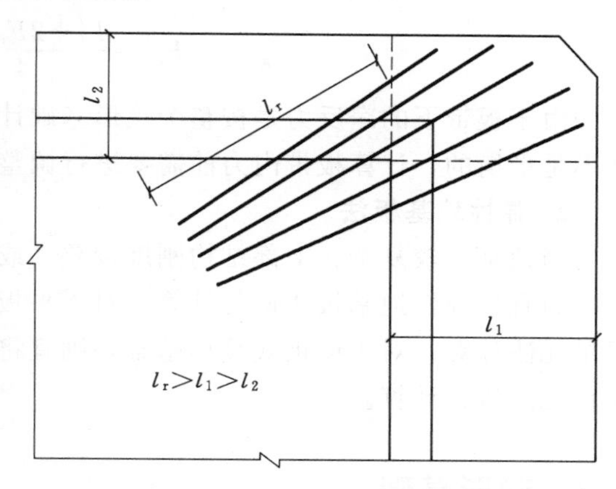

图 3.38　筏板双向外伸部分的辐射状钢筋

筏板边缘的外伸部分应上下配置钢筋。对无外伸肋梁的双向外伸部分，应在板底配置内锚长度为 l_r（大于板的外伸长度 l_1 及 l_2）的辐射状附加钢筋（图 3.38），其直径与边跨板的受力钢筋相同，外端间距不大于 200mm。

当筏板的厚度大于 2000mm 时，宜在板厚中间部位设置直径不小于 12mm、间距不大于 300mm 的双向钢筋网。

3.7.2　筏形基础内力计算

1. 简化计算法

由于影响筏形基础内力的因素很多，如荷载大小及分布状况、板的刚度、地基土的压缩性以及相应的地基反力等，所以筏形基础在受荷载作用后其内力计算非常繁琐。在工程设计中，常常采用简化计算方法，即假定基底反力呈直线分布，因此要求筏形基础相对地基具有足够的刚度。目前常用简化计算方法有倒楼盖法和静定分析法。

（1）倒楼盖法。当地基比较均匀、地基压缩层范围内无软弱土层或可液化土层、上部结构刚度较好，梁板式筏形基础梁的高跨比或平板式筏形基础的厚跨比不小于 1/6，且相邻柱荷载及柱间距的变化不超过 20%时，筏形基础可仅考虑局部弯曲作用，此时可将筏形基础近似地视为一倒置的楼盖进行计算，即“倒楼盖”法。“倒楼盖”法是将地基上的筏板简化为倒楼盖，以柱脚为支座，地基净反力为荷载，按普通的平面楼盖计算。对于平板式筏形基础，可按无梁楼盖考虑，将柱下板带和跨中板带分别进行内力分析。对于梁板式筏形基础，筏板可将基础梁分割为不同支撑条件的单向板或双向板。如果板块两个方向的尺寸比值大于 2，底板按单向连续板考虑；反之，则将筏板视为双向多跨连续板。基础梁的内力可按连续梁进行计算，此时边跨跨中弯矩以及第一内支座的弯矩值宜乘以系数 1.2。

（2）静定分析法。当上部结构刚度较差，为柔性结构时，常采用静定分析法。用静定分析法进行内力计算时，首先按直线分布假定求出基底净反力，然后将上部荷载直接作用在基础板上，之后分别沿纵、横柱列方向截取宽度为相邻柱列间中线到中线的条形计算板带，按照静力平衡条件对每一板带进行内力计算。为考虑相邻板带之间剪力的影响，当所计算的板带上的荷载 F_i 与两侧相邻条带的同列柱荷载 F'_i 及 F''_i 有明显差别时，宜取三者的加权平均值 F_{im} 来代替 F_i，即

$$F_{im}=\frac{F'_i+2F_i+F''_i}{4} \tag{3.68}$$

由于板带下的净反力是按整个筏形基础计算得到的，所以其与板带上的柱荷载并不是平衡的，计算板带内力前需要进行调整。

2. 弹性地基板法

当地基比较复杂、上部结构刚度较差，或柱荷载及柱距变化较大时，筏形基础的内力宜按弹性地基板法进行计算。对于平板式筏形基础，可采用有限差分法或有限单元法计算；对于梁板式筏形基础，则宜将其划分为肋梁单元和薄板单元，以有限单元法进行计算。

3.8 箱形基础

箱形基础是由底板、顶板、外隔墙和一定数量纵向、横向较均匀布置的内隔墙构成的整体刚度很好的钢筋混凝土基础。箱形基础的特点是刚度大，整体性好，能抵抗并协调由于荷载大、地基软弱而产生的不均匀沉降，而且基础顶板和底板间的空间常可用于作地下室。建筑物下部设置箱形基础，一般需要加深基础的埋置深度，这样建筑物的重心会下移，四周有土体的协同作用，这样建筑物的整体稳定性会有所增强，所以兴建在软弱或不均匀地基上的高耸、重型或对不均匀沉降较敏感，尤其是抗震区的建筑时，箱形基础应是优先考虑的结构形式。

由于箱形基础上部结构一般为自重较大、高度较高的建筑物，所以在设计时除了需要考虑承载力、变形和稳定性的要求外，还需要考虑地下水对箱形基础的影响（如水的浮力、侧壁水压力、水的侵蚀性和施工排水等问题）。这需要在拟建的建筑场地内进行详细的地质勘探工作，查明建筑场地内的工程地质及水文地质资料。

3.8.1 构造要求

（1）箱形基础的平面尺寸应根据地基土承载力和上部结构布置以及荷载大小等因素确定。外墙宜沿建筑物周边布置，内墙沿上部结构的柱网或剪力墙位置纵横均匀布置，墙体水平截面总面积不宜小于箱形基础外墙外包尺寸的水平投影面积的1/10。对基础平面长宽比大于4的箱形基础，其纵横水平截面面积不应小于箱形基础外墙外包尺寸水平投影面积的1/18。箱形基础的偏心距应符合式（3.59）的要求。

（2）箱形基础的高度应满足结构的承载力和整体刚度要求，并根据建筑使用要求确定。一般不宜小于箱形基础长度（不包括底板悬挑部分）的1/20，并不宜小于3m。

（3）箱形基础的埋置深度应根据建筑物对地基承载力、基础倾覆及滑移稳定性、地基变形以及抗震设防烈度等方面的要求确定，一般在抗震设防区，基础埋深

不宜小于建筑物高度的1/15。高层建筑同一结构单元内的箱形基础埋深宜一致，且不得局部采用箱形基础。

(4) 箱形基础的顶、底板及墙体的厚度应根据受力情况、整体刚度及防水要求确定。无人防设计要求的箱形基础，基础底板厚度不应小于400mm，外墙厚度不应小于250mm，内墙厚度不应小于200mm，顶板厚度不应小于200mm。顶、底板厚度除应满足受剪承载力验算的要求外，底板还应满足受冲切承载力的要求。

(5) 墙体内应设置双向钢筋，竖向和水平钢筋的直径不应小于10mm，间距不应大于200mm。除上部为剪力墙外，内、外墙的墙顶处宜配置两根直径不小于20mm的通长构造钢筋。

(6) 墙体的门洞宜设在柱间居中部位，洞边至上层柱中心的水平距离不宜小于1.2m，洞口上过梁的高度不宜小于层高的1/5，洞口面积不宜大于柱距与箱形基础全高乘积的1/6。墙体洞口四周应设置加强钢筋。

(7) 箱形基础的混凝土强度等级不应低于C25，抗渗等级不应小于0.6MPa。

3.8.2 简化计算

影响箱形基础基底反力的因素很多，主要有土的性质、上部结构和基础刚度、荷载的分布和大小、基础的埋深、基底尺寸和形状以及相邻基础的影响等。箱形基础的内力分析实质上是一个求解地基、基础与上部结构相互作用问题，要精确求解存在一定困难。目前采用的箱形基础内力计算主要是简化计算方法。

(1) 当地基压缩层深度范围内的土层在竖向和水平方向较均匀，且上部结构为平立面的布置比较规则的剪力墙、框架、框架-剪力墙体系时，箱形基础的顶、底板可仅按局部弯曲计算，即顶板以实际荷载（包括板自重）按普通楼盖计算、底板以直线分布的基底净反力（计入箱基自重后扣除底板自重所余的反力）按倒楼盖计算。整体弯曲的影响可在构造上加以考虑。箱形基础的顶板和底板钢筋配置除符合计算要求外，纵横向支座钢筋还应有1/4的钢筋贯通，且贯通钢筋的配筋率均不应小于15%，跨中的钢筋应按实际需要的配筋全部连通。钢筋接头宜采用机械连接；采用搭接接头时，搭接长度应按受拉钢筋考虑。

(2) 对于不符合（1）中所述条件的箱形基础，应同时考虑局部弯曲及整体弯曲的作用。基底反力可按《高层建筑筏形与箱形基础技术规范》(JGJ 6—2011) 推荐的地基反力系数表确定，该表是根据实测反力资料经研究整理编制而成的。对黏性土和砂土地基，基底反力分布呈现边缘大、中部小的规律；但对软土地基，沿箱基纵向的反力分布呈马鞍形，而沿横向则为抛物线形（图3.39）。软土地基的这种反力分布特点与其抗剪强度较低、塑性区开展范围较大、箱基的宽度比长度小得多等因素有关。

在计算底板局部弯曲弯矩时，顶部按实际承受的荷载，底板按扣除底板自重后的基底反力作为局部弯曲计算的荷载，并将顶、底板视为周边的双向连续板计算局部弯曲弯矩。考虑到底板周边与墙体连接产生的推力作用，以及实测结果表明基底反力有由纵、横墙所分出的板格中部向四周墙下转移的现象，局部弯曲弯矩应乘以0.8折减系数后与整体弯曲弯矩叠加。

在计算整体弯曲产生的弯矩时，先不考虑上部结构刚度的影响，计算箱形基础

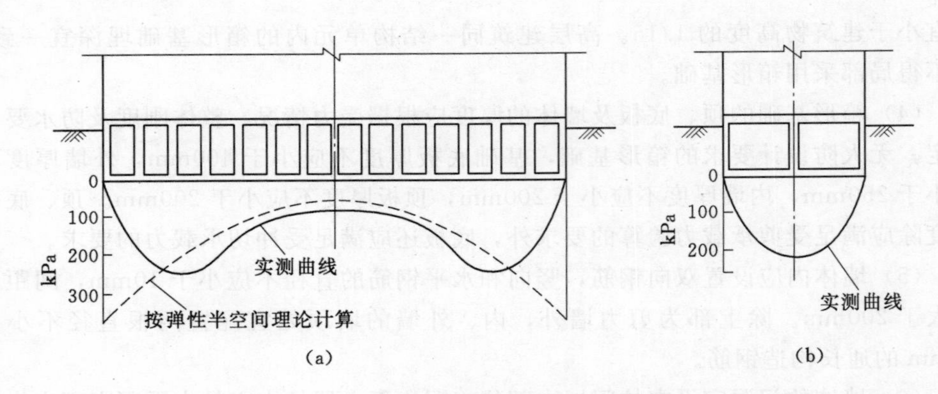

图 3.39 某箱形基础基底反力实测分布

(a) 纵截面；(b) 横截面

整体弯曲产生的弯矩，然后将上部结构的刚度折算成等效抗弯刚度，再将整体弯曲产生的弯矩按基础刚度的比例分配到基础。具体方法如下。

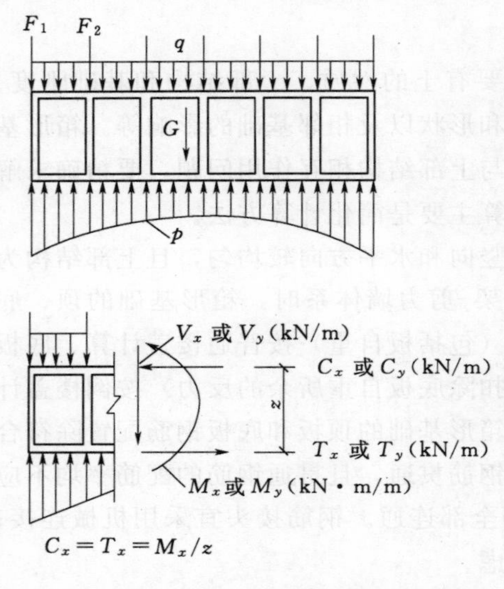

图 3.40 箱基整体弯曲时在顶板和底板内引起的轴向力

将箱形基础视为一块空心的厚板，沿纵、横两个方向分别进行单向受弯计算，荷载及地基反力均重复使用一次。先将箱形基础沿纵向（长度方向）作为梁，用静定分析法可计算出任一横截面上的总弯矩 M_x 和总剪力 V_x，并假定它们沿截面均匀分布。同样的，再沿横向将箱形基础作为梁计算出总弯矩 M_y 和 V_y。弯矩 M_x 和 M_y 使顶、底板在两个方向均处于轴向受压或轴向受拉状态，压力或拉力值分别为 $C_x=T_x=M_x/z$、$C_y=T_y=M_y/z$，见图 3.40；剪力 V_x 和 V_y 则分别由箱基的纵墙和横墙承受。

显然，按上述方法算得的整体弯曲应力是偏大的，因为把箱基当作梁沿两个方向分别计算时荷载并未折减，同时在按静定分析法计算内力时也未考虑上部结构刚度的影响。对后一因素，可采用 G.G. 迈耶霍夫（G.G. Meyerhof）于 1953 年提出的“等代刚度梁法”将 M_x、M_y 分别予以折减，具体计算公式为

$$M_F=M\frac{E_F I_F}{E_F I_F+E_B I_B} \tag{3.69}$$

式中 M_F——折减后箱形基础承担的整体弯曲弯矩；

M——不考虑上部结构刚度时，箱形基础由整体弯曲产生的弯矩，即上述的 M_x 和 M_y；

E_F——箱形基础的混凝土弹性模量；

I_F——箱形基础横截面惯性矩，按“工”字形截面计算，上、下翼缘宽度

分别为箱形基础顶、底板全宽、腹板厚度为箱形基础在弯曲方向的墙体厚度总和；

$E_B I_B$——上部结构的总折算刚度，依据《高层建筑箱形与筏形基础技术规范》(JGJ 6—2011)，上部结构的总折算刚度计算公式如下，公式中的符号示意如图 3.41 所示。

$$E_B I_B = \sum_{i=1}^{n}\left[E_b I_{bi}\left(1+\frac{K_{ui}+K_{li}}{2K_{bi}+K_{ui}+K_{li}}m^2\right)\right]+E_w I_w \quad (3.70)$$

式中 $E_B I_B$——上部结构的总折算刚度；

E_b——梁、柱的混凝土弹性模量；

I_{bi}——第 i 层梁的截面惯性矩；

n——建筑物层数；不大于 8 层时，n 取实际楼层数；大于 8 层时，n 取 8；

m——建筑物在弯曲方向的节间数；

E_w、I_w——在弯曲方向与箱形基础相连的连续钢筋混凝土墙的弹性模量和截面惯性矩，$I_w = th^3/12$，其中 t、h 为墙体的总厚度和高度；

K_{ui}、K_{li}、K_{bi}——第 i 层上柱、下柱和梁的线刚度，按下列公式进行计算，即

$$K_{ui}=\frac{I_{ui}}{h_{ui}} \quad (3.71)$$

$$K_{li}=\frac{I_{li}}{h_{li}} \quad (3.72)$$

$$K_{bi}=\frac{I_{bi}}{l} \quad (3.73)$$

式中 I_{ui}、I_{li}、I_{bi}——第 i 层上柱、下柱和梁的截面惯性矩；

h_{ui}、h_{li}——第 i 层上、下柱的高度；

l——上部结构弯曲方向的柱矩。

式 (3.73) 适用于等柱距的框架结构，对柱距相差不超过 20% 的框架结构也适用，此时 l 取柱距的平均值。

箱形基础承受的总弯矩为将整体弯矩与局部弯矩两种计算结果的叠加，使得顶、底板成为压弯或拉弯构件，最后据此进行配筋计算。

箱形基础内、外墙和墙体洞口过梁的计算和配筋详见上述有关规范。其中外墙除承受上部结构的荷载外，还承受周围土体的静止土压力和静水压力等水平荷载作用。在箱形基础顶、底配筋时，应综合考虑承受整体弯曲的钢筋与局部弯曲的钢筋配置部位，以充分发挥各截面钢筋的作用。

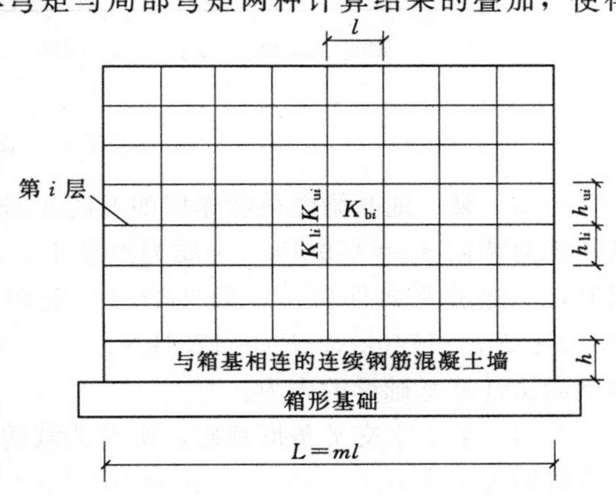

图 3.41 式 (3.73) 中符号示意图

思考题

3-1 何谓上部结构与地基基础的共同作用？

3-2 柱下十字交叉条形基础的轴力分配原则是什么？

3-3 常用的地基计算模型有哪些？试简要说明各模型的优点和适用条件。

3-4 如何区分无限长梁和有限长梁？文克勒地基上无限长梁和有限长梁的内力是如何求得的？

3-5 倒楼盖法和静定分析法的原理和适用条件是什么？有何区别？

习题

3-1 习题3-1图中承受集中荷载的钢筋混凝土条形基础的抗弯刚度 $EI=2\times10^6\text{kN}\cdot\text{m}^2$，梁长 $l=10\text{m}$，底面宽度 $b=2\text{m}$，基床系数 $k=4199\text{kN/m}^3$，试计算基础中点 C 的挠度、弯矩和基底净反力。

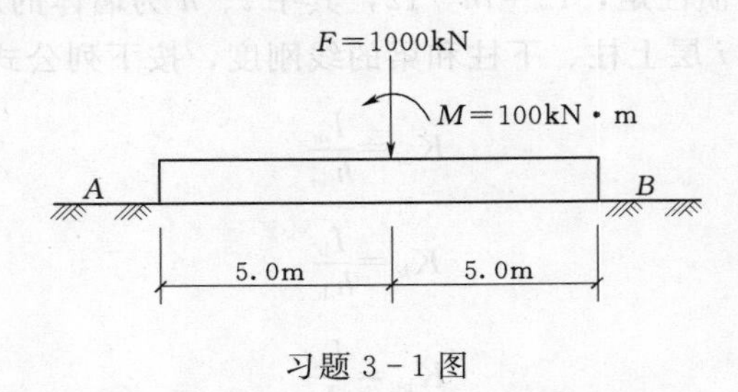

习题3-1图

3-2 习题3-2图所示为某柱下钢筋混凝土条形基础，基础长 $l=15\text{m}$，底面宽 $b=2\text{m}$，抗弯刚度 $EI=4.0\times10^3\text{MPa}\cdot\text{m}^4$，预估平均沉降 $s_m=26\text{mm}$。试计算基础中心点 C 处的挠度、弯矩。

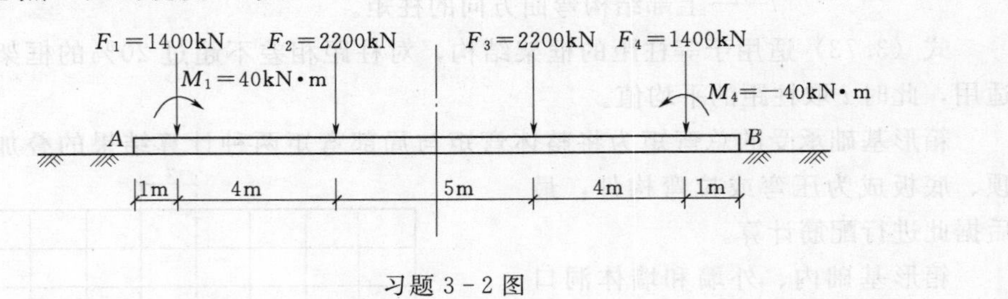

习题3-2图

3-3 某一地基梁受荷载作用如习题3-3图所示，已知基础埋深为1.5m，地基承载力特征 $f_{ak}=150\text{kPa}$，土质为红黏土，含水比小于0.8，由于受基础底面积限制，不能随意向外伸出，最外端柱只能向外伸出0.5m，柱荷载标准值 $F_{1k}=564\text{kN}$、$F_{2k}=1740\text{kN}$、$F_{3k}=1754\text{kN}$、$F_{4k}=960\text{kN}$。试确定基础的底面尺寸，并用倒梁法计算基础梁的内力。

3-4 某十字交叉条形基础，所受荷载情况如习题3-4图所示，其中竖向集中荷载的大小为 $F_1=1000\text{kN}$、$F_2=1500\text{kN}$、$F_3=1800\text{kN}$、$F_4=1400\text{kN}$。基础混凝土的强度等级为C30，弹性模量 $E_c=2.6\times10^7\text{kN/m}^2$，基础梁 L_1 和 L_2 的截面惯

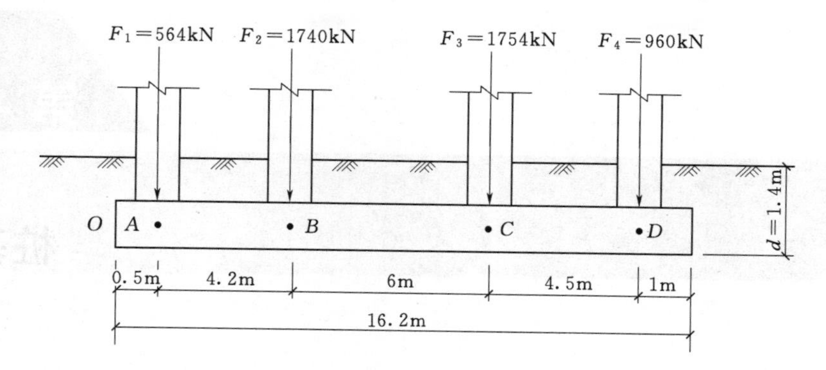

习题 3-3 图

性矩分别为 0.025m^4 和 0.012m^4，地基基床系数 $k=4300\text{kN/m}^3$。试对各节点荷载进行分配。

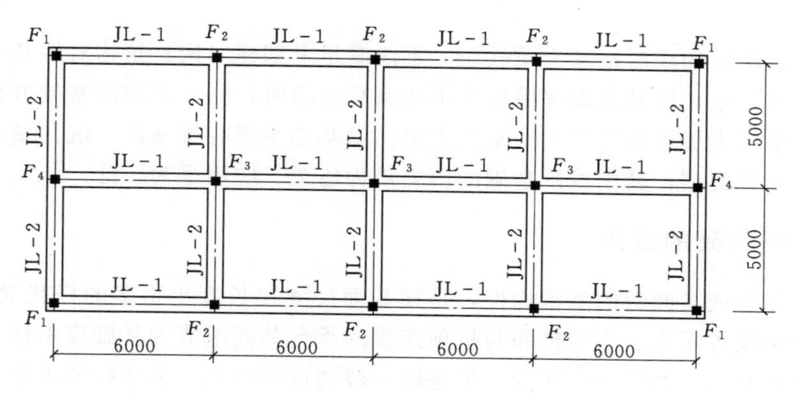

习题 3-4 图

第4章

桩基础

4.1 概述

当建筑场地的浅层地基土质软弱，不能满足上部建（构）筑物对地基承载力和变形的要求，采用地基处理等措施也不能满足要求时，往往采用深基础方案，以场地内深层坚实土层或岩层作为地基持力层。深基础主要有桩基础、沉井基础和地下连续墙等几种类型，其中以桩基础的历史最为悠久、应用最为广泛。

4.1.1 桩基础的应用

桩是竖直或微倾斜的基础构件，是横截面尺寸比长度小得多的杆状受力构件。桩基础是由设置于岩土中的桩和与桩顶连接的承台共同组成的基础或由柱与桩直接连接的单桩基础，如图 4.1 所示。桩基础一般通过承台把上部结构所承受的荷载与作用传递给桩身，并通过桩身传递给桩四周的土体以及桩端以下的土体。桩的长度主要取决于地质情况，常见的桩身长度从几米到几十米深不等，在长江中下游地区，如上海，一些建筑桩基础的桩长甚至超过了 100m。相对于浅基础而言，桩基础利用和发挥了更大深度土体的承受荷载能力，能够适应大荷载高层建筑的建造需要，成为目前高层以及超高层建筑的最主要基础类型，同时也是公路、铁路等桥梁的主要基础形式。

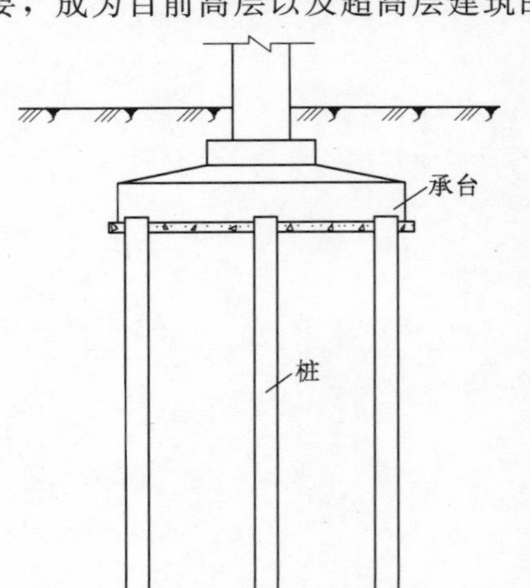

图 4.1　桩基础示意图

桩基础是现阶段广泛使用的主要基础形式之一，它具有承载力高、沉降小、制作灵活方便、机械化程度高和适用条件广泛等优点。下列情况的建筑可以考虑采用桩基础。

(1) 地基上部土太差，下部土较好；上部结构对于不均匀沉降较敏感，或者承受不均匀荷载。

(2) 地基土层软弱，不适合采用地基加固处理。

(3) 承受周期荷载作用，或者在承载的竖向荷载很大的同时还作用有较大的水平荷载。

(4) 场地地下水位置较高，使用其他基础类型施工不便。

(5) 具有较大历史价值，需要保存的年限较长。

4.1.2 桩基础设计等级划分

《建筑桩基技术规范》(JGJ 94—2008)(以下简称《桩基规范》) 规定，桩基础应按下列两类极限状态设计。

(1) 承载能力极限状态。桩基达到最大承载能力、整体失稳或发生不适于继续承载的变形。

(2) 正常使用极限状态。桩基达到建筑物正常使用所规定的变形限值或达到耐久性要求的某项限值。

根据建筑规模、功能特征、对差异变形的适应性、场地地基和建筑物体型的复杂性以及由于桩基问题可能造成建筑破坏或影响正常使用的程度，《桩基规范》把桩基设计分为表 4.1 所列的 3 个设计等级。

表 4.1 桩基础设计等级

设计等级	建筑类型
甲级	(1) 重要的建筑； (2) 30 层以上或高度超过 100m 的高层建筑； (3) 体型复杂且层数相差超过 10 层的高低层（含纯地下室）连体建筑； (4) 20 层以上框架-核心筒结构及其他对差异沉降有特殊要求的建筑； (5) 场地和地基条件复杂的 7 层以上的一般建筑及坡地、岸边建筑； (6) 对相邻既有工程影响较大的建筑
乙级	除甲级、丙级以外的建筑
丙级	场地和地基条件简单、荷载分布均匀的 7 层及 7 层以下的一般建筑

4.1.3 桩基础设计内容方法与设计步骤

收集了必要的设计基础资料后，桩基础设计按照以下步骤完成相关设计内容。

(1) 桩的类型与桩几何尺寸选择。

(2) 确定单桩竖向及水平方向承载力。

(3) 确定桩的数量，并进行平面布局。

(4) 桩基础承载力验算，必要时进行沉降变形验算。

(5) 桩身结构设计。

(6) 承台结构设计。

(7) 绘制基础施工图。

4.1.4 桩基础设计原则

桩基础设计应该保证桩基承载力的要求，控制桩基的变形在规范规定的范围内。

(1) 按照《桩基规范》，桩基础应根据具体条件分别进行下列承载能力计算和稳定性验算。

1) 应根据桩基的使用功能和受力特征分别进行桩基竖向承载力计算和水平承

载力计算。

2）应对桩身和承台结构承载力进行计算；对于桩侧土不排水抗剪强度小于10kPa且长径比大于50的桩应进行桩身压屈验算；对于混凝土预制桩应按吊装、运输和锤击作用进行桩身承载力验算；对于钢管桩应进行局部压屈验算。

3）当桩端平面以下存在软弱下卧层时，应进行软弱下卧层承载力验算。

4）对位于坡地、岸边的桩基应进行整体稳定性验算。

5）对于抗浮、抗拔桩基，应进行基桩和群桩的抗拔承载力计算。

6）对于抗震设防区的桩基应进行抗震承载力验算。

（2）《桩基规范》规定，下列建筑桩基应进行沉降计算，沉降变形应该满足表4.2的要求。

1）设计等级为甲级的非嵌岩桩和非深厚坚硬持力层的建筑桩基。

2）设计等级为乙级的体型复杂、荷载分布显著不均匀或桩端平面以下存在软弱土层的建筑桩基。

3）软土地基多层建筑减沉复合疏桩基础。

表 4.2　　建筑桩基沉降变形允许值

变形特征		允许值
砌体承重结构基础的局部倾斜		0.002
各类建筑相邻柱（墙）基的沉降差	框架、框架-剪力墙、框架-核心筒结构	$0.002l_0$
	砌体墙填充的边排柱	$0.0007l_0$
	当基础不均匀沉降时不产生附加应力的结构	$0.005l_0$
单层排架结构（柱距为6m）桩基的沉降量/mm		120
桥式吊车轨面的倾斜（按不调整轨道考虑）	纵向	0.004
	横向	0.003
多层和高层建筑的整体倾斜	$H_g \leqslant 24$	0.004
	$24 < H_g \leqslant 60$	0.003
	$60 < H_g \leqslant 100$	0.0025
	$H_g > 100$	0.002
高耸结构桩基的整体倾斜	$H_g \leqslant 20$	0.008
	$20 < H_g \leqslant 50$	0.006
	$50 < H_g \leqslant 100$	0.005
	$100 < H_g \leqslant 150$	0.004
	$150 < H_g \leqslant 200$	0.003
	$200 < H_g \leqslant 250$	0.002
高耸结构基础的沉降量/mm	$H_g \leqslant 100$	350
	$100 < H_g \leqslant 200$	250
	$200 < H_g \leqslant 250$	150
体型简单的剪力墙结构高层建筑桩基最大沉降量/mm	—	200

注　l_0 为相邻柱（墙）两测点间距离；H_g 为自室外地面算起的建筑物高度。

4.2 桩的类型

桩联合承台共同形成桩基础。一般来说，桩基础按照承台的位置高低可以分为高桩承台桩基础与低桩承台桩基础（图 4.2）。高桩承台主要用在公路桥梁、铁路桥梁的桥墩、桥台，高桩承台位于地上，能够减少占地，有利于通航通风。低桩承台桩基础是建筑物或者构筑物常用的承台形式，承台埋在地下，能依靠承台后面的土体被动土压力来发挥承台本身抵抗水平荷载作用的能力，有利于建筑的安全稳定，而且埋置地下的承台有利于建筑立面形象的布置与设计。

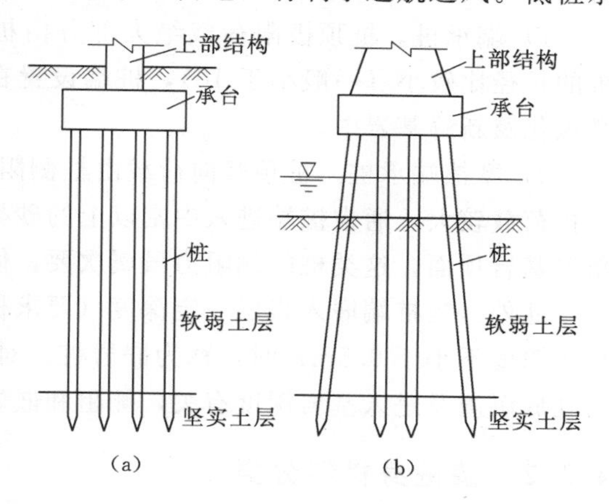

图 4.2　高、低桩承台桩基础示意图
(a) 低桩承台桩基础；(b) 高桩承台桩基础

近几十来，桩基材料、成桩机械和施工方法都有了巨大的发展，已经形成了形式各异、材料纷呈的现代化桩基础工程体系。因此，可以根据桩的承载性状、桩身材料、成桩方法和工艺、设置效应等的不同对桩基础进行分类。

4.2.1 按桩的承载性状分类

单桩在竖向荷载作用下，桩身相对于桩身四周的土体而言有向下运动的趋势，从而在桩侧激发出摩擦阻力，在桩端激发出桩端阻力，桩侧摩擦阻力与桩端阻力协同平衡桩的竖向荷载与桩身重量。按照达到单桩承载力极限状态时桩侧摩擦力和桩端阻力各自发挥程度和分担荷载比例的不同，桩可以分为摩擦型桩和端承型桩两大类，如图 4.3 所示。

(1) 摩擦型桩。全部或主要依靠桩侧摩擦力来承受承台传来的荷载的桩称为摩擦型桩。根据桩侧摩擦力分担比例，摩擦型桩又可分为摩擦桩与端承摩擦桩。

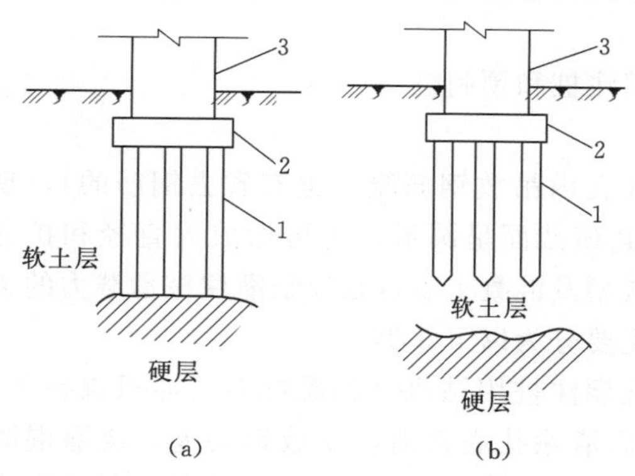

图 4.3　按桩的承载性状分类
(a) 端承桩；(b) 摩擦桩
1—桩；2—承台；3—上部结构

1) 摩擦桩。桩顶竖向荷载绝大部分由桩侧阻力承受，桩端阻力小到可以忽略不计。例如，桩长径比很大，桩顶竖向荷载只通过桩身压缩产生的桩侧阻力传递给桩周土，桩端土层分担荷载很小；桩端下无较坚实的持力层；桩底残留虚土或沉渣的灌注桩；桩端出现脱空的打入桩等。

2) 端承摩擦桩。桩顶竖向荷载主

要由桩侧阻力承受，桩端阻力承担一小部分荷载。当桩的长径比不很大，桩端持力层为较坚实的黏性土、粉土和砂类土时，除桩侧阻力外，还有一定的桩端阻力，如穿过软弱地层嵌入较坚实的硬黏土的桩。

（2）端承型桩。端承型桩在承载能力极限状态下，桩顶竖向荷载全部或主要由桩端阻力承受，桩侧阻力相对于桩端阻力较小或者可忽略不计。根据桩端阻力分担荷载的比例，又可分为端承桩和摩擦端承桩两类。

1）端承桩。桩顶极限荷载绝大部分由桩端阻力承担，桩侧阻力可忽略不计。桩的长径比较小（一般小于 10），桩端设置在密实砂类、碎石类土层中或位于中、微风化及新鲜基岩中。

2）摩擦端承桩。桩顶竖向荷载由桩侧阻力和桩端阻力共同承担，但桩端阻力分担荷载较大。通常桩端进入中密以上的砂类、碎石类土层中或位于中、微风化及新鲜基岩顶面。这类桩的侧阻力虽属次要，但不可忽略。

此外，当桩端嵌入岩层一定深度（要求桩的周边嵌入微风化或中等风化岩体的最小深度不小于 0.5m）时，称为嵌岩桩。对于嵌岩桩，桩侧与桩端荷载分担比例与孔底沉渣及进入基岩深度有关，侧阻和嵌岩阻力是嵌岩桩荷载传递的主要途径。

4.2.2 按桩身材料分类

按桩身材料的不同，桩主要可分为钢筋混凝土桩、钢桩和木桩等。

（1）钢筋混凝土桩。钢筋混凝土桩是目前应用最广泛的桩。钢筋混凝土桩具有制作方便、桩身强度高、耐腐蚀性能好、价格较低等优点，所以在各类建筑中得到广泛使用。

（2）钢桩。钢桩包括型钢桩、钢管桩等。钢桩桩身材料强度高，桩身表面积大而截面积小，在沉桩时贯透能力强而挤土影响小，适合工期紧、工程量大的工业项目，也可以作为临时建筑，利用钢桩的可回收性加快施工并节约投资。

（3）木桩。木桩因为承受荷载和耐久性有限，只在某些加固工程或能就地取材的临时工程中使用。在地下水位以下时，木材有很好的耐久性；而在干湿交替的环境下，木材很容易被腐蚀。

4.2.3 按桩施工方法分类

按照施工方法的不同，桩基础分为灌注桩和预制桩。

1. 灌注桩

灌注桩是先在设计桩位成孔，然后在孔内吊放钢筋笼（也有省去钢筋的），现场浇灌混凝土所形成的钢筋混凝土桩，其横截面呈圆形，也可做成大直径和扩底桩，适用于不同类型的地基土，桩身的成型及混凝土质量是保证灌注桩承载力的关键所在。根据成孔方式的不同，灌注桩主要分为以下 3 类。

（1）钻（冲）孔灌注桩。钻（冲）孔灌注桩用钻机（如螺旋钻、冲抓锥钻等）钻土成孔，把孔位处的土排出地面，然后清除孔底残渣，安放钢筋笼，浇灌混凝土。有的钻机成孔后，可撑开钻头的扩孔刀刃，使之旋转切土，扩大端部桩孔，浇灌混凝土后在底端形成扩底桩，但扩底不宜大于 3 倍桩身直径。

目前国内钻（冲）孔灌注桩多用泥浆护壁以防塌孔，泥浆应选用膨润土或高塑性黏土在现场加水搅拌制成，其相对密度一般为 1.1～1.15，施工时泥浆面应高出地下水位 1m 以上，其施工过程如图 4.4 所示，常用桩径为 800mm、1000mm、1200mm 等。其最大优点是入土深，能进入岩层，刚度大，承载力强，桩身变形小，并便于水下施工。

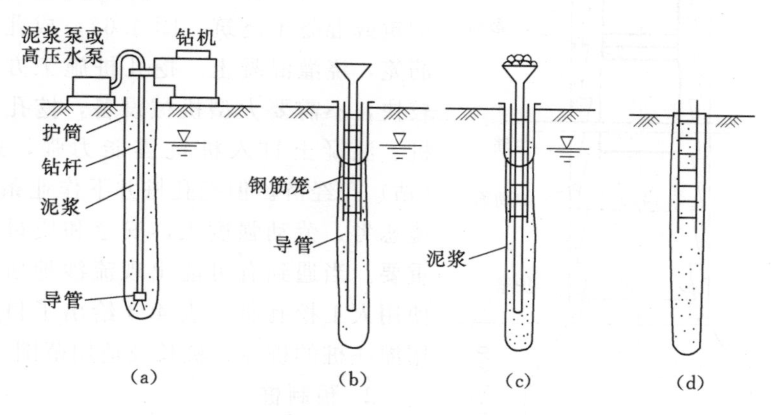

图 4.4 钻孔桩施工顺序
(a) 成孔；(b) 下导管和钢筋笼；(c) 灌注水下混凝土；(d) 成桩

(2) 沉管灌注桩。采用与桩的设计尺寸相适应的钢管（即套管），在端部套上桩尖后采用振动或锤击沉入土中后，在套管内吊放钢筋骨架，然后边浇筑混凝土边振动或锤击拔管，利用拔管时的振动捣实混凝土而形成所需要的灌注桩。

为了提高桩的质量和承载能力，沉管灌注桩常采用单打法、复打法、反插法等施工工艺。单打法（又称一次拔管法）在拔管时，每提升 0.5～1.0m，振动5～10s，然后再拔管 0.5～1.0m，这样反复进行，直至全部拔出；复打法在同一桩孔内连续进行两次单打，或根据需要进行局部复打。施工时，应保证前后两次沉管轴线重合，并在混凝土初凝之前进行复打；反插法是钢管每提升 0.5m，再下插 0.3m，这样反复进行直至拔出。锤击沉管灌注桩的直径一般为 300～500mm，振动沉管灌注桩的直径一般为 400～500mm，沉管灌注桩的桩长一般小于 20m。这种施工方法适用于有地下水、流砂、淤泥的情况，其施工过程如图 4.5 所示。

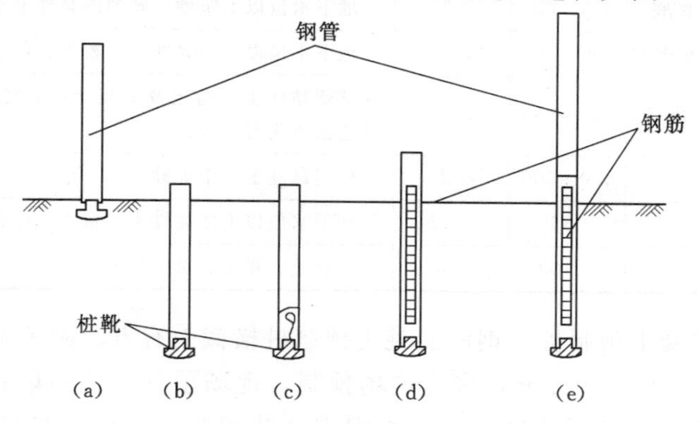

图 4.5 沉管灌注桩施工过程
(a) 就位；(b) 沉套管；(c) 开始灌注混凝土；(d) 下钢筋骨架继续浇灌混凝土；(e) 拔管成型

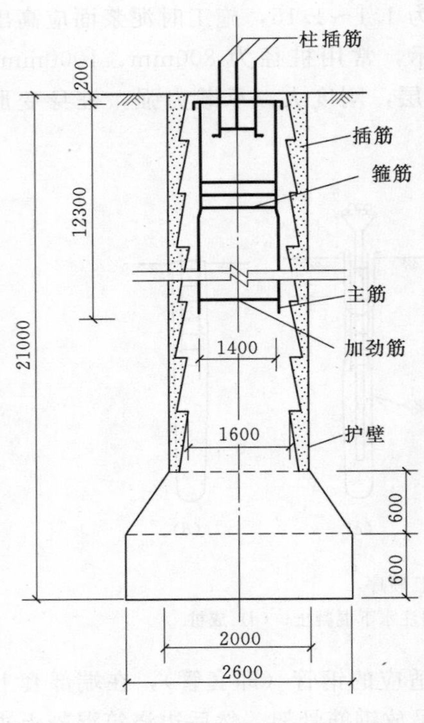

图 4.6 人工挖孔桩示意图

(3) 挖孔桩。可采用人工或机械挖掘成孔，边挖边排水边做钢筋混凝土护壁，桩径一般为800～2500mm，分节支护，每节500～1000mm，护壁厚度大于100mm，可采用砖砌筑或混凝土浇筑（图4.6）。成孔后吊入钢筋笼，浇灌混凝土。挖孔桩施工方便，速度较快，不需要大型机械设备，挖孔桩要比木桩、混凝土打入桩抗震能力强，造价比冲（钻）孔经济。但挖孔桩井下作业条件差、环境恶劣、劳动强度大，安全和质量显得尤为重要。当遇到有可能出现流沙地质时应禁止使用人工挖孔桩。表4.3给出了目前国内常用灌注桩的桩径、桩长及适用范围。

2. 预制桩

预制桩是在工厂或施工现场制成的各种材料、各种形式的桩（如混凝土方桩、预应力混凝土管桩、钢桩等），用沉桩设备将桩打入、压入或振入土中。预制桩桩身截面面积稳定，桩身材料强度有保障，施工速度快，在岩层埋深、较大的地区极为常用。

表 4.3　常用灌注桩的桩径、桩长及适用范围

成孔方法		桩径/mm	桩长/m	适用范围
泥浆护壁成孔	冲抓	≥800	≤30	碎石土、砂类土、粉土、黏性土及风化岩。当进入中等风化和微风化岩层时，冲击成孔的速度比回转钻快
	冲击		≤50	
	回转钻		≤80	
	潜水钻	500～800	≤50	黏性土、淤泥、淤泥质土及砂类土
干作业成孔	螺旋钻	300～800	≤30	地下水位以上的黏性土、粉土、砂类土及人工填土
	钻孔扩底	300～600	≤30	地下水位以上坚硬、硬塑的黏性土及中密以上砂类土
	机动洛阳铲	300～500	≤20	地下水位以上的黏性土、粉土、黄土及人工填土
沉管成孔	锤击	340～800	≤30	硬塑黏性土、粉土及砂类土，直径不小于600mm的可达强风化岩
	振动	400～500	≤24	可塑黏性土、中细砂
爆扩成孔		≤350	≤12	地下水位以上的黏性土、黄土、碎石土及风化岩
人工挖孔		≥100	≤40	黏性土、粉土、黄土及人工填土

(1) 钢筋混凝土预制桩。钢筋混凝土预制桩横截面有方、圆等不同形状。方桩截面边长一般为300～500mm，多为现场预制，现场预制桩长一般在25～30m内，工厂预制桩，桩长一般不超过12m，否则应分节预制，然后在打桩过程中予以接长，分节接头应保证质量以满足桩身承受轴力、弯矩和剪力的要求，通常可用钢板、角钢焊接，并涂以沥青以防止腐蚀。也可采用钢板垂直插头加水平销连接，其

施工快捷，不影响桩的强度和承载力。沉桩方式有打入法、静压法等。

（2）预应力混凝土管桩（图 4.7）。采用先张法预应力工艺和离心成型技术制作，经高压蒸汽养护的为预应力高强混凝土管桩（PHC 桩），桩身混凝土强度等级一般大于 C80，直径为 300～1000mm；未经高压蒸汽养护的预应力管桩简称为 PC 桩，混凝土强度等级一般为 C60、C80，直径一般为 300～600mm。每节长 5～12m。桩的下端设置开口的钢桩尖或封口的十字刃钢桩尖（图 4.8）。沉桩时桩节处通过焊接端头板接长。

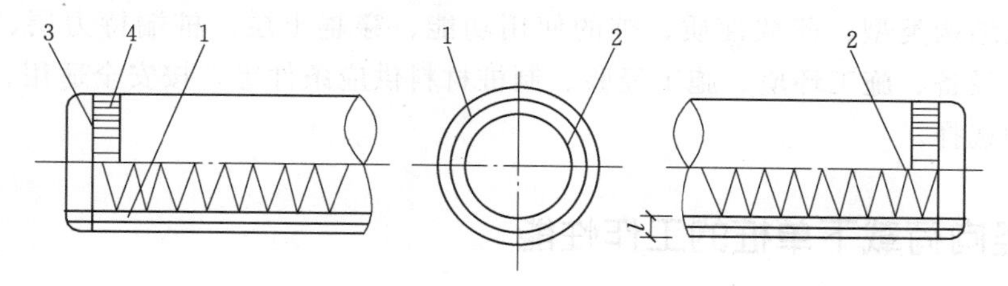

图 4.7 预应力混凝土管桩

1—预应力钢筋；2—螺旋箍筋；3—端头板；4—钢套箍

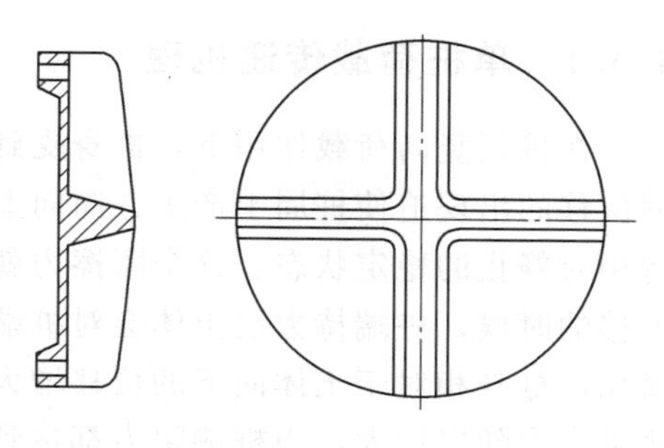

图 4.8 预应力混凝土管桩的封口十字刃钢桩尖

（3）钢桩。钢桩有端部开口或闭口的钢管桩和 H 型钢桩等，钢管桩常用直径为 400～1200mm，壁厚为 6～25mm。钢桩具有重量轻、承载力高、排土量小、工程质量可靠、施工速度快等优点，但钢桩也存耗钢量大、造价高、施工设备较复杂、易腐蚀等问题。

4.2.4 按挤土效应分类

因为桩的成孔与就位方式的不同，桩身原来位置处土体或被挖出或被挤到桩身四周土体中了。若原来桩位的土被挤到桩间土体中，就会增加桩间土的密实度，从而增加桩侧摩擦角，提高单桩实际承受荷载的能力，这种现象就是挤土效应。因此，《桩基规范》按照桩的挤土效应大小的不同分为以下 3 种。

（1）非挤土桩。非挤土桩主要是灌注桩。由于桩成孔过程中桩孔土体被挖出，紧邻桩体的土的水平方向应力在成孔过程中释放，成桩后水平压力有所恢复，但恢复有限，相对于自重应力状态，水平应力实际上有所减少，因此桩侧摩擦力减小，如干作业法钻（挖）孔灌注桩、泥浆护壁法钻（挖）孔灌注桩、套管护壁法钻（挖）孔灌注桩。

（2）部分挤土桩。由于桩设置过程中只引起部分挤土效应，桩周围土体受到一定程度的挠动，土的强度和性质变化不大，如冲孔灌注桩、预钻孔打入（静压）预制桩和 H 型钢桩等。

（3）挤土桩。在成桩过程中，造成大量挤土，使桩周围土体受到严重挠动，桩周土变得更密实，从而提高了抗剪摩擦角，也提高了桩侧阻力，有利于提高群桩基础的基桩承载力，如沉管灌注桩、打入（静压）预制桩和闭口钢管桩等。

此外，按桩径 d 大小划分为小直径桩（$d \leqslant 250$mm）、中等直径桩（250mm$<d<$800mm）、大直径桩（$d \geqslant 800$mm）。总之，桩的类型很多，桩型与成桩工艺应根据建筑结构类型、荷载性质、桩的使用功能、穿越土层、桩端持力层、地下水位、施工设备、施工环境、施工经验、制桩材料供应条件等，按安全适用、经济合理的原则选择。

4.3 竖向荷载下单桩的工作性能

竖向荷载下单桩的工作性能是确定单桩承载力的基础，有必要了解桩土共同作用机理、传力途径以及发展破坏过程，以便于正确评价单桩竖向承载力设计值。

4.3.1 单桩荷载传递机理

在桩顶竖向荷载作用下，桩身受到压缩，从而相对于土体产生向下的位移。这种位移的出现迫使桩周土产生方向向上的摩擦阻力，以期阻止这种位移的发生，维持相对静止的稳定状态。这个摩擦力就是桩侧阻力，方向向上。同理，桩端有向下位移的时候，桩端持力层土体会对桩端产生向上的反力，即桩端阻力。随着荷载的增加，桩身相对于土体向下的位移增大，桩侧阻力从桩身上端向下端逐渐发挥，桩侧阻力也随之增大，当桩侧阻力都达到极限值后，就会把再发生的荷载增量全部转由桩端持力层来承担，直至桩端持力层被破坏，不能再承受更大的桩顶荷载。此时桩顶所承受的荷载就达到了单桩极限承载力。

由此可见，单桩轴向荷载的传递过程就是桩侧阻力与桩端阻力的发挥过程。一般来说，靠近桩身上部土层的侧阻力先于下部土层发挥，侧阻力先于端阻力发挥。

如图4.9（a）所示，桩在轴心荷载 Q 作用下，桩身任意深度 z 处横截面上所引起的轴力 N_z 将使该截面向下位移 δ_z，桩端下沉 δ_l，导致桩身侧面与桩周土之间相对滑移，其大小制约着土对桩侧向上作用的摩阻力 τ_z 的发挥程度。取深度 z 处的微段 dz 来分析，记桩身周长为 u_p，可建立力的平衡方程为（不计桩重的影响）

$$N_z + dN_z - N_z + u_p \tau_z dz = 0 \tag{4.1}$$

因此，有

$$\tau_z = -\frac{1}{u_p}\frac{dN_z}{dz} = \frac{A_p E_p}{u_p}\frac{d^2\delta_z}{dz^2} \tag{4.2}$$

式中 A_p、E_p——桩身横截面面积和弹性模量。

桩在 z 深度处位移，即

$$\delta_z = s - \frac{1}{A_p E_p}\int_0^z N_z dz \tag{4.3}$$

式中 s——桩顶位移。

根据微段 dz 的桩身压缩和桩身轴力之间的关系，得到桩身轴力为

$$N_z = -A_p E_p \frac{\partial^2 \delta_z}{\partial z^2} \tag{4.4}$$

对深度 z 以上的桩取隔离体，根据隔离体 z 方向的受力平衡，得到桩身轴力为

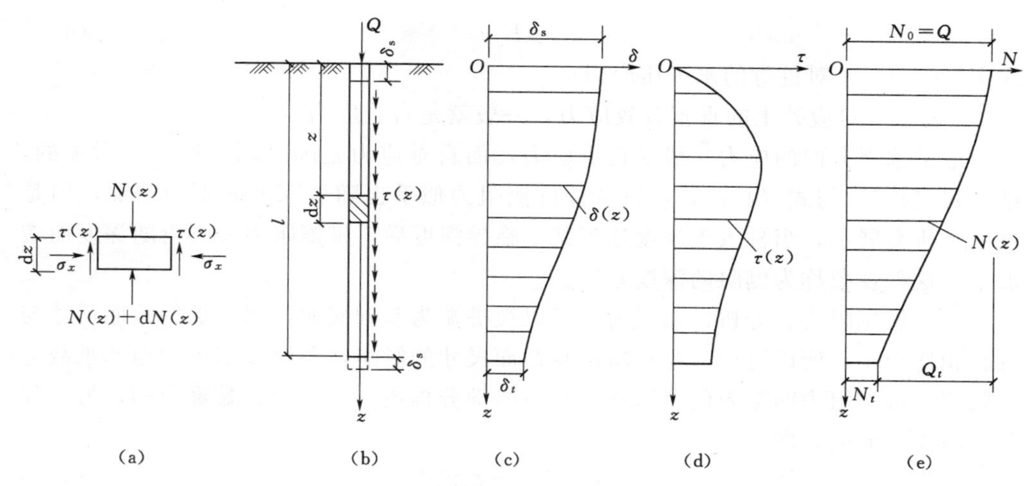

图 4.9 单桩竖向荷载传递

(a) 微桩段的受力；(b) 轴向受压的单桩；(c) 截面位移；(d) 摩阻力分布；(e) 轴力分布

$$N_z = Q - \int_0^z u_p \tau_z \mathrm{d}z \tag{4.5}$$

式中 Q——桩顶荷载。

4.3.2 影响荷载传递的因素

(1) 桩端土与桩周土的刚度比（E_b/E_s）。试验研究表明，刚度比越小，桩身轴力沿深度衰减越快，传递到桩端的荷载就越小。对于中长桩，当刚度比为 1 时，桩侧摩阻力接近均匀分布，桩端阻力仅占荷载的 5%左右，表现为摩擦型桩。当刚度比大到 100，桩身轴力上端随深度减少，下端近乎沿深度不变。桩端阻力分担了 60%以上荷载，表现为端承型桩。

(2) 桩土刚度比（E_p/E_s）。试验研究表明，刚度比越大，传递到桩端的阻力就越大。当大于 1000 时，传递到桩端阻力不再变化，表现为端承型桩；小于 10 的中长桩，桩端阻力分担的荷载几乎接近于零，表现出摩擦型桩。

(3) 桩的长径比（l/d）。长径比越大，桩身越细长。更长的桩身产生更大的总侧阻力，因而桩端承担的荷载就越小。长径比很大的桩都属于摩擦桩，在设计这样的桩时，试图采用扩大头来提高承载力是徒劳的。

4.3.3 桩侧阻力和桩端阻力

(1) 桩侧阻力。进一步的研究指出，桩侧阻力达到极限值所需的桩土相对滑移极限值只与土的类别有关，与桩的大小无关。实验表明，桩侧阻力充分激发需要的极限滑移为 4～6mm。

桩侧阻力的强度与库尔莫论强度相似，取

$$\tau_u = c_a + \sigma_x \tan\varphi' \tag{4.6}$$

式中 c_a——桩侧土与桩身之间的黏滞力；

φ'——桩土间的摩擦角。

而桩侧土处水平方向的应力与垂直方向的应力关系为

$$\sigma_x = K_s \sigma_v \tag{4.7}$$

式中 σ_x——土对桩身的水平压应力；

σ_v——对应处土的垂直有效应力，一般就是自重应力。

由于垂直方向的应力一般是自重应力，而自重应力是随着深度增加而增加的，结合式（4.6）与式（4.7），可以预计桩侧阻力似乎也随着深度而不断增加，但是进一步研究展示，当桩入土深度达到某一临界深度后，桩侧阻力就不再随深度而增加了。这种现象称为侧阻的深度效应。

（2）桩端阻力。分析桩端阻力，可以视桩端为基础底面，因为桩的截面尺寸与桩长相比很小，所以可以考虑忽略桩身截面尺寸的影响，参照浅基础的地基承载力极限值，桩端阻力的极限值可以认为是由两部分构成：一部分是黏聚力的；另一部分是埋深影响的，即

$$q_{pu} = \zeta_c c N_c^* + \zeta_q \gamma h N_q^* \tag{4.8}$$

式中 q_{pu}——极限桩端阻力；

N_c^*、N_q^*——分别是黏聚力系数、埋深系数。

同样通过分析得到，桩端阻力随着深度的增加而增加。但是试验表明，深度增加到一定程度，桩端阻力就不再增加了；而且要充分发挥桩端阻力极限值，桩端必须有足够的位移。具体来说，对沙类土所需的桩端位移为 $d/12 \sim d/10$；对黏性土所需的桩端位移为 $d/10 \sim d/4$。因此，在工作状态下的单桩，除支撑于坚硬基岩上的粗短桩外，竖向荷载作用下，桩侧阻力首先发挥作用，桩端阻力后发挥作用，桩端阻力的安全储备一般大于桩侧阻力的安全储备。

4.4 桩的竖向承载力

单桩在竖向荷载作用下的单桩承载能力一般取决于桩土间相互作用的极限桩侧阻力和极限桩端阻力。但要注意，对于嵌入硬质岩石的单桩或穿越较大深度的软弱土层细长预制桩，单桩竖向承载力有可能是由桩身材料的抗压极限能力或者桩身稳定所决定的。

《桩基规范》对于单桩竖向极限承载力标准值的确定方式有以下规定：设计等级为甲级的建筑桩基，单桩竖向极限承载力标准值应通过单桩静载试验确定；设计等级为乙级的建筑桩基，当地质条件简单时可参照地质条件相同的试桩资料，结合静力触探等原位测试和经验参数综合确定，其余均应通过单桩静载试验确定；设计等级为丙级的建筑桩基，可根据原位测试和经验参数确定。本章仅介绍单桩静载试验与经验参数法确定地基承载力，其他方法可以参看《桩基规范》。

4.4.1 单桩竖向静载试验

单桩竖向静载试验是确定单桩竖向承载力的现场测试方法，也是桩基验收的方法之一。单桩竖向静载试验是在现场组织的试验，按照规定，进行单桩竖向静载试验的桩数应该不少于总桩数的1%，且不少于3根。

单桩竖向静载试验务必在成桩后间隔一定时间，让桩身达到设计的应力环境才能进行。对于灌注桩，单桩静载试验应在桩身混凝土达到设计强度后进行；对于预

制桩，要消除打桩过程中桩侧土中产生的超静水压之后才能进行。所以，静载试验前，对于预制桩，砂类土需要搁置不少于 7d，粉土和黏性土需要搁置不少于 15d，饱和软黏土需要搁置不少于 25d。

单桩竖向静载试验加载装置，按照加载反力平衡方式的不同分为两种。图 4.10 所示分别为压重平台反力装置和锚桩横梁反力装置。

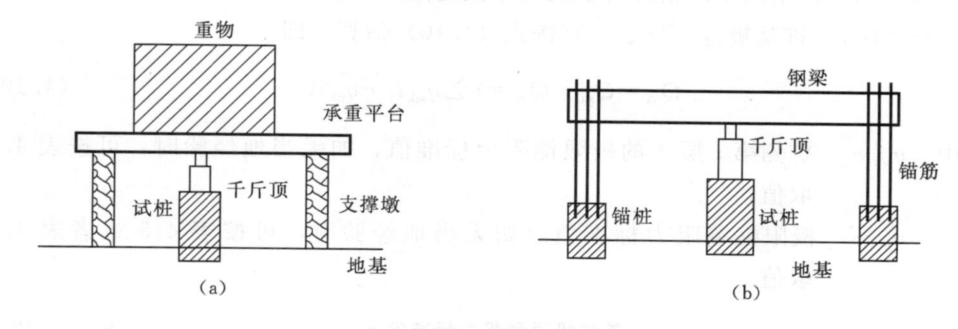

图 4.10 单桩竖向静载试验装置

(a) 压重平台反力装置；(b) 锚桩横梁反力装置

单桩竖向静载试验利用千斤顶来进行加载，加载一般分为 8～10 级进行，每级加载增量为预估单桩极限承载力的 1/10～1/8；并通过观测每次加载变形稳定后的下沉量，绘制出荷载-桩顶位移（$Q-s$）曲线（图 4.11）及 $s-\lg Q$ 曲线，最后根据《建筑地基基础设计规范》(GB 50007—2011) 规定的方法来判读桩的极限承载力，具体如下。

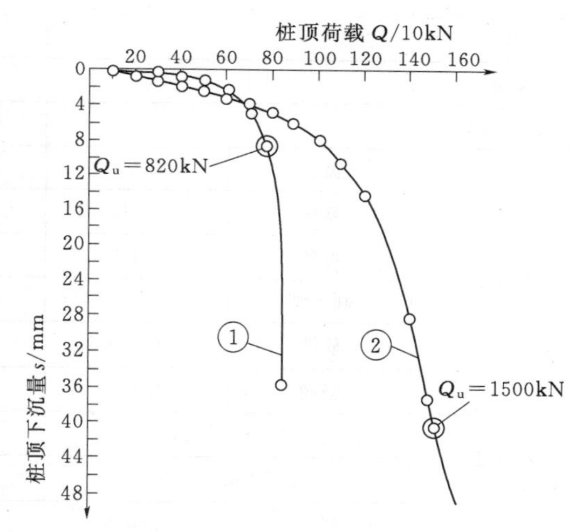

图 4.11 桩静载 $Q-s$ 曲线

(1) 当 $Q-s$ 曲线有明显的陡降段时，取陡降段起点的荷载值为极限承载力值。

(2) 在某级荷载作用下，桩的沉降变形增量大于 2 倍以上某级荷载沉降变形增量，且经过 24h 还不能稳定时候，取前一级荷载值为极限承载力值。

(3) 当 $Q-s$ 曲线平缓，取位移为 40mm 所对应的荷载为极限承载力值。桩长超过 40m 时应该适当考虑桩身的弹性变形。

(4) 当按照上述方法有困难的时候，可结合其他辅助分析方法综合判定。

一个单项工程测试单桩竖向承载力的试桩至少有 3 根。当参加统计的试桩承载力极限值的极差（最大值与最小值之差）不超过平均值的 30%时，试桩承载力极限值平均值就是单桩极限承载力标准值；当极差超过 30%，应增加试桩，分析极差产生的原因，结合工程具体情况来确定单桩承载力极限值的标准值。对桩数在 3 根或者 3 根以内的承台，取最小值为单桩承载力极限值的标准值。

单桩竖向承载力特征值 R_a 应按式 (4.9) 确定，K 一般取 2，即

$$R_a = \frac{1}{K} Q_{uk} \tag{4.9}$$

4.4.2 经验参数法

(1) 当根据土的物理指标与承载力参数之间的经验关系确定单桩竖向极限承载力标准值时，《桩基规范》规定，宜按式（4.10）估算，即

$$Q_{uk} = Q_{sk} + Q_{pk} = u \sum q_{sik} l_i + q_{pk} A_p \tag{4.10}$$

式中 q_{sik}——桩侧第 i 层土的极限侧阻力标准值，如无当地经验时，可按表 4.4 取值；

q_{pk}——极限桩端阻力标准值，如无当地经验时，可按表 4.5 或者表 4.6 取值。

表 4.4　　单桩极限侧阻力标准值 q_{sik}　　单位：kPa

土的名称	土的状态		混凝土预制桩	泥浆护壁钻（冲）孔桩	干作业钻孔桩
填土			22～30	20～28	20～28
淤泥			14～20	12～18	12～18
淤泥质土			22～30	20～28	20～28
黏性土	流塑	$I_L>1$	24～40	21～38	21～38
	软塑	$0.75<I_L\leqslant 1$	40～55	38～53	38～53
	可塑	$0.50<I_L\leqslant 0.75$	55～70	53～68	53～66
	硬可塑	$0.25<I_L\leqslant 0.50$	70～86	68～84	66～82
	硬塑	$0<I_L\leqslant 0.25$	86～98	84～96	82～94
	坚硬	$I_L\leqslant 0$	98～105	96～102	94～104
红黏土	$0.7<a_w\leqslant 1$		13～32	12～30	12～30
	$0.5<a_w\leqslant 0.7$		32～74	30～70	30～70
粉土	稍密	$e>0.9$	26～46	24～42	24～42
	中密	$0.75\leqslant e\leqslant 0.9$	46～66	42～62	42～62
	密实	$e<0.75$	66～88	62～82	62～82
粉细砂	稍密	$10<N\leqslant 15$	24～48	22～46	22～46
	中密	$15<N\leqslant 30$	48～66	46～64	46～64
	密实	$N>30$	66～88	64～86	64～86
中砂	中密	$15<N\leqslant 30$	54～74	53～72	53～72
	密实	$N>30$	74～95	72～94	72～94
粗砂	中密	$15<N\leqslant 30$	74～95	74～95	76～98
	密实	$N>30$	95～116	95～116	98～120
砾砂	稍密	$5<N_{63.5}\leqslant 15$	70～110	50～90	60～100
	中密（密实）	$N_{63.5}>15$	116～138	116～130	112～130
圆砾、角砾	中密、密实	$N_{63.5}>10$	160～200	135～150	135～150

续表

土的名称	土的状态		混凝土预制桩	泥浆护壁钻（冲）孔桩	干作业钻孔桩
碎石、卵石	中密、密实	$N_{63.5}>10$	200～300	140～170	150～170
全风化软质岩		$30<N\leqslant 50$	100～120	80～100	80～100
全风化硬质岩		$30<N\leqslant 50$	140～160	120～140	120～150
强风化软质岩		$N_{63.5}>10$	160～240	140～200	140～220
强风化硬质岩		$N_{63.5}>10$	220～300	160～240	160～260

注 1. 对于尚未完成自重固结的填土和以生活垃圾为主的杂填土，不计算其侧阻力。
2. a_w 为含水比，$a_w=w/w_l$，w 为土的天然含水量，w_l 为土的液限。
3. N 为标准贯入击数；$N_{63.5}$ 为重型圆锥动力触探击数。
4. 全风化、强风化软质岩和全风化、强风化硬质岩系指其母岩分别为 $f_{rk}\leqslant 15$MPa、$f_{rk}>30$MPa 的岩石。

（2）确定大直径桩单桩极限承载力标准值时，可按式（4.11）计算，即

$$Q_{uk}=Q_{sk}+Q_{pk}=u\sum\psi_{si}q_{sik}l_i+\psi_p q_{pk}A_p \tag{4.11}$$

式中 q_{sik}——桩侧第 i 层土极限侧阻力标准值，如无当地经验值时，可按表 4.4 取值，对于扩底桩变截面以上 $2d$ 长度范围不计侧阻力；

q_{pk}——桩径为 800mm 的极限端阻力标准值，对于干作业挖孔（清底干净）可采用深层载荷板试验确定；当不能进行深层载荷板试验时，可按表 4.5 或者表 4.6 取值；

ψ_{si}、ψ_p——大直径桩侧阻力、端阻力尺寸效应系数，按表 4.7 取值；

u——桩身周长，当人工挖孔桩桩周护壁为振捣密实的混凝土时，桩身周长可按护壁外直径计算。

表 4.5 干作业挖孔桩（清底干净，$D=800$mm）极限端阻力标准值 q_{pk} 单位：kPa

土名称		状态		
黏性土		$0.25<I_L\leqslant 0.75$	$0<I_L\leqslant 0.25$	$I_L\leqslant 0$
		800～1800	1800～2400	2400～3000
粉土			$0.75\leqslant e\leqslant 0.9$	$e<0.75$
			1000～1500	1500～2000
砂土碎石类土		稍密	中密	密实
	粉砂	500～700	800～1100	1200～2000
	细砂	700～1100	1200～1800	2000～2500
	中砂	1000～2000	2200～3200	3500～5000
	粗砂	1200～2200	2500～3500	4000～5500
	砾砂	1400～2400	2600～4000	5000～7000
	圆砾、角砾	1600～3000	3200～5000	6000～9000
	卵石、碎石	2000～3000	3300～5000	7000～11000

注 1. 当桩进入持力层的深度 h_b 分别为：$h_b\leqslant D$、$D<h_b\leqslant 4D$、$h_b>4D$ 时，q_{pk} 可相应取低、中、高值。
2. 砂土密实度可根据标贯击数判定，$N\leqslant 10$ 为松散，$10<N\leqslant 15$ 为稍密，$15<N\leqslant 30$ 为中密，$N>30$ 为密实。
3. 当桩的长径比 $l/d\leqslant 8$ 时，q_{pk} 宜取较低值。
4. 当对沉降要求不严格时，q_{pk} 可取高值。

表 4.6　桩的极限端阻力标准值 q_{pk}　　单位：kPa

土名称	土的状态	桩型	混凝土预制桩桩长 l/m				泥浆护壁钻（冲）孔桩桩长 l/m				干作业钻孔桩桩长 l/m		
			$l\leqslant 9$	$9<l\leqslant 16$	$16<l\leqslant 30$	$l>30$	$5\leqslant l<10$	$10\leqslant l<15$	$15\leqslant l<30$	$30\leqslant l$	$5\leqslant l<10$	$10\leqslant l<15$	$15\leqslant l$
黏性土	软塑	$0.75<I_L\leqslant 1$	210～850	650～1400	1200～1800	1300～1900	150～250	250～300	300～450	300～450	200～400	400～700	700～950
	可塑	$0.50<I_L\leqslant 0.75$	850～1700	1400～2200	1900～2800	2300～3600	350～450	450～600	600～750	750～800	500～700	800～1100	1000～1600
	硬可塑	$0.25<I_L\leqslant 0.50$	1500～2300	2300～3300	2700～3600	3600～4400	800～900	900～1000	1000～1200	1200～1400	850～1100	1500～1700	1700～1900
	硬塑	$0<I_L\leqslant 0.25$	2500～3800	3800～5500	5500～6000	6000～6800	1100～1200	1200～1400	1400～1600	1600～1800	1600～1800	2200～2400	2600～2800
粉土	中密	$0.75\leqslant e\leqslant 0.9$	950～1700	1400～2100	1900～2700	2500～3400	300～500	500～650	650～750	750～850	800～1200	1200～1400	1400～1600
	密实	$e<0.75$	1500～2600	2100～3000	2700～3600	3600～4400	650～900	750～950	900～1100	1100～1200	1200～1700	1400～1900	1600～2100
粉砂	稍密	$10<N\leqslant 15$	1000～1600	1500～2300	1900～2700	2100～3000	350～500	450～600	600～700	650～750	500～950	1300～1600	1500～1700
	中密、密实	$N>15$	1400～2200	2100～3000	3000～4500	3800～5500	600～750	750～900	900～1100	1100～1200	900～1000	1700～1900	1700～1900
细砂	中密、密实	$N>15$	2500～4000	3600～5000	4400～6000	5300～7000	650～850	900～1200	1200～1500	1500～1800	1200～1600	2000～2400	2400～2700
中砂			4000～6000	5500～7000	6500～8000	7500～9000	850～1050	1100～1500	1500～1900	1900～2100	1800～2400	2800～3800	3600～4400
粗砂			5700～7500	7500～8500	8500～10000	9500～11000	1500～1800	2100～2400	2400～2600	2600～2800	2900～3600	4000～4600	4600～5200
砾砂	中密、密实	$N>15$	6000～9500		9000～10500		1400～2000		2000～3200		3500～5000		
角砾、圆砾		$N_{63.5}>10$	7000～10000		9500～11500		1800～2200		2200～3600		4000～5500		
碎石、卵石		$N_{63.5}>10$	8000～11000		10500～13000		2000～3000		3000～4000		4500～6500		
全风化软质岩		$30<N\leqslant 50$	4000～6000				1000～1600				1200～2000		
全风化硬质岩		$30<N\leqslant 50$	5000～8000				1200～2000				1400～2400		
强风化软质岩		$N_{63.5}>10$	6000～9000				1400～2200				1600～2600		
强风化硬质岩		$N_{63.5}>10$	7000～11000				1800～2800				2000～3000		

注　1. 砂土和碎石类土中桩的极限端阻力取值，宜综合考虑土的密实度，桩端进入持力层的深径比 h_b/d，土越密实，h_b/d 越大，取值越高。

2. 预制桩的岩石极限端阻力指桩端支承于中、微风化基岩表面或进入强风化岩、软质岩一定深度条件下极限端阻力。

3. 全风化、强风化软质岩和全风化、强风化硬质岩指其母岩分别为 $f_{rk}\leqslant 15$MPa、$f_{rk}>30$MPa 的岩石。

表 4.7 大直径灌注桩侧阻尺寸效应系数 ψ_{si}、端阻尺寸效应系数 ψ_p

土 类 型	黏性土、粉土	砂土、碎石类土
ψ_{si}	$(0.8/d)^{1/5}$	$(0.8/d)^{1/3}$
ψ_p	$(0.8/D)^{1/4}$	$(0.8/D)^{1/3}$

(3) 嵌岩桩单桩竖向极限承载力标准值，由桩周土总极限侧阻力和嵌岩段总极限阻力组成。当根据岩石单轴抗压强度确定单桩竖向极限承载力标准值时，可按下列公式计算，即

$$Q_{uk}=Q_{sk}+Q_{rk} \tag{4.12}$$

$$Q_{sk}=u\sum q_{sik}l_i \tag{4.13}$$

$$Q_{rk}=\zeta_r f_{rk}A_p \tag{4.14}$$

式中 Q_{sk}、Q_{rk}——土的总极限侧阻力、嵌岩段总极限阻力；

q_{sik}——桩周第 i 层土的极限侧阻力，无当地经验时，可根据成桩工艺按表 4.4 取值；

f_{rk}——岩石饱和单轴抗压强度标准值，黏土岩取天然湿度单轴抗压强度标准值；

ζ_r——嵌岩段侧阻力和端阻力综合系数，与嵌岩深径比 h_r/d、岩石软硬程度和成桩工艺有关，可按表 4.8 采用；表中数值适用于泥浆护壁成桩，对于干作业成桩（清底干净）和泥浆护壁成桩后注浆，ζ_r 应取表列数值的 1.2 倍。

表 4.8 嵌岩段侧阻力和端阻力综合系数 ζ_r

嵌岩深径比 h_r/d	0	0.5	1.0	2.0	3.0	4.0	5.0	6.0	7.0	8.0
极软岩、软岩	0.60	0.80	0.95	1.18	1.35	1.48	1.57	1.63	1.66	1.70
较硬岩、坚硬岩	0.45	0.65	0.81	0.90	1.00	1.04				

注 1. 极软岩、软岩指 $f_{rk}\leqslant 15$MPa，较硬岩、坚硬岩指 $f_{rk}>30$MPa，介于二者之间可内插取值。

2. h_r 为桩身嵌岩深度，当岩面倾斜时以坡下方嵌岩深度为准；当 h_r/d 为非表列值时，ζ_r 可内插取值。

(4) 钢管桩单桩竖向极限承载力，根据土的物理指标与承载力参数之间的经验关系确定标准值时，可按下列公式计算，即

$$Q_{uk}=Q_{sk}+Q_{pk}=u\sum q_{sik}l_i+\lambda_p q_{pk}A_p \tag{4.15}$$

当 $h_b/d<5$ 时，有

$$\lambda_p=\frac{0.16h_b}{d} \tag{4.16}$$

当 $h_b/d\geqslant 5$ 时，有

$$\lambda_p=0.8 \tag{4.17}$$

式中 q_{sik}、q_{pk}——按表 4.4、表 4.6 取与混凝土预制桩相同值；

λ_p——桩端土塞效应系数，对于闭口钢管桩 $\lambda_p=1$，对于敞口钢管桩按式（4.16）、式（4.17）取值；

h_b——桩端进入持力层深度；

d——钢管桩外径。

对于带隔板的半敞口钢管桩，应以等效直径 d_e 代替 d 确定 λ_p；$d_e=d/\sqrt{n}$；其

中 n 为桩端隔板分割数（图 4.12）。

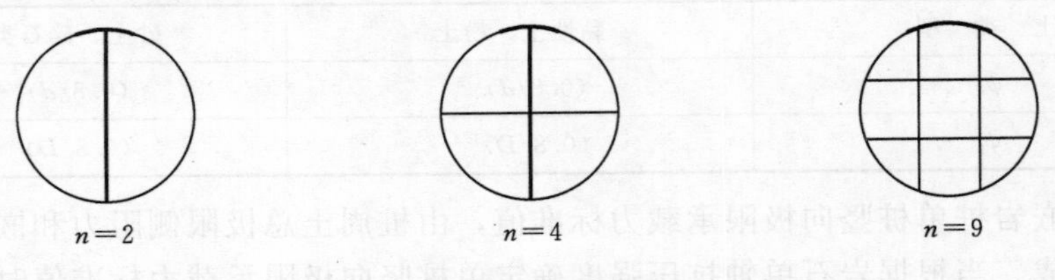

图 4.12 隔板分割

4.4.3 群桩效应、承台效应与基桩承载力

建筑桩基础中，承台下面的桩的根数可以有一根、多根等。一般来说，群桩基础中的单桩称为基桩。基桩的承载力与单桩的承载力的关系如何，需要进行实验分析研究确定。为此定义一个群桩效应系数 η，即

$$\eta=\frac{\text{群桩的承载力}}{\sum\text{单桩承载力}} \tag{4.18}$$

1. 群桩效应

对于端承桩而言，由于桩端土质很硬，一般为中等风化或者微风化岩石，在竖向荷载作用下，仅仅桩端部被激发出桩端阻力来平衡桩所受到的荷载，而桩侧摩擦力还没来得及激发。在桩端平面处，基桩所承担的荷载仅仅基桩下面的岩石就能够承受得了，如果继续往下扩散，尽管岩石较深，也会出现应力叠加现象，但是叠加后的应力水准会低于桩端面处。也就是说，只要桩端面处能够满足承载力要求即可，这时端承桩群桩基础中各基桩的工作形态接近于单桩，群桩基础的承载力等于各单桩承载力之和，因此群桩效应系数自然为 $\eta=1.0$。

对于摩擦桩，同一个承台下的多根桩在传递荷载过程中，由于会出现图 4.13 中的应力叠加部分，应力叠加后的桩端应力水准明显大于单桩桩端应力水准，因此群桩的位移要比单桩的位移来得大，此时群桩效应系数 $\eta<1$。

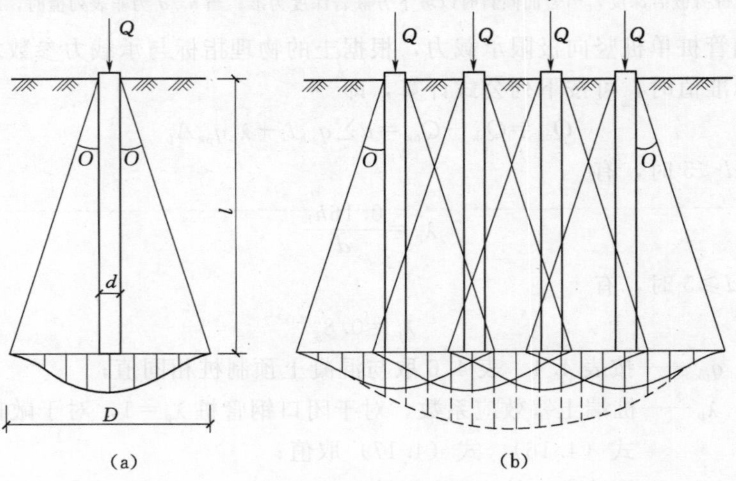

图 4.13 群桩效应示意图

（a）单桩；（b）群桩

对于挤土桩，也可能由于挤土效应使得群桩效应系数 $\eta>1$，此时为了使设计简单方便，群桩效应系数一般仍然按照1.0来考虑。

群桩效应的影响大小主要取决于桩距的大小，更深入的研究表明，当桩距 $s<3d$ 时，群桩的应力叠加效应会比较大；当桩距 $s>6d$ 时，群桩的效应几乎可以忽略不计。此外，桩的施工方式的不同也会产生不同的影响，打入预制桩，桩间土挤密了，从而提高了桩土之间摩擦阻力，相对于单桩而言，会在一定程度上提高基桩的承载力；而挖孔桩因为成孔过程中产生的土拱效应而应力释放，会导致桩成型后的土侧压力减少，从而减少摩擦阻力，相对于单桩而言，一定程度地减少了基桩的承载力。

2. 承台效应

承台一般设计为刚性的，几乎不产生弯曲变形。当上部结构把荷载与作用传递给承台时，桩向下产生位移。一般情况下，桩与承台刚性连接，且承台底面与土接触密实，如图4.14所示，当承台随着桩向下移动，承台下面的桩间土就会产生向上的作用力来平衡上部结构传来的竖向荷载，承台的这种作用相当于提高了群桩的承载力，这种效应就是承台效应。把这种桩间土的分担合并考虑到基桩承载力中，就体现为承台效应了。

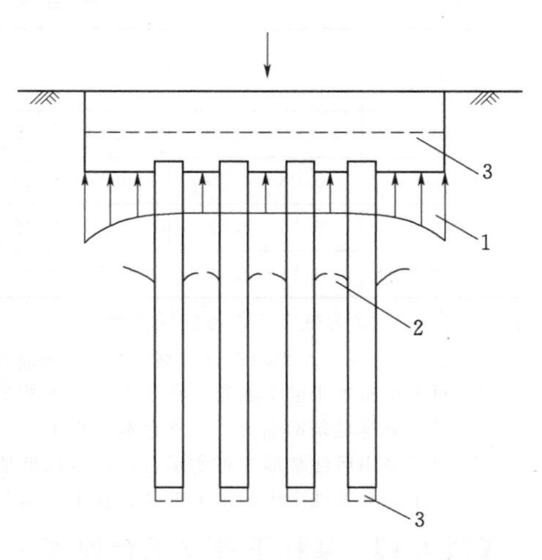

图4.14 桩间土分担荷载的承台效应示意图

承台下面的桩间土产生竖向承载力，产生承台效应，需符合以下条件：①承台底面应该是落在坚实的土上，如果承台底面是虚土或者架空了，就无法贡献承载力了，因而就不会产生承台效应；②要激发承台底面的承载力，需要承台有一定的下沉量，如果像端承桩承台，因为桩端抵在岩石上，桩端位移很小，承台基本没有多少下沉，从而无法激发出承台下面土的承载力，承台效应就体现不出来了。

3. 基桩承载力特征值

《桩基规范》规定，对于端承型桩基、桩数少于4根的摩擦型柱下独立桩基或由于地层土性、使用条件等因素不宜考虑承台效应时，基桩竖向承载力特征值应取单桩竖向承载力特征值。而对于符合下列条件之一的摩擦型桩基，宜考虑承台效应确定其复合基桩的竖向承载力特征值。

（1）上部结构整体刚度较好、体型简单的建（构）筑物。

（2）对差异沉降适应性较强的排架结构和柔性构筑物。

（3）按变刚度调平原则设计的桩基刚度相对弱化区。

（4）软土地基的减沉复合疏桩基础。

考虑承台效应的复合基桩竖向承载力特征值，不计算地震作用时按下列公式确定，即

$$R=R_a+\eta_c f_{ak} A_c \tag{4.19}$$

式中 η_c——承台效应系数，可按表4.9取值；

f_{ak}——承台下1/2承台宽度且不超过5m深度范围内各层土的地基承载力特征值按厚度加权的平均值取值；

A_c——计算基桩所对应的承台底净面积；$A_c=(A-nA_{ps})/n$；

A_{ps}——桩身截面面积；

A——承台计算域面积，对于柱下独立桩基，A为承台总面积。

当承台底为可液化土、湿陷性土、高灵敏度软土、欠固结土、新填土时，沉桩引起超孔隙水压力和土体隆起时，不考虑承台效应，取$\eta_c=0$。

表4.9　承台效应系数 η_c

B_c/l \ s_a/d	3	4	5	6	>6
≤0.4	0.06～0.08	0.14～0.17	0.22～0.26	0.32～0.38	0.50～0.80
0.4～0.8	0.08～0.10	0.17～0.20	0.26～0.30	0.38～0.44	
>0.8	0.10～0.12	0.20～0.22	0.30～0.34	0.44～0.50	
单排桩条形承台	0.15～0.18	0.25～0.30	0.38～0.45	0.50～0.60	

注　1. 表中s_a/d为桩中心距与桩径之比；B_c/l为承台宽度与桩长之比。当计算基桩为非正方形排列时，$s_a=\sqrt{A/n}$，A为承台计算域面积，n为总桩数。
2. 对于桩布置于墙下的箱、筏承台，η_c可按单排桩条基取值。
3. 对于单排桩条形承台，当承台宽度小于1.5d时，η_c按非条形承台取值。
4. 对于采用后注浆灌注桩的承台，η_c宜取低值。
5. 对于饱和黏性土中的挤土桩基、软土地基上的桩基承台，η_c宜取低值的0.8倍。

【例4.1】 某柱下独立承台埋深1.6m，承台下设置了6根截面为400mm×400mm、长度均为13m的预制桩，桩间距采用$s=4.0d=1.6$m，承台平面尺寸为4.0m×2.4m。地质情况见表4.10。试计算该基础基桩的竖向承载力特征值。

表4.10　地质情况表

土层	土名	土层厚度	土的特征参数	备注
1	素填土	1.0		地下水在地面以下2.0m处
2	粉质黏土	4.0	$I_L=0.60$，$f_{ak}=180$kPa	
3	黏土	8.0	$I_L=0.45$	
4	中砂	6.0	标准贯入锤击数$N=35$	

解　(1) 单桩承载力特征值。根据各层土的特征参数，查表4.4、表4.7确定各层土侧摩阻力极限值的标准值分别为60kPa、75kPa、80kPa，以及桩端土极限值的标准值为6000kPa。

以此计算单桩承载力极限值为

$$Q_{uk}=Q_{sk}+Q_{pk}=u\sum q_{sik}l_i+q_{pk}A_p$$

$$Q_{uk}=4\times0.4\times(3.4\times60+8.0\times75+1.6\times80)+6000\times0.4\times0.4=2451.2(\text{kN})$$

单桩承载力特征值为

$$R_a=\frac{2451.2}{2}=1225.6(\text{kN})$$

(2) 基桩承载力特征值。由于桩数大于4，因此应考虑承台效应。

$$\frac{B_c}{l}=\frac{2.4}{13}<0.4$$

$$\frac{s_n}{d}=\frac{4.0d}{d}=4.0$$

查得承台效应系数 $\eta_c=0.14$，基桩承载力特征值为

$$\begin{aligned}R&=R_a+\eta_c f_{ak}A_c\\&=1225.6+\frac{0.14\times180\times(4\times2.4-6\times0.4\times0.4)}{6}\\&=1225.6+36.3\\&=1262(\text{kN})\end{aligned}$$

4.4.4 桩的负摩擦力

桩的负摩擦力是指，当桩侧土体因某种原因而下沉，且其沉降量大于桩的沉降（即桩侧土体相对于桩向下位移）时，土对桩产生的向下作用的摩擦力。这个摩擦阻力的方向与正常竖向荷载作用时的桩侧阻力方向是相反的，所以称为负摩擦力。负摩擦力与正摩擦力的分界点称为中性点。中性点的位置与桩周土的压缩性、变形条件、土层分布及桩的刚度等因素有关，较难确定，而且中性点还随时间而变化。实际工程中可以参照表 4.11 确定。

表 4.11　　中性点深度

持力层性质	黏性土、粉土	中密以上砂	砾石、卵石	基岩
中性点深度比 l_n/l_0	0.5～0.6	0.7～0.8	0.9	1.0

如图 4.15 所示，负摩擦力的存在会增大桩的轴力，相当于降低了桩基承载能力。因此，工程施工时应该尽可能避免产生负摩擦力，当不可避免地产生负摩擦力的时候要进行相关的计算检验。

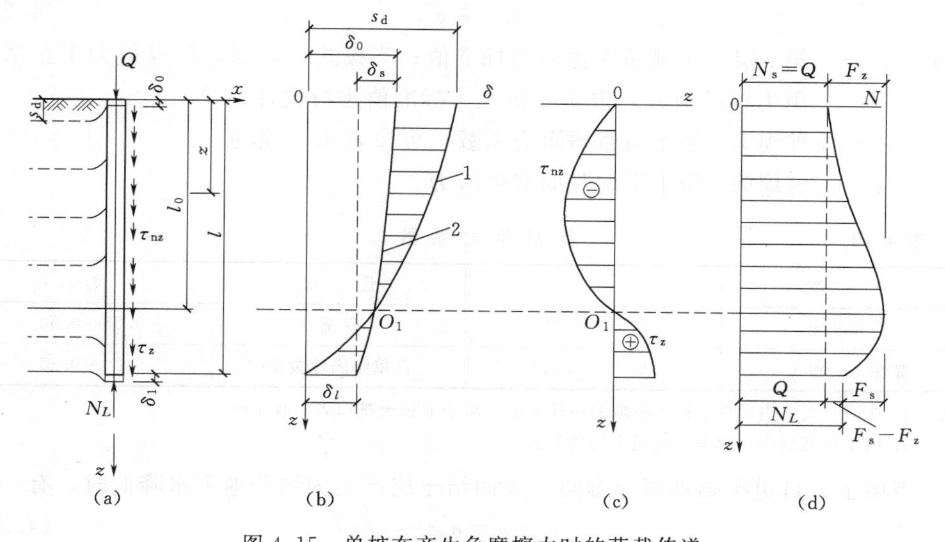

图 4.15　单桩在产生负摩擦力时的荷载传递

（a）单桩；（b）位移曲线；（c）桩侧摩擦力分布曲线；（d）桩身轴力分布曲线

1—土层竖向位移曲线；2—桩的截面位移曲线

1. 产生负摩擦力的原因

工程上产生负摩擦力的原因有：地面局部或大面积堆载；地下水位下降；桩间土为欠固结土或者湿陷性黄土等。《桩基规范》规定，符合下列条件之一的桩基，当桩周土层产生的沉降超过基桩的沉降时，在计算基桩承载力时应计入桩侧负摩擦阻力。

(1) 桩穿越较厚松散填土、自重湿陷性黄土、欠固结土、液化土层进入相对较硬土层时。

(2) 桩周存在软弱土层，邻近桩侧地面承受局部较大的长期荷载，或地面大面积堆载（包括填土）时。

(3) 由于降低地下水位，使桩周土有效应力增大，并产生显著压缩沉降时。

2. 负摩擦力的计算

应根据工程具体情况考虑负摩擦阻力对桩基承载力和沉降的影响；当缺乏可参照的工程经验时，可按下列规定验算。此时基桩的竖向承载力特征值只计中性点以下部分侧阻力值及端阻力值。

(1) 对于摩擦型基桩可取桩身计算中性点以上侧阻力为零，并可按式（4.20）验算基桩承载力，即

$$N_k \leqslant R_a \tag{4.20}$$

(2) 对于端承型基桩除应满足式（4.20）要求外，还应考虑负摩擦阻力引起基桩的下拉荷载 Q_g^n，并可按式（4.21）验算基桩承载力，即

$$N_k + Q_g^n \leqslant R_a \tag{4.21}$$

(3) 当土层不均匀或建筑物对不均匀沉降较敏感时，还应将负摩擦阻力引起的下拉荷载计入附加荷载验算桩基沉降。

桩侧负摩擦阻力及其引起的下拉荷载，当无实测资料时可按下列规定计算。

(1) 中性点以上单桩桩周第 i 层土负摩擦阻力标准值，可按下列公式计算，即

$$q_{si}^n = \xi_{ni}\sigma_i' \tag{4.22}$$

式中 q_{si}^n——第 i 层土桩侧负摩擦阻力标准值；当按式（4.22）计算值大于正摩擦阻力标准值时，取正摩擦阻力标准值进行设计；

ξ_{ni}——桩周第 i 层土负摩擦阻力系数，可按表4.12取值；

σ_i'——桩周第 i 层土平均竖向有效应力。

表4.12 负摩阻力系数 ξ_n

土 类	ξ_n	土 类	ξ_n
饱和软土	0.15～0.25	砂土	0.35～0.50
黏性土、粉土	0.25～0.40	自重湿陷性黄土	0.20～0.35

注 1. 在同一类土中，对于挤土桩取表中较大值，对于非挤土桩取表中较小值。
2. 填土按其组成，取表中同类土的较大值。

当填土、自重湿陷性黄土湿陷、欠固结土层产生固结和地下水降低时，有

$$\sigma_i' = \sigma_{\gamma i}' \tag{4.23}$$

当地面分布大面积荷载时，有

$$\sigma_i' = p + \sigma_{\gamma i}' \tag{4.24}$$

$$\sigma'_{\gamma i} = \sum_{m=1}^{i-1} \gamma_m \Delta z_m + \frac{1}{2} \gamma_i \Delta z_i \tag{4.25}$$

式中 $\sigma'_{\gamma i}$——由土自重引起的桩周第 i 层土平均竖向有效应力；桩群外围桩自地面算起，桩群内部桩自承台底算起；

σ'_i——桩周第 i 层土平均竖向有效应力；

γ_i、γ_m——第 i 计算土层和其上第 m 土层的重度（地下水位以下取浮重度）；

Δz_i、Δz_m——第 i 层土、第 m 层土的厚度；

p——地面均布荷载。

（2）考虑群桩效应的基桩下拉荷载可按式（4.26）、式（4.27）计算，即

$$Q_g^n = \eta_n u \sum_{i=1}^{n} q_{si}^n l_i \tag{4.26}$$

$$\eta_n = \frac{s_{ax} s_{ay}}{\pi d \left(\dfrac{q_s^n}{\gamma_m} + \dfrac{d}{4} \right)} \tag{4.27}$$

式中 n——中性点以上土层数；

l_i——中性点以上第 i 土层的厚度；

η_n——负摩擦阻力群桩效应系数；

s_{ax}、s_{ay}——纵、横向桩的中心距；

q_s^n——中性点以上桩周土层厚度加权平均负摩擦阻力标准值；

γ_m——中性点以上桩周土层加权平均重度（地下水位以下取浮重度）。

对于单桩基础或按式（4.27）计算的群桩效应系数 $\eta_n>1$ 时，取 $\eta_n=1$。

3. 减小负摩擦力的措施

（1）对于预制桩，可在桩身中性点上段表面涂上沥青等防护涂料或采用预钻孔法；对于灌注桩，浇注前在孔壁铺设塑料膜或用高稠度膨润土（斑脱土）泥浆。

（2）建筑场地有回填土时，应预先对回填土进行压密，然后施工桩基。

（3）建筑物桩基影响范围内存在欠固结的软弱压缩土层时，采用换土或砂石桩等地基处理方法，避免地面堆载引起压缩土层下沉量大于桩身的下沉量。

4.5 桩的水平承载力

4.5.1 单桩水平荷载作用机理

桩在水平荷载作用下，桩上部就会沿着荷载作用方向产生水平位移的趋势，从而被挤压的桩侧土会激发出与位移相反的水平抗力来维持桩的平衡。当桩很短，表现为抗弯刚度比较大的时候，一般会产生图 4.16（a）所示的倾斜或者平移破坏，这种桩称为刚性桩；当桩身细长，下部受力不大的桩有了锚固作用，整个桩刚度不大，柔性好的时候，桩会产生图 4.16（c）所示的存在两个或者两个以上的反弯点弯曲破坏，这种桩称为柔性桩；当桩身的刚度介于上述两种之间，图 4.16（b）产生的是弯曲破坏形式，但只有一个反弯点情况，这时桩称为半刚性桩（也称为半柔性桩）。

荷载较小时，桩侧土产生弹性变形，水平抗力主要在靠近地面的土层里出现。

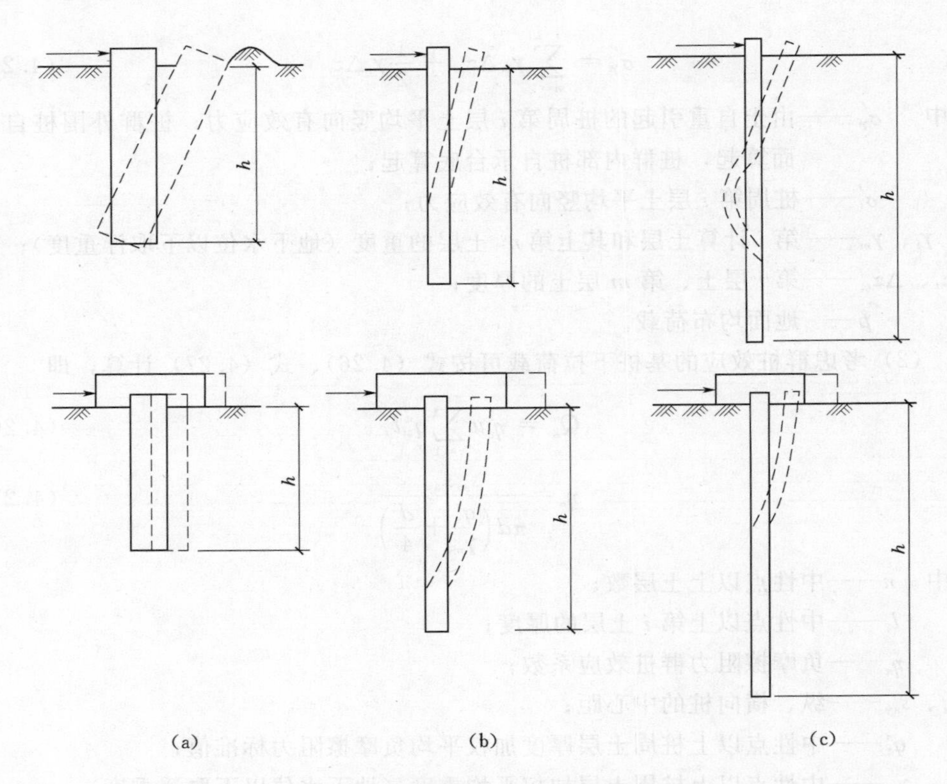

图 4.16 水平荷载作用下桩的破坏模式图

(a) 刚性桩；(b) 半刚性桩；(c) 柔性桩

随着荷载的不断增大，更大深度的土层产生水平抗力，离地表较近的土体产生塑性变形，上部土层水平抗力逐步达到极限值并向下延伸，在桩身弯剪作用下产生弯曲变形。荷载增大到一定程度时破坏出现。

以钢筋混凝土桩为例，当桩的配筋较少时，桩身产生受压区混凝土压屈，受拉区钢筋断裂的破坏，这种破坏展现出脆性破坏的形式，工程上应尽可能避免。当桩适当配筋时，可以有一定的弯曲变形能力，荷载增加过程中桩弯曲变形，最后桩身虽然未达到桩材料极限承载能力，但变形超出建筑物的允许变形，桩的水平荷载也就已经达到了极限。

4.5.2 水平荷载作用下内力与位移分析

水平荷载作用下桩的内力与位移的分析计算方法有地基抗力系数法、弹性理论法和有限元法等。目前比较普遍采用的是地基抗力系数法，将单桩视为竖向的梁，桩侧土对桩的约束视为相互独立的弹簧，不考虑桩土间的摩擦力与黏着力，利用桩土间力的平衡与位移协调条件建立平衡微分方程来计算桩身的内力与位移。

1. 基本假定

地基反力系数法基于1867年E. 文克尔提出的假定，将横向力作用下的桩视为支承在弹性地基上的梁进行分析，它完全忽略土体的连续性，假定桩身任何深度处单位面积上的土抗力 σ_x 仅和桩在该点的挠度 x 相关，即

$$\sigma_x = k_x x \tag{4.28}$$

按照（增加）抗力系数 k_x 的取法不同，可进一步分成4种方法。

（1）常数法。常数法由我国学者在20世纪30年代提出，该法假定水平抗力系数为常数，不随深度而变化。也即 $k_x=c$，其分布如图4.17（a）所示。

（2）c 值法。c 值法假定水平抗力系数呈抛物线分布形式，$k_x=cz^{0.5}$，如图4.17（b）所示。

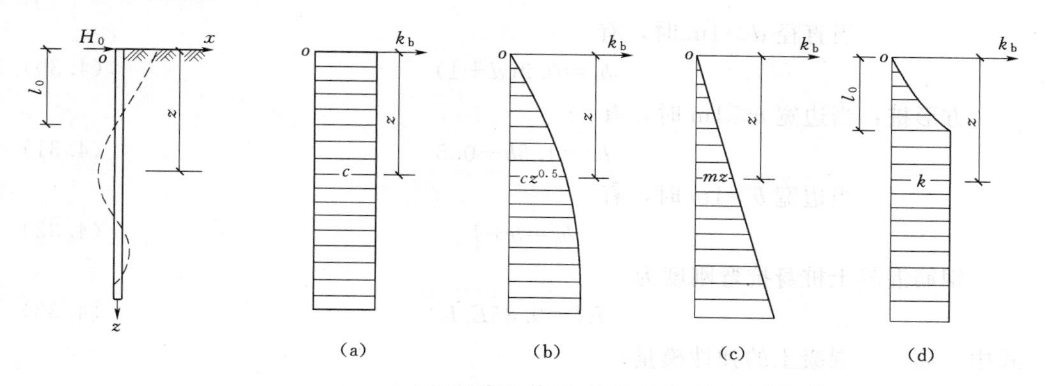

图4.17　抗力系数分布示意图

（a）c 法；（b）c 值法；（c）m 法；（d）k 法

（3）m 法。假定水平抗力系数随深度增加而增加，$k_x=mz$，其中 m 为常数，与土质相关，习惯称为比例系数，一些土类的比例系数见表4.13。m 法抗力系数分布如图4.17（c）所示。

表4.13　地基土水平抗力系数的比例系数 m 值

序号	地基土类别	预制桩、钢桩		灌注桩	
		m /(MN/m^4)	相应单桩在地面处水平位移/mm	m /(MN/m^4)	相应单桩在地面处水平位移/mm
1	淤泥；淤泥质土；饱和湿陷性黄土	2～4.5	10	2.5～6	6～12
2	流塑（$I_L>1$）、软塑（$0.75<I_L\leqslant1$）状黏性土；$e>0.9$ 粉土；松散粉细砂；松散、稍密填土	4.5～6.0	10	6～14	4～8
3	可塑（$0.25<I_L\leqslant0.75$）状黏性土、湿陷性黄土；$e=0.75\sim0.9$ 粉土；中密填土；稍密细砂	6.0～10	10	14～35	3～6
4	硬塑（$0<I_L\leqslant0.25$）、坚硬（$I_L\leqslant0$）状黏性土、湿陷性黄土；$e<0.75$ 粉土；中密的中粗砂；密实老填土	10～22	10	35～100	2～5
5	中密、密实的砾砂、碎石类土			100～300	1.5～3

注　1. 当桩顶水平位移大于表列数值或灌注桩配筋率较高（≥0.65%）时，m 值应适当降低；当预制桩的水平向位移小于10mm时，m 值可适当提高。

2. 当水平荷载为长期或经常出现的荷载时，应将表列数值乘以0.4降低采用。

3. 当地基为可液化土层时，应将表列数值乘以《桩基规范》中表5.3.12中相应的系数 ψ_l。

（4）k 法。桩的地基抗力系数在桩的第一挠曲零点变化，零点以上为内凹抛物线，零点以下稳定为常数。其分布如图4.17（d）所示。

2. 计算宽度与抗弯刚度的取法

由于桩在侧移过程中激发的土体宽度实际上并不完全等同于桩身宽度，所以在下面分析中取计算宽度如下。

圆形桩：当直径 $d \leqslant 1\text{m}$ 时，有

$$b_0 = 0.9(1.5d + 0.5) \tag{4.29}$$

当直径 $d > 1\text{m}$ 时，有

$$b_0 = 0.9(d + 1) \tag{4.30}$$

方形桩：当边宽 $b \leqslant 1\text{m}$ 时，有

$$b_0 = 1.5b + 0.5 \tag{4.31}$$

当边宽 $b > 1\text{m}$ 时，有

$$b_0 = b + 1 \tag{4.32}$$

钢筋混凝土桩身抗弯刚度为

$$EI = 0.85E_c I_0 \tag{4.33}$$

式中 E_c——混凝土的弹性模量；

I_0——钢筋混凝土桩的桩身换算截面惯性矩。

3. *m* 法平衡方程与桩身内力

桩顶在水平荷载 H_0 与弯矩 M_0 的共同作用下，桩身范围内仅仅只承受到水平抗力这样的分布荷载，桩身会发生位移，截面产生转角，产生剪力、弯矩，如图 4.18 所示。

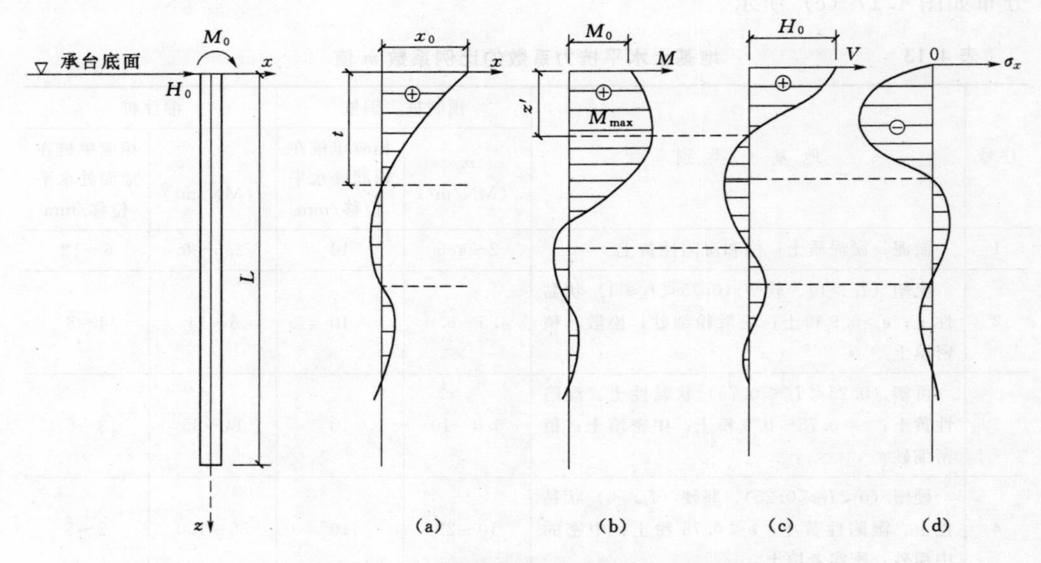

图 4.18 单桩受荷位移内力分布示意图

(a) x 图；(b) M 图；(c) V 图；(d) σ_x 图

按照材料力学中内力与荷载的关系，可以列出基本微分方程为

$$EI\frac{\mathrm{d}^4 x}{\mathrm{d}z^4} = -\sigma_x b_0 = -mzb_0 x \tag{4.34}$$

也就是

$$\frac{\mathrm{d}^4 x}{\mathrm{d}z^4} + \frac{mb_0}{EI}zx = 0 \tag{4.35}$$

假定桩的水平变形系数（单位：1/m）为

$$\alpha=\sqrt[5]{\frac{mb_0}{EI}} \tag{4.36}$$

则方程进一步简化成

$$\frac{d^4x}{dz^4}+\alpha^5 zx=0 \tag{4.37}$$

上面的方程式是一个4阶常微分方程，可以采用幂级数方法近似求出桩身的挠曲微分方程的解，从而进一步获得截面的内力与位移。

工程上，一般只需要求得最大弯矩所在位置和大小。因此，这里仅仅列出最大弯矩位置与最大弯矩值的确定方法。

最大弯矩可按以下方法确定。

先计算系数 C_{I}，即

$$C_{\mathrm{I}}=\alpha\frac{M_0}{H_0} \tag{4.38}$$

然后根据已经计算出来的 C_{I} 系数查表4.14得到换算深度以及最大弯矩系数 C_{II}，因此得到桩身最大弯矩所在深度为

$$z_{\max}=\frac{\bar{h}}{\alpha} \tag{4.39}$$

最大弯矩为

$$M_{\max}=C_{\mathrm{II}}M_0 \tag{4.40}$$

表4.14　桩身最大弯矩截面系数与最大弯矩系数表（桩长>4.0/α）

$\bar{h}=\alpha z$	C_{I}	C_{II}	$\bar{h}=\alpha z$	C_{I}	C_{II}
0	∞	1.00000	1.4	−0.14479	−4.59637
0.1	131.25234	1.00050	1.5	−0.29866	−1.87585
0.2	34.18640	1.00382	1.6	−0.43385	−1.12838
0.3	15.54433	1.01248	1.7	−0.55497	−0.73996
0.4	8.78145	1.02914	1.8	−0.66546	−0.53030
0.5	5.53903	1.05718	1.9	−0.76797	−0.39600
0.6	3.70896	1.10130	2.0	−0.86474	−0.30361
0.7	2.56562	1.16902	2.2	−1.04845	−0.18678
0.8	1.79134	1.27365	2.4	−1.22945	−0.11795
0.9	1.23825	1.44071	2.6	−1.42038	−0.07418
1.0	0.82435	1.72800	2.8	−1.63525	−0.04530
1.1	0.50303	2.29939	3.0	−1.89298	−0.02603
1.2	0.24563	3.87572	3.5	−2.99386	−0.00343
1.3	0.03381	3.43769	4.0	−0.04450	0.01134

研究表明，桩顶刚接于承台的桩，其桩身产生的弯矩和剪力的有效影响深度为 $z=4.0/\alpha$，在这个深度以下，桩顶水平荷载与弯矩引起的桩身内力可以忽略不计，钢筋混凝土灌注桩只需要按照构造配筋，对于普通的边长为400mm的方桩，一般

土质，这个深度为4m左右。

4.5.3 单桩水平静载荷试验

《桩基规范》规定，对于受水平荷载较大的设计等级为甲级、乙级的建筑桩基，单桩水平承载力特征值应通过单桩水平静载试验确定，试验方法可按现行行业标准《建筑基桩检测技术规范》(JGJ 106—2014) 执行。

1. 试验方法

单桩水平静载试验装置如图4.19所示。加载一般分级进行，每级荷载增量为水平极限承载力的1/15～1/10，或取2.5～20kN。每级荷载施加后，恒载4min测读水平位移，然后卸载至零，停2min测读残余水平位移；或者加载、卸载各10min，如此循环5次，再施加下一级荷载。对于个别承受长期水平荷载的桩基，也可采用慢速连续加载法进行，其稳定标准可参照竖向静载荷试验确定。采用百分表测取水平位移。

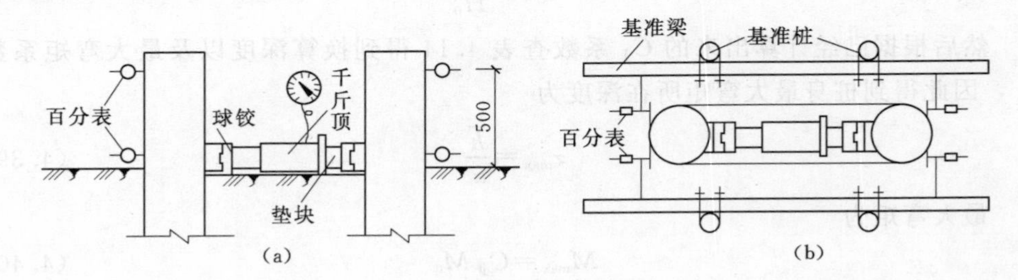

图4.19 单桩水平静载试验装置
(a) 加载侧面；(b) 加载投影

当出现下列条件之一，即可终止加载。

(1) 桩身断裂。

(2) 桩侧地表出现明显隆起或者裂缝。

(3) 桩顶水平位移超过30～40mm（软土取40mm）。

(4) 已经达到了设计采用的水平极限荷载。

2. 水平承载力的确定

根据试验结果，一般应绘制桩顶水平荷载时间桩顶水平位移（H_0-t-u_0）曲线（图4.20），或绘制水平荷载位移梯度（$H_0-\Delta u_0/\Delta H_0$）曲线（图4.21），或水平荷载位移（$H_0-u_0$）曲线。当具有桩身应力量测资料时，还应绘制应力沿桩身分布图及水平荷载与最大弯矩截面钢筋应力（$H_0-\sigma_g$）曲线（图4.22）。

试验资料表明，上述曲线中通常有两个特征点，当加载过程中开始出现混凝土受拉区拉应力达到混凝土的抗拉强度，出现混凝土桩身开裂，受拉区混凝土退出工作时，所对应的荷载称为临界荷载；而桩身应力达到极限或者桩顶位移达到极限允许值时，所对应的荷载就是水平极限荷载。根据加载试验，试验结果如图4.20所示。

(1) 水平临界荷载的判读。

1) H_0-t-u_0 曲线首次出现突变点的前一级荷载（图4.20）。

2) $H_0-\Delta u_0/\Delta H_0$ 曲线第一段直线的终点对应的荷载（图4.21）。

3）$H_0-\sigma_g$ 曲线第一段直线的终点对应的荷载（图 4.22）。

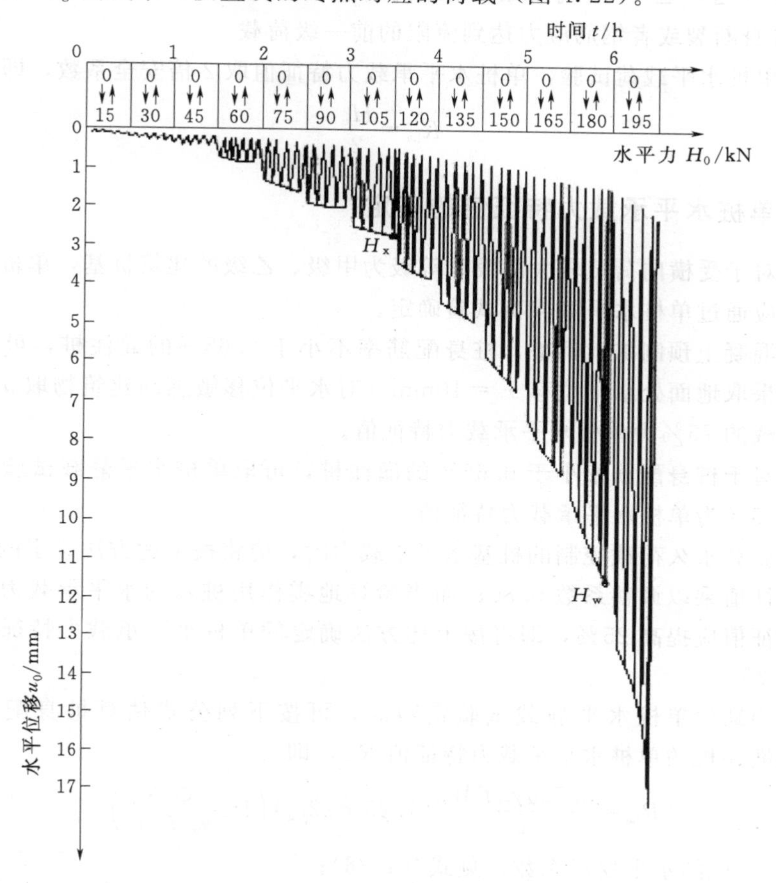

图 4.20 单桩水平静载试验 H_0-t-u_0 图

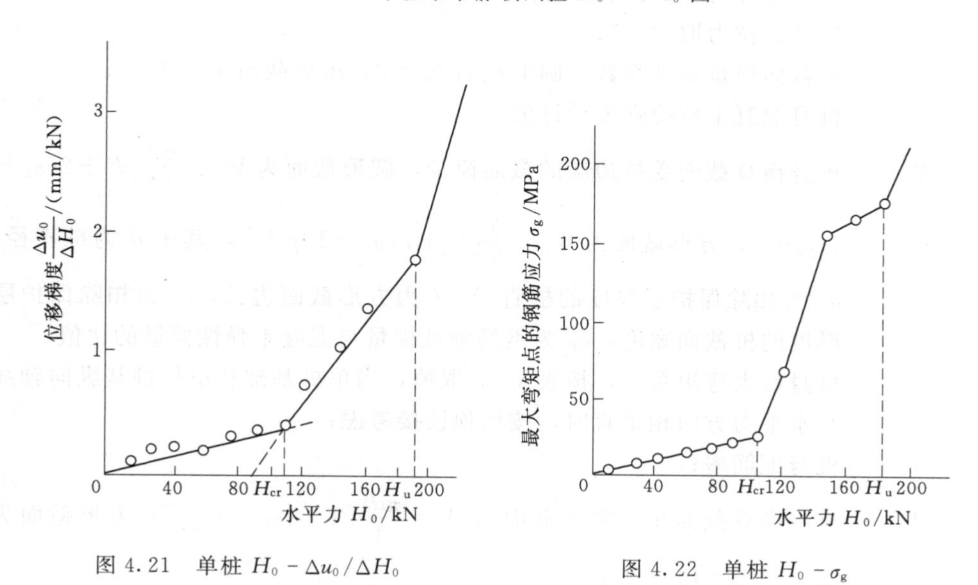

图 4.21 单桩 $H_0-\Delta u_0/\Delta H_0$

图 4.22 单桩 $H_0-\sigma_g$

（2）水平极限荷载 H_u 的判读。

1）荷载出现明显的下降段起点，或者无法稳定地加载前一级荷载。

2) $H_0-\Delta u_0/\Delta H_0$ 曲线第二段直线的终点对应的荷载。

3) 桩身断裂或者钢筋应力达到流限的前一级荷载。

根据单桩水平载荷试验，单桩水平承载力特征值取2倍安全系数，即

$$R_{ha}=\frac{H_u}{2} \tag{4.41}$$

4.5.4 单桩水平承载力特征值的确定

(1) 对于受横向荷载较大的设计等级为甲级、乙级的建筑桩基，单桩水平承载力特征值应通过单桩水平静载荷试验确定。

(2) 混凝土预制桩、钢桩、桩身配筋率不小于0.65%的灌注桩，可根据静载荷试验结果取地面处水平位移 $x_0=10\text{mm}$（对水平位移敏感的建筑物取 $x_0=6\text{mm}$）所对应荷载的75%为单桩水平承载力特征值。

(3) 对于桩身配筋率小于0.65%的灌注桩，可取单桩水平静载试验的临界荷载 H_{cr} 的75%为单桩水平承载力特征值。

(4) 验算永久荷载控制的桩基水平承载力时，应将按上述方法确定的单桩水平承载力特征值乘以调整系数0.80；而当验算地震作用桩基的水平承载力时，上述承载力特征值应提高25%，即将按上述方法确定的单桩水平承载力特征值乘以调整系数1.25。

(5) 当缺少单桩水平静载试验资料时，可按下列公式估算桩身配筋率小于0.65%的灌注桩的单桩水平承载力特征值 R_{ha}，即

$$R_{ha}=\frac{0.75\alpha\gamma_m f_t W_0}{\nu_m}(1.25+22\rho_g)\left(1\pm\frac{\zeta_N N}{\gamma_m f_t A_n}\right) \tag{4.42}$$

式中 α——桩的水平变形系数，见式(4.36)；

R_{ha}——单桩水平承载力特征值，±号根据桩顶竖向力性质确定，压力取“+”，拉力取“−”；

γ_m——桩截面模量塑性系数，圆形截面 $\gamma_m=2$，矩形截面 $\gamma_m=1.75$；

f_t——桩身混凝土抗拉强度设计值；

W_0——桩身换算截面受拉边缘的截面模量，圆形截面为 $W_0=\frac{\pi d}{32}[d^2+2(\alpha_E-1)\rho_g d_0^2]$，方形截面为 $W_0=\frac{b}{6}[b^2+2(\alpha_E-1)\rho_g b_0^2]$，其中 d 为桩直径，d_0 为扣除保护层厚度的桩直径，b 为方形截面边长，b_0 为扣除保护层厚度的桩截面宽度，α_E 为钢筋弹性模量与混凝土弹性模量的比值；

ν_m——桩身最大弯矩系数，按表4.15取值，当单桩基础和单排桩基纵向轴线与水平力方向相垂直时，按桩顶铰接考虑；

ρ_g——桩身配筋率；

A_n——桩身换算截面积；圆形截面为 $A_n=\frac{\pi d^2}{4}[1+(\alpha_E-1)\rho_g]$；方形截面为 $A_n=b^2[1+(\alpha_E-1)\rho_g]$；

ζ_N——桩顶竖向力影响系数，竖向压力取0.5，竖向拉力取1.0；

N——在荷载效应标准组合下桩顶的竖向力，kN。

表 4.15　　桩顶（身）最大弯矩系数 ν_m 和桩顶水平位移系数 ν_x

桩顶约束情况	桩的换算埋深 αh	ν_m	ν_x
铰接、自由	4.0	0.768	2.441
	3.5	0.750	2.502
	3.0	0.703	2.727
	2.8	0.675	2.905
	2.6	0.639	3.163
	2.4	0.601	3.526
固接	4.0	0.926	0.940
	3.5	0.934	0.970
	3.0	0.967	1.028
	2.8	0.990	1.055
	2.6	1.018	1.079
	2.4	1.045	1.095

注　1. 铰接（自由）的 ν_m 系桩身的最大弯矩系数，固接的 ν_M 系桩顶的最大弯矩系数。
2. 当 $\alpha h>4$ 时，取 $\alpha h=4.0$。

（6）当桩的水平承载力由水平位移控制，且缺少单桩水平静载试验资料时，可按式（4.43）估算预制桩、钢桩，桩身配筋率不小于0.65%的灌注桩单桩水平承载力特征值为

$$R_{ha}=0.75\frac{\alpha^3 EI}{\nu_x}x_{0a} \tag{4.43}$$

式中　EI——桩身抗弯刚度，对于钢筋混凝土桩，$EI=0.85E_cI_0$；其中 I_0 为桩身换算截面惯性矩：圆形截面为 $I_0=W_0d_0/2$；矩形截面为 $I_0=W_0b_0/2$；

x_{0a}——桩顶允许水平位移；

ν_x——桩顶水平位移系数，取值方法同上。

4.5.5　基桩水平承载力特征值

群桩基础（不含水平力垂直于单排桩基纵向轴线和力矩较大的情况）中的基桩水平承载力特征值应考虑由承台、桩群、土相互作用产生的群桩效应，可按下列公式确定，即

$$R_h=\eta_h R_{ha} \tag{4.44}$$

考虑地震作用且 $s_a/d\leqslant 6$ 时，有

$$\eta_h=\eta_i\eta_r+\eta_l \tag{4.45}$$

$$\eta_i=\frac{\left(\frac{s_a}{d}\right)^{0.015n_2+0.45}}{0.15n_1+0.10n_2+1.9} \tag{4.46}$$

$$\eta_l=\frac{mx_{0a}B_c'h_c^2}{2n_1n_2R_{ha}} \tag{4.47}$$

$$x_{0a}=\frac{R_{ha}\nu_x}{\alpha^3 EI} \tag{4.48}$$

其他情况：

$$\eta_h=\eta_i\eta_r+\eta_l+\eta_b \tag{4.49}$$

$$\eta_b=\frac{\mu P_c}{n_1 n_2 R_h} \tag{4.50}$$

$$B_c'=B_c+1(m) \tag{4.51}$$

$$P_c=\eta_c f_{ak}(A-nA_{ps}) \tag{4.52}$$

式中 η_h——群桩效应综合系数；

η_i——桩的相互影响效应系数；

η_r——桩顶约束效应系数（桩顶嵌入承台长度 50～100mm 时），按表 4.16 取值；

表 4.16　桩顶约束效应系数 η_r

换算深度 αh	2.4	2.6	2.8	3.0	3.5	≥4.0
位移控制	2.58	2.34	2.20	2.13	2.07	2.05
强度控制	1.44	1.57	1.71	1.82	2.00	2.07

注　$\alpha=\sqrt[5]{\frac{mb_0}{EI}}$，$h$ 为桩的入土长度。

η_l——承台侧向土抗力效应系数（承台侧面回填土为松散状态时取 $\eta_l=0$）；

η_b——承台底摩擦阻力效应系数；

s_a/d——沿水平荷载方向的距径比；

n_1、n_2——沿水平荷载方向与垂直水平荷载方向每排桩中的桩数；

m——承台侧面土水平抗力系数的比例系数，当无试验资料时可按表 4.13 取值；

x_{0a}——桩顶（承台）的水平位移允许值，当以位移控制时可取 $x_{0a}=10$mm（对水平位移敏感的结构物取 $x_{0a}=6$mm）；当以桩身强度控制（低配筋率灌注桩）时可近似按式（4.48）确定；

B_c'——承台受侧向土抗力一边的计算宽度；

B_c——承台宽度；

h_c——承台高度，m；

μ——承台底与基土间的摩擦系数，可按表 4.17 取值；

表 4.17　承台底与基土间的摩擦系数 μ

土的类别		摩擦系数 μ
黏性土	可塑	0.25～0.30
	硬塑	0.30～0.35
	坚硬	0.35～0.45
粉土	密实、中密（稍湿）	0.30～0.40
中砂、粗砂、砾砂		0.40～0.50
碎石土		0.40～0.60
软岩、软质岩		0.40～0.60
表面粗糙的较硬岩、坚硬岩		0.65～0.75

P_c——承台底地基土分担的竖向总荷载标准值；

η_c——按表 4.9 确定；

A——承台总面积；

A_{ps}——桩身截面面积。

4.6 桩基的沉降计算

《桩基规范》规定，设计等级为甲级的非嵌岩桩和非深厚坚硬持力层的建筑桩基、设计等级为乙级的体型复杂、荷载分布显著不均匀或桩端平面以下存在软弱土层的建筑桩基以及软土地基多层建筑减沉复合疏桩基础必须进行桩基的沉降变形计算，计算出的沉降应该不大于桩基沉降变形允许值。

由于土层厚度与性质不均匀、荷载差异、体型复杂、相互影响等因素引起的地基沉降变形，对于砌体承重结构应由局部倾斜控制；对于多层或高层建筑和高耸结构应由整体倾斜值控制。当其结构为框架、框架-剪力墙、框架-核心筒结构时，还应控制柱（墙）之间的差异沉降。具体的允许沉降值见表 4.1。

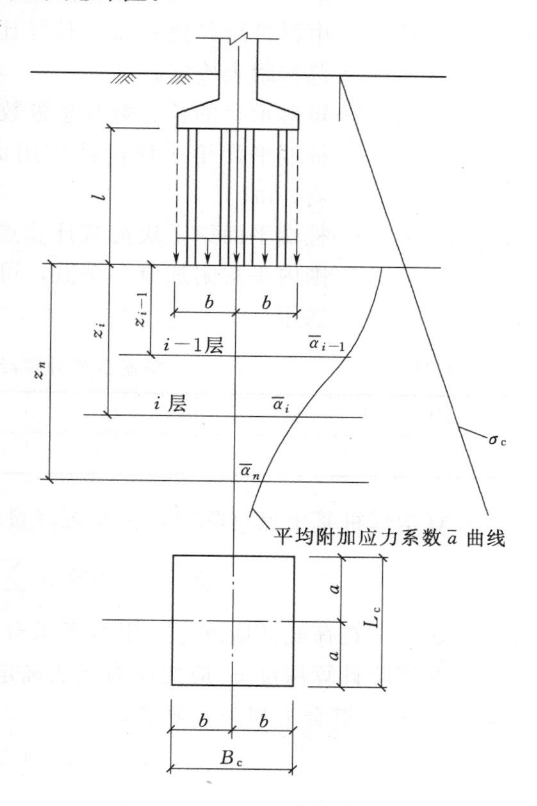

图 4.23 桩基沉降计算示意图

目前的桩基沉降计算，对于桩中心距不大于 $6d$ 的桩基，仍采用等效分层总和法（也称为实体基础法、等代墩基法）进行计算。计算模式如图 4.23 所示，把桩身连同桩间土、承台看作一个整体的基础，这个整体基础底面位于桩端，基础底面与承台一样大，作用在这个基础底面的荷载采用承台底面的附加应力（假设桩不存在时），桩基础的沉降就用这个等效的深基础下的沉降来表示，而沉降计算方法就采用浅基础的应力面积法。

具体来说，等效作用面位于桩端平面，等效作用面积为桩承台投影面积，等效作用附加压力近似取承台底平均附加压力。等效作用面以下的应力分布采用各向同性均质直线变形体理论。桩基任一点最终沉降量可用角点法按式（4.53）计算，即

$$s=\psi\psi_e s'=\psi\psi_e\sum_{j=1}^{m}p_{0j}\sum_{i=1}^{n}\frac{z_{ij}\bar{\alpha}_{ij}-z_{(i-1)j}\bar{\alpha}_{(i-1)j}}{E_{si}} \tag{4.53}$$

$$\psi_e=C_0+\frac{n_b-1}{C_1(n_b-1)+C_2} \tag{4.54}$$

$$n_b=\sqrt{nB_c/L_c} \tag{4.55}$$

式中 s——桩基最终沉降量，mm；

s'——采用布辛奈斯克解，按实体深基础分层总和法计算出的桩基沉降量，mm；

ψ——桩基沉降计算经验系数，当无当地可靠经验时可按表 4.18 确定；

m——角点法计算点对应的矩形荷载分块数；

p_{0j}——第 j 块矩形底面在荷载效应准永久组合下的附加压力，kPa；

n——桩基沉降计算深度范围内所划分的土层数；

E_{si}——等效作用面以下第 i 层土的压缩模量，MPa，采用地基土在自重压力至自重压力加附加压力作用时的压缩模量；

ψ_e——桩基等效沉降系数；

n_b——矩形布桩时的短边布桩数；

C_0、C_1、C_2——由群桩距径比 s_a/d、长径比 l/d 及基础长宽比 L_c/B_c 查《桩基规范》附表确定；

L_c、B_c、n——矩形承台的长、宽及总桩数；

z_{ij}、$z_{(i-1)j}$——桩端平面第 j 块荷载作用面至第 i 层土、第 $i-1$ 层土底面的距离，m；

$\overline{\alpha}_{ij}$、$\overline{\alpha}_{(i-1)j}$——桩端平面第 j 块荷载计算点至第 i 层土、第 $i-1$ 层土底面深度范围内平均附加应力系数，可按浅基础章角点平均附加应力系数表选用。

表 4.18　桩基沉降计算经验系数 ψ

$\overline{E}_s$/MPa	≤10	15	20	35	≥50
ψ	1.2	0.9	0.65	0.50	0.40

计算矩形桩基中点沉降时，桩基沉降量可按式（4.56）简化计算，即

$$s = \psi\psi_e s' = 4\psi\psi_e p_0 \sum_{i=1}^{n} \frac{z_i \overline{\alpha}_i - z_{i-1} \overline{\alpha}_{i-1}}{E_{si}} \tag{4.56}$$

式中 p_0——在荷载效应准永久组合下承台底的平均附加压力。

桩基沉降计算深度 z_n 应按应力比法确定，即计算深度处的附加应力 σ_z 与土的自重应力 σ_c 应符合下列公式要求，即

$$\sigma_z \leqslant 0.2\sigma_c \tag{4.57}$$

4.7 桩的抗拔承载力

当上部建筑物在风荷载、地震作用下产生的非永久性上拔力，也或者是因为施工阶段或者某种工况下，地下水对地下室地板产生足够大上浮力，克服了垂直向下的各种作用，使得桩受拉，此时桩在设计时需按要求设计为抗拔桩。

桩基的抗拔承载力破坏一般有两种形式：一种是单桩被拔出，出现的是非整体破坏形式；另一种是整个桩群被拔出，展现出整体破坏。

对于设计等级为甲级和乙级建筑桩基，基桩的抗拔极限承载力应通过现场单桩上拔静载荷试验确定。单桩上拔静载荷试验及抗拔极限承载力标准值取值可按现行

行业标准《建筑基桩检测技术规范》(JGJ 106—2014) 进行。如无当地经验时，群桩基础及设计等级为丙级建筑桩基，基桩的抗拔极限承载力取值可按下列规定计算。

(1) 群桩呈非整体破坏时，基桩的抗拔极限承载力标准值可按式 (4.58) 计算，即

$$T_{uk}=\sum\lambda_i q_{sik} u_i l_i \tag{4.58}$$

式中 T_{uk}——基桩抗拔极限承载力标准值；

u_i——桩身周长，对于等直径桩取 $u=\pi d$，对于扩底桩按表 4.19 取值；

q_{sik}——桩侧表面第 i 层土的抗压极限侧阻力标准值，可按表 4.19 取值；

λ_i——抗拔系数，可按表 4.20 取值。

表 4.19　　扩底桩破坏表面周长 u_i

自桩底起算的长度 l_i	$\leqslant(4\sim10)d$	$>(4\sim10)d$
u_i	πD	πd

注　l_i 对于软土取低值，对于卵石、砾石取高值；l_i 取值按内摩擦角增大而增加。

表 4.20　　抗拔系数 λ

土　类	λ 值	土　类	λ 值
砂土	0.50～0.70	黏性土、粉土	0.70～0.80

注　桩长 l 与桩径 d 之比小于 20 时，λ 取小值。

(2) 群桩呈整体破坏时，基桩的抗拔极限承载力标准值可按式 (4.59) 计算，即

$$T_{gk}=\frac{1}{n}u_l\sum\lambda_i q_{sik} l_i \tag{4.59}$$

式中 u_l——桩群外围周长。

承受拔力的桩基，应按下列公式同时验算群桩基础呈整体破坏和呈非整体破坏时基桩的抗拔承载力，即

$$N_k\leqslant\frac{T_{gk}}{2}+G_{gp} \tag{4.60}$$

$$N_k\leqslant\frac{T_{uk}}{2}+G_p \tag{4.61}$$

式中 N_k——按荷载效应标准组合计算的基桩拔力；

T_{gk}——群桩呈整体破坏时基桩的抗拔极限承载力标准值；

T_{uk}——群桩呈非整体破坏时基桩的抗拔极限承载力标准值；

G_{gp}——群桩基础所包围体积的桩土总自重除以总桩数，地下水位以下取浮重度；

G_p——基桩自重，地下水位以下取浮重度。

4.8 桩基础设计

4.8.1 资料准备

桩基础设计前，应该收集水文地质勘探资料，场地环境资料，待建建筑物以及

相邻已建建筑物的资料和施工条件资料等，具体来说，应该包括以下内容。

1. 岩土工程勘察文件

（1）桩基按两类极限状态进行设计所需用岩土物理力学参数及原位测试参数。

（2）对建筑场地的不良地质作用，如滑坡、崩塌、泥石流、岩溶、土洞等，有明确判断、结论和防治方案。

（3）地下水位埋藏情况、类型和水位变化幅度及抗浮设计水位，土、水的腐蚀性评价，地下水浮力计算的设计水位。

（4）抗震设防区按设防烈度提供的液化土层资料。

（5）有关地基土冻胀性、湿陷性、膨胀性评价。

（6）要特别注意《桩基规范》对地质勘探点间距和勘探深度的要求是不是得到了保证，具体详细见《桩基规范》。

2. 建筑场地与环境条件的有关资料

（1）建筑场地现状，包括交通设施、高压架空线、地下管线和地下构筑物的分布。

（2）相邻建筑物安全等级、基础形式及埋置深度。

（3）附近类似工程地质条件场地的桩基工程试桩资料和单桩承载力设计参数。

（4）周围建筑物的防振、防噪声的要求。

（5）泥浆排放、弃土条件。

（6）建筑物所在地区的抗震设防烈度和建筑场地类别。

3. 建筑物的有关资料

（1）建筑物的总平面布置图。

（2）建筑物的结构类型、荷载，建筑物的使用条件和设备对基础竖向及水平位移的要求。

（3）建筑结构的安全等级。

4. 施工条件的有关资料

（1）施工机械设备条件、制桩条件、动力条件、施工工艺对地质条件的适应性。

（2）水、电及有关建筑材料的供应条件。

（3）施工机械的进出场及现场运行条件。

（4）供设计比较用的有关桩型及实施的可行性的资料。

4.8.2 桩的类型、截面、桩长的选择

1. 桩的类型

桩型与成桩工艺应根据建筑结构类型、荷载性质、桩的使用功能、穿越土层、桩端持力层、地下水位、施工设备、施工环境、施工经验、制桩材料供应条件等，按安全适用、经济合理的原则选择，见表4.21。

2. 桩的截面

桩截面主要有矩形与圆形截面两种，截面尺寸的大小规格与桩的类型、地质条件以及上部结构荷载等有关。桩的截面尺寸主要考虑成桩工艺和结构荷载的影响。一般来说，对于10层以下工业民用建筑，可采用直径500mm左右的灌注桩或者边

表 4.21 桩的类型与应用条件

桩类型	建筑物类型	地层条件	施工条件
预制桩	重要的有纪念性的大型公共建筑或高层住宅，对基础沉降有严格要求的工业与民用建筑物	表层土质及厚度不均匀；地下水位浅表层土有缩孔现象；在一定深度内有可利用的较好的持力层，上部无难以穿透的硬夹层	场地空旷、邻近无危险建筑，没有对噪声振动及侧向挤压的限制
灌注桩	一般高层住宅及多层建筑物	可供利用的桩端持力层起伏较大或持力层以上有不易穿透的硬夹层。地下水位深，无缩孔现象	要求有一定的场地供施工机械装卸与运输；施工时可解决出土堆放等问题；地下无障碍物
钻扩短桩	一般 6 层以下建筑物	表土较差，填土厚度在 4～6m 以下为可供利用的一般第四纪土，埋深较浅，而硬层及地下水位都比较深	要求有一定的场地供施工机械装卸与运输；施工时可解决出土堆放等问题；地下无障碍物
大直径桩	重要的有纪念性的大型公共建筑或高层住宅，对基础沉降有严格要求的工业与民用建筑物	表层土质及厚度不均匀；地下水位浅表层土有缩孔现象；在一定深度内有可利用的较好的持力层	如果用机械成孔，要求有一定的场地供钻孔机械装卸与运输，如采用人工成孔应具有充分的安全及质量保障措施

长为 400mm 的预制桩；对于 10～20 层建筑桩基，可采用直径为 800～1000mm 的灌注桩或者边长为 450～500mm 的预制桩；对于 20～30 层建筑桩基，可采用直径为 1000～1200mm 的灌注桩或者边长大于 500mm 的预制桩。

3. 桩的设计长度

桩的设计长度是从桩端到承台底面的长度。因此，桩的长度主要取决于桩端位置及承台埋深。承台埋深影响因素跟浅基础埋深影响因素相似，原则上一般尽可能浅埋，但要保证承台的结构厚度与构造需要；桩端的位置一般尽量放在好的地质土层里，因为桩基础的沉降主要是桩端土的压缩变形所致。

桩端应该进入坚实土层，进入坚实土层的深度一般不宜小于 1～3 倍桩径：黏性土粉土不宜小于 2 倍桩径深度，沙类土不宜小于 1.5 倍，碎石类土不宜小于 1 倍；端承桩嵌入倾斜的完整和较完整岩的全断面深度不宜小于 $0.4d$ 且不小于 0.5m，对于嵌入平整、完整的坚硬岩和较硬岩的深度不宜小于 $0.2d$，且不应小于 0.2m。打入桩的入土深度应按照桩端设计标高和最后贯入度控制（最后两阵平均贯入度为 10～30mm/阵，振动沉桩可用 1min 为一阵）。同时要保证桩端以下坚实土层的厚度不宜小于 4 倍桩径，以防桩端击穿土层，导致软弱下卧层承载力以及桩基位移不能满足要求。

此外，对于桩筏基础的桩而言，此时，功能如承台的筏板承担很大的荷载，基础已经是复合桩基，可按照变刚度调平设计原理进行桩的长度布置。整体来说，中心部位、核心筒体处桩长度要偏大些，而建筑外侧的桩长度要适当减少。

4.8.3 确定桩的根数与桩的平面布置

1. 桩的根数确定

桩的根数应当满足承载力及变形的要求。桩基础设计时，通常桩的根数确定是按照承载力要求初步选取后进行桩的平面布局，再进行桩的承载力检算，如果检算通过，而且沉降变形也在允许范围内，那么桩数才能确定，如果不满足承载力或者沉降变形的要求，需要再重新调整桩的根数及布局，重新检算，直到承载力与沉降变形满足规范要求为止。

一般可初步选取桩的根数为

$$n \geqslant \frac{F_k + G_k}{R_a} \tag{4.62}$$

式中 F_k——荷载效应标准组合时，作用于桩基础承台顶面的轴向荷载；

G_k——桩基承台及其上土的自重标准值。

2. 桩的间距

桩与桩之间的间距需要合理确定，如果桩距过大会导致承台面积增大，基坑开挖回填量增大，工程造价就会没必要地增高。所以，建筑工程除了复合桩基，桩距一般不超过 6 倍桩径；桩距也不能太小，太小则群桩效应加剧，可能难以保证单桩的承载力，对于预制桩也会出现沉桩困难。因此，《桩基规范》明确规定了桩间距的最小值，具体见表 4.22。

表 4.22　桩的最小中心距

土类与成桩工艺		排数不少于 3 排且桩数不少于 9 根的摩擦型桩桩基	其他情况
非挤土灌注桩		3.0d	3.0d
部分挤土桩		3.5d	3.0d
挤土桩	非饱和土	4.0d	3.5d
	饱和黏性土	4.5d	4.0d
钻、挖孔扩底桩		2D 或 D+2.0m（当 D>2m）	1.5D 或 D+1.5m（当 D>2m）
沉管夯扩、钻孔挤扩桩	非饱和土	2.2D 且 4.0d	2.0D 且 3.5d
	饱和黏性土	2.5D 且 4.5d	2.2D 且 4.0d

注　1. d 为圆桩直径或方桩边长；D 为扩大端设计直径。
2. 当纵、横向桩距不相等时，其最小中心距应满足“其他情况”一栏的规定。
3. 当为端承型桩时，非挤土灌注桩的“其他情况”一栏可减小至 2.5d。

但是软土地基减沉复合疏桩基础中，由于浅基础承载力一般已经满足要求，设置的桩仅仅是以减少沉降为目的，所以这种桩的间距一般较大，通常大于 (5～6)d。

3. 桩的平面布置与承台的平面尺寸确定

桩的平面布置形式宜使桩群承载力合力作用点与竖向永久荷载合力作用点重合，并使基桩受水平力和力矩较大方向有较大抗弯截面模量；桩箱基础、剪力墙结构桩筏（含平板和梁板式承台）基础，宜将桩布置于剪力墙墙下。

承台的平面尺寸在桩平面布置确定后，只需要确定边桩以及角桩到承台边缘的距离就行。《桩基规范》对此有构造方面的规定。对桩承台，边桩中心距离承台边缘的最小尺寸不小于 300mm 且不小于 1 倍桩径；边桩外边缘距离承台边缘的距离不小于 150mm 且不小于 0.5 倍桩径。桩的具体布置就决定了承台的平面尺寸。

常见的平面布置形式如图 4.24 所示。

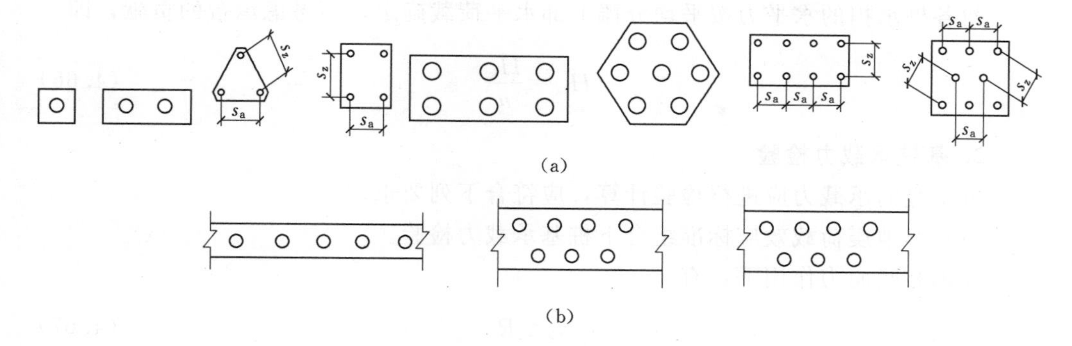

图 4.24 桩的平面布置示意图
(a) 桩下桩基础；(b) 墙下桩基础

4.8.4 桩基础承载力的检算

在图 4.25 所示坐标系下，承台底面处承受上部结构传来的荷载效应标准组合的轴力 F_k，包括水平力 H_k、弯矩 M_{xk}、M_{yk} 以及承台和承台以上土体重量 G_k。

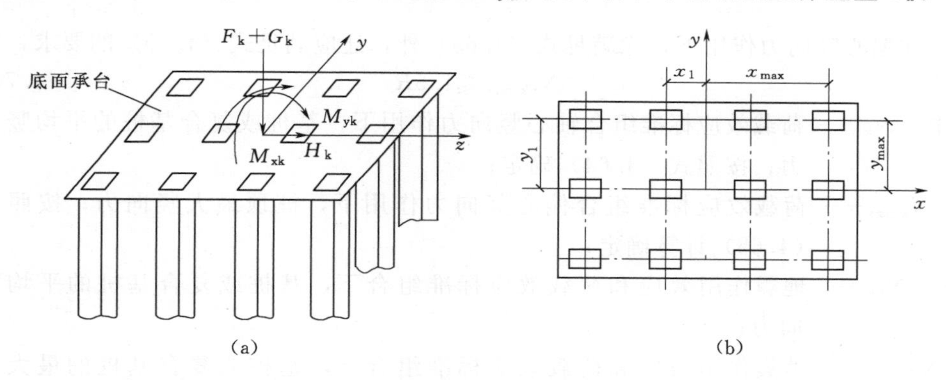

图 4.25 桩基受力分析图

取承台底面以下紧邻承台底面的假想截面，截面是由 n 个桩的断面构成的计算面，记各桩的中心点坐标为（x_i，y_i），桩的截面面积用 A_z 表示，则该截面的惯性矩为 $A_z\sum x_i^2$ 和 $A_z\sum y_i^2$。

因此，按照材料力学理论，受弯受压情况下，第 i 根桩桩中心的应力为

$$\sigma_z=\frac{F_k+G_k}{nA_z}\pm\frac{M_{xk}y_i}{A_z\sum y_i^2}\pm\frac{M_{yk}x_i}{A_z\sum x_i^2} \tag{4.63}$$

1. 桩顶内力确定

各桩的受力为 $N_i=A_z\sigma_z$，这样利用式（4.63）很容易得到以下公式。

对于平均桩轴力，有

$$N_k=\frac{F_k+G_k}{n} \tag{4.64}$$

对于各桩轴力，有

$$N_{ki}=\frac{F_k+G_k}{n}\pm\frac{M_{xk}y_i}{\sum y_i^2}\pm\frac{M_{yk}x_i}{\sum x_i^2} \tag{4.65}$$

而各桩承担的水平力按平均分摊上部水平荷载确定，不考虑承台的贡献，即

$$H_{ik}=\frac{H_k}{n} \tag{4.66}$$

2. 基桩承载力检验

桩基竖向承载力应进行检验计算，应符合下列要求。

（1）非地震荷载效应标准组合下桩基承载力检验。

在轴心竖向力作用下，有

$$N_k \leqslant R \tag{4.67}$$

在偏心竖向力作用下除满足式（4.64）外，还应满足式（4.68）的要求，即

$$N_{k,max} \leqslant 1.2R \tag{4.68}$$

（2）地震作用效应和荷载效应标准组合下桩基承载力检验。

在轴心竖向力作用下，有

$$N_{Ek} \leqslant 1.25R \tag{4.69}$$

在偏心竖向力作用下，除满足式（4.69）外，还应满足式（4.70）的要求，即

$$N_{Ek,max} \leqslant 1.5R \tag{4.70}$$

式中　N_k——荷载效应标准组合轴心竖向力作用下，基桩或复合基桩的平均竖向力；按照式（4.64）确定；

$N_{k,max}$——荷载效应标准组合偏心竖向力作用下，桩顶最大竖向力；按照式（4.65）计算确定；

N_{Ek}——地震作用效应和荷载效应标准组合下，基桩或复合基桩的平均竖向力；

$N_{Ek,max}$——地震作用效应和荷载效应标准组合下，基桩或复合基桩的最大竖向力；

R——基桩或复合基桩竖向承载力特征值。

（3）软弱下卧层承载力检验。对于桩距不超过 $6d$ 的群桩基础，桩端有效持力层中存在承载力低于 1/3 桩端直接持力层承载力的软弱下卧层时，可按下列公式验算软弱下卧层的承载力（图 4.26），即

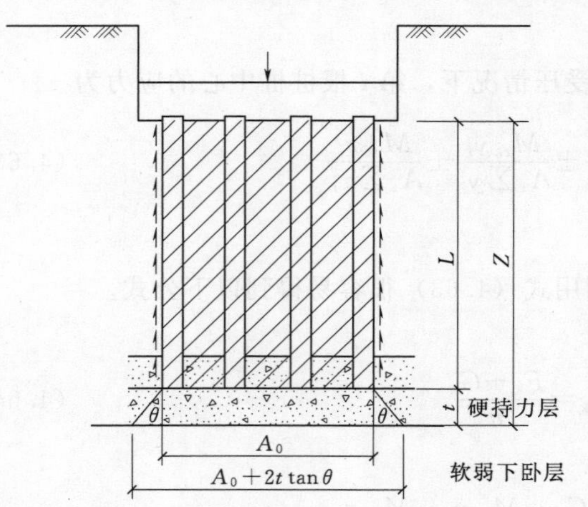

图 4.26　软弱下卧层承载力检算用图

$$\sigma_z+\gamma_m z \leqslant f_{az} \tag{4.71}$$

$$\sigma_z=\frac{(F_k+G_k)-\frac{3}{2}(A_0+B_0)\sum q_{sik} l_i}{(A_0+2t\tan\theta)(B_0+2t\tan\theta)} \tag{4.72}$$

式中　σ_z——作用于软弱下卧层顶面的附加应力；

γ_m——软弱层顶面以上各土层重度（地下水位以下取

浮重度）的厚度加权平均值；

t——硬持力层（桩端直接持力层）厚度；

f_{az}——软弱下卧层经深度 z 修正的地基承载力特征值；

A_0、B_0——桩群外缘矩形底面的长、短边边长；

q_{sik}——桩周第 i 层土的极限侧阻力标准值，无当地经验时可根据成桩工艺按表 4.4 取值；

θ——桩端硬持力层压力扩散角，按表 4.23 取值。

表 4.23　桩端硬持力层压力扩散角 θ

E_{s1}/E_{s2}	$t=0.25B_0$	$t\geqslant 0.50B_0$
1	4°	12°
3	6°	23°
5	10°	25°
10	20°	30°

注　1. E_{s1}、E_{s2} 为硬持力层、软弱下卧层的压缩模量。
2. 当 $t<0.25B_0$ 时，取 $\theta=0°$，必要时宜通过试验确定；当 $0.25B_0<t<0.50B_0$ 时可内插取值。

（4）水平承载力检验。受水平荷载的一般建筑物和水平荷载较小的高大建筑物单桩基础和群桩中基桩应满足式（4.73）的要求，即

$$H_{ik}\leqslant R_h \tag{4.73}$$

式中　H_{ik}——在荷载效应标准组合下，作用于基桩 i 桩顶处的水平力；

R_h——单桩基础或群桩中基桩的水平承载力特征值，对于单桩基础可取单桩的水平承载力特征值 R_{ha}。

4.8.5　桩身结构设计

桩身结构设计主要解决桩身的配筋问题，并进行相关的验算检查是否满足运输、吊装、沉桩的需要。桩一般按照构造配筋，然后再进行相关验算。

设计桩身结构（包括桩身结构设计、承台结构设计）时，应该采用承载能力极限状态的基本组合，按照《建筑地基基础设计规范》（GB 50007—2011），基本组合效应可以取 $F=1.35F_k$。

结构设计过程中，桩身轴力应该按式（4.74）计算，即

$$N_i=\frac{F+G}{n}\pm\frac{M_x y_i}{\sum y_i^2}\pm\frac{M_y x_i}{\sum x_i^2} \tag{4.74}$$

桩的最小配筋率：打入桩 0.8%，静压桩 0.6%，灌注桩 0.2%～0.65%。

桩身配筋长度：受水平荷载以及弯矩较大的桩，配筋长度应通过计算确定；应穿过软土层；8 度及其以上抗震桩、抗拔桩、嵌岩端承桩，通长配置；桩径大于 600mm 的钻孔灌注桩，构造钢筋的配置长度不宜小于桩身全长的 2/3。

1. 桩身材料强度的检验

当桩顶以下 $5d$ 范围的桩身螺旋式箍筋间距不大于 100mm，且符合构造配筋规定时，桩身受力应该满足：

$$N\leqslant\psi_c f_c A_{ps}+0.9f'_y A'_s \tag{4.75}$$

当桩身配筋不符合上述规定时，桩身受力应该满足：

$$N \leqslant \psi_c f_c A_{ps} \tag{4.76}$$

式中 N——荷载效应基本组合下的桩顶轴向压力设计值；

ψ_c——基桩成桩工艺系数，混凝土预制桩、预应力混凝土空心桩：$\psi_c=0.85$；干作业非挤土灌注桩：$\psi_c=0.90$；泥浆护壁和套管护壁非挤土灌注桩、部分挤土灌注桩、挤土灌注桩：$\psi_c=0.7\sim0.8$；软土地区挤土灌注桩：$\psi_c=0.6$；

f_c——混凝土轴心抗压强度设计值；

f'_y——纵向主筋抗压强度设计值；

A_{ps}——桩截面面积；

A'_s——纵向主筋截面面积。

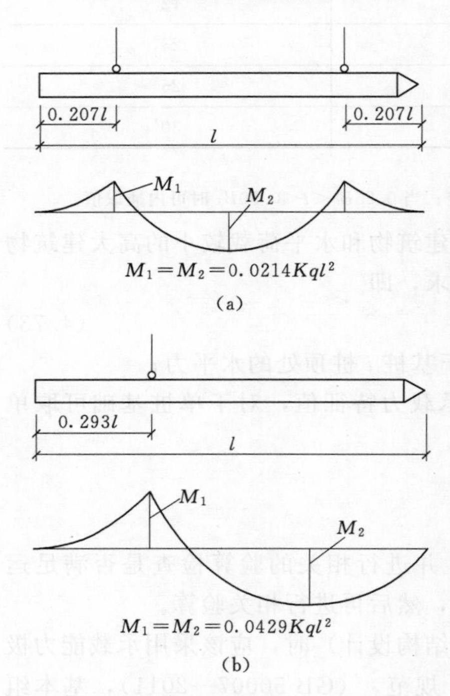

图4.27 预制桩吊装位置和弯矩图

2. 预制桩的运输与吊装验算

预制桩吊运时，桩长在20m以下者起吊时一般采用双点吊；在打桩架龙门吊立时采用单点吊。吊点位置应按吊点间的正弯矩和吊点处的负弯矩相等的条件确定，如图4.27所示。式中 q 为桩单位长度的重力，K 为考虑在吊运过程中桩可能受到的冲击和振动而取的动力系数，可取1.3。桩在运输或堆放时的支点应放在起吊吊点处。通常，普通混凝土桩的配筋常由起吊和吊立的强度计算控制。

3. 打入桩的打桩验算

为防桩被打碎或者桩被打断裂，需要验算打桩时出现的最大压应力与最大拉应力。用锤击法沉桩时，冲击产生的应力以应力波的形式传到桩端，然后又反射回来。在周期性拉压应力作用下，桩身上端常出现环向裂缝。设计时，一般要求锤击过程中产生的压应力小于桩身材料的抗压强度设计值；拉应力小于桩身材料的抗拉强度设计值。

影响锤击拉压应力的因素主要有锤击能量和频率、锤垫及桩垫的刚度、桩长、桩材及土质条件等。当锤击能量小、频率低时，采用软而厚的锤垫和桩垫；在不厚的软黏土或无密实砂夹层的黏性土中沉桩，以及桩长较小（<12m）时，锤击拉压应力比较小，一般可不考虑。设计时常根据实测资料确定锤击拉压应力值。当无实测资料时，可按《桩基规范》建议的经验公式及表格取值。预应力混凝土桩的配筋常取决于锤击拉应力。

4. 抗拔桩的抗拔验算

钢筋混凝土轴心抗拔桩的正截面受拉承载力应符合式（4.77）规定，即

$$N \leqslant f_y A_s + f_{py} A_{py} \tag{4.77}$$

式中 N——荷载效应基本组合下桩顶轴向拉力设计值；

f_y、f_{py}——普通钢筋、预应力钢筋的抗拉强度设计值；

A_s、A_{py}——普通钢筋、预应力钢筋的截面面积。

4.8.6 承台设计

桩基承台可分为柱下独立承台、柱下或墙下条形承台梁以及筏板承台和箱形承台等。承台的作用是将桩连接成一个整体，并把建筑物的荷载传到桩上，因而承台应有足够的强度和刚度。

1. 构造要求

承台的平面尺寸一般由上部结构、桩数及布桩形式决定。通常，墙下桩基做成条形承台梁；柱下桩基宜采用板式承台（矩形或三角形），如图 4.28 所示。其剖面形状可做成锥形、台阶形或平板形。

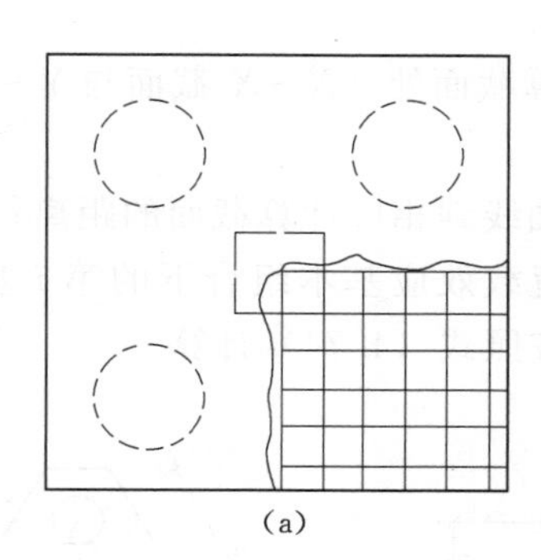
(a)

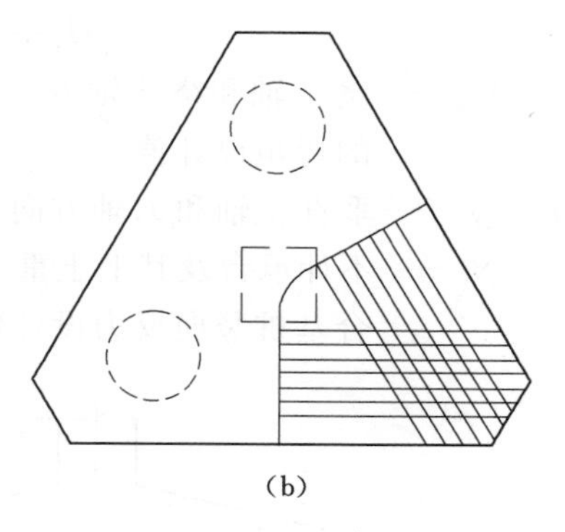
(b)

图 4.28 柱下独立桩基承台配筋示意图
(a) 矩形；(b) 三角形

(1) 独立柱下桩基承台的最小宽度不应小于 500mm，边桩中心至承台边缘的距离不应小于桩的直径或边长，且桩的外边缘至承台边缘的距离不应小于 150mm。对于墙下条形承台梁，桩的外边缘至承台梁边缘的距离不应小于 75mm。承台的最小厚度不应小于 300mm。

(2) 承台混凝土等级不低于 C20；承台底面钢筋的混凝土保护层厚度，当有混凝土垫层时不应小于 50mm，无垫层时不应小于 70mm。此外，还应不小于桩头嵌入承台内的长度。

(3) 桩嵌入承台内的长度对中等直径桩不宜小于 50mm；对大直径桩不宜小于 100mm。

(4) 混凝土桩的桩顶纵向主筋应锚入承台内，其锚入长度不宜小于 35 倍纵向主筋直径。对于抗拔桩，桩顶纵向主筋的锚固长度应按现行国家标准《混凝土结构设计规范》(GB 50010—2010) 确定。

(5) 对于多桩承台，柱纵向主筋应锚入承台不应小于 35 倍纵向主筋直径；当承台高度不满足锚固要求时，竖向锚固长度不应小于 20 倍纵向主筋直径，并向柱轴线方向呈 90°弯折。

(6) 四桩以上（含四桩）承台受力筋宜按双向均匀布置，对三桩的三角形承台应按三向板带均匀布置；承台纵向受力钢筋的直径不应小于 12mm，间距不应大于 200mm 且不小于 100mm。柱下桩基独立承台的最小配筋率不应小于 0.15%。

2. 承台内力计算

承台承受上部结构的荷载，然后通过承台分配传递到承台下的各根桩。从结构上来看，承台因为受弯而导致承台底部受拉，需要计算配筋来保证承台的抗弯能力；同时，承台因为受到桩对承台、上部结构柱对承台等冲切作用，承台台阶或者柱边受剪切作用，因此必须合理设计承台的厚度，确保承台不发生冲切破坏，不发生剪切破坏。

（1）受弯计算。柱下独立桩基承台的正截面弯矩设计值可按下列规定计算。

1）四桩及四桩以上的多桩矩形承台弯矩计算截面取在柱边和承台变阶处［图 4.29（a）］，可按下列公式计算截面的弯矩内力，即

$$M_x=\sum N_i y_i \tag{4.78}$$

$$M_y=\sum N_i x_i \tag{4.79}$$

式中 M_x、M_y——绕 x 轴和绕 y 轴方向在计算截面处（$X-X$ 截面与 $Y-Y$ 截面）的弯矩设计值；

x_i、y_i——垂直 y 轴和 x 轴方向自桩轴线到相应计算截面的距离；

N_i——不计承台及其上土重，在荷载效应基本组合下的第 i 基桩或复合基桩竖向反力设计值，按照式（4.74）计算。

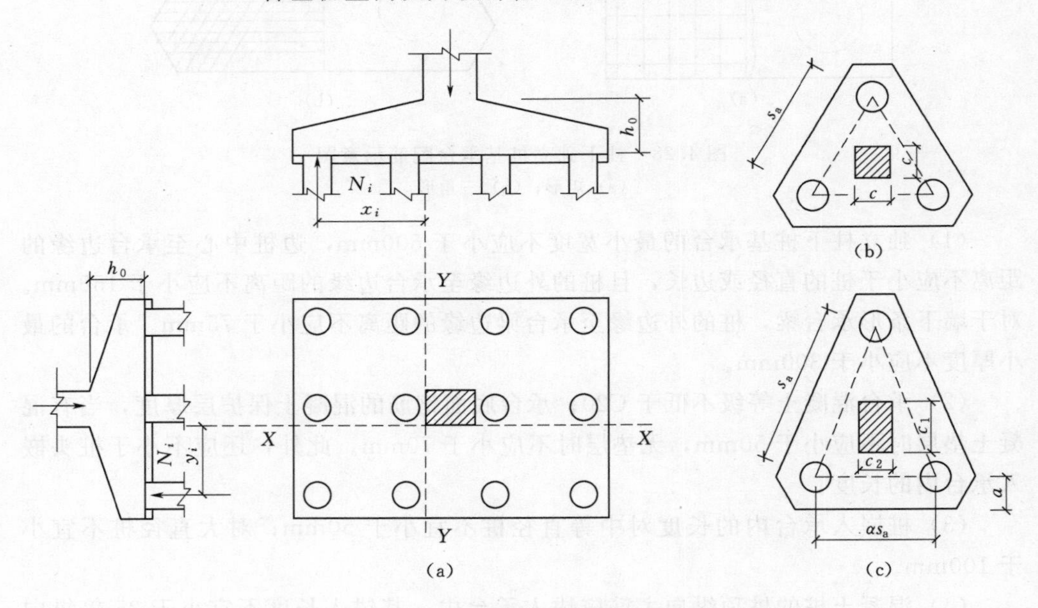

图 4.29 承台弯矩计算示意图

（a）矩形多桩承台；（b）等边三桩承台；（c）等腰三桩承台

2）三桩承台的正截面弯矩值应符合下列要求。

对于等边三桩承台［图 4.29（b）］，有

$$M=\frac{N_{\max}}{3}\left(s_a-\frac{\sqrt{3}}{4}c\right) \tag{4.80}$$

式中 M——通过承台形心至各边边缘正交截面范围内板带的弯矩设计值；

$N_{\max}$——不计承台及其上土重，在荷载效应基本组合下三桩中最大基桩或复合基桩竖向反力设计值；

s_a——桩中心距；

c——方柱边长，圆柱时 $c=0.8d$（d 为圆柱直径）。

对于等腰三桩承台［图 4.29（c）］，有

$$M_1=\frac{N_{max}}{3}\left(s_a-\frac{0.75}{\sqrt{4-\alpha^2}}c_1\right) \tag{4.81}$$

$$M_2=\frac{N_{max}}{3}\left(\alpha s_a-\frac{0.75}{\sqrt{4-\alpha^2}}c_2\right) \tag{4.82}$$

式中 M_1、M_2——通过承台形心至两腰边缘和底边边缘正交截面范围内板带的弯矩设计值；

s_a——长向桩中心距；

α——短向桩中心距与长向桩中心距之比，当 $\alpha<0.5$ 时，应按变截面的二桩承台设计；

c_1、c_2——垂直于、平行于承台底边的柱截面边长。

实际进行受弯配筋时可以简化计算，统一按照混凝土受压区合力作用点到钢筋合力作用点的距离为 $0.9h_0$ 的假定计算。下面以多桩承台为例加以说明。

平行于 x 轴布置的配筋所需受力钢筋面积为

$$A_{sx}\geqslant\frac{M_y}{0.9f_yh_0} \tag{4.83}$$

同理，平行于 y 轴布置的钢筋所需受力钢筋面积为

$$A_{sy}\geqslant\frac{M_x}{0.9f_yh_0} \tag{4.84}$$

具体配置钢筋根数和大小，除了需要保证以上总钢筋面积方面的要求外，还要综合考虑钢筋间距的构造要求（$100\text{mm}\leqslant s\leqslant200\text{mm}$）。

（2）受冲切计算。冲切破坏锥体应采用自柱边或承台变阶处至相应桩顶边缘连线所构成的锥体，锥体斜面与承台底面的夹角不应小于 45°（图 4.30）。

1）受柱冲切的承载力检算。

$$F_l\leqslant2[\beta_{0x}(b_c+a_{0y})+\beta_{0y}(h_c+a_{0x})]\beta_{hp}f_th_0 \tag{4.85}$$

$$F_l=F-\sum N_i \tag{4.86}$$

$$\beta_{0x}=\frac{0.84}{\lambda_{0x}+0.2},\quad \beta_{0y}=\frac{0.84}{\lambda_{0y}+0.2} \tag{4.87}$$

$$\lambda_{0x}=\frac{a_{0x}}{h_0} \tag{4.88}$$

$$\lambda_{0y}=\frac{a_{0y}}{h_0} \tag{4.89}$$

式中 F_l——不计承台及其上土重，在荷载效应基本组合下作用于冲切破坏锥体上的冲切力设计值；

f_t——承台混凝土抗拉强度设计值；

β_{hp}——承台受冲切承载力截面高度影响系数，当 $h\leqslant800\text{mm}$ 时，β_{hp} 取 1.0，$h\geqslant2000\text{mm}$ 时，β_{hp} 取 0.9，其间按线性内插法取值；

h_c、b_c——x、y 方向的柱截面的边长；

a_{0x}、a_{0y}——x、y 方向离最近桩边的水平距离；

h_0——承台冲切破坏锥体的有效高度；

β_{0x}、β_{0y}——柱（墙）x 方向、y 方向冲切系数；

λ_{0x}、λ_{0y}——冲跨比，当 $\lambda<0.25$ 时，取 $\lambda=0.25$；当 $\lambda>1.0$ 时，取 $\lambda=1.0$；

F——不计承台及其上土重，在荷载效应基本组合作用下柱（墙）底的竖向荷载设计值；

$\sum N_i$——不计承台及其上土重，在荷载效应基本组合下冲切破坏锥体内各基桩或复合基桩的反力设计值之和。

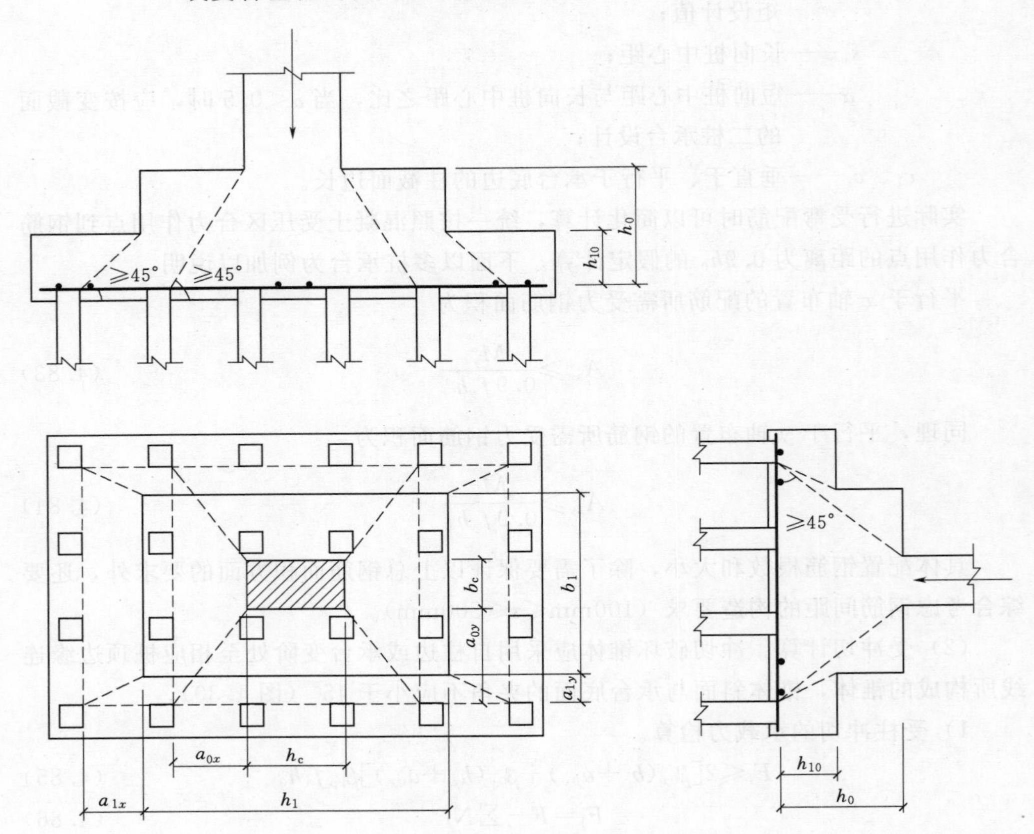

图 4.30　柱对承台的冲切计算示意图

台阶变阶处一样存在可能危险的冲切破坏，这时只要把台阶内部当作尺寸与台阶相当的柱来看待，进行台阶的抗冲切检验即可。

2）受角桩冲切的承载力检验。四桩以上（含四桩）承台受角桩冲切的承载力可按下列公式计算（图 4.31）。

$$N_l \leqslant \left[\beta_{1x}\left(c_2+\frac{a_{1y}}{2}\right)+\beta_{1y}\left(c_1+\frac{a_{1x}}{2}\right)\right]\beta_{hp} f_t h_0 \tag{4.90}$$

$$\beta_{1x}=\frac{0.56}{\lambda_{1x}+0.2} \tag{4.91}$$

$$\beta_{1y}=\frac{0.56}{\lambda_{1y}+0.2} \tag{4.92}$$

式中 N_l——不计承台及其上土重，在荷载效应基本组合作用下角桩（含复合基桩）反力设计值；

β_{1x}、β_{1y}——角桩冲切系数；

a_{1x}、a_{1y}——从承台底角桩顶内边缘引45°冲切线与承台顶面相交点至角桩内边缘的水平距离；当柱（墙）边或承台变阶处位于该45°线以内时，则取由柱（墙）边或承台变阶处与桩内边缘连线为冲切锥体的锥线（图4.31）；

h_0——承台外边缘的有效高度；

λ_{1x}、λ_{1y}——角桩冲跨比，$\lambda_{1x}=a_{1x}/h_0$，$\lambda_{1y}=a_{1y}/h_0$，其值均应满足0.25～1.0的要求。

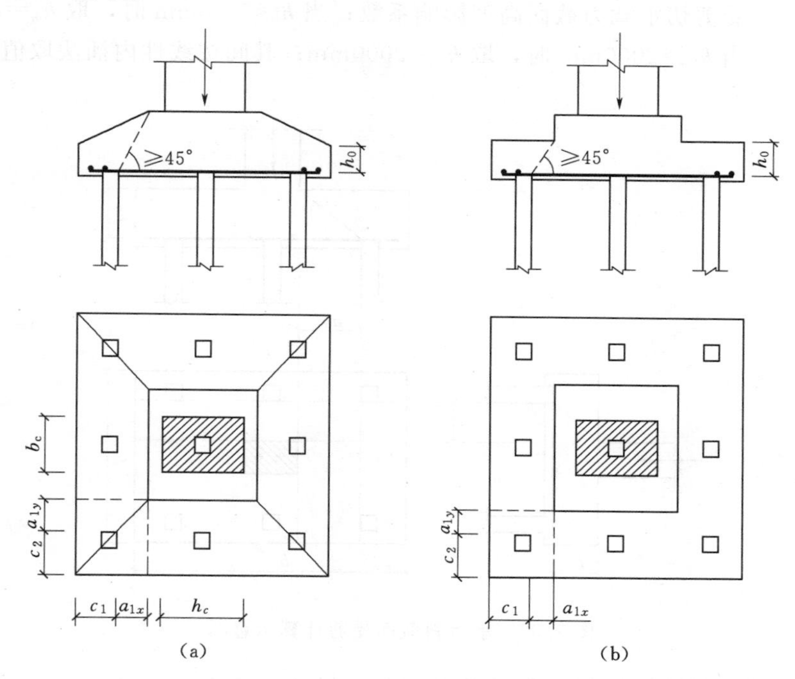

图4.31 四桩以上（含四桩）承台角桩冲切计算示意图

(a) 锥形承台；(b) 阶形承台

(3) 抗剪计算。柱（墙）下桩基承台，应分别对柱（墙）边、变阶处和桩边连线形成的贯通承台的斜截面的受剪承载力进行验算（图4.32）。当承台悬挑边有多排基桩形成多个斜截面时，应对每个斜截面的受剪承载力进行验算。柱下独立桩基承台斜截面受剪承载力应按下列规定计算，即

$$V\leqslant\beta_{hs}\alpha f_t b_0 h_0 \tag{4.93}$$

$$\alpha=\frac{1.75}{\lambda+1} \tag{4.94}$$

$$\beta_{hs}=\left(\frac{800}{h_0}\right)^{1/4} \tag{4.95}$$

式中 V——不计承台及其上土自重，在荷载效应基本组合下斜截面的最大剪力设计值；

f_t——混凝土轴心抗拉强度设计值；

b_0——承台计算截面处的计算宽度；阶梯形截面计算宽度 $b_{y0}=\frac{b_{y1}h_{01}+b_{y2}h_{02}}{h_0}$，

锥形截面计算宽度 $b_{y0}=\left[1-0.5\frac{h_1}{h_0}\left(1-\frac{b_{y2}}{b_{y1}}\right)\right]b_{y1}$；

h_0——承台计算截面处的有效高度；

α——承台剪切系数，按式（4.94）确定；

λ——计算截面的剪跨比，$\lambda_x=a_x/h_0$，$\lambda_y=a_y/h_0$，此处，a_x、a_y 为柱边（墙边）或承台变阶处至 y、x 方向计算一排桩的桩边的水平距离，当 $\lambda<0.25$ 时取 $\lambda=0.25$；当 $\lambda>3$ 时取 $\lambda=3$；

β_{hs}——受剪切承载力截面高度影响系数；当 $h_0<800$mm 时，取 $h_0=800$mm；当 $h_0>2000$mm 时，取 $h_0=2000$mm；其间按线性内插法取值。

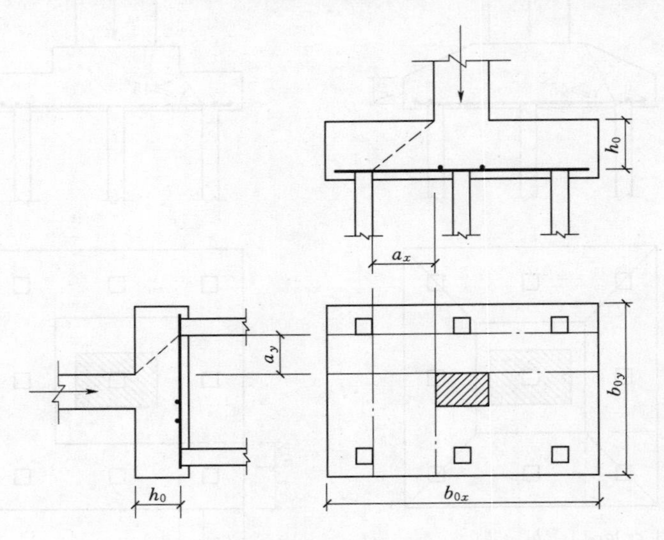

图 4.32 承台斜截面受剪计算示意图

【例 4.2】 某 6 层框架柱下桩基础，截面尺寸为 500mm×400mm，承受上部结构传来的荷载（作用在承台顶面）分别为：垂直荷载为 $F_k=2000$kN，弯矩 $M_{yk}=160$kN·m，水平荷载 $H_k=100$kN。拟采用预制方桩 400mm×400mm，桩长为 10m，单桩承载力特征值为 400kN。初步设定，承台埋深 1.60m，承台厚度为 0.9m，承台底所处土层承载力 $f_{ak}=160$kPa（桩身按照标准图集采用，不用设计该桩基础）。

解 （1）桩数确定。

$$n>\frac{F_k}{R_a}=\frac{2000}{400}=5.0$$

实际取 $n=6$ 根。

（2）平面布置。桩的最小间距，查表 4.22，取 $s=4d=4\times400=1600$(mm)。

则承台长边长度为 $2\times1600+2\times400=4000$(mm)。

短边长度为 $1600+2\times400=2400$(mm)。

具体平面布置如图 4.33 所示。

（3）基桩承载力特征值。

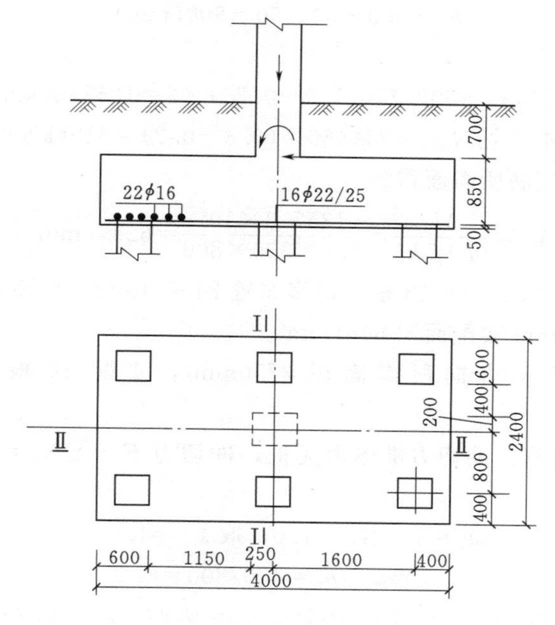

图 4.33 [例 4.2] 图

$$R = R_a + \eta_c f_{ak} A_c$$

$$= \frac{400 + 0.14 \times 160 \times (4 \times 2.4 - 6 \times 0.4 \times 0.4)}{6}$$

$$= 1225.6 + 37.6 = 432(\text{kN})$$

(4) 桩基承载力检验。基础底面处弯矩 $M_{yk} = 160 + 100 \times 0.9 = 250(\text{kN} \cdot \text{m})$

$$N_k = \frac{F_k + G_k}{n} = \frac{2000 + 20 \times 1.6 \times 4 \times 2.4}{6} = 384.5(\text{kN}) < R = 432\text{kN}$$

$$N_{k,\max} = \frac{F_k + G_k}{n} + \frac{M_{yk} x_{\max}}{\sum x_i^2} = 384.5 + \frac{250 \times 1.6}{4 \times 1.6^2}$$

$$= 384.5 + 39.1 = 423.6(\text{kN}) < 1.2R = 518.4\text{kN}$$

所以，基桩承载力满足要求。

地质情况未显示桩底存在软弱下卧层，不用验算软弱下卧层承载力。

(5) 本建筑为 6 层框架结构，按照建筑物等级，属于丙级，不用验算沉降变形。

(6) 承台设计。承台埋深 1.6m，承台厚度初步选用 0.9m，混凝土等级选用 C30，$f_t = 1.43\text{N/mm}^2$，钢筋采用 HRB335，$f_y = 300\text{N/mm}^2$，钢筋保护层厚度取 50mm，承台下设 100mm 厚 C10 素混凝土垫层。为方便施工，承台顶面水平布置。桩头进入承台 50mm。

1) 承载能力极限状态下基本组合桩身轴力为

$$N_{\max} = \frac{F}{n} + \frac{M_y x_{\max}}{\sum x_i^2} = \frac{2000 \times 1.35}{6} + \frac{250 \times 1.35 \times 1.6}{4 \times 1.6^2}$$

$$= 450 + 52.7 = 502.7(\text{kN})$$

$$N_{\min} = 450 - 52.7 = 397.3(\text{kN})$$

平均轴力（中间两根柱）$N = 450\text{kN}$。

2) 抗弯配筋计算。

$$h_0=900-50-50=800(\text{mm})$$

对 $y-y$ 截面

$$M_y=\sum N_i x_i=502.7\times(1.6-0.25)\times2=1357.3(\text{kN}\cdot\text{m})$$

$$M_x=\sum N_i x_i=3\times450\times(0.8-0.2)=810(\text{kN})$$

平行于 x 方向配筋所需面积为

$$A_{sx}\geqslant\frac{M_y}{0.9f_y h_0}=\frac{1357.3\times10^6}{0.9\times300\times800}=6284(\text{mm}^2)$$

最少布置 2400/200+1=13 根，最多布置 2400/100+1=25 根。

实配 17 根 ϕ22mm 实配面积 6461mm^2。

同理，平行于 y 方向所需面积 3750mm^2，实配 22 根 ϕ16mm，实配面积 4421mm^2。

3）受柱冲切验算。冲切力锥体内无桩，冲切力 $F-\sum N_i=F=2000\times1.35=2700(\text{kN})$。

$\lambda_{0x}=a_{0x}/h_0=1150/800=1.4375>1.0$，取 $\lambda_{0x}=1.0$。

$$\lambda_{0y}=a_{0y}/h_0=400/800=0.5$$

$$\beta_{0x}=0.84/(\lambda_{0x}+0.2)=0.70,\ \beta_{0y}=0.84/(\lambda_{0y}+0.2)=1.2$$

$$\beta_{hp}=1.0-(0.9-0.8)\times0.1/(2.0-0.8)=0.992$$

抗冲切力为

$$2[\beta_{0x}(b_c+a_{0y})+\beta_{0y}(h_c+a_{0x})]\beta_{hp}f_t h_0$$

$$=2\times[0.70\times(0.4+0.4)+1.2\times(0.5+1.15)]\times0.992\times1430\times800$$

$$=8694034(\text{N})=8694\text{kN}>F=2700\text{kN}$$

柱冲切满足要求。

4）角桩冲切验算。因为：$a_{1x}=a_{0x}$，$a_{1y}=a_{0y}$，所以，$\lambda_{1x}=1.0$，$\lambda_{1y}=0.5$。

$$\beta_{1x}=0.56/(\lambda_{1x}+0.2)=0.467,\quad \beta_{1y}=0.56/(\lambda_{1y}+0.2)=0.80$$

最大角桩受力为

$$N_{max}=502.7\text{kN}$$

角桩抗冲切能力为

$$[\beta_{1x}(c_2+a_{1y}/2)+\beta_{1y}(c_1+a_{1x}/2)]\beta_{hp}f_t h_0$$

$$=[0.467\times(0.6+0.2)+0.80\times(0.6+0.575)]\times0.992\times1430\times800$$

$$=1490736(\text{kN})=1490.7\text{kN}>502.7\text{kN}$$

角桩抗冲切满足要求。

5）抗剪检验。最大剪力 $V=2\times502.7=1005.4(\text{kN})$。

剪跨比 $\lambda_x=1150/800=1.4375$。

承台剪切系数 $\alpha=1.75/(1+\lambda_x)=0.718$。

$$\beta_{hs}=1.0$$

抗剪能力为

$$\beta_{hs}\alpha f_t b_0 h_0=1.0\times0.718\times1430\times2400\times800$$

$$=1971341(\text{N})=1971.3\text{kN}>V=1005.4\text{kN}$$

抗剪承载力满足要求。

（7）单桩验算。单桩验算包括吊运验算、打桩验算以及承载力验算等。此处省略。

4.9 桩基检验

桩基检验分为施工前检验、施工过程检验以及施工后检验。施工后基桩检验的目的主要有两个：一个是对基桩承载力的检验，确保基桩承载力满足设计要求；另一个是基桩的完整性检验，检查基桩是否存有如桩身断裂、裂缝、缩颈、夹泥、蜂窝、空洞、松散等不良现象。桩身的完整性共分为4个等级，见表4.24。

表4.24 桩身完整性分类

桩身完整性类别	分类原则
Ⅰ类桩	桩身完整
Ⅱ类桩	桩身有轻微缺陷，不会影响桩身结构承载力的正常发挥
Ⅲ类桩	桩身有明显缺陷，对桩身结构承载力有影响
Ⅳ类桩	桩身存在严重缺陷

基桩的检验方法主要有现场静载试验、钻芯法、低应变法、高应变法以及声波透射法等。其中，现场静载试验包括单桩竖向静载试验、单桩竖向抗拔静载试验、单桩水平静载试验3种。这些检验方法可以用来检验基桩的承载力、基桩的完整性等（表4.25）。

表4.25 基桩检验方法

检测目的	检测方法
· 确定单桩竖向抗压极限承载力； · 判定竖向抗压承载力是否满足设计要求； · 通过桩身应变、位移测试，测定桩测、桩端阻力，验证高应变法的单桩竖向抗压承载力检测结果	单桩竖向抗压静载试验
· 确定单桩竖向抗拔极限承载力； · 判定竖向抗拔承载力是否满足设计要求； · 通过桩身应变、位移测试，测定桩的抗拔侧阻力	单桩竖向抗拔静载试验
· 确定单桩水平临界荷载和极限承载力，推定土抗力参数； · 判定水平承载力或水平位移是否满足设计要求； · 通过桩身应变、位移测试、测定桩身弯矩	单桩水平静载试验
检测灌注桩桩长、桩身混凝土强度、桩底沉渣厚度，判定或鉴别桩端持力层岩土性状，判定桩身完整性类别	钻芯法
检测桩身缺陷及其位置，判定桩身完整性类别	低应变法
· 判定单桩竖向抗压承载力是否满足设计要求； · 检测桩身缺陷及其位置，判定桩身完整性类别； · 分析桩侧和桩端土阻力； · 进行打桩过程监控	高应变法
检测灌注桩桩身缺陷及其位置，判定桩身完整性类别	声波透射法

4.9.1 现场静载实验

1. 单桩竖向抗压静载试验

单桩竖向抗压静载试验或为设计验证承载力，或者在桩基分项工程的验收中用来验收。《建筑基桩检测技术规范》(JGJ 106—2014) 规定，当设计有要求或者有下列情况之一时，施工前应进行基桩检验并确定单桩极限承载力。

(1) 设计等级为甲级的桩基。

(2) 无相关试桩资料可参考的设计等级为乙级的桩基。

(3) 地基条件复杂、基桩施工质量可靠性低。

(4) 本地区采用的新桩型或采用的新工艺成桩的桩基。

为设计提供依据的试桩静载试验确定单桩极限承载力，检测数量应满足设计要求，且在同一条件下不应少于3根，当预计过程桩总数不小于50根时，检验数量不应少于两根。

桩基验收时，当符合下面条件之一，应采用单桩竖向抗压静载事宜按进行承载力的检验方法进行验收检验。检测数量不应少于同一条件下的总桩数的1%，且不应少于3根，当桩总数不小于50根时，检验数量不应少于两根。

(1) 设计等级为甲级的桩基。

(2) 施工前未进行单桩静载试验的工程。

(3) 施工前进行了试桩静载试验，但是施工过程中变更了工艺参数或者施工质量出现了异常。

(4) 地基条件复杂、桩施工质量可靠性低。

(5) 本地区采用的新桩型或新工艺。

(6) 施工中出现了挤土上浮或偏位的群桩。

2. 其他静载试验

常规的桩基并不要求单桩抗拔承载力，承受的水平荷载较小。但是，当设计有明确的抗拔力或者水平力要求的桩基工程时，单桩承载力验收检测应采用单桩竖向抗拔试验或者单桩水平静载试验，检测数量要求同竖向受压桩。

4.9.2 钻芯法

钻芯法适用于检测混凝土灌注桩的桩长、桩身混凝土的强度、桩底沉渣厚度和桩身的完整性。

钻芯取样后，通过室内的抗压强度试验，获得灌注桩桩身的实际混凝土强度。一般每根检验桩上钻孔1～3个，每个钻孔上取样2～3组进行试验和分析，以相同位置的试样抗压强度平均值作为实测桩身的混凝土强度，并对此设计要求进行分析，做出强度方面的评价和完整性评价，判断桩身质量等级。

钻芯法直接测得桩长，所得试样可以直接观测到混凝土灌注桩均匀程度密实情况，并能够进行混凝土样的抗压强度试验获得实际的桩身材料强度情况。

4.9.3 低应变法

低应变法是采用低能量瞬态或稳态激振方式在桩顶激振，实测桩顶部的速度—时程曲线或速度—导纳曲线，通过波动理论分析或频域分析，对桩身完整性进行判定的检测方法。该法检测方便，是最为常用的检测方法。

验收检验时宜先进行工程桩完整性检测，后进行承载力检测。当基础埋深较大时，桩身完整性检测应在基坑开挖至基底标高后进行。桩身完整性通过抽样检测，检测桩身缺陷及其位置，判定桩身完整性类别。

通过桩中心位置处施加一个激振，波在桩内形成并传递，到桩端或者桩身缺损处反射返回，通过测量传感器拾起波形，并传递给计算机加以分析判断，给出桩的完整性评价。目前，无线传感器可以直接通过手机或者示波器把波形数据传给云端，实现远程检验与评价。

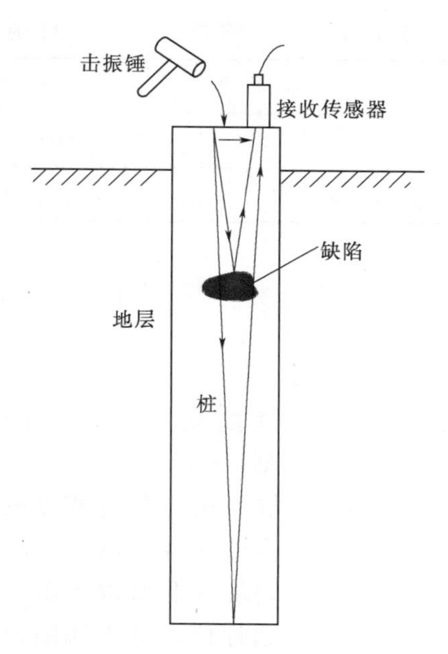

图 4.34 低应变监测原理

瞬态激振设备应包括能激发宽脉冲和窄脉冲的力锤和锤垫；力锤可装有力传感器；稳态激振设备应包括激振力可调、扫频范围为 10～2000Hz 的电磁式稳态激振器。

低应变法设备简单，具有实施时间短、成本低的优点，适合比较大面积地进行桩的完整性评价；但是低应变法无法直接测得桩长，不能确定桩基承载力，缺陷的定量、定型困难，如图 4.34 所示。

低应变法抽检数量应符合下列规定：①柱下三桩或三桩以下的承台抽检桩数不得少于一根；②设计等级为甲级，或地质条件复杂、成桩质量可靠性较低的灌注桩，抽检数量不应少于总桩数的 30%，且不得少于 20 根；其他桩基工程的抽检数量不应少于总桩数的 20%，且不得少于 10 根；③当施工质量有疑问的桩、设计方认为重要的桩、局部地质条件出现异常的桩、施工工艺不同的桩数量较多，或为了全面了解整个工程基桩的桩身完整性情况时，应适量增加抽检数量。

4.9.4 高应变法

高应变检测的基本原理就是往桩顶轴向施加一个冲击力，使桩产生足够的贯入度，实测由此产生的桩身质点应力和加速度的响应，通过波动理论分析，判定单桩竖向承载力及桩身完整性的检测方法，如图 4.35 所示。

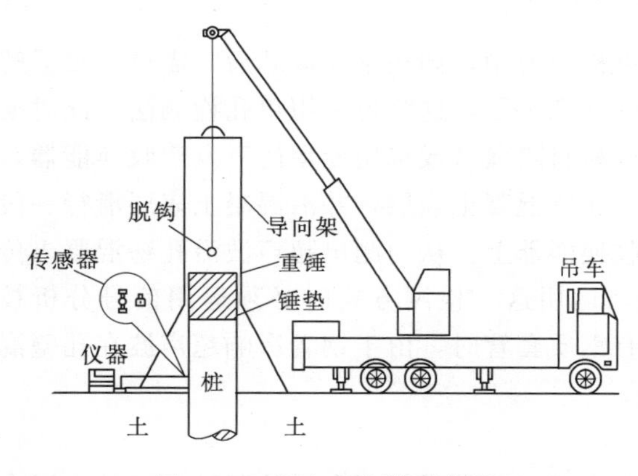

图 4.35 高应变监测示意图

锤重不小于单桩承载力特征值的 0.02 倍，可以是柴油锤、液压锤、蒸汽锤来施加冲击力，精密水准仪测取桩顶位移，传感器拾起冲切后波形。

通过相应的计算分析，可以得到桩的承载力，以及计算桩身完整性系数 β，来判断桩身质量（表 4.26），给桩定类。

表 4.26 桩的完整性系数表

类别	β 值	类别	β 值
Ⅰ	$\beta=1.0$	Ⅲ	$0.6\leqslant\beta<0.8$
Ⅱ	$0.8\leqslant\beta<1.0$	Ⅳ	$\beta<0.6$

$$\beta=\frac{F(t_1)+F(t_x)+Z[V(t_1)-V(t_x)-2R_x]}{F(t_1)-F(t_x)+Z[V(t_1)+V(t_x)]} \tag{4.96}$$

$$X=C\frac{t_x-t_1}{2000} \tag{4.97}$$

式中 t_x——缺陷反射峰对应的时刻，ms；

x——桩身缺陷至传感器安装点的距离，m；

R_x——缺陷以上部位土阻力的估计值，等于缺陷反射波起始点的力与速度乘以桩身截面力学阻抗的差值；

β——桩身完整性系数，其值等于缺陷 x 处桩身截面阻抗与 x 以上桩身截面阻抗的比值，其计算如图 4.36 所示。

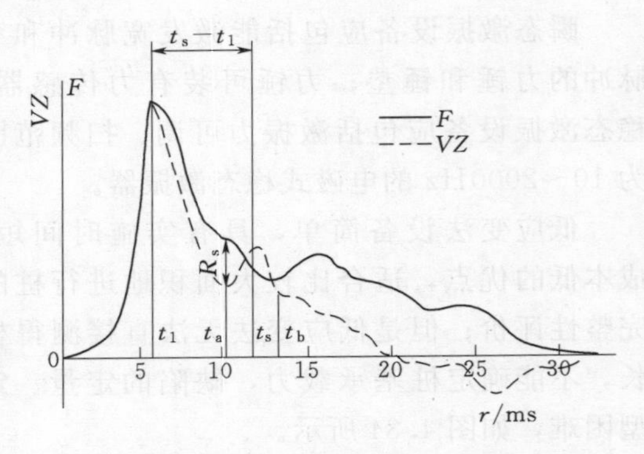

图 4.36 桩的完整性计算

4.9.5 声波透射法

低应变法、高应变法都不适合于大直径桩，大直径桩的完整性检验可以采用声波透射法。声波透射法是指在桩内预埋的声测管之间发射并接收声波，通过实测声波在混凝土介质中传播的声时、频率和波幅衰减等声学参数的相对变化，对桩身完整性进行检测的方法。该法不适合半径小于 600mm 的桩。

按照超声波换能器通道在桩体中的不同布置方式，超声波透射法基桩检测主要有 3 种方法。

1. 桩内单孔透射法

在特殊情况下，只有一个孔道可供检测使用，如在钻孔取芯后，需进一步了解芯样周围混凝土质量，作为钻芯检测的补充手段，这时可采用单孔检测法，此时换能器放置于一个孔中，换能器间用隔声材料隔离（或采用专用的一发双收换能器）。超声波从发射换能器出发经耦合水进入孔壁混凝土表层，并沿混凝土表层滑行一段距离后，再经耦合水分别到达两个接收换能器上，从而测出超声波沿孔壁混凝土传播时的各项声学参数。需要注意的是，运用这一检测方式时必须运用信号分析技术，排除管中的影响干扰。当孔道中有钢质套管时，由于钢管影响超声波在孔壁混凝土中的绕行，故不能用此法。

2. 桩外孔透射法

当桩的上部结构已施工或桩内没有换能器通道时，可在桩外紧贴桩边的土层中钻一孔作为检测通道，检测时在桩顶面放置一发射功率较大的平面换能器，接收换能器从桩外孔中自上而下慢慢放下，超声波沿桩身混凝土向下传播，并穿过桩与孔之间的土层，通过孔中耦合水进入接收换能器，逐点测出透射超声波的声学参数，根据信号的变化情况大致判定桩身质量。由于超声波在土中衰减很快，这种方法的可测桩长十分有限，且只能判断夹层、断桩、缩颈等。

3. 桩内跨孔透射法

桩内跨孔透射法是一种较为成熟可靠的方法，是超声波透射法检测桩身质量的最主要形式，其方法是在桩内预埋两根或两根以上的声测管，在管中注满清水，把发射、接收换能器分别置于两管道中（图4.37）。检测时超声波由发射换能器出发穿透两管间混凝土后被接收换能器接收，实际有效检测范围为声波脉冲从发射换能器到接收换能器所扫过的面积。根据不同的情况，采用一种或多种测试方法，采集声学参数，根据波形的变化来判定桩身混凝土强度，判断桩身混凝土质量，跨孔法检测根据两换能器相对高程的变化，又可分为平测、斜测、交叉斜测、扇形扫描测等方式，在检测时视实际需要灵活运用。

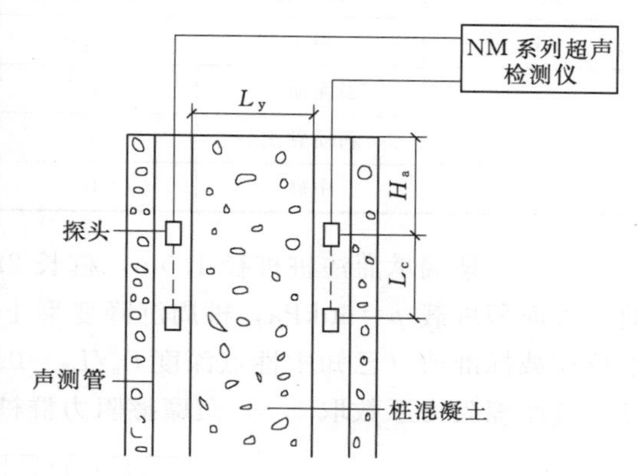

图4.37　跨孔透射法示意图

思　考　题

4-1　桩基础类型选择要考虑哪些方面的因素？

4-2　什么叫负摩擦力？哪些因素会引起负摩擦力？负摩擦力对桩基承载力有什么影响？

4-3　单桩竖向承载力的影响因素有哪些？基桩竖向承载力特征值与单桩竖向承载力极限值的标准值有什么关系？

4-4　哪些桩基础需要计算沉降变形？

4-5　基础设计各阶段，如何选用荷载组合类型？

4-6　桩形成后需要间隔一定时间才能进行试桩，为什么？

4-7　何谓群桩效应？桩基础设计时如何通过构造要求，不考虑群桩效应的计算？

4-8　何谓承台效应？什么情况下确定承载力特征值的情况下不考虑承台对承载力贡献的影响？

4-9　单桩在桩顶弯矩和水平荷载作用下，桩身弯矩与剪力影响深度为多少？

4-10　桩基检验有哪些方法？各自适用条件如何？

习　题

4－1　某螺旋钻孔灌注桩，直径为500mm，穿越三层土，进入第四层中砂土1.8m，试按照《桩基规范》确定该单桩的承载力特征值（地质情况如习题4－1表所示）。

习题4－1表　　　　地质情况资料表

层号	土层名	层厚度/m	关联参数	备　注
1	粉土	3.0	$e=0.75$	
2	淤泥质土	1.6		地下水面，离地面1.0m
3	粉质黏土	8.0	$I_L=0.70$	
4	中砂	1.8	密实状态	

4－2　某端承灌注桩桩径1.0m，桩长22m，桩周土性参数如题4－2图所示，地面大面积堆载$p=60$kPa，桩周沉降变形土层下限深度20m，试按桩基规范计算下拉荷载标准值（已知中性点深度$L_n/L_0=0.8$，黏土负摩擦阻力系数取0.3，粉质黏土负摩擦阻力系数取0.4，负摩擦阻力群桩效应系数取1.0）。

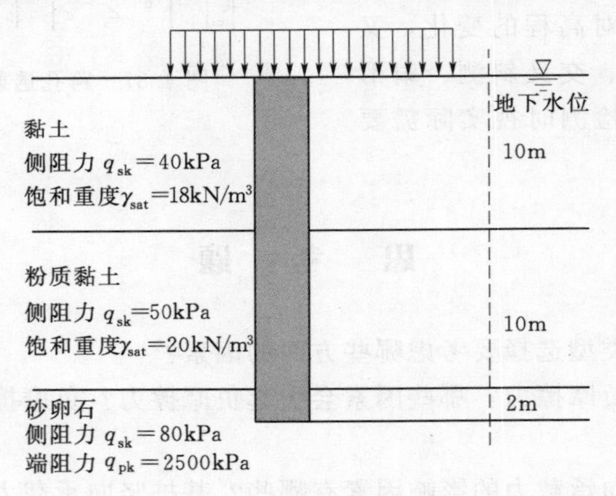

习题4－2图

4－3　某柱截面尺寸为600mm×400mm，采用桩基础。基础承受上部结构传来的荷载（作用在承台顶面）分别为：垂直荷载为$F_k=2400$kN，弯矩$M_{yk}=300$kNm，水平荷载$H_k=100$kN。拟采用预制方桩400mm×400mm，桩长15m，单桩承载力极限值的标准值为900kN。初步设定，承台埋深2.0m，承台厚度为1.2m。试确定桩的根数，并进行柱下桩的平面布置，最后验算桩基承载力是否满足要求。

4－4　同题4－3进行承台设计，并从计算结果说明承台厚度为1.2m时的安全储备如何。

第 5 章

沉井及地下连续墙

当建筑场地的浅层土满足不了建筑物对地基变形或强度的要求，而又不宜采用地基处理措施时，常需采用深基础方案。深基础的主要类型，除了桩基础外，还有沉井、地下连续墙及沉箱等几种。随着工程建设的需要和施工技术的发展，深基础的应用越来越广泛，它们在基础工程中占有重要的地位。深基础的主要特点在于需要采用特殊的施工方法，即采用特殊的工艺经济有效地解决深开挖中边坡的稳定、排水和减少对邻近建筑物影响的问题。

5.1 概述

沉井是带刃脚的井筒状构造物（图 5.1），它通过人工或机械方法清除井内土石，主要借助自重或添加压重等措施克服井壁摩擦阻力逐节下沉至设计标高，再浇筑混凝土封底并填塞井孔，成为建筑物的基础。

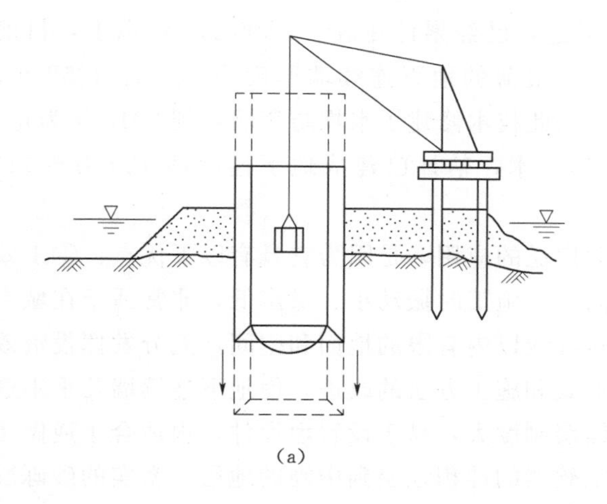
(a)

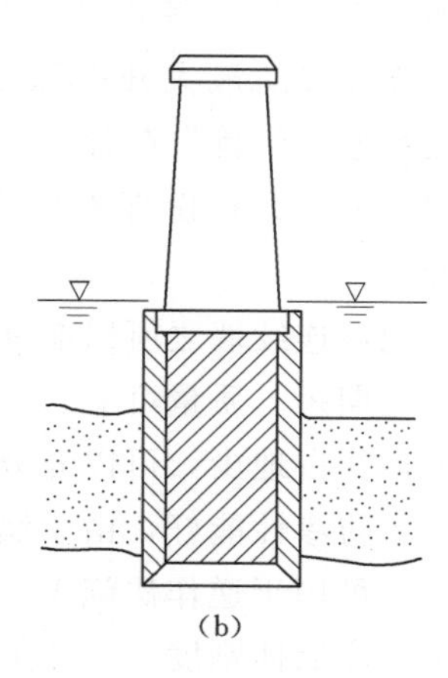
(b)

图 5.1 沉井基础示意图
(a) 沉井下沉；(b) 沉井基础

沉井基础的特点：断面尺寸大，埋置深度大，整体性强，稳定性好，承载力高，内部空间可用；施工方便，挖土量少，下沉过程中本身作为挡土和挡水围堰结构物，不需板桩围护，从而可节约投资。广泛适用于：埋深大且无大开挖条件的建筑物；地下水位高，易产生涌流或塌陷的地基土；江心或岸边的取水建筑物；矿用竖井和大型设备基础、高层和超高层建筑基础；桥梁墩台基础和跨江输电塔的基础等。但沉井基础施工周期较长，对粉、细砂类土在井内抽水易发生流砂现象，造成沉井倾斜；沉井下沉过程中受到的石头、树干或井底岩层影响会给施工带来一定的困难。

沉井一般适合在不太透水的土层中下沉，便于控制沉井下沉方向，避免倾斜。下列情况可考虑采用沉井基础。

(1) 上部荷载较大，表层地基土非常松软，而深度土承载力较大，且与其他基础方案相比较为经济合理。

(2) 在山区河流中，土质虽好，但冲刷较大，或河中有较大卵石不便桩基础施工。

(3) 岩层表面较平坦且覆盖层薄，但河水较深，采用扩大基础施工围堰有困难。

地下连续墙是采用专门设备沿着深基础或地下构筑物周边采用泥浆护壁开挖出一条具有一定宽度与深度的沟槽，然后在槽内设置钢筋笼，采用导管法在泥浆中浇注混凝土，逐步形成一道连续的地下钢筋混凝土连续墙。用以作为基坑开挖时防渗、截水、挡土、抗滑、防爆和对邻近建筑物基础的支护或直接成为承受上部结构荷载的外墙基础的一部分。

地下连续墙最早于1950年由意大利开发成功，用于建造了深达40m的防渗墙，随后被法国、墨西哥、日本及美国等国引进推广。目前地下连续墙已广泛用于大坝坝基防渗、高层建筑深基础、铁道和桥梁工程、船坞、船闸、码头、地下油罐、地下沉碴池等各类永久性工程。经过几十年的发展，地下连续墙技术已经相当成熟，其中日本在此项技术上最为发达，已经累计建成了1500万m^2以上，目前地下连续墙的最大开挖深度为140m，最薄的地下连续墙厚度为20cm。1958年，我国水电部门首先在青岛丹子口水库用此技术修建了水坝防渗墙，到2013年为止，全国绝大多数省份都先后应用了此项技术，估计已建成地下连续墙120万～140万m^2。

地下连续墙之所以能够得到如此广泛的应用，是因为它具有以下优点：①工效高、工期短、质量可靠、经济效益高；②施工时振动小、噪声低，非常适于在城市施工；③占地少，可以充分利用建筑红线以内有限的地面和空间，充分发挥投资效益；④防渗性能好，由于墙体接头形式和施工方法的改进，使地下连续墙几乎不透水；⑤可用于逆作法施工。地下连续墙刚度大，易于设置埋设件，很适合于逆做法施工；⑥墙体刚度大，并能适用于从软弱的冲积地层到中硬的地层、密实的砂砾层等多种地基条件。

地下连续墙也有其自身的缺点和不足。例如，在城市施工时，废泥浆的处理比较麻烦；地下连续墙如果仅作临时的挡土结构，比其他方法要贵很多。因此，现在很多项目采用“二墙合一”(既作为地下室施工时的支护结构，又作为永久地下结构的外墙)或“三墙合一”(在“二墙合一”基础上，还作为深基础承担一部分竖向荷载)，以节省造价。

5.2 沉井的类型和构造

5.2.1 沉井基础的类型

按分类的不同，沉井可以分为以下类别。

1. 按下沉方式不同分类

(1) 一般沉井。它指直接在基础设计的位置上制造，然后挖土，依靠沉井自重下沉。若基础位于水中，则先人工筑岛，再在岛上筑井下沉。

(2) 浮运沉井。它指先在岸边制造井体，再浮运就位下沉的沉井。通常在深水地区（如水深大于10m），或水流流速大，有通航要求，人工筑岛困难或不经济时，可采用浮运沉井。

2. 按制造材料不同分类

(1) 混凝土沉井。混凝土因抗压强度高，抗拉强度低，沉井多做成圆形，使混凝土主要承受压应力；当井壁较厚，下沉不深时，也可做成矩形。混凝土沉井一般仅适用于下沉深度不大（4～7m）的松软土层。

(2) 钢筋混凝土沉井。钢筋混凝土沉井抗压抗拉强度高，下沉深度大（可达数十米以上），可做成重型或薄壁就地制造下沉的沉井，也可做成薄壁浮运沉井及钢丝网水泥沉井等。钢筋混凝土沉井是工程中最常用的沉井。

(3) 竹筋混凝土沉井。沉井承受拉力主要在下沉阶段，当施工完毕后，沉井中的钢筋不再起作用，因此可以用一种抗拉强度高而耐久性差的竹筋来代替钢筋，以节省钢材。我国南方盛产竹材，因此可就地取材，充分利用，如南昌赣江大桥、白沙沱长江大桥等都采用了竹筋混凝土（但刃脚部分和井壁分节的接头处仍用钢筋）。

(4) 钢沉井。由钢材制作的沉井，其强度高、重量轻、易于拼装，适于制造空心浮运沉井，但用钢量大，经济上不合理，国内较少采用。

(5) 其他材料的沉井。根据工程条件也可选用木筋混凝土沉井、木沉井和砌石圬工沉井等。

3. 按沉井的平面形状分类

按沉井的平面形状可以分为圆形、矩形和圆端形3种基本类型，根据井孔的布置方式，又可分为单孔、双孔及多孔沉井，如图5.2所示。

(1) 圆形沉井。圆形沉井多用于斜交桥或水流方向不定的桥墩基础，可以减少水流冲击力和局部冲刷。在水压力、土压力作用下，井壁仅承受周边轴向压力，即使侧压力分布不均匀，弯曲应力也不大，所以无筋或少筋混凝土多做成圆形。而且圆形沉井比较便于机械挖土，保证其刃脚均匀地支承在土层上，在下沉过程中易于控制方向，不易倾斜。但圆形沉井基底压力的最大值比同面积的矩形要大，当上部墩身为矩形或圆端形时，更使得一部分基础圬工不能充分发挥作用。

(2) 矩形沉井。矩形沉井制造方便，受力有利，能充分利用地基承载力，与矩形墩台相配合，可节省基础圬工和挖土数量。但在侧压力作用下，井壁受较大的挠曲力矩，为了减少井壁弯曲应力，可在沉井内设置隔墙，减少受挠跨度，把沉井分成多孔，并把四角做成圆角或钝角，以减少井壁摩擦阻力和除土清孔的困难。另

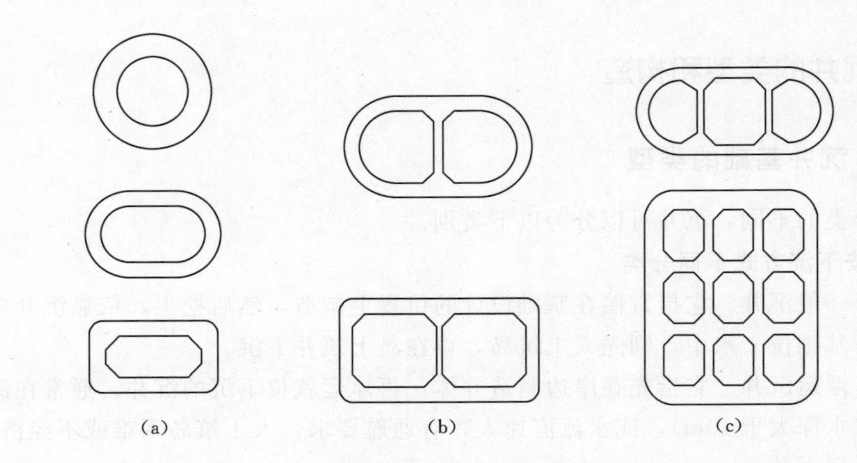

图 5.2 沉井的平面形状

(a) 单孔沉井；(b) 双孔沉井；(c) 多孔沉井

外，矩形沉井在流水中阻力系数较大，冲刷较严重。

(3) 圆端形沉井。圆端形沉井在控制下沉、受力条件、阻水冲刷等方面均较矩形有利，但施工较为复杂。

对平面尺寸较大的沉井，可在沉井中设隔墙，构成双孔或多孔沉井，以改善井壁受力条件及均匀取土下沉。

4. 按沉井的立面形状分类

可分为柱形、阶梯形和锥形沉井，如图 5.3 所示，采用形式应视沉井需要通过的土层性质和下沉深度而定。

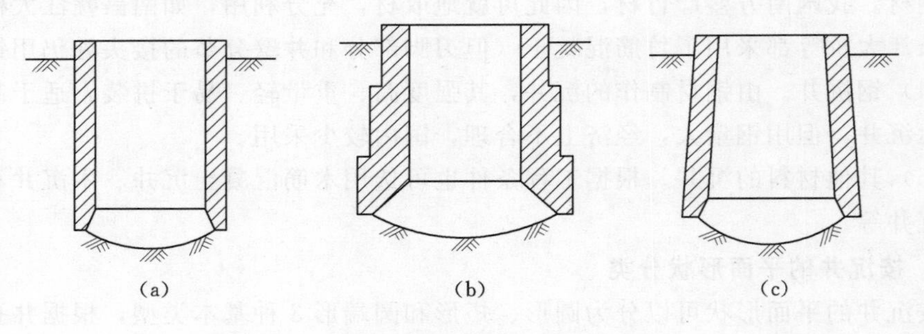

图 5.3 沉井的立面形状

(a) 柱形；(b) 阶梯形；(c) 锥形

(1) 柱形沉井。柱形沉井受周围土体约束较均衡，下沉过程中对周围土体扰动较小，可减少土体的坍塌，不易发生倾斜，且井壁接长较简单，模板可重复利用，但井壁侧阻力较大，当土体密实，下沉深度较大时，易出现下部悬空，造成井壁拉裂。故一般用于土质较松软或入土深度不大的情况。

(2) 阶梯形沉井。鉴于沉井所承受的土压力与水压力，均随深度增大而增大。为了合理利用材料，可将沉井的井壁随深度分为几段，做成阶梯形。下部井壁厚度大，上部井壁厚度小，因此，这种沉井外壁所受的摩擦阻力可以减小，有利于下沉，缺点是施工较复杂，消耗模板多，同时沉井下沉过程中容易发生倾斜。阶梯形沉井的台阶宽度为 100～200mm。

(3) 锥形沉井。锥形沉井井壁可以减少土与井壁的摩擦阻力，故在土质较密实，沉井下沉深度大，要求在不太增加沉井本身重量的情况下沉至设计标高，可采用此类沉井。锥形沉井井壁坡度一般为1/40～1/20，外壁倾斜式沉井同样可以减小下沉时井壁外侧土的阻力，但这类沉井具有下沉不稳定、制造困难等缺点，故较少使用。

5.2.2 沉井基础的基本构造

1. 沉井的轮廓尺寸

沉井的平面形状及尺寸常根据下部结构墩台的形状、地基土的承载力及施工要求确定。当采用圆端形或长方形时，为保证下沉的稳定性，沉井的长短边之比不宜大于3。若上部结构的长宽比较为接近，可采用方形或圆形沉井。沉井顶面尺寸为结构物底部尺寸加襟边宽度，襟边宽度根据沉井施工允许偏差而定，不宜小于0.2m，且大于沉井全高的1/50，浮运沉井不小于0.4m，如沉井顶面需设置围堰，其襟边宽度根据围堰构造还需加大。建筑物边缘应尽可能支承于井壁上或顶板支承面上，对井孔内不以混凝土填实的空心沉井不允许结构物边缘全部置于井孔位置上。

沉井的入土深度须根据上部结构荷载、水文地质条件及各土层的承载力等确定。入土深度较大的沉井应分节制造和下沉，每节高度不宜大于5m；当底节沉井在松软土层中下沉时，还不应大于沉井宽度的0.8倍；若底节沉井高度过高、沉井过重，将给制模、筑岛时岛面处理、抽除垫木下沉等带来困难。

2. 沉井的一般构造

沉井一般由井壁、刃脚、隔墙、井孔、凹槽、封底及顶板等部分组成，如图5.4所示，有时井壁中还预埋射水管等其他部分。这些组成部分的作用简介如下。

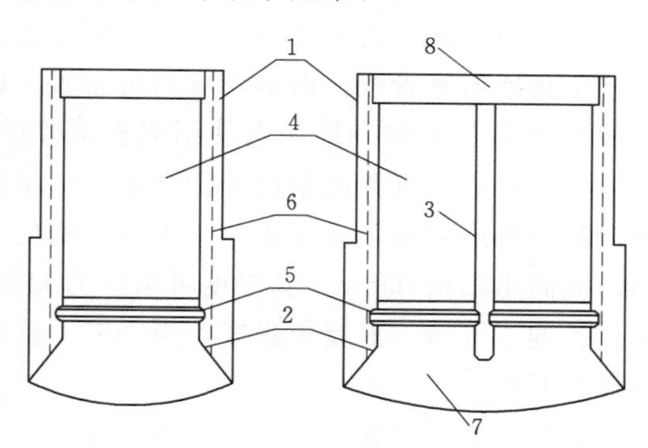

图5.4 沉井的一般构造

1—井壁；2—刃脚；3—隔墙；4—井孔；5—凹槽；6—射水管组；7—封底混凝土；8—顶板

(1) 井壁。沉井的外壁是沉井的主体部分。它在沉井下沉过程中起挡土、挡水及利用本身重量克服土与井壁之间摩擦阻力的作用。当沉井施工完毕后，它就成为基础或基础的一部分而将上部荷载传到地基上去。因此，井壁必须具有足够的强度和一定的厚度，并根据施工过程中的受力情况配置竖向及水平向钢筋。井壁厚度按下沉需要的自重、本身强度以及便于取土和清基等因素确定，一般为0.80～1.50m，最薄不宜小于0.4m，混凝土强度等级不低于C15。

(2) 刃脚。井壁下端形如楔状的部分称为刃脚。其作用是使沉井在自重作用下易于切土下沉，它是受力最集中的部分，必须保证强度，以免挠曲和受损，一般采用钢筋混凝土结构，且混凝土强度等级宜大于C20。刃脚底平面称为踏面，踏面宽度一般不大15cm，对软土可适当放宽。若下沉深度大，土质较硬，刃脚底面应以

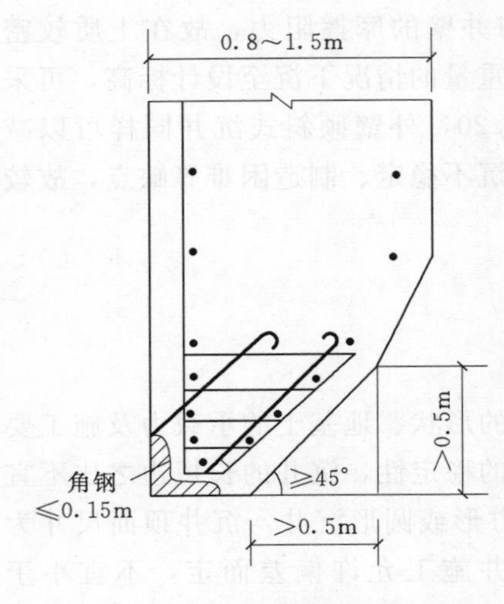

图5.5 刃脚构造示意图

型钢（角钢或槽钢）加强，如图5.5所示，以防刃脚损坏。刃脚内侧斜面与水平面的夹角不宜小于45°。刃脚的高度由井壁厚度和方便抽除垫木而定，一般在1.0m以上。

（3）隔墙。沉井的内壁，它的作用是把整个沉井空腔分隔成多个井孔以增加沉井的刚度，减小井壁挠曲应力。施工时井孔可作为取土井，以便在沉井下沉时掌握挖土的位置和控制下沉方向，防止或纠正沉井倾斜和偏移。内隔墙间距一般要求不大于5～6m，厚度一般为0.5～1.2m。隔墙底面应高出刃脚底面0.5m以上，避免隔墙下的土搁住沉井而妨碍下沉。当人工挖土时，还应在隔墙下端设置过人孔，以便工作人员在井孔间来往。

（4）井孔。挖土运土的工作场所和通道。井孔尺寸应满足施工要求，最小边长一般不小于3.0m。井孔的布置应简单对称，便于对称挖土，保证沉井均匀下沉。

（5）凹槽。设在取土井孔下端接近刃脚处，其作用是使封底混凝土与井壁有良好的结合，使封底混凝土底面的反力更好地传给井壁；凹槽深度为15～30cm，高约1.0m。沉井挖土困难时，可利用凹槽做成钢筋混凝土板，改为气压箱室挖土下沉。

（6）射水管。若沉井下沉较深，穿过的土质又较好，下沉会产生困难时，可在井壁中预埋射水管组。射水管应均匀布置，以便控制水压和水量来调整下沉方向。一般水压不小于600kPa。若使用泥浆润滑套施工，应有预埋的压射泥浆管路。

（7）封底。沉井沉至设计标高进行清基后，应立即在刃脚踏面以上至凹槽处浇筑混凝土形成封底，以承受地基土和水的反力，防止地下水涌入井内。封底混凝土顶面应高出凹槽0.5m，其厚度可由应力验算决定，根据经验也可取不小于井孔最小边长的1.5倍。混凝土强度等级一般不低于C15，井孔内填充的混凝土强度等级不低于C10。

（8）顶板。沉井封底后，若条件允许，为节省圬工量、减轻基础自重，在井孔内可不填充任何东西，做成空心沉井基础，或仅填砂石，此时须在井顶设置钢筋混凝土顶板，以承托上部结构的全部荷载。顶板厚度一般为1.5～2.0m，钢筋配置由计算确定。

3. 浮运沉井的构造

浮运沉井可分为不带气筒和带气筒两种。不带气筒的浮运沉井多用钢、木、钢丝网水泥等材料制作，薄壁空心，内壁与外壁均用2～3层钢丝网铺设在钢筋网两侧，抹以高强度的水泥砂浆，有1～3mm保护层，具有构造简单、施工方便、节省钢材等优点，适用于水不太深、流速不大、河床较平、冲刷较小的自然条件。为增加水中自浮能力，还可做成带临时性井底的浮运沉井，即浮运就位后，灌水下沉，同时接筑井壁，当到达河床后，打开临时性井底，再按一般沉井施工。当水深流急、沉井较大时，可采用带气筒的浮运沉井，如图5.6所示。其主要由双壁钢沉井底节、单壁钢壳、钢气筒等组成。双壁钢沉井底节是一个可自浮于水中的壳体结构，底节以上的井壁采用单壁钢壳，既可防水又可作为接高时灌注沉井外圈混凝土模板的一部分。钢气筒为沉井提供所需浮力，同时在悬浮下沉中可通过充放气调节使沉井上浮、下沉或校正偏斜等，当沉井落至河床后，除去气筒即为取土井孔。

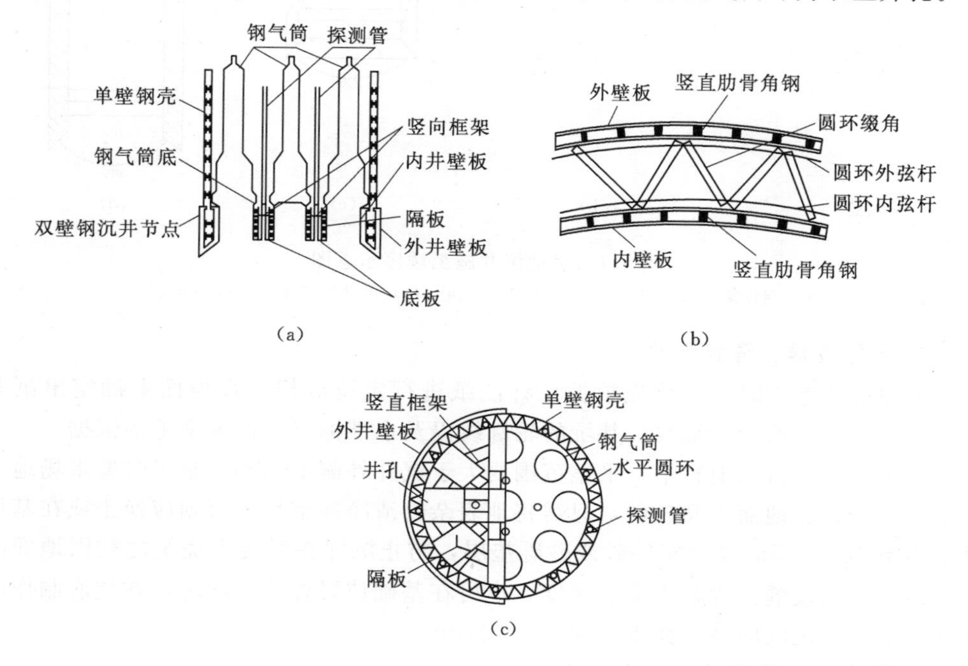

图 5.6 带钢气筒的浮运沉井

(a) 沉井底节；(b) 双壁钢壳细部结构；(c) 投影图

4. 组合式沉井

当采用低承台桩出现围水挖基浇筑承台困难，而采用沉井基础则岩层倾斜较大或地基土软硬不均且水深较大时，可采用沉井-桩基的混合式基础，即组合式沉井。施工时先将沉井下沉至预定标高，浇筑封底混凝土和承台，再在井内预留孔位钻孔灌注成桩。该混合式沉井结构既可围水挡土，又可作为钻孔桩的护筒和桩基的承台。

5.3 沉井施工

沉井的施工方法与现场的地质和水文情况密切相关，施工前应详细了解场地的地质和水文条件。水中施工应做好河流汛期、河床冲刷、通航及漂流物等的调查研究，充分利用枯水季节，制订出详细的施工计划及必要的措施，确保施工安全。沉井基础施工主要可分为旱地施工和水中施工两种。

5.3.1 旱地沉井施工

沉井基础现场处于旱地时，沉井施工可分为就地制造、除土下沉、封底、充填井孔以及浇筑顶板等，如图 5.7 所示，其一般工序如下。

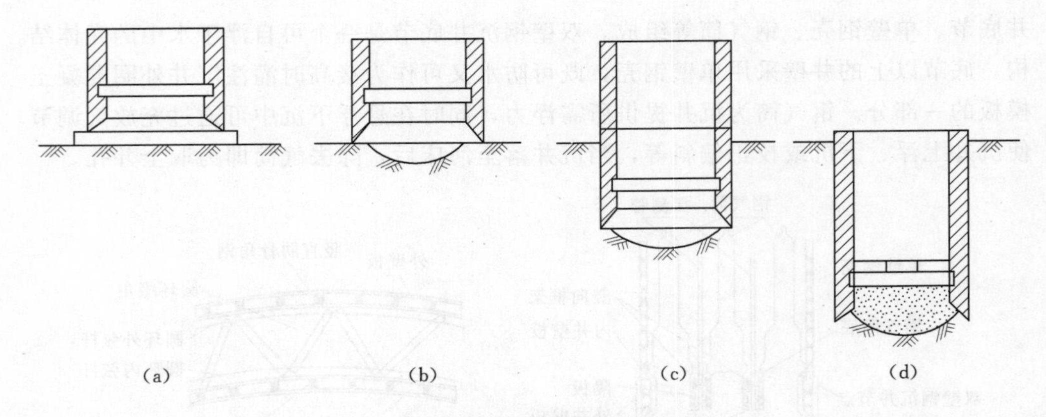

图 5.7　旱地沉井施工顺序示意图

(a) 制作第一节沉井；(b) 抽垫挖土下沉；(c) 沉井接高下沉；(d) 封底

1. 定位放样、清整场地

旱地沉井施工时，应首先根据设计图纸进行定位放样，在地面上确定出沉井纵、横两个方向的中心轴线、基坑的轮廓线以及水准标点等作为施工的依据。

施工前要进行场地整平，平整范围要大于沉井外侧 1～3m。施工时要求场地平整干净，若天然地面土质较硬，只需将地表杂物清净并整平；否则应换土或在基坑处铺填不小于 0.5m 厚夯实的砂或砂砾垫层，防止沉井在混凝土浇筑之初因地面沉降不均匀产生裂缝。为减小下沉深度，也可在基础位置处挖一浅坑，在坑底制作沉井并下沉，但坑底应高出地下水面 0.5～1.0m。

2. 制作第一节沉井

制作沉井前应先在刃脚处对称铺满垫木，如图 5.8 所示，加大支撑面积以支承第一节沉井的重量。垫木数量应使沉井重量在垫木下产生的应力不大于 100kPa。为了便于抽出垫木，还需设置一定数量的定位垫木，其布置应考虑抽垫方便，确定定位垫木位置时，以沉井井壁在抽出垫木时产生的正、负弯矩的大小接近相等为原则。垫木一般为枕木或方木(200mm×200mm)，其下垫一层厚约 0.3m 的砂，垫木间隙用砂填实(填到半高即可)。然后在刃脚位置处放上刃脚角钢，竖立内模，绑扎钢筋，再立外模浇筑第一节沉井混凝土。模板应有较大刚度，以免挠曲变形。钢模较木模刚度大，周转次数多，也易于安装，一般使用钢模，当场地土质较好时也可采用土模。

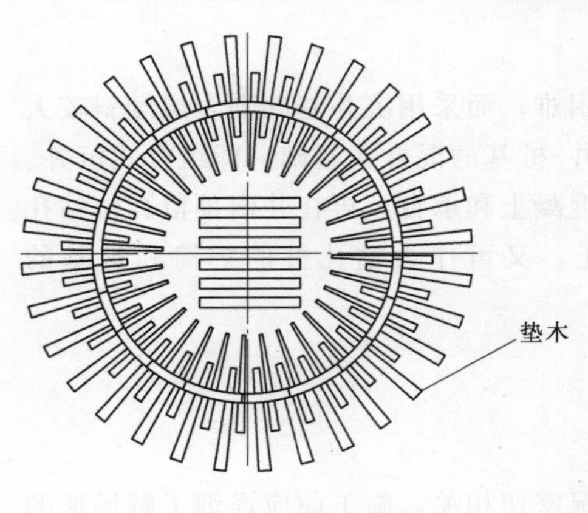

图 5.8　垫木布置

3. 拆模及抽垫

当沉井混凝土强度达设计强度的 25%时可拆除内外侧模，当达设计强度的 70%时可拆除模板，当达设计强度后方可抽撤垫木。抽垫应分区、依次、对称、同步地向沉井外抽出，以免引起沉井开裂、移动或倾斜。其顺序为先内壁下、再短边、最后长边。长边下垫木隔一根抽一根，以固定垫木为中心，由远而近对称地抽，最后抽除固定垫木，并随抽随用粗、中砂土回填捣实，以免沉井开裂、移动或偏斜。

4. 除土下沉

沉井下沉施工可分为排水下沉和不排水下沉。一般宜采用不排水除土下沉，在稳定的土层中，如渗水量不大，或者虽然土层渗水较强、渗水量较大，但排水不产生流砂现象时，也可采用排水除土下沉。

土的挖除可采用人工或机械均匀除土，削弱基底土对刃脚的正面力和沉井壁与土之间的摩擦阻力，使沉井依靠自重力克服上述阻力而下沉。排水下沉常用人工除土，人工除土可使沉井均匀下沉并易于清除井内障碍物，但应有安全措施。不排水下沉一般都采用机械除土方式，挖土工具可以是空气吸泥机、抓土斗、水力吸石筒、水力吸泥机等。通过黏土、胶结层除土困难时，可采用高压射水破坏土层，辅助下沉。沉井正常下沉时，应自中间向刃脚处均匀对称除土，排水下沉时应严格控制设计支承点土的排除，并随时注意沉井正位，保持竖直下沉，无特殊情况不宜采用爆破施工。

5. 接高沉井

当第一节沉井下沉至一定深度（井顶露出地面不小于 0.5m，或露出水面不小于 1.5m）时，停止除土，凿毛顶面，立模，然后对称均匀浇筑混凝土，接筑下节沉井。接筑前刃脚不得掏空，并应尽量均匀加重，并纠正上节沉井的倾斜，待强度达设计要求后再拆模继续下沉。

6. 设置井顶防水围堰

沉井顶面低于地面或水面时，应在井顶接筑临时性防水围堰，围堰的平面尺寸略小于沉井，其下端与井顶上预埋锚杆相连。围堰是临时性的，待墩身出水后可拆除。井顶防水围堰应因地制宜，合理选用。常见的有土围堰、砖围堰和钢板桩围堰。若水深流急、围堰高度大于 5.0m 时，宜采用钢板桩围堰。

7. 基底检验和处理

沉井沉至设计标高后，应检验基底地质情况是否符合设计要求。排水下沉时可直接检验，若采用不排水开挖下沉法则应进行水下检验，必要时可用钻机取样进行检验。当基底达设计要求后，应对地基进行必要的处理：砂性土或黏性土地基，一般可在井底铺砾石或碎石至刃脚底面以上 200mm；岩石地基，应凿除风化岩层，若岩层倾斜，还应凿成阶梯形。要确保井底浮土、软土清除干净，使封底混凝土、沉井与地基紧密结合。

8. 沉井封底

基底经检验、处理合格后应及时封底。排水下沉时，如渗水量上升速度不大于 6mm/min 时，可采用普通混凝土封底；否则抽水时易产生流砂。宜用水下混凝土封底。若沉井面积大，可采用多导管先外后内、先低后高依次浇筑。封底一般用素混凝土，但必须与地基紧密结合，不得存在有害的夹层、夹缝。

9. 井孔填充和顶板浇筑

封底混凝土达设计强度后，排干井孔中水，填充井内圬工。如果井孔中不填料或仅填砾石，则井顶应浇筑钢筋混凝土顶板，以支承上部结构，且应保持无水施工。然后砌筑井上构筑物，并随后拆除临时性的井顶围堰。井孔是否填充，应根据受力或稳定要求确定，在严寒地区，低于冻结线 0.25m 以上部分，必须用混凝土或圬工填实。

5.3.2　水中沉井施工

1. 水中筑岛

水中筑岛即先在水中修筑人工砂岛，再在岛上进行沉井的制作或挖土下沉。筑岛法与围堰法相比，不需要抽水，对岛体无防渗要求，构造简单，同时还可以就地取材，降低工程造价，方便施工。常用的筑岛法有无围堰防护土岛、有围堰防护土岛和板桩围堰筑岛。

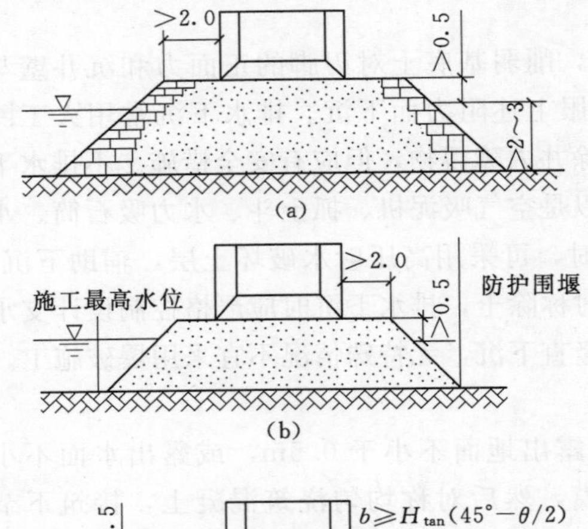

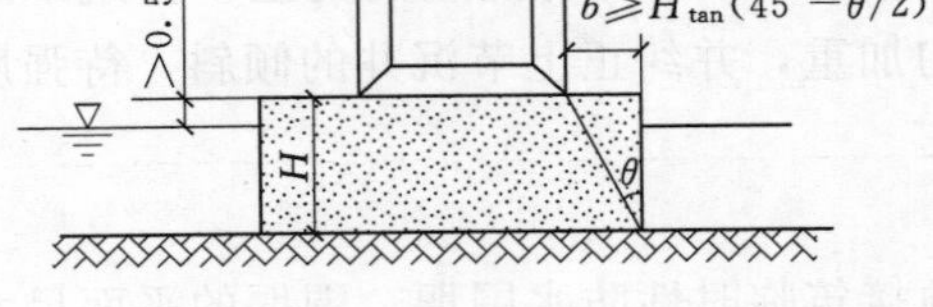

图 5.9　水中筑岛下沉

(a) 无围堰防护土岛；(b) 有围堰防护土岛；(c) 围堰筑岛

当水深小于 3m，流速不大于 1.5m/s 时，可采用砂或砾石在水中筑岛，周围用草袋维护，形成无围堰防护土岛，如图 5.9 (a) 所示；当水深或流速加大，可采用有围堰防护土岛，如图 5.9 (b) 所示；当水深较大（通常＜15m）或流速更大时，宜采用钢板桩围堰筑岛，如图 5.9 (c) 所示；岛面应高出最高施工水位 0.5m 以上，砂岛地基强度应符合要求，围堰筑岛时，围堰距井壁外缘距离 $b \geqslant H\tan(45°-\theta/2)$ 且≥2m（H 为筑岛高度，θ 为砂在水中的内摩擦角）。其余施工方法与旱地沉井施工相同。

2. 浮运沉井

在深水河道中，水深超过 10m 时，人工筑岛困难或不经济，可采用浮运法施工，即将沉井在岸边制造好，再利用在岸边铺成的滑道滑入水中，如图 5.10 所示，然后用绳索牵引至设计位置。沉井可做成空体形式或采用其他措施（如带钢气筒等）使其浮于水上，也可以在船坞内制成浮船定位和吊放下沉或利用潮汐，水位上涨时浮起，再浮运至设计位置。沉井安放就位后在悬浮状态下，逐步将水或混凝土注入空体中，使沉井逐步下沉至河底，若沉井较高，需分段制作，在悬浮状态下逐节接长下沉至河底，但整个过程均应保证沉井本身足够的稳定性。待刃脚切入河床一定深度后，即可按一般沉井下沉方法施工。

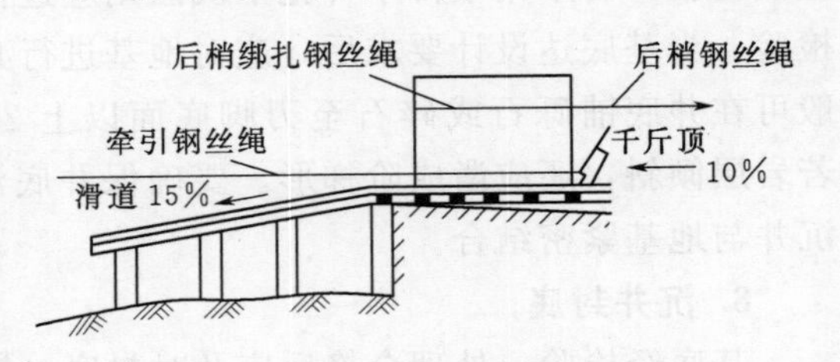

图 5.10　浮运沉井下水示意图

5.3.3　沉井下沉过程中遇到的特殊情况处理

1. 沉井倾斜

沉井倾斜大多发生在下沉不深时，导致偏斜的主要原因有以下几个方面：①沉井刃脚下土体表面松软，或制作场地、河底高低不平，软硬不均；②刃脚制作质量差，井壁与刃脚中线不重合；③抽垫方法欠妥，回填夯实不及时；④除土不均匀对称，使井孔内土面高度相差很多，下沉时有突沉和停沉现象；⑤刃脚遇障碍物顶住搁浅而未及时发现和处理，排土堆放不合理，或单侧受水流冲击淘空等导致沉井受力不对称。

纠正偏斜，通常可用除土、压重、顶部施加水平力或刃脚下支垫等方法处理，空气幕沉井也可采用单侧压气纠偏。若沉井倾斜，可在高侧集中除土，加重物，或用高压射水冲松土层。低侧回填砂石，必要时在井顶施加水平力扶正。若中心偏移则先除土，使井底中心向设计中心倾斜，然后在对侧除土，使沉井恢复竖立，如此反复至沉井逐步移近设计中心。当刃脚遇障碍物时，须先清除再下沉。如遇树根、大孤石或钢料铁件，排水施工时可人工排除，必要时用少量炸药（少于200g）炸碎。不排水施工时，可由潜水工进行水下切割或爆破。

2. 沉井难沉

在沉井下沉的中间阶段，可能会出现下沉困难的现象，即沉井下沉过慢或停沉。导致难沉的主要原因有以下几个方面：①开挖面深度不够，正面阻力大；②倾斜或刃脚下遇到障碍物、坚硬岩层和土层；③井壁摩擦阻力大于沉井自重；④井壁无减阻措施，或泥浆套、空气幕等遭到破坏。

解决难沉的措施主要是增加压重和减少井壁摩擦阻力。增加压重有以下几个方法：①提前接筑下节沉井，增加沉井自重；②在井顶加压沙袋、钢轨、铁块等重物迫使沉井下沉；③不排水下沉时，可井内抽水，减少浮力，迫使下沉，但需保证土体不产生流砂现象。减小井壁摩擦阻力的方法有：①将沉井设计成阶梯形、钟形，或使外壁光滑；②井壁内埋设高压射水管组，射水辅助下沉；③利用泥浆套或空气幕辅助下沉；④增大开挖范围和深度，必要时还可采用0.1～0.2kg炸药起爆助沉，但同一沉井每次只能起爆一次，且需适当控制爆振次数。

3. 沉井突沉

在软土地基上进行沉井施工时，常发生沉井瞬间突然大幅度下沉的现象。引起突沉的主要原因是井壁摩擦阻力较小，当刃脚下土被挖除时，沉井支承削弱，或排水过多，除土太深、出现塑流等而导致突然下沉。防止突沉的措施一般是在设计沉井时增大刃脚踏面宽度，并使刃脚斜面的水平倾角不大于60°，必要时通过增设底梁的措施提高刃脚阻力。在软土地基上进行沉井施工时，控制井内排水、均匀挖土，控制刃脚附近挖土深度，刃脚下土不挖除，使刃脚切土下滑。

4. 流砂

在粉、细砂层中下沉沉井，经常出现流砂现象，若不采取适当措施将造成沉井严重倾斜。产生流砂的主要原因是土中动水压力的水头梯度大于临界值。防止流砂的措施有以下几点：①排水下沉时若发生流砂可向井内灌水，采取不排水除土，减小水头梯度；②采用井点、深井或深井泵降水，降低井外水位，改变水头梯度方向使土层稳定，防止流砂发生。

5.4 沉井的设计与计算

沉井的设计与计算需包括沉井作为整体深基础的计算和施工过程中的结构计算

两大部分。设计计算前必须掌握以下有关资料：①上部或下部结构尺寸要求，基础设计荷载；②水文和地质资料（如设计水位、施工水位、冲刷线或地下水位标高，土的物理力学性质，施工过程中是否会遇障碍物等）；③拟采用的施工方法（排水或不排水下沉，筑岛或防水围堰的标高等）。

沉井作为整体深基础设计，主要是根据上部结构特点、荷载大小及水文和地质情况，结合沉井的构造要求及施工方法，拟定出沉井埋深、高度和分节以及平面形状和尺寸，井孔大小及布置，井壁厚度和尺寸，封底混凝土和顶板厚度等，然后进行沉井基础的计算。

当沉井埋深较浅时可不考虑井侧土体横向抗力的影响，按浅基础计算；当埋深较大时，井侧土体的约束作用不可忽视，此时在验算地基应力、变形及沉井的稳定性时，应考虑井侧土体弹性抗力的影响，按刚性桩（$\alpha h<2.5$）计算内力和土抗力。但对泥浆套施工的沉井，只有采取了恢复侧面土约束能力措施后方可考虑。

一般要求沉井基础下沉到坚实的土层或岩层上，其作为地下结构物，荷载较小，地基的强度和变形通常不会存在问题。作为整体深基础，一般要求地基强度应满足

$$F+G\leqslant R_j+R_f \tag{5.1}$$

式中　F——沉井顶面处作用的荷载，kN；

G——沉井的自重，kN；

R_j——沉井底部地基土的总反力，kN；

R_f——沉井侧面的总侧阻力，kN。

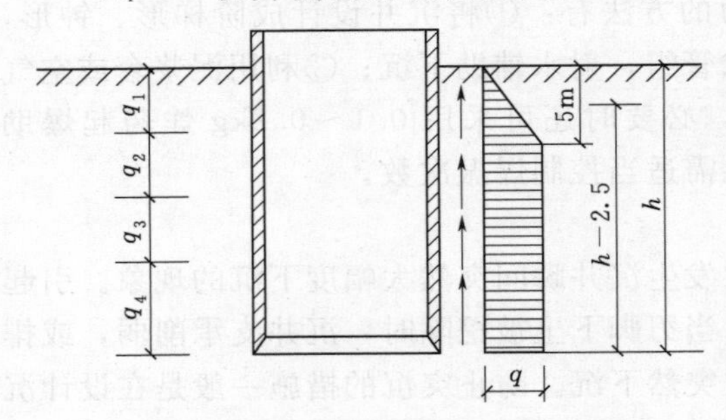

图 5.11　井侧摩擦阻力分布

沉井底部地基土的总反力 R_j 等于该处土的承载力特征值 f_a 与支承面积 A 的乘积，即

$$R_j=f_aA \tag{5.2}$$

可假定井壁侧阻沿深度呈梯形分布，距地面 5m 范围内按三角形分布，5m 以下为常数（图 5.11），故总侧阻力为

$$R_f=U(h-2.5)q \tag{5.3}$$

其中

$$q=\sum q_ih_i/\sum h_i$$

式中　U——沉井的周长，m；

h——沉井的入土深度，m；

q——单位面积侧阻加权平均值，kPa；

h_i——各土层厚度，m；

q_i——i 土层井壁单位面积侧阻力，根据实际资料或查表 5.1 选用。

考虑井侧土体弹性抗力时，通常可作以下基本假定。

(1) 地基土为弹性变形介质，水平向地基系数随深度成正比例增加（即 m 法）。

(2) 不考虑基础与土之间的黏着力和摩擦阻力。

(3) 沉井刚度与土的刚度之比视为无限大，横向力作用下只能发生转动而无挠

表 5.1 土与井壁侧阻力经验值

土的名称	土与井壁的侧阻力 q/kPa	土的名称	土与井壁的侧阻力 q/kPa
砂卵石	18～30	软塑及可塑黏性土、粉土	12～25
砂砾石	15～20	硬塑黏性土、粉土	25～50
砂土	12～25	泥浆套	3～5
流性土、粉土	10～12		

注 本表适用于深度不超过 30m 的沉井。

曲变形。

根据基础底面的地质情况，可分为两种情况计算。

1. 非岩石地基（包括沉井立于风化岩层内和岩面上）

当沉井基础受到水平力 F_H 和偏心竖向力 $F_V(=F+G)$ 共同作用［图 5.12 (a)］时，可将其等效为距基底作用高度为 λ 的水平力 F_H［图 5.12 (b)］，即

$$\lambda=\frac{F_V e+F_H l}{F_H}=\frac{\sum M}{F_H} \tag{5.4}$$

式中 $\sum M$——对井底各力矩之和。

在水平力作用下，沉井将围绕位于地面下深度 z_0 处点 A 转动一 ω 角［图 5.12 (b)］，地面下深度 z 处沉井基础产生的水平位移 Δx 和土的横向抗力 σ_{zx} 分别为

$$\Delta x=(z_0-z)\tan\omega \tag{5.5}$$

$$\sigma_{zx}=\Delta x C_z(z_0-z)\tan\omega \tag{5.6}$$

式中 z_0——转动中心 A 离地面的距离；

C_z——深度 z 处水平向的地基系数，kN/m³，$C_z=mz$，m 为地基土的比例系数（kN/m⁴）。

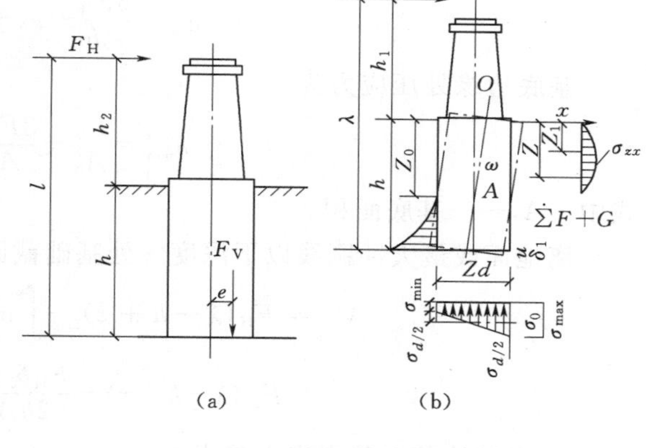

图 5.12 非岩石地基计算示意图

(a) 荷载作用情况；(b) 荷载作用应力分布

将 C_z 值代入式（5.6）得

$$\sigma_{zx}=mz(z_0-z)\tan\omega \tag{5.7}$$

即井侧水平压应力沿深度为二次抛物线变化。若考虑到基础底面处竖向地基系数 C_0 不变，则基底压力图形与基础竖向位移图相似。故

$$\sigma_{d/2}=C_0\delta_1=C_0\frac{d}{2}\tan\omega \tag{5.8}$$

式中 C_0——地基系数，$C_0=m_0 h$，且不小于 $10m_0$，对岩石地基，其地基系数 C_0 不随岩层增深而增长，可按岩石饱和单轴抗压强度 f_{rc} 取值；

d——基底宽度或直径；

m_0——基底处竖向地基比例系数，kN/m⁴，近似取 $m_0=m$。

上述各式中 z_0 和 ω 为两个未知数，根据图 5.12 可建立两个平衡方程式，即

$$\sum X=0,\quad F_H-\int_0^h\sigma_{zx}b_1\mathrm{d}z=F_H-b_1 m\tan\omega\int_0^h z(z_0-z)\mathrm{d}z=0 \tag{5.9}$$

$$\sum M=0,\quad F_{\mathrm{H}}h_1=\int_0^h \sigma_{zx}b_1 z\mathrm{d}z-\sigma_{d/2}W_0=0 \tag{5.10}$$

式中　b_1——沉井的计算宽度；

W_0——基底的截面模量。

联立求解可得

$$z_0=\frac{\beta b_1 h^2(4\lambda-h)+6dW_0}{2\beta b_1 h(3\lambda-h)} \tag{5.11}$$

$$\tan\omega=\frac{6F_{\mathrm{H}}}{Amh} \tag{5.12}$$

其中

$$A=\frac{\beta b_1 h^3+18W_0 d}{2\beta(3\lambda-h)}$$

$$\beta=\frac{C_h}{C_0}=\frac{mh}{m_0 h}$$

式中　β——深度 h 处井侧水平地基系数与井底竖向地基系数的比值。

将此代入上述各式可得以下各式。

井侧水平应力为

$$\sigma_{zx}=\frac{6F_{\mathrm{H}}}{Ah}z(z_0-z) \tag{5.13}$$

基底边缘处压应力为

$$\sigma_{\min}^{\max}=\frac{F_{\mathrm{V}}}{A_0}\pm\frac{3F_{\mathrm{H}}d}{A\beta} \tag{5.14}$$

式中　A_0——基底面积。

离地面或最大冲刷线以下深度 z 处基础截面上的弯矩（图 5.12）为

$$\begin{aligned}M_z&=F_{\mathrm{H}}(\lambda-h+z)-\int_0^z \sigma_{zx}b_1(z-z_1)\mathrm{d}z_1\\&=F_{\mathrm{H}}(\lambda-h+z)-\frac{F_{\mathrm{H}}b_1 z^3}{2hA}(2z_0-z)\end{aligned} \tag{5.15}$$

2. 岩石地基（基底嵌入基岩内）

若基底嵌入基岩内，在水平力和竖直偏心荷载作用下，可假定基底不产生水平位移，其旋转中心 A 与基底中心重合，即 $z_0=h$（图 5.13），但在基底嵌入处将存在一水平阻力 P，若该阻力对 A 点的力矩忽略不计，取弯矩平衡可导得转角 $\tan\omega$ 为

$$\tan\omega=\frac{F_{\mathrm{H}}}{mhD} \tag{5.16}$$

其中

$$D=\frac{b_1\beta h^3+6Wd}{12\lambda\beta}$$

横向抗力为

$$\sigma=(h-z)z\frac{F_{\mathrm{H}}}{Dh} \tag{5.17}$$

基底边缘处压应力为

$$\sigma_{\min}^{\max}=\frac{F_{\mathrm{V}}}{A_0}\pm\frac{F_{\mathrm{H}}d}{2\beta D} \tag{5.18}$$

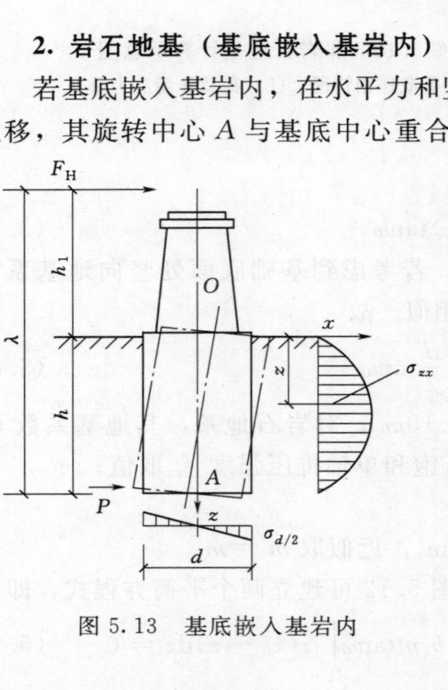

图 5.13　基底嵌入基岩内

由$\sum x=0$可得嵌入处未知水平阻力F_R为

$$F_R=\int_0^h b_1\sigma_{zx}\mathrm{d}z-F_{\mathrm{H}}=F_{\mathrm{H}}\left(\frac{b_1h^2}{6D}-1\right) \tag{5.19}$$

地面以下深度z处基础截面上的弯矩为

$$M_z=F_{\mathrm{H}}(\lambda-h+z)-\frac{b_1F_{\mathrm{H}}z^3}{12Dh}(2h-z) \tag{5.20}$$

还需注意，当基础仅受偏心竖向F_{V}作用时，$\lambda\to\infty$，上述公式均不能应用。此时，应以$M_z=F_{\mathrm{V}}e$代替式（5.10）中的$F_{\mathrm{H}}h_1$，同理可导得上述两种情况下相应的计算公式［详见《公路桥涵地基与基础设计规范》(JTG D63—2007)］。

3. 验算

（1）基底应力。要求基底最大压应力不应超过沉井底面处土的承载力特征值f_{ah}，即

$$\sigma_{\max}\leqslant f_{\mathrm{ah}} \tag{5.21}$$

（2）井侧水平压应力验算。要求井侧水平压应力σ_{zx}应小于沉井周围土的极限抗力［σ_{zx}］。计算时可以认为沉井在外力作用下产生位移时，深度z处沉井一侧产生主动土压力E_{a}，而另一侧受到被动土压力E_{p}作用，故井侧水平压应力应满足

$$\sigma_{zx}\leqslant[\sigma_{zx}]=E_{\mathrm{p}}-E_{\mathrm{a}} \tag{5.22}$$

由朗金土压力理论可导得

$$\sigma_{zx}\leqslant\frac{4}{\cos\varphi}(\gamma z\tan\varphi+c) \tag{5.23}$$

式中 γ——土的重度；

φ、c——土的内摩擦角和黏聚力。

考虑到桥梁结构性质和荷载情况，且经验表明最大的横向抗力大致在$z=h/3$和$z=h$处，以此代入式（5.23）可得

$$\sigma_{\frac{h}{3}x}\leqslant\eta_1\eta_2\frac{4}{\cos\varphi}\left(\frac{\gamma h}{3}\tan\varphi+c\right) \tag{5.24}$$

$$\sigma_{hx}\leqslant\eta_1\eta_2\frac{4}{\cos\varphi}(\gamma h\tan\varphi+c) \tag{5.25}$$

$$\eta_2=1-0.8\frac{M_{\mathrm{g}}}{M}$$

式中 $\sigma_{\frac{h}{3}x}$、σ_{hx}——相应于$z=h/3$和$z=h$深度处土的水平压应力；

η_1——取决于上部结构形式的系数，一般取1，对于超静定推力拱桥可取0.7；

η_2——考虑恒荷载产生的弯矩M_{g}对总弯矩M的影响系数。

此外，根据需要还须验算结构顶部的水平位移及施工允许偏差的影响。

4. 沉井自重下沉验算

为保证沉井施工时能顺利下沉达设计标高，一般要求沉井下沉系数K满足

$$K=\frac{G}{R_{\mathrm{f}}}\geqslant1.15\sim1.25 \tag{5.26}$$

式中 G——沉井自重，不排水下沉时应扣除浮力；

R_f——沉井侧面的总侧阻力。

若不满足上述要求，可加大井壁厚度或调整取土井尺寸；当不排水下沉达一定深度后改用排水下沉；增加附加荷载或射水助沉或采取泥浆套或空气幕等措施。

5. 沉井抗浮稳定

当沉井封底后，达到混凝土设计强度。井内抽干积水时，沉井内部尚未安装设备或浇筑混凝土前，此时沉井为置于地下水中的一只空筒，应有足够的自重来抵抗浮力。此时沉井的抗浮稳定系数应满足

$$k=\frac{G+R_f}{P_w}\geqslant 1.05 \tag{5.27}$$

式中 k——沉井抗浮稳定系数；

P_w——地下水对沉井的总浮力，kN。

5.5 地下连续墙

5.5.1 地下连续墙的类型

地下连续墙主要作为支挡结构，按其支护方式可以划分为以下几种。

(1) 自立式挡土墙。在开挖过程中，不需要设置锚杆或支撑等工作，但其应用范围受到开挖深度的限制，最大的自立高度与墙体厚度和地质条件（包括地下水位）有关，一般对于软土地层采用600mm厚地下墙挖土，其自立高度的界限应控制在4～5m为宜，特殊情况下，也可采用T形或I形断面的地下墙，以增加墙体抗弯能力。

(2) 锚定式挡土墙。可使地下连续墙安全挡土高度加大，一般最为合理的是采用多层斜向锚杆，也可在地下墙墙顶附近设置拉杆和锚定墙。

(3) 支撑式挡土墙。这种类型在工程上用得相当多，与钢板桩支撑相似，通常采用H型钢、实腹梁、钢管或桁架等构件作支撑；也常采用主体结构的钢筋混凝土梁兼作施工挡土支撑；或将结构梁和临时钢支撑相结合。当基坑开挖深度相当深时，还可采用多层支撑方式。

(4) 逆作法挡土墙。常用于较深的多层地下室施工。利用地下主体结构梁板体系作为挡土结构支撑，逐层进行挖土，逐层进行梁、板、柱体系的施工。与此同时，以柱式承重基础承受上部结构重量，在基坑开挖过程中同时进行上部结构的施工。

5.5.2 地下连续墙设计

地下连续墙的墙体厚度宜按成槽机的规格，选取600mm、800mm、1000mm或1200mm。“一”字形槽段长度宜取4～6m。当成槽施工可能对周边环境产生不利影响或槽壁稳定性较差时，应取较小的槽段长度。必要时，宜采用搅拌桩对槽壁进行加固。地下连续墙的转角处或有特殊要求时，单元槽段的平面形状可采用L形、T形等。地下连续墙的混凝土设计强度等级宜取C30～C40。地下连续墙用于截水时，墙体混凝土抗渗等级不宜小于P6，槽段接头应满足截水要求。当

地下连续墙同时作为主体地下结构构件时，墙体混凝土抗渗等级应满足相关规范的要求。

地下连续墙的正截面受弯承载力、斜截面受剪承载力应按现行国家标准《混凝土结构设计规范》(GB 50010—2010)（以下简称《混凝土规范》）的有关规定进行计算，地下连续墙的纵向受力钢筋应沿墙身每侧均匀配置，可按内力大小沿墙体纵向分段配置，但通长配置的纵向钢筋不应小于总数的50%；纵向受力钢筋宜采用HRB400级或HRB500级钢筋，直径不宜小于16mm，净间距不宜小于75mm。水平钢筋及构造宜选用HPB300或HRB400钢筋，直径不宜小于12mm，水平钢筋间距宜取200～400mm。冠梁按构造设置时，纵向钢筋伸入冠梁的长度宜取冠梁厚度。冠梁按结构受力构件设置时，墙身纵向受力钢筋伸入冠梁的锚固长度应符合现行国家标准《混凝土规范》对钢筋锚固的有关规定。当不能满足锚固长度的要求时，其钢筋末端可采取机械锚固措施。地下连续墙纵向受力钢筋的保护层厚度，在基坑内侧不宜小于50mm，在基坑外侧不宜小于70mm。钢筋笼端部与槽段接头之间、钢筋笼端部与相邻墙段混凝土面之间的间隙应不大于150mm，纵筋下端500mm长度范围内宜按1∶10的斜度向内收口。

地下连续墙的槽段接头应按下列原则选用：①地下连续墙宜采用圆形锁口管接头、波纹管接头、楔形接头、“工”字形钢接头或混凝土预制接头等柔性接头；②当地下连续墙作为主体地下结构外墙且需要形成整体墙体时，宜采用刚性接头；刚性接头可采用“一”字形或“十”字形穿孔钢板接头、钢筋承插式接头等；当采取地下连续墙顶设置通长冠梁、墙壁内侧槽段接缝位置设置结构壁柱、基础底板与地下连续墙刚性连接等措施时，也可采用柔性接头。

地下连续墙墙顶应设置混凝土冠梁。冠梁宽度不宜小于墙厚，高度不宜小于墙厚的0.6倍。冠梁钢筋应符合现行国家标准《混凝土规范》对梁的构造配筋要求。冠梁用作支撑或锚杆的传力构件或按空间结构设计时，还应按受力构件进行截面设计。

5.5.3　地下连续墙施工

地下连续墙的施工工艺流程如图5.14所示。

1. 导墙

导墙是为了控制地下连续墙的平面位置和尺寸准确，保护槽口、防止槽壁顶部坍塌，支撑施工设备和钢筋笼焊接接长时的荷载、蓄浆并调节液面，在地下连续墙成槽前，在连续墙两侧预先制作的钢筋混凝土或砖砌墙体。导墙一般用钢筋混凝土浇筑而成，导墙断面一般为⌈形、⌋形或[形，厚度一般为150～250mm，深度为1.5～2.0m，底部应坐落在原土层上，其顶面高出施工地面50～100mm，并应高出地下水位1.5m以上。两侧墙净距中心线与地下连续墙中心线重合。每槽段内的导墙应设一个以上的溢浆孔。导墙宜建在密实的黏性土地基上，如果遇特殊情况应妥善处理，导墙背后应使用黏性土分层回填并夯实，以防漏浆。现浇钢筋混凝土导墙拆模后，应立即在两片导墙间加支撑。导墙的几种断面形式如图5.15所示。

2. 泥浆

泥浆的作用在于维护槽壁的稳定、防止槽壁坍塌、悬浮岩屑和冷却、润滑钻

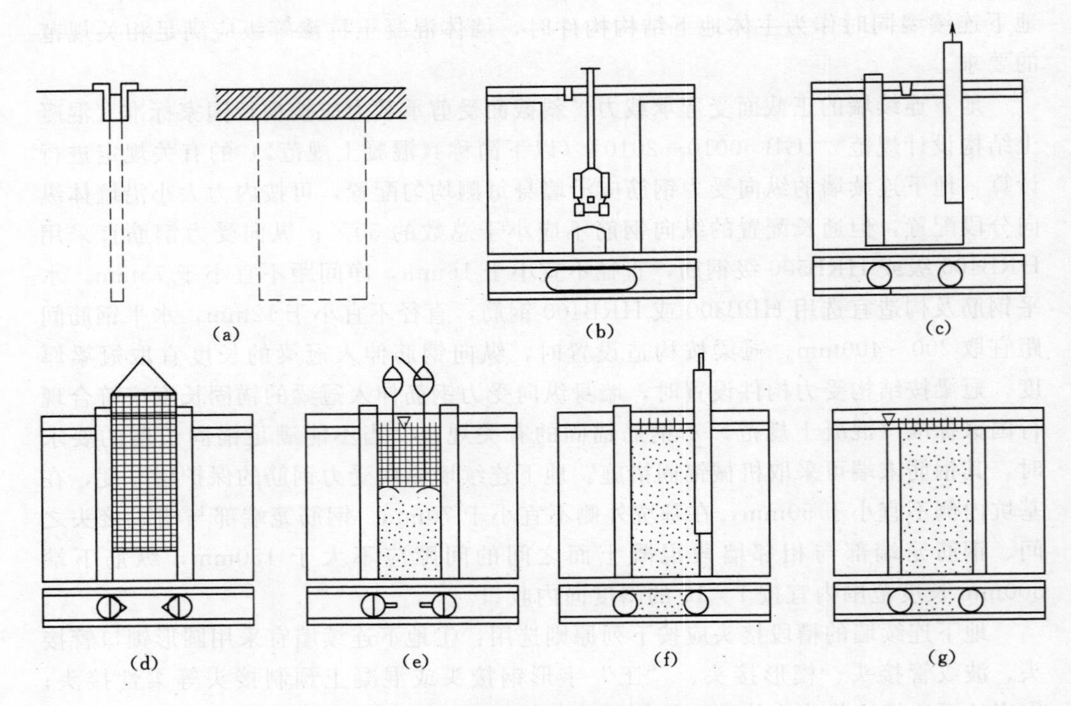

图 5.14　地下连续墙的施工工艺流程

(a) 准备开挖的地下连续墙沟槽；(b) 挖槽；(c) 安放锁口管（接头箱）；(d) 吊放钢筋笼；(e) 水下混凝土灌注；(f) 拔锁口管（接头箱）；(g) 已完工的槽段

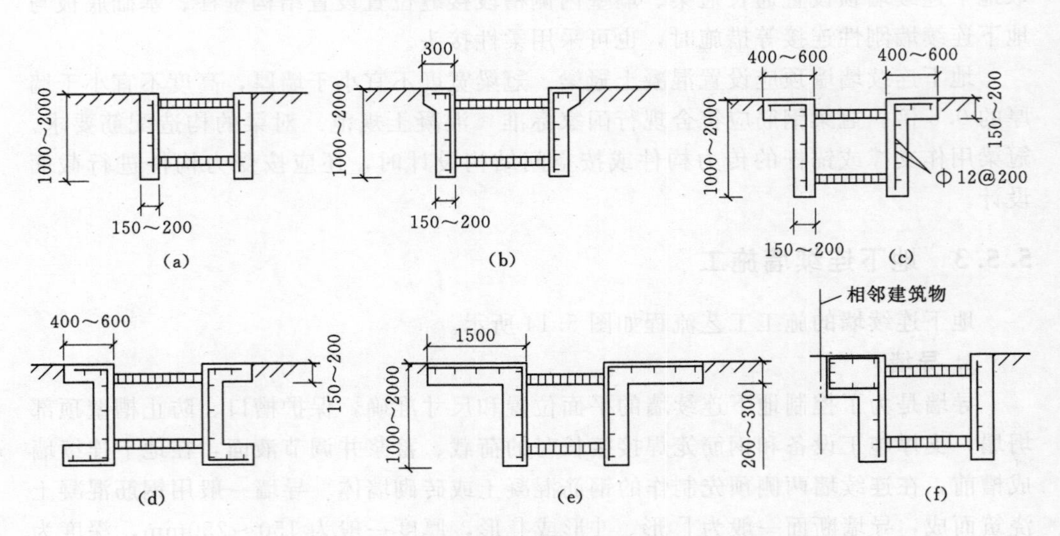

图 5.15　几种导墙断面形式（单位：mm）

(a) 简单型Ⅰ；(b) 简单型Ⅱ；(c) Ⅰ型；(d) ┌型；(e) ［型 (f) └ 型

头。泥浆质量的好坏直接关系到成槽的速度和墙体质量。各施工阶段对泥浆的要求可参照表 5.2 控制。在施工期间，始终保持槽内泥浆面必须高于地下水位 0.5m 以上，也不应低于导墙顶面 0.3m。

3. 槽段开挖

(1) 应根据槽段开挖地的工程地质和水文地质条件、施工环境、设备能力、地下墙的结构尺寸及质量要求等选用挖槽机械，通常对于软弱地基，宜选用抓斗式挖槽机械；对于硬质地基，宜选用回转式或冲击式挖槽机械。

表 5.2　　泥 浆 控 制 要 求

泥浆类型	漏斗黏度 /(Pa・s)	相对密度	pH 值	失水量 /mL	含砂率 /%	泥皮厚度 /mm
再生泥浆	30～40	1.08～1.15	7.0～9.0	<15	<6	<2.0
成槽中泥浆	22～60	1.05～1.20	7.0～10.0	<20	可不测	可不测
清孔后泥浆	22～40	1.05～1.15	7.0～10.0	<15	<6	<2.0
劣化（废）浆	>60	>1.40	>14	>30	>10	>3.0

(2) 挖槽前应预先将地下连续墙划分为若干个单元槽段，其平面形状可为“一”字形、L 形、T 形等。槽段长度应根据设计要求、土层性质、地下水情况、钢筋笼的轻重、设备起吊能力、混凝土供应能力确定。每单元槽段长度一般为 3～7m。

(3) 挖槽过程中，应保持槽内始终充满泥浆，泥浆的使用方式应根据挖槽方式的不同而定，使用抓斗挖槽时，应采用泥浆静止方式，随着挖槽深度的增大，不断向槽内补充新鲜泥浆，使槽壁保持稳定。使用钻头或切削刀具挖槽时，应采用泥浆循环方式。用泵把泥浆通过管道压送到槽底，土渣随泥浆上浮至槽顶面排出的称为正循环；泥浆自然流入槽内，土渣被泵管抽吸到地面上的称为反循环。反循环排渣效率高，宜用于容积大的槽段开挖。

(4) 槽段开挖完毕，应检查排位、槽深、槽宽及槽壁垂直度，并进行清底换浆，一般要求距槽底（设计标高）20cm 处，泥浆相对密度应不大于 1.25，沉淀物淤积厚度要小于 200mm，合格后尽快安装钢筋笼，浇筑混凝土，如图 5.16 所示。

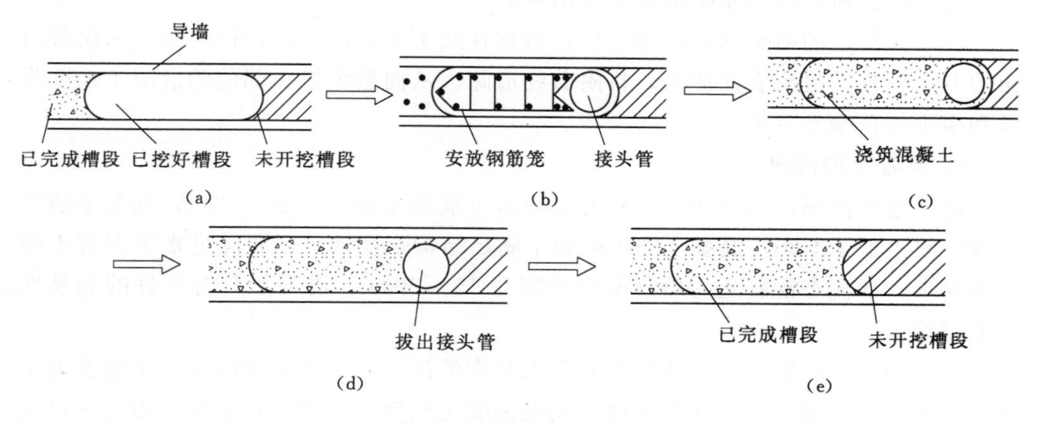

图 5.16　槽段施工顺序

4. 钢筋笼的制作与吊装

一般采用主、副钩配合起吊（图 5.17），主钩起吊钢筋笼中间，副钩起吊钢筋笼顶部，主、副钩同时工作，使钢筋笼逐渐离地面，并改变笼子的角度，直到垂直，将钢筋笼对准槽段的中心位置并缓缓入槽。

钢筋笼必须要有足够的刚度，一般是在钢筋笼中布设纵横向桁架来解决。钢筋

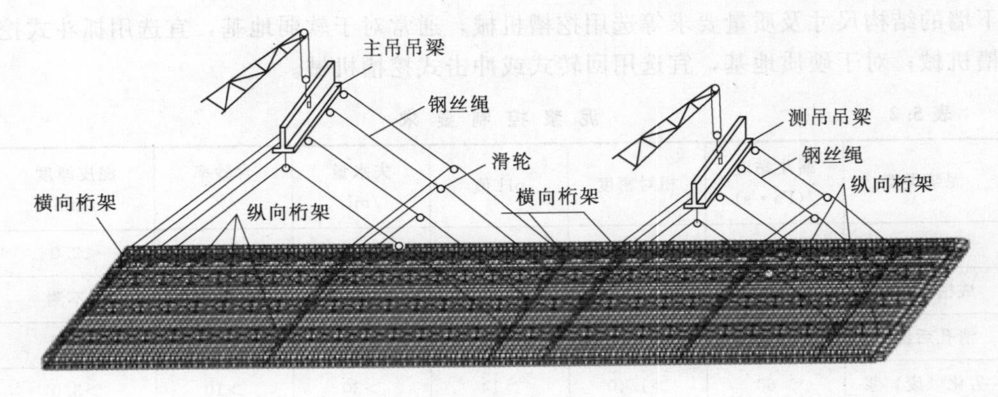

图5.17 钢筋笼起吊方法

笼随着长度、宽度的不同，可分别采用6点、9点、12点、15点等多种布点起吊形式。

5. 墙段接头施工

为了使各个墙段施工后连成一个整体，施工中必须采用一定形式的接头（缝）措施。地下连续墙墙段接头可采用钢管、预制混凝土管、钢板、型钢（H形钢、槽钢、工字钢）等组成的接头构件，使相邻槽段紧密相接。其中接头管式由于施工简单可靠，是使用最多的一种形式。接头管式在成槽、清底后，即在其一侧插入直径大致与墙厚相同的接头管。在混凝土开始浇筑约2h后，为防止接头管与一侧混凝土固结在一起，采用起重机和千斤顶从墙段内将接头管慢慢地拔出来。先每次拔出10cm，拔到0.5～1.0m，再每隔30min拔出0.5～1.0m，最后根据混凝土顶端的凝结状态全部拔出。此时墙段端部在拔出接头管位置就形成了半圆形的榫槽。接头构件应能承受混凝土的压力，并要尽量长些，如果要分段连接，应做到连接部分的直径不能太粗，也不要把螺栓等突出来。

在单元槽段的接头部位插槽之后，对黏在接头表面的沉渣进行清除，采用带刃角的专业工具沿接头表面插入，将附着物清除。从而避免接头部位的混凝土强度降低和接头部位漏水现象。

6. 混凝土的浇筑

地下连续墙槽段的浇筑过程具有一般水下混凝土浇筑的施工特点，混凝土强度等级一般不低于C20，混凝土的级配除了满足结构强度外，还要满足水下混凝土施工的要求，如流态混凝土的坍落度宜控制在15～20cm，混凝土具有良好的和易性和流动性。

（1）地下连续墙混凝土是用导管在泥浆中灌注的，由于导管内混凝土密度大于导管外的泥浆密度，利用两者的压力差使混凝土从导管内流出，在管口附近一定范围内上升替换掉原来泥浆的空间。

（2）在混凝土浇筑过程中，导管下口插入混凝土深度应控制在2～4m，不宜过深或过浅。在浇灌过程中导管不能做横向运动；否则会使沉渣或泥浆混入混凝土内。混凝土要连续灌筑不能长时间中断，一般可允许中断5～10min，最长只允许中断20～30min。为保持混凝土的均匀性，混凝土搅拌好之后以1.5h内灌筑完毕为原则，在夏天由于混凝土凝结较快，所以必须在搅拌好之后1h内尽快浇完；否则应掺入适当的凝结剂。

（3）浇注混凝土时，槽内混凝土面上升速度不应大于 2m/h，在浇灌过程中要经常测量混凝土灌注量和上升高度，测量混凝土上升高度可用测锤。

5.5.4　地下连续墙的质量检验

地下连续墙的质量检验标准需符合表 5.3 的要求。

表 5.3　　地下连续墙的质量检验标准

项目	序号	检查项目		允许偏差或允许值/mm	检查方法
主控项目	1	墙体强度		设计要求	检查试件记录或取芯试压
	2	垂直度	永久结构	1/300	检测声波测槽仪或成槽机上的监测系统
			临时结构	1/150	
一般项目	1	导墙尺寸	宽度	W+40	用钢尺量（W 为地下墙的厚度）
			墙面平整度	＜5	用钢尺量
			导墙平面位置	±10	用钢尺量
	2	沉渣厚度	永久结构	≤100	重锤测或沉淀物测定仪测
			临时结构	≤200	
	3	槽深		100	重锤测
	4	混凝土坍落度		180～220	坍落度测定器
	5	钢筋笼尺寸		设计要求	见钢筋笼制作质量标准
	6	地下墙表面平整度	永久结构	＜100	此为均匀黏土层，松散及易坍土层由设计决定
			临时结构	＜150	
			插入式结构	＜20	
	7	永久结构时的预埋件位置	水平向	≤10	用钢尺量
			垂直向	≤20	水准仪

钢筋笼的制作偏差应符合表 5.4 的规定。

表 5.4　　钢筋笼的制作标准

项　目	序号	检查项目	允许偏差或允许值/mm
主控项目	1	主筋间距	±10
	2	长度	±100
一般项目	1	箍筋间距	±20
	2	直径	±10

地下连续墙为全机械化施工，工效高、速度快、施工期短；混凝土浇筑无须支模和养护，成本低；可在沉井作业、板桩支护等难以实施的环境中进行无噪声、无振动施工；并穿过各种土层进入基岩，无须采取降低地下水的措施，因此可在密集建筑群中施工，尤其是用于两层以上地下室的建筑物，可配合“逆筑法”施工（从地面逐层向下修筑建筑物地下部分的一种施工技术），而更显出其

独特的作用。

思　考　题

5-1　何谓沉井基础？它适用于什么情况？如何选择沉井的类型？

5-2　将沉井按不同制作材料和不同截面形状进行分类，各类沉井适宜在什么条件下采用？

5-3　一般沉井构造上主要由哪几部分组成？各部分作用如何？

5-4　何谓地下连续墙？与其他深基础相比较有何特点？

习　题

5-1　如习题 5-1 图所示，已知作用在某桥墩矩形沉井基础基底中心的荷载 $N=20000$kN，$H=160$kN，$M=2400$kN·m。沉井平面尺寸 $a=10$m，$b=5$m，沉井入土深度 $h=10$m，已知基底黏土层承载力 $f=430$kPa，试按浅基础及深基础两种方法分别验算其强度是否满足。如果已知沉井侧面黏性土的黏聚力 $c=15$kPa，$\varphi=20°$，试验算地基的横向抗力是否满足。

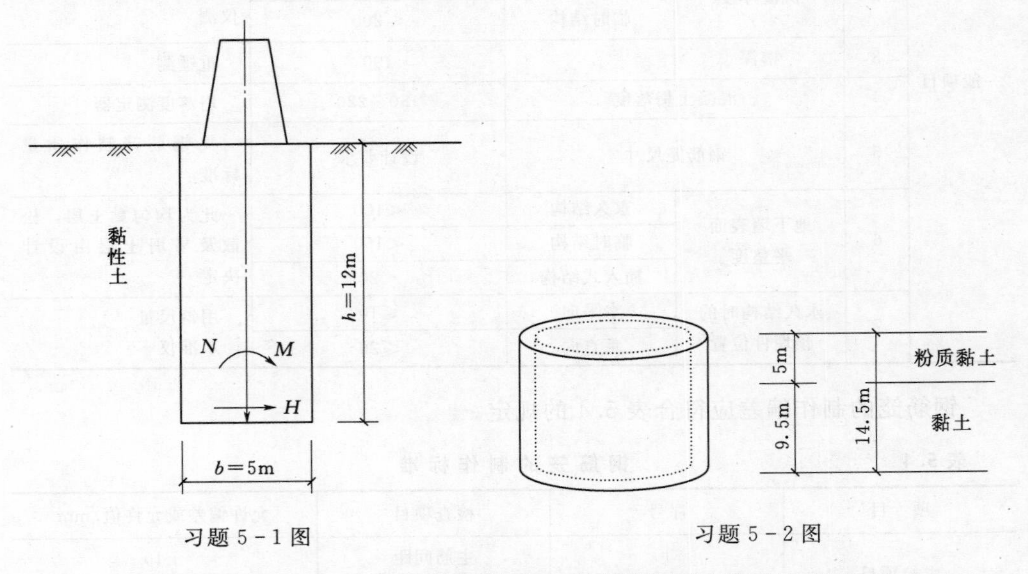

习题 5-1 图　　　　习题 5-2 图

5-2　如习题 5-2 图所示，某圆筒形钢筋混凝土沉井下沉深度 $H=14.5$m，外径 $D=18$m，内径 $d=16.4$m，$\gamma=25\text{kN/m}^3$。下沉土层分为两层，上层为硬塑状粉质黏土，厚 5m，井壁单位面积摩擦阻力 $f_1=30$kPa；下层为可塑状黏性土，厚 13m，井壁单位面积摩擦阻力 $f_2=20$kPa。试验算沉井下沉到顶部与地面齐平时下沉系数是否满足要求？

第6章

地基处理

6.1 概述

6.1.1 地基处理的概念和目的

地基是指承受建筑荷载的地层。各种建（构）筑物对地基的要求主要包括以下四个方面。

1. 稳定性问题

地基稳定性是指上部结构自重及外荷载作用下，主要受力层岩土体的沉降变形、深层滑动等对工程建设安全稳定的影响程度，避免由此地基产生过大的变形、侧向破坏、滑移造成地基破坏，从而影响正常使用。若地基稳定性不能满足要求，地基在上部结构自重及外荷载作用下将会产生局部或整体剪切破坏，影响上部结构的安全与正常使用，地基稳定性主要与荷载大小和地基土体的抗剪强度有关。

2. 地基变形问题

地基变形问题是指在上部结构自重及外荷载作用下，地基土产生的变形（包括沉降或水平位移或不均匀沉降）是否超过相应的允许值。若地基变形超过允许值，将会影响上部结构的安全与正常使用，严重的会引起上部结构破坏。地基变形主要与荷载大小和地基土体的变形特性有关。

3. 地基渗透问题

渗透问题主要为地基的渗透量或水力坡降是否超过允许值。若蓄水构筑物地基渗透量超过其允许值会造成较大水量损失，甚至导致蓄水失败；若地基中水力坡降超过允许值，地基土会因潜蚀和管涌产生稳定性破坏，导致上部结构破坏。地基渗透问题主要与地基中水力比降大小和土体的渗透性有关。

4. 液化问题

在动荷载（地震作用、机器与波浪荷载、车辆振动和爆破等）作用下，会引起饱和松砂土（包括松砂、细砂、粉砂及部分粉土）产生液化，它使土体失去抗剪强度与承载力，出现近似液体特性的一种现象，并会造成地基失稳和震陷。

当天然地基不能满足上述四个方面的要求时，需要对天然地基进行处理。为提高地基强度、改善其变形性质或渗透性质等而采取的技术措施，称为地基处理。

地基处理的目的是要采取适当的措施，如换填、夯实、预压、振冲、挤密和胶结等方法，对地基土进行加固，以改善地基土的强度、压缩性、透水性、振动性和特殊土地基的特性。地基处理的内容包括以下几项。

(1) 提高地基土的抗剪强度，以满足设计对地基承载力和稳定性的要求。

(2) 改善地基土的变形性质，防止建筑物产生过大的沉降和不均匀沉降以及侧向变形等。

(3) 改善地基土的渗透性能，防止渗流过大和渗透破坏等。

(4) 提高地基土的抗振（震）性能，防止液化，隔振和减小振动波的振幅等。

(5) 改善特殊土的不良地基特性，如消除黄土的湿陷性、膨胀土的胀缩性等。

6.1.2 地基处理方法分类及应用范围

现有的地基处理方法很多，对各种地基处理方法进行严格的统一分类很困难。这里仅讨论针对工程上常见的土类进行的一般性的地基处理方法。按照处理方法的作用原理，常用的地基处理方法见表6.1。

表6.1 地基处理方法分类、原理及作用与适用范围

编号	分类	处理方法	原理及作用	适用范围
1	复合地基处理	(1) 散体材料（碎石桩等）复合地基；(2) 柔性桩（水泥土桩、旋喷桩、灰土挤密桩等）复合地基；(3) 刚性桩（水泥粉煤灰碎石桩等）复合地基	在地基处理过程中，部分土体得到增强或被置换，或在天然地基中设置加筋体，由天然地基土体和增强体两部分组成共同承担荷载的人工地基	适用于处理淤泥、淤泥质土、黏性土、粉土、砂土及人工填土等地基
2	换填垫层	砂石垫层、素土垫层、灰土垫层、工业废渣垫层、土工合成材料垫层	以砂石、碎石、灰土和工业矿渣等强度较高的材料，置换地基表层软弱土，提高持力层的承载力，扩散应力，减少沉降量	适用于处理淤泥、淤泥质土、湿陷性黄土、素填土和暗沟、暗塘等软弱土地基
3	预压法	天然地基预压、砂井及塑料排水带预压、真空预压、降水预压等	在地基中增设竖向排水体，加速地基的固结和强度增长，提高地基的稳定性；加速沉降发展，使基础沉降提前完成	适用于处理饱和软弱黏土层、淤泥质土、冲积土等
4	碾压及夯实	静力碾压、重锤夯实、机械碾压、振动压实、强夯和强夯置换	利用压实原理，通过机械碾压夯击，把表层地基土压实；强夯则利用强大夯击能，在地基中产生强烈冲击波和动应力，迫使土动力固结密实	适用于碎石土、砂土、粉土、低饱和度黏性土、杂填土等，对饱和黏性土应慎重采用
5	振密、挤密	振冲挤密、沉桩挤密、灰土挤密、砂桩、石灰桩、爆破挤密等	采用一定的技术措施，通过振动或挤密，使土体的孔隙减少、强度提高；必要时在振动挤密的过程中，回填砂、砾石、灰土、素土等，与地基土组成复合地基，从而提高地基的承载力，减少沉降量	适用于处理松砂、粉土、杂砂土及湿陷性黄土、非饱和黏性土等

续表

编号	分类	处理方法	原理及作用	适用范围
6	置换及拌入	振冲置换、冲抓置换、深层搅拌、高压喷射注浆、石灰桩等	采用专门的技术措施，以砂、碎石等置换软弱土地基中部分软弱土，或在部分软弱土地基中掺入水泥、石灰或砂浆等形成加固体，与未处理部分土组成复合地基，从而提高地基承载力，减少沉降量	适用于处理黏性土、冲填土、粉砂、细砂等。振冲置换法限于不排水抗剪强度 C_u >20kPa 的地基土
7	加筋	土工合成材料加筋、锚固、树根桩、加筋土	在地基或土体埋设强度较大的土工合成材料、钢片等加筋材料，使地基或土体防止断裂，保持整体性，提高刚度，改变地基土体的应力场和应变场，从而提高地基的承载力，改善变形特性	适用于处理软弱土地基、填土及陡坡填土、砂土等
8	其他	注浆加固、冻结、托换技术、纠倾技术	通过特种技术措施处理软弱土地基	根据实际情况确定

天然地基是否需要进行地基处理取决于地基土的性质和上部结构对地基的要求两个方面。地基处理的对象是软弱地基和特殊土地基。软弱地基或不良地基是相对上部结构对地基的要求而言的。在土木工程建设中经常遇到的软弱土和不良土主要包括：软黏土，人工填土，部分砂土和粉土，湿陷性土，有机质土和泥炭土，膨胀土，多年冻土，盐渍土，岩溶、土洞和山区地基以及垃圾填埋土地基等。

地基处理的优劣关系到整个工程的质量、造价与工期，直接影响着建筑物和构筑物的安全。各种不同的地基处理方法，都有其适用性，没有哪一种方法是万能的，针对不同的地基情况应恰当地选择不同的地基处理方法。在选择地基处理方法前应完成下列工作。

(1) 搜集详细的岩土工程勘察资料、上部结构及基础设计资料等。

(2) 根据工程的要求和采用天然地基存在的主要问题，确定地基处理的目的、处理范围和处理后要求达到的各项技术经济指标等。

(3) 结合工程情况，了解当地地基处理经验和施工条件，对于有特殊要求的工程，还应了解其他地区相似场地上同类工程的地基处理经验和使用情况等。

(4) 调查邻近建筑、地下工程和有关管线等情况。

(5) 了解建筑场地的环境情况。

地基处理方法的确定宜按下列步骤进行。

(1) 根据结构类型、荷载大小及使用要求，结合地形地貌、地层结构、土质条件、地下水特征、环境情况和对邻近建筑的影响等因素进行综合分析，初步选出几种可供考虑的地基处理方案，包括选择两种或多种地基处理措施组成的综合处理方案。

(2) 对初步选出的各种地基处理方案，分别从加固原理、适用范围、预期处理效果、耗用材料、施工机械、工期要求和对环境的影响等方面进行技术经济分析和对比，选择最佳的地基处理方法。

(3) 对已选定的地基处理方法，宜按建筑物地基基础设计等级和场地复杂程度，在有代表性的场地上进行相应的现场试验或试验性施工，并进行必要的测试，以检验设计参数和处理效果。如达不到设计要求，应查明原因，修改设计参数或调整地基处理方法。

6.2　复合地基

6.2.1　复合地基概念与加固机理

天然地基采用各种地基处理方法，处理形成的人工地基大致可以分为两大类，即均质地基和复合地基。均质地基是指天然地基土体在地基处理过程中得到全面的土质改良，地基中土体的物理力学性质比较均匀。复合地基是指天然地基在处理过程中部分土体被增强或被置换，形成由地基土和增强体共同承担荷载的地基，其地基土体性质不均匀。

复合地基有以下两个基本特点。

(1) 加固区由增强体和其周围地基土两部分组成，是非均值和各向异性的。

(2) 增强体和其周围地基土体共同承担荷载并协调变形。

前一特点使它区别于均值地基（包括天然地基和人工均质地基），后一特点使它区别于桩基础。

复合地基根据地基中增强体的方向可分为水平向增强体复合地基［图 6.1(a)］、竖向增强体复合地基［图 6.1(b)］、斜向增强体复合地基和双向增强体复合地基。

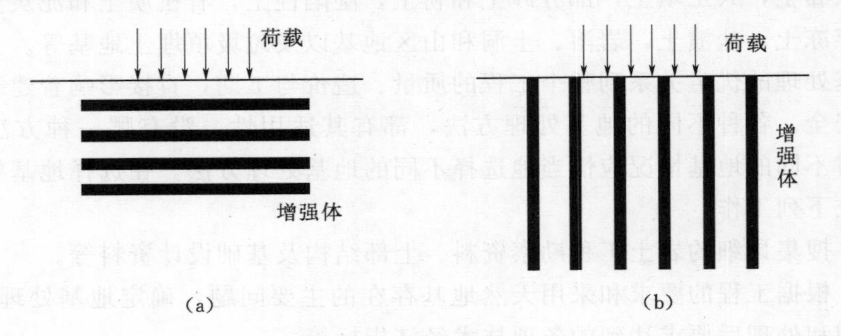

图 6.1　人工地基的分类

(a) 水平向增强体复合地基；(b) 竖向增强体复合地基

竖向增强体复合地基通常称为桩体复合地基或桩式复合地基。竖向增强体目前在工程中的应用有碎石桩、砂桩、水泥土桩、石灰桩、土桩、灰土桩、CFG 桩、混凝土桩等。根据竖向增强体的不同，可分为：①散体材料桩复合地基，如砂桩复合地基、碎石桩复合地基、矿渣桩复合地基等；②柔性桩复合地基，如土桩复合地基、灰土桩复合地基、石灰桩复合地基、粉体搅拌石灰桩复合地基、水泥土桩复合地基；③刚性桩复合地基，如树根桩复合地基、水泥粉煤灰碎石桩复合地基。

复合地基的主要加固机理包括以下几个方面。

1. 置换作用

置换作用又称为桩体效应。复合地基中桩体的强度和模量比桩间土大，在荷载作用下，桩顶应力比桩间土表面应力大。桩可将承受的荷载向较深的土层中传递，并相应减少了桩间土承担的荷载。这样由于桩的作用使复合地基承载力提高、变形减小，工程中称为置换作用或桩体效应。

2. 挤密、振密作用

对松散填土、松散粉细砂、粉土，采用非排土和振动成桩工艺，可使桩间土孔隙比减小、密实度增加，提高桩间土的强度和模量，如振动沉管挤密砂石桩、振冲碎石桩、振动沉管 CFG 桩、柱锤冲扩桩等，对上述类型的土具有挤密、振密效果。对处在地下水位以上的湿陷性黄土、素填土等地基采用灰土或土挤密桩法加固时，其成孔过程中对桩间土的横向挤密作用是非常显著的。此外，如石灰桩，即使采用了排土成桩工艺，由于生石灰吸水膨胀，也会使桩间土局部产生挤密作用。

3. 垫层作用

桩与桩间土复合形成的复合地基，在加固深度范围内形成复合层，它可起到类似垫层的换土、均匀地基应力和增大应力扩散角等作用，在桩体没有贯穿整个软弱土层的地基中，垫层的作用尤其明显。

4. 排水作用

复合地基中的碎石桩、砂桩是良好的排水通道；由生石灰和粉煤灰组成的石灰桩也具有良好的透水性，振动沉管 CFG 桩在桩体初凝以前也具有相当大的渗透性。可使振动产生的超孔隙水压力通过桩体得以迅速消散。桩体的排水作用有利于孔隙水压力消散、有效应力增长、使桩间土强度和复合地基承载力提高，并可减少地基沉降稳定的时间。

5. 加筋作用

在复合地基的整体稳定分析中，地基具有加筋作用，使复合地基的抗剪强度比天然地基有较大提高。

6.2.2 复合地基的破坏模式

复合地基的破坏形式可分为以下 3 种情况。

(1) 桩间首先破坏进而发生复合地基全面破坏。

(2) 桩体首先破坏进而复合地基全面破坏。

(3) 桩体和桩间土同时发生破坏。

在实际工程中，(1)、(3) 两种情况较少见，一般都是桩体先破坏，继而引起复合地基全面破坏。

复合地基破坏的模式可分成刺入破坏、鼓胀破坏、整体剪切破坏和滑动剪切破坏四种形式，参见图 6.2。

(1) 刺入破坏模式 [图 6.2 (a)]。桩体刚度较大，地基土强度较低的情况下较易发生桩体刺入破坏。桩体发生刺入破坏后，不能继续承担荷载，进而引起桩间土发生破坏，导致复合地基全面破坏。刚性桩复合地基较容易发生这类破坏。

(2) 鼓胀破坏模式 [图 6.2 (b)]。在荷载作用下，桩间土不能提供足够的围压来阻止桩体发生过大的侧向变形，从而产生桩体的鼓胀破坏。桩体发生鼓胀破坏引起复合地基全面破坏。散体材料桩复合地基较易发生这类破坏。在一定的条件下，柔性桩复合地基也可能产生这类形式的破坏。

(3) 整体剪切破坏模式 [图 6.2 (c)]。在荷载作用下，复合地基产生图中所示的塑性区，在滑动面上桩体和土体均发生剪切破坏。散体材料桩复合地基较易发

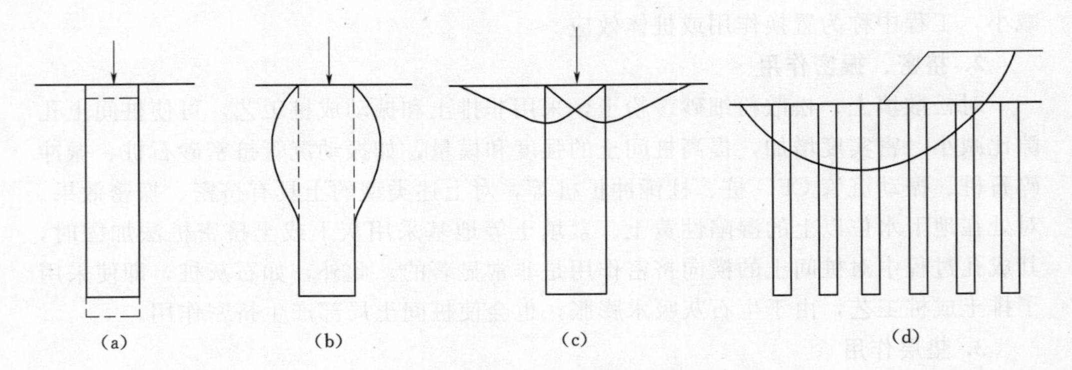

图6.2 复合地基破坏模式

(a) 刺入破坏；(b) 鼓胀破坏；(c) 整体剪切破坏；(d) 滑动剪切破坏

生这类形式的整体剪切破坏，柔性桩复合地基在一定条件下也可能发生这类破坏。

(4) 滑动剪切破坏模式［图6.2 (d)］。在荷载作用下，复合地基沿某一滑动面产生滑动破坏。在滑动面上，桩体和桩间土均发生剪切破坏。各种复合地基都可能发生这类形式的破坏。

影响复合地基破坏模式的主要因素有：①不同的桩型，有不同的破坏模式；②同一桩型，当桩身强度不同时也会有不同的破坏模式，如水泥土搅拌桩；③同一桩型，当土层条件不同时，也会有不同的破坏模式，当浅层存在非常软的黏土时，碎石桩将在浅层发生剪切或鼓胀破坏，当较深层存在有局部非常软的黏土时，碎石桩将在较深层发生局部鼓胀，对较深层存在有较厚非常软的黏土情况，碎石桩将在较深层发生鼓胀破坏，同时碎石桩将发生刺入破坏。

6.2.3 复合地基设计参数

复合地基的设计参数主要包括面积置换率、桩土应力比、桩土荷载分担比、复合土层压缩模量等。

1. 面积置换率

在复合地基中，取一根桩及其所影响的桩周土所组成的单元体作为研究对象。桩体的横截面积 (A_p) 与该桩体所承担的复合地基面积 (A_e) 之比称为复合地基面积置换率 (m)，则

$$m=\frac{A_p}{A_e}=\frac{d^2}{d_e^2} \tag{6.1}$$

常见的桩体在平面上的布置形式有3种，即等边三角形布置、正方形布置和矩形布置（图6.3）。

若桩体为圆柱形、直径为 d，则对等边三角形布置、正方形布置和矩形布置的情形，复合地基面积置换率分别如下。

对于等边三角形布置，有

$$m=\frac{\pi d^2}{2\sqrt{3}s^2} \tag{6.2}$$

对于正方形布置，有

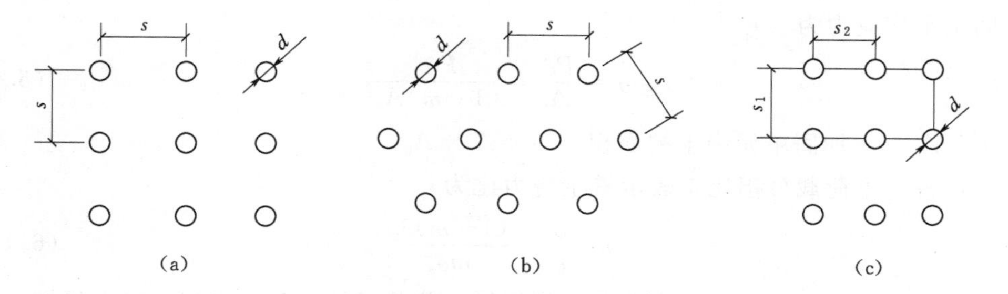

图 6.3 桩体平面布置形式

(a) 正方形布置；(b) 等边三角形布置；(c) 矩形布置

$$m=\frac{\pi d^2}{4s^2} \tag{6.3}$$

对于矩形布置，有

$$m=\frac{\pi d^2}{4s_1 s_2} \tag{6.4}$$

式中 s——等边三角形布桩和正方形布桩时的桩间距；

s_1、s_2——长方形布桩时的行间距和列间距。

2. 桩土应力比

桩土应力比是反映桩土荷载分担的一个重要参数，它关系到复合地基承载力和变形的计算。对某一复合土体单元，在荷载作用下，假设桩顶应力为 σ_p，桩间土表面应力为 σ_s，则桩土应力比 n 为

$$n=\frac{\sigma_p}{\sigma_s} \tag{6.5}$$

影响桩土应力比的因素有荷载水平、桩土模量比、复合地基面积置换率、原地基土强度、桩长、时间等。当其他参数相同时，桩土应力比越大，桩承担的荷载占总荷载的百分比越大。一般情况下，其他条件相同时，桩体材料刚度越大，桩土应力比就越大；桩越长，桩土应力比就越大；面积置换率越小，桩土应力比就越大。

3. 桩土荷载分担比

复合地基桩土荷载分担比为桩与土分担荷载的比例。复合地基中桩土的荷载分担既可用桩土应力比表示，也可用桩、土荷载分担比 δ_p、δ_s 表示，即

$$\delta_p=\frac{P_p}{P} \tag{6.6}$$

$$\delta_s=\frac{P_s}{P} \tag{6.7}$$

式中 P_p、P_s——桩、桩间土承担的荷载；

P——总荷载。

当平均面积置换率 m 已知后，桩土荷载分担比和桩土应力比可以相互表示。当测得桩、土荷载分担比 δ_p、δ_s 后，可求得桩顶平均应力为

$$\sigma_p=\frac{P\delta_p}{A_p}=\frac{P\delta_p}{mA_e} \tag{6.8}$$

桩间土平均应力为

$$\sigma_s=\frac{P\delta_s}{A_s}=\frac{P\delta_s}{(1-m)A_e} \tag{6.9}$$

式中　A_s——加固单元中土的面积，$A_s=A_e-A_p$。

用桩、土荷载分担比来表示桩土应力比为

$$n=\frac{\sigma_p}{\sigma_s}=\frac{(1-m)\delta_p}{m\delta_s} \tag{6.10}$$

同样，当测定了桩土应力比后，依据任一荷载时的力平衡方程，可求得桩、土荷载分担比，即

$$\delta_p=\frac{P_p}{P}=\frac{mn}{1+m(n-1)} \tag{6.11}$$

$$\delta_s=\frac{P_s}{P}=\frac{1-m}{1+m(n-1)} \tag{6.12}$$

4. 复合土层压缩模量

复合土层由桩体和桩间土两部分组成，是非均质复合土层，为了简化计算，将其视为一均质的复合土层，与原非均质复合土层沉降量等价的均质复合土层的压缩模量称为复合压缩模量（E_{sp}），可按式（6.13）计算，即

$$E_{sp}=mE_p+(1-m)E_s \tag{6.13}$$

式中　E_p、E_s、E_{sp}——桩体压缩模量、桩间土压缩模量、复合压缩模量。

实际工程中，桩的模量直接测定比较困难。通常假定桩土模量比等于桩土应力比，采用复合地基承载力的提高系数计算复合压缩模量。

承载力提高系数ξ可由式（6.14）计算，即

$$\xi=\frac{f_{spk}}{f_{ak}} \tag{6.14}$$

式中　f_{ak}、f_{spk}——基础底面下天然地基、复合地基的承载力特征值，kPa；

ξ——模量提高系数，复合土层的复合压缩模量也可表示为

$$E_{sp}=\xi E_s \tag{6.15}$$

6.2.4　复合地基承载力

复合地基承载力是由桩体的承载力和地基承载力两部分组成。复合地基在荷载作用下破坏时，一般情况下桩体和桩间土两者不可能同时达到极限状态。如何合理估计两者对复合地基承载力的贡献，是桩体复合地基承载力计算的关键。

桩体的复合地基承载力特征值应通过现场复合地基载荷试验确定，或采用桩体的载荷试验结果和周边土的承载力特征值根据经验确定。初步设计时也可按下面方法估算复合地基承载力。

1. 散体材料桩复合地基承载力

$$f_{spk}=[1+m(n-1)]\alpha f_{ak} \tag{6.16}$$

式中　f_{spk}——复合地基承载力特征值，kPa；

f_{ak}——天然地基承载力特征值，kPa；

α——桩间土承载力提高系数，应按静载荷试验确定；

n——复合地基桩土应力比，在无实测资料时，可取1.5～2.5，原土强度

低取大值，原土强度高取小值；

m——复合地基置换率，$m=d^2/d_e^2$；d 为桩身平均直径（m），d_e 为一根桩分担的处理地基面积的等效圆直径（m）；等边三角形布桩 $d_e=1.05s$；正方向布桩 $d_e=1.13s$；矩形布桩 $d_e=1.13\sqrt{s_1 s_2}$；s、s_1、s_2 分别为桩间距、纵向桩间距和横向桩间距。

2. 有黏结强度桩复合地基承载力

$$f_{spk}=\lambda m\frac{R_a}{A_p}+\beta(1-m)f_{sk} \tag{6.17}$$

式中 f_{spk}——复合地基承载力特征值，kPa；

λ——单桩承载力发挥系数，宜按当地经验取值，无经验时可取 0.7～0.90；

m——面积置换率；

R_a——单桩承载力特征值，kN；

A_p——桩的截面积，m²；

β——桩间土承载力发挥系数，按当地经验取值，无经验时可取 0.9～1.0；

f_{sk}——处理后桩间土承载力特征值，kPa，应按静载荷试验确定；无试验资料时可取天然地基承载力特征值。

6.2.5 复合地基沉降计算

通常把复合地基沉降分为两部分，如图 6.4 所示。图 6.4 中 h 为复合地基加固区厚度，z 为荷载作用下地基压缩层厚度。加固区土体压缩量为 s_1，加固区下卧层土体压缩量为 s_2，则复合地基总沉降 s 表达式为

$$s=s_1+s_2 \tag{6.18}$$

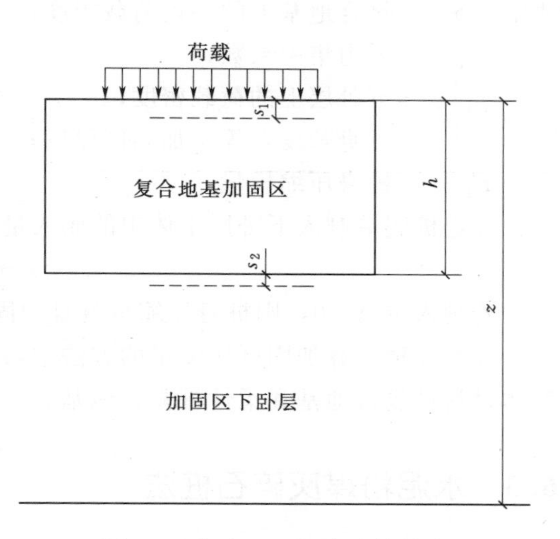

图 6.4 复合地基沉降计算模式

加固区土层压缩量 s_1 的计算方法一般有以下三种。

1. 复合模量法

将复合地基加固区增强体连同地基土视为一个整体，采用复合压缩模量来评价复合土体的压缩性，并以此作为参数用分层总和法求 s_1，即

$$s_1=\sum_{i=1}^{n}\frac{\Delta P_i}{E_{csi}}H_i \tag{6.19}$$

式中 ΔP_i——第 i 层复合土层上附加应力增量；

H_i——第 i 层复合土层的厚度；

E_{csi}——复合土层的复合压缩模量，用式（6.15）计算。

2. 应力修正法

根据桩土模量比求出桩土各自分担的荷载，忽略桩体的存在，用弹性理论求土中应力，用分层总和法求出加固区土体的变形作为 s_1，即

$$s_1 = \sum_{i=1}^{n} \frac{\Delta p_{si}}{E_{si}} H_i = \mu_s \sum_{i=1}^{n} \frac{\Delta p_i}{E_{si}} H_i = \mu_s s_{1s} \tag{6.20}$$

$$\mu_s = \frac{1}{1+m(n-1)}$$

式中 Δp_i——未加固地基在荷载 p 作用下第 i 层土上的附加应力增量；

Δp_{si}——复合地基中第 i 层土中的附加应力增量，相当于未加固地基在荷载 p 作用下第 i 层土上的附加应力增量；

s_{1s}——未加固地基在荷载 p 作用下与加固区相应厚度土层范围内的压缩量；

μ_s——应力减小系数或称应力修正系数。

3. 桩身压缩量法

加固区土层的压缩量为桩底端刺入下卧层土体中的刺入量与桩身压缩量之和。通过模量比求出桩承担的荷载，再假定桩侧摩擦阻力的分布形式，则可通过材料力学中求压杆变形的积分方法求出桩体的压缩量 s_p，即

$$s_p = \frac{\mu_p p + p_{b0}}{2E_{p0}} l \tag{6.21}$$

$$\mu_p = \frac{n}{1+m(n-1)}$$

式中 p——复合地基上的平均荷载密度；

μ_p——应力集中系数；

p_{b0}——下卧层上的荷载密度；

l——桩身长度，等于加固区厚度；

E_{p0}——桩身压缩模量。

假定桩底端刺入下卧层土体中的刺入量为 Δ，加固区土层的压缩量 s_1 为

$$s_1 = s_p + \Delta \tag{6.22}$$

若刺入量 $\Delta = 0$，则桩身压缩量就是加固区土层压缩量。

以上 3 种计算加固区压缩量的方法中，复合模量法相对使用比较方便，适用于散体材料桩复合地基和柔性桩复合地基。

6.3 水泥粉煤灰碎石桩法

6.3.1 水泥粉煤灰碎石桩法的原理及适用范围

水泥粉煤灰碎石桩（简称 CFG 桩）是在碎石桩承载力不足的基础上发展起来的，以一定配合比率的石屑、粉煤灰和少量的水泥加水拌和后制成的一种具有一定胶结强度的桩体，和桩间土、褥垫层共同组成的复合地基，如图 6.5 所示。由于水泥粉煤灰碎石桩和桩间土一起，通过褥垫层形成水泥粉煤灰碎石桩复合地基共同工作，故可根据复合地基性状和计算进行工程设计。水泥粉煤灰碎石桩一般不用计算配筋，并且还可利用工业废料粉煤灰和石屑作掺和料，工程造价一般为普通桩基础的 1/3～1/2，经济效益和社会效益显著。

由级配砂石、粗砂、碎石等散体材料组成的褥垫层，在复合地基中有以下几个

作用。

1. 保证桩土共同承担荷载

褥垫层为水泥粉煤灰碎石桩复合地基在受荷后提供了桩上、下刺入的条件，即使桩端落在良好土层上，至少可以提供上刺入条件，以保证桩间土始终参与工作。

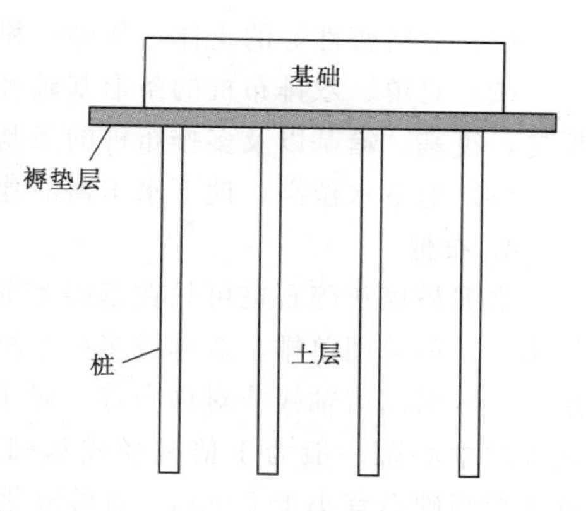

图 6.5 CFG 桩复合地基示意图

2. 减少基础底面的应力集中

当褥垫层虚铺厚度为零时，桩对基础的应力集中很显著，此时水泥粉煤灰碎石桩和普通桩基础一样，需要考虑桩对基础的冲切破坏作用。当虚铺厚度达到一定程度后，基底反力即为天然地基的反力分布。一般地，当褥垫层虚铺厚度大于 10cm 时，桩对基础底面产生的应力集中已显著降低；当虚铺厚度为 30cm 时，应力集中已很小。所以，褥垫层虚铺厚度取 10～30cm 为宜。

3. 调整桩、土荷载分担比

复合地基桩与土荷载分担，可用桩土的应力比表示，也可用桩、土的荷载分担比表示。当褥垫层虚铺厚度为零时，桩、土应力比极大，在软土中桩、土应力比可以超过 100，桩分担的荷载相当大。当虚铺厚度极大时，桩、土应力比接近 1，此时桩的荷载分担比例较小。

4. 调整桩、土水平荷载的分担

试验表明，褥垫层虚铺厚度越大，桩顶水平位移越小，即桩顶承受的水平荷载越小。大量实践表明，褥垫层虚铺厚度不小于 10cm 时，桩体不会发生水平折断，桩在复合地基中不会失去工作能力。

6.3.2 设计计算

水泥粉煤灰碎石桩复合地基设计主要确定以下五个设计参数，即桩长、桩径、桩间距、桩体强度、褥垫层厚度及材料。

1. 桩长的确定

水泥粉煤灰碎石桩复合地基要求桩端落在好的土层上，因此，桩长取决于建筑物对承载力和变形的要求、土质条件和设备能力等因素。设计时应根据勘查报告分析各土层，确定桩端的持力层和桩长，并计算单桩承载力。

2. 桩径的确定

水泥粉煤灰碎石桩桩径的确定取决于所采用的成桩设备。一般设计桩径为 350～600mm。

3. 桩间距的确定

一般地，桩间距 $s=(3\sim5)d$（d 为桩的直径）。桩间距的大小取决于设计要求的复合地基承载力和变形、土体特性与施工机具。通常设计要求的承载力较高时，s 取小值，但必须考虑到施工时相邻桩之间的影响。就施工而言，人们希望采用较大的桩距和较长的桩长，因此 s 的大小应综合考虑。桩间距 s 的选取可遵循以下规律。

(1) 对挤密性好的土体，如砂、粉土和松散的填土等，桩距可取较小值。

(2) 对单、双排布桩的条形基础和面积不大的独立基础等，桩距可取较小值；反之，筏基、箱基以及多排布桩的条基、设备基础等，桩距应适当放大。

(3) 地下水位高、地下水丰富的建筑场地，桩距也应适当放大。

4. 布桩

水泥粉煤灰碎石桩可只在基础范围以内布桩。对于墙下条形基础，在轴心荷载作用下，可采用单排、双排或多排布桩，且桩位宜沿轴线对称布置。在偏心荷载作用下，可采用沿轴线非对称布桩。对于独立基础、箱形基础、筏形基础，基础边缘到桩的中心距一般为1倍桩径或基础边缘到桩边缘的最小距离不宜小于150mm，对条形基础不宜小于75mm。对可液化地基或有必要时，可在基础外一定范围内设置护桩（可液化地基一般用碎石桩做护桩）。布桩时要考虑受力的合理性，尽量利用桩间土应力产生的附加应力对桩侧阻力的增大作用。通常桩间土应力越大，作用在桩上的水平力越大，桩的侧阻力也越大。

5. 桩体强度

原则上，桩体配比按桩体强度控制，桩体试块抗压强度应满足式（6.23）要求，即

$$f_{cu} \geqslant 3\frac{R_a}{A_p} \tag{6.23}$$

式中 f_{cu}——桩体混合料立方体试块标准养护28d抗压强度平均值，kPa；

R_a——单桩竖向承载力特征值，kN；

A_p——桩的横截面面积。

6. 褥垫层厚度及材料

褥垫层厚度一般取10～30cm为宜，当桩径和桩间距过大时，结合对土性的考虑，褥垫层厚度还可适当加大。褥垫层材料可用粗砂、中砂、碎石、级配砂石（最大粒径不宜大于20mm）。

7. 单桩竖向承载力特征值

单桩竖向承载力特征值 R_a 的取值应符合下列规定。

(1) 当采用单桩载荷试验时，应将单桩竖向极限承载力除以安全系数2。

(2) 当无单桩载荷试验资料时，可按式（6.24）估算，即

$$R_a = u_p \sum_{i=1}^{n} q_{si} l_i + q_p A_p \tag{6.24}$$

8. 复合地基承载力特征值

复合地基承载力特征值应通过现场复合地基载荷试验确定，初步设计时也可按式（6.25）估算，即

$$f_{spk} = m\frac{R_a}{A_p} + \beta(1-m) f_{sk} \tag{6.25}$$

式中 β——桩间土承载力折减系数，宜按地区经验确定，如无经验时可取0.75～0.95，天然地基承载力较高时取大值；

f_{sk}——处理后桩间土承载力特征值，kPa；

m——桩间土面积置换率。

9. 复合地基沉降计算

复合土层的沉降可采用分层总和法计算（此处略），复合土层的分层与天然地基相同，各复合土层的压缩模量等于该层天然地基压缩模量的 ζ 倍，ζ 值可按式(6.14) 确定。

6.4 换填垫层法

6.4.1 换填垫层法的概念

换填垫层法是挖去表面浅层软弱土层或不均匀土层，回填坚硬、较粗粒径的材料，并夯压密实形成垫层的地基处理方法。换填垫层法的加固原理是根据土中附加应力分布规律，让垫层承受上部较大的应力，软弱层承担较小的应力，以满足设计对地基的要求。换填垫层法适用于软弱土层分布在浅层且较薄的各类不良地基的处理。

6.4.2 垫层的作用与适用范围

垫层具有以下作用：①提高持力层的承载力；②减小沉降量；③加速软弱土层的排水固结；④防止冻胀；⑤消除膨胀土的胀缩作用。

换填垫层法适用于淤泥、淤泥质土、湿陷性黄土、素填土、杂填土地基及暗沟等的浅层处理。换填垫层法的处理深度通常宜控制在 3m 以内，但也不宜小于 0.5m。

6.4.3 垫层设计

换填垫层法加固地基设计包括垫层材料的选用、垫层铺设范围、厚度的确定以及地基沉降计算等。

1. 垫层材料选用

垫层材料可因地制宜地根据工程的具体条件合理选用下述材料。

(1) 砂石。宜选用碎石、卵石、角砾、圆砾、砾砂、粗砂、中砂或石屑，应级配良好，不含植物残体、垃圾等杂质。当使用粉细砂时，应掺入不少于总重 30% 的碎石或卵石。砂石的最大粒径不宜大于 50mm。对湿陷性黄土地基，不得选用砂石等透水材料。

(2) 粉质黏土。土料中有机质含量不得超过 5%，也不得含有冻土或膨胀土，不得夹有砖、瓦和石块等渗水材料。当含有碎石时，粒径不宜大于 50mm。用于湿陷性黄土或膨胀土地基的粉质黏土垫层，土料中不得夹有砖、瓦和石块。

(3) 灰土。灰土的体积配合比宜为 2∶8 或 3∶7。土料宜用粉质黏土，不宜使用块状黏土和砂质粉土，不得含有松软杂质并应过筛，其颗粒粒径不得大于 15mm。石灰宜用新鲜的消石灰，其颗粒粒径不得大于 5mm。

(4) 粉煤灰。可用于道路、堆场和小型建筑物、构筑物等的换填垫层。粉煤灰垫层上宜覆土 0.3～0.5m 厚。粉煤灰垫层中采用掺合剂时，应通过试验确定其性能及适用条件。作为建筑物垫层的粉煤灰应符合有关放射性安全标准的要求。粉煤灰垫层中的金属构件、管网宜采用适当防腐措施。大量填筑粉煤灰时应考虑对地下水和土壤的环境影响。

（5）矿渣。垫层使用的矿渣是指高炉重矿渣，可分为分级矿渣、混合矿渣及原状矿渣。矿渣垫层主要用于堆场、道路和地坪，也可用于小型建筑物、构筑物地基。选用矿渣的松散重度不小于 11kN/m^3，有机质及含泥总量不超过 5%。设计、施工前必须对选用的矿渣进行试验，在确认其性能稳定并符合安全规定后方可使用。作为建筑物垫层的矿渣应符合对放射性安全标准的要求。易受酸、碱影响的基础或地下管网不得采用矿渣垫层。大量填筑矿渣时，应考虑对地下水和土壤的环境影响。

（6）其他工业废渣。在有充分依据或成功经验时，也可采用质地坚硬、性能稳定、透水性强、无腐蚀性的其他工业废渣材料，但必须经过现场试验证明其经济效果良好及施工措施完善方能应用。

（7）土工合成材料。由分层铺设的土工合成材料与地基土构成加筋垫层，所用土工合成材料的品种与性能及填料的土类应根据工程特性和地基土条件，按照现行国家标准《土工合成材料应用技术规范》（GB 50290—2014）的要求，通过现场试验后确定其适用性。

2. 确定垫层铺设范围

垫层铺设范围应满足基础底面应力扩散的要求。

（1）垫层厚度的确定。垫层厚度 z（图 6.6）应根据需置换软弱土的深度或下卧土层的承载力确定，并符合式（6.26）的要求，即

$$p_z + p_{cz} \leqslant f_{az} \tag{6.26}$$

式中　p_z——相应于荷载效应标准组合时，垫层底面处的附加应力值，kPa；

p_{cz}——垫层底面处土的自重应力值，kPa；

f_{az}——垫层底面处经深度修正后的地基承载力特征值，kPa。

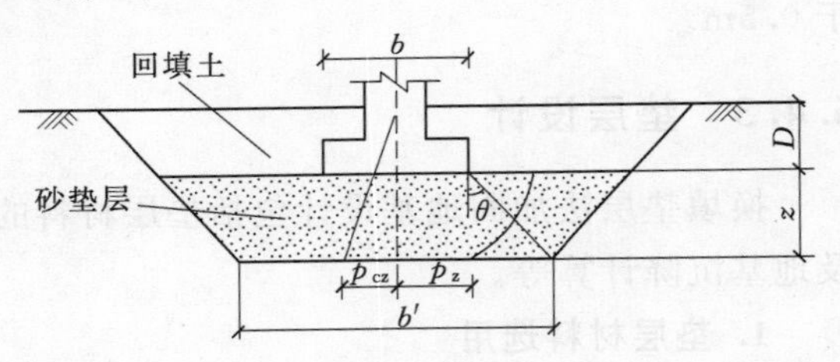

图 6.6　垫层内应力分布

垫层厚度不宜小于 0.5m，也不宜大于 3m。

垫层底面处的附加压力值 p_z 可按压力扩散角 θ 分别按以下两式进行简化计算。

对于条形基础，有

$$p_z = \frac{b(p_k - p_c)}{b + 2z\tan\theta} \tag{6.27}$$

对于矩形基础，有

$$p_z = \frac{bl(p_k - p_c)}{(b + 2z\tan\theta)(l + 2z\tan\theta)} \tag{6.28}$$

式中　b——矩形基础或条形基础底面的宽度，m；

l——矩形基础底面的长度，m；

p_k——相应于荷载效应标准组合时，基础底面处的平均压力值，kPa；

p_c——基础底面处土的自重应力值，kPa；

z——基础底面下垫层的厚度，m；

θ——垫层压力扩散角，宜通过试验确定，当无试验资料时可按表 6.2 采用。

表 6.2 压力扩散角 θ

z/b	换填材料		
	中砂、粗砂、砾砂、圆砾、角砾、石屑、卵石、碎石、矿渣	粉质黏土、粉煤灰	灰土
0.25	20°	6°	28°
≥0.50	30°	23°	28°

注 1. 当 $z/b<0.25$ 时，除灰土取 $\theta=28°$ 外，其余材料均取 $\theta=0°$，必要时宜由试验确定。

2. 当 $0.25<z/b<0.5$ 时，θ 值可用内插法求得。

(2) 垫层宽度的确定。垫层底面的宽度应满足基础底面应力扩散的要求以及防止垫层向两边挤动，对条形基础可按式 (6.29) 确定，即

$$b'\geqslant b+2z\tan\theta \tag{6.29}$$

式中 b'——垫层底面宽度，m；

θ——压力扩散角，可按表 6.2 采用；当 $z/b>0.25$ 时，仍按表中 $z/b=0.25$ 取值。

垫层顶面每边超出基础底边不宜小于 300mm，或从垫层底面两侧向上按基坑开挖期间保持边坡稳定的当地经验放坡确定。整片垫层底面的宽度可根据施工的要求适当加宽。

对于工程量较大的换填垫层，应按所选用的施工机械、换填材料及场地的土质条件进行现场试验，以确定压实效果。各换填材料垫层的压实标准应符合表 6.3 的规定。矿渣垫层的压实指标可按最后两遍压实的压陷差小于 2mm 控制。

(3) 垫层承载力的确定。经换填处理后的地基，由于理论计算方法还不够完善，垫层的承载力宜通过现场载荷试验确定。当无试验资料时，可按表 6.3 选用，并应验算下卧层的承载力。

表 6.3 各种垫层的压实系数与承载力

施工方法	换填材料类别	压实系数 λ_c	承载力特征值 f_{ak}/kPa
碾压、振密或重锤夯实	碎石、卵石	0.94～0.97	200～300
	砂夹石（其中碎石、卵石占全重的 30%～50%）		200～250
	土夹石（其中碎石、卵石占全重的 30%～50%）		150～200
	中砂、粗砂、砾砂、角砾、圆砾		150～200
	粉质黏土		130～180
	灰土	0.93～0.95	200～250
	粉煤灰	0.90～0.95	120～150
	石屑	—	120～150
	矿渣	—	200～300

注 1. 压实系数 λ_c 为土的控制干密度 ρ_d 与最大干密度 ρ_{dmax} 的比值，土的最大干密度宜采用击实试验确定，碎石或卵石的最大干密度可取 $2.0\sim2.2t/m^3$。

2. 采用轻型击实试验时，压实系数 λ_c 宜取高值；采用重型击实试验时，压实系数 λ_c 可取低值。

3. 矿渣垫层的压实指标为最后两遍压实的压陷差小于 2mm。

4. 压实系数小的垫层，承载力特征值取低值；反之取高值。

5. 原状矿渣垫层取低值，分级矿渣或混合矿渣垫层取高值。

(4) 变形计算。垫层地基的变形由垫层自身变形和下卧层变形组成。粗粒换填材料的垫层在满足本节前面的条件下，在施工期间垫层自身的压缩变形已基本完成且其值很小，垫层地基的变形可仅考虑其下卧层的变形。对于细粒材料垫层，尤其

是厚度较大的换填垫层或对沉降要求严格的建（构）筑物，应计算垫层自身变形，有关垫层的模量应根据试验或当地经验确定。在无试验资料或经验时，可参照表6.4选用。垫层下卧层的变形量可按现行国家标准《建筑地基基础设计规范》（GB 50007—2011）的有关规定计算。

表6.4　垫层模量　单位：MPa

模量 垫层材料	压缩模量 E_s	变形模量 E_0
粉煤灰	8～20	—
砂	20～30	—
碎石、卵石	30～50	—
矿渣	—	35～70

注　压实矿渣的 E_0/E_s 比值可按1.5～3取用。

【例6.1】 某4层砖混结构住宅，承重墙下为条形基础，宽1.2m，埋深为1.0m，上部建筑物作用于基础的地表上，荷载为120kN/m，基础及基础上土的平均重度为20.0kN/m³。场地土质条件为第一层粉质黏土，层厚1.0m，重度为17.5kN/m³；第二层为淤泥质黏土，层厚15.0m，重度为17.8kN/m³，含水量为65%，承载力特征值为45kPa；第三层为密实砂砾石层，地下水距地表为1.0m。拟采用砂垫层法对地基进行换填处理，试设计砂垫层。

解　(1) 确定砂垫层厚度。

1）先假设砂垫层厚度为1.0m，并要求分层碾压夯实，压实度要求达到16.2kN/m³。

2）试算砂垫层厚度。基础底面的平均压力值为

$$p_k=\frac{120+1.2\times1.0\times20.0}{1.2}=120(\text{kPa})$$

3）砂垫层底面的附加压力为

$$p_z=\frac{b(p_k-p_c)}{b+2z\tan\theta}=\frac{1.2\times(120-17.5\times1.0)}{1.2+2\times1.0\times\tan30^\circ}=52.2(\text{kPa})$$

4）垫层底面处土的自重压力为

$$p_{cz}=17.5\times1.0+(17.8-10.0)\times1.0=25.3(\text{kPa})$$

5）垫层底面处经深度修正后的地基承载力特征值为

$$f_{az}=f_{ak}+\eta_d\gamma_m(d-0.5)=45+1.0\times\frac{17.5\times1.0+7.8\times1.0}{2}\times(2.0-0.5)$$

$$=64.0(\text{kPa})$$

$$p_z+p_{cz}=52.2+25.3=77.5>64(\text{kPa})$$

以上说明设计的垫层厚度不够，再重新设计垫层厚度为1.7m，同理可得：

$$p_z+p_{cz}=38.9+30.8=69.7<72.8(\text{kPa})$$

说明满足设计要求，故垫层厚度取1.7m。

(2) 确定垫层宽度。

$$b'=b+2z\tan\theta=1.2+2\times1.7\times\tan30^\circ=3.2(\text{m})$$

取垫层宽度为3.2m。

(3) 沉降计算(略)。

6.4.4 垫层的施工

按密实方法分类,有机械碾压法、重锤夯实法和平板振动法。施工时应根据不同的换填材料选择施工机械。

1. 机械碾压法

机械碾压法是采用各种压实机械来压实地基土的密实方法。此法常用于基坑底面积宽大、开挖土方量较大的工程。施工参数(如施工机械、铺填厚度、碾压遍数与填筑含水量等)由工地试验确定。

2. 重锤夯实法

重锤夯实法是用起重机械将夯锤提升到一定高度,然后自由落锤,不断重复夯击以加固地基。重锤夯实法一般适用于地下水位距地表 0.8m 以上稍湿的黏性土、砂土、湿陷性黄土、杂填土和分层填土。

3. 平板振动法

平板振动法是使用振动压实机处理无黏性土或黏粒含量少、透水性较好的松散杂填土等地基的一种方法。振动压实的效果与填土成分、振动时间等因素有关。一般振动时间越长,效果越好,但振动时间超过某一值后,振动引起的下沉基本稳定。

6.5 预压法

6.5.1 预压法的概念与分类

预压法是指采用堆载预压、真空预压或真空和堆载联合预压处理淤泥质土、淤泥、冲填土等饱和黏性土地基的处理方法。预压法的加固原理源于太沙基固结理论:饱和土在预压荷载作用下,孔隙中的水会慢慢地排出,孔隙体积逐渐减小,地基发生固结变形。同时,随着超静水压力的消散,土中有效应力逐渐提高,地基土强度也逐渐增长。预压法处理淤泥、淤泥质土和冲填土等饱和黏性土地基很有效。

预压法的核心由排水系统和加压系统两部分组成。排水系统由水平垫层和竖向排水体构成。竖向排水体可选用普通砂井、袋装砂井或塑料排水板。设置排水系统主要在于改变地基原有的排水边界条件,增加孔隙水排出的途径,缩短排水距离。

加压系统为起固结作用的荷载,它使地基土的固结压力增加而使土体产生固结。根据施加荷载的不同,预压法分为堆载预压法、真空预压法及真空和堆载联合预压法。此外,还有降低地下水位法、电渗法等。

6.5.2 加固原理

排水固结法加固地基的原理可用图 6.7 加以说明,该图反映了土在不同固结状态下加载固结所获得的有效固结压力 σ_c' 与孔隙比 e 及抗剪强度 τ_f 之间的关系。当土在天然状态下施加荷载 $\Delta\sigma$ 至完全固结时,曲线从天然状态 a 点($\sigma_c'=\sigma_0'$,$e=e_0$,$\tau_f=\tau_{f0}$)开始随时间的发展、土中水的排出、土体固结压密,沿线段 abc 到达 c

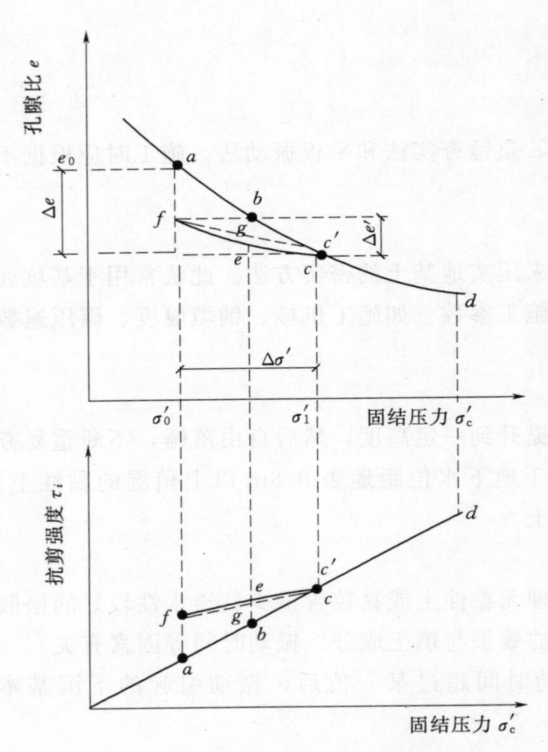

图 6.7 排水固结压缩与强度变化图

点，有效固结压力渐增至 $\sigma'_0+\Delta\sigma$；孔隙比也减至 e_c，即 $\Delta e=e_0-e_c$；相应抗剪强度也渐增至 τ_{fc}，即 $\Delta\tau=\tau_{fc}-\tau_{f0}$。若在完全固结状态的 c 点，卸去全部荷载 $\Delta\sigma$ 后，曲线沿 cef 曲线回至 f 点，有效固结压力恢复至 $\sigma'_{cf}=\sigma_0$。土孔隙中的水部分因固结排走，孔隙比 e 仅由土骨架回弹至 e_f，同样抗剪强度也仅恢复至 τ_{ff}。当土再次加载固结时，曲线从 f 点沿 fgc 至 c' 点，有效固结压力增大至 $\sigma'_0+\Delta\sigma$，孔隙比再次从 e_f 压密至 e'_c，相对减小 $\Delta e'=e_f-e_{c'}$，相应抗剪强度增大至 $\tau_{fc'}$。前后两次加荷至完全固结所到达的 c 点和 c' 点很接近。由此可见，正常固结状态下土加载固结，其孔隙比随有效固结压力的增加而减小，抗剪强度随之增大；而对于卸载后再重新加载固结的土，其孔隙比也随有效固结压力增大而减小，抗剪强度也随之增大，但其压缩量或孔隙比变化却明显减小，即 $\Delta e'\ll\Delta e$。故排水固结法被应用于提高建筑物软土地基的承载力与稳定性，以及消除或减少建筑基础（底）的沉降。

排水固结法欲取得良好的排水固结效果，除了有必要的预压荷载，还需要有良好的排水条件和足够的排水固结时间。预压荷载过小，排水固结产生的压缩和强度的增长量很小，难以满足设计要求。根据一维固结理论，地基土层的固结度与排水距离的平方成反比，土层越厚排水距离越大，一定时间内的固结效果越差，或者达到一定固结度所需的时间越长。因此，预压法必须设法施加必要的预压荷载和改善地基的排水边界条件，才能在一定时间内达到预期的固结效果或者缩短固结时间。

设置竖向排水体的原理如图 6.8 所示。图 6.8（a）所示为双面排水条件的淤泥质土层，土层的厚度变大，渗径越长，达到某一固结度所需的时间越长。增设竖向排水体后，排水条件如图 6.8（b）所示，竖向排水体的间距远比土层的厚度小，土层中的水以最短的距离沿水平方向流入竖向排水体，然后排出到表面及下卧土层。显然，其排水距离远比厚层软土的小。增加竖向排水体明显缩短了排水渗透距离，就可以大大提高排水固结速率，从而加速土层固结与压缩，加速地基强度的增长，加速地基变形和沉降的发展。

6.5.3 堆载预压法

堆载预压法是对地基进行堆载使地基土固结压密的地基处理方法。堆载预压法处理地基的设计应包括以下内容：①选择塑料排水带或砂井，确定其断面尺寸、间

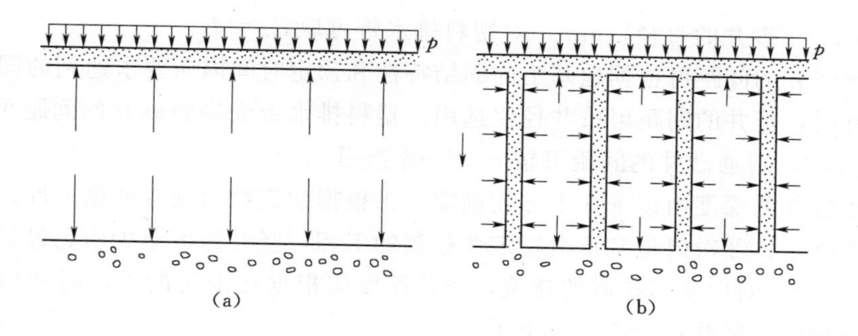

图 6.8 竖向排水体的原理

(a) 竖向排水；(b) 砂井地基排水情况

距、排列方式和深度；②确定预压区范围、预压荷载大小、荷载分级、加载速率和预压时间；③计算地基土的固结度、强度增长、抗滑稳定性和变形。

1. 砂井排水固结设计计算

堆载预压法典型的工程剖面如图 6.9 所示。

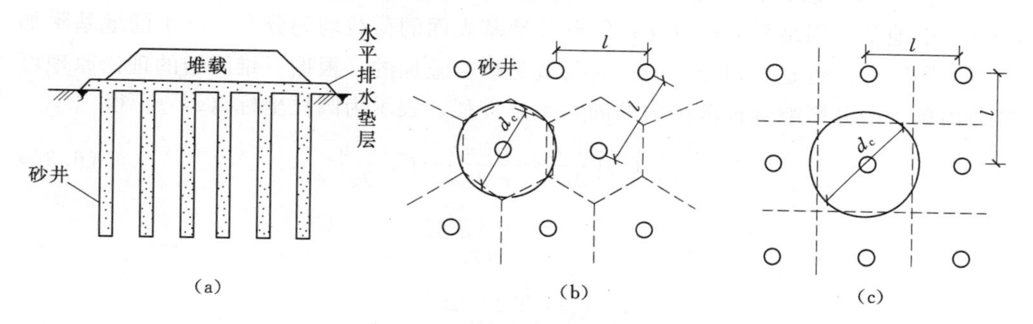

图 6.9 堆载预压法

(a) 典型工程剖面；(b) 正六边形布置；(c) 正方形布置

排水竖井分普通砂井、袋装砂井和塑料排水带。普通砂井直径可取 300～500mm，袋装砂井直径可取 70～120mm。塑料排水带的当量换算直径可按式 (6.30) 计算，即

$$d_p=\frac{2(b+\delta)}{\pi} \tag{6.30}$$

式中 d_p——塑料排水带当量换算直径，mm；

b——排水带宽度，mm；

δ——排水带厚度，mm。

砂井和塑料排水带在平面上可采用等边三角形或正方形排列。

当采用等边三角形排列时，竖井的有效排水直径 d_e 与间距 l 的关系为

$$d_e=1.05l \tag{6.31}$$

当采用正方形布置时，竖井的有效排水直径 d_e 与间距 l 的关系为

$$d_e=1.13l \tag{6.32}$$

定义井径比 n，即

$$n=\frac{d_e}{d_w} \tag{6.33}$$

式中　d_w——砂井的直径，mm，对塑料排水带可取 $d_w = d_p$。

排水竖井的间距可根据地基土的固结特性和预定时间内所要求达到的固结度确定。设计时，竖井的间距可按井径比选用。塑料排水带或袋装砂井的间距可按 $n=15\sim22$ 选用，普通砂井的间距可按 $n=6\sim8$ 选用。

排水竖井的深度由以下3个方面确定：①根据建筑物对地基的稳定性、变形要求和工期确定；②对以地基抗滑稳定性控制的工程，竖井深度至少应超过最危险滑动面2.0m；③对以变形控制的建筑，竖井深度应根据在限定的预压时间内需完成的变形量确定，竖井宜穿透受压土层。

（1）不考虑涂抹和井阻作用。

1）瞬时荷载下平均固结度的计算。塑料排水带或砂井施工过程中，不可避免引起地基土的扰动，在塑料排水带或砂井周围形成一相对较不透水的土层，称为涂抹作用。此外，塑料排水带或砂井的导水能力有限，需要一定的水头差才能排出从地基中进入的水量，称为井阻。在进行砂井固结计算时，首先忽略涂抹作用和井阻因素，并作以下假设：①地基土是完全饱和的；②地基土只能产生竖向压密变形；③不考虑地基土固结系数的变化；④砂井地基表面的荷载均匀分布，产生的地基附加应力沿深度方向也是均匀分布的；⑤荷载是瞬时施加的。根据一维固结的理论原理可推导出单个砂井影响圆柱范围内的固结微分方程，表示为圆柱坐标（z，r）得

$$\frac{\partial u}{\partial t}=C_H\left(\frac{\partial^2 u}{\partial r^2}+\frac{1}{r}\frac{\partial u}{\partial r}\right)+C_V\frac{\partial^2 u}{\partial z^2} \tag{6.34}$$

$$\begin{cases} C_H=\dfrac{k_H(1+e)}{a\gamma_w} \\ C_V=\dfrac{k_V(1+e)}{a\gamma_w} \end{cases}$$

式中　C_H、C_V——地基土水平和竖直向固结系数；

k_H、k_V——地基土水平和竖直向渗透系数；

a——地基土的压缩系数。

在式（6.34）中，孔隙水压力 u 是坐标 z、r 和时间 t 的函数，可用分离变量法及各自的定解条件分别求得解 $u(z,t)$ 和 $u(r,t)$ 及相应的竖向平均固结度 U_z 和径向平均固结度 U_r。根据一维固结理论，得

$$U_z=1-\frac{8}{\pi^2}\sum_{m=1,3\cdots}^{\infty}\frac{1}{m^2}\exp\left(-\frac{m^2\pi^2}{4}T_V\right) \tag{6.35}$$

当 $U_z>30\%$ 时，m 仅取一项就具有足够精度，即

$$U_z=1-\frac{8}{\pi^2}\exp\left(-\frac{\pi^2}{4}T_V\right) \tag{6.36}$$

式中竖向时间因数 T_V 为

$$T_V=\frac{C_V t}{H^2} \tag{6.37}$$

式中　H——地基土中竖向最远排水距离。

根据 Baron 的解答可得

$$U_r=1-\exp\left(-\frac{8}{F}T_H\right) \tag{6.38}$$

式中径向时间因数为

$$T_{\mathrm{H}}=\frac{C_{\mathrm{H}}t}{d_{\mathrm{e}}^{2}} \tag{6.39}$$

$$F=1-\frac{n^{2}}{n^{2}-1}\ln n-\frac{3n^{2}-1}{4n^{2}} \tag{6.40}$$

Carrillo 从理论上证明地基的平均固结度和 U_z 及 U_r 间存在下列关系，即

$$U_{rz}=1-(1-U_z)(1-U_r) \tag{6.41}$$

应用上面的式（6.35）～式（6.41）可进行地基的排水固结设计。

一般情况下，砂井的间距比软土层的厚度小得多，可以忽略竖向排水作用，即 $U_z=0$，而 $U_{rz}=U_r$，只需进行径向排水设计［式（6.38）］，其误差不会超过 10% 且偏于安全。应用式（6.38）可反求达到一定固结度所需的预压时间。为此，将式（6.38）简化改写为

$$t=\frac{d_{\mathrm{e}}^{2}}{8C_{\mathrm{H}}}\left(\ln-\frac{d_{\mathrm{e}}}{d_{\mathrm{w}}}-0.75\right)\ln\frac{1}{1-U_r} \tag{6.42}$$

2）一级或多级等速加荷情况下平均固结度的计算。上述各式均假设荷载是一次瞬时施加的，实际工程多为分级逐渐施加的，对于一级或多级等速加载条件下，当固结时间为 t 时，对应总荷载的地基平均固结度可按式（6.43）计算，即

$$\overline{U_t}=\sum_{i=1}^{n}\frac{\dot{q}_i}{\sum\Delta p}\left[(T_i-T_{i-1})-\frac{\alpha}{\beta}\mathrm{e}^{-\beta t}(\mathrm{e}^{\beta T_i}-\mathrm{e}^{\beta T_{i-1}})\right] \tag{6.43}$$

式中 $\overline{U_t}$——t 时间地基的平均固结度；

$\dot{q}_i$——第 i 级荷载的加荷速率，kPa/d；

$\sum\Delta p$——各级荷载的累加值，kPa；

T_{i-1}、T_i——第 i 级荷载加载的起始时间和终止时间（从零点起算），d，当计算第 i 级荷载加载过程中某时间 t 的固结度时，T_i 改为 t；

α、β——参数，根据地基土排水固结条件按表 6.5 采用，对竖井地基，表 6.5 中所列 β 为不考虑涂抹和井阻影响的参数值。

表 6.5　　α、β 值

排水固结条件参数	竖向排水固结 U_z	向内径向排水固结	竖向和向内径向排水固结（竖井穿透受压土层）
α	$\frac{8}{\pi^2}$	1	$\frac{8}{\pi^2}$
β	$\frac{\pi^2 c_{\mathrm{v}}}{4H^2}$	$\frac{8c_{\mathrm{h}}}{F_n d_{\mathrm{e}}^2}$	$\frac{8c_{\mathrm{h}}}{F_n d_{\mathrm{e}}^2}+\frac{\pi^2 c_{\mathrm{v}}}{4H^2}$

注 $F_n=\frac{n^2}{n^2-1}\ln n-\frac{3n^2-1}{4n^2}$

式中：c_{k} 为土的径向排水固结系数，cm²/s；c_{v} 为土的竖向排水固结系数，cm²/s；$\overline{U_z}$ 为双面排水土层或固结应力均匀分布的单面排水土层平均固结度。

（2）考虑涂抹和井阻作用。当排水竖井采用挤土方式施工时，应考虑涂抹对土体固结的影响。当竖井的纵向通水量 q_{w} 与天然土层水平向渗透系数 k_H 的比值较小且长度又较小时，还应考虑井阻影响。瞬时加载条件下，考虑涂抹和井阻影响时，竖向地基径向排水固结度可按式（6.44）计算，即

$$\overline{U_r}=1-\mathrm{e}^{-\frac{8c_H}{Fd_e^2}t} \tag{6.44}$$

$$F=F_n+F_s+F_r$$

$$F_n=\ln n-\frac{3}{4} \quad (n\geqslant 15)$$

$$F_s=\left(\frac{k_H}{k_s}-1\right)\ln s$$

$$F_r=\frac{\pi^2 L^2 k_H}{4q_w}$$

式中 $\overline{U_r}$——固结时间 t 时竖井地基径向排水平均固结度；

k_H——天然土层水平向渗透系数，cm/s；

k_s——涂抹区土的水平向渗透系数，可取 $k_s=\left(\frac{1}{5}-\frac{1}{3}\right)k_H$，cm/s；

s——涂抹区直径 d_s 与竖井直径 d_w 的比值，可取 $s=2.0\sim3.0$，对中等灵敏黏性土取低值，对高灵敏黏性土取高值；

L——竖井深度，cm；

q_w——竖井纵向通水量，为单位水力梯度下单位时间的排水量，cm³/s；一级或多级等速加荷条件下，考虑涂抹和井阻影响时竖井穿透受压土层地基的平均固结度可按式（6.43）计算，其中 $\alpha=\frac{8}{\pi^2}$，$\beta=\frac{8c_H}{F_n d_e^2}+\frac{\pi^2 C_V}{4H^2}$。

对排水竖井未穿透受压土层的地基，应分别计算竖井范围土层的平均固结度和竖井底面以下受压土层的平均固结度，通过预压使该两部分固结度和所完成的变形量满足设计要求。

【例 6.2】 设某一软土层的堤坝工程，软土层厚为16m，下卧层为坚实的黏性土（可视为不透水层），拟采用袋装砂井处理软土，袋装砂井的直径 $d_w=70$mm，间距 $l=1.5$m，打入深度 $H=16$m，呈梅花形布置。经勘查试验得到，地基土的渗透系数 $k_H=3\times10^{-7}$cm/s；竖向和水平向固结系数分别为 $C_V=1.5\times10^{-3}$cm²/s，$C_H=2.94\times10^{-3}$cm²/s；砂井井料的渗透系数为 $k_w=1\times10^{-2}$cm/s。设涂抹比 $s=2$，涂抹层土的渗透系数 $k_s=1\times10^{-7}$cm/s。堤坝堆载按图6.10分别逐渐施加。总荷载 $p=200$kN/m²，试求历时150d时：（1）不考虑井阻和涂抹作用的平均固结度；（2）考虑井阻和涂抹作用的总平均固结度。

解 采用式（6.43）计算。根据题意，基本计算参数如下。

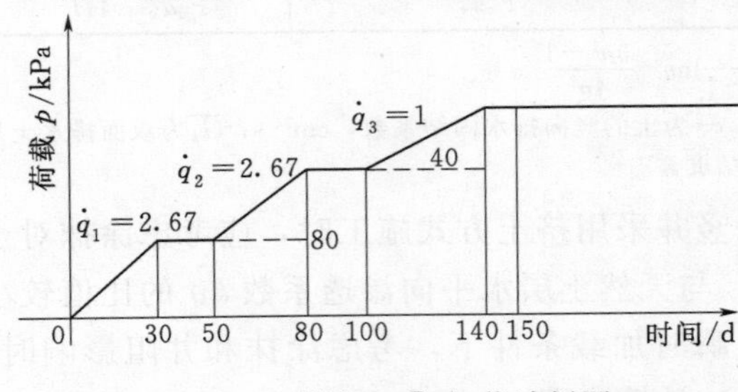

图6.10 ［例6.2］加荷计划图

影响直径 $d_e=1.05\times150=157.5$cm；井阻比 $n=\frac{157.5}{7}=22.5$；井阻因子 $G=\left(\frac{3\times1^{-7}}{1\times10^{-2}}\right)\left(\frac{1600}{7}\right)^2=1.56$；涂抹因子 $J=\ln2\times(3-1)=1.39$；井径比函数 $F=\ln n-\frac{3}{4}=$

2.37；竖向固结指数 $\beta_z=\frac{\pi^2\times1.5\times10^{-3}\times86400}{4\times1600^2}=1.25\times10^{-4}(1/d)$；径向固结指数 $\beta_r=\frac{8\times2.94\times10^{-3}\times86400}{2.37\times157.5^2}=0.036(1/d)$（不考虑井阻和涂抹作用）；径向固结指数 $\beta_r=\frac{8\times2.94\times10^{-3}\times86400}{(2.37+1.39+\pi\times1.56)\times157.5^2}=0.0095(1/d)$（考虑井阻和涂抹作用）。

（1）不考虑井阻和涂抹作用的固结度计算如下。

$$\begin{aligned}\overline{U}=&\frac{2.67}{200}\times\left[(30-0)-\frac{8}{0.036\times\pi^2}\times e^{-0.036\times150}\times(e^{0.036\times30}-1)\right]\\&+\frac{2.67}{200}\times\left[(80-50)-\frac{8}{0.036\times\pi^2}\times e^{-0.036\times150}\times(e^{0.036\times80}-e^{0.036\times50})\right]\\&+\frac{1}{200}\times\left[(140-100)-\frac{8}{0.036\times\pi^2}\times e^{-0.036\times150}\times(e^{0.036\times140}-e^{0.036\times100})\right]\\=&0.399+0.385+0.140=92.4\%\end{aligned}$$

（2）考虑井阻和涂抹作用的固结度计算如下。

$$\begin{aligned}\overline{U}=&\frac{2.67}{200}\times\left[(30-0)-\frac{8}{0.0095\times\pi^2}\times e^{-0.0095\times150}\times(e^{0.0095\times30}-1)\right]\\&+\frac{2.67}{200}\times\left[(80-50)-\frac{8}{0.0095\times\pi^2}\times e^{-0.0095\times150}\times(e^{0.0095\times80}-e^{0.0095\times50})\right]\\&+\frac{1}{200}\times\left[(140-100)-\frac{8}{0.0095\times\pi^2}\times e^{-0.0095\times150}\times(e^{0.0095\times140}-e^{0.0095\times100})\right]\\=&0.310+0.255+0.077=0.643=64.3\%\end{aligned}$$

从以上结果可以看出，考虑与不考虑井阻和涂抹作用所求得的固结度明显不同，两者相差28.1%。所以在袋装砂井和塑料排水带的设计中，用不考虑井阻和涂抹作用的理想井理论计算会存在较大的误差。但是，如果在设计时尽量增大井料的渗透性或排水带的通水能力，把井阻因子降低至最小程度，同时在施工时也尽量减小对土的扰动，降低涂抹影响，如把井阻因子降低至 $G<0.1$，涂抹因子 $J<0.4$，这样就可以转化为理想井的情况了。

2. 预压设计

预压荷载顶面的范围应不小于建筑物基础外缘所包围的范围。

加载速率应根据地基土的强度确定。当天然地基土的强度满足预压荷载下地基的稳定性要求时，可一次性加载；否则应分级逐渐加载，待前期预压荷载下地基土的强度增长满足下一级荷载下地基的稳定性要求时方可加载。

具体加载步骤是首先用简便的方法确定一个初步的加载计划，然后校核这一加载计划下地基的稳定性和沉降。

（1）利用地基的不排水抗剪强度计算第一级允许施加的荷载 p_1，对饱和软黏土可采用下列公式估算，即

$$p_1=\frac{5.14c_u}{K}+\gamma D \tag{6.45}$$

式中 K——安全系数，建议采用1.1～1.5；

c_u——天然地基的不排水抗剪强度，kPa；

γ——基底标高以上土的重度，kN/m^3；

D——基础埋深，m。

(2) 计算第一级荷载下地基强度增长值。在 p_1 荷载作用下，经过一段时间预压，地基强度会有所提高，对于正常固结饱和黏性土地基，提高以后的地基强度用式（6.46）计算，即

$$\tau_{ft}=\tau_{f0}+\Delta\sigma_z U_t \tan\varphi_{cu} \tag{6.46}$$

式中 τ_{ft}——t 时刻，该点土的抗剪强度，kPa；

τ_{f0}——地基土的天然抗剪强度，kPa；

$\Delta\sigma_z$——预压荷载引起的该点的附加竖向应力，kPa；

U_t——该点土的固结度；

φ_{cu}——三轴固结不排水压缩试验求得的土的内摩擦角，(°)。

(3) 估算加荷速率 q_i，计算 p_1 作用下达到所确定固结度所需要的时间。目的在于确定第一级荷载停歇的时间，即第二级荷载开始施加的时间。

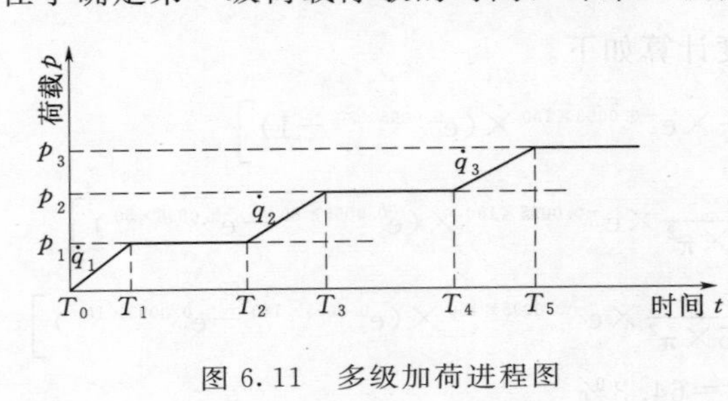

图 6.11 多级加荷进程图

根据工程经验，加荷速率 $\dot{q}_i$ 不宜太快，以防止产生局部剪切破坏，为此控制加荷速率 $\dot{q}_i \leqslant 4\sim8$kPa/d，则图 6.11 多级加载计划图中的 $T_1=p_1/\dot{q}_i$。为了防止地基产生剪切破坏，在施加第一级荷载之后需恒载一段时间，待地基固结后才施加下一级荷载。恒载预压持续的时间（图 6.11 中 T_2-T_1）可按式（6.47）计算，即

$$t=\frac{1}{\beta_{rz}}\ln\frac{8}{\pi^2(1-U_t)} \tag{6.47}$$

$$T_2=t+\frac{T_1}{2}$$

式中 t——瞬时加荷达到固结度 U_t 时所需的时间；

U_t——固结度，一般工程常要求 $U_t=70\%\sim80\%$；

β_{rz}——砂井地基（或排水带）的固结指数。

(4) 根据第（2）步所得到的地基强度 τ_{ft} 值作为一级加荷后地基土的不排水抗剪强度 c_{u1}，计算第二级所能施加的荷载 p_2，p_2 可近似地按式（6.48）估算，即

$$p_2=\frac{5.52c_{u1}}{K} \tag{6.48}$$

求出在 p_2 作用下地基固结度达 70%～80%时的强度以及所需要的时间，然后计算第三级所能施加的荷载，依次可计算出以后的各级荷载和停歇时间。

(5) 按以上步骤确定的加荷计划进行每一级荷载下地基的稳定性验算。如稳定性不满足要求，则调整加载计划。

(6) 计算预压荷载下地基的最终竖向变形量和预压期间的竖向变形量。这一项计算的目的在于确定预压荷载卸除的时间。这时地基在预压荷载下所完成的沉降量已达到设计要求，残余的沉降量是建（构）筑物所允许的。

预压荷载下地基的最终竖向变形量按式（6.49）计算，即

$$s_f = \xi \sum_{i=1}^{n} \frac{e_{0i} - e_{1i}}{1 + e_{0i}} h_i \tag{6.49}$$

式中　s_f——最终竖向变形量，m；

e_{0i}——第 i 层中点土自重应力所对应的孔隙比，由室内固结试验 $e-p$ 曲线查得；

e_{1i}——第 i 层中点土自重应力与附加应力之和所对应的孔隙比，由室内固结试验 $e-p$ 曲线查得；

h_i——第 i 层土层厚度，m；

ξ——经验系数，对正常固结饱和黏性土地基可取 $\xi=1.1\sim1.4$，荷载较大、地基土较软弱时应取较大值。

变形计算时，可取附加应力与土自重应力的比值为 0.1 的深度作为压缩层的计算深度。

3. 排水通道和变形控制

预压法处理地基必须在地表铺设与排水竖井相连的砂垫层，砂垫层砂料宜用中粗砂，黏粒含量不宜大于 3%，砂料中可混有少量粒径小于 50mm 的砾石。砂垫层的干密度应大于 1.5g/cm^3，其渗透系数宜大于 $1\times10^{-2}\text{cm/s}$。砂井的砂料应选用中粗砂，其黏粒含量不应大于 3%。在预压区边缘应设置排水沟，在预压区内宜设置与砂垫层相连的排水盲沟。

塑料排水带的性能指标必须符合设计要求。塑料排水带搭接长度宜大于 200mm，埋入砂垫层中的长度不应小于 500mm。塑料排水带施工时，平面井距偏差不应大于井径，垂直度偏差不应大于 1.5%，深度不得小于设计要求。

砂井的灌砂量应按井孔的体积和砂在中密状态时的干密度计算，其实际灌砂量不得小于计算值的 95%。灌入砂袋中的砂宜用干砂，并应灌制密实。

袋装砂井可用聚丙烯织物制袋并在现场灌砂，用振动法沉入导管，到位后放入砂袋，并在管内灌水以减小管与袋的摩擦阻力，再拔管。竖向排水体应高出孔口至少 200mm，以便和水平排水体连接。

预压加载过程中应满足地基强度和稳定控制要求。在加载过程中应进行竖向变形、水平位移、孔隙水压力等项目的监测。根据监测资料控制加载速率，应满足：①对竖井地基，最大竖向变形量不应超过 15mm/d，对天然地基，最大竖向变形量不应超过 10mm/d；②边缘处水平位移不应超过 5mm/d。

6.5.4　真空预压法

真空预压法是通过对覆盖于竖井地基表面的不透气薄膜内抽真空排水使地基土固结压密的地基处理方法。

真空预压法在需要加固的软土地基上先铺设砂垫层，然后打设竖直排水通道，再用不透气的封闭膜使其与大气隔绝，通过砂垫层里埋设的吸水管槽，用真空装置进行抽气，使地基中透水材料间能保持较高的真空度，在土的孔隙中产生负孔隙水压力，孔隙水逐渐被吸出，从而达到预压目的。真空预压法如图 6.12 所示。

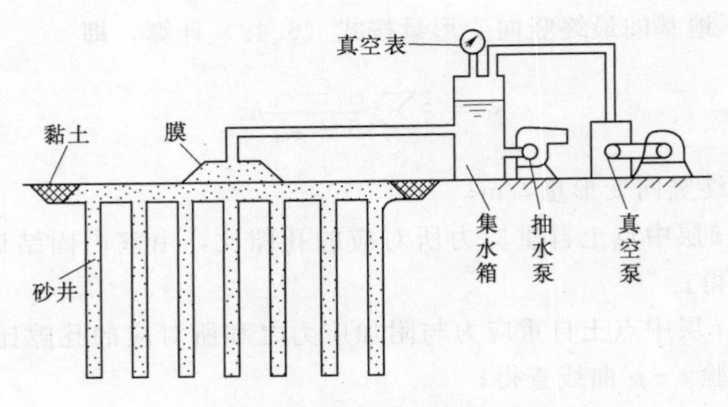

图 6.12　现场真空预压示意图

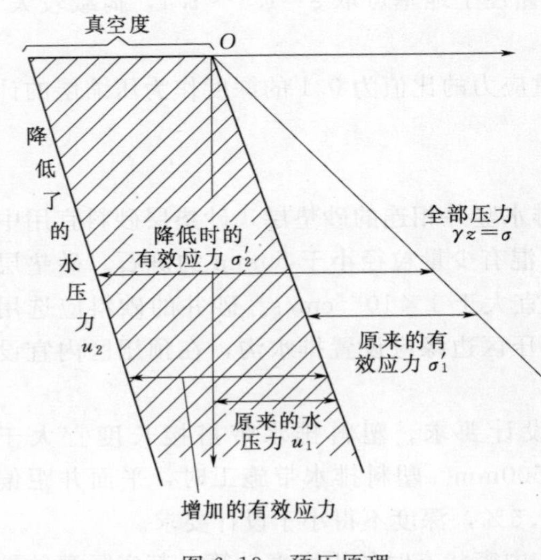

图 6.13　预压原理

1. 加固原理

如图 6.13 所示，真空预压以大气压为预压荷载。抽气前，薄膜内外都作用一个大气压 p_0（9.8×10^4Pa），抽气后砂垫层与砂井薄膜内的压力先后逐渐下降至 p_1。薄膜在内外压力差作用下紧贴砂垫层表面，在砂垫层面上施加预压荷载 $\Delta p=p_0-p_1$，Δp 称为真空度，此时，地基中形成负的超孔隙水压力，使土排水固结。在形成真空度的瞬间，即 $t=0$ 时刻，超孔隙水压力 $\Delta u=-\Delta p$，有效应力 $\Delta\sigma'=0$。随着抽气的延续，在负压作用下，土中超孔隙水压力逐渐消散，有效应力不断增加，促使土体固结。真空度在固结开始时为 p_0-p_1，随着抽气时间增长，Δp 逐渐变小，最后趋于零，此时$\Delta u=0$，$\Delta\sigma'=\Delta p$，渗流停止，土体固结完成。此外，饱和土体中含有少量的封闭气泡，在正压作用下该气泡堵塞孔隙，使土体渗透性降低。但在抽吸时这种气泡容易被吸出孔隙，从而使土的渗透性提高，固结过程加速。

2. 真空预压法的设计

真空预压法的设计包括以下内容。

（1）密封膜内的真空度。真空预压效果和密封膜内所能达到的真空度大小关系极大。根据工程经验，膜内真空度一般可达 80kPa，作为最大膜内设计真空度。同时，竖向排水井（如砂井）选取渗透系数大的中粗砂（$k=10^{-2}$cm/s）作排水材料也能提高真空度。

（2）加固效果。一般加固土层需达到 80％的固结度。如工期许可，也可采用更大一些的固结度作为设计要求达到的固结度。

（3）排水通道及其参数。真空预压法虽与堆载预压法作用机理不同，但同属预压排水固结方法，都需根据土质条件、预压要求和加固时间等因素来设计排水通道。竖向排水体可采用直径为 7cm 的袋装砂井，也可采用普通砂井或塑料排水带。

3. 施工要求

首先设置排水通道，即在软基表面铺设砂垫层和在土体中埋设袋装砂井或塑料排水带；其次铺设膜下管道，将真空管埋入软基表面的砂垫层中，一般采用条形或鱼刺形两种排列方法，如图6.14所示，然后铺设封闭薄膜，在加固区四周开挖深达0.8～0.9m的沟槽，薄膜四边放入沟槽，将挖出的黏性土填入沟槽，封住薄膜，再连接膜上管道及抽真空装置，保证密封。

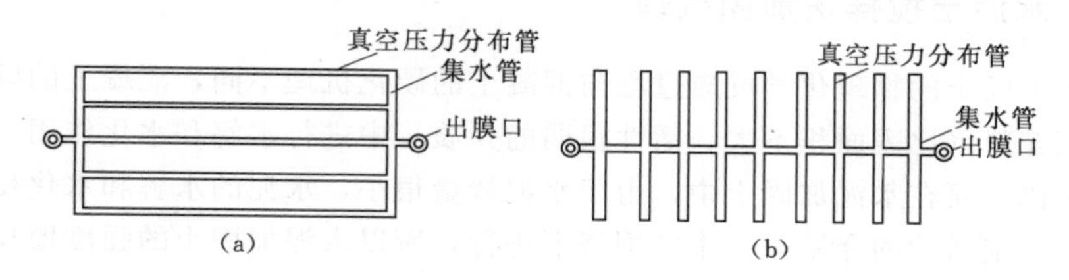

图6.14 膜下真空分布管排列

(a) 真空分布管条形排列；(b) 真空分布管鱼刺形排列

真空预压的抽气设备宜采用射流真空泵，空抽时必须达到95kPa以上的真空吸力，真空泵的设置应根据预压面积大小和形状、真空泵效率和工程经验确定，但每块预压区至少应设置两台真空泵。

6.5.5 真空和堆载联合预压

当设计地基预压荷载大于80kPa时，应在真空预压抽真空的同时再施加定量的堆载。堆载体的坡肩线宜与真空预压边线一致。对于一般软黏土，当膜下真空度稳定地达到650mmHg后，抽真空10d左右可进行上部堆载施工，即边抽真空边施加堆载。对于高含水量的淤泥类土，当膜下真空度稳定地达到650mmHg后，一般抽真空20～30d可进行堆载施工。

当堆载较大时，真空和堆载联合预压法应提出荷载分级施加要求，分级数应根据地基土稳定计算确定。真空和堆载联合预压地基固结度和强度增长的计算可按堆载预压中的相关方法进行。真空和堆载联合预压以真空预压为主时，最终竖向变形可按堆载预压中地基最终变形量计算公式计算。其中ξ可取0.9。

6.6 水泥土搅拌法

6.6.1 水泥土搅拌法概念及适用范围

水泥土搅拌法是利用水泥作为固化剂，通过特制的搅拌机械，在地基深处将软土和固化剂强制搅拌，利用固化剂和软土之间所产生的一系列物理化学反应，使软土硬结成具有整体性、水稳定性和一定强度的优质地基。从施工工艺上可分为湿法和干法两种。湿法常称为浆喷搅拌法，干法常称为粉喷搅拌法。

水泥土搅拌法适用于处理淤泥、淤泥质土、素填土、软-可塑黏性土、松散-中密粉细砂、稍密-中密粉土、松散-稍密中粗砂和砾砂、黄土等土层。不适用于含大孤石或障碍物较多且不易清除的杂填土、硬塑及坚硬的黏性土、密实的砂类土以及地下水渗流影响成桩质量的土层。当地基土的天然含水量小于30%（黄土含水量小于 25%)、大于 70%时不应采用干法。寒冷地区冬季施工时，应考虑负温对处理效果的影响。

水泥土搅拌法用于处理泥炭土、有机质含量较高或 pH<4 的酸性土、塑性指数大于 25 的黏土，在腐蚀性环境中以及无工程经验的地区采用水泥土搅拌法时，必须通过现场和室内试验确定其适用性。

6.6.2　水泥土搅拌法加固机理

水泥加固土的物理化学反应过程与混凝土的硬化机理不同，混凝土的硬化主要是在粗填充料（比表面积不大、活性很弱的介质）中进行水解和水化作用，所以凝结速度较快，而在水泥加固土中，由于水泥掺量很小，水泥的水解和水化反应完全是在具有一定活性的介质——土的围绕下进行，所以水泥加固土的强度增长过程比混凝土缓慢。

1. 水泥的水解和水化反应

减少了软土中的含水量，增加土粒间的黏结，水泥与土拌和后，水泥中的硅酸二钙、硅酸三钙、铝酸三钙以及铁铝四钙等矿物与土中水发生水解反应，在水中形成各种硅、铁、铝质的水溶胶。同时土中的 $CaSO_4$ 大量吸水，水解后形成针状结晶体。

(1) 硅酸三钙：在水泥中含量最高（50%），是决定强度的主要因素。

$$2(3CaO \cdot SiO_2)+6H_2O = 3CaO \cdot 2SiO_2 \cdot 3H_2O+3Ca(OH)_2$$

(2) 硅酸二钙：在水泥中含量较高（25%），它主要产生后期强度。

$$2(2CaO \cdot SiO_2)+4H_2O = 3CaO \cdot 2SiO_2 \cdot 3H_2O+Ca(OH)_2$$

(3) 铝酸三钙：占水泥总量的 10%左右，水化速度最快，促进早凝。

$$3CaO \cdot Al_2O_3+6H_2O = 3CaO \cdot Al_2O_3 \cdot 6H_2O$$

(4) 铁铝酸四钙：占水泥总量的 10%左右，能促进早期强度。

$$4CaO \cdot Al_2O_3 \cdot Fe_2O_3+2Ca(OH)_2+10H_2O = 3CaO \cdot Al_2O_3 \cdot 6H_2O+3CaO \cdot Fe_2O_3 \cdot 6H_2O$$

(5) 硫酸钙：含量 3%左右，生成“水泥杆菌”状的化合物，能将大量自由水-结晶水形式固定下来，使土中自由水减少。

2. 黏土颗粒与水泥水化物的作用

当水泥的各种水化物生成后，有的自身继续硬化，形成水泥石骨架；有的则与其周围具有一定活性的黏土颗粒发生反应。

$$3CaSO_4+3CaO \cdot Al_2O_3+32H_2O = 3CaO \cdot Al_2O_3 \cdot 3CaSO_4 \cdot 32H_2O$$

(1) 离子交换和团粒化作用。黏土颗粒带负电，吸附阳离子，形成胶体分散体系。表面带有钾离子或钠离子，可与水泥水化反应的钙离子进行离子交换，产生凝聚，形成较大的团粒，提高土体强度。

(2) 硬凝反应。在碱性环境下，溶液中析出大量的钙离子，与二氧化硅或三氧化铝产生化学反应，生成不溶于水的铝酸钙等结晶水化物。在水中和空气中逐渐硬化，提高水泥强度，使水泥具有足够的水稳定性。

$$\begin{matrix} SiO_2 \\ (Al_2O_3) \end{matrix} + Ca(OH)_2 + nH_2O \longrightarrow \begin{matrix} CaO \cdot SiO_2 \cdot (n+1)H_2O \\ [CaO \cdot Al_2O_3 \cdot (n+1)H_2O] \end{matrix}$$

3. 碳酸化作用

水泥水化物中游离的氢氧化钙吸收水中和空气中的二氧化碳，发生碳酸化作用，生成不溶于水的碳酸钙。使地基土的分散度降低，强度和防渗性能增强。

$$Ca(OH)_2 + CO_2 = CaCO_3 \downarrow + H_2O$$

水泥与地基土拌和后经上述的化学反应形成坚硬桩体，同时桩间土也有少量的改善，从而构成桩与土复合地基，提高地基承载力，减少了地基的沉降。

6.6.3 水泥土搅拌法设计计算

1. 水泥土的配方设计

（1）根据工程荷载大小的要求，确定需用的水泥土标准强度 q_{ud} 和相应的室内试验强度值 q_{u1}。

（2）根据地基土的性质，选用水泥土的配方。对于一般黏性土地基，可按含水量的大小初步选择水泥系固化剂和外加剂的品种及掺和量，并通过室内试验确定其抗压强度。一般可用硅酸盐水泥或矿渣水泥（42.5R）作为固化剂，并配以2%水泥量的石膏（或0.05%水泥量的三乙醇胺）和0.2%水泥量的木质素磺酸钙作为增强剂和减水剂。水灰比一般采用0.5～0.6。水泥系固化剂掺和量可参考表6.6选取。水泥土的强度由试验来确定，然后换算成设计的标准强度。

表 6.6　　地基土含水量与掺和量的关系

地基土的含水量/%	30	40	50	60	70
掺和量/(kg/m³)	150～200	200～250	250～275	275～300	300～350
无侧限抗压强度/kPa	由室内试验确定，并换算成标准值，为1000～40000				

如果按上述配方不能满足设计强度的要求时，可考虑使用增强剂，如粉煤灰、磷石膏或其他活性材料。对于含水量大于70%或有机质含量较高的地基土，则应根据地基土对 $Ca(OH)_2$ 吸收量的不同选择合适的水泥系固化剂，除了水泥品种以外，还要掺入一定含量的活性材料、碱性材料或磷石膏，如在水泥中掺入水泥量10%～30%的磷石膏可明显增大水泥土的强度。但必须注意掺入的磷石膏要适量，掺量过大反而降低水泥土的强度。

（3）最终确定水泥土的配方。由于配方与水泥土强度间的关系尚研究不够，最终确定的水泥土的配方应通过室内试验和现场原位搅拌取样试验的结果为标准。

在工程上，也常借鉴所在地区的经验配方作为设计配方，但是必须注意土类和施工条件相同时才能采用。

2. 搅拌工艺

一般采用的工艺流程如图6.15所示。例如，打入深度较大的搅拌体，应采取自上而下或自下而上分段搅拌，先贯入下沉喷浆搅拌第一段，再下沉提升搅拌第二段，这样有利于搅拌均匀。其中要注意控制提升的速度和转速，一般提升0.6～1.0m/min，转速为20～40r/min。需要特别强调的是，要监测控制水泥浆的输入量，尽量均匀；严格控制钻杆的下沉和提升速度，认真检验搅拌后的水泥质量，特别是硬化均匀的程度。

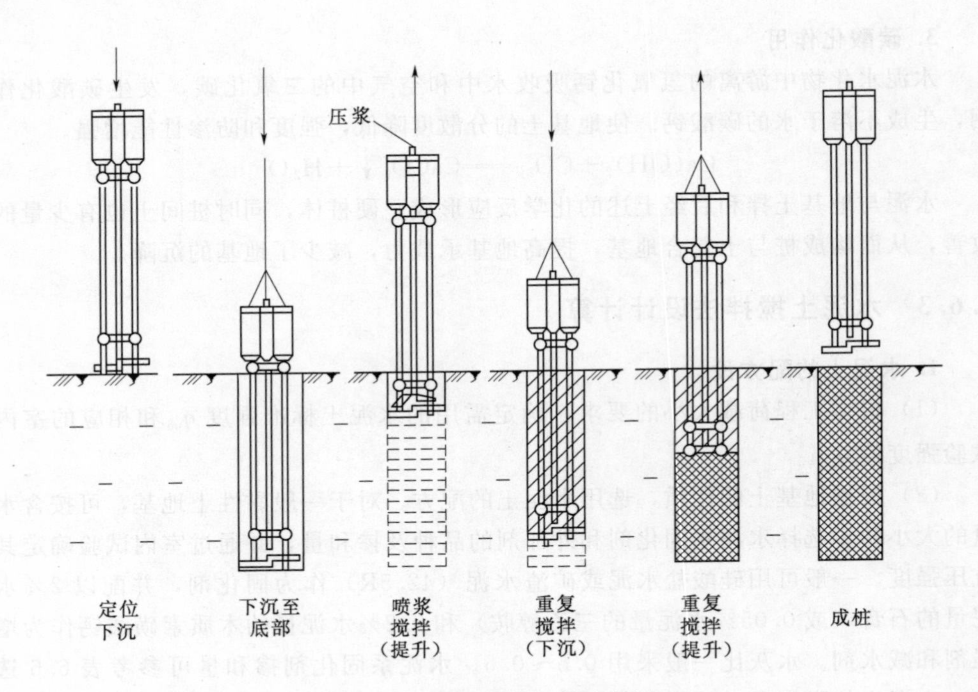

图 6.15　深层搅拌工艺流程图

3. 水泥土加固地基的设计与计算

利用水泥土搅拌法加固地基的设计，首先应根据设计工程加固地基的目的和要求，选择水泥土加固体的平面布置形式、范围和加固深度，然后分析经加固后地基的承载力、稳定性和沉降是否满足工程设计的要求。建筑物的类型不同，利用水泥土加固地基的目的与要求也不同，相应的设计方法也有所不同。下面主要介绍房屋建筑物地基利用水泥土搅拌法加固的设计方法。

（1）水泥土加固体的布置形式。房屋建筑物的地基加固，为提高地基承载力和减少沉降，常采用桩型水泥土加固体。荷载不大时，采用单轴水泥搅拌形成的单桩体；荷载较大时，则采用双轴或两个双轴搅拌相互搭接形成的四桩体。在平面上各桩体则按建筑物基础形状，以方形或正三角形均匀布置。如果建筑物的基础面积较大，且对地基均匀沉降的要求较高时，则应按格室型或墙体型布置水泥土加固体。桩体的长度、间距和范围则按建筑物荷载对地基承载力和沉降要求来决定。

（2）水泥土复合地基承载力特征值。水泥土地基设计计算的方法有多种，这里仅介绍《建筑地基处理技术规范》（JGJ 79—2012）推荐的方法。

水泥土复合地基承载力特征值可按式（6.50）计算，即

$$f_{spk}=m\frac{R_a}{A_p}+\beta(1-m)f_{sk} \tag{6.50}$$

其中

$$R_a=\eta f_{cu}A_p \tag{6.51}$$

$$R_a=q_{sa}u_p l+\alpha A_p q_{pa} \tag{6.52}$$

式中　f_{spk}、f_{sk}——复合地基和桩间土的承载力特征值；

A_p、m——水泥土桩截面面积和复合地基面积置换率；

β——桩间土承载力折减系数，可取 0.5～0.9，当桩端土比桩侧土好

时，可取 0.5；当桩端土比桩侧土差或相接近时，可取 0.9；

R_a——水泥土桩的单桩体（包括多轴桩体）竖向承载力特征值，由现场荷载试验确定，或取下两式计算结果的较小值，即

f_{cu}——与设计的水泥土配方相同的立方体试块（边长为 70.7mm 或 50mm）在室内测定的无侧限抗压强度平均值；

l、u_p——桩长和桩周长；

q_{sa}——桩周土的摩擦阻力特征值，淤泥可取 4～7kPa，淤泥质土可取 6～12kPa，软塑状态黏性土可取 10～15kPa，可塑状态黏性土可取 12～18kPa；

q_{pa}——桩端土的天然地基承载力特征值，按《建筑地基基础设计规范》（GB 50007—2012）规定确定；

α、η——折减系数，可取 $\alpha=0.4\sim0.6$，$\eta=0.2\sim0.3$（干法）和 0.25～0.33（湿法）。

（3）水泥土复合地基沉降计算。经水泥土桩处理后的复合地基的沉降，为上、下两部分的压缩量之和，即

$$s=s_{sp}+s_a \tag{6.53}$$

式中 s_{sp}、s_a——复合地基（群桩体）压缩量及桩端下层地基土的沉降量，均可按常规的分层总和法计算。

计算复合地基部分沉降量 s_{sp} 时，所用的压缩模量为桩土复合压缩模量 E_{sp}，可用式（6.54）计算，即

$$E_{sp}=mE_p+(1-m)E_s \tag{6.54}$$

式中 E_p、E_s——水泥土搅拌桩体和桩间地基土的压缩模量。

6.7 高压喷射注浆法

6.7.1 高压喷射注浆法原理及分类

20 世纪 60 年代末期，日本将高压水射流技术应用到灌浆工程中，创造出一种全新的施工法——高压喷射注浆法。一般用钻机成孔至预定深度后，用高压注浆流体发生设备，使水和浆液通过装在钻杆末端的特制喷嘴喷出，以高压脉动的喷射流向土体四周喷射，把一定范围内土的结构破坏，并强制与化学浆液和水泥混合，形成注浆体，同时钻杆按一定方向旋转和提升，待浆液凝固后在土中制成具有一定强度和防渗性能的圆柱状、板状、连续墙等的固结体（图 6.15）。这种以高压喷射流切割土体并与土拌和形成加固体的地基处理方法称为高压喷射注浆法，目前广泛应用于已有建筑和新建工程的地基处理、深基坑地下工程的支挡和护底、构造地下防水帷幕等。

高压喷射注浆技术首先要求具备发生高压流体的设备系统（高压大于 20MPa），产生较大的平均喷射流速，形成较大的喷射压力；其次是采用多相喷射直径的加固体。目前按地质条件和工程需要固结体的大小，常用的有以下三种不同的施工方法。

1. 单喷管法

单管旋喷注浆法是利用钻机把安装在注浆管（单管）底部侧面的特殊喷嘴，置入土层预定深度后，用高压泥浆泵等装置以30MPa左右的压力，把浆液从喷嘴中喷射出去冲击破坏土体，使浆液与从土体上崩落下来的土搅拌混合，经过一定时间凝固，便在土中形成一定形状的固结体，其直径为0.3～0.8m［图6.16（a)］。一般用在松散、稍密砂层中使用，水泥用量一般小于200kg/m，提升速度一般可取10～20cm/min。

2. 二重管法

二重管旋喷是一种气喷射、浆液灌注搅拌混合喷射的方法，即用喷射管使高压气和浆液同时横向喷射，并切割地基土体，喷嘴将水泥浆及高压气体同时喷射注入被切割、搅拌的地基中，使水泥浆与土混合，最后在土中形成较大的固结体。其破坏能力和范围显著增大，所形成固结体的直径为0.8～1.2m［图6.16（b)］。一般用在中密砂层中，水泥用量一般小于300kg/m，提升速度一般在10～20cm/min。

3. 三重管法

使用分别输送水、气、浆液三种介质的三重注浆管，在以高压泵等高压发生装置产生高压水流的周围环绕一股圆筒状气流，进行高压水流喷射流和气流同轴喷射冲切土体，形成较大的空隙，再由泥浆泵将水泥浆以较低压力注入被切割、破碎的地基中，喷嘴做旋转和提升运动，使水泥浆与土混合，在土中凝固，形成较大的固结体，其加固直径可达2～4m［图6.16（c)］。可以在圆砾层内施工，水泥用量一般在400kg/m，提升速度一般在10～20cm/min。

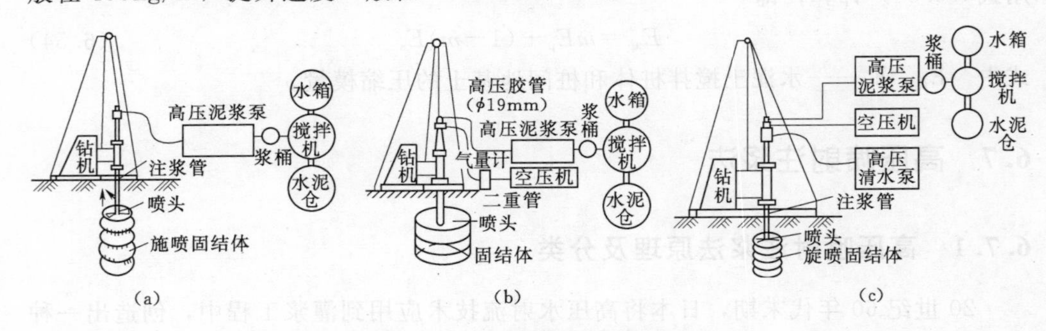

图6.16 高压喷射注浆示意图

(a) 单喷管法；(b) 二重管法；(c) 三重管法

喷射所形成加固体的形状与钻杆转动的方向有关，一般有以下三种形式。

(1) 旋转喷射注浆。旋转喷射注浆简称为旋喷法，在旋喷施工时，喷嘴喷射随提升而旋转，所形成的固结体呈圆柱状，常称为旋喷桩［图6.17（a)］；也可把圆柱体搭接形成连续墙体或其他形状。

(2) 定喷注浆。定喷注浆简称定喷，喷射注浆时喷射方向随提升而不变，所形成的固结体呈壁状体［图6.17（b)］，按喷射孔位排列形成不同形状的连续壁。

(3) 摆喷注浆。摆喷注浆简称摆喷，喷射注浆时随喷嘴提升按一定角度摆动，所形成固结体的形状呈扇形体［图6.17（c)］。

固结体的强度与渗透性与所用浆液的配方有关。高压喷射的浆液有多种，因大多数品种带毒性而被禁用，因此工程上常采用水泥系浆液。它的配方与硬化机理和

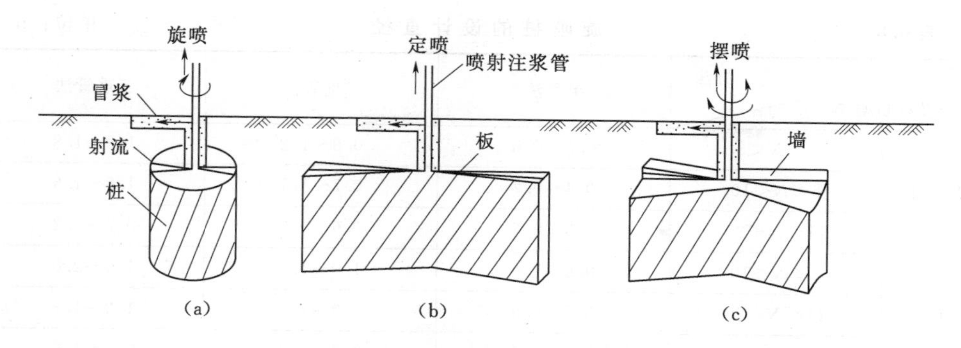

图 6.17 高压喷射注浆的不同形式
(a) 旋转喷射;(b) 定喷;(c) 摆喷

水泥搅拌法类似。

喷射注浆固结体的主要特性见表 6.7。由于旋喷形成加固体的强度受多种因素的影响,强度的大小存在一定的分散性,应用表中强度时,应考虑适当的折减,在黏土中一般为地基 1～5MPa,在砂土中为 4～10MPa。

表 6.7 **喷射注浆固结体性质**

<table>
<tr><th>土类
固结体的性质</th><th>砂类土</th><th>黏性土</th><th>其 他</th></tr>
<tr><td>最大抗压强度/MPa</td><td>10～20</td><td>5～10</td><td rowspan="7">砂砾:最大抗压强度 8～20MPa;渗透系数 10^{-7}～10^{-6}cm/s。
黄土:最大抗压强度 5～10MPa;干重度 13～15kN/m^3</td></tr>
<tr><td>弹性模量/MPa</td><td></td><td>2～5</td></tr>
<tr><td>干重度/(kN/m^3)</td><td>16～20</td><td>14～15</td></tr>
<tr><td>渗透系数/(cm/s)</td><td>10^{-7}～10^{-6}</td><td>10^{-6}～10^{-5}</td></tr>
<tr><td>黏聚力 c/MPa</td><td>0.4～0.5</td><td>0.7～1.0</td></tr>
<tr><td>内摩擦角/(°)</td><td>30～40</td><td>20～30</td></tr>
<tr><td>标准贯入击数 N</td><td>30～50</td><td>20～30</td></tr>
<tr><td>单桩垂直承载力/kN</td><td colspan="3">500～600(单管);1000～1200(双管);2000(三重管)</td></tr>
</table>

6.7.2 高压喷射注浆的设计计算

高压喷射注浆法适用于处理淤泥、淤泥质土、流塑、软塑或可塑黏性土、粉土、黄土、砂土、素填土和碎石土等地基。当土中含有较多的大粒径块石、大量植物根茎或有过多的有机质时,以及地下水流速过大和已涌水的工程,应根据现场试验结果确定其适用程度。高压喷射注浆法还可用于既有建筑和新建建筑的地基加固处理,形成复合地基,或用于深基坑、地铁等工程的土层加固或防水,以及坝体的加固与防水帷幕等工程。此外,还可采用定喷法形成壁状加固体,以改善边坡的稳定性。

对于以地基加固为目的的设计而言,其内容主要包括加固体的布置与范围、喷射浆液的配方与加固体强度的要求,并进行分析与计算;对于以抗渗或防渗为目的的设计而言,则应根据防渗抗渗要求进行布置,并采用合适的抗渗浆液配方。

1. 喷射注浆直径的估计

有效的喷射直径应通过现场试验来确定。当现场无试验资料时,可参考表 6.8 选用,表中 N 为标准贯入击数,定喷和摆喷为表中数据的 1～1.5 倍。

表6.8 旋喷桩的设计直径 单位：m

土质及标贯数 N		单管法	二重管法	三重管法
黏性土	$0<N<5$	0.5～0.8	0.8～1.2	1.2～1.8
	$6<N<10$	0.4～0.7	0.7～1.1	1.0～1.6
	$11<N<20$	0.3～0.5	0.6～0.9	0.7～1.2
砂土	$0<N<10$	0.6～1.0	1.0～1.4	1.5～2.0
	$11<N<20$	0.5～0.9	0.9～1.3	1.2～1.8
	$21<N<30$	0.4～0.8	0.8～1.2	0.9～1.5

2. 确定地基的承载力

喷射注浆形成的加固体地基常看作复合地基，通过现场试验求出复合地基的承载力。当无现场荷载资料时，可按复合地基中的有关地基强度的计算公式进行计算。相应的分析计算方法可按前节水泥搅拌桩方法进行。

3. 沉降计算

可采用常规分层总和法计算，参照《建筑地基基础设计规范》（GB 50007—2011）有关规定进行。

4. 稳定性分析

当喷射注浆法应用于加固岸坡和基坑底部时，可采用常规的圆弧滑动法分析其稳定性。对于滑弧通过加固体时，加固体的抗剪强度应考虑一定的安全度，同时还要考虑渗透力。

5. 防渗帷幕设计

以旋喷或定喷加固体作为防渗帷幕时，主要任务是合理确定布孔的形式和间距，并注意相互搭接连续。一般布置两排或三排注浆孔，孔距为 $0.866R$（R 为旋喷桩有效半径），排距为 $0.75R$，喷射形成防渗帷幕。对用定喷或摆喷形成的防渗帷幕，要求前后搭接良好，可用直线和交叉对折喷射。防渗帷幕的厚度、深度和位置则根据工程的要求，通过防渗计算来确定。

6.7.3 高压喷射注浆的施工

1. 施工机具

主要的施工机具有高压发生装置（空气压缩机和高压泵等）和注浆喷射装置（钻机、钻杆、注浆管、泥浆泵、注浆输送管等）两部分。其中关键的设备是注浆管，由导流器钻杆和喷头组成，有单管、二重喷管、三重喷管和多重喷管四种。导流器的作用是将高压水泵、高压水泥浆和空压机送来的水、浆液和气分头送到钻杆内；然后通过喷头实现浆、浆气和浆水气同轴流喷射；钻杆把这两部分连接起来，三者组成注浆系统。喷嘴是由硬质合金按一定形状制成，使之产生一定结构的高速喷射流，且在喷射过程中不易被磨损。

2. 施工顺序

喷射注浆分段进行，自下而上逐渐提升（图6.18），速度为0.1～0.2m/min，转速为10～20r/min。当注浆管不能一次提升完毕时，可卸管后再喷射；但需增加搭接长度，不得小于0.1m，以保持连续性。如需要加大喷射的范围和提高强度，可采用复喷。如遇到大量冒浆时，则需查明原因，及时采取措施。当喷射注浆完毕后，必须立即把注浆管拔出，防止浆液凝固而影响桩顶的高度。

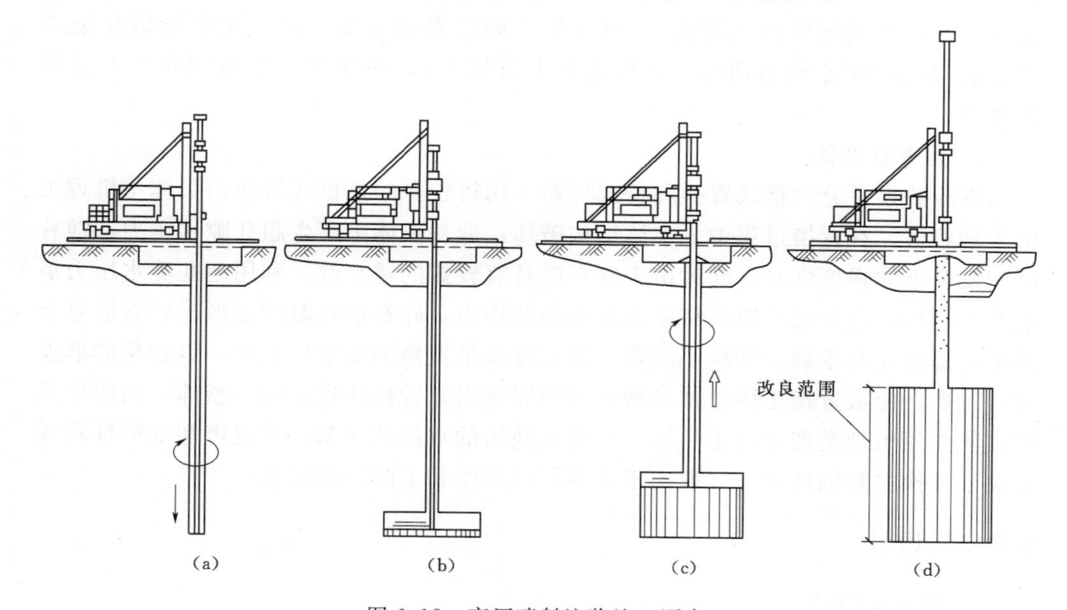

图6.18 高压喷射注浆施工顺序

(a) 就位并钻孔至设计深度；(b) 喷射开始；(c) 边喷射边提升；(d) 喷射结束准备移位

6.8 强夯法和强夯置换法

6.8.1 概念和适用范围

强夯法是20世纪60年代末、20世纪70年代初首先在法国发展起来的，国外称为动力固结法。该方法一般是将10t的重锤以10～40m的落距对地基土施加强大的冲击能，在地基土中形成冲击波和动应力，使地基土压实和振密，以加固地基土，达到提高强度、降低压缩性、改善砂土的抗液化条件、消除湿陷性黄土湿陷性的目的。强夯法主要适用于处理砂土、碎石土、低饱和度粉土与黏性土、湿陷性黄土、杂填土和素填土等地基。

对于饱和黏性土地基，近年来发展了强夯置换法，即利用夯击能将碎石、矿渣等材料强力挤入地基，在地基中形成碎石墩，并与墩间土形成碎石墩复合地基，以提高地基承载力和减小地基沉降。强夯置换法适用于高饱和度的粉土与软塑-流塑的黏性土等地基上对变形控制要求不严的工程。强夯置换法在设计前必须通过现场试验确定其适用性和处理效果。

6.8.2 加固机理

1. 强夯法

土体经强夯后，强度提高过程可分为四个阶段：①夯击能量转化，同时伴随强制压缩（包括气体的排出、孔隙水压力上升）；②土体液化或土体结构破坏（表现为土体强度降低或抗剪强度丧失）；③排水固结压密（表现为渗透性能改变、土体裂隙发展、土体强度提高）；④触变恢复并伴随固结压密（包括部分自由水又变成薄膜水，土的强度继续提高）。其中第①阶段是瞬时发生的，第④阶段是强夯终止后很长时间才能达到的（可长达几个月以上），中间两个阶段则介于上述两者之间。

2. 强夯置换法

强夯置换可分为整式置换和桩式置换。用得较多的是桩式置换，其作用机理类似于砂石桩。在置换过程中，土体结构破坏，地基土体中产生超孔隙水压力，随着时间发展土体强度恢复，同时由于碎石墩具有较好的透水性，利用超孔隙水压力消散产生固结。这样通过置换挤密及排水固结作用，碎石墩和墩间土形成碎石墩复合地基，提高地基承载力和减小沉降。整式置换是置换率要求较大时，以密集的群点进行置换，使被置换土体整体向两侧或四周排出，置换体连成统一整体，构成置换层，其作用机理类似于换土垫层。整式置换后的双层状地基，其强度和变形性状既取决于置换材料的性质，又取决于置换层的厚度和下卧层的性质。

6.8.3 设计

1. 强夯法设计

(1) 有效加固深度。有效加固深度既是选择地基处理方法的重要依据，又是反映处理效果的重要参数。强夯法的有效加固深度 H 一般可按式 (6.55) 估算，即

$$H=\alpha\sqrt{Wh} \tag{6.55}$$

式中 W——夯锤重量，kN；

h——落距，m；

α——系数，根据所处理地基土的性质按表6.9选用。

表6.9 影响深度修正系数 α

土的名称	湿陷性黄土	一般黏性土、粉土	砂土	碎石土（不包括土）	不煤石	块石矿渣山废石	人工填土
α	0.45～0.60	0.55～0.65	0.65～0.70	0.60～0.70		0.49～0.50	0.55～0.75

实际上影响强夯法有效加固深度的因素很多，除了锤重和落距外，还有地基土的性质、不同土层的厚度和埋藏顺序、地下水位以及强夯法的其他设计参数等都与有效加固深度有着密切的关系。因此，强夯法的有效加固深度应根据现场试夯或当地经验确定。在缺少试验资料或经验时也可按表6.10预估。

表6.10 强夯法的有效加固深度 单位：m

单击夯击能/(kN·m)	碎石土、砂土等粗颗粒土	粉土、黏性土、湿陷性黄土等细颗粒土
1000	4.0～5.0	3.0～4.0
2000	5.0～6.0	4.0～5.0
3000	6.0～7.0	5.0～6.0
4000	7.0～8.0	6.0～7.0

续表

单击夯击能/(kN·m)	碎石土、砂土等粗颗粒土	粉土、黏性土、湿陷性黄土等细颗粒土
5000	8.0～8.5	7.0～7.5
6000	8.5～9.0	7.5～8.0
8000	9.0～9.5	8.0～9.0
10000	10.0～11.0	9.5～10.5
12000	11.5～12.5	11.0～12.0
14000	12.5～13.5	12.0～13.0
15000	13.5～14.0	13.0～13.5
16000	14.0～14.5	13.5～14.0
18000	14.5～15.5	—

注 强夯法的有效加固深度应从最初起夯面算起。

（2）单击夯击能。在设计中，根据需要加固的深度初步确定采用的夯击能，然后再根据机具条件确定起重设备、夯锤尺寸以及自动脱钩装置。

（3）最佳夯击能。在一定的夯击能作用下，地基土中出现的孔隙水压力达到土的自重压力，此时的夯击能称为最佳夯击能。在黏性土中，可根据孔隙水压力的叠加来确定最佳夯击能；在砂性土中，可根据最大孔隙水压力增量与夯击次数关系来确定最佳夯击能。

夯点的夯击次数，可按现场试夯得到的夯击次数和夯沉量关系曲线确定，并应同时满足平均夯沉量不大于规范要求的限值。

（4）夯击遍数。夯击遍数应根据地基土的性质确定。可采用点夯 2～4 遍，对于渗透性较差的细颗粒土，必要时夯击遍数可适当增加。最后再以低能量满夯 1～2 遍。

（5）间歇时间。两遍夯击之间的间隔时间取决于土中超静孔隙水压力的消散时间。当缺少实测资料时，可根据地基土的渗透性确定：对于渗透性较差的黏性土地基，间隔时间不应少于 3～4 周；对于渗透性好的地基可连续夯击。

（6）夯击点布置。夯击点布置是否合理与夯实效果有直接的关系。夯击点位置可根据基底平面形状采用等边三角形、等腰三角形或正方形布置。对于基础面积较大的建（构）筑物，可按等边三角形或正方形布置夯击点；对于办公楼、住宅建筑等，可根据承重墙位置布置夯击点，一般可采用等腰三角形布点；对于工业厂房来说，可按柱网来设置夯击点。

夯击点间距一般根据地基土性质和要求处理的深度确定。第一遍夯击点间距可取夯锤直径的 2.5～3.5 倍，第二遍夯击点位于第一遍夯击点之间，以后各遍夯击点间距可适当减小。对加固深度较深或单击夯击能较大的工程，第一遍夯击点间距宜适当增大。

（7）处理范围。由于基础的应力扩散作用，强夯处理范围应大于建（构）筑物基础范围，每边超出基础外缘的宽度宜为基底下设计处理深度的 1/2～2/3，并不宜小于 3m。对可液化地基，扩大范围不应小于可液化土层厚度的 1/2，并不应小于 5m；对湿陷性黄土地基，还应符合现行国家标准《湿陷性黄土地区建筑地基规范》（GB 50025—2004）有关规定。

(8) 承载力确定。强夯地基承载力特征值应通过现场载荷试验确定，初步设计时也可根据夯后原位测试和土工试验指标按现行国家标准《建筑地基基础设计规范》(GB 50007—2011) 有关规定确定。

(9) 强夯地基变形计算应符合现行国家标准《建筑地基基础设计规范》(GB 50007—2011) 有关规定。夯后有效加固深度内土层的压缩模量应通过原位测试或土工试验确定。

(10) 根据初步确定的强夯参数，提出强夯试验方案，进行现场试夯。根据不同土质条件待试夯结束一至数周后，对试夯场地进行检测，并与夯前测试数据进行对比，检验强夯效果，确定工程采用的各项强夯参数。根据试夯夯沉量确定起夯面标高和夯坑回填方式。

(11) 现场测试设计。现场测试设计主要包括下述内容：①地面沉降观测；②孔隙水压力观测；③强夯振动影响范围观测；④深层沉降和侧向位移测试。

2. 强夯置换法

(1) 处理深度。强夯置换墩的深度由土质条件决定。除厚层饱和粉土外，一般应穿透软土层，到达较硬土层上。深度不宜超过10m。强夯置换锤底静接地压力可取100～200kPa。

(2) 单击夯击能。强夯置换法的单击夯击能应根据现场试验确定。强夯置换宜选取同一夯击能中锤底静压力较高的锤施工。

(3) 墩体材料。墩体材料可采用级配良好的块石、碎石、矿渣、建筑垃圾等坚硬粗颗粒材料，粒径大于300mm的颗粒含量不宜超过全重的30%。墩体材料级配不良或块石过多过大，均易在墩中留下大孔，在后续墩施工或建（构）筑物使用过程中使墩间土挤入孔隙，下沉增加。

(4) 夯击次数。夯点的夯击次数应通过现场试夯确定，且应同时满足下列条件：①墩底穿透软弱土层且达到设计墩长；②累计夯沉量为设计墩长的1.5～2.0倍；③最后两击的平均夯沉量不大于本节强夯法第 (3) 条“最佳夯击能”中的规定。

(5) 墩位布置。墩位宜采用等边三角形或正方形布置。对独立基础或条形基础可根据基础形状与宽度相应布置。墩间距应根据荷载大小和天然地基土的承载力选定，当满堂布置时可取夯锤直径的2～3倍；对独立基础或条形基础可取夯锤直径的1.5～2.0倍。墩的计算直径可取夯锤直径的1.1～1.2倍。墩顶应铺设一层厚度不小于500mm的压实垫层，垫层材料可与墩体相同，粒径不宜大于100mm。

(6) 处理范围。处理范围应大于基础范围。每边超出基础外缘的宽度宜为基底下设计处理深度的1/2～2/3，并不宜小于3m。

(7) 承载力确定。强夯置换法试验方案的确定应符合本节强夯法第 (10) 条规定。检测项目除进行现场载荷试验检测承载力和变形模量外，还应采用超重型或重型动力触探等方法，检查置换墩着底情况及承载力与密度随深度的变化。

确定软黏土中强夯置换墩地基承载力特征值时，可只考虑墩体，不考虑墩间土的作用，其承载力应通过现场单墩载荷试验确定；对饱和粉土地基可按复合地基考虑，其承载力可通过现场单墩复合地基载荷试验确定。

(8) 地基变形。强夯置换地基的变形计算参照砂石桩的变形计算。

6.8.4 施工及质量检验

强夯法施工应符合下列规定：强夯夯锤质量可取10～60t，其底面形式宜采用圆形或多边形，锤底面积宜按土的性质确定，锤底接地压力值可取25～80kPa，单击夯击能高时取大值，单击夯击能低时取小值，对于细颗粒土锤底静接地压力宜取较小值。锤的底面宜对称设置若干个与其顶面贯通的排气孔，孔径可取300～400mm。

强夯置换锤底面形式宜采用圆柱形，夯锤底静接地压力值宜大于100kPa。

强夯处理后的地基竣工验收承载力检验应在施工结束后间隔一定时间方能进行：对于碎石土和砂土地基，其间隔时间可取7～14d；对于粉土和黏性土地基可取14～28d。强夯置换地基间隔时间可取28d。

强夯处理后的地基承载力检验应采用载荷试验、原位测试和室内土工试验。强夯置换后的地基承载力检验除应采用单墩载荷试验检验外，还应采用动力触探等有效手段查明置换墩着底情况及承载力与密度随深度的变化；对饱和粉土地基，允许采用单墩复合地基载荷试验检验。

6.9 振冲法

6.9.1 振冲法的概念和适用范围

振冲法是指采用振冲器水平振动和高压水共同作用下，使松散土层密实的地基处理方法。振冲法最早是用来振密松砂地基的，由德国人S. Steuerman在1936年提出。后来开始将振冲法应用于黏性土地基，在黏性土中制造一群以石块、砂砾等散粒材料组成的桩体，这些桩与原地基土一起构成复合地基，使承载力提高、沉降减少。这两种振冲法加固地基的机理是不同的。前者用振冲法使松砂变密，是适用于砂土地基的“振冲密实”；后者用振冲法在地基中以紧密的桩体材料置换一部分地基土，是主要适用于黏性土地基的“振冲置换”。

6.9.2 振冲法加固原理

振冲法加固砂性土地基的原理，一方面依靠振冲器的强力振动使饱和砂层发生液化，砂颗粒重新排列，孔隙减少；另一方面依靠振冲器的水平振动力，在加回填料的情况下还通过填料使砂层挤压加密，故又称为振冲密实法。

振冲法处理黏性土地基主要通过以下四个方面起到加固作用：①排水作用；②桩体作用；③垫层作用；④加筋作用。

6.9.3 振冲法设计

1. 砂性土地基振冲法设计

对于砂土地基，设计项目主要是验算其抗液化能力，故对有抗震要求的松砂地基，要根据砂的颗粒组成、起始密实程度、地下水位、建筑物的抗震设防烈度、计算振冲处理深度、布孔形式、间距和挤密标准等因素确定，其中处理深度往往是决定处理工作量、进度和费用的关键因素，需要根据有关抗震规范进行综合论证。

（1）处理范围。地基处理范围应根据建筑物的重要性和场地条件确定，当用于多层建筑和高层建筑时，宜在基础外缘扩大1～3排桩。当要求消除地基液化时，在基础外缘扩大宽度不应小于基底下可液化土层厚度的1/2，并不应小于5m。

（2）桩位布置与间距。桩位布置，对大面积满堂处理，宜用等边三角形布置；对单独基础或条形基础，宜用正方形、矩形或等腰三角形布置。

振冲桩的间距应根据上部结构荷载大小和场地土层情况，并结合所采用的振冲器功率大小综合考虑。30kW振冲器布孔（桩）间距可采用1.3～2.0m；55kW振冲器布孔（桩）间距可采用1.4～2.5m；75kW振冲器布孔（桩）间距可采用1.5～3.0m。荷载大或对黏性土宜采用较小的间距，荷载小或对砂土宜采用较大的间距。初步设计时布孔（桩）的间距也可按下列公式估算。

对于等边三角形布置，有

$$s=0.95\xi d\sqrt{\frac{1+e_0}{e_0-e_1}} \tag{6.56}$$

对于正方形布置，有

$$s=0.89\xi d\sqrt{\frac{1+e_0}{e_0-e_1}} \tag{6.57}$$

$$e_1=e_{max}-D_{r1}(e_{max}-e_{min})$$

式中　s——砂石桩间距，m；

d——砂石桩直径，m；

ξ——修正系数，当考虑振动下沉密实作用时可取1.1～1.2；不考虑振动下沉密实作用时可取1.0；

e_0——地基处理前砂土的孔隙比，可按原状土样试验确定，也可根据动力或静力触探等对比试验确定；

e_1——地基挤密后要求达到的孔隙比；

e_{max}、e_{min}——砂土的最大、最小孔隙比，可按《土工试验方法标准》（GB/T 50123—1999）的有关规定确定；

D_{r1}——地基挤密后要求砂土达到的相对密实度，可取0.70～0.85。

（3）桩长的确定。当相对硬层埋深不大时，应按相对硬层埋深确定；当相对硬层埋深较大时，按建筑物地基变形允许值确定；在可液化地基中，桩长应按要求的抗震处理深度确定。桩长不宜小于4m。在桩顶和基础之间宜铺设一层300～500mm厚的碎（砂）石垫层。

（4）振冲法填料。振冲法桩体材料可用含泥量不大于5%的碎石、卵石、矿渣或其他性能稳定的硬质材料，不宜使用风化易碎的石料。常用的填料粒径为：30kW振冲器20～80mm；55kW振冲器30～100mm；75kW振冲器40～150m。振冲桩的直径一般为0.8～1.2m，可按每根桩所用填料量计算。

（5）振冲挤密地基承载力特征值应通过现场载荷试验确定。

（6）振冲挤密地基的变形计算应符合《建筑地基基础设计规范》（GB 50007—2011）有关规定。加固土层的压缩模量可按式（6.58）计算，即

$$E_{sp}=[1+m(n-1)]E_s \tag{6.58}$$

式中 E_{sp}——加固土层压缩模量，MPa；

E_s——桩间土压缩模量，MPa，宜按当地经验取值，如无经验时可取天然地基压缩模量。

式（6.58）中的桩土应力比 n，在无实测资料时，对黏性土可取 2～4，对粉土和砂土可取 1.5～3，原土强度低取大值，原土强度高取小值。

（7）不加填料振冲挤密设计要求。不加填料振冲挤密宜在初步设计阶段进行现场工艺试验，确定不加填料振密的可能性、孔距、振密电流值、振冲水压力、振后砂层的物理力学指标等。用 30kW 振冲器振密深度不宜超过 7m，75kW 振冲器不宜超过 15m。振冲加密孔距可为 2～3m，宜用等边三角形布孔。

2. 黏性土地基振冲法设计

黏性土地基的振冲置换设计应包括：根据设计场地地质土层的性质和工程要求确定碎石桩的合理布置范围、直径的大小、间距、加固的深度和填料的规格等；验算或试验加固后地基的承载力、沉降与地基的稳定性等。

我国《建筑地基处理技术规范》（JGJ 79—2012）规定，振冲置换法适用于处理 $c_u \geqslant 20$kPa 的黏性土。

地基处理范围应根据设计建筑物的特点和场地条件来确定，一般在建筑物基础外围增加 1～2 排桩；布置形式可用方形、正三角形布置。碎石桩的间距一般为 1.5～2.0m，并通过验算或试验满足设计工程荷载的要求或按复合地基所需的置换率，结合布置确定间距。加固的深度则按设计建筑物的承载力与稳定性和沉降的要求来确定，当软土层的厚度不大时，应贯穿软土层。碎石桩的材料应选用坚硬的碎石、卵石或角砾等，一般粒径为 20～50mm，最大不超过 80mm。

地基承载力与稳定性和沉降的分析与检验，常通过现场试验来确定，或者按半经验公式进行估算。下面仅介绍实用的分析方法。

（1）复合地基承载力的估算。

1）按现场复合地基载荷试验确定，试验方法按《建筑地基处理技术规范》（JGJ 79—2012）载荷试验要点进行。

2）用单桩载荷试验和天然地基载荷试验结果配合式（6.59）计算确定，即

$$f_{spk} = m f_{pk} + (1-m) f_{sk} \tag{6.59}$$

式中 f_{spk}——复合地基承载力特征值；

f_{pk}——碎石桩桩体承载力特征值；

f_{sk}——桩间土地基承载力特征值；

m——面积置换率，$m = d_w^2 / d_e^2$，d_w 和 d_e 分别为桩和一根桩分担的处理地基面积的等效圆的直径；等边三角形的 $d_e = 1.05s$，正方形的 $d_e = 1.13s$，矩形的 $d_e = 1.13\sqrt{s_1 s_2}$；s 为桩的间距；s_1 和 s_2 分别为矩形布置桩的纵向及横向间距。

3）半经验式估算。当中小型工程无载荷试验时，可按式（6.60）估算，即

$$f_{spk} = [1 + m(n-1)] 3S_v \tag{6.60}$$

式中 n——桩土应力比，可取 2～4，原地基强度较低的取大值，较高的取小值；

S_v——桩间土的实测十字板强度，也可用天然地基承载力特征值 f_{sk} 代替 $3S_v$ 值。

(2) 复合地基沉降计算。振冲置换碎石桩复合地基沉降计算方法与水泥土桩复合地基的沉降计算方法相同。

6.9.4　振冲法的施工与检验

振冲施工可根据设计荷载的大小、原土强度的高低、设计桩长等条件选用不同功率的振冲器。施工前应在现场进行试验，以确定水压、振密电流和留振时间等各种施工参数。振密孔施工顺序宜沿直线逐点逐行进行。

振冲法施工结束后，应间隔一定时间后进行质量检验。对粉质黏土地基间隔时间可取 21～28d，对粉土地基可取 14～21d，对砂土和杂填土地基不宜少于 7d。

桩的施工质量检验可采用单桩载荷试验，检验数量不应少于总桩数的 0.5%，且不少于 3 根。对桩体可采用动力触探试验检测，对桩间土可采用标准贯入、静力触探、动力触探或其他原位测试等方法进行检测。桩间土质量的检测位置应在等边三角形或正方形的中心。检测数量不应少于桩孔总数的 2%。

6.10　砂石桩法

6.10.1　砂石桩法的原理及其适用范围

砂石桩法采用碎石和砂（或其中一种材料），在地基中设置桩体的过程中达到对桩间土的挤密效果，形成挤密砂石复合地基，从而提高地基承载力、减小沉降，因此，又被称为挤密砂石桩法。砂石桩法常用于处理砂土、粉土和杂填土地基，在成桩过程中，桩间土体被振密和挤密，处理后的地基复合模量高，抗液化能力强，具有承载力大和沉降小等优点。

6.10.2　砂石桩的设计

1. 地基处理范围

《建筑地基处理技术规范》(JGJ 79—2012) 规定，地基处理范围应根据建筑物的重要性和场地条件确定，宜在基础外缘扩大 1～3 排桩。对可液化地基，在基础外缘扩大宽度不应小于基底下可液化土层厚度的 1/2，且不应小于 5m。

2. 垫层

挤密砂石桩宜在桩顶铺设砂石垫层，一般可取 300～500mm 厚。

3. 桩位布置

对于大面积满堂基础和独立基础，可采用三角形、正方形、矩形布桩；对条形基础，可沿基础轴线采用单排布桩或对称轴线多排布桩。

4. 桩径选择

可根据地基土质情况、成桩方式和成桩设备等因素确定，桩的平均直径可按每根桩所用填料量计算。振冲碎石桩桩径宜为 800～1200mm；沉管碎石桩桩径宜为 300～800mm。

5. 桩长

通常根据现场的工程地质条件确定，应让砂石桩穿过主要软弱土层，以满足控制沉降要求。对于可液化地基，还应满足抗液化设计要求。桩长不宜小于 4m。

6. 桩间距

桩间距应通过现场试验确定。对于沉管砂石桩的桩间距，不宜大于砂石桩直径的 4.5 倍；初步设计时，对松散粉土和砂土地基，应根据挤密后要求达到的孔隙比确定，可按式（6.56）、式（6.57）估算。

7. 沉降计算

挤密砂石桩复合地基沉降可采用分层总和法计算。有关复合土层的压缩模量 E_{sp}，通过桩身及桩间土压缩试验确定。初步设计时，可按公式（6.13）进行估算。若沉降不能满足要求，一般宜增加桩长，以减小沉降量。

6.10.3　砂石桩的施工及质量检验

挤密砂石桩施工方法主要有振冲法和振动沉管法，近些年来又发展了桩锤冲扩桩法以及各种孔内夯扩法。本小节重点介绍振冲法和振动沉管法施工砂石桩。

1. 振冲法

砂石桩振冲法施工采用的振冲器可根据地质条件、设计桩长、桩径等情况选用。振冲器常用的型号有 30kW、55kW、75kW 等。填料粒径视选用振冲器的不同而异。采用 30kW 振冲器施工时，一般选取的填料粒径为 20～80mm；采用 55kW 振冲器施工时，填料粒径为 20～100mm；采用 75kW 振冲器施工时，填料粒径为 40～150mm。

振冲挤密碎石桩施工步骤见图 6.19，将振冲器徐徐沉入地基土中设计深度后分层填料，每次填料厚度不宜大于 0.5m。采用振冲器进行振密制桩，但电流达到规定的密实电流和到了规定的留振时间后，将振冲器提升 30～50cm，然后不断重复制桩直至桩端。

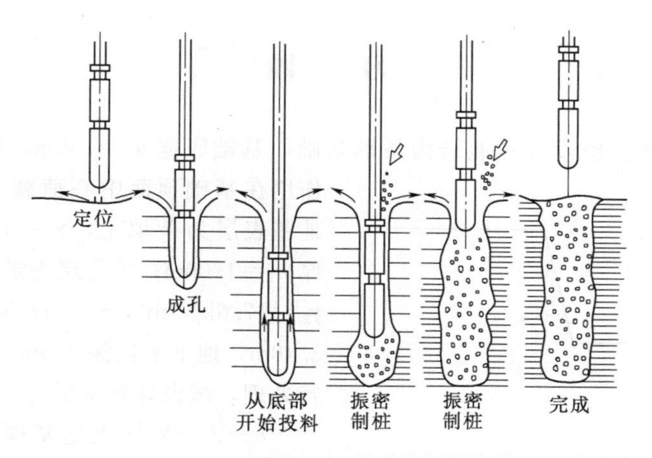

图 6.19　振冲碎石桩成桩工艺流程示意图

2. 振动沉管法

采用振动沉管法时，将桩管振动沉入地基中的设计深度，在沉管过程中对桩间土体产生挤压。然后向管内投入砂石料，边振动边提升桩管，直至拔出地面。通过沉管振动使填入砂石料密实，在地基中形成砂石桩，并挤密振密桩间土。

振动沉管法施工所用的设备主要有振动沉管沉拔桩机、下端装有活瓣桩靴的桩管和加料设备。桩管直径可根据桩径选择，一般规格为325mm、375mm、425mm、525mm等。桩管长度一般大于设计桩长1～2m。

无论是振冲法还是振动沉管法，成桩后都需要对桩体质量进行检查，对桩体质量可采用动力触探试验随机检验，对桩间土可采用标准贯入、静力触探等原位测试方法检测。

思考题

6-1 试分述各均质人工地基处理方法与各复合地基处理方法的加固机理和设计方法。

6-2 什么是复合地基？根据增强体的不同特性，复合地基常用的类型有哪些？复合地基的承载力如何确定？复合地基的沉降量如何估算？

6-3 试述复合地基面积置换率、桩土应力比、桩土荷载分担比、复合模量的概念。

6-4 换土垫层的设计原理是什么？垫层的分类和适用范围是什么？如何选用理想的垫层材料？如何确定砂垫层的厚度？为何厚度太薄与太厚都不合适？宽度大小有什么要求？

6-5 堆载预压法与真空预压法的加固机理有何区别？

6-6 简述砂井地基堆载预压法设计步骤及注意点。

6-7 某地基软土厚12m，用强夯法加固，如何初选锤重及落距，拟进行现场试验，试说明现场试验的内容和方法。

6-8 振冲法的施工顺序按照什么原则进行？

习题

6-1 一办公楼设计砖混结构条形基础，基础底宽$b=1.50$m，埋深$d=1.0$m。作用在基础顶面中心荷载$N=250$kN/m。地基表层为杂填土，$\gamma_1=18.2\text{kN/m}^3$，层厚$h_1=1.00$m；第②层为淤泥质粉质黏土，$\gamma_2=17.6\text{kN/m}^3$，$w=42.5\%$，层厚$h_2=8.40$m，地下水位深3.5m。采用砂垫层进行处理，试设计砂垫层。

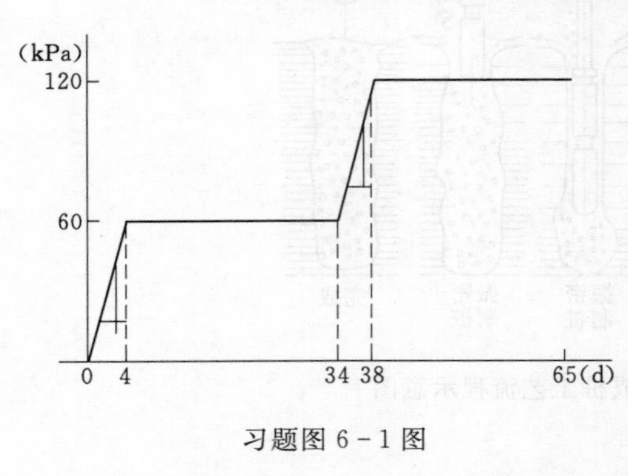

习题图6-1图

6-2 某软土地基厚度10m，初始孔隙比$e=1.0$，压缩系数$a=0.55\text{MPa}^{-1}$，水平渗透系数$k_H=5.8\times10^{-8}$cm/s，拟用截面为100mm×4mm的塑料排水带配合预压法加固地基，排水带采用正方形布置，间距1.3m，总加载为120kPa，加载方式如习题6-1图所示，图中加载速率$\dot{q}_1=\dot{q}_2=15$kPa/d，只考虑径向向内排水固结。试计算从开始加载第65d的固结度。

6-3 一小型工程采用振冲置换法碎石桩处理，碎石桩桩径为0.6m，等边三角形布桩，桩距1.5m，现场无载荷试验资料，桩间土天然地基承载力特征值为120kPa。根据《建筑地基处理技术规范》(JGJ 79—2012) 求复合地基承载力特征值。(桩土应力比取 $n=3$)

6-4 某松砂地基，地下水位与地面平齐，采用振冲桩加固，砂桩直径 $d=0.6$m，该地基土的 $d_s=2.7$，$\gamma=17.5\text{kN/m}^3$，$e_{max}=0.95$，$e_{min}=0.6$，要求处理后能抗地震的相对密实度 $D_r=0.8$，求振冲桩间距。

6-5 某建筑物为一六层条式建筑，基底面积420m²，基底压力设计值121kPa，地基表层有8m厚的淤泥，其下为中密粉砂，淤泥地基承载力标准值 $f_{sk}=60$kPa。试按复合地基承载力要求，设计水泥搅拌桩加固方案，有关设计参数如下：

$A_p=0.71\text{m}^2$，$U_p=3.35$m，$l=8$m，$\eta=0.4$，$\bar{q}_s=6.5$kPa，$q_p=1200$kPa，$f_{cu,k}=950$kPa，$\alpha=0.5$，$\beta=0.2$，$m=30\%$。

第7章 挡土墙与护坡工程

7.1 概述

挡土墙广泛用于各类岩土工程领域，它可以支挡墙后土体，防止土体产生坍塌和滑移。比如，在山区平整建筑场地时，为了保证场地边坡稳定，需要在每级台地边缘处建造挡土墙；又如，在大、中桥两岸引道路堤的两侧构筑挡土墙，便可少占土地和减少引道路堤的土方量。还有，在深基坑开挖以及隧道、水闸、驳岸等构筑物施工时，也会使用挡土墙的支护作用来确保施工安全。图7.1（a）～（d）是4种常见的挡土墙应用示例，图7.1（e）、（f）则是实际挡土墙工程案例。

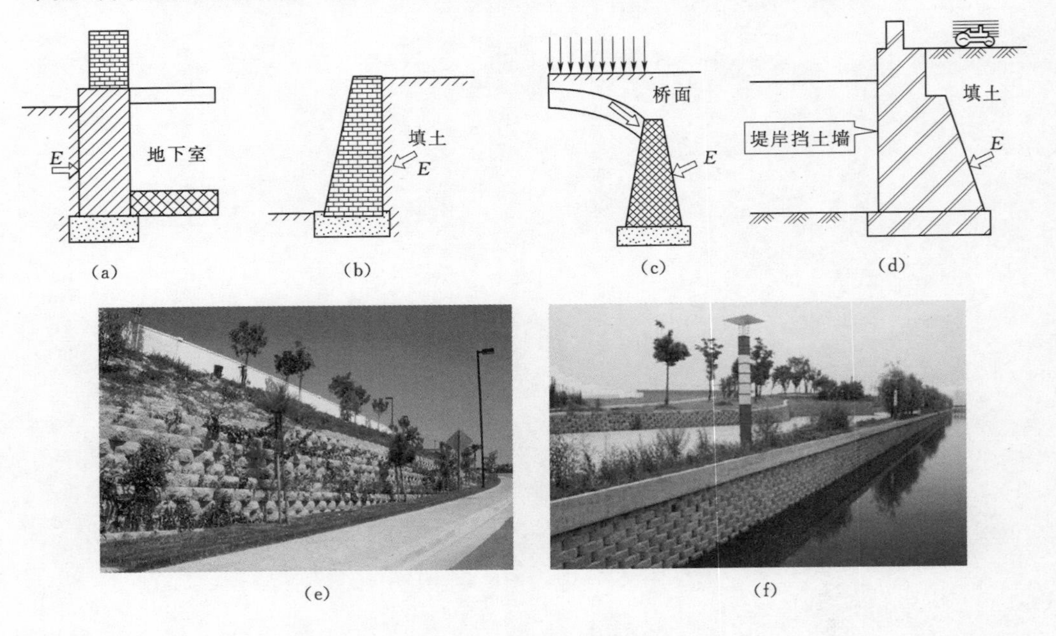

图7.1 挡土墙应用举例
（a）地下室侧墙；（b）边坡挡土墙；（c）拱桥桥台；（d）堤岸挡土墙；
（e）地面高差挡土墙；（f）堤岸护墙

土压力通常是指挡土墙后的填土因自重或外荷载作用对墙背产生的侧压力。由于土压力是挡土墙的主要外荷载，因此，设计挡土墙时首先要确定土压力的性质、大小、方向和作用点。土压力的计算是一个比较复杂的问题。它随挡土墙可能位移的方向分为主动土压力、被动土压力和静止土压力。土压力的大小还与墙后填土的性质、墙背倾斜方向等因素有关。

除了应用挡土墙，护坡的应用也非常广泛。护坡工程指的是为防止边坡受冲刷，在坡面上所做的各种铺砌和栽植工作的统称。比如，在桥址所在河段，河岸的凹岸逐年迎受水流冲刷，会使河岸不断坍塌，为保护桥梁和路堤安全，须在凹岸修筑防护建筑物。此外，设桥会引起河水流向变化，冲刷河岸而危及农田和村镇时，须在河岸修建被称为护岸的防护建筑物。护岸的形式有直接防护和间接防护。直接防护是对河岸边坡直接进行加固，以抵抗水流的冲刷和淘刷。常用抛石、干砌片石、浆砌片石、石笼及梢捆等修筑。间接防护适用于河床较宽或防护长度较大的河段，可修筑丁坝、顺坝和格坝等，将水流挑离河岸。

7.2 挡土墙分类及选择原则

挡土墙应用广泛，既可以是单一类型，也可以是复合形式，应该根据实际工程需要进行选择和设计。根据挡土墙的结构类型和支护墙后土体的不同力学原理，可将其划分为重力式、悬臂式、扶壁式、板桩式等。图 7.2 和图 7.3 分别给出了 4 种不同类型挡土墙工程的示意图和实景。

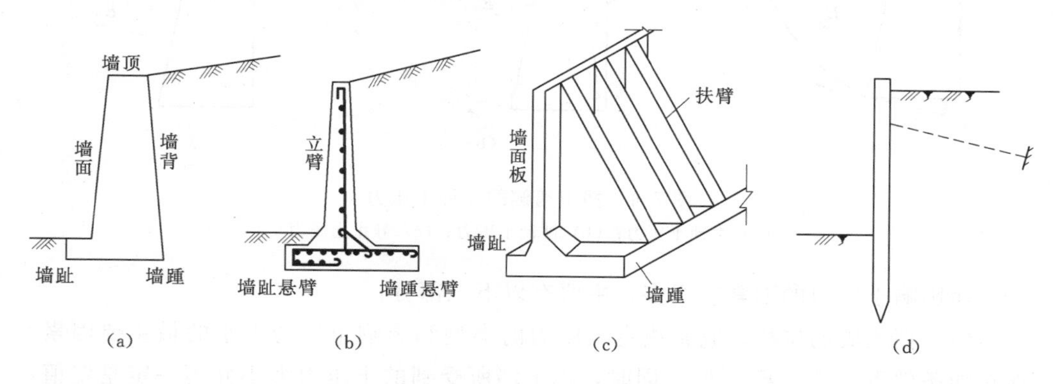

图 7.2 挡土墙类型示意图

(a) 重力式；(b) 悬臂式；(c) 扶壁式；(d) 板桩式

(a)

(b)

(c)

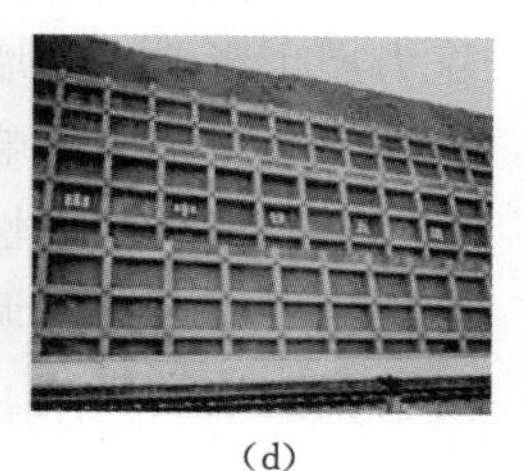
(d)

图 7.3 挡土墙类型实景

(a) 重力式；(b) 悬臂式；(c) 扶壁式；(d) 板桩式

当然，采用的分类依据不同挡土墙类型的称谓也会不同。比如，按挡土墙所用材料的不同，挡土墙可区分为毛石、砖、混凝土和钢筋混凝土等挡土墙。

正确选择挡土墙，原则上应考虑以下主要因素。

(1) 挡土墙的用途、高度与重要性。

(2) 建筑场地的地形、地质条件，墙下地基土的承载能力和压缩性。

(3) 能提供具有足够安全系数的抗倾覆力矩及抗滑力。

(4) 便于施工、性价比高，安全而经济。

(5) 尽量就地取材，与周边环境协调，因地制宜，且符合景观美学要求。

7.3 作用在挡土墙上的主要外荷载及计算

7.3.1 作用在挡土墙上的土压力

挡土墙侧的土压力大小及其分布规律受到墙体可能的位移方向、墙背填土的种类、填土面的形式、墙的截面刚度和地基变形等一系列因素的影响。根据墙的位移情况和墙后土体所处的应力状态，土压力可分为主动土压力 E_a [图 7.4 (a)]、被动土压力 E_p [图 7.4 (b)] 和静止土压力 E_0 [图 7.4 (c)] 3 种。

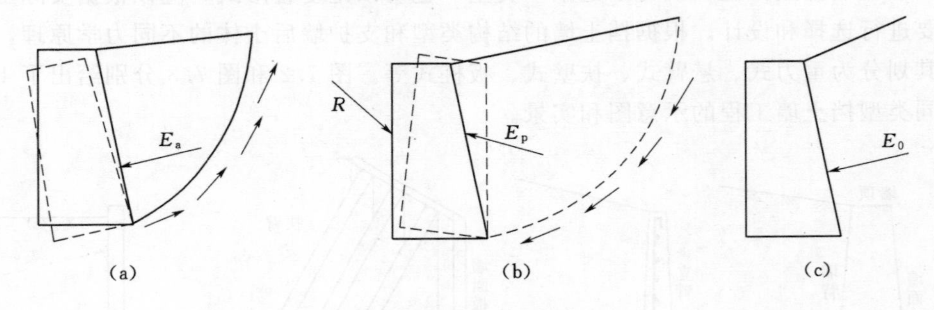

图 7.4 挡土墙侧的 3 种土压力

(a) 主动土压力；(b) 被动土压力；(c) 静止土压力

而影响土压力的因素有很多，主要有以下三部分：

(1) 挡土墙的位移。它是决定土压力的类型和影响土压力大小的最主要因素。在相同条件下，$E_p > E_0 > E_a$。同时，挡土墙所受到的土压力大小并不一定是定值，随着挡土墙的位移发生变化，土压力也会随之变化。

(2) 挡土墙自身因素。挡土墙的形状和所采用的建筑材料等自身因素也会对土压力产生影响，如墙的材料是混凝土还是砌块、墙背是竖直还是倾斜，这些都会对土压力产生不同影响。

(3) 墙后填土性质。挡土墙后填土的物理力学特性的差异难以改变，因此在实际应用中可以通过调整填土的类型来达到调整墙上土压力的大小，以此来改变土压力对挡土墙的影响。

7.3.2 墙后有水时的土压力计算

墙后填土常会部分或全部处于地下水位以下，由于渗水或排水不畅会导致墙后填土含水量增加。工程上一般可忽略水对砂土抗剪强度指标的影响，但对于黏性土，随着含水量的增加，抗剪强度指标明显降低，导致墙背土压力增大。因此，挡

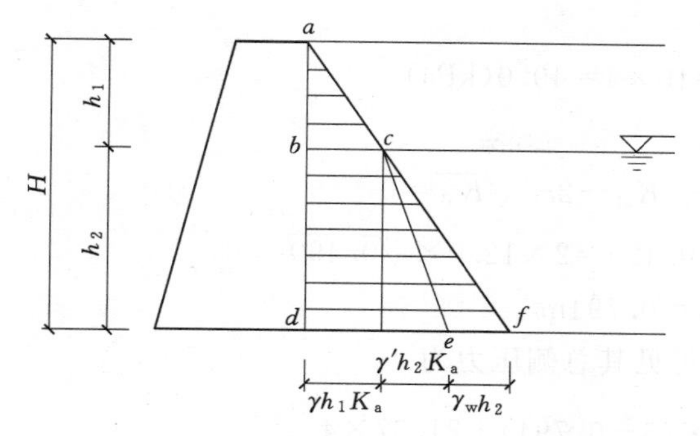

图 7.5　有地下水的土压力计算图

土墙应具有良好的排水设施，对于重要工程，计算时还应考虑适当降低抗剪强度指标 c 和 φ 值。此外，地下水位以下土的重度应取浮重度，并计入地下水对挡土墙产生的静水压力 $\gamma_w h_2$ 的影响。

如墙后填土有地下水时，作用在墙背上的总的侧压力为土压力和水压力之和，因此计算时需分为土压力和水压力两部分。计算时假定水位上下土的内摩擦角相同，但必须分别按天然重度和有效重度计算。如图 7.5 所示，$abcde$ 为土压力分布图，而 cef 为水压力分布图。图 7.5 中的 γ_w 为水的重度，γ'为填土的有效重度。

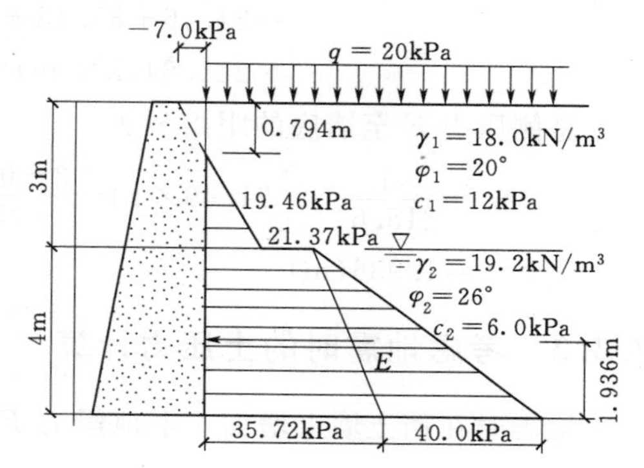

图 7.6　［例 7.1］土压力分布

【例 7.1】 挡土墙高 7m，墙背竖直光滑，墙后填土面水平，并作用有均布荷载 $q=20.0\text{kPa}$，各填土层物理力学性质指标如图 7.6 所示。试计算该挡土墙墙背总侧压力 E 及其作用点位置，并绘出侧压力分布图。

解　墙背竖直光滑，填土面水平，符合朗肯土压力理论，可计算得第一层填土的土压力强度为

$$K_{a1}=\tan^2\left(45°-\frac{20°}{2}\right)=0.490$$

$$\begin{aligned}\sigma_{a0}&=qK_{a1}-2c_1\sqrt{K_{a1}}=20\times0.490-2\times12\times\sqrt{0.490}\\&=-7.0(\text{kPa})\end{aligned}$$

$$\begin{aligned}\sigma_{a1}&=(q+\gamma_1 h_1)K_{a1}-2c_1\sqrt{K_{a1}}\\&=(20.0+18.0\times3)\times0.490-2\times12\times\sqrt{0.490}\\&=19.46(\text{kPa})\end{aligned}$$

第二层填土的土压力强度为

$$K_{a2}=\tan^2\left(45°-\frac{26°}{2}\right)=0.390$$

$$\begin{aligned}\sigma'_{a1}&=(q+\gamma_1 h_1)K_{a2}-2c_2\sqrt{K_{a2}}\\&=(20.0+18.0\times3)\times0.390-2\times6\times\sqrt{0.390}\\&=21.37(\text{kPa})\end{aligned}$$

$$\begin{aligned}\sigma_{a2}&=(q+\gamma_1 h_1+\gamma'_2 h_2)K_{a2}-2c_2\sqrt{K_{a2}}\\&=[20+18.0\times3+(19.2-10)\times4]\times0.390-2\times6\times\sqrt{0.390}\\&=35.72(\text{kPa})\end{aligned}$$

第二层底部水压力强度为

$$\sigma_w=\gamma_w h_2=10\times4=40.0(\text{kPa})$$

又设临界深度为 z_0，则有

$$\sigma_{az}=(q+\gamma_1 z_0)K_{a1}-2c_1\sqrt{K_{a1}}=0$$

即

$$(20+18.0\times z_0)\times0.490=2\times12.0\times\sqrt{0.490}$$

所以

$$z_0=0.794\text{m}$$

各点土压力强度绘于图7.6中，可见其总侧压力为

$$\begin{aligned}E&=\frac{1}{2}\times19.46\times(3-0.794)+21.37\times4\\&\quad+\frac{1}{2}\times(40.0+35.72-21.37)\times4\\&=21.46+85.48+108.7\\&=215.64(\text{kN/m})\end{aligned}$$

总侧压力 E 至墙底的距离 x 为

$$\begin{aligned}x&=\frac{1}{215.64}\times\left[21.46\times\left(4+\frac{3-0.794}{3}\right)+85.48\times2+108.7\times\frac{4}{3}\right]\\&=1.936(\text{m})\end{aligned}$$

7.3.3 考虑地震时的土压力计算

地震时在挡土墙上增加一个地震力 F 来考虑由于地面运动对土压力增加的影响，即

$$F=kG \tag{7.1}$$

式中 k——水平地震系数，即地震时地面最大加速度与重力加速度之比（表7.1）；

G——挡土墙重力。

表7.1 地震系数 k 及地震角 α'

地震烈度	7度	8度	9度
地震系数 k	0.025	0.05	0.10
地震角 α'	1°25′	3°	6°

地震力 F 应与其他作用力一起计算，此时的主动土压力可按式（7.2）计算，即

$$E_a=\frac{1}{2}\frac{\gamma}{\cos\alpha}H^2K_a \tag{7.2}$$

$$K_a=\frac{\cos^2(\varphi-\alpha-\alpha')}{\cos^2(\alpha+\alpha')\cos(\alpha+\alpha'+\delta)\left[1+\sqrt{\dfrac{\sin(\varphi+\delta)\sin(\varphi-\beta-\alpha')}{\cos(\alpha+\alpha'+\delta)\cos(\alpha-\beta)}}\right]^2}$$

式中 H——挡土墙高度，m；

γ——墙后填土的重度，kN/m³；

φ——墙后填土的内摩擦角，(°)；

α——墙背的倾斜角，(°)，俯斜时取正号，仰斜时取负号；

β——墙后填土面的倾角，(°)；

δ——土对挡土墙背的摩擦角，(°)；

α'——地震角，$\alpha'=\arctan k$，α'值可由表 7.1 查得。

7.4 挡土墙设计

挡土墙设计包括结构类型选择、构造措施及计算。由于挡土墙侧作用着土压力，计算中抗倾覆和抗滑移稳定性验算十分重要。通常假定挡土墙绕墙趾点发生倾覆，但当地基软弱时，滑动也可能发生在地基持力层中，此时要防止挡土墙连同地基一起滑动。

根据土压力理论进行分析，通常希望作用在挡土墙上的土压力值越小越好，这样可使挡土墙断面小、省方量、降低造价。各种土压力中，最小的土压力为主动土压力 E_a，而 E_a 的数值大小与墙后填土的种类和性质密切相关。但是，在挡土墙建成使用期间，如遇暴雨，有大量雨水渗入挡土墙后填土中，结果使填土的重度增加，内摩擦角减小，土的强度降低，导致填土对墙的土压力增大，同时墙后积水，增加水压力，对墙的稳定性产生不利影响。若地基软弱，则土压力增大会引起挡土墙的失稳。由此可见，挡土墙后的填土和墙后设置排水设施都应作为挡土墙工程的重要组成部分进行设计与选择。

总之，挡土墙各部分的构造必须符合强度和稳定性的要求，并根据就地取材、经济合理、施工方便，按地质地形条件确定。一般块石挡土墙顶宽不应小于 0.4m。

1. 埋置深度

挡土墙的埋置深度（如基底倾斜，则按最浅的墙趾处计算）应根据持力层地基土的承载力、冻结因素等确定（表 7.2、表 7.3）。

表 7.2　挡土墙埋置深度要求

基底材质	挡土墙埋置深度要求
土质地基	不小于 0.5m
软弱土层	按实际情况将基础尺寸加深、加宽，或采用换土、桩基或其他人工地基等
岩石、大块碎石、砾砂、粗砂、中砂等	一般埋置在冻土层以下 0.25m 处
风化岩层	除全部清除外，一般应加挖 0.15～0.25m
基岩	参照表 7.3 的规定

表 7.3　挡土墙基础嵌入岩层的尺寸

基底岩层名称	h/m	l/m	示意图
石灰岩、砂岩及玄武岩等	0.25	0.25～0.5	基岩 h l
页岩、砂岩交互层等	0.60	0.6～1.5	
松软岩石，如千枚岩等	1.0	1.0～2.0	
砂夹砾石等	≥1.0	1.5～2.5	

2. 排水措施

常用的排水设施有以下两种，可单独或联合使用。

(1) 截水沟（图7.7）。凡挡土墙后有较大的面积或挡土坡，则应在填土顶面、离挡土墙适当的距离设置截水沟，将坡上、外部径流截断排除。截水沟的剖面尺寸要根据暴雨集水面积计算确定。同时，截水沟纵向设适当坡度，截水沟出口应远离挡土墙，并应用混凝土进行衬砌。

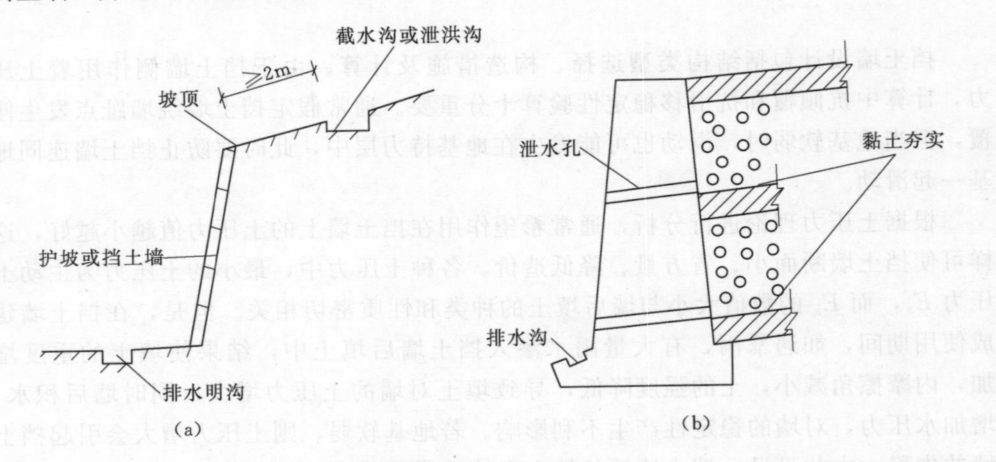

图7.7 挡土墙的排水措施

(a) 截水沟；(b) 泄水孔

(2) 泄水孔（图7.8）。对于已渗入墙后填土中的水，通常在挡土墙的下部设置泄水孔。当墙高 $H>12$m 时，可在墙的中部加一泄水孔。孔眼的尺寸一般可采用 50mm×100mm、100mm×100mm、150mm×200mm，或直径为 100～150mm 的圆孔，间距为 2～3m。泄水孔应高于墙前水位，以免倒灌。此外，在泄水孔入口处，可用易渗的粗粒材料做反滤层，并在泄水孔入口下方铺设黏土夯实层，防止积水渗入地基而影响墙体的稳定。同时，墙前亦应做散水、排水沟或黏土夯实隔水层，避免墙前积水渗入地基，墙后应选用卵石、碎石或块石材料来设置滤水层或排水盲沟，以防泥沙淤塞。

(a)

(b)

图7.8 挡土墙上建成的泄水孔

(a) 方形泄水孔；(b) 圆形泄水孔

3. 沉降缝和伸缩缝

由于墙高、墙后土压力及地基压缩性的差异，为了防止地基不均匀沉降引起墙身开裂，挡土墙应设置沉降缝；为了避免因混凝土及砖石砌体的收缩硬化和温度变化等作用引起的破裂，挡土墙也应设置伸缩缝。设计时可把沉降缝兼作伸缩缝，统称沉降伸缩缝，一般每隔 10～20m 设置一道，缝宽 20～30mm，缝内嵌填柔性防水材料，当墙后为填石且冻害不严重时，也可设置空缝，不塞填料。

4. 砌筑材料及填土质量要求

（1）石料。石料应经过挑选，在力学性质、颗粒大小和新鲜程度等方面要求一致，不应用有过分破碎、风化严重或外壳表面有裂缝的石料。

（2）砂浆。挡土墙应采用水泥砂浆，只有在特殊条件下才采用水泥石灰砂浆、水泥黏土砂浆和石灰砂浆等。在选择砂浆强度等级时，除应满足墙身计算所需的砂浆强度等级外，在构造上还应符合有关规范要求。在 9 度地震区，砂浆强度等级应比计算结果提高一级。

墙后填土宜选择抗剪强度高、性质稳定、透水性好的粗颗粒材料作填料。一般地，理想的回填土是卵石、砾石、粗砂、中砂等，由于它们的内摩擦角 ϕ 大，因此主动土压力系数 K_a 小，挡土墙上的 P_a 也会小；如果当地无粗粒土，外运也不经济，需要就地选用的，可考虑当地的细砂、粉砂、含水率接近最优含水率的粉土、粉质黏土和低塑性黏土。通常不考虑用做墙后回填土的有以下几种：有机质土、软黏土、成块的硬黏土、膨胀土和耕植土，由于上述几种性质不稳定，在冬季冰冻时或雨季吸水膨胀时都会产生额外的土压力，对挡土墙的稳定性产生不利，故不适用于墙后回填土。

对于常用的砖、石挡土墙，当砌筑的砂浆达到强度的 70%时，方可回填，回填土应分层夯实。

7.4.1 重力式挡土墙

重力式挡土墙通常用砖、块石或素混凝土修筑，抗弯能力差，主要依靠自重产生的抗倾覆力矩和发生在基底的抗滑力来抵抗土压力对挡土墙所引起的倾覆力矩和推力，因此往往需要较大的断面来保障其稳定性和强度。

重力式挡土墙的构成要素包括墙体、墙面、墙背、墙顶、墙趾、墙踵和墙基等，并且按照墙背的倾斜情况进一步划分为仰斜、垂直和俯斜 3 种，如图 7.9（a）～（c）所示。其中，仰斜式所受到的主动土压力最小，而俯斜式所受到的主动土压力最大。挖方边坡适合采用仰斜式，而填方边坡则适合采用俯斜式或垂直式。墙前地形平坦时宜采用仰斜式，而地形较陡时宜采用垂直墙背。设计时应优先采用仰斜式，其次是垂直式。

此外，为了减少作用在挡土墙墙背上的主动土压力，提高挡土墙本身抗倾覆和/或抗滑的能力，还可以将挡土墙的横断面设计成衡重式、带减压平台式以及逆坡式［图 7.10（a）～（c）］。

1. 重力式挡土墙的构造

选择重力式挡土墙类型时，应通过挡土墙横断面形状的设计尽量使墙后土压力值达到最小，同时合理选择墙的背坡和面坡坡度、基底坡度以及墙趾台阶。

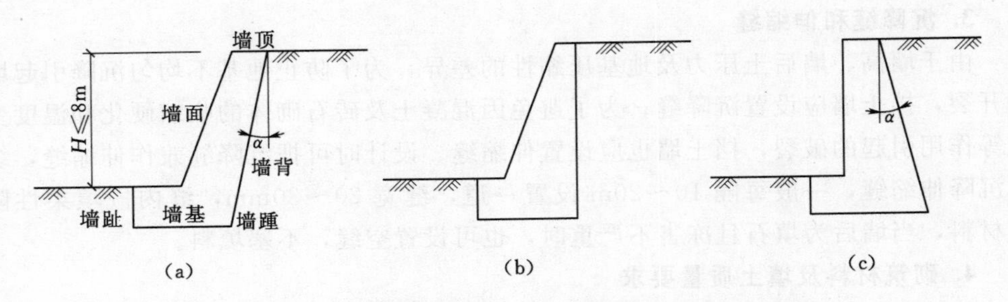

图 7.9 重力式挡土墙墙背倾斜方式

(a) 仰斜墙；(b) 垂直墙；(c) 俯斜墙

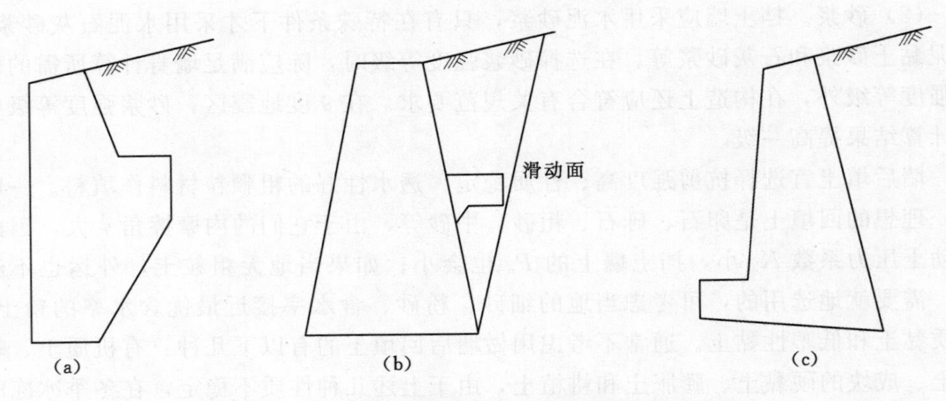

图 7.10 重力式挡土墙横断面设计形式

(a) 衡重式；(b) 带减压平台的；(c) 逆坡式

比如，在墙前地面坡度较陡处，墙面坡可取1：0.05～1：0.2，也可采用直立的截面。当墙前地形较平坦时，对于中、高挡土墙，墙面坡可用较缓坡度，但不宜缓于1：0.4，以免增高墙身或增加开挖宽度。仰斜墙背坡越缓，则主动土压力越小，但为了避免施工困难，墙背仰斜时其倾斜度一般不宜缓于1：0.25。面坡应尽量与背坡平行［图7.11（a)］。

而将基底设计成逆坡坡度是增加墙身抗滑稳定性的有效方法［图7.11（b)］。

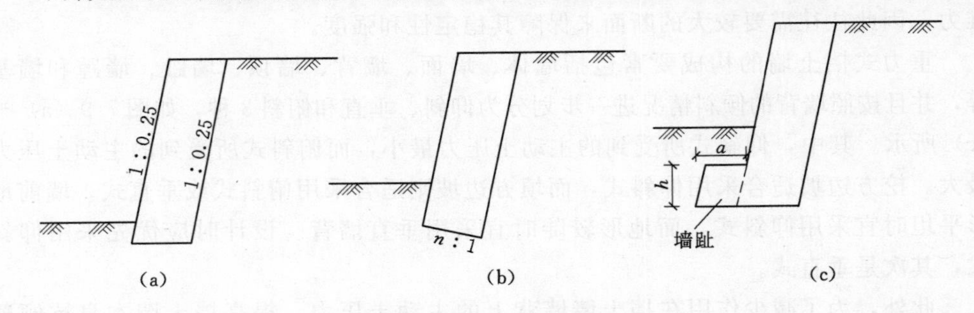

图 7.11 重力式挡土墙选型

(a) 墙的面坡和背坡坡度；(b) 基底逆坡坡度；(c) 墙趾台阶

对于土质地基的基底逆坡一般不宜大于0.1：1（n：1）；对于岩石地基一般不宜大于0.2：1。此时，基底倾斜会使基底承载力减少，因此需将地基承载力特征值进行折减（表7.4）。

表 7.4 逆坡基底地基承载力特征值折减系数

基底逆坡	0.1∶1	0.2∶1
折减系数	0.9	0.8

墙趾台阶能有效扩大基底宽度，减少基底压应力，从而满足不使基底压应力超过地基承载力的要求。墙趾高 h 和墙趾宽 a 的比例可取 $h : a=2 : 1$，a 不得小于 200mm［图 7.11 (c)］。墙趾台阶的夹角一般应保持直角或钝角，若为锐角时不宜小于 60°。此外，基底法向反力的偏心距必须满足 $e \leqslant 0.25b$（b 为基底的水平投影宽度）。

2. 重力式挡土墙的计算

重力式挡土墙的计算通常包括以下内容：①稳定性验算，即抗倾覆和抗滑移验算；②地基承载力验算；③墙身强度验算。

(1) 挡土墙抗倾覆验算。抗倾覆力矩与倾覆力矩之比为抗倾覆安全系数。如图 7.12 (a) 所示，挡土墙倾覆时绕墙趾 O 点转动，将土压力 E_a 分解为水平分力 E_{ax} 和垂直分力 E_{az}，为了保证挡土墙的稳定，抗倾覆安全系数 K_t 应满足

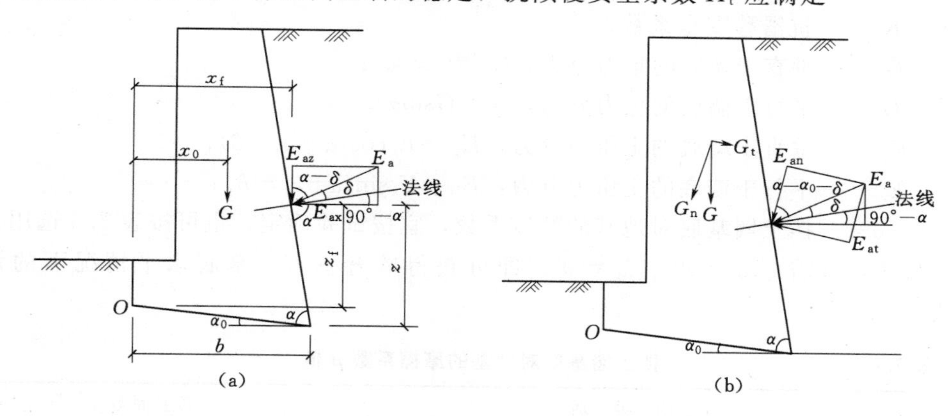

图 7.12 挡土墙的稳定性验算

(a) 抗倾覆验算；(b) 抗滑移验算

$$K_t=\frac{Gx_0+E_{az}x_f}{E_{ax}z_f}\geqslant 1.6 \tag{7.3}$$

其中

$$E_{ax}=E_a\sin(\alpha-\delta) \tag{7.4}$$

$$E_{az}=E_a\cos(\alpha-\delta) \tag{7.5}$$

$$x_f=b-z\cot\alpha \tag{7.6}$$

$$z_f=z-b\tan\alpha_0 \tag{7.7}$$

式中 K_t——每延米抗倾覆安全系数；

G——每延米挡土墙的重力，kN/m；

E_{ax}——每延米主动土压力的水平分力；

E_{az}——每延米主动土压力的垂直分力；

x_0、x_f、z_f——力 G、E_{az}、E_{ax} 相对于墙趾 O 点的力臂长度；

b——墙底的水平投影宽度；

z——土压力作用点离墙踵的高度；

α——墙背与水平线之间的夹角；

α_0——墙底倾角。

δ——摩擦角，按表7.5选用。

表7.5 土对挡土墙背的摩擦角

挡土墙情况	摩擦角δ	挡土墙情况	摩擦角δ
墙背平滑、排水不良	$(0\sim0.33)\varphi_k$	墙背很粗糙、排水良好	$(0.5\sim0.67)\varphi_k$
墙背粗糙、排水良好	$(0.33\sim0.5)\varphi_k$	墙背与填土间不可能滑动	$(0.67\sim1.0)\varphi_k$

注 φ_k为对墙背填土的内摩擦角标准值。

(2) 挡土墙抗滑移验算。抗滑力和滑动力的比值称为抗滑移安全系数。如图7.12 (b) 所示，将主动土压力E_a及挡土墙重力G各分解为平行与垂直于基底的两个分力（滑移力为E_{at}及G_t、抗滑移力为E_{an}及G_n）在基底产生的摩擦力。抗滑移安全系数K_s应满足

$$K_s=\frac{(G_n+E_{an})\mu}{E_{at}-G_t}\geqslant1.3 \tag{7.8}$$

式中 K_s——抗滑移安全系数；

G_n——垂直于墙底的重力分力，$G_n=G\cos\alpha_0$；

G_t——平行于墙底的重力分力，$G_t=G\sin\alpha_0$；

E_{an}——垂直于墙底的土压力分力，$E_{an}=E_a\cos(\alpha-\alpha_0-\delta)$；

E_{at}——平行于墙底的土压力分力，$E_{at}=E_a\sin(\alpha-\alpha_0-\delta)$；

μ——挡土墙基底对地基的摩擦系数，宜按试验确定，也可按表7.6选用。

显然，只需令$\alpha=90°$、$\alpha_0=0°$，即可获得墙背垂直、基底水平情况下的计算式。

表7.6 挡土墙基底对地基的摩擦系数μ值

土的类别		摩擦系数μ
黏性土	可塑	0.25～0.30
	硬塑	0.30～0.35
	坚硬	0.35～0.45
粉土		0.30～0.40
中砂、粗砂、砾砂		0.40～0.50
碎石土		0.40～0.60
岩石	软质岩	0.40～0.60
	表面粗糙的硬质岩	0.65～0.75

注 1. 对于易风化的软质岩石和塑性指数$I_p>22$的黏性土，基底摩擦系数应通过试验确定。
2. 对于碎石土，密实的可取高值；稍密、中密及颗粒为中等风化或强风化的取低值。

挡土墙的稳定性验算通常包括抗倾覆和抗滑移稳定性验算。对于软弱地基，由于超载等因素，墙趾可能陷入土中，出现沿地基中某一曲面滑动，抗倾覆安全系数降低，对于这种情况，应采用圆弧法进行地基稳定性验算，必要时进行地基处理。

(3) 挡土墙地基承载力验算。挡土墙地基承载力验算按一般偏心受压基础验算，如图7.13所示，先求出挡土墙重力G与土压力E_a的合力E。将合力E作用

线延长，与基底相交于点 m，在 m 点处将合力 E 再分解为两个分力 E_n（即垂直力 N）及 E_t，偏心距为 e，墙底偏心受压计算公式为

$$E=\sqrt{G^2+E_a^2+2GE_a\cos(\alpha-\delta)} \tag{7.9}$$

$$\tan\theta=\frac{G\sin(\alpha-\delta)}{E_a+G\cos(\alpha-\delta)} \tag{7.10}$$

垂直于墙底的分力为

$$E_n=E\cos(\alpha-\alpha_0-\theta+\delta) \tag{7.11}$$

平行于墙底的分力为

$$E_t=E\sin(\alpha-\alpha_0-\theta-\delta) \tag{7.12}$$

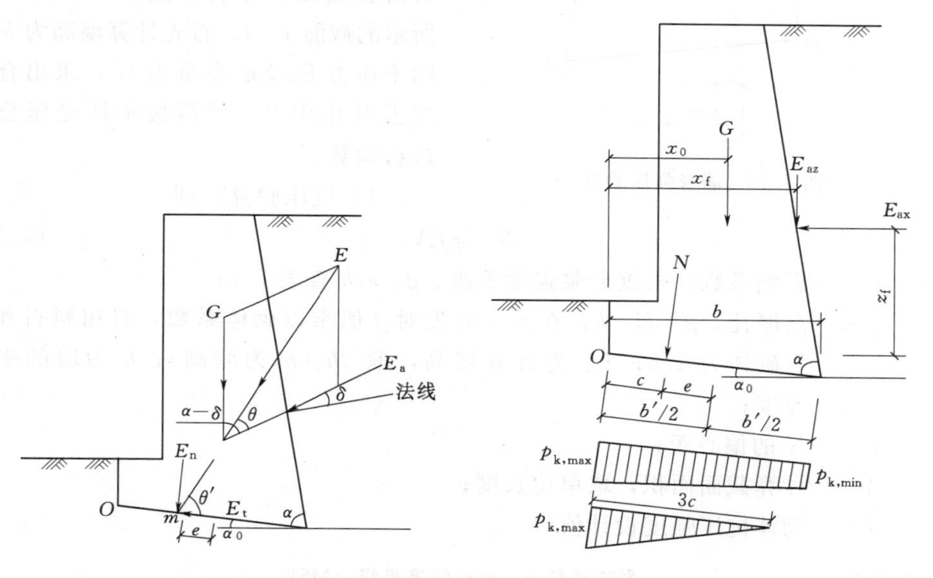

图 7.13 地基承载力验算（一）　　图 7.14 地基承载力验算（二）

如图 7.14 所示，将主动土压力分解为垂直分力 E_{az} 与水平分力 E_{ax}，再将各力 G、E_{az}、E_{ax} 及 N 对墙趾 O 点取矩，由于合力矩等于各分力矩之和，于是得到

$$Nc=Gx_0+E_{az}x_f-E_{ax}z_f$$

$$c=\frac{Gx_0+E_{az}x_f-E_{ax}z_f}{N} \tag{7.13}$$

$$e=\frac{b'}{2}-c \tag{7.14}$$

$$b'=\frac{b}{\cos\alpha_0} \tag{7.15}$$

式中　b'——基底斜向宽度。

1）当偏心距 $e\leqslant\frac{b'}{6}$ 时，基底压力呈梯形或三角形分布（图 7.14），即

$$p_{max}=\frac{N}{b'}\left(1+\frac{6e}{b'}\right)\leqslant 1.2f_a \tag{7.16}$$

2）当偏心距 $e>\frac{b'}{6}$ 时，则基底压力呈三角形分布（图 7.14），即

$$p_{max}=\frac{2N}{3c}\leqslant 1.2f_a \tag{7.17}$$

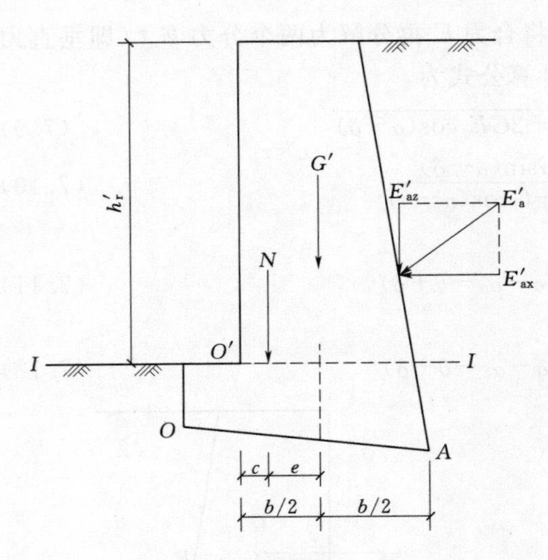

图 7.15　墙身强度验算

式中　f_a——修正后的地基承载力特征值，当基底倾斜时应乘以 0.9 的折减系数。

计算 p_{max} 可按偏心受压验算基底承载力是否满足要求，当基底压力超过地基土的承载力特征值时应增大底面宽度。

(4) 挡土墙墙身强度验算。取墙身薄弱截面验算墙身强度，如图 7.15 所示的截面 I—I，首先计算墙高为 h'_r 时的土压力 E'_a 及墙身重力 G'，求出合力 N 及其作用点，然后按砌体受压公式进行验算。

1) 抗压验算，即

$$N \leqslant \varphi f A \tag{7.18}$$

式中　φ——影响系数，根据砂浆强度等级、β、e/h 查表 7.7；

β——高厚比，$\beta = H_0/h$；在求 φ 时先对 β 值乘以砌体系数，对粗料石和毛石砌体为 1.5；H_0 为计算墙高，取 $2h'_r$（h'_r为墙高）；h 为墙的平均厚度；

e——N 的偏心距；

A——计算截面面积，取单位长度；

f——砌体抗压强度设计值。

表 7.7　影响系数 φ（砂浆强度等级≥M5）

β	e/h 或 e/h_r								
	0	0.025	0.05	0.075	0.1	0.125	0.15	0.175	0.2
≤3	1.00	0.99	0.97	0.94	0.89	0.84	0.79	0.73	0.68
4	0.98	0.95	0.90	0.85	0.80	0.74	0.69	0.64	0.58
6	0.95	0.91	0.86	0.81	0.75	0.69	0.64	0.59	0.54
8	0.91	0.86	0.81	0.76	0.70	0.64	0.59	0.54	0.50
10	0.87	0.82	0.76	0.71	0.65	0.60	0.55	0.50	0.46
12	0.82	0.77	0.71	0.66	0.60	0.55	0.51	0.47	0.43
14	0.77	0.72	0.66	0.61	0.56	0.51	0.47	0.43	0.40
16	0.72	0.67	0.61	0.56	0.52	0.47	0.44	0.40	0.37
18	0.67	0.62	0.57	0.52	0.48	0.44	0.40	0.37	0.34
20	0.62	0.57	0.53	0.48	0.44	0.40	0.37	0.34	0.32
22	0.58	0.53	0.49	0.45	0.41	0.38	0.35	0.32	0.30
24	0.54	0.49	0.45	0.41	0.38	0.35	0.32	0.30	0.28
26	0.50	0.46	0.42	0.38	0.35	0.33	0.30	0.28	0.26
28	0.46	0.42	0.39	0.36	0.33	0.30	0.28	0.26	0.24
30	0.42	0.39	0.36	0.33	0.31	0.28	0.26	0.24	0.22

2）抗剪验算，即

$$V \leqslant (f_v + \alpha\mu\sigma_0)A \tag{7.19}$$

式中 V——由设计荷载产生的水平荷载；

f_v——砌体抗剪强度设计值；

α——修正系数；砖砌体取 0.64，混凝土砌块砌体取 0.66；

μ——剪压复合受力影响系数，$\mu = 0.23 \sim 0.065\sigma_0/f$；

σ_0——永久荷载设计值产生的水平截面平均压应力，其值不应大于 $0.8f$。

(5) 挡土墙的抗震验算。计算地震区挡土墙时需考虑两种情况，即有地震时的挡土墙和无地震时的挡土墙，由于在考虑地震附加组合时，安全度降低（K_t 和 K_s 不是分别按 1.6 和 1.3，而都是按 1.2 计算的），有时算出的墙截面可能反而比无地震时的小，因此应选用两种情况中墙截面较大者。

1）抗倾覆验算（图 7.16），即

$$K_t = \frac{Gx_0 + E_{az}x_f}{E_{ax}z_f + Fz_w} \geqslant 1.2 \tag{7.20}$$

2）抗滑移验算（图 7.17），即

$$K_s = \frac{(G_n + E_{an} + F\sin\alpha_0)\mu}{E_{at} - G_t + F\cos\alpha_0} \geqslant 1.2 \tag{7.21}$$

式中 F——地震力，$F = kG$。

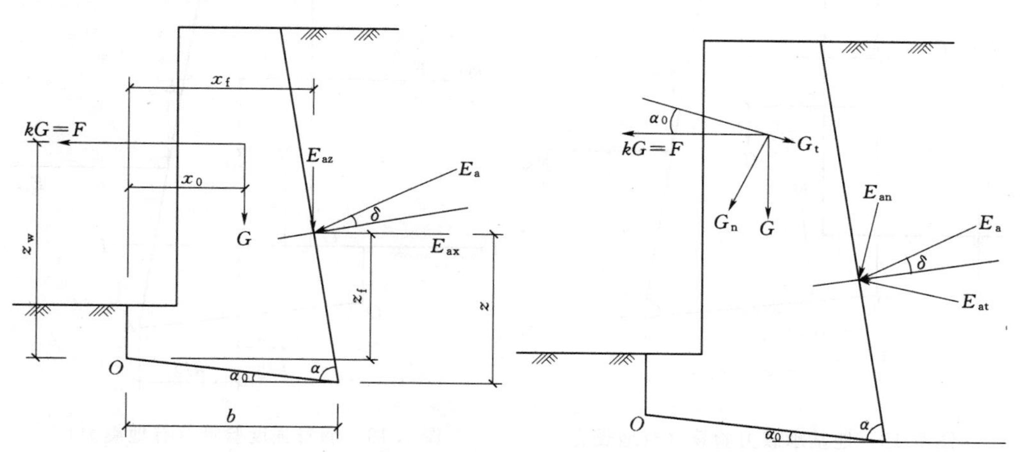

图 7.16 抗倾覆验算（有地震力） 图 7.17 抗滑移验算（有地震力）

3）地基承载力验算（图 7.18）。

当基底合力的偏心距 $e \leqslant \frac{b'}{6}$ 时，有

$$p_{\max} = \frac{N + F\sin\alpha_0}{b'}\left(1 + \frac{6e}{b'}\right) \leqslant 1.2f_{aE} \tag{7.22}$$

当基底合力的偏心距 $e > \frac{b'}{6}$ 时，有

$$p_{\max} = \frac{2(N + F\sin\alpha_0)}{3c} \leqslant 1.2f_{aE} \tag{7.23}$$

$$c = \frac{Gx_0 + E_{az}x_f - E_{ax}z_f - Fz_w}{N + F\sin\alpha_0} \tag{7.24}$$

其中
$$f_{aE}=\zeta_a f_a$$

式中　f_{aE}——调整后的地基抗震承载力；

ζ_a——地震抗震承载力调整系数，应按表 7.8 采用；

f_a——深宽修正后的地基承载力特征值。

表 7.8　地基抗震承载力调整系数

岩土名称和性状	ζ_a
岩石，密实的碎石土，密实的砾、粗、中砂，$f_{ak}\geqslant 300$kPa 的黏性土和粉土	1.5
中密，稍密的碎石土，中密和稍密的砾、粗、中砂，密实和中密的细、粉砂，$150\text{kPa}\leqslant f_{ak}<300$kPa 的黏性土和粉土，坚硬黄土	1.3
稍密的细、粉砂，$100\text{kPa}\leqslant f_{ak}<150$kPa 的黏性土和粉土，可塑黄土	1.1
淤泥，淤泥质土，松散的砂，杂填土，新近堆积黄土及流塑黄土	1.0

4）墙身强度验算（图 7.19）。

a. 抗压验算，即

$$N\leqslant\varphi fA \tag{7.25}$$

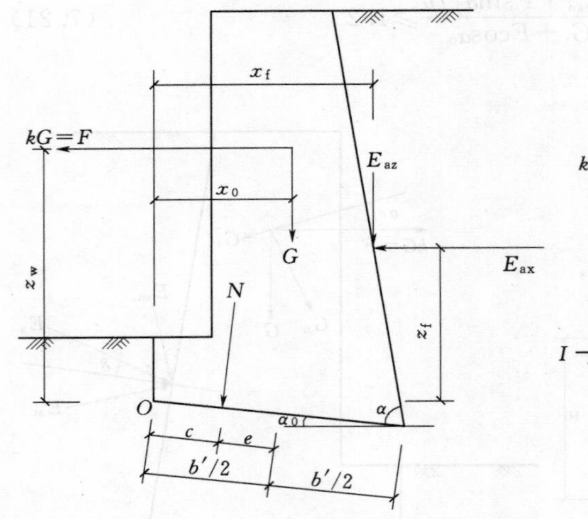

图 7.18　地基承载力验算（有地震力）

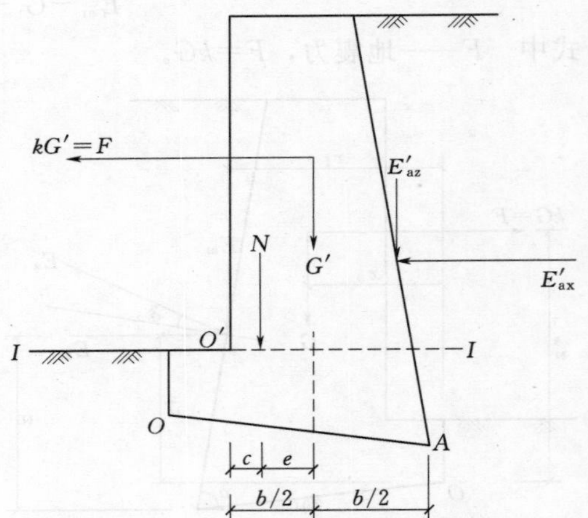

图 7.19　墙身强度验算（有地震力）

b. 抗剪验算，即

$$V\leqslant(f_v+\alpha\mu\sigma_0)A \tag{7.26}$$

在计算 V 值时，要考虑地震力 F 的影响。

【例 7.2】　某地修筑一仰斜式挡土墙。墙高 4m，墙后用中砂回填，中砂的重度 $\gamma=18.6\text{kN/m}^3$，内摩擦角 $\varphi=32.5°$，黏聚力 $c=0$。墙背倾角 $\alpha=-10°$，填土面倾角 $\beta=15°$，墙身砌体重度 $\gamma_1=22\text{kN/m}^3$，墙底与坡积粗砂之间的摩擦系数 $\mu=0.5$，粗砂的地基承载力 $f=250$kPa，试设计挡土墙。

解　(1) 按库伦公式计算主动土压力 E_a。

考虑中砂排水良好，查表 7.1，取墙背外摩擦角 $\delta=20°\left(\approx\dfrac{2}{3}\varphi\right)$。

将 δ、α、β 代入式（7.2）计算得 $E_a=37.2$kN/m，E_a 作用点离墙底为 h_1：

$$h_1=\frac{1}{3}h=\frac{1}{3}\times 4=1.34(\mathrm{m})$$

方向［图 7.20（a)］在墙背法线上方成 $\delta=20°$ 处，从图 7.20（a）中关系知，E_a 与水平面夹角为 $\delta+\alpha=20°-10°=10°$。

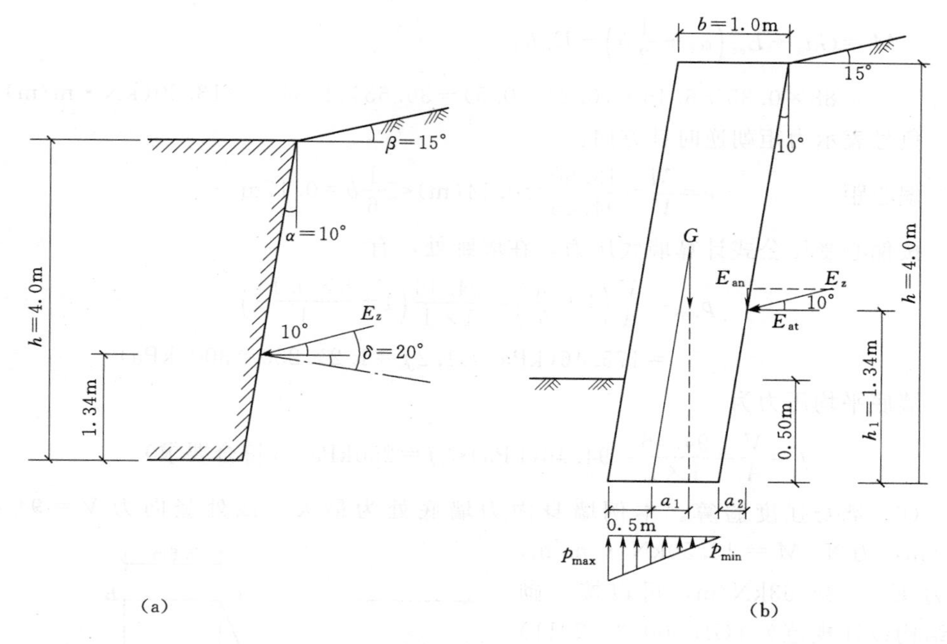

图 7.20 ［例 7.2］图

（2）选择墙身截面尺寸。取墙身等宽度，墙背和墙面倾角 $\alpha=-10°$，其坡度符合不缓于 1：0.25 的构造要求，现取墙厚 $b=1.0\mathrm{m}$。

（3）抗滑移验算。墙体的重力 $G=bh\gamma_s=1.0\times 4\times 22=88(\mathrm{kN/m})$。

将 E_a 分解为水平方向和竖直方向的分力，即

$$E_{ax}=E_a\cos 10°=37.2\times\cos 10°=36.63(\mathrm{kN/m})$$

$$E_{az}=E_a\sin 10°=37.2\times\sin 10°=6.46(\mathrm{kN/m})$$

抗滑移安全系数：

$$K_a=\frac{(G+E_{az})\mu}{E_{ax}}=\frac{(88+6.46)\times 0.5}{36.63}=1.29\approx 1.3$$

满足要求，安全。

（4）抗倾覆验算。先确定各力至墙趾的距离［图 7.20（b)］：

$$a_1=\frac{1}{2}h\tan 10°=\frac{1}{2}\times 4\times\tan 10°=0.35(\mathrm{m})$$

$$a_2=h_1\tan 10°=1.34\times\tan 10°=0.24(\mathrm{m})$$

于是可计算抗倾覆安全系数，即

$$K_t=\frac{G\left(a_1+\frac{b}{2}\right)+E_a(a_2+b)}{E_{ax}h_1}$$

$$=\frac{88\times(0.35+0.5)+6.46\times(0.24+1)}{36.63\times 1.34}=1.69$$

满足要求，安全。

(5) 墙底地基承载力验算。将各力向墙底中心简化，求出墙底中心处竖向荷载 V 和力矩 M，即

$$V=G+E_{az}=88+6.46=94.46(\text{kN/m})$$

$$M=Ga_1+E_{az}\left(a_2+\frac{1}{2}b\right)-E_{ax}h_1$$

$$=88\times0.35+6.46\times(0.24+0.5)-36.63\times1.34=-13.50(\text{kN}\cdot\text{m/m})$$

负号表示力矩朝逆时针方向。

偏心距 $$e=\frac{M}{V}=\frac{13.50}{94.46}=0.14(\text{m})<\frac{1}{6}b=0.17\text{m}$$

按偏心受压公式计算墙底压力，在墙趾处，有

$$p_{max}=\frac{V}{A}\left(1+\frac{6e}{b}\right)=\frac{94.46}{1\times1}\left(1+\frac{6\times0.14}{1}\right)$$

$$=175.46(\text{kPa})<1.2f=1.2\times250=300(\text{kPa})$$

墙底平均压力为

$$p=\frac{V}{A}=\frac{94.46}{1\times1}=94.46(\text{kPa})<f=250\text{kPa}\quad(\text{符合要求})$$

(6) 墙身强度验算。本例墙身内力墙底处为最大，该处竖向力 $V=94.46$ kN/m，力矩 $M=13.50\text{kN}\cdot\text{m/m}$，剪力 $E_{ax}=36.63\text{kN/m}$，可以按《砌体结构设计规范》(GB 50003—2011) 进行截面强度验算，本例从略。

【例 7.3】 某重力式挡土墙截面尺寸如图 7.21 所示。该墙墙背直立、光滑，墙后填土面水平。墙体用 M5 水泥砂浆和 MU20 毛石砌筑。已知墙身的重度 $\gamma_1=22\text{kN/m}^3$，填土的内摩擦角 $\varphi=40°$，黏聚力 $c=0$，重度 $\gamma=19\text{kN/m}^3$，地基土对墙底的摩擦系数 $\mu=0.5$，地基承载力特征值 $f_a=160\text{kPa}$。要求对该挡土墙的整体稳定性、地基土的承载力及墙身强度进行验算。

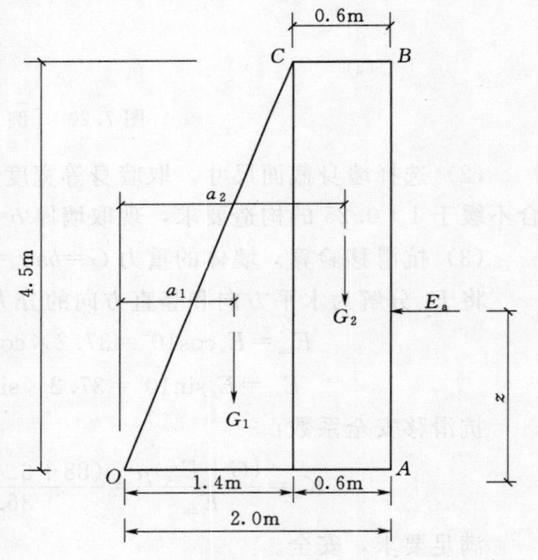

图 7.21 ［例 7.3］图

解 (1) 计算主动土压力 E_a。

$$E_a=\frac{1}{2}\gamma h^2K_a$$

$$=\frac{1}{2}\times19\times4.5^2\times\tan^2\left(45°-\frac{40°}{2}\right)$$

$$=41.83(\text{kN/m})$$

土压力合力的作用点离墙底的距离为

$$z=\frac{h}{3}=\frac{4.5}{3}=1.5(\text{m})$$

(2) 计算挡土墙自重及重心位置。将墙体分为两部分来计算其自重，即

$$G_1=\frac{1}{2}\times 4.5\times 4.5\times 22=69.3(\text{kN/m})$$

$$G_2=0.6\times 4.5\times 4.5\times 22=59.4(\text{kN/m})$$

$$a_1=1.4\times\frac{2}{3}=0.93(\text{m})$$

$$a_2=1.4+\frac{0.6}{2}=1.7(\text{m})$$

(3) 抗倾覆稳定验算。

$$K_t=\frac{G_1a_1+G_2a_2}{E_az}=\frac{69.3\times 0.93+59.4\times 1.7}{41.83\times 1.5}=2.64>1.6$$

满足要求，安全。

(4) 抗滑移稳定验算。

$$K_s=\frac{(G_1+G_2)\mu}{E_a}=\frac{(69.3+59.4)\times 0.5}{41.83}=1.54>1.3$$

满足要求，安全。

(5) 地基承载力验算。作用在基础底面的总垂直力为

$$N_k=G_1+G_2=69.3+59.4=128.7(\text{kN/m})$$

合力作用点距 O 点的水平距离为

$$c=\frac{G_1a_1+G_2a_2-E_az}{N_k}=\frac{69.3\times 0.93+59.4\times 1.7-41.83\times 1.5}{128.7}=0.8(\text{m})$$

偏心距：$e=\frac{b}{2}-c=\frac{2}{2}-0.8=0.2(\text{m})<\frac{b}{6}=\frac{2}{6}=0.33\text{m}$，基底全部受压。

基础底面压力为

$$p_k=\frac{N_k}{b}=\frac{128.7}{2}=64.35(\text{kPa})<f_a=160\text{kPa}$$

7.4.2 悬臂式挡土墙

悬臂式挡土墙是将挡土墙设计成悬臂梁形式（图 7.22），$\frac{b}{H_1}=\frac{1}{2}\sim\frac{2}{3}$，墙趾宽度 $b_1\approx\frac{1}{3}b$。悬臂式挡土墙用钢筋混凝土建造，其特点是墙身较薄、自重轻、结构轻巧。悬臂式挡土墙由 3 个悬臂板，即墙身（立壁）、墙趾悬臂（墙趾板）和墙踵悬臂（墙踵板）组成。这类挡土墙的稳定性主要依靠墙踵悬臂以上土的重量，而墙身拉应力由钢筋承担。因此，这类挡土墙的优点是能充分利用钢筋混凝土的受力性能，墙体的截面尺寸较小，可以承受较大的土压力，适用于重要工程中墙高大于 5m、小于 6m，地基土较差，当地缺乏石料等情况，截面常设计成 L 形。在市政工程和厂矿储存库中也广泛应用这种形式的挡土墙。

1. 悬臂式挡土墙的构造

(1) 墙身。墙身承受着作用在墙背上的土压力所引起的弯曲应力，故立板内侧竖直，外侧可呈 1∶0.02～1∶0.05 的斜坡，墙顶采用 200～250mm 的厚度。为了节约混凝土材料，墙身常做成上小下大的变截面，如图 7.22 (a) 所示。

(2) 底板。底板由墙趾悬臂和墙踵悬臂组成，一般呈水平设置。自底板顶面至与立板连接处向两侧倾斜。墙踵悬臂地面水平，顶面倾斜，长度由抗滑移稳定验算确定，根部厚度一般取为$\frac{1}{12}\sim\frac{1}{10}$墙踵悬臂长，且不应小于200～300mm，墙踵悬臂的长度由抗倾覆安全系数、基底压力和偏心距大小等条件来确定，一般可取墙高H的0.6～0.8。

(3) 墙身构造。为了提高挡土墙的抗滑移能力，有时会在墙身与底板连接处设置支托［图7.22 (b)］，也有将底板反过来设置［图7.22 (c)］，但比较少见。若挡土墙的抗滑移不满足要求时，可在基础底板加设防滑键。防滑键设置如图7.22 (a) 所示，键宽不小于300mm。具体详见7.4.2小节的计算部分。

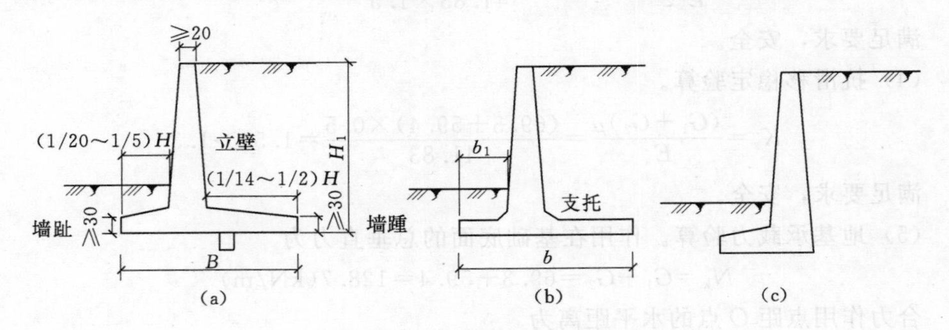

图7.22 悬臂式挡土墙

(4) 排水要求。挡土墙后应做好排水措施，以消除水压力对墙背的影响。一般地，会在墙身中每隔2～3m设置一个100～150mm孔径的泄水孔。墙后做滤水层，墙后地面宜铺筑黏土隔水层。墙后填土时，应采用分层夯填法；在有冻胀可能的北方还要用炉渣填充。

(5) 钢筋构造要求。钢筋的布置按设计规范处理。墙身受拉一侧按计算配筋，在受压一侧为了防止产生收缩与温度裂缝也要配置纵横向的构造钢筋网ϕ10@300mm，配筋率高于0.2%。计算截面有效高度h_0时，钢筋保护层应取30mm；对于底板，应大于50mm，无垫层时更要大于70mm。

2. 悬臂式挡土墙的计算

悬臂式挡土墙的计算包括确定墙后侧压力、挡墙稳定性验算和墙身结构设计、地基承载力验算等。

(1) 确定侧压力。

1) 无地下水（或排水良好）时［图7.23 (b)］。主动土压力$E_a=E_{a1}+E_{a2}$。当墙背直立、光滑、填土面水平时，有

$$K_a=\tan^2\left(45°-\frac{\varphi}{2}\right)$$

$$\begin{cases}E_{a1}=\dfrac{1}{2}\gamma H^2\tan^2\left(45°-\dfrac{\varphi}{2}\right)\\E_{a2}=qH\tan^2\left(45°-\dfrac{\varphi}{2}\right)\end{cases}\tag{7.27}$$

式中 E_{a1}——由墙后土体产生的土压力，kN/m；

E_{a2}——由填土面上均布荷载q产生的土压力，kN/m。

2）有地下水时［图 7.23（c）］。

a. 地下水位处，有

$$\sigma_a' = \gamma h_1 \tan^2\left(45° - \frac{\varphi}{2}\right) \tag{7.28}$$

b. 地下水位以下，有

$$\sigma_a'' = \gamma h_1 \tan^2\left(45° - \frac{\varphi}{2}\right) + (\gamma_{sat} - \gamma_w) h_2 \tan^2\left(45° - \frac{\varphi}{2}\right) + \gamma_w h_2$$

$$\sigma_a'' = [\gamma h_1 + (\gamma_{sat} - \gamma_w) h_2] \tan^2\left(45° - \frac{\varphi}{2}\right) + \gamma_w h_2 \tag{7.29}$$

（2）墙身内力及配筋计算。挡土墙的墙身按下端嵌固在基础板中的悬臂板进行计算，每延米的设计弯矩值为［图 7.23（a）］

$$M = \gamma_0 \left(\gamma_G E_{a1} \frac{H}{3} + \gamma_Q E_{a2} \frac{H}{2}\right) \tag{7.30}$$

式中　γ_0——结构重要性系数，对于重要的构筑物取 $\gamma_0 = 1.1$，对于一般的构筑物取 $\gamma_0 = 1.0$，对于次要的取 $\gamma_0 = 0.9$；

γ_G——墙后填土的荷载分项系数，γ_G 可取 1.35；

γ_Q——墙面均布活荷载的荷载分项系数，γ_Q 取 1.4。

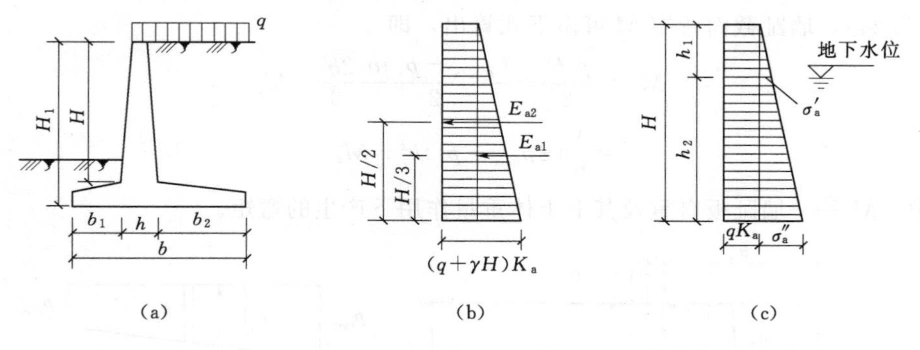

图 7.23　侧压力计算

受力钢筋的数量，可按式（7.31）进行计算，即

$$A_s = \frac{M}{\gamma_s f_y h_0} \tag{7.31}$$

式中　A_s——受拉钢筋截面面积；

M——按式（7.30）算出的每延米设计弯矩值（墙身底部的嵌固弯矩）；

γ_s——系数（与受压区相对高度有关，可预先算出并列出表格）；

f_y——受拉钢筋设计强度；

h_0——截面的有效高度。

（3）地基承载力验算。墙身截面尺寸及配筋确定后，可假定基础底板截面尺寸，设底板宽度为 b，墙趾宽度为 b_1，墙踵板宽度为 b_2（图 7.24）及底板厚度为 h，并设墙身自重 G_1、基础板自重 G_2、墙踵板在宽度 b_2 内的土重 G_3、地面的活荷载 G_4、土的侧压力 E_{a1}' 及 E_{a2}'，由式（7.32）可求得合力的偏心距 e 值，即

$$e = \frac{b}{2} - \frac{(G_1 a_1 + G_2 a_2 + G_3 a_3 + G_4 a_4) - E_{a1}' \frac{H'}{3} - E_{a2}' \frac{H'}{2}}{G_1 + G_2 + G_3 + G_4} \tag{7.32}$$

讨论：

1）当 $e \leqslant \frac{b}{6}$ 时，截面全部受压，有

$$p_{\substack{\max\\\min}} = \frac{\sum G}{b}\left(1 \pm \frac{6e}{b}\right) \tag{7.33}$$

2）当 $e > \frac{b}{6}$ 时，截面部分受压，有

$$p_{\max} = \frac{2\sum G}{3c} \tag{7.34}$$

式中　$\sum G$——G_1、G_2、G_3、G_4 之和；

c——合力作用点至 o 点的距离。

3）要求满足条件

$$p_{\max} \leqslant 1.2 f_a \tag{7.35}$$

$$\frac{p_{\max} + p_{\min}}{2} \leqslant f_a \tag{7.36}$$

式中　f_a——修正后的地基承载力特征值。

（4）基础板的内力及配筋计算。

1）墙趾。作用在墙趾上的力有地基反力、墙趾部分的自重及其上土体重量（图 7.24），墙趾截面弯矩 M 可由下式算出，即

$$M_1 = \frac{p_1 b_1^2}{2} + \frac{(p_{\max} - p_1) b_1}{2} \frac{2b_1}{3} - M_a$$

$$= \frac{1}{6}(2p_{\max} + p_1) b_1^2 - M_a$$

式中　M_a——墙趾板自重及其上土体重量作用下产生的弯矩。

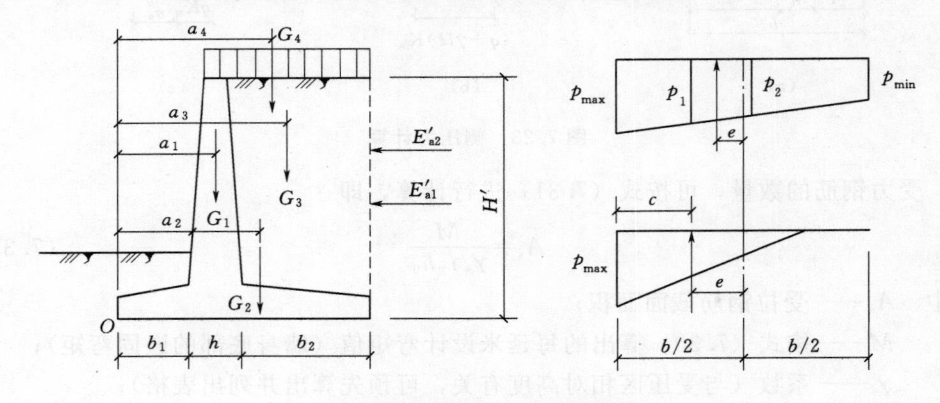

图 7.24　悬臂式挡土墙的验算

由于墙趾板自重很小，其上土体重量在使用过程中有可能被移走，因而一般可忽略这两项力的作用，即 $M_a = 0$，于是有

$$M_1 = \frac{1}{6}(2p_{\max} + p_1) b_1^2 \tag{7.37}$$

再按式（7.31）计算钢筋数量，钢筋应配置在墙趾的下部（即受拉侧）。

2）墙踵。作用在墙踵（墙身后的基础板）上的力有墙踵部分的自重（即 G_2 的一部分，见图 7.24）及其上土体重量 G_3、均布活荷载 G_4、基底反力，这些力的

共同作用使突出的墙踵向下弯曲，产生的弯矩 M_2 可由式（7.38）算得（图 7.24），即

$$M_2=\frac{q_1 b_2^2}{2}-\frac{p_{\min} b_2^2}{2}-\frac{(p_2-p_{\min})b_2^2}{3\times 2}$$
$$=\frac{1}{6}[3q_1-3p_{\min}-(p_2-p_{\min})b_2^2]$$
$$=\frac{1}{6}[2(q_1-p_{\min})+(q_1-p_2)]b_2^2 \tag{7.38}$$

式中 q_1——墙踵自重及 G_3、G_4 产生的均布荷载。

根据弯矩 M_2 计算求得的钢筋应配置在基础板的上部（即受拉侧）。

（5）稳定性验算。

1）抗倾覆稳定验算（图 7.24），即

$$K_t=\frac{G_1 a_1+G_2 a_2+G_3 a_3}{E'_{a1}\dfrac{H'}{3}+E'_{a2}\dfrac{H'}{2}}\geqslant 1.6 \tag{7.39}$$

式中 G_1、G_2——墙身自重及基础板自重；

G_3——墙踵上填土重。

2）抗滑移稳定验算（图 7.24），即

$$K_s=\frac{(G_1+G_2+G_3)\mu}{E'_{a1}+E'_{a2}}\geqslant 1.3 \tag{7.40}$$

计算 K_s 时，从偏向安全的角度考虑，式（7.40）中不考虑活荷载 G_4，但当有地下水时，应考虑浮力 Q，即用（$G_1+G_2+G_3-Q$）取代（$G_1+G_2+G_3$）。

3）提高稳定性的措施。稳定性主要指挡土墙结构的抗倾覆和抗滑移的能力，稳定性不够时，可采取以下 3 种主要措施来提高。

a. 设法减少墙后土压力。墙后填土换成块石，内摩擦角 φ 增大，从而减少侧压力；或在挡土墙立壁中部设置减压平台，平台宜伸出土体滑裂面以外以提高减压效果（图 7.25）。

b. 适当增加墙踵的悬臂长度。

i. 如图 7.26（a）所示，通过铰接连接，在原基础底板墙踵后面加设抗滑拖板。

ii. 在原基础底板墙踵部分加长，如图 7.26（b）所示。

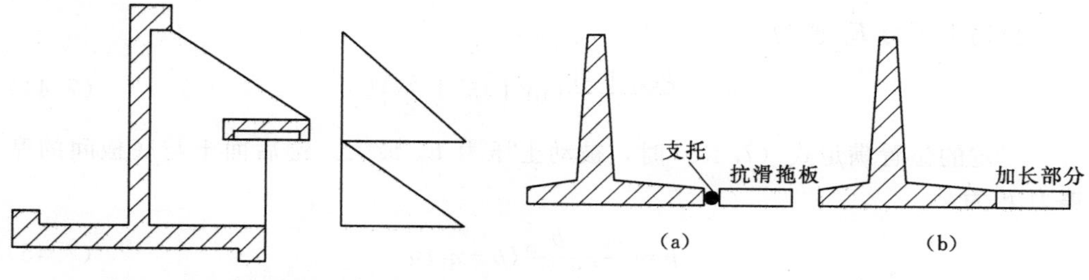

图 7.25 设置减压平台

图 7.26 增加墙踵的悬臂长度

增加了墙踵的悬臂长度后，墙背后面的堆土重量随之增加，整个挡土墙结构的抗倾覆和抗滑移能力得到提高。

c. 提高基础抗滑能力。基础抗滑能力的提高可以通过设计改变结构的构成形式或设法提高滑动面摩擦系数的方式来实现，下面是 3 种常见的做法。

i. 将基础底板设计成倾斜角 $\alpha_0 \leqslant 10°$ 的倾斜面，从而使抗滑移力增加，滑移力减少。

如图 7.27 所示，由静力平衡分析得到

$$N=\sum G\cos\alpha_0+E_a\sin\alpha_0$$

抗滑移力为

$$\mu N=\mu(\sum G\cos\alpha_0+E_a\sin\alpha_0) \tag{7.41}$$

滑移力为

$$E_a\cos\alpha_0-\sum G\sin\alpha_0 \tag{7.42}$$

当基底水平时，$\alpha_0=0$，则 $\cos\alpha_0=1$、$\sin\alpha_0=0$，而如果基底倾斜坡度为 1∶6，则 $\cos\alpha_0=0.986$、$\sin\alpha_0=0.164$，两相比较，抗滑移力的增幅与滑移力的减幅是明显的。

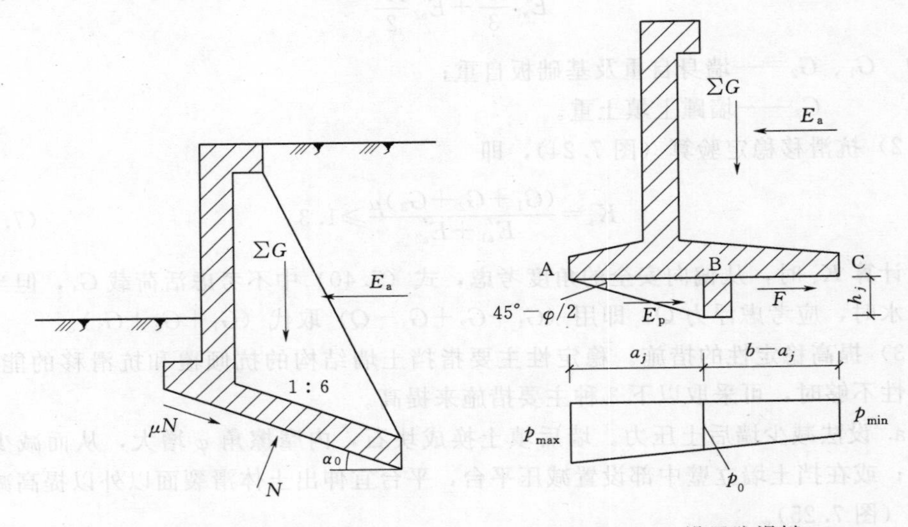

图 7.27　底板倾斜　　　　图 7.28　设置防滑键

ii. 设置防滑键。如图 7.28 所示，防滑键设置于基础底板下端，键的高度 h_j 与键离墙趾端部 A 点的距离 a_j 的比例，宜满足下列条件，即

$$\frac{h_j}{a_j}=\tan\left(45°-\frac{\varphi}{2}\right) \tag{7.43}$$

被动土压力 E_p 值为

$$E_p=\frac{p_{max}+p_b}{2}\tan^2\left(45°+\frac{\varphi}{2}\right)h_j \tag{7.44}$$

当键的位置满足式 (7.43) 时，被动土压力 E_p 最大。键后面土与底板间的摩擦力 F 为

$$F=\frac{p_b+p_{min}}{2}(b-a_j)\mu \tag{7.45}$$

应满足条件

$$\frac{\psi_p E_p+F}{E_a}\geqslant 1.3 \tag{7.46}$$

式中 ψ_p——考虑被动土压力 E_p 不能充分发挥的一个影响系数，一般可取 $\psi_p=0.5$。

式（7.46）的计算结果是确定防滑键位置和尺寸的重要依据。

iii. 在基础底板底面夯填 300～500mm 厚的碎石，能有效增加摩擦系数值，进而提高挡土墙抗滑移力。

【例 7.4】 悬臂式挡土墙截面尺寸如图 7.29 所示。地面上活荷载 $q=5.0$kPa，地基土为黏性土，承载力特征值 $f_a=120.0$kPa。墙后填土重度 $\gamma=18.5$kN/m³，内摩擦角 $\varphi=28°$。挡土墙底面处在地下水位以上。墙底处为粗糙的硬质基岩，摩擦系数 $\mu=0.70$，挡土墙材料采用C30级混凝土及 HRB335 级钢筋。试设计该挡土墙。

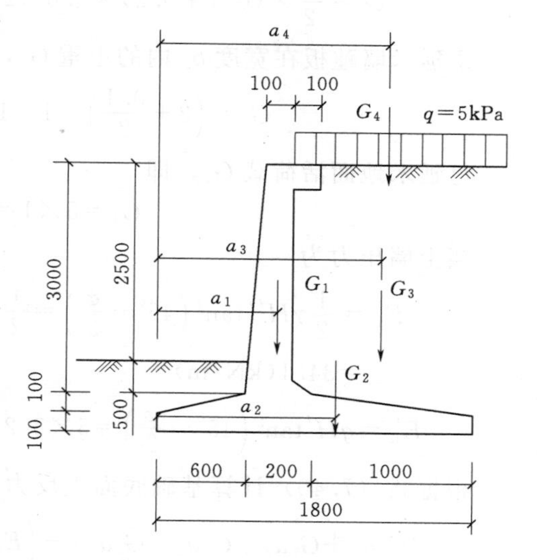

图 7.29 ［例 7.4］图（单位：mm）

解 （1）确定侧压力

$$E_a=E_{a1}+E_{a2}=\frac{1}{2}\gamma H^2\tan^2\left(45°-\frac{\varphi}{2}\right)+qH\tan^2\left(45°-\frac{\varphi}{2}\right)$$

$$=\frac{1}{2}\times18.5\times3^2\times\tan^2\left(45°-\frac{28°}{2}\right)+5\times3\times\tan^2\left(45°-\frac{28°}{2}\right)$$

$$=29.97+5.4=35.37(\text{kN/m})$$

（2）墙身内力及配筋计算。从式（7.38）可求得每延米设计嵌固弯矩 M，即

$$M=\gamma_0\left(\gamma_G E_{a1}\frac{H}{3}+\gamma_Q E_{a2}\frac{H}{2}\right)=1\times\left(1.2\times29.97\times\frac{3}{3}+1.4\times5.4\times\frac{3}{2}\right)$$

$$=35.96+11.34=47.30(\text{kN}\cdot\text{m/m})$$

C30 混凝土轴心抗拉强度设计值 $f_c=14.3\text{N/mm}^2$。

HRB335 级钢筋抗拉强度设计值 $f_y=300\text{N/mm}^2$。

墙身净保护层厚度取 35mm，估算钢筋直径 $d=12$mm，得 $h_0=159$mm。

计算截面抵抗矩系数 α_s，即

$$\alpha_s=\frac{M}{\alpha_1 f_c bh_0^2}=\frac{47300000}{1\times14.3\times1000\times159^2}=0.131$$

计算内力矩的内力臂系数 γ_s，即

$$\gamma_s=0.5\times(1+\sqrt{1-2\alpha_s})=0.5\times(1+\sqrt{1-2\times0.131})=0.930$$

$$A_s=\frac{M}{\gamma_s f_y h_0}=\frac{47300000}{0.930\times300\times159}=1066(\text{mm}^2)$$

沿墙身配置⌀14@140 的竖向受力钢筋，钢筋的 1/2 伸至顶部，其余的在墙高中部（1/2 墙高处）截断。在水平方向配置构造分布筋⌀10@300。满足分布筋的构造要求。

（3）地基承载力验算。每延米墙身自重 G_1，即

$$G_1=\frac{1}{2}\times(0.1+0.2)\times3\times25=11.3(\text{kN/m})$$

每延米基底板自重G_2，即

$$G_2=\frac{1}{2}\times(0.1+0.2)\times1.6\times25+0.2\times0.2\times25=7(\text{kN/m})$$

每延米墙踵板在宽度b_2内的土重G_3，即

$$G_3=\left(3+\frac{0.1}{2}\right)\times1\times18.5=56.43(\text{kN/m})$$

每延米地面活荷载G_4，即

$$G_4=5\times1=5(\text{kN/m})$$

挡土墙压力为

$$E'_{a1}=\frac{1}{2}\gamma H'^2\tan^2\left(45°-\frac{\varphi}{2}\right)=\frac{1}{2}\times18.5\times3.2^2\times\tan^2\left(45°-\frac{28°}{2}\right)$$
$$=34.1(\text{kN/m})$$

$$E'_{a2}=qH'\tan^2\left(45°-\frac{\varphi}{2}\right)=5\times3.2\times\tan^2\left(45°-\frac{28°}{2}\right)=5.76(\text{kN/m})$$

根据式（7.40）计算基础底面土反力的偏心距e值，即

$$e=\frac{b}{2}-\frac{(G_1a_1+G_2a_2+G_3a_3+G_4a_4)-\left(E'_{a1}\frac{H'}{3}+E'_{a2}\frac{H'}{2}\right)}{G_1+G_2+G_3+G_4}$$

$$=\frac{1.8}{2}-\frac{(11.3\times0.72+7\times0.87+56.43\times1.3+5\times1.3)-\left(34.1\times\frac{3.2}{3}+5.76\times\frac{3.2}{2}\right)}{11.3+7+56.43+5}$$

$$=0.9-\frac{48.5}{79.7}=0.29(\text{m})<\frac{b}{6}=0.3\text{m}$$

$$p_k=\frac{\sum G}{b}=\frac{79.7}{1.8\times1}=44.3(\text{kPa})<f_a=120\text{kPa}$$

$$p_{max}=p_k\left(1+\frac{6e}{b}\right)=44.3\times\left(1+\frac{6\times0.29}{1.8}\right)$$
$$=87.1(\text{kPa})<1.2f_a=144.0\text{kPa}$$

计算结果满足要求，安全。

（4）基础底板的内力及配筋计算。根据规范要求，恒载的荷载分项系数为1.2，活荷载的荷载分项系数为1.4，根据式（7.40）计算基础底面土反力的偏心距e值，即

$$e=\frac{b}{2}-\frac{(G_1a_1+G_2a_2+G_3a_3+G_4a_4)-\left(E'_{a1}\frac{H'}{3}+E'_{a2}\frac{H'}{2}\right)}{G_1+G_2+G_3+G_4}$$
$$=\frac{1.8}{2}-\frac{(8.14+6.09+71.37)\times1.2+5.4\times1.4-45.14}{(11.3+7+56.43)\times1.2+5\times1.4}$$
$$=0.9-0.674=0.226(\text{m})$$

由于$e<\frac{b}{6}=\frac{1.8}{6}=0.3(\text{m})$，因此截面全部受压，有

$$p_{\substack{max\\min}}=\frac{\sum G}{b}\left(1\pm\frac{6e}{b}\right)=\frac{96.68}{1.8\times1}\times\left(1\pm\frac{6\times0.226}{1.8}\right)=\frac{94.16}{13.27}(\text{kPa})$$

1）墙趾部分（图7.25及图7.28）

$$p_1=13.27+(94.16-13.27)\times\frac{1+0.2}{1.8}=67.2(\text{kPa})$$

$$M_1=\frac{1}{6}(2p_{\max}+p_1)b_1^2=\frac{1}{6}\times(2\times94.16+67.20)\times0.6^2$$
$$=15.33(\text{kN}\cdot\text{m/m})$$

基础底板厚 $h_1=200\text{mm}$，令保护层厚 40mm，钢筋直径 $d=10\text{mm}$，得 $h_{01}=200-45=155(\text{mm})$（有垫层）。

计算 α_s 和 γ_s，得

$$\alpha_s=\frac{M_1}{\alpha_1 f_c b h_{01}^2}=\frac{15330000}{1\times14.3\times1000\times155^2}=0.045$$
$$\gamma_s=0.5\times(1+\sqrt{1-2\alpha_s})=0.5\times(1+\sqrt{1-2\times0.045})=0.977$$
$$A_s=\frac{M_1}{\gamma_s h_{01} f_y}=\frac{15330000}{0.977\times155\times300}=337(\text{mm}^2)$$

可利用墙身竖向受力钢筋下弯。

2）墙踵部分，有

$$q_1=\frac{\gamma_G G_3+\gamma_Q G_4+\gamma_G G_2'}{b_2}$$
$$\gamma_G G_2'=1.2\times1\times0.15\times25=4.5(\text{kN/m})$$
$$q_1=\frac{1.2\times56.43+1.4\times5+4.5}{1.0}=79.22(\text{kN/m})$$
$$p_2=p_{\min}+(p_{\max}-p_{\min})\frac{b_2}{b}=13.27+(94.16-13.27)\times\frac{1.0}{1.8}=58.21(\text{kPa})$$
$$M_2=\frac{1}{6}[2(q_1-p_{\min})+(q_1-p_2)]b_2^2$$
$$=\frac{1}{6}\times[2\times(79.22-13.27)+(79.22-58.21)]\times1^2=25.49(\text{kN}\cdot\text{m/m})$$

墙趾与墙踵根部高度相同，$h_1=h_2$，则 $h_{01}=h_{02}=155\text{mm}$，可得

$$\alpha_s=\frac{M_2}{\alpha_1 f_c b h_{02}^2}=\frac{25490000}{1\times14.3\times1000\times155^2}=0.074$$

计算得 $\gamma_s=0.961$，有

$$A_s=\frac{M_2}{\gamma_s h_{02} f_y}=\frac{27950000}{0.961\times155\times300}=570(\text{mm}^2)$$

选用Φ 12@190（$A_s=595\text{mm}^2$），配筋后的挡土墙见图 7.30。

（5）稳定性验算。

1）抗倾覆稳定计算。抗倾覆力矩 M_r 的计算。

$$M_r=G_1a_1+G_2a_2+G_3a_3$$
$$=11.3\times0.72+7\times0.87+56.43\times1.3$$
$$=87.59(\text{kN}\cdot\text{m/m})$$

倾覆力矩 M_s 的计算。

$$M_s=E_{a1}'\frac{H'}{3}+E_{a2}'\frac{H'}{2}=34.1\times\frac{3.2}{3}+5.76\times\frac{3.2}{2}$$
$$=42.52(\text{kN}\cdot\text{m/m})$$

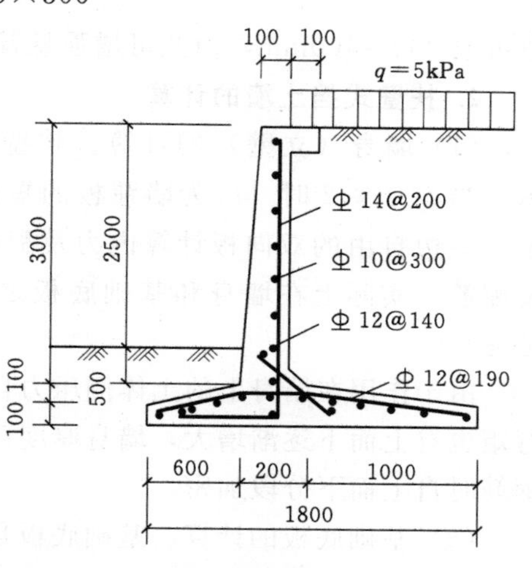

图 7.30 ［例 7.4］配筋图（单位：mm）

故 $K_t=\dfrac{M_r}{M_s}=\dfrac{87.59}{42.52}=2.06\geqslant1.6$，满足要求，安全。

2）抗滑移验算。对黏性土取基底摩擦系数 $\mu=0.70$，有

$$K_s=\frac{(G_1+G_2+G_3)\mu}{E'_{a1}+E'_{a2}}=\frac{(11.3+7+56.43)\times0.7}{34.1+5.76}=1.31>1.3$$

抗滑移验算结果满足要求，安全。

7.4.3 扶壁式挡土墙

挡土墙的选用与设计既要考虑技术可行性和安全性，也要考虑其经济性。当墙高大于8m时，如果依然采用悬臂式挡土墙，则会因为墙身弯矩大而不得不增加墙体厚度和增多配筋，进而降低经济性，此时应考虑采用扶壁式挡土墙。

扶壁式挡土墙由立壁、底板及扶壁三部分组成［图7.2（c）］，立壁和底板的墙踵板均以扶壁为支座而成为多跨连续板，一般可以做到9～10m。扶壁可以设在挡土墙的外侧，也可以设在内侧。当地基土质较软弱时，可采用钢筋混凝土扶壁式挡土墙。

1. 扶壁式挡土墙的构造

扶壁式挡土墙与悬臂式挡土墙比较，仅增加扶壁这一部分。作用在扶壁式挡土墙的土压力与作用在悬臂式挡土墙的相同；扶壁式挡土墙的墙面排水、伸缩缝的做法要求也与悬臂式挡土墙相同。但由于扶壁的存在，墙身和基础底板受力情况有所改变，计算方法也略有不同。为了使墙身（立壁）、基础底板、扶壁之间能牢固地连接成整体，一般在交接处作成支托［图7.2（c）］。

扶壁式挡土墙一般取 $\dfrac{b}{H_1}=\dfrac{1}{2}\sim\dfrac{2}{3}$（$b$ 为基底水平投影宽度，H_1 为墙身高度），有地下水或地基承载力较低时还要加大。值得指出的是，立壁与底板的厚度与扶壁的间距成正比，因此选择恰当的间距是极为重要的。通常沿墙的长度方向每隔 $\dfrac{1}{3}\sim\dfrac{1}{2}$ 墙高设一道扶壁，以此保持挡土墙的整体性，其厚度约为扶壁间距的 $\dfrac{1}{8}\sim\dfrac{1}{6}$，一般可取300～400mm，由此可增强悬臂式挡土墙中立壁的抗弯性能。

2. 扶壁式挡土墙的计算

（1）墙身（立壁）的计算。扶壁式挡土墙的墙身由竖向扶壁和基础底板支承。当 $l_y/l_x\leqslant2$ 时（l_y 为墙踵板的短边；l_x 为墙踵板的长边），可近似按三边固定、一边自由的双向板计算内力及配筋；当 $l_y/l_x>2$ 时，按连续单向板计算内力及配筋。实际上在墙身和基础底板之间存在着垂直方向的弯矩，配筋时应加以考虑。

由于作用在墙身上的土体侧压力自上而下逐渐增加，呈三角形分布，所以水平弯矩也自上而下逐渐增大，墙身厚度可以采用上薄下厚的变截面，或者在配置水平钢筋时自上而下分段加密。

（2）基础底板的计算。基础底板是由墙趾板及墙踵板组成。墙趾板突出部分较短，按向上弯曲的悬臂板计算，这与悬臂式挡土墙的墙趾板设计方法相同。墙踵板

由扶壁的底部和墙身的底部支承，作用在墙踵板的荷载有板自重、土重、土压力的竖向分力及作用在板底的地基反力，墙踵板的计算方法和墙身（立壁）相同。

(3) 扶壁的计算。扶壁与墙身连成一个整体工作，按固定在基础底板的一个变截面悬臂T形梁计算。假定受压区合力D作用在墙身的中心，T为钢筋的拉力，则从图7.31可得

$$D=T=\frac{\frac{H}{3}E_{a}\cos\delta}{b_{2}+\frac{h}{2}-a} \tag{7.47}$$

式中 a——钢筋保护层厚度，取$a=70$mm；

其余符号含义同前。

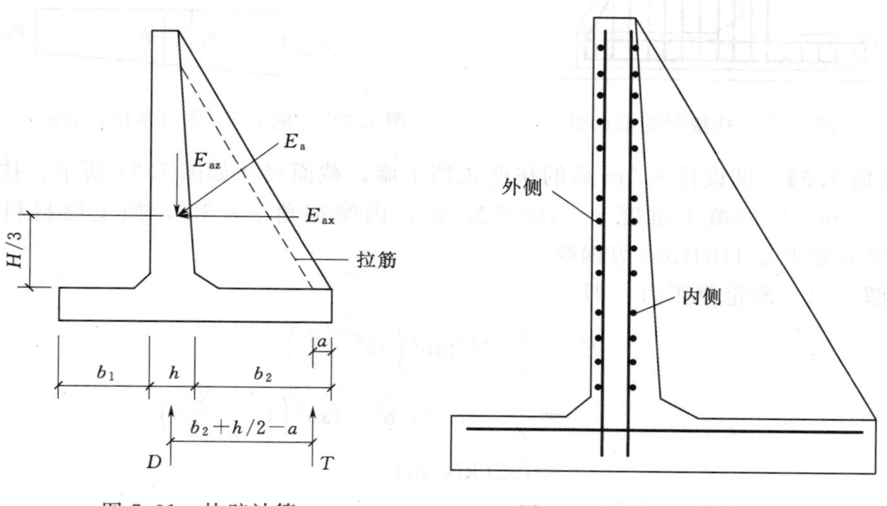

图7.31 扶壁计算

图7.32 墙面板配筋示意图

(4) 挡土墙的配筋。墙面板的水平受拉钢筋分为内侧和外侧两种（图7.32），内侧水平受拉钢筋布置在墙面板靠填土的一侧，承受水平负弯矩。外侧水平受拉钢筋布置在中间跨墙面板临空一侧，承受水平正弯矩，该钢筋沿墙长方向通长布置。墙面板的竖直纵向受力钢筋也分为内侧和外侧。内侧钢筋布置在墙面板靠填土一侧，承受墙面板的竖直负弯矩；外侧钢筋布置在临空一侧，承受墙面板的竖直正弯矩。此外，墙面板与扶壁之间还要设水平U形拉筋，其开口朝扶壁的背侧。

墙趾板配筋与悬臂式相同，底面横向水平钢筋是为了立板承受竖向负弯矩的钢筋能发挥作用而设置的，它位于墙踵板顶面，并与墙面板垂直。顶面和底面的纵向水平受拉钢筋，承受墙踵板扶壁两端负弯矩和跨中正弯矩。此外，连接墙踵板和扶壁的U形拉筋应开口朝上。

扶壁中配置有3种钢筋（图7.33），即斜筋、水平筋和垂直筋。斜筋为悬臂T形梁的受拉钢筋，沿扶壁的斜边布置。水平筋作为悬臂T形梁的箍筋以承受肋中的主拉应力，保证肋（扶）壁的斜截面强度；同时，水平筋将扶壁和墙身（立壁）连系起来，以防止在侧压力作用下扶壁与墙身（立壁）的连接处被拉断。垂直筋承受着由于基础底板的局部弯曲作用在扶壁内产生的垂直方向上的拉力，并将扶壁和基础底板连系起来，以防止在竖向力作用下扶壁与基础底板的连接处被拉断。

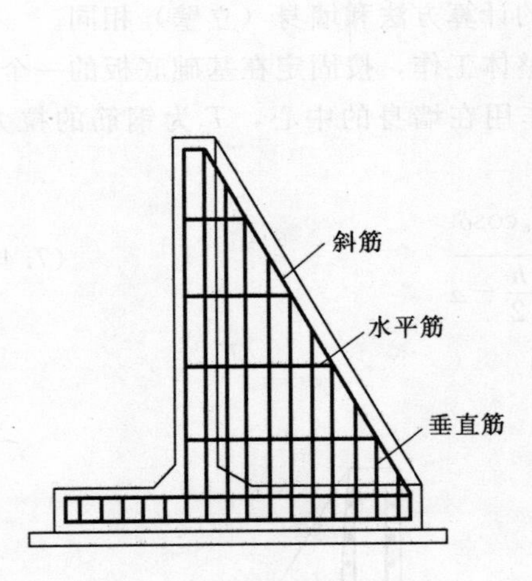

图 7.33　扶壁配筋示意图

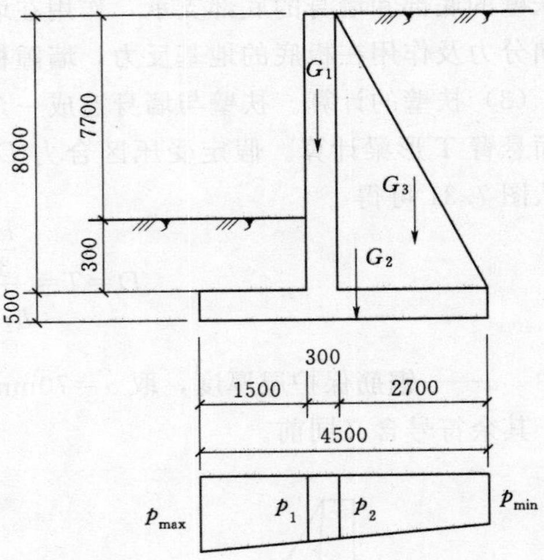

图 7.34　［例 7.5］图（单位：mm）

【例 7.5】　试设计 8.5m 高的扶壁式挡土墙，截面尺寸如图 7.34 所示。扶壁间距为 3.5m。墙后填土重度 $\gamma=18.0\text{kN/m}^3$，内摩擦角 $\varphi=30°$，挡土墙材料采用 C25 级混凝土及 HRB400 级钢筋。

解　(1) 确定侧压力，即

$$E_a=\frac{1}{2}\gamma H^2\tan^2\left(45°-\frac{\varphi}{2}\right)$$

$$=\frac{1}{2}\times18.0\times8^2\times\tan^2\left(45°-\frac{30°}{2}\right)$$

$$=192(\text{kN/m})$$

(2) 墙身（立壁）的计算，即

$$\frac{l_y}{l_x}=\frac{8}{3.5}=2.29>2$$

按连续单向板计算内力及配筋。由于土压力呈三角形分布，水平弯矩自上而下增大，配置水平钢筋时可近似地按三段加密。

设跨中弯矩为 M_x、支座弯矩为 M_x^0，则

$$M_x=0.078ql^2;\quad M_x^0=-0.105ql^2$$

1) 第一段，有

$$q_1=\gamma_G\gamma H\tan^2\left(45°-\frac{30°}{2}\right)=1.35\times18.0\times8\times\tan^2 30°=64.7(\text{kN}\cdot\text{m})$$

$$M_{x1}=0.078ql^2=0.078\times64.7\times3.5^2=61.82(\text{kN}\cdot\text{m})$$

$$M_{x1}^0=-0.105ql^2=-0.105\times64.7\times3.5^2=-83.22(\text{kN}\cdot\text{m})$$

C25 混凝土轴心抗拉强度设计值 $f_c=11.9\text{N/mm}^2$。

HRB400 级钢筋抗拉强度设计值 $f_y=360\text{N/mm}^2$。

算得
$$\alpha_s=\frac{M_{x1}}{\alpha_1 f_c bh_0^2}=\frac{61820000}{1\times11.9\times1000\times260^2}=0.077$$

计算得 $\gamma_s=0.960$，有

$$A_s=\frac{61820000}{0.960\times360\times260}=688(\text{mm}^2)$$

采用Φ 12@160（$A_s=707\text{mm}^2$）。

算得 $$\alpha_s^0=\frac{M_{x1}^0}{\alpha_1 f_c b h_0^2}=\frac{83220000}{1\times 11.9\times 1000\times 260^2}=0.103$$

计算得 $\gamma_s^0=0.946$，有

$$A_s^0=\frac{M_{x1}^0}{\gamma_s f_y h_0}=\frac{83220000}{0.946\times 360\times 260}=940(\text{mm}^2)$$

采用Φ 12@120（$A_s=942\text{mm}^2$）。

2）第二段：$q_2=64.7\times\frac{2}{3}=43.1(\text{kN/m})$。

$$M_{x2}=0.078ql^2=0.078\times 43.1\times 3.5^2=41.18(\text{kN}\cdot\text{m})$$
$$M_{x2}^0=-0.105ql^2=-0.105\times 43.1\times 3.5^2=-55.44(\text{kN}\cdot\text{m})$$

跨中配筋采用Φ 10@170，支座配筋采用Φ 10@125（计算方法同上）。

3）第三段：$q_3=64.7\times\frac{1}{3}=21.6(\text{kN/m})$。

$$M_{x3}=0.078ql^2=0.078\times 21.6\times 3.5^2=20.64(\text{kN}\cdot\text{m})$$
$$M_{x3}^0=-0.105ql^2=-0.105\times 21.6\times 3.5^2=-55.44(\text{kN}\cdot\text{m})$$

跨中配筋采用Φ 10@200，支座配筋采用Φ 10@200（计算方法同上）。

（3）基础底板计算。每延米墙身自重 G_1 为

$$G_1=0.3\times 8\times 25=60(\text{kN/m})$$

每延米基础底板自重 G_2 为

$$G_2=0.5\times 4.5\times 25=56.25(\text{kN/m})$$

每延米墙踵板在其宽度范围内的土重 G_3 为

$$G_3=2.7\times 8\times 18.0=388.8(\text{kN/m})$$

挡土墙土压力为

$$E_a=\frac{1}{2}\gamma H'^2\tan^2\left(45°-\frac{\varphi}{2}\right)$$
$$=\frac{1}{2}\times 18.0\times 8.5^2\tan^2\left(45°-\frac{30°}{2}\right)=216.75(\text{kN/m})$$

计算基础底板时，采用设计荷载，自重及填土自重要乘荷载分项系数 1.35，按式（7.40）计算 e 值，即

$$e=\frac{b}{2}-\frac{(G_1a_1+G_2a_2+G_3a_3)\times 1.35-E_a'\dfrac{H'}{3}\times 1.35}{(G_1+G_2+G_3)\times 1.35}$$

$$=2.25-\frac{(60\times 1.65+56.25\times 2.25+388.8\times 3.15)\times 1.35-\left(216.75\times\dfrac{8.5}{3}\right)\times 1.35}{(60+56.25+388.8)\times 1.35}$$

$$=2.25-\frac{1450.283\times 1.35-614.125\times 1.35}{505.05\times 1.35}=2.25-1.656=0.594(\text{m})$$

由于 $e<\frac{b}{6}=\frac{4.5}{6}=0.75(\text{m})$，因此得

$$p_{\substack{\max\\ \min}}=\frac{\sum G}{b}\left(1\pm\frac{6e}{b}\right)=\frac{505.05\times 1.35}{4.5\times 1}\times\left(1\pm\frac{6\times 0.594}{4.5}\right)=\begin{matrix}271.5\\31.5\end{matrix}(\text{kPa})$$

1）墙趾部分，有

$$p_1=31.5+(271.5-31.5)\times\frac{2.7+0.3}{4.5}=191.5(\text{kPa})$$

作用在墙趾上的力有基底反力、墙趾自重及其上土体自重。但由于墙趾板自重很小，其上土体重量在使用过程中可能被移走，因而可以忽略这两项力的作用，这样墙趾在基底反力作用下的弯矩为

$$M_1=\frac{1}{6}(2p_{\max}+p_1)b_1^2=\frac{1}{6}\times(2\times271.5+191.5)\times1.5^2$$

$$=275.4(\text{kN}\cdot\text{m/m})$$

基础底板厚 $h_1=500\text{mm}$。

算得 $$\alpha_s=\frac{M_1}{\alpha_1 f_c b h_{01}^2}=\frac{275400000}{1\times11.9\times1000\times460^2}=0.109$$

计算得 $\gamma_s=0.942$，有

$$A_s=\frac{M_1}{\gamma_s f_y h_{01}}=\frac{275400000}{0.942\times360\times460}=1765(\text{mm}^2)$$

采用Φ 16@110（$A_s=1827\text{mm}^2$）。

2）墙踵部分（图7.32），有

$$p_2=p_{\min}+(p_{\max}-p_{\min})\frac{b_2}{b}=31.5+(271.5-31.5)\times\frac{2.7}{4.5}$$

$$=175.5(\text{kN/m}^2)$$

作用在墙踵上的力有墙踵的自重（G_2 的一部分）及其上土体重量 G_3、基底反力。

$$\frac{l_x}{l_y}=\frac{3.5}{2.7}=1.3<2$$

墙踵板的长边与短边之比小于2，可近似地按三边固定、一边自由的双向板计算内力及配筋。作用在墙踵板上的均布荷载 q_1 可近似地计算为

$$q_1=\frac{1.35\times(0.5\times2.7\times25+388.8)}{2.7}=211.3(\text{kN/m})$$

墙踵板的基底反力呈梯形分布，为了简化计算和安全，把基底反力视为均布荷载，其作用方向与 q_1 相反，故墙踵在 q_1 及基底反力作用下的荷载 q 为

$$q=211.3-31.5=179.8(\text{kN/m})$$

内力计算，有

$$ql_x^2=179.8\times3.5^2=2202.6(\text{kN/m})$$

$$\frac{l_y}{l_x}=\frac{2.7}{3.5}=0.77$$

查有关内力计算表格，得弯矩系数和弯矩值、配筋列于表7.9中。

表7.9 弯矩系数和弯矩值、配筋表

项目	弯矩系数	M=弯矩系数×ql^2/(kN·m)	配筋
M_x^0	−0.0540	−118.9	Φ14@180
M_y^0	−0.0561	−123.6	Φ14@180
M_{xz}^0	−0.0871	−191.9	Φ14@120
M_x	0.0220	48.5	Φ10@200
M_y	0.0084	18.5	Φ10@200
M_{0x}	0.0378	83.3	Φ10@140

(4) 扶壁的计算。扶壁按 T 形梁计算，斜筋为梁的受拉钢筋，其所受到的拉力 T 为

$$T=\frac{\frac{H}{3}E_{a}\cos\delta}{b_{2}+\frac{h}{2}-a}=\frac{\frac{8}{3}\times192\times1}{2.7+\frac{0.3}{2}-0.07}=\frac{512}{2.78}=184(\text{kN})$$

所需钢筋截面面积 A_s 为

$$A_{s}=\frac{1.35T}{f_{y}}=\frac{1.35\times184000}{360}=690(\text{mm}^{2})$$

采用Φ 3@18 ($A_s=763\text{mm}^2$)。其余钢筋按构造要求配置。

7.4.4 板桩式挡土墙

板桩式挡土墙按所用材料的不同，分为钢板桩、木板桩和钢筋混凝土板桩墙等。它可用作永久性也可用作临时性的挡土结构，是一种承受弯矩的结构。板桩式挡土墙的施工一般需要用打桩机打入，施工较复杂，多用于水利工程和工业与民用建筑深基坑的开挖施工中。

板桩式挡土墙按结构形式可分为悬臂式（板桩上部无支撑，又称无锚板桩）和锚定式（板桩上部有支撑，又称有锚板桩）两大类（图 7.35），其土压力的计算原理及方法因结构形式不同而各异。

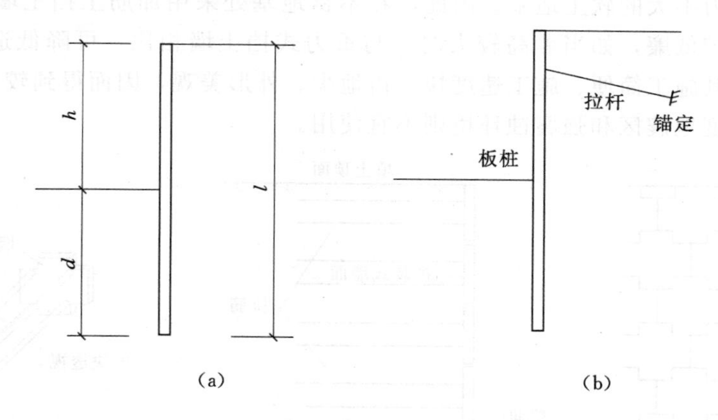

图 7.35 板桩墙
(a) 悬臂式；(b) 锚定式

悬臂式板桩墙的桩顶为自由端，桩下部固定在地面以下。这种板桩墙靠插入土中的部分来维持整体平衡。土面以上一段板桩所承受的侧向荷载及垂直荷载越大，要求桩打入土中就越深。因此，悬臂板桩只适用于承受荷载不大（通常墙高小于 4m）以及临时性工程（如基坑开挖时的支撑）；否则会导致板桩入土深度过大而不经济。

锚定式板桩的桩顶或桩顶附近加一道锚定拉杆，则板桩打入土中的长度和断面可以大大减小。锚定式挡土墙又可根据入土深度分为两种情况：入土浅时桩底视为简支；入土深时视为嵌固。当墙高比较大时常采用这种结构。

7.5 加筋土挡土墙的特殊性

加筋土挡土墙于20世纪60年代始创于法国，法国工程师维达尔（H. Vidal）分析了加筋的机理，并为土的“加筋”提供了一整套分析计算方法，使加筋技术有了长足的发展。这种挡土墙由墙面板、加筋材料及填土共同组成。天然土体具有一定的抗压和抗剪强度，而抗拉强度却很低。在土体内加入适当的加筋材料，可以在一定程度上改善土体的强度和变形性态。加筋土挡土墙填土通常需有较高的摩擦力，如砂土。美国公路1978年加筋土的标准规定$I_p<6$，细粒土通过200号筛的颗粒质量不超过25%。我国浙江省天台县、临海县，利用废钢材修筑加筋土挡土墙加固河堤，墙高6.0～6.5m，墙面板为“十”字形，宽1m，厚16cm，加固河堤长为40m，后来成功地经受住了洪水的考验。加筋材料是镀锌金属条带，目前应用较多的则是土工合成材料。除了耐酸、碱、盐腐蚀外，土工合成材料具有一定的排水功能，有助于削减土体内的孔隙水压力，提高加筋材料与土之间的相互作用，增加界面摩擦力并直接提高土体的抗剪强度。

加筋挡土墙（或称加筋土支挡结构）是将某些形式的加筋材料埋在填土中，用它们来平衡土压力，并且与土体一起形成一座类似于重力式挡土墙的挡土结构。由于这类结构是柔性的，比刚性挡土墙更能适应地基变形。加筋土挡土墙可以用来修筑路基、挡土墙、桥台、堤坝等。这种挡土墙具有结构轻便且经济的特点，较适用于地基承载力不大的软土地基。因此，在不良地基处采用加筋土挡土墙尤为合适，工程造价也较低廉，如当墙高较大时，与重力式挡土墙相比，可降低造价25%～60%。由于其施工简便、施工速度快、占地少、外形美观，因而得到较为广泛的应用，但高烈度地震区和强腐蚀环境则不宜使用。

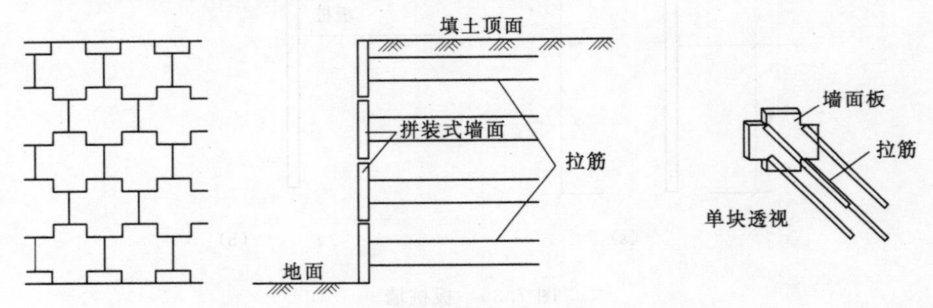

图7.36 加筋土挡土墙

图7.37 加筋挡土墙实物

常见的加筋土挡土墙有条带式和包裹式两种结构形式。图7.36所示为一种锚拉式土墙，它依靠拉筋与填土之间的摩擦力来平衡作用在墙面的土压力以保持稳定，拉筋一般采用镀锌扁钢或土工合成材料。墙面用预制混凝土板，每块板尺寸为1.5m×1.5m，呈“十”字形，每块墙面板连接4根拉筋。加筋挡土墙实物如图7.37所示。下面介绍条带式加筋土挡土墙的设计计算方法。

7.5.1 断面初选和结构简介

条带式加筋土挡土墙一般由条带筋材、墙面板和填料组成。加筋土体断面的形状一般为矩形。墙面可采用薄的金属板或预制混凝土板。一般要求墙面材料具有耐久性和抗腐蚀能力，并具有一定的柔性，以便墙面能随着土的变形而变形。金属墙板的背面可用沥青化合物处理，以增加寿命。金属板墙面必须用螺栓或焊接来安装。混凝土墙面则用榫槽连接或其他方法连接，使填土不致由于缝间冲刷而破坏。筋条可以由金属丝网、钢丝绳、扁钢、铝合金条或塑料织物制成。

确定墙断面的一般步骤如下。

(1) 初选设计计算断面时，加筋土体的宽度取 $L=0.7H$（H 为墙高）。

(2) 挡土墙的基础埋深与一般浅基础的埋深确定方法一致，要考虑冲刷和冻深，并且最小深度不得小于 0.5m。

(3) 回填土必须是能自由排水和具有内摩擦角特性的颗粒状材料，以便减小侧向力，并使筋条与土之间能发挥足够的摩擦力（与钢筋混凝土的握裹力相似），使整个系统保持稳定，墙内填土的压实系数不应小于 0.90～0.95。

现就部分结构——面板、筋带和填料的基本要求进行简单介绍。

1. 面板

面板设计应满足坚固、美观、搬运方便和易于安装等要求，国内常用混凝土或钢筋混凝土预制件，混凝土强度等级不小于 C20，国外也采用半圆形油桶或特制的椭圆形钢管做面板。

面板的断面形式可做成槽形、矩形，立面可为矩形、六边形、“十”字形等，其尺寸可参考表 7.10 选取。当面板为槽形断面时，可在面板翼缘上预留穿筋孔；而矩形断面可预埋钢筋环，钢筋直径宜大于 12mm，并应考虑锈蚀影响，筋带不宜与钢筋环直接接触，可采用涂抹防锈油漆或聚氨酯等办法处理。相邻面板之间可用企口拼接和插销定位，插销的钢筋直径宜大于 10mm，并在咬合处留有 3mm 缝隙，以适应必要的变形。

表 7.10　各类面板的参考尺寸

面板形式		简图		高度/mm	长度/mm	厚度/mm
立面	断面	正面	侧面			
矩形	槽形	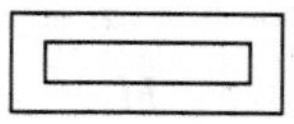		250～750	500～1500	80～200
矩形	矩形	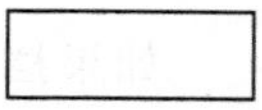		500～1000	1000～2000	80～200
六边形	矩形	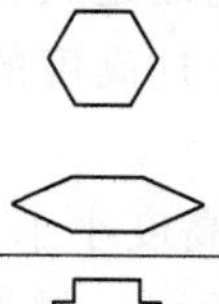		500～1000	500～1200	80～200
十字形	矩形	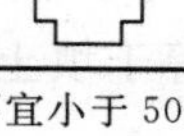	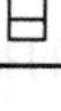	500～1500	500～1500	80～250

注　槽形面板的腹板和翼缘厚度不宜小于 50mm。

2. 筋带

要求筋带抗拉强度高、延伸率小、抗老化、抗腐蚀，并具有一定的柔韧性。筋带宽宜大于 15mm，厚度大于 0.8mm，拉伸时断裂强度应大于 2kN，断裂时延伸率应小于10％。常用筋带材料有钢筋混凝土、镀锌钢片、多孔废钢片及土工合成材料，国内以聚丙烯土工带应用最广泛。一般情况下，筋带宜水平布设，并尽可能垂直于面板，当从一个节点引出多根筋带时，可呈扇形散开，但在筋带有效长度范围内彼此不得直接搭叠。筋带与面板应连接良好，筋带的水平距离 s_x 和垂直距离 s_y 一般为 0.5～1.0m。

3. 填料

一般可采用砂类土、黏性土或杂填土，其要求为易压实，同筋带相互作用力可靠，不含可能损伤筋带的尖利状颗粒。填料的设计参数应由试验确定。填筑时，填料的含水量应接近最佳含水量，其压实度一般应达 90％以上。

7.5.2 内部稳定性分析

加筋土挡土墙的内部稳定性主要是用筋带在拉力作用下的抗拉能力（指筋带抗拉断的能力）和抗拔能力（指筋带抵抗被拉出土体的能力）来衡量的，因为这两个方面能概括反映各因素对内部稳定性的影响。

1. 外荷载作用于加筋土体上的压力

作用于加筋土体上的外荷载一般有填土重、车辆重及其他活荷载等。图 7.38 代表挡土墙上的表面荷载是填土的情况，此时填土作用于加筋土体的压力 σ_i 一般用等代土柱高度 h_z' 来计算，即

$$\sigma_i=\gamma h_z' \tag{7.48}$$

$$h_z'=\begin{cases}\dfrac{1}{m}\left(\dfrac{H}{2}\right)-a, & \dfrac{1}{m}\left(\dfrac{H}{2}-a\right)<H_t\\ H_t, & \dfrac{1}{m}\left(\dfrac{H}{2}-a\right)\geqslant H\end{cases} \tag{7.49}$$

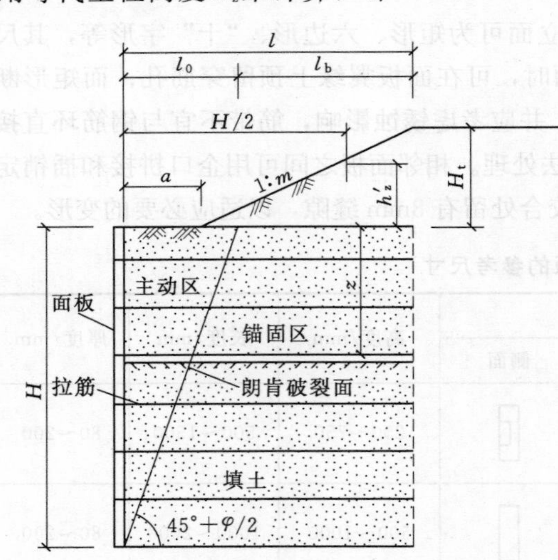

图 7.38 挡墙上等代土柱高度

式中 γ——填土的重度；

m——填土边坡的坡度比；

H——挡墙加筋土体的高度；

a——挡墙面板至坡脚的距离；

H_t——挡墙加筋土体上填土高度。

如果挡土墙上的表面荷载不是填土而是其他荷载，也可利用上述等代土柱高度的原理进行类似的计算。

2. 加筋条带的拉力计算

加筋的拉力计算方法有多种，但在挡土墙高度小于 8m 时各种计算结果相差不大，故下面仅介绍常用的朗肯法，如图 7.39 所示。根据极限平衡原理，在挡墙加筋土体内某一节点处条带筋材所受到的拉力应等于填土所受到的侧压力，即

$$T_i = \sigma_v K_i S_x S_y \quad (7.50)$$

式中　T_i——第 i 层条带筋材所受到的拉力；

σ_v——条带筋材上承受的正压力（竖向）；

S_x、S_y——条带筋材的水平向和竖直向间距；

K_i——土压力系数，按式（7.52）计算。

假定 σ_v 沿条带筋材均匀分布，则拉力 T_i 为

$$T_i = K_i(\gamma h_i + \sigma_i)S_x S_y \quad (7.51)$$

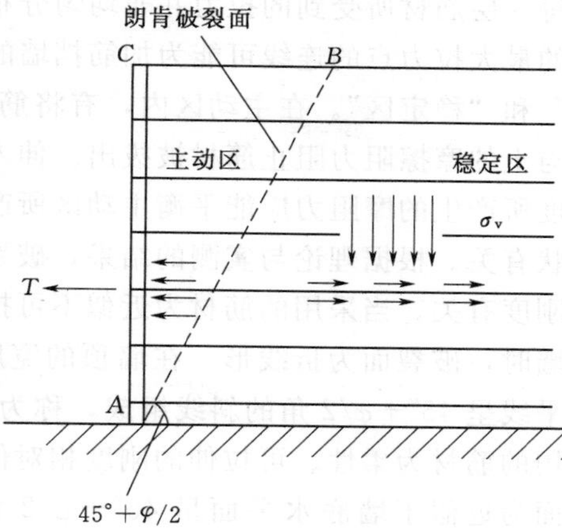

图 7.39　筋材计算（朗肯理论）

式中　σ_i——墙顶外荷载在第 i 层筋材上产生的竖向压力，根据荷载的情况按式（7.48）和式（7.49）求得；

h_i——第 i 层条带筋材所处的深度。

土压力系数 K_i 按式（7.52）求得，即

$$K_i = \begin{cases} K_0\left(1 - \dfrac{h_i}{6}\right) + K_a \dfrac{h_i}{6}, & h_i \leqslant 6\text{m} \\ K_a, & h_i > 6\text{m} \end{cases} \quad (7.52)$$

$$K_0 = 1 - \sin\varphi$$

$$K_a = \tan^2\left(45° - \frac{\varphi}{2}\right)$$

式中　φ——填土的内摩擦角。

条带筋材设计拉力 $[T_{ia}]$ 应满足

$$[T_{ia}] \geqslant T_i \quad (7.53)$$

若所用的筋材的允许抗拉强度为 $[\sigma_a]$，则所需的筋带截面积 A_i 为

$$A_i = \frac{[T_{ia}]}{[\sigma_a]} \quad (7.54)$$

如果所用的筋带不能满足式（7.53）的要求，则可减小间距 S_x 和 S_y，或增大筋带的截面积进行试算，直到满足要求为止。

3. 筋带抗拔稳定验算

加筋土体不能因为筋材被拔出而失去稳定性。加筋土挡墙的内部稳定性与拉筋受力条件及其形成的摩擦阻力的分布有关，如图 7.40 所示。

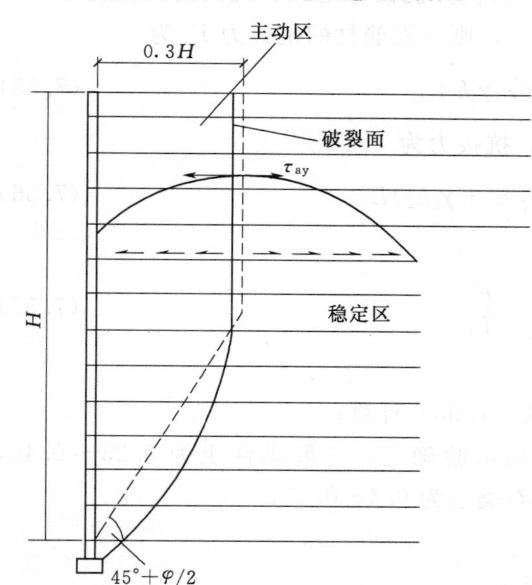

图 7.40　拉力沿筋材长度分布

每一层筋材所受到的拉力并非均匀分布，最大拉力出现在墙后一定距离处；每一层的最大拉力点的连线可能为加筋挡墙的潜在破裂面。以破裂面为界可分为“主动区”和“稳定区”。在主动区内，有将筋材从土体拔出的趋向。而在稳定区，靠筋材与土的摩擦阻力阻止筋材被拔出。伸入稳定区内的筋材长度视为锚固长度。锚固长度所产生的摩阻力应能平衡主动区所产生的拉力。显然，筋材抗拔力与破裂面的形状有关。根据理论与实测的结果，破裂面的形状与挡土墙的高度以及采用的筋材的刚度有关。当采用的筋材为近似不可拉伸变形的大刚度筋材且墙高为 8m 以下的挡墙时，破裂面为折线形，在墙顶的宽度为 $0.3H$（H 为墙高），下部为一与墙底水平线呈 $45°+\varphi/2$ 角的斜线组成，称为 $0.3H$ 型破裂面，如图 7.41（a）所示。对采用的筋材为柔性、可拉伸的刚度相对低的筋带及墙高较大的挡墙（大于 15m），破裂面为近似于墙底水平面呈 $45°+\varphi/2$ 角的斜直线，称为朗肯型破裂面，如图 7.41（b）所示。

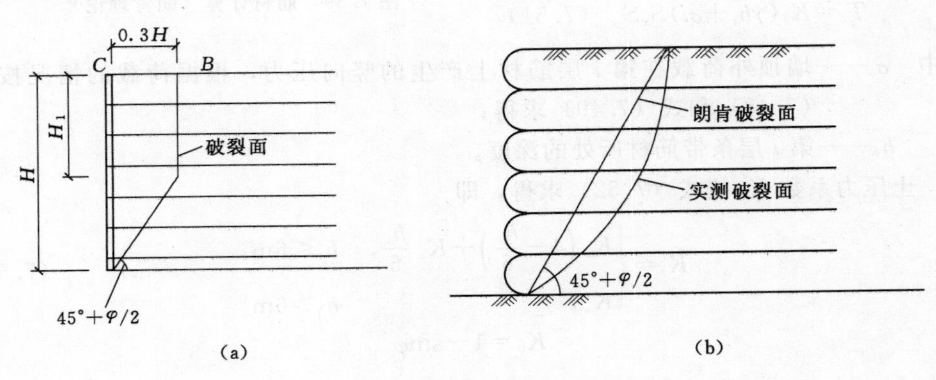

图 7.41 破裂面形状类型

（a）$0.3H$ 型破裂面；（b）朗肯型破裂面

对于 $0.3H$ 型破裂面，可应用以下方法验算抗拔稳定性和抗拔锚固长度。

假设拉筋的锚固长度为 L_1，宽度为 b_i，则一根筋材的抗拔力 F_i 为

$$F_i=2f'b_i\gamma_i h_i L_1 \tag{7.55}$$

挡墙顶上有填土荷载或其他荷载时，抗拔力为

$$F_i=2f'b_i(\gamma_i h_i+\gamma_2 h_2)L_1 \tag{7.56}$$

抗拔安全系数为

$$K_f=\frac{F_i}{T_i} \tag{7.57}$$

式中 F_i——第 i 层拉筋的抗拔力；

T_i——第 i 层拉筋的拉力，可按式（7.50）计算；

f'——筋材与土的摩擦系数，可由试验确定，一般黏性土为 0.25～0.40，砂性土为 0.35～0.45，砾石类土为 0.4～0.45；

K_f——抗拔安全系数；

L_1——锚固长度，通过验算后确定；

γ_i——第 i 层拉筋所属土层的重度；

h_i——第 i 层拉筋所在的深度；

γ_2——墙顶上部堆积土的重度；

h_2——墙顶上部堆积土的高度。

根据验算结果，如安全系数 K_f 太大或不满足要求，则修改锚固长度，直到满足设计要求的安全系数为止，或由式（7.57）反算所需的长度。

4. 筋材长度的确定

设计拉筋的长度 L 为

$$L=L_1+L_a \tag{7.58}$$

对于垂直面挡墙，L_a 为滑裂面以内的无效长度（m），可按下法求得。

$$L_a=\begin{cases}0.3H, & 0<h_i\leqslant H_1\\ \dfrac{H-h_i}{\tan\beta}, & H_1<h_i\leqslant H\end{cases}$$

$$\beta=\begin{cases}45°+\dfrac{\varphi}{2}, & \text{一般情况}\\ 45°+\dfrac{\varphi}{2}-\theta, & \text{考虑地震作用}\end{cases}$$

式中 θ——考虑地震作用的摩擦角降低值，对非浸水情况：地震烈度小于7度时，$\theta=0°$；7度时 θ 为 $1.5°$；8度时为 $3°$；9度时为 $6°$；在浸水情况下分别为 $0°$、$2.5°$、$5°$ 和 $10°$。

7.5.3 外部稳定性验算和沉降计算

加筋挡墙的外部稳定性验算即整体稳定性验算，包括抗滑移、抗倾覆、地基承载力和抗深层滑动验算等，验算方法与重力式挡土墙相同。

估算沉降量时，可以把加筋土挡土墙视为一个整体，按浅基础沉降和填土沉降计算方法进行估算，并且根据墙的高低和地基土的性质，参考其他建筑物的允许沉降值进行控制。

7.5.4 面板的构造和设计

加筋土挡土墙的面板一般有L形和直立形两种。直立形面板一般由几块钢筋混凝土板组成，有时还会有立柱。筋材与面板连接，共同承担土压力，并且防止墙体填料流失。面板可按连续梁计算。立柱要设置基础，该基础可按独立基础设计，并且应验算地基的承载力。

7.6 护坡工程

7.6.1 护坡工程简介

依护坡的功能大致分为两种：①仅为抗风化及抗冲刷的坡面保护工程，该保护工程并不承受侧向土压力，如喷混凝土护坡，格框植生护坡，植生护坡等均属此类，仅适用于平缓且稳定无滑动之虞的边坡上；②提供抗滑力的挡土护坡，并进一步区分为：①刚性自重式挡土墙（如砌石挡土墙、重力式挡土墙、倚壁式挡土墙、悬臂式挡土墙、扶壁式挡土墙）；②柔性自重式挡土墙（如蛇笼挡土墙、框条式挡土墙、加筋式挡土墙）；③锚拉式挡土墙（如锚拉式格梁挡土墙、锚拉式排桩挡土墙）。

传统浆砌块石与混凝土结构因为造价过高、容易损坏、破坏生态等缺点，不能为水土环境提供长效保护，寻求更有效的生态环保产品替代传统的浆砌块石等，成为破解这一困局的关键。因此，生态护坡这一理念应运而生。

7.6.2 护坡工程类型

依据边坡的高度和坡度等不同条件，最常见的护坡类型有以下几种。

1. 削坡开级工程

削坡开级工程适用于对边坡高度大于4m、坡度大于1：1.5的，包括以下4种形式，即直线形、折线形、阶梯形、大平台式。

（1）直线形。适用于高度小于20m、结构紧密的均质土坡，或高度小于12m的非均质土坡。它是从上到下，把护坡削成同一坡度，削坡后比原护坡减缓，达到该类土质的稳定坡度。对有松散夹层的土坡，其松散部分应采取加固措施。

（2）折线形。适用于高12～20m、结构比较松散的土坡，尤其适用于上部结构松散、下部结构较紧密的土坡。折线形的特点是削缓上部，削坡后保持上部较缓、下部较陡的折线形。而上、下部的高度和坡比，根据土坡高度与土质情况，具体分析确定，以削坡后能保证稳定安全为原则。

（3）阶梯形。适用于高12m以上、结构较松散，或高20m以上、结构较紧密的均质土坡。阶梯形的每一阶小平台的宽度和两平台间的高差，根据当地土质与暴雨径流情况具体研究确定。阶梯形的在开级后应保证土坡稳定。

（4）大平台式。适用于高度大于30m，或在8度以上高烈度地震区的土坡。大平台一般开在土坡中部，宽4m以上，平台具体位置与尺寸根据相关建筑技术规范对土质边坡高度的限制研究确定。通常，大平台尺寸基本确定后，需对边坡进行稳定性验算。

2. 植物护坡

植物护坡工程适用于对边坡小于1：1.5的土质或沙质坡面，包括两种形式，即种草护坡、造林护坡。

（1）种草护坡。适用于坡比小于1：1.5，土层较薄的沙质或土质坡面的地方。采用种草护坡，应先将坡面整治，并选用生长快的低矮钢伏型草种。根据不同的坡面情况，采用不同的方法，一般土质坡面采用直接播种法，密实的土质边坡上，采取坑植法，在风沙地应先设沙障，固定流沙，再播种草籽。种草后1～2年内，进行必要的封禁和抚育措施。

（2）造林护坡。适用于坡度10°～20°，在南方坡面土层厚15cm以上、北方坡面土层厚40cm以上、立地条件较好的地方。采用造林护坡时，应采用深根性和浅根性相结合的乔灌木混交方式，同时选用适应当地条件、速生的乔木和灌木树种。在坡面的坡度、坡向和土质较复杂的地方，将造林护坡与种草护坡结合起来，实行乔、灌、草相结合的植物或藤本植物护坡。而坡面采取植苗造林时，苗木宜带土栽植，并应适当密植。

3. 工程护坡

工程护坡适用于对堆置物或山体不稳定处形成的高陡边坡，或坡脚遭受水流淘刷，包括4种形式，即砌石护坡、抛石护坡、混凝土护坡、喷浆护坡。

(1) 砌石护坡。一般有干砌石和浆砌石两种形式，根据不同需要分别采用。

1) 干砌石护坡。适用于坡面较缓（坡度为1∶2.5～1∶3），受水流冲刷较轻的坡面；坡面有涌水现象时，应在护坡层下铺设15cm以上厚度的碎石、粗砂或砂砾作为反滤层；根据土质结构，土质坚实的砌石坡度可适当陡些；反之则应缓些。具体工程设施见图7.42。

图7.42 干砌石护坡

2) 浆砌石护坡。适用于坡度在1∶1～1∶2之间，或坡面位于沟岸、河岸，下部可能遭受水流冲刷，且洪水冲击力强的防护地段；浆砌石护坡由面层和起反滤层作用的垫层组成，面层铺砌厚度为25～35cm，垫层又分单层和双层两种，单层厚5～15cm，双层厚20～25cm；对长度较大的浆砌石护坡，应沿纵向每隔10～15m设置一道宽约2cm的伸缩缝，并用沥青或木条填塞。

(2) 抛石护坡。适用于坡脚为沟岸、河岸，暴雨中可能遭受洪水淘刷的部分，对枯水位以下的坡脚应采取抛石护坡，有散抛块石、石笼抛石和草袋抛石等。

(3) 混凝土护坡。在边坡坡脚可能遭受强烈洪水冲刷的陡坡段，可采取混凝土护坡，必要时需加锚固定。具体工程设施可参见图7.43。它适用于边坡介于1∶1～1∶0.5之间、高度小于3m的坡面，用一般混凝土砌块护坡，砌块长宽各30～50cm。边坡陡于1∶0.5时，应用钢筋混凝土护坡。

图7.43 混凝土护坡

当坡面有涌水现象时，可用粗砂、碎石或砂砾等设置反滤层；当用水量较大时，修筑盲沟排水，盲沟在涌水处下端水平设置，宽20～50cm、深20～40cm。

(4) 喷浆护坡。在基岩不太发育裂隙、无大崩塌的坡段，采用喷浆机进行喷浆或喷混凝土护坡，以防止基岩风化剥落。喷涂水泥砂浆的砂石料最大粒径约为15mm，水泥和砂石的重量比为1∶4～1∶5，砂率50%～60%，水灰比0.4～0.5，速凝剂的添加量为水泥重量的3%左右。具体工程设施参见图7.44。喷浆前必须清除坡面活动岩石、废渣、浮土、草根等杂物，填堵大缝隙、大坑洼。而破碎程度较轻的坡段，可根据当地土料情况，就地取材，用胶泥喷涂护坡，或用胶泥作为喷浆的垫层。

图 7.44 喷浆护坡

4. 生态护坡

生态护坡是指开挖边坡形成以后，通过种植植物，利用植物与岩土体的相互作用（根系锚固作用）对边坡表层进行防护、加固，使之既能满足对边坡表层稳定的要求，又能恢复被破坏的自然生态环境的护坡方式，是一种有效的护坡、固坡手段。一般生态护坡有植物护坡、土工材料绿化网护坡、三维植被网护坡、水力喷播植草护坡、植被型生态混凝土护坡、水泥生态种植基护坡等几种类型。下面主要介绍3种常见的生态护坡类型。

（1）植物护坡。用发达根系植物进行护坡固土的优点：既可以达到固土保沙、防止水土流失的目的，又可以满足生态环境的需要，还可以进行景观造景。例如，吉林省西部嫩江植物护坡，以当地的牛毛草、早熟禾、翦股颖等8种草本植物为护坡植物，河柳等灌木为迎水坡脚防浪林。

固土植物可根据该地区的气候选择较为适宜的植物品种，一般考虑以下4个条件：对土质要求不高，适应气候条件强；耐酸、耐碱、耐寒冷、耐高温、耐干旱等，生长能力强；根系发达，茎干低矮、枝叶茂盛、生长快、绿期长，能够迅速覆盖地表；生根性强，成活率高，并能够吸收深层水分和养分，有效固土；价格低廉、管理粗放、无须养护、无病虫害；与杂草竞争性强。

植物护坡工程中，常用的植物分为冷季型和暖季型。

冷季型的植物主要有高羊茅、多年生黑麦草、细弱翦股颖、无芒雀麦、草地早熟禾白三叶、红三叶、百脉根等。暖季型的主要有百慕大草（狗牙根草）、马尼拉、野牛草、假俭草等。种草应考虑混播。播种方法有：①人工种植或移植法；②草皮卷护坡法；③水力喷播法等。

比如，水力喷播植草——以水为载体，将经过技术处理的植物种子、木纤维、黏合剂、保水剂、复合肥等材料混合后，经过喷播机的搅拌，喷洒在需要种植草坪的地方，从而形成初级生态植被。优点：可全天候施工，速度快，工期短；成坪快，减少养护费用；不受土壤条件差、气象环境恶劣等影响。

同时，植物护坡也存在以下缺点：护坡当年易被雨冲刷形成深沟，护坡效果差，影响景观。长期浸泡在水下、行洪流速超过3m/s的土堤迎水坡面和防洪重点地段（如河流弯道等）不适宜植草护坡。

（2）三维植被网护坡。三维植被网是利用活性植物并结合土工合成材料，在坡面构建一个具有自身生长能力的防护系统，通过植物的生长对边坡进行加固的一门新技术。根据岸坡地形地貌、土质和区域气候等特点，在岸坡表面覆盖一层土工合成材料，并按一定的组合与间距种植多种植物，通过植物的生长达到根系加筋、茎叶防冲蚀的目的，可在坡面形成茂密的植被覆盖，在表土层形成盘根错节的根系，有效抑制暴雨径流对边坡的侵蚀，增加土体的抗剪强度，减小孔隙水压力和土体自重力，从而大幅度提高岸坡的稳定性和抗冲刷能力。土工网对减少岸坡土壤的水分蒸发、增加入渗量有较好的作用。

三维植被网护坡的优点：综合了土工网和植物护坡的优点，起到了复合护坡的作用。边坡的植被覆盖率达到30%以上时能承受小雨的冲刷，覆盖率达80%以上时能承受暴雨的冲刷。待植物生长茂盛时，能抵抗冲刷的径流流速达6m/s，为一般草皮的2倍多。同时，由于土工网材料为黑色的聚乙烯，具有吸热保温的作用，可促进种子发芽，有利于植物生长。

这种护坡形式虽然比单纯植物护坡抗雨水冲刷效果好，但还不能完全应用到堤防迎水坡面，以后又有进一步发展，用混凝土、石笼等做成外框来增加坡面稳定性，但还是难以长时间抵御较大洪水侵蚀。

(3) 植被型生态混凝土护坡。植被型生态混凝土由多孔混凝土、保水材料、缓释肥料和表层土组成。多孔混凝土由粗骨料、水泥、适量的细掺和料组成，是植被型生态混凝土的骨架。保水材料以有机质保水剂为主，并掺入无机保水剂混合使用，为植物提供必需的水分。表层土铺设于多孔混凝土表面，形成植被发芽空间，减少土中水分蒸发，提供植被发芽初期的养分和防止草生长初期混凝土表面过热。很多植被草都能在植被型生态混凝土上很好生长，实验过程中，紫羊毛、无芒雀麦表现出优异的耐寒性能。具体工程设施参见图7.45。

图7.45 植被型生态混凝土护坡

植被型生态混凝土护坡的优点：既实现了混凝土护坡，又能在坡上种植花草，美化环境，使硬化和绿化完美结合。它具有较好的抗冲刷性能，上面的覆草具有缓冲性能。由于草根的“锚固”作用，抗滑力增加，草生根后，草、土、混凝土形成一体，更加提高了堤防边坡的稳定性，经实测，对边距45cm的六角形绿化混凝土孔构件，原质量为30kg，长草生根后拔起力达到160kg。多孔混凝土孔隙率高达40%以上，表面等效孔径2～3cm，孔隙自构件顶表面可蜿蜒通至地面，在堤防护坡工程中，受水位骤降的影响较小；在季节性寒冷地区，有利于排出和降低被保护土内含水量，减少冻害破坏。多孔混凝土具有较高透气性，在很大程度上保持了被保护土与空气间的湿、热交换能力。

植被型生态混凝土构件厚度与单块几何尺寸，可以按照《堤防工程设计规范》(GB 50286—2013) 有关规定计算。由于草根的“锚固”作用，将会使上述计算结果更加趋于安全。

7.6.3 护坡工程设计与施工

护坡工程是一种防护性工程措施，即修筑护坡工程必须以边坡的稳定为前提，以防止坡面侵蚀、风化和局部崩塌为目的，若坡体本身不稳定就要进行削坡或修建挡土墙支挡工程。下面简单介绍各种护坡的施工条件。

(1) 干砌石和混凝土砌块护坡的片石或混凝土砌块之间没有胶结材料，所以也称干砌护坡或柔性护坡。由于护坡具有透水性，因而可用于坡面有涌水、坡度小于1∶1、高度小于3m的情况。

干砌石护坡的施工，应先削坡为均一坡度，然后由下向上分层错缝铺砌片石或混凝土切块。施工时应注意：在潜水涌出量大的地方应设置反滤层，若有更大的涌水，则最好采用盲沟排水。

(2) 浆砌片石和混凝土护坡是使用了水泥砂浆将片石或混凝土砌块胶结在一起，整体性好，所以也称为刚性护坡。它适于软层岩石或密实的土边坡，但有涌水的边坡或容易塌陷的边坡不宜采用。

混凝土护坡的施工，可用于1∶0.3以下角度的边坡，对于缓于1∶0.5的边坡多用素混凝土，陡于1∶0.5的边坡应适当加配钢筋。护坡厚度常小于20m。对于高而陡的岩石边坡，为了防止护坡本身滑动，可增设锚固钢筋，且坡脚应设置基础，中间增设抗滑桩。

混凝土护坡一般在没有涌水的边坡采用，但为了慎重起见，每隔3～5m还应设排水孔，浆砌片石护坡和浆砌混凝土护坡用于较缓的边坡，下垫足够厚度的砂卵石，然后填满砂砾，每$2m^2$设置3～5cm的排水孔。

(3) 格状框条护坡是用预制构件在现场装配或在现场直接浇制混凝土和钢筋混凝土修成格状框条，将坡面分隔成格状，框格可采用方形、菱形、人字形和弧形等基本形式。它适用于防止表层滑动，框格内可用植被防护或者用干砌片石砌筑，同时也可起排水作用。

对于边坡有涌水或沿边坡有滑动危险的地方，框格的交点予以锚固或加大横向框条埋深，以起抗滑作用。格状框条护坡的特色是它一般可以与公路环境美化相结合，即在框格之内种植花草，以减少地表对坡面的冲刷，减少水土流失，从而达到既美观又安全的良好效果。该方法在铁路、公路的边坡和路堤防护中已经得到广泛应用。

(4) 喷浆或喷混凝土护坡是在基岩裂缝小、没有大塌方发生的地方，为防止基岩风化剥落，进行喷浆或喷混凝土护坡。它适用坡面基岩裂缝小、没有大塌方的地方。该工艺能在边坡上迅速形成一层保护层。但应注意，喷浆或喷混凝土护坡不建议应用在有涌水和冻胀严重的边坡，尤其对成岩作用差的黏土岩边坡不宜采用。

施工时应注意喷浆厚度以不小于2cm为宜，喷混凝土厚度以3～5cm为宜。喷浆或喷混凝土防护的周边与本防护坡面衔接处应严格封闭。当护坡岩石风化严重时，应作1～2m高、顶宽40cm的砂浆切片护裙。喷浆和喷混凝土前应清除坡面上的浮土碎石，并用水冲洗。

（5）锚固护坡是指在有裂隙的坚硬的岩质斜坡上，为了增大抗滑力或固定危岩用锚栓或预应力钢筋稳固坡面的工程。它适用于有裂隙的坚硬的岩质斜坡上。具体工程设施参见图7.46。

图7.46 锚固护坡

施工时应注意，在岩上钻孔直达基岩一定深度后将锚栓插入，打入楔子并浇水泥砂浆固定其末端，地面用螺母固定。同时，在采用预应力钢筋时，应将钢筋末端固定后再施加预应力，为了不把滑面以下的稳定岩体拉裂，应事先进行抗拔试验，使锚固段达滑面以下一定的深度，并且相邻锚固孔的深度不同，以免岩体在某一层被拉裂。

各种护坡工程设计与使用基本条件可参考表7.11。

表7.11　　护坡工程设计与使用条件

护坡类型 \ 使用条件		边坡坡率	土（石）质
植物防护	植草防护	缓于1:1.5	易于植被生长的土质边坡，不高于8m
	铺草皮防护	缓于1:1	土质和严重风化的软质岩石边坡
	植树防护	缓于1:1.5	易于低矮灌木生长的土质边坡
	三维植被网防护	缓于1:0.75	砂性土、土夹石及风化岩石
	湿法喷播	缓于1:0.5	土质、土夹石边坡、严重风化岩
	客土喷播	陡于1:1时，宜设置挂网或混凝土框架	风化岩石、土壤较少的软质岩石、养分较少的土壤、硬质土壤、植物立地条件差的高大陡坡面和受侵蚀显著的坡面
骨架植物防护	浆砌片石（或水泥混凝土骨架植物护坡）	缓于1:0.75，当坡面受雨水冲刷严重或潮湿时应缓于1:1	土质和全风化岩石边坡
	方格（人字）形截水骨架植物护坡		降雨量较大且集中地地区
	水泥混凝土空心块植物护坡（正方形或六边形）	缓于1:0.75	土质和全风化、强风化的岩石路堑边坡
	锚杆混凝土框架植物防护	—	土质边坡和坡体中无不良结构面、风化破碎的岩石路堑边坡
圬工防护	喷射混凝土（砂浆）护坡	缓于1:0.5	易风化但未风化的岩石路堑边坡
	锚杆挂网喷浆（混凝土）护坡	缓于1:0.5	坡面为碎裂结构的硬质岩石或层状结构不连续地层及坡面岩石与基岩分开并有可能下滑的挖方边坡
	干砌片石护坡	缓于1:1.25	土（石）质边坡、植被不易生长的路堑边坡

续表

护坡类型 \ 使用条件		边坡坡率	土（石）质
圬工防护	浆砌片（卵）石护坡	缓于1：1	易风化岩石和土质路堑边坡
	实体护面墙	缓于1：0.5	易风化或风化严重的软质岩石或较破碎的路堑边坡以及坡面易受侵蚀的土质边坡
	窗孔式护面墙	缓于1：0.75	
	拱式护面墙	缓于1：0.5	
封面捶面	封面护坡	—	土面较干燥、未经严重风化的各种易风化岩石边坡
	捶面护坡	缓于1：0.5	易受冲刷的土质和风化剥落的岩石边坡

（6）生态护坡的设计原则。

1）水力稳定性原则。护坡的设计首先应满足岸坡稳定的要求。岸坡的不稳定性因素主要有：①由于岸坡面逐步冲刷引起的不稳定；②由于表层土滑动破坏引起的不稳定；③由于深层滑动引起的不稳定。因此，应对影响岸坡稳定的水力参数和土工技术参数进行研究，从而实现对护坡水力稳定性的设计。

2）生态原则。生态护坡设计应与生态过程相协调，尽量使其对环境的破坏影响达到最小。这种协调意味着设计应以尊重物种多样性，减少对资源的剥夺，保持营养和水循环，维持植物生长环境和动物栖息地的质量，有助于改善人居环境及生态系统的健康为总体原则。主要包含以下3个方面。

a. 当地原则。设计应因地制宜，在对当地自然环境充分了解的基础上，进行与当地自然环境相和谐的设计。包括：①尊重传统文化和乡土知识；②适应场所自然过程，设计时要将这些带有场所特征的自然因素考虑进去，从而维护场所的健康；③根据当地实际情况，尽量使用当地材料、植物和建材，使生态护坡与当地自然条件相和谐。

b. 保护与节约自然资源原则。对于自然生态系统的物流和能流，生态设计强调的解决之道有4条：①保护不可再生资源，不是万不得已不得使用；②尽可能减少能源、土地、水、生物资源的使用，提高使用效率；③利用原有材料，包括植被、土壤、砖石等服务于新的功能，可以大大节约资源和能源的耗费；④尽量让护坡处于良性循环中，从而使资源可以再生。

c. 回归自然原则。自然生态系统为维持人类生存和满足其需要提供各种条件和过程，这就是生态系统的服务。着重体现在：①自然界没有废物，每一个健康生态系统，都有完善的食物链和营养级，所以生态设计应使系统处于健康状态；②边缘效应，在两个或多个不同的生态系统边缘带，有更活跃的能流和物流，具有丰富的物种和更高的生产力，也是生物群落最丰富、生态效益最高的地段，河道岸坡作为水体生态与陆地生态之间的边缘带，在设计时应充分考虑其边缘效应；③生物多样性，保持有效数量的动植物种群，保护各种类型及多种演替阶段的生态系统，尊重各种生态过程及自然的干扰，包括自然火灾过程、旱雨季的交替规律以及洪水的季节性泛滥。

思考题

7-1　什么是主动土压力、静止土压力和被动土压力？弄清其产生的条件并比较三者的数值大小。

7-2　试比较朗肯土压力理论和库伦土压力理论的基本假定和适用条件。

7-3　挡土墙有哪几种类型？掌握一般选用原则、设计计算流程和内容。

7-4　当墙后有一坡度为60°的稳定岩坡时，作用在挡土墙上的土压力比一般挡土墙上的土压力大还是小？这时的土压力应如何计算？

7-5　简述护坡工程与挡土墙的相关性及其存在的主要差异。

7-6　阐述护坡工程基本类型及选用原则。

7-7　阐述在护坡和挡土墙工程中如何在安全第一的原则下兼顾生态、环保与美观的要求？

习题

7-1　已知某挡土墙高6.0m，墙背竖直、光滑，墙后填土面水平。填土的物理力学性质指标为$c=12.0$kPa，$\varphi=25°$，$\gamma=19.0$kN/m^3。试计算该挡土墙主动土压力大小及其作用点位置，并绘出土压力强度沿墙高的分布图。

7-2　某挡土墙高4m，墙背直立、光滑，墙后填土面水平，填土重度$\gamma=19$kN/m^3，$\varphi=30°$，$c=10$kPa，试求：(1) 主动土压力强度沿墙高的分布；(2) 主动土压力的大小和作用点位置。

7-3　已知某地区修建一挡土墙，墙高$H=6.0$m，墙顶宽度$b=1.5$m，墙底宽度$B=2.5$m。墙面倾斜，墙背竖直，墙背摩擦角$\delta=20°$，填土表面倾斜$\beta=12°$，墙后填土为中砂，重度$\gamma_1=17.0$kN/m^3，内摩擦角$\varphi=30°$。挡土墙地基为砂土，墙底摩擦系数$\mu=0.4$，墙体材料重度$\gamma_2=22.0$kN/m^3，试求：(1) 作用在此挡土墙背上的主动土压力；(2) 验算此挡土墙的抗滑及抗倾覆稳定安全系数是否满足安全要求。

7-4　如习题7-4图所示，某挡土墙高5.6m，墙顶宽0.8m，墙底宽2.0m，用毛石堆砌，砌体重度$\gamma=20.0$kN/m^3，墙背竖直、光滑，填土面水平。填土重度$\gamma=20.0$kN/m^3，内摩擦角$\varphi=30°$，墙底摩擦系数$\mu=0.45$，土压力作用在距墙底2m处，试对该挡土墙进行稳定性验算。

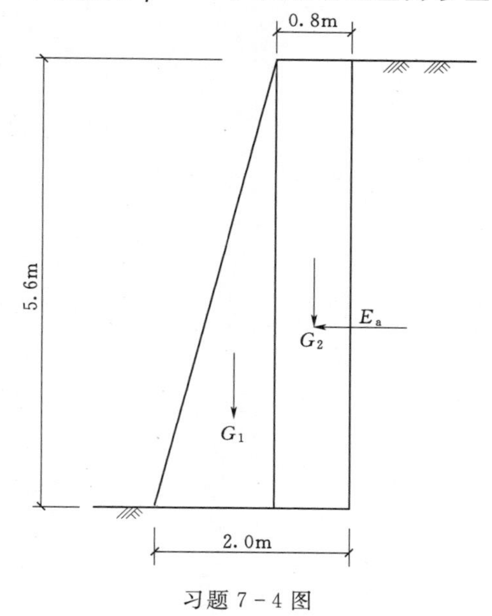

习题7-4图

7-5　某挡土墙高4m，墙背直立、光滑，墙后填土面水平，墙后作用有连续均布荷载$q=20.0$kPa，填土重度$\gamma=$

20.0kN/m³，$\varphi=25°$，$c=12$kPa，试求主动土压力。

7-6　某挡土墙高 5m，墙背倾斜角 $\alpha=20°$，填土面倾角 $\beta=10°$，填土重度 $\gamma=$ 18.0kN/m³，$\varphi=30°$，$c=0$，填土与墙背的摩擦角 $\delta=15°$。试按库仑理论求其主动土压力大小及作用点位置，并求出主动土压力强度沿墙高的分布。

7-7　某悬臂式挡土墙截面尺寸如习题 7-7 图所示。地面活荷载 $q=4.0$kPa，地基土为黏性土，承载力特征值 $f_a=100.0$kPa。墙后填土重度 $\gamma=18.0$kN/m³，内摩擦角 $\varphi=30°$。挡土墙底面处在地下水位以上。求挡土墙墙身及基础底板的配筋，进行稳定性验算和土的承载力验算，挡土墙材料采用 C25 级混凝土及 HPB300、HRB335 级钢筋。

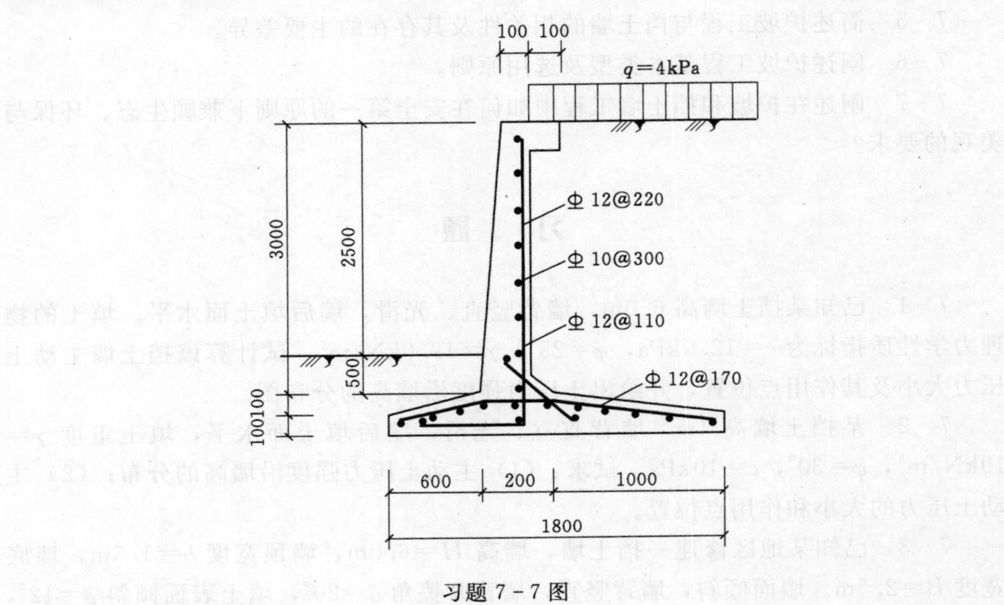

习题 7-7 图

第8章 基坑工程

8.1 概述

8.1.1 基坑工程的概念

当建筑物高度较低，基础埋置深度很浅，通常都可以放坡开挖，或采用少量的钢板桩进行临时支护，这样既经济又方便。随着城市建设的发展，高层建筑地下室、地铁车站、地下停车场等地下工程越来越多，单个基坑的面积越来越大，深度越来越深，而且这些深、大基坑往往周边建筑物密布，环境复杂，施工场地紧张。采用临时性简单措施已经难以保护地下主体结构的施工和周边建筑物的安全，需要进行基坑支护，如图 8.1 和图 8.2 所示。

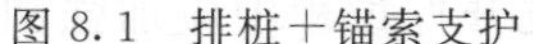

图 8.1 排桩+锚索支护

图 8.2 地下连续墙+内支撑支护

基坑工程是指建筑物或构筑物地下部分施工时需开挖基坑，进行施工降水和基坑周围的围挡，同时要对基坑四周的建（构）筑物、道路、地下管线进行监测和维护，确保正常、安全施工的一项综合性工程。基坑工程包括土方开挖、降水和支护结构的设计、施工、监测等。其中支护结构由包括具有挡土、止水功能的围护结构和维持围护结构平衡的内支撑体系、锚杆体系组成。内支撑体系由钢筋混凝土（或钢管）支撑、围檩和立柱等组成，锚杆体系由锚杆、冠（腰）梁和台座等组成。

基坑支护的目的是要确保基坑开挖和基础结构施工过程得以顺利进行和施工期

间邻近建筑物和地下管道的安全和正常使用。除了地下连续墙可兼作建筑物永久构件使用外，基坑支护结构一般属于临时性结构设施，当地下结构施工结束后即失去作用。因此，基坑设计应综合考虑安全、经济以及施工便利和工期的要求。一般来说，围护结构应满足以下3个要求。

(1) 保证基坑周围边坡的稳定，有足够的空间满足地下结构施工要求，即围护结构要能起挡土的作用。

(2) 保证基坑周围相邻的建（构）筑物、道路和地下管线在地下结构施工期间不受损害。这就要求围护结构能起控制土体变形的作用，基坑周边沉降和水平位移能控制在允许范围内。

(3) 保证施工作业面在地下水位以上。这就要求通过截水、降水、排水等措施，围护结构能将地下水位控制在作业面以下。

一般情况下，围护结构都要满足第（1）和第（3）个要求。第（2）个要求可根据周围建筑物、构筑物和地下管线的位置、承受变形的能力、重要性和损坏后后果的严重性等因素来确定。

8.1.2 基坑工程的特点

基坑工程是一个从实践中发展起来的技术，是一门综合性很强的新型学科。它涉及的学科包括工程地质、土力学、基础工程、结构力学、原位测试技术、施工技术、土与结构共同作用、环境岩土工程等多学科问题。它的主要特点有以下几个。

(1) 基坑工程是与众多因素相关的综合性学科（勘查、设计、施工、监测、管理等），但基坑支护结构的理论研究目前还不完备；满意的实测工程资料较少，还不能像建筑结构那样通过对材料测定、荷载作用、效应组合等统计分析得出结构可靠度的概念指标。

(2) 基坑工程施工周期长，历经场边堆载、震动、复杂天气等多种不利因素，安全隐患多，事故的发生具有突发性。

(3) 基坑工程包含挡土、支护、防水、降水、挖土等很多环节，任何一个环节失效都会导致整个工程的失效。而且相邻场地的基坑施工，都会对挡土、支护、防水、降水、挖土等产生相互影响与制约，增加事故诱发因素。

(4) 在软土、高水位等复杂条件下施工基坑工程，很容易产生土体滑坡、基坑失稳、桩体变位、坑底隆起、漏水等病害，对基坑四周的建筑物、构筑物、道路、地下管线影响大。

当主体结构施工完成时，围护结构即完成任务。因此，基坑工程围护结构的安全储备一般都较小，因而具有较大的风险，所以在基坑开挖过程中应加强围护结构的监测，实行信息化施工，并应预先制定好应急预案，一旦出现险情可及时抢救。

8.2 围护结构形式及适用范围

8.2.1 支护结构的安全等级

根据产生后果的严重性，我国《建筑基坑支护技术规程》（JGJ 120—2012）

（简称《基坑规程》）要求基坑支护设计时，应综合考虑基坑周边环境和地质条件的复杂程度、基坑深度等因素，按表8.1采用支护结构的安全等级。对同一基坑的不同部位，可采用不同的安全等级。

表8.1 支护结构的安全等级

安全等级	破 坏 后 果	结构重要性系数 γ_0
一级	支护结构失效、土体过大变形对基坑周边环境或主体结构施工安全的影响很严重	1.1
二级	支护结构失效、土体过大变形对基坑周边环境或主体结构施工安全的影响严重	1.0
三级	支护结构失效、土体过大变形对基坑周边环境或主体结构施工安全的影响不严重	0.9

支护结构设计时应采用以下两种极限状态。

1. 承载能力极限状态

包括以下8种情况。

（1）支护结构构件或连接因超过材料强度而破坏，或因过度变形而不适于继续承受荷载，或出现压屈、局部失稳。

（2）支护结构及土体整体滑动。

（3）坑底土体隆起而丧失稳定。

（4）对支挡式结构，坑底土体丧失嵌固能力而使支护结构推移或倾覆。

（5）对锚拉式支挡结构或土钉墙，土体丧失对锚杆或土钉的锚固能力。

（6）重力式水泥土墙整体倾覆或滑移。

（7）重力式水泥土墙、支挡式结构因其持力土层丧失承载能力而破坏。

（8）地下水渗流引起的土体渗透破坏。

2. 正常使用极限状态

包括以下4种情况。

（1）造成基坑周边建（构）筑物、地下管线、道路等损坏或影响其正常使用的支护结构位移。

（2）因地下水位下降、地下水渗流或施工因素而造成基坑周边建（构）筑物、地下管线、道路等损坏或影响其正常使用的土体变形。

（3）影响主体地下结构正常施工的支护结构位移。

（4）影响主体地下结构正常施工的地下水渗流。

显然，在进行支护结构设计和施工时，应确保不发生以上两种极限状态作为基坑支护工程总的目标。

8.2.2 围护结构形式

围护结构形式一般需要根据基坑开挖深度、周边环境、工程地质条件和施工条件等来选取。根据受力特点的不同，基坑围护结构形式可以分为：①放坡开挖及简易支护；②悬臂式围护结构；③重力式围护结构；④单支点围护结构；⑤多支点围护结构。根据围护结构构件形式不同，围护结构又可以分为排桩支护、地下连续墙支护、水泥土墙支护、土钉墙支护、逆作拱墙支护等支护形式。

1. 排桩支护

排桩支护是采用成排的桩组成的墙体进行支护。排桩可以采用钻孔灌注桩、人工挖孔桩、预制钢筋混凝土桩、钢板桩等。排桩支护刚度好，适用于场地狭窄、土质条件较差、开挖深度较大等情况。如图8.3所示，结合桩间旋喷桩或外围搅拌桩止水也可用于砂土或淤泥等复杂地质条件。

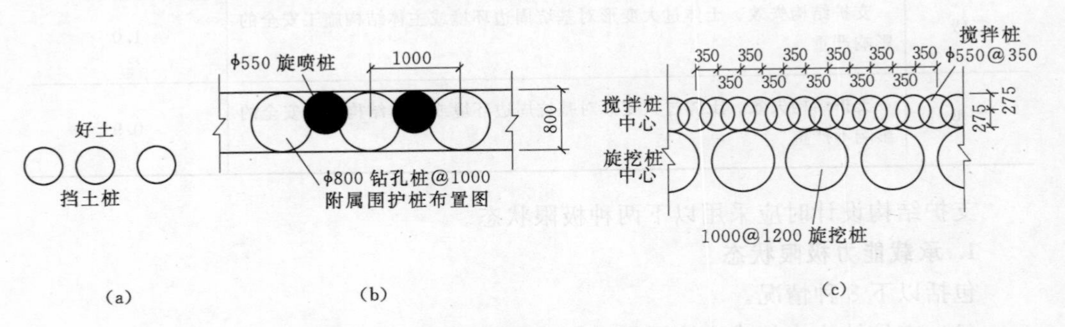

图8.3 排桩支护形式（单位：mm）

（a）柱列式排桩支护；（b）排桩支护＋桩间旋喷止水；（c）排桩支护＋搅拌桩止水

2. 地下连续墙支护

如图8.4所示，地下连续墙具有挡土和隔水双重作用。由于地下连续墙具有低噪声、低震动、对环境影响小、墙体刚度大、整体性好、止水效果好等优点，适用于地质条件差和复杂、基坑深度大、周边环境要求高的情况。但是也存在造价高、有弃土和废泥浆处理、粉砂地层槽壁容易坍塌和渗漏等缺点。地下连续墙既可作围护墙，又可采用逆作法施工，兼作为地下室的外墙，实现二墙合一，从而缩短工期、降低造价。

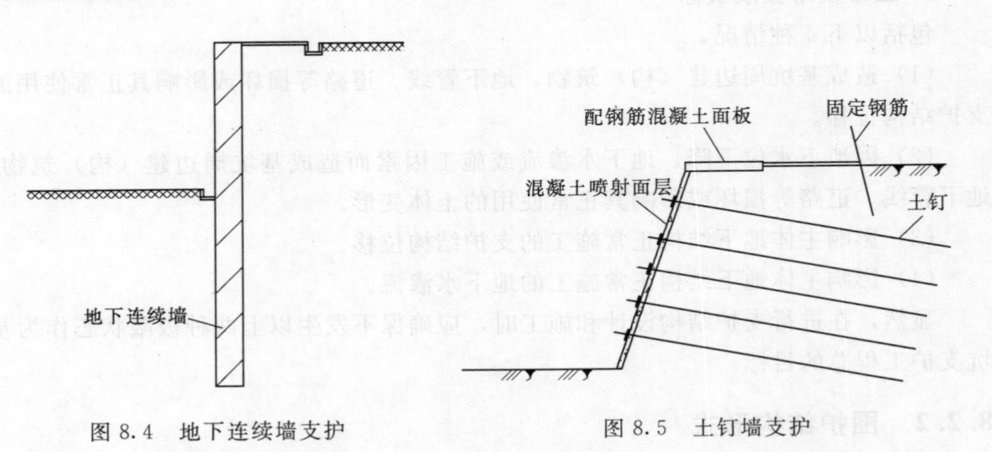

图8.4 地下连续墙支护

图8.5 土钉墙支护

3. 土钉墙支护

如图8.5所示，土钉墙是由土钉、面层、被加固的原位土体及必要的防排水系统组成，具有自稳能力的挡土墙。土钉墙与各种隔水帷幕、微型桩和预应力锚杆

（索）等构件结合起来，可以形成复合土钉墙。

土钉墙支护技术的工作原理是充分利用原状土的自承能力，把本来完全靠外加支护结构来支挡的土体，通过土钉技术的加固使其成为一个复合的挡土结构。其优点是工程造价低、施工占地少、施工进度快，一般适用于土质较好且周边环境对位移要求不高的基坑。

4. 水泥土墙支护

如图 8.6 所示，水泥土墙一般是以水泥系材料为固化剂，通过搅拌机械采用喷浆施工将固化剂和地基土强行搅拌，形成具有一定厚度连续搭接的水泥土柱状加固体挡墙。其优点是结构简单、施工方便、施工噪声低、振动小、速度快、造价低。其缺点是宽度大，需占用较大空间，而且围护结构变形较大，围护结构施工时对环境影响较大。

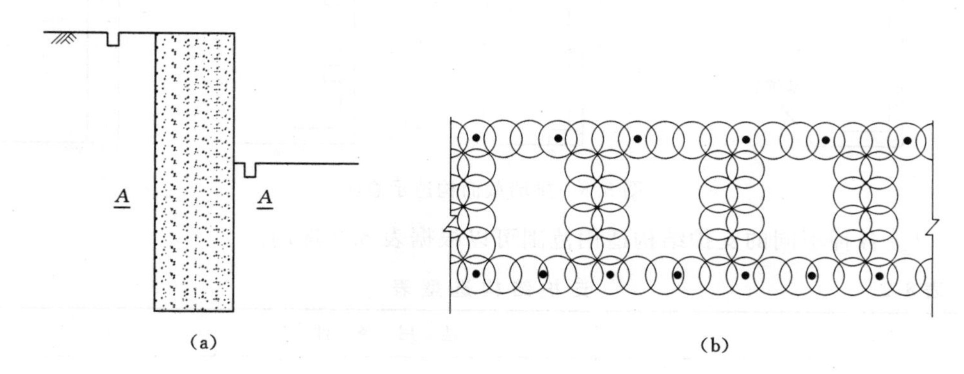

图 8.6 水泥土墙支护
（a）侧面图；（b）A—A 剖面

5. 加筋水泥土墙（SMW 工法）

如图 8.7 所示，SMW 工法一般是利用专门的三轴或多轴搅拌就地钻进切削土体，同时在钻头端部将水泥浆液注入土体，经充分搅拌混合后，在各施工单元之间采取重叠搭接施工，在水泥土混合体未结硬前再将 H 型钢或其他型材插入搅拌桩体内，形成具有一定强度和刚度的、连续完整的、无接缝的地下连续墙体，该墙体可作为地下开挖基坑的挡土和止水结构，待地下室施工结束后回收 H 型钢等材料。其主要特点是构造简单，抗弯刚度大，止水性能好，工期短，造价低，环境污染小，特别适合于以黏土和粉细砂为主的松软地层。

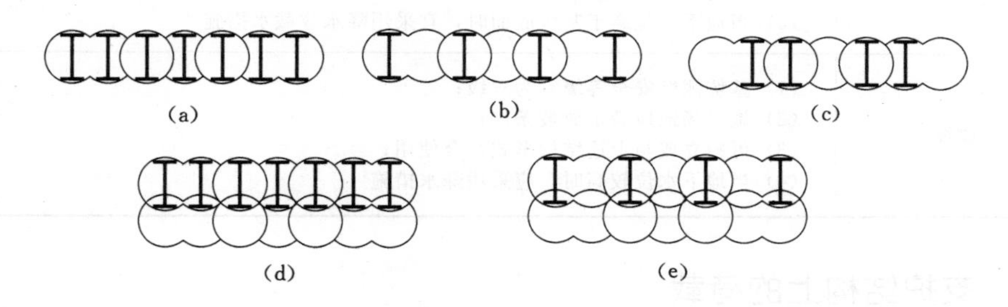

图 8.7 SMW 工法
（a）全孔设置；（b）隔孔设置；（c）组合设置；（d）半位满堂设置；（e）半位隔孔设置

6. 逆作拱墙

如图 8.8 所示，逆作拱墙结构是将基坑开挖成圆形、椭圆形等弧形平面，并沿基坑侧壁分层逆作钢筋混凝土拱墙，利用拱的作用将垂直于墙体的土压力转化为拱墙内的切向力，以充分利用墙体混凝土的受压强度。墙体内力主要为压应力，因此墙体可做得较薄，多数情况下不用锚杆或内支撑就可以满足强度和稳定的要求。逆作拱墙围护墙可根据基坑的平面形状，采用全封闭拱墙，包括圆拱、椭圆拱、抛物线拱，也可采用以上各种拱墙与其他支护形式的组合。这种支护结构的优点是受力合理、安全可靠、施工方便、节省工期、造价低。

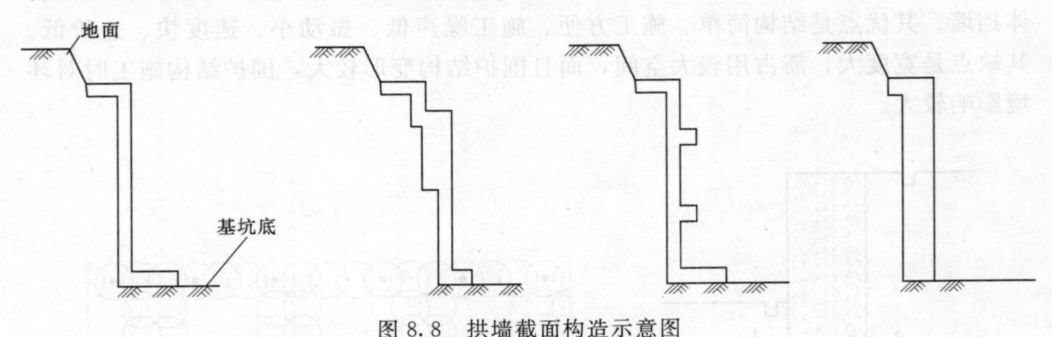

图 8.8 拱墙截面构造示意图

以上各种不同的支护结构适用范围可以根据表 8.2 选用。

表 8.2 支护结构选型表

结构形式	适用条件
排桩或地下连续墙	(1) 适用于基坑侧壁安全等级一、二、三级； (2) 悬臂式结构在软土场地中不宜大于 5m； (3) 当地下水位高于基坑底面时，宜采用降水，排桩加截水帷幕或地下连续墙
水泥土墙	(1) 适用于基坑侧壁安全等级二、三级； (2) 水泥土墙施工范围内地基承载力不宜大于 150kPa； (3) 基坑深度不宜大于 6m
土钉墙	(1) 基坑侧壁安全等级宜为二、三级的非软土地基； (2) 基坑深度不宜大于 12m； (3) 当地下水位高于基坑底面时，宜采用降水或截水措施
逆作拱墙	(1) 基坑侧壁安全等级宜为二、三级； (2) 淤泥与淤泥质场地不宜采用； (3) 拱墙轴线的矢跨比不宜大于 1/8； (4) 基坑深度不宜大于 12m； (5) 当地下水位高于基坑底面时，宜采用降水或截水措施
放坡	(1) 基坑侧壁安全等级宜为三级； (2) 施工场地应满足放坡条件； (3) 可独立或与上述结构形式结合使用； (4) 当地下水位较高时，应采用降水措施

8.3 支护结构上的荷载

作用于支护结构上的荷载包括：①土压力；②水压力（静水压力、渗流压力、承压水压力等）；③基坑周围的建筑物和施工荷载等作用引起的侧向压力；④其他荷载，如地震产生的附加荷载、温度应力等，其中土压力和水压力是主要荷载。

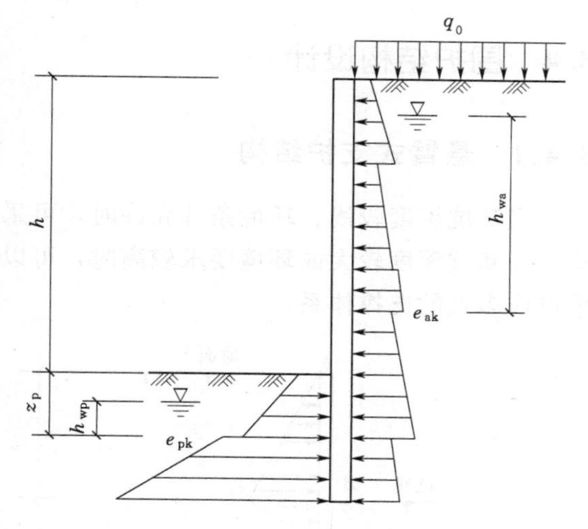

图 8.9 水土压力计算

作用在支挡结构上的土压力在第7章已经讲述。水压力受季节变化、基坑排水等因素影响，对于地下水位以下的土体，理论上应该采用水土分算来计算水土压力，但由于实际工程中黏性土的孔隙水压力难以准确计算，因此对砂土、粉土等透水性强的土层采用水土分算，对黏土、淤泥质土等透水性弱的土层采用水土合算。水土分算得到的荷载一般要比水土合算的结果大一些，两者相差25%～35%。

如图8.9所示，作用在支护结构外侧的主动土压力强度标准值、内侧的被动土压力强度标准值按式（8.1）～式（8.4）计算。

（1）对于地下水位以上或水土合算的土层，有

$$e_{ak}=\sigma_{ak}K_{ai}-2c_i\sqrt{K_{ai}} \tag{8.1}$$

$$e_{pk}=\sigma_{pk}K_{pi}+2c_i\sqrt{K_{pi}} \tag{8.2}$$

（2）对于水土分算的土层，有

$$e_{ak}=(\sigma_{ak}-u_a)K_{ai}-2c_i\sqrt{K_{ai}}+u_a \tag{8.3}$$

$$e_{pk}=(\sigma_{pk}-u_p)K_{pi}+2c_i\sqrt{K_{pi}}+u_p \tag{8.4}$$

式中 e_{ak}、e_{pk}——支护结构外侧和内测，第 i 层土中计算点的主动和被动土压力强度标准值，kPa；当 $e_{ak}<0$ 时，应取 $e_{pk}=0$；

σ_{ak}、σ_{pk}——支护结构外侧、内侧计算点的土中竖向应力标准值，kPa；

K_{ai}、K_{pi}——第 i 层土的主动土压力系数、被动土压力系数；$K_{ai}=\tan^2\left(\frac{\pi}{4}-\frac{\varphi_i}{2}\right)$，$K_{pi}=\tan^2\left(\frac{\pi}{4}+\frac{\varphi_i}{2}\right)$；

c_i、φ_i——第 i 层土的黏聚力，kPa，内摩擦角，（°）；

u_a、u_p——支护结构外侧、内侧计算点的水压力，kPa；$u_a=\gamma_w h_{wa}$，$u_p=\gamma_w h_{wp}$；

γ_w——水的重度，kN/m³，可取10kN/m³；

h_{wa}——基坑外侧地下水位至主动土压力强度计算点的垂直距离，m；对承压水，地下水位取测压管水位；当有多个含水层时，应以计算点所在含水层的地下水位为准；

h_{wp}——基坑内侧地下水位至被动土压力强度计算点的垂直距离，m；对承压水，地下水位取测压管水位。

8.4 围护结构设计

8.4.1 悬臂式支护结构

当基坑深度较浅、环境条件允许时，可采用悬臂式排桩与地下连续桩墙支护结构，当基坑深度较大或环境要求较高时，可以设置内支撑或锚杆等支撑体系，形成单点或多点的支撑体系。

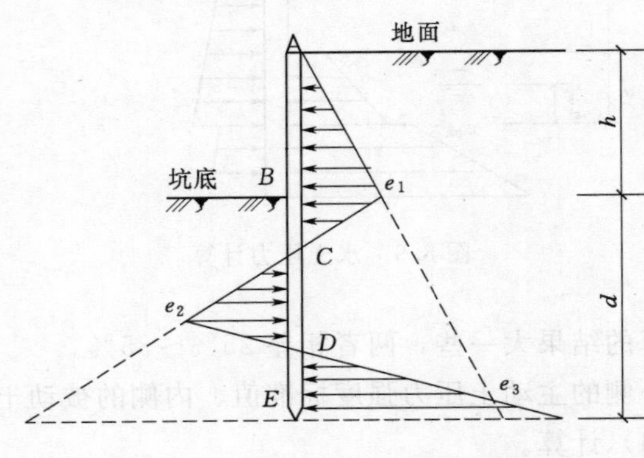

图 8.10 悬臂式支护结构受力简图

悬臂式支护结构主要靠插入土体内一定深度形成嵌固端，以平衡上部的土压力、水压力和地面荷载，通常可取某一单元体或单位长度进行内力分析。根据实测结果，悬臂式支护结构的受力简图如图 8.10 所示。被动土压力除在基坑内侧区出现，在基坑外侧也出现。

悬臂式支护结构的位移变化如图 8.11 所示，支护结构要保持稳定，应处于静力平衡状态，因此必须满足以下两个条件。

（1）水平方向上合力为零，即$\sum X=0$。

（2）绕支护结构底部转动的力矩之和，即$\sum M=0$。

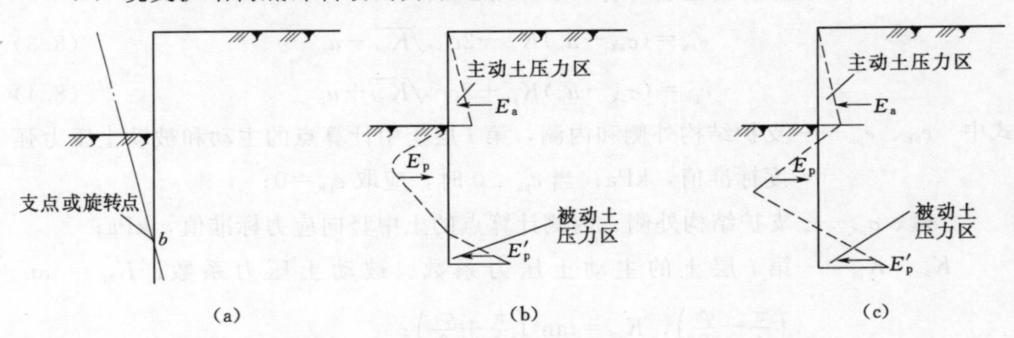

图 8.11 悬臂板桩墙的变位及土压力分布

(a) 变位示意图；(b) 土压力实际分布图；(c) 悬臂板桩计算简图

为满足以上两个条件，相应的支护结构必须有一定的入土深度，这个保持稳定的临界入土深度即为最小入土深度。对于分层土层情况，其计算简图如图 8.12 所示。计算步骤如下。

（1）假定嵌固深度为 d，然后分层计算主动土压力和被动土压力［图 8.12(a)］。

（2）所有外力对底部 E 点取矩，被动土压力产生的力矩应当大于主动土压力产生的力矩，满足

$$\sum E_{pj}b_{pj}-\sum E_{ai}b_{ai}\geqslant 0 \tag{8.5}$$

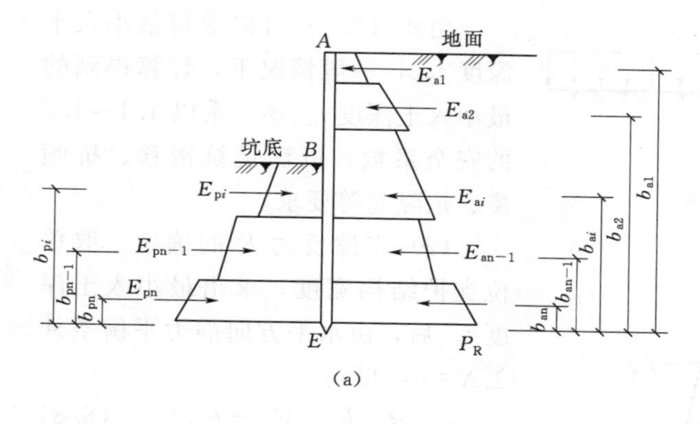

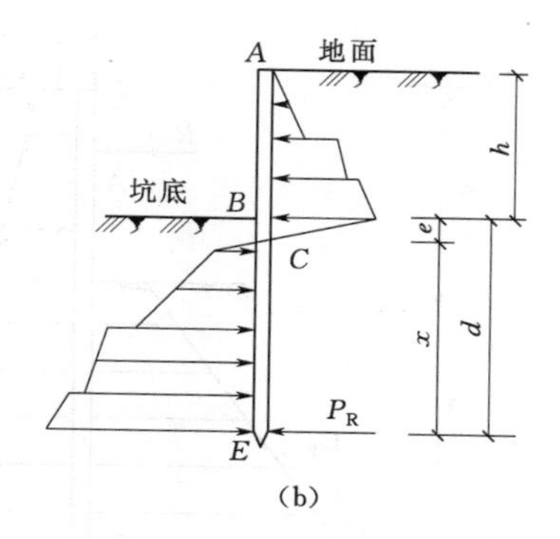

图 8.12 多层土层计算简图

(a) 土压力分布图；(b) 计算简图

当 d 满足式（8.5）时，所得到的临界深度 d 即为最小嵌固深度。

为了保证一定的安全储备，一般将图 8.12（b）中的 x 值视为有效的嵌固深度，其中 c 点为主动土压力与被动土压力相等的点，因此实际埋深 t 值应为

$$t=e+1.2x=e+1.2(d-e)$$

（3）计算最大弯矩。最大弯矩点也就是剪力为零的点，根据主动土压力与被动土压力的大小计算出剪力零点位置，再由式（8.6）计算最大弯矩 $M_{\max}$，即

$$M_{\max}=h_a\sum E_{ai}-h_p\sum E_{pi} \tag{8.6}$$

式中 $\sum E_{ai}$——剪力零点以上基坑外侧各土层水平荷载标准值 e_{aik} 的合力之和；

$\sum E_{pi}$——剪力零点以上基坑内侧各土层水平荷载标准值 e_{pjk} 的合力之和；

h_a——合力 $\sum E_{ai}$ 作用点到剪力零点的距离；

h_p——合力 $\sum E_{pi}$ 作用点到剪力零点的距离。

8.4.2 单支点支护结构

对于单支点支护结构，分以下两种不同情况。

（1）当支护结构入土深度较浅时，支护结构可以看作在支撑点是铰支而底端为自由的结构，当支护结构绕支撑点旋转，底端有可能向坑内移动，产生“踢脚”，此种情况可以采用静力平衡法计算。

（2）当支护结构入土深度较深时，墙前后都出现被动土压力，支护结构入土端可以看作固定端，相当于上端是铰支而底端为固定的超静定梁，可以采用等值梁法计算。

1. 静力平衡法

图 8.13 所示的单支点支护结构，支撑点 A 视为铰支座，A 点的支撑力为 R。

（1）支护结构的最小入土深度 $t_{\min}$ 的确定。取支护结构单位长度进行计算，设入土深度为 $t_{\min}$，对支点 A 取矩，由于围护结构保持稳定，因此被动土压力产生的弯矩必须大于主动土压力产生的弯矩，于是得到

$$M_{E_p}-M_{E_{a1}}-M_{E_{a2}}\geqslant 0 \tag{8.7}$$

式中 M_{E_p}——被动土压力合力对 A 点的力矩；

$M_{E_{a1}}$、$M_{E_{a2}}$——基坑底以上、以下主动土压力合力对 A 点的力矩。

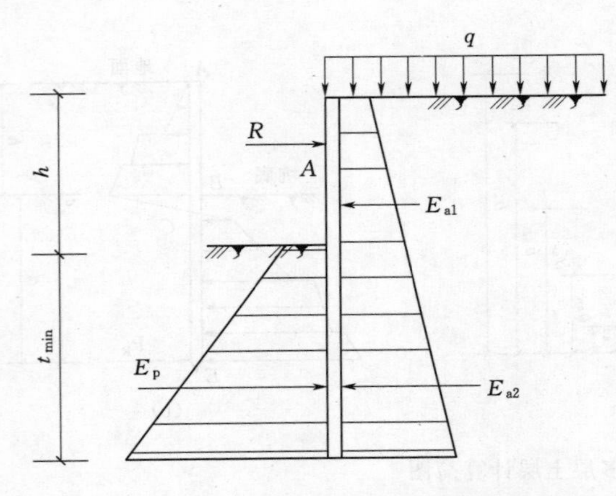

图 8.13 单支点排桩的静力平衡计算简图

由式（8.7）可以求得最小入土深度 t_{min}，一般情况下，计算得到的最小入土深度 t_{min} 还应乘以 1.1～1.5 的安全系数，以满足抗滑移、抗倾覆、抗隆起等要求。

（2）支撑反力 R 的确定。取单位支护结构宽度，求出最小入土深度 t_{min} 后，由水平方向静力平衡条件 $\sum X=0$，得到

$$R+E_p-E_{a1}-E_{a2}=0 \quad (8.8)$$

式中 E_p——被动土压力合力；

E_{a1}、E_{a2}——基坑底以上、以下主动土压力合力。

于是每单位宽度上需提供的支点水平反力为 $R=E_{a1}+E_{a2}-E_p$，R 除以支点水平间距，即得到每个支点的反力。

2. 等值梁法

（1）等值梁法的概念。对于单支点的支护结构，如图 8.14 所示，首先假定支护结构有足够的嵌固深度，地下部分可近似看作固定端（b 端），支锚的位置 a 相当于简支［图 8.14（a）］。c 点为弯矩图中的零点即挠曲线的反弯点。若将 ab 梁自 c 点断开，并在 c 点设一支点而形成 ac 梁，则 ac 梁的弯矩在同样分布的荷载作用下保持不变［图 8.14（b）、（c）］，即图 8.14（b）中 ac 梁为图 8.14（c）中 ab 梁上 ac 段的等值梁。这样可以把支护结构划分为两段假想梁，上部为简支梁，下部为超静定梁，可以通过计算得到支护结构内力。

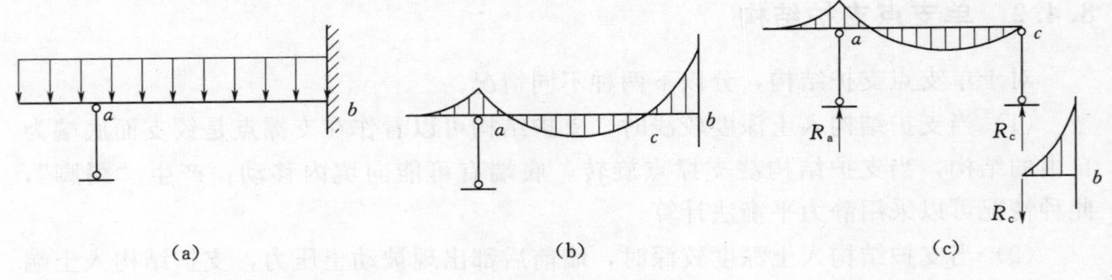

图 8.14 等值梁法示意图

（a）一次超静定梁；（b）弯矩图；（c）截开图

由于地面以下的土压力分布零点位置与弯矩分布零点的位置很接近，所以在计算过程中一般就用土压力零点代替弯矩零点的位置。这种简化造成的误差很小，可忽略对计算结果的影响。

（2）计算过程。单层支点支护结构的支点力及嵌固深度设计值 h_d 按等值梁法计算过程如下。

1）如图 8.15 所示，基坑底面以下支护结构的弯矩零点位置至基坑底面的距离 h_{c1} 可按式（8.9）确定，即

$$e_{a1k}=e_{p1k} \quad (8.9)$$

式中 e_{a1k}——水平荷载标准值；

e_{p1k}——水平抗力标准值。

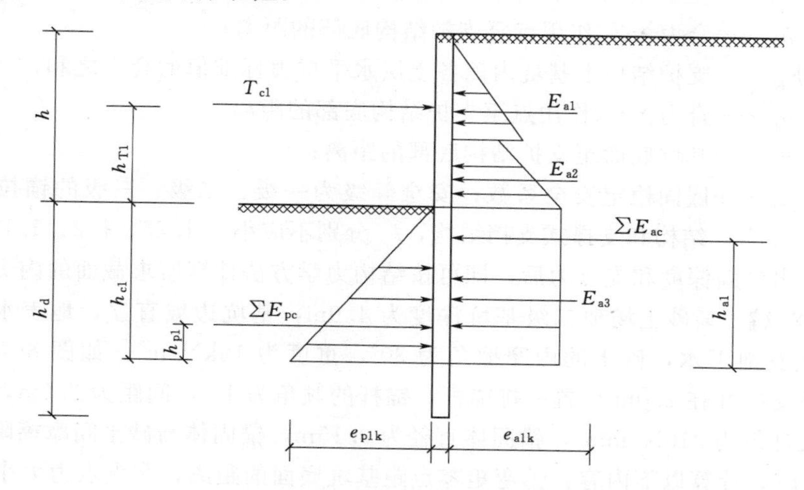

图 8.15 单层支点支护结构支点力计算简图

2）支点力 T_{c1} 可按式（8.10）确定，即

$$T_{c1}=\frac{h_{a1}\Sigma E_{ac}-h_{p1}\Sigma E_{pc}}{h_{T1}+h_{c1}} \tag{8.10}$$

式中 ΣE_{ac}——设定弯矩零点位置以上基坑外侧各土层水平荷载标准值的合力之和；

h_{a1}——合力 ΣE_{ac} 作用点至设定弯矩零点的距离；

ΣE_{pc}——设定弯矩零点位置以上基坑内侧各土层水平抗力标准值的合力之和；

h_{p1}——合力 ΣE_{pc} 作用点至设定弯矩零点的距离；

h_{T1}——支点至基坑底面的距离；

h_{c1}——基坑底面至设定弯矩零点位置的距离。

3）嵌固深度设计值 h_d 可按式（8.11）确定（图 8.16），即

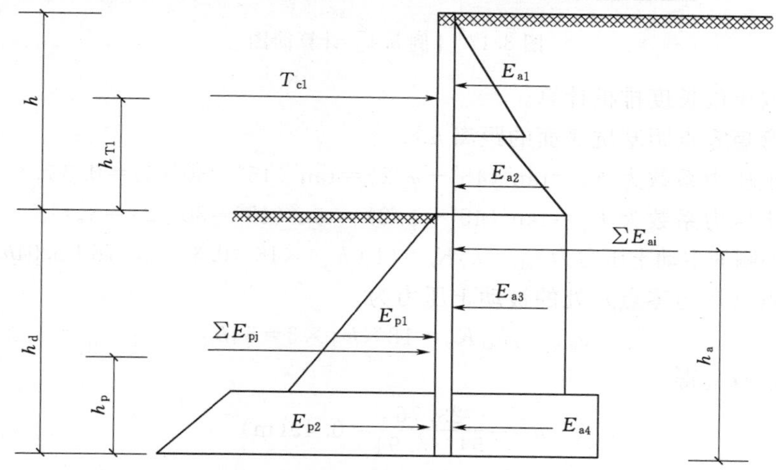

图 8.16 单层支点支护结构嵌固深度计算简图

$$h_p \sum E_{pj} + T_{c1}(h_{T1} + h_d) - k_e h_a \sum E_{ai} \geqslant 0 \tag{8.11}$$

式中 $\sum E_{ai}$——支护结构上基坑外侧各土层水平荷载标准值的合力之和；

h_a——合力$\sum E_{ai}$作用点至支护结构底部的距离；

$\sum E_{pj}$——支护结构上基坑内侧各土层水平抗力标准值的合力之和；

h_p——合力$\sum E_{pj}$作用点至支护结构底部的距离；

h_d——基坑底面至支护结构底部的距离；

k_e——嵌固稳定安全系数；安全等级为一级、二级、三级的锚拉式支挡结构和支撑式支挡结构，k_e分别不应小于1.25、1.2、1.15。

计算出嵌固深度和支点力后，即可按结构力学方法计算所求截面的内力。

【例8.1】 某砂土场地二级基坑深度为4.0m，基坑边坡直立，地表水平，无地面荷载及地下水，砂土的内摩擦角为30°，重度为18kN/m³，如图8.17所示，采用排桩支护并在2.0m设置一排锚杆，锚杆的倾角为15°，间距为2.0m，钢筋抗拉强度设计值为210N/mm²，锚固体直径为0.15m，锚固体与砂土间摩擦阻力标准值为30kPa，计算以下内容：①弯矩零点距基坑底面的距离；②支点力大小。

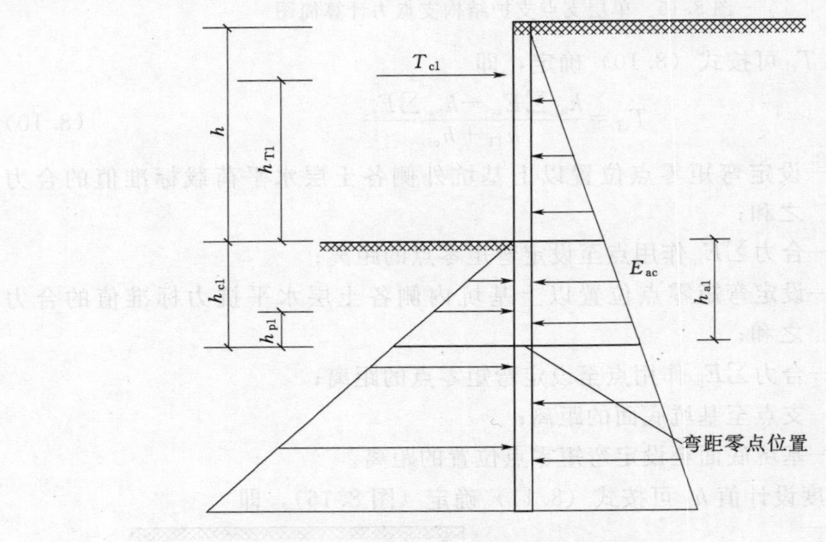

图8.17 ［例8.1］计算简图

解 取单位长度排桩计算。

(1) 弯矩零点距基坑底面的距离h_{c1}。

主动土压力系数为$K_a = \tan^2(45° - \varphi/2) = \tan^2(45° - 30°/2) = 0.33$。

被动土压力系数为$K_p = \tan^2(45° + \varphi/2) = \tan^2(45° + 30°/2) = 3$。

基坑外侧的主动土压力为$e_{a1k} = h\gamma K_a = (4 + h_{c1}) \times 18 \times 0.33 = 23.76 + 5.94h_{c1}$(kPa)。

反弯点（弯矩零点）处的被动土压力为

$$e_{p1k} = \gamma h_{c1} K_p = 18 \times h_{c1} \times 3 = 54h_{c1}$$

由$e_{a1k} = e_{p1k}$得

$$h_{c1} = \frac{23.76}{54 - 5.94} = 0.49(\text{m})$$

(2) 单位长度挡墙的支点力T_{c1}。

弯矩零点以上段的主动土压力为

$$E_{ac}=\frac{1}{2}(h+h_{c1})e_{a1k}=\frac{1}{2}\times4.49\times4.49\times18\times0.33=59.88(\text{kN/m})$$

E_{ac}作用点到弯矩零点的距离：

$$h_{a1}=\frac{1}{3}(h+h_{c1})=\frac{1}{3}\times4.49=1.5(\text{m})$$

设弯矩零点位置以上基坑内侧各土层水平抗力标准值的合力之和为 E_{pc}：

$$E_{pc}=\frac{1}{2}h_{c1}e_{p1k}=\frac{1}{2}\times0.49\times54\times0.49=6.48(\text{kN/m})$$

E_{pc}作用点到弯矩零点的距离：

$$h_{p1}=\frac{1}{3}h_{c1}=\frac{1}{3}\times0.49=0.16(\text{m})$$

支点力为

$$\begin{aligned}T_{c1}&=\frac{h_{a1}\sum E_{ac}-h_{p1}\sum E_{pc}}{h_{T1}+h_{c1}}=\frac{\sum(E_{aci}h_{a1i})-\sum(E_{Pci}h_{P1i})}{h_{T1}+h_{c1}}\\&=\frac{59.88\times1.5-6.48\times0.16}{2+0.49}\\&=35.66(\text{kN})\end{aligned}$$

8.4.3 多支点支护结构

对于多支点支护结构，同样可以采用等值梁法进行内力计算，原理同单支点支护结构，具体过程为：首先按等值梁法计算第一个支点的水平分力 T_{c1}，然后假定 T_{c1}保持不变，随着开挖深度的增加，可以计算第二个支点的水平分力 T_{c2}，以此类推，即可求出全部水平支点分力，这种算法没有考虑开挖过程对支点力的影响，因此有一定的误差。在实际工程中，对多锚结构可以采用以下几种不同的布置形式。

(1) 等弯矩布置［图 8.18 (a)］。各跨度的最大弯矩相等，可充分利用板桩的抗弯强度；一般可按 $h_1=1.11h$；$h_2=0.88h$；$h_3=0.77h$；$h_4=0.70h$；$h_5=0.65h$；$h_6=0.61h$；$h_7=0.58h$；$h_8=0.55h$ 布置支锚；但是对于较深基坑，下部的支锚层距过小，层数多，不经济。

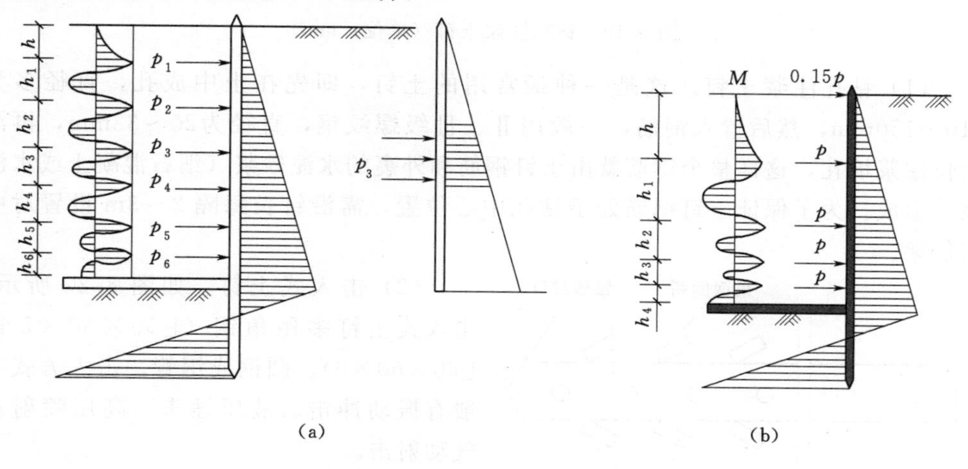

图 8.18 多支点支护

(a) 等弯矩布置；(b) 等反力布置

(2) 等反力布置［图8.18 (b)］。各层支锚水平反力基本相等，使锚杆设计简化；可按 $h_1=0.60h$；$h_2=0.45h$；$h_3=0.36h$；$h_4=0.32h$ 布置支锚；但当基坑较深时，下部的支锚层距过小，层数多，同样不经济。

(3) 等间距布置。支锚结构的上、下排间距基本相同，基坑较深时减少了支锚层数，较经济；但计算量较复杂。等间距布置在工程实际中设计最为普遍。

按上述方法确定的悬臂式及单支点支护结构嵌固深度设计值 h_d 不得小于 $0.3h$；多支点支护结构嵌固深度设计值 h_d 不得小于 $0.2h$。

8.4.4 土钉墙支护结构

1. 土钉墙的构造

如图8.19所示，土钉墙一般由土钉、面层、被加固的原位土体及必要的防排水系统组成。常用的土钉墙有钻孔注浆土钉和击入式土钉。

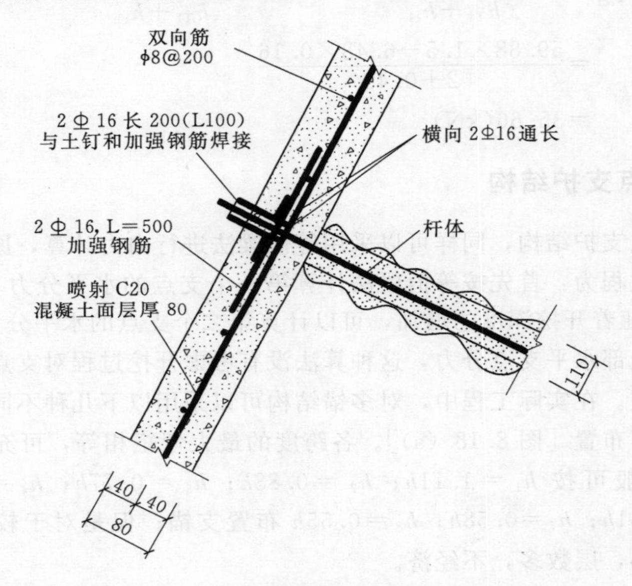

图8.19 钻孔注浆土钉（单位：mm）

(1) 钻孔注浆土钉。这是一种最常用的土钉，即先在土中成孔，直径多为110～150mm，然后置入钢筋，一般用Ⅱ、Ⅲ级螺纹钢，直径为20～32mm，再沿全长注浆填孔，这样整个钢筋就由土钉钢筋和外裹的水泥砂浆（细石混凝土或水泥浆）组成。为了保证土钉钢筋处于钻孔中心位置，需沿钉长每隔2～3m设置对中定位架。

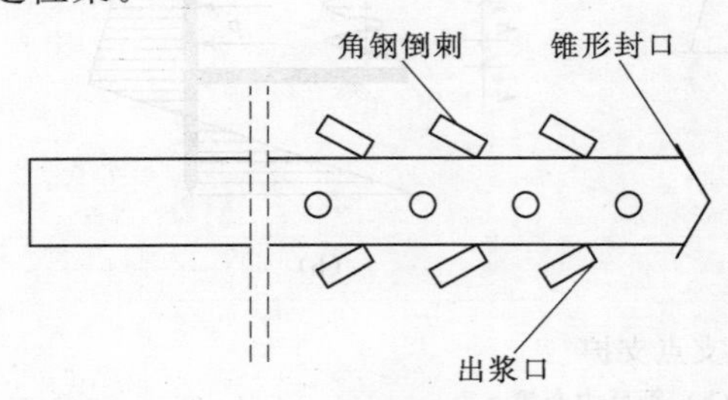

图8.20 击入式注浆钢管土钉

(2) 击入式土钉。如图8.20所示，击入式土钉多用角钢（∟50×50×5或∟60×60×6）、圆钢或钢管。击入方式一般有振动冲击、液压锤击、高压喷射和气动射击。

击入式土钉一般采用周面带孔的钢管，钢管直径一般不小于48mm，壁厚不小于 3.5mm，其端部封闭，并做成锥形，出浆孔处可加焊倒刺形角钢以防止出浆孔堵塞，如图 8.20 所示，出浆口的间距一般为 200～500mm，直径为 7～10mm，靠近露头 1～2m 距离内不设出浆口。钢管连接采用焊接，接头处应拼焊不少于 3 根 ϕ6mm 的加劲筋。

如图 8.21 所示，土钉面层由混凝土、纵横主筋、网筋构成。喷射混凝土面层的厚度一般大于 80mm，混凝土的强度等级 C20。网筋直径一般为 6～10mm，间距多为 150～300mm，坡面上下的网筋搭接长度应大于 300mm。纵横主筋一般采用 16mm 螺纹钢，间距与土钉间距相同。根据工程实际要求，钢筋网可为单层或双层。土钉墙顶应做砂浆或混凝土抹面护顶。土钉可以布置在面层的纵横主筋交叉处，也可布置在纵横主筋围成区域的中央，如图 8.22 所示。

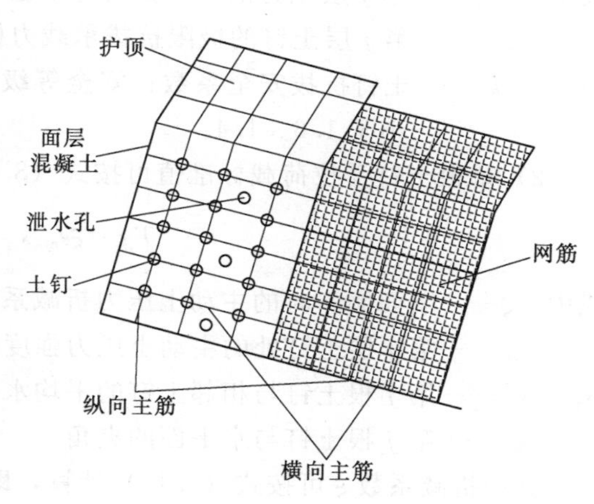

图 8.21　面层

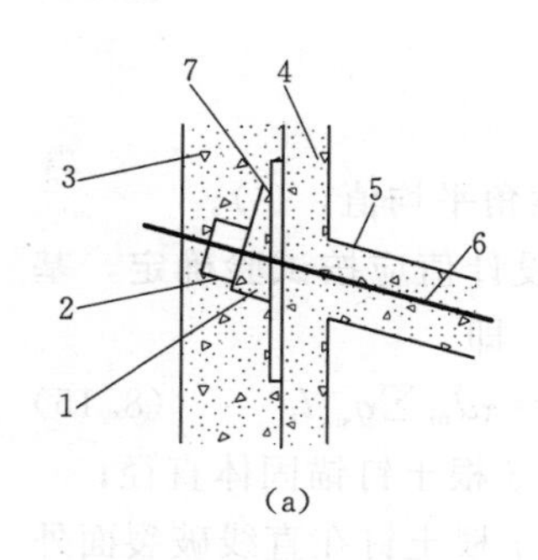

(a)

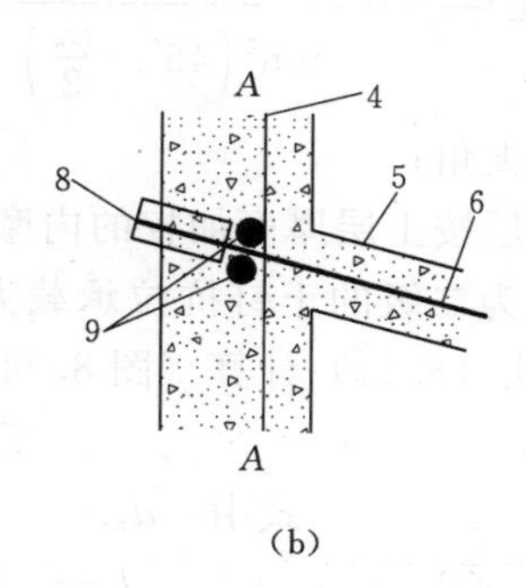

(b)

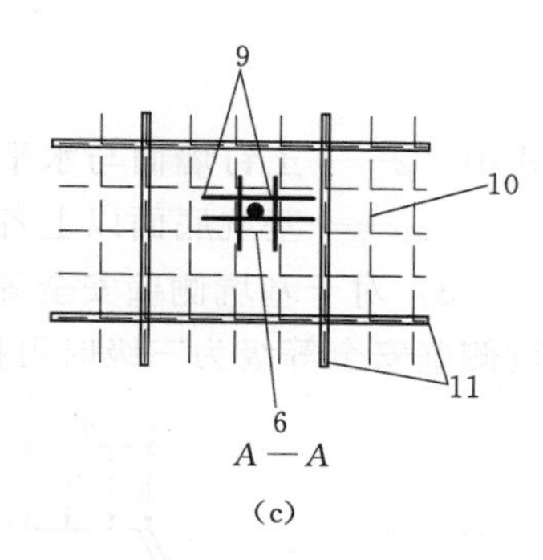

(c)

图 8.22　土钉与面层的连接

(a) 螺母锁定型剖面图；(b) 钢筋连接型剖面图；(c) 平面图

1—垫块；2—螺母；3—喷射混凝土；4—钢筋网；5—土钉钻孔；6—土钉钢筋；7—钢垫板；8—锁定筋；9—“井”字形钢筋；10—网筋；11—纵横主筋

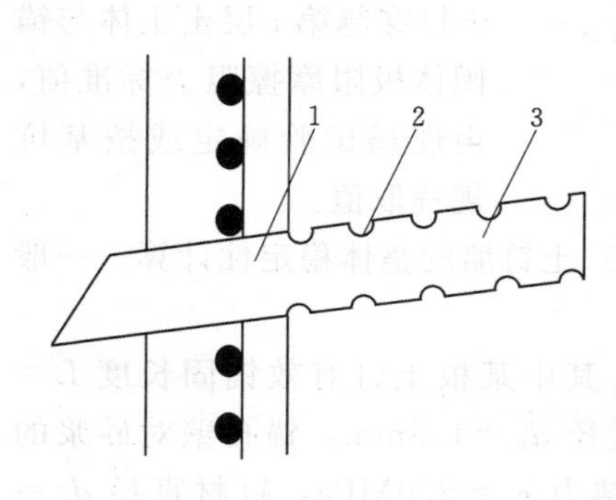

图 8.23　泄水孔

1—塑料管；2—孔眼；3—漏水材料

为了防止地表水渗透对喷射混凝土面层产生压力，降低土体强度和土钉与土体之间的黏结力，土钉墙支护一般都设置泄水孔，如图 8.23 所示。

2. 土钉墙的承载力计算

当考虑土钉共同作用时土钉的设计计算较为复杂，为了简化计算，一般都只考虑土钉与土体的静力平衡。目前土钉墙的设计计算主要包括以下两部分：①土钉承载力；②土钉的整体稳定性。

(1) 土钉抗拔承载力验算。

1) 单根土钉抗拔承载力计算应符合式 (8.12) 的要求，即

$$k_t T_{jk} \leqslant T_{uj} \tag{8.12}$$

式中　T_{jk}——第 j 层土钉的轴向拉力标准值，kN；

T_{uj}——第 j 层土钉的极限抗拔承载力标准值，kN；

k_t——土钉抗拔安全系数；安全等级为二级、三级的土钉墙，k_t 分别不应小于 1.6、1.4。

2) 单根土钉受拉荷载标准值可按式 (8.13) 计算，即

$$T_{jk} = \xi e_{ajk} s_{xj} \frac{s_{zj}}{\cos\alpha_j} \tag{8.13}$$

式中　ξ——墙面倾斜时的主动土压力折减系数；

e_{ajk}——第 j 层土钉处的主动土压力强度标准值，kPa；

s_{xj}、s_{zj}——第 j 根土钉与相邻土钉的平均水平、垂直间距；

α_j——第 j 根土钉与水平面的夹角。

其中折减系数 ξ 可按式 (8.14) 计算，即

$$\xi = \tan\frac{\beta-\varphi_k}{2} \frac{\left(\frac{1}{\tan\frac{\beta+\varphi_k}{2}} - \frac{1}{\tan\beta}\right)}{\tan^2\left(45° - \frac{\varphi_k}{2}\right)} \tag{8.14}$$

式中　β——土钉墙面与水平面夹角；

φ_k——基坑底面以上各土层按土层厚度加权的内摩擦角平均值，(°)。

3) 对于基坑侧壁安全等级为二级的土钉抗拉承载力设计值应按试验确定，基坑侧壁安全等级为三级时可按式 (8.15) 计算 (图 8.24)，即

$$T_{uj} = \pi d_{nj} \sum q_{sik} l_i \tag{8.15}$$

式中　d_{nj}——第 j 根土钉锚固体直径；

l_i——第 j 根土钉在直线破裂面外穿越第 i 层稳定土体内的长度，破裂面与水平面的夹角为 $\frac{\beta+\varphi_k}{2}$；

q_{sik}——土钉穿越第 i 层土土体与锚固体极限摩擦阻力标准值，由现场试验确定或按基坑规程取值。

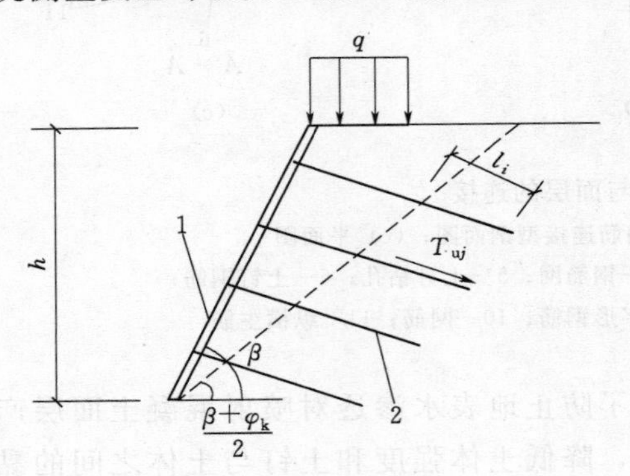

图 8.24　土钉抗拉承载力计算

1—喷射混凝土面层；2—土钉

(2) 土钉墙的整体稳定性计算。一般采用圆弧滑动简单条分法进行计算。

【例 8.2】　采用土钉加固一破碎岩质边坡，其中某根土钉有效锚固长度 $L=4.0$m，该土钉计算承受拉力 $F=188$kN，锚孔直径 $d_h=108$mm，锚孔壁对砂浆的极限剪应力 $q_k=0.25$MPa，钉材与砂浆间的黏结力 $\tau_g=2.0$MPa，钉材直径 $d_b=32$mm，该土钉抗拔安全系数是多少？

解　(1) 假设土钉注浆体整体拔出破坏，土钉抗拉承载力为

$$T_{u1}=\pi d_h l_{ci} q_k=3.14\times0.108\times4\times250=339.1(\text{kN})$$

安全系数为：$T_{u1}/F=339.1/188=1.8$。

(2) 假设钉材从砂浆中拔出破坏，钉材与砂浆间摩擦力为

$$T_{u2}=\pi d_b l_{ci} \tau_g=3.14\times0.032\times4\times2000=803.8(\text{kN})$$

安全系数为：$T_{u2}/F=803.8/188=4.3$。

取两者的较小值，即稳定性系数为 1.8。

8.5　撑锚结构设计计算

当基坑开挖深度较大时，需要设置撑锚结构来提供水平支撑力，内支撑或锚杆是支护结构的重要组成部分，其设计合理可靠程度、施工质量好坏不仅对基坑的工程造价和施工周期影响很大，而且直接关系到土方开挖和基坑施工的安全。

1. 撑锚结构的分类

目前常用的撑锚结构主要有内支撑和锚杆。内支撑根据材料不同又可分为钢支撑、混凝土支撑，如图 8.25 所示。

(a)

(b)

图 8.25　内支撑形式
(a) 混凝土支撑；(b) 钢支撑

2. 内支撑体系的结构形式和布置

支撑体系的结构形式有平面支撑体系和竖向斜撑体系两种。一般情况下，优先采用平面支撑体系，对于开挖深度不大、基坑平面尺寸较大或形状比较复杂的基坑也可以采用竖向斜撑体系。

(1) 平面支撑体系。平面支撑体系由围檩、水平支撑和立柱组成，如图 8.26 所示。平面支撑体系具有整体性好、水平力传递可靠、平面刚度较大的特点，适合于大小、深浅不同的各种基坑，适用范围较广。

(2) 竖向斜撑体系。如图 8.27 所示，竖向斜撑体系由围檩、竖向斜撑、斜撑基础以及水平连系杆及立柱等构件组成。竖向斜撑体系要求土方采用“盆式”开挖，即先开挖基坑中部土方，沿四周支挡结构边预留土坡 5mm，待斜撑安装后，再挖除四周土坡。竖向斜撑支护的基坑变形受到土坡和斜撑基础变形的影响，其一般适用于环境保护要求不高、开挖深度不大的基坑。对于平面尺寸较大、形状复杂的基坑，采用竖向斜撑方案可以获得较好的经济效果。当斜撑长度超过 15m 时，

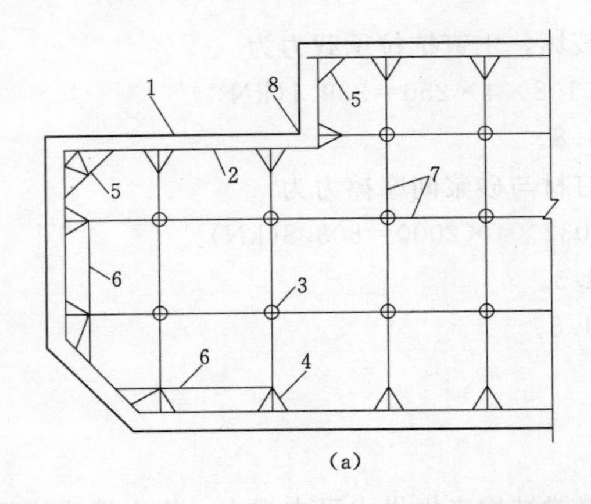

(a)

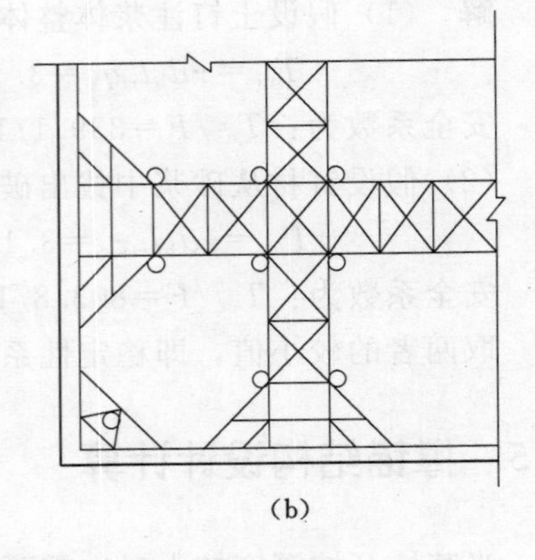
(b)

图 8.26　平面钢支撑平面布置

(a) 对撑体系；(b) 桁架式对撑体系

1—支挡结构；2—围檩；3—立柱；4—八字撑；5—角撑；6—连系杆；7—水平横撑；8—阳角

应在斜撑中部设置立柱，并在立柱与斜撑的节点上设置纵向连系杆。

8.5.1　内支撑体系设计

内支撑的主要组成构件包括冠梁（或腰梁）、支撑梁和立柱，须单独对每个构件进行结构计算。

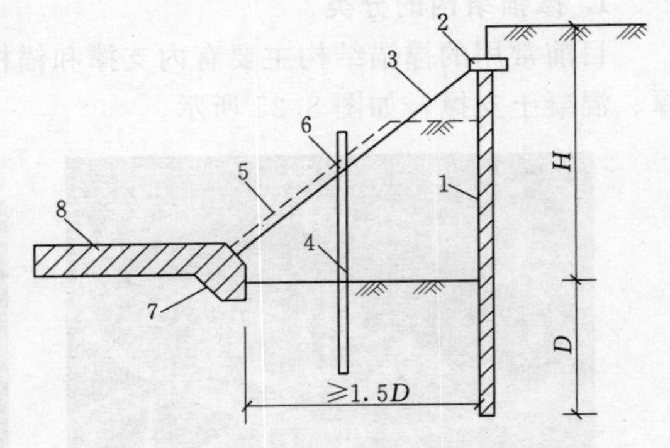

图 8.27　竖向斜撑体系

1—支挡结构；2—围檩；3—斜撑；4—立柱；5—土坡；6—连系杆；7—斜撑基础；8—压杆或底板

1. 冠梁（或腰梁）计算

可以将撑锚支撑处看作支点，因此冠梁（或腰梁）即为支撑在多支点上的多跨连续梁，撑锚的力视为由撑锚支撑处两侧与冠梁（或腰梁）接触的土体均匀分担，其所受的最大弯矩为

$$M=0.105ql^2 \tag{8.16}$$

冠梁（或腰梁）配筋面积为

$$A_s=\frac{M}{0.87f_yh_0} \tag{8.17}$$

式中　q——冠梁（或腰梁）上的土体作用的分布荷载，$q=\dfrac{R}{l}$；

l——冠梁（或腰梁）上的跨度；

f_y——钢筋抗拉强度设计值；

h_0——截面有效高度。

冠梁（或腰梁）所受的最大剪力为

$$V=\frac{1}{2}ql \tag{8.18}$$

冠梁（或腰梁）混凝土抗剪为

$$V_{cs}=0.7f_tbh_0+1.25f_{gv}\frac{A_{sv}}{s}h_0 \tag{8.19}$$

应满足

$$V \leqslant V_{cs}$$

式中 f_t——钢筋轴心抗拉强度设计值；

b——冠梁（或腰梁）的截面计算宽度；

f_{gv}——箍筋抗拉强度设计值；

A_{sv}——配置在同一截面内箍筋各肢的全部截面面积：$A_{sv}=nA_{sv1}$，此处，n 为在同一截面内箍筋的肢数，A_{sv1} 为单肢箍筋的截面面积；

s——沿构件长度方向的箍筋间距。

2. 支撑梁计算

（1）支撑梁所受的最大轴力为

$$N=\frac{Q}{\sin\alpha} \tag{8.20}$$

式中 N——支撑所受的最大轴力；

Q——冠梁（或腰梁）作用在支撑梁上与基坑边垂直的荷载；

α——支撑梁与基坑边夹角。

（2）按轴心受压计算。

$$N \leqslant 0.9\Phi(f_cA+f'_yA'_s) \tag{8.21}$$

式中 N——轴向压力设计值；

Φ——钢筋混凝土构件的稳定系数；

f_c——混凝土轴心抗压强度设计值；

f'_y——钢筋抗压强度设计值；

A——构件截面面积；

A'_s——全部纵向钢筋截面面积。

（3）考虑支撑自重的影响时可按偏心受压构件计算。

3. 立柱计算

立柱轴力设计值可按式（8.22）计算，即

$$N_z = N_{z1} + \sum_{i=1}^{n} 0.1N_i \tag{8.22}$$

式中 N_{z1}——水平支撑及柱自重产生的轴力设计值；

N_i——第 i 层支撑交汇于本立柱的最大受力杆件的轴力设计值；

n——支撑层数。

计算得到的立柱轴向应力需满足式（8.23），即

$$\sigma_z=\frac{N_z}{A}\leqslant[\sigma] \tag{8.23}$$

式中 A——立柱截面面积；

$[\sigma]$——立柱截面允许应力值，按混凝土等级和配筋情况确定。

8.5.2 锚杆设计

如图 8.28 所示，锚杆一般是在土层中钻孔，再在孔中安放钢绞线或钢筋等钢拉杆，并在拉杆尾部一定长度范围内进行注浆形成的抗拔杆件。整个锚杆由拉杆、

锚头、腰梁、自由段保护套管和锚固体等组成，锚头如图 8.29 所示。为增强锚杆的锚固作用且减小变形，通常采用预应力锚杆，施工可达 30m 以上，锚固力可达 1000kN 以上。

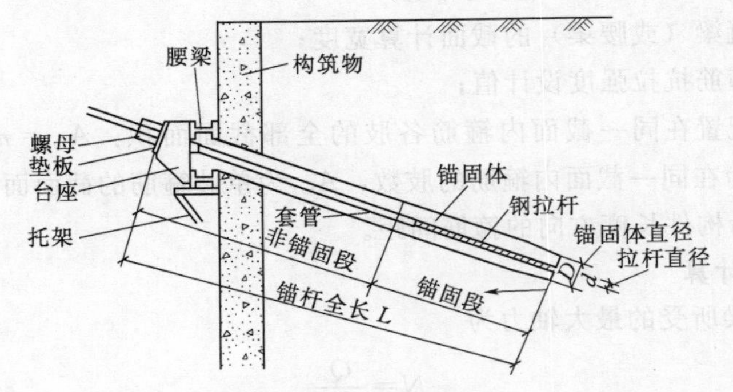

图 8.28 锚杆构造

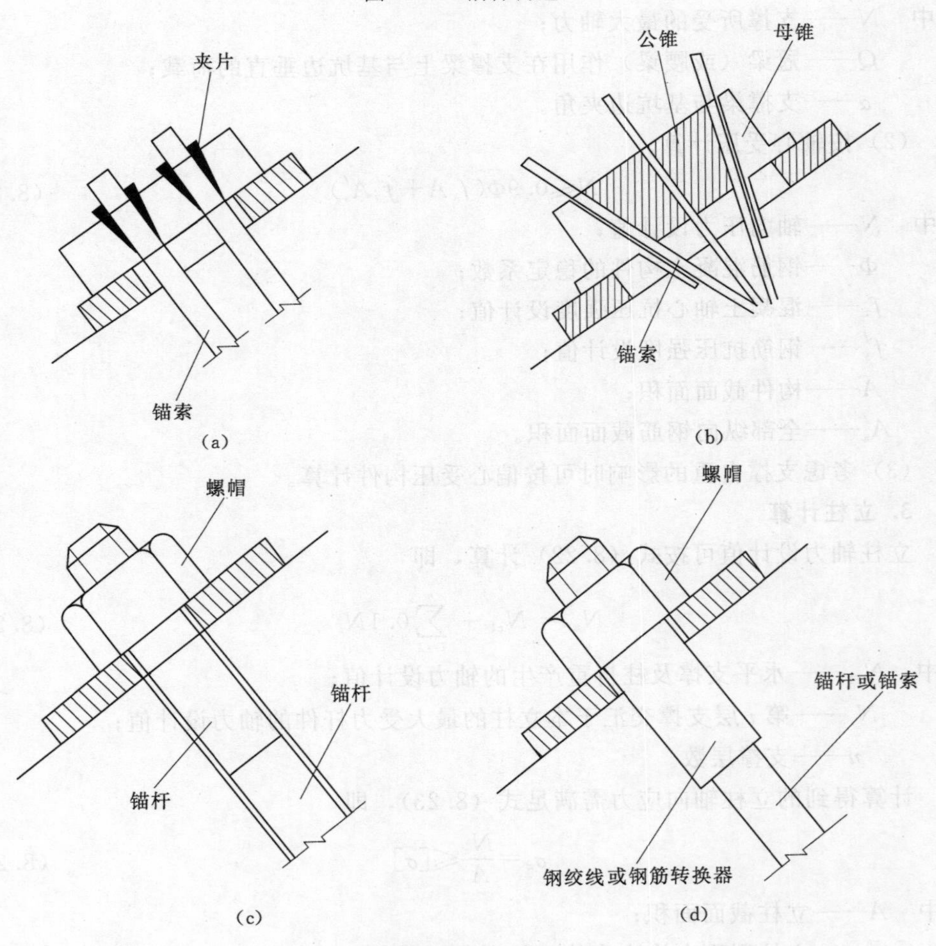

图 8.29 锚头装置

(a) 夹片锁定式锚头；(b) 锲块锁定式锚头；(c) 锚头结构；(d) 锚索型式

锚杆的设计内容包括以下几个方面：①确定锚杆设计轴向力，锚杆的极限承载力和抗力安全系数；②确定锚杆的长度、直径；③计算自由段长度和锚固段长度；④必要时进行整体稳定性验算。

1. 锚杆承载力计算（图 8.30）

锚杆承载力可按式（8.24）计算，即

$$T_d \leqslant N_u \cos\theta \tag{8.24}$$

式中 T_d——锚杆水平力设计值；

N_u——锚杆轴向受拉承载力设计值；

θ——锚杆与水平方向夹角。

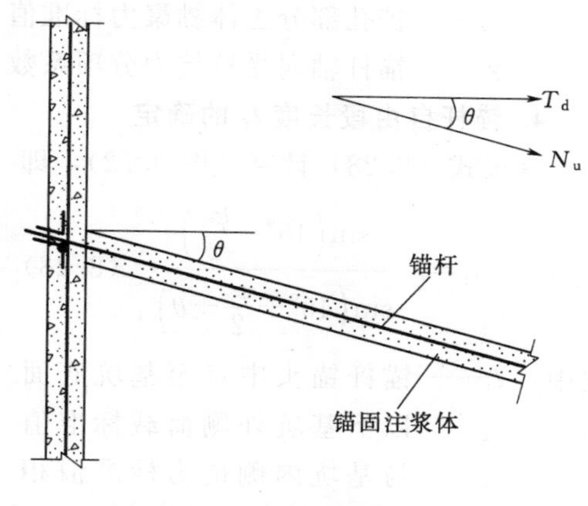

图 8.30 锚杆计算简图

2. 锚杆杆体截面面积的确定

（1）普通钢筋截面面积应按式（8.25）计算，即

$$A_s \geqslant \frac{T_d}{f_y \cos\theta} \tag{8.25}$$

式中 A_s——普通钢筋截面面积；

f_y——普通钢筋抗拉强度设计值。

（2）预应力钢筋截面面积应按式（8.26）计算，即

$$A_p \geqslant \frac{T_d}{f_{py} \cos\theta} \tag{8.26}$$

式中 A_p——预应力钢筋截面面积；

f_{py}——预应力钢筋抗拉强度设计值。

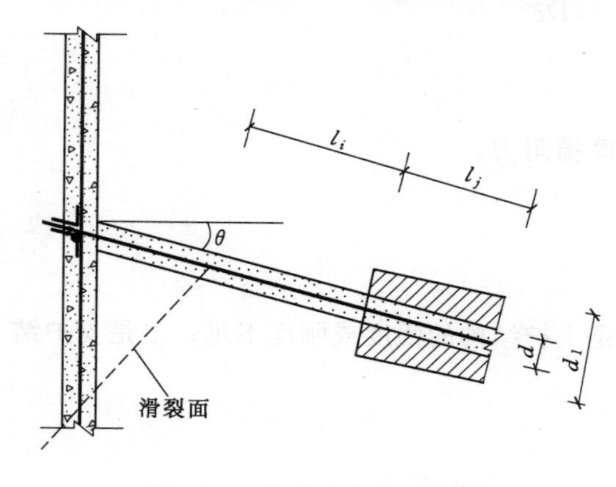

图 8.31 扩大头锚杆计算简图

3. 锚杆轴向受拉承载力设计值的确定

（1）安全等级为一级及缺乏地区经验的二级基坑侧壁，应按相关规格进行锚杆的基本试验，锚杆轴向受拉承载力设计值可取基本试验确定的极限承载力除以受拉抗力分项系数 γ_s，受拉抗力分项系数 γ_s 可取 1.3。

（2）基坑侧壁安全等级为二级且有邻近工程经验时，可按式（8.27）计算锚杆轴向受拉承载力设计值，并应按相关要求进行锚杆验收试验（图 8.31）。

$$N_u = \frac{\pi}{\gamma_s}\left[d\sum q_{sik} l_i + d_1 \sum q_{sjk} l_j + 2c_k (d_1^2 - d^2)\right] \tag{8.27}$$

式中 N_u——锚杆轴向受拉承载力设计值；

d_1——扩孔锚固体直径；

d——非扩孔锚杆或扩孔锚杆的直孔段锚固体直径；

l_i——第 i 层土中直孔部分锚固段长度；

l_j——第 j 层土中扩孔部分锚固段长度；

q_{sik}、q_{sjk}——土体与锚固体的极限摩擦阻力标准值，应根据当地经验取值或规范取值；

c_k——扩孔部分土体黏聚力标准值；

γ_s——锚杆轴向受拉抗力分项系数，可取 1.3。

4. 锚杆自由段长度 l_f 的确定

宜按式（8.28）计算（图 8.32），即

$$l_f = l_t \frac{\sin\left(45° - \frac{\varphi_k}{2}\right)}{\sin\left(45° + \frac{\varphi_k}{2} + \theta\right)} \tag{8.28}$$

式中 l_t——锚杆锚头中点至基坑底面以下基坑外侧荷载标准值与基坑内侧抗力标准值相等处的距离；

φ_k——土体各土层厚度加权内摩擦角标准值；

θ——锚杆倾角。

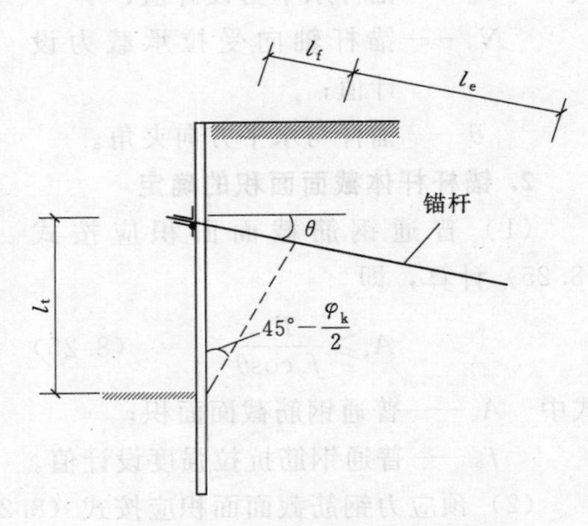

图 8.32 锚杆自由段

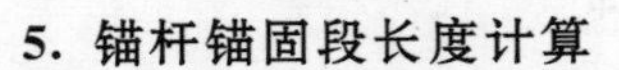

5. 锚杆锚固段长度计算

锚杆锚固段长度 l_e 可按式（8.29）计算，即

$$l_e = \frac{T_a}{\pi D \tau} \tag{8.29}$$

式中 T_a——锚杆抗拉承载力设计值；

D——锚杆直径；

τ——锚杆与土之间的单位面积摩擦阻力。

8.6 基坑稳定性分析

基坑失稳主要有两个方面原因：一是支护结构的强度或刚度不足；二是支护结构地基土的强度不足。

8.6.1 基坑失稳的类型

基坑出现工程质量事故主要是由于失稳，失稳的类型分为整体失稳和局部失稳，导致失稳的原因包括土的抗剪强度不足、支护结构的强度不足和渗透破坏等。失稳的具体类型有以下几种。

1. 拉锚破坏或支撑压弯

由于设计时对地层、环境条件考虑不周，或施工过程中地层、环境条件发生了变化，或设计计算有误，或施工质量存在问题，引起锚杆拉杆断裂或拉出、腰梁（围檩）破坏、内部支撑断面过小而压屈等，造成支护结构失效而失稳，如图 8.33 (a)、(b) 所示。

2. 支挡结构的变形过大或弯曲破坏

由于支挡结构的断面过小，即刚度不够，或基坑超挖，引起支挡结构变形过

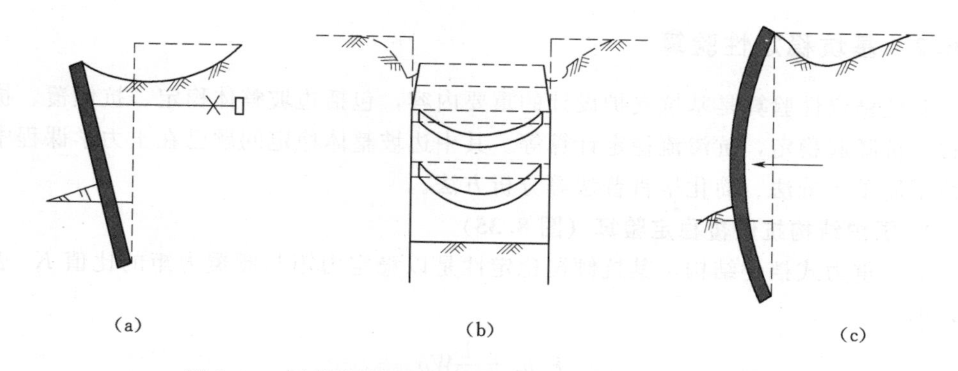

图 8.33 因支护结构的强度或刚度不足而引起的基坑失稳

(a) 拉锚失效；(b) 支撑压屈；(c) 支挡结构变形过大

大，甚至断裂，造成地面沉降过大，导致对邻近建（构）筑物和地下管线等地下设施的损害，如图 8.33（c）所示。

3. 支挡结构底部走动

由于支挡结构的地基土强度不足，或支挡结构嵌入深度不够，或基坑超挖和水的冲刷，引起基底水平面两侧的荷载不平衡，发生"踢脚"现象，当"踢脚"产生过量隆起时，则造成基坑失稳，如图 8.34（a）所示。

4. 土体的整体滑动

这种失稳状态一般是由于锚杆的长度不够或锚杆锚固段处于软弱地层中或支挡结构的地基土强度不足，引起土体整体滑动失稳，如图 8.34（b）所示。

5. 支挡结构倾覆

这种失稳状态多发生在采用重力式挡土墙支护结构的基坑中。其主要是由于水泥土挡墙的截面、重量不够大，或地基土强度不足，在墙后土体推力的作用下发生整体倾覆失稳，如图 8.34（c）所示。

6. 支挡结构滑移

这种失稳状态也多发生在采用重力式挡土墙支护结构的基坑中。其主要是由于挡土墙的抗滑力不够或地基土强度不足抵挡不住墙后土体的推力，挡土墙发生整体滑动，如图 8.34（d）所示。

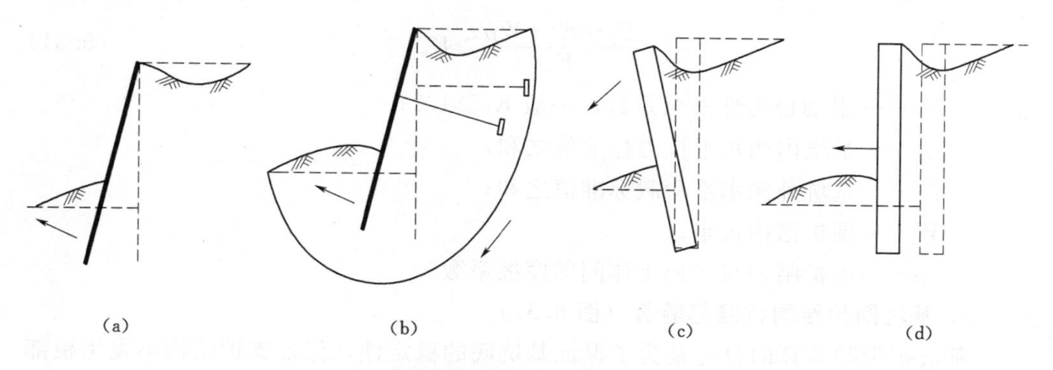

图 8.34 支挡结构地基强度等不足引起的基坑失稳

(a) 支挡结构底部走动；(b) 支挡结构整体滑落；(c) 挡土墙倾覆；(d) 挡土墙滑动

8.6.2 基坑稳定性验算

基坑稳定性验算是基坑支护设计的重要内容，包括边坡整体稳定、抗倾覆、抗滑移、抗隆起稳定，抗渗流稳定计算等。其中边坡整体稳定问题已在土力学课程中介绍了简单条分法、简化毕肖普法等分析方法。

1. 围护结构抗倾覆稳定验算（图 8.35）

对于重力式挡土结构，其抗倾覆稳定性是以稳定力矩与倾覆力矩的比值 K_q 表示，即

$$K_q=\frac{E_p h_p+\frac{1}{2}Wb}{E_a h_a}\geqslant 1.5 \tag{8.30}$$

式中 K_q——抗倾覆稳定性系数；

h_a——主动土压力合力 E_a 作用点到桩墙底的距离；

h_p——被动土压力合力 E_p 作用点到桩墙底的距离。

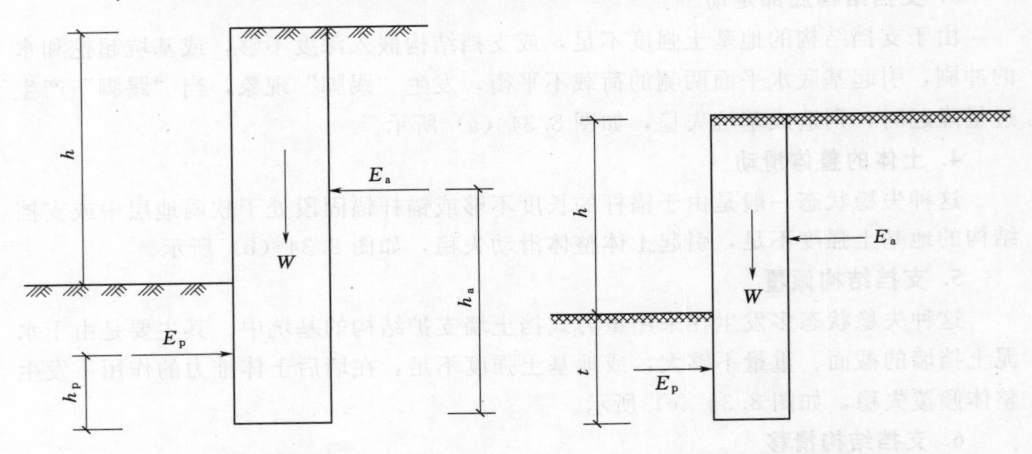

图 8.35 抗倾覆稳定验算图　　　图 8.36 抗滑移验算图

2. 围护结构底面抗滑移验算（图 8.36）

滑动稳定性以抵抗滑动的力与引起滑动的力的比值 K_h 表示，即

$$\frac{E_p-E_a+W\mu}{E_a}\geqslant K_h \tag{8.31}$$

式中 K_h——滑动稳定性安全系数，一般 $K_h\geqslant 1.2$；

E_p——基坑内侧水平抗力标准值之和；

E_a——基坑外侧水平荷载标准值之和；

W——围护结构自重；

μ——围护结构与底部土体间的摩擦系数。

3. 基坑围护结构抗隆起验算（图 8.37）

基坑抗隆起验算的目的是为了保证基坑底的稳定性，保证支护结构不发生根部破坏。可以采用墙底极限承载力法进行计算。

$$K_s=\frac{\gamma t N_q+cN_c}{\gamma_a(h+t)+q} \tag{8.32}$$

式中 t——墙体入土深度；

h——基坑开挖深度；

γ——基坑内侧土体重度；

γ_a——基坑外侧土体重度；

c——基坑内侧土的黏聚力；

q——地面堆载；

N_q、N_c——地基承载力系数，$N_q=\tan^2\left(45+\dfrac{\varphi}{2}\right)e^{\pi\tan\varphi}$，$N_c=(N_q-1)\dfrac{1}{\tan\varphi}$。

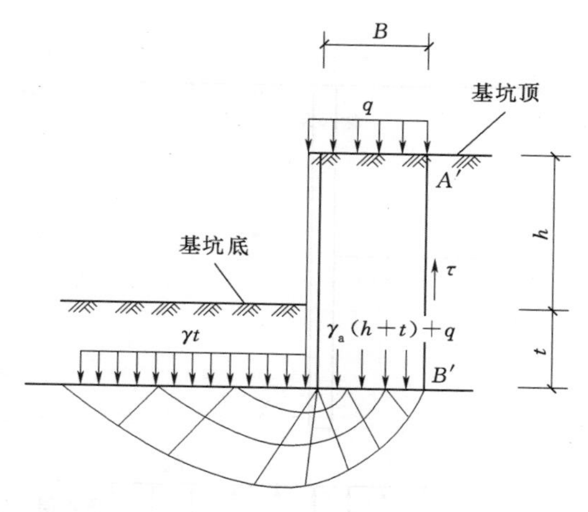

图 8.37 抗隆起验算图

4. 抗渗流验算（图 8.38）

围护结构的设计主要是保证在墙后的水土压力作用下，围护结构自身的稳定以及墙前后土的整体滑动稳定。当坑底以下为细砂、粉砂及粉土等容易产生流土的条件下，需进行流土抗渗流验算。

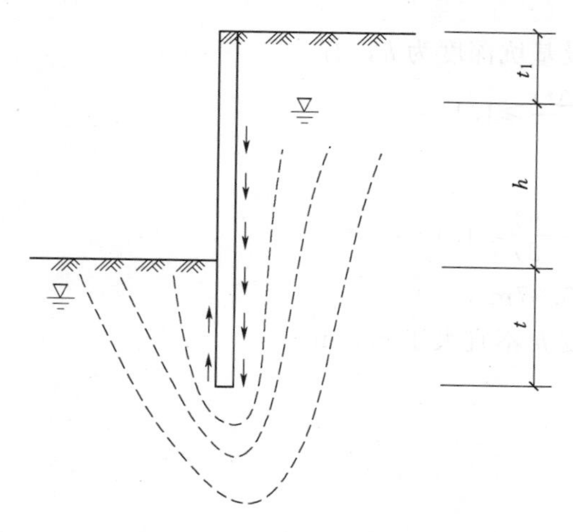

图 8.38 抗渗流验算图

显然，计算地下水渗流的水力梯度时，紧贴墙面的一根流线长度最短，水力梯度最大，因此，有

$$i_{max}=\frac{h}{h+2t} \tag{8.33}$$

当渗透压力 $\gamma_w i$ 等于土的浮容重 γ' 时将出现流砂临界状态，因此必须满足

$$\gamma_w i_{max}\leqslant\gamma' \tag{8.34}$$

取安全系数为 K_f，于是得到

$$\frac{\gamma'(h+2t)}{\gamma_w h}\geqslant K_f \tag{8.35}$$

计算表明，当式（8.35）不能满足时，需加大墙的入土深度 t，直至满足为止。

5. 基坑底抗渗流稳定性

当上部为不透水层，坑底下某深度处有承压水层时，基坑底抗渗流稳定性可按式（8.36）验算（图 8.39），即

$$\frac{\gamma_m(t+\Delta t)}{p_w}\geqslant 1.1 \tag{8.36}$$

式中 γ_m——透水层以上土的饱和重度，kN/m³；

$t+\Delta t$——透水层顶面距基坑底面的深度，m；

p_w——含水层水压力，kPa。

【例 8.3】 如图 8.40 所示，某二级基坑场地中上层土为黏土，厚度为 10m，重度为 19kN/m³，其下层为粗砂层，粗砂层中承压水水位位于地表下 2.0m 处，按《建筑地基基础设计规范》（GB 50007—2011）计算，如保证基坑底的抗渗流稳定性，

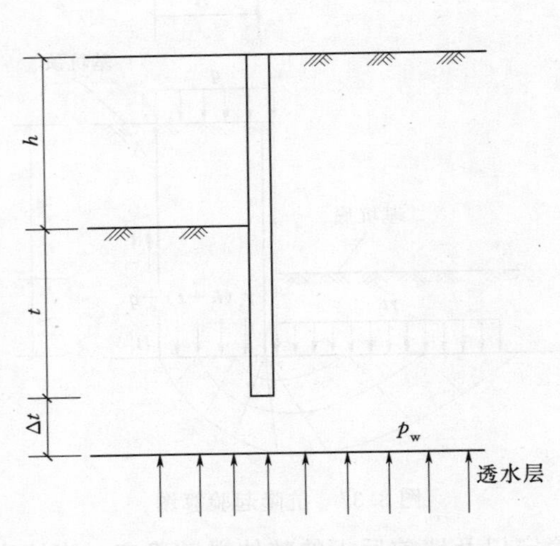

图 8.39 基坑底抗渗流稳定性计算

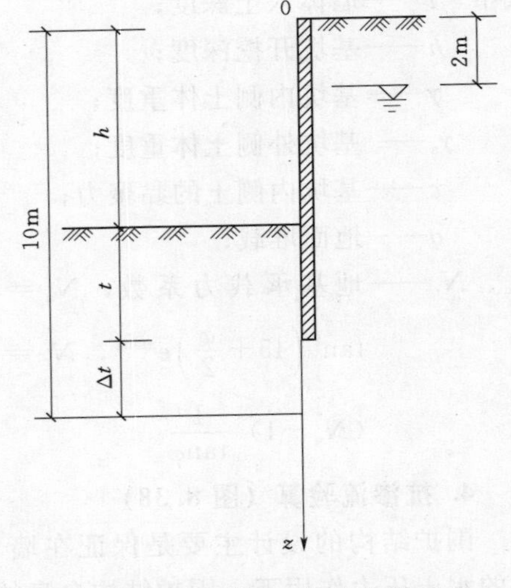

图 8.40 [例 8.3] 计算简图

基坑深度最大取多少?

解 按基坑底抗渗流稳定性计算，设基坑深度为 h，有

$$\frac{\gamma_m(t+\Delta t)}{p_w} \geqslant 1.1$$

于是，有

$$\frac{19\times(10-h)}{10\times(10-2)} \geqslant 1.1$$

$$h \leqslant 5.37\mathrm{m}$$

因此，如按抗渗流稳定性考虑，基坑深度 h 不宜大于 5.37m。

8.7 基坑工程信息化施工

8.7.1 目的和作用

用于基坑开挖，基坑内外原有的压力平衡被改变，导致围护结构和土体发生变形。当围护结构的内力和变形超过允许值，就会危及周边建筑物或基坑本身的安全，因此，在基坑施工过程中，需要对围护结构、周边土体、周围建（构）筑物进行全面、系统地监测，以便及时掌握围护结构工作性状，确保基坑施工安全。所实施的基坑工程监测即信息化施工。信息化施工的目的主要如下。

1. 为施工提供及时的反馈信息

开挖施工是分层分段进行的，通过施工监测，将局部和前期的开挖效应与监测加以分析，并与预估值相比较，验证原开挖施工方案的正确性，或根据分析结果调整施工参数，必要时采取附加施工措施，使监测成果成为现场施工管理和技术人员判别工程安全与否的重要依据之一。

2. 作为设计与施工的重要补充手段

基坑工程设计与施工方案是设计人员通过对实体进行物理抽象，采取数学分析方法进行定量预测计算，加之以长期工程实践确定的，在很大程度上反映了实际情况。然而实践是检验真理的唯一标准，只有在方案实施过程中才能获得最终结论，其中现场监测是获得上述验证的重要和可靠的手段。应该说，各个场地的地质条件不同，施工工艺和周边环境有差异，具体项目之间千差万别，设计计算未曾计入各种复杂因素。因此，必须依据监测结果进行局部修改或完善。

3. 作为施工开挖方案修改的依据

根据监测结果来判断原施工是否安全和适当，必要时对施工方案进行调整，如减少日出土量、改变开挖顺序或采取加固排险措施等。可以说，监测数据是基坑提高施工安全的至关重要的定量化依据。

4. 积累经验以提高基坑工程的设计和施工水平

就目前的技术水平而言，基坑工程的设计施工对通常采用的力学分析、数值计算、室内试验，总是在不同程度上对客观事物进行了简化或近似处理，为了突出主要因素而忽略次要因素，在揭示自然规律时不可避免地掺入了人为假定因素，在这方面现场监测技术显示了极大的优势，客观、真实地反映了工程结构和环境的相互关系。

8.7.2 内容和方法

基坑监测包含围护结构和周边环境监测两部分。围护结构的监测包括桩墙、支撑梁、锚索、腰（冠）梁、立柱、土钉内力等。周边环境监测包括土层变形、周围建（构）筑物、地下管线、地下水位等。监测的方法如下。

（1）巡视。巡视是基坑监测的重要环节，主要是凭肉眼获得判断基坑稳定和环境安全的信息，包括：支护结构施工质量；围护结构和周围土体、建（构）筑物有无裂缝，场地地表水、地下水排放状况是否正常，止水帷幕有无渗漏；监测基准点、测点、监测元件的完好状况等，以便及时发现问题和处理，减少工程质量事故。

（2）沉降。围护结构和周边建（构）筑物沉降通过建立高精度的高程变形监测控制网，按照精密水准测量要求得到。

（3）水平位移。围护结构和周围土体水平位移可以通过经纬仪采用小角法得到，或直接用全站仪测定坐标计算得到。

（4）深层水平位移。深层水平位移就是测量围护桩墙和土体在不同深度上的点的水平位移，通常采用测斜仪测量。通常预先将测斜管安装在穿过不稳定土层至下部稳定地层的垂直钻孔内。测斜仪上下各有一对滑轮，上下轮距500mm。如图8.41所示，观测时，测斜仪探头从测斜管底部向顶部移动，在半米间距处（测试电缆上有读数）暂停并进行测量倾斜工作。其工作原理是利用重力摆锤始终保持铅直方向的性质，测得仪器中轴线与摆锤垂直线间的倾角，倾角的变化可由电信号转换而得，从而可以知道被测结构的位移变化值。

（5）支撑结构内力。如图8.42所示，采用钢筋混凝土材料制作的围护结构，其内力或轴力可以预先在钢筋混凝土中埋设钢筋计，通过钢筋计频率的变化测定构件受力钢筋的应力或应变，然后根据钢筋与混凝土共同作用、变形协调条件换算得到支撑结构内力。

（6）锚索拉力。在基坑开挖过程中，锚杆要在受力状态下工作数月，为了检查

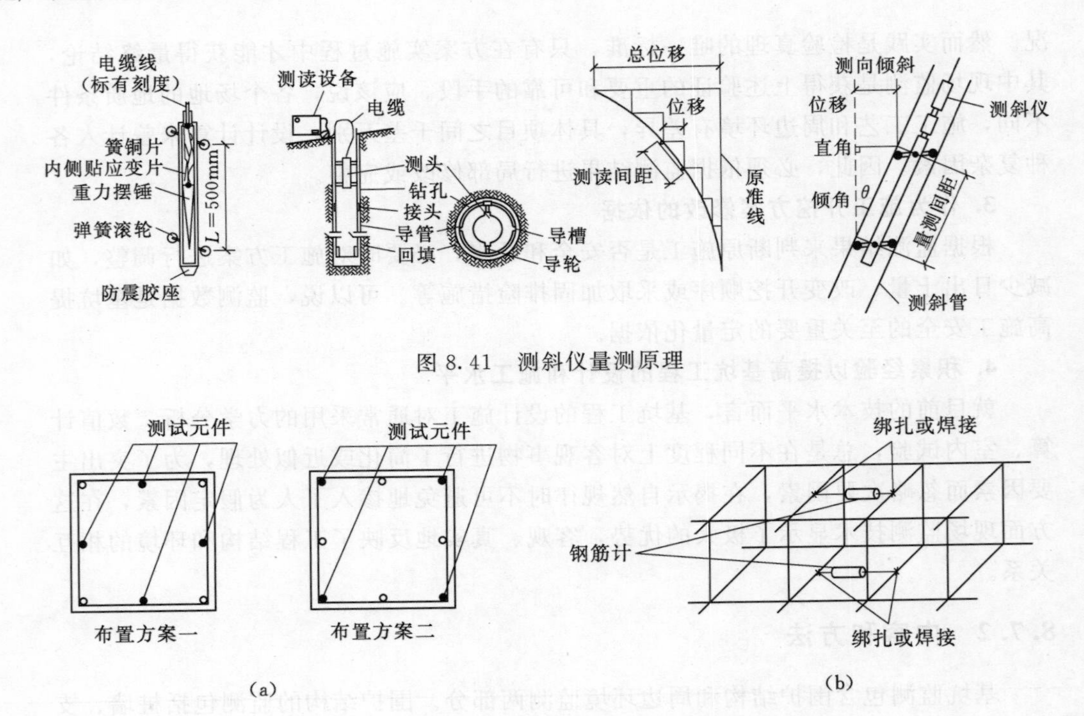

图 8.41 测斜仪量测原理

图 8.42 钢筋计在混凝土构件中的布置示意图

(a) 钢筋应力计的布置；(b) 钢筋应变计的布置

锚杆在整个施工期间是否按设计预定的方式起作用，有必要选择一定数量的锚杆作长期监测，锚杆监测一般仅监测锚杆拉力的变化。锚杆受力监测有专用的锚杆轴力计，其安装与结构如图 8.43 所示。

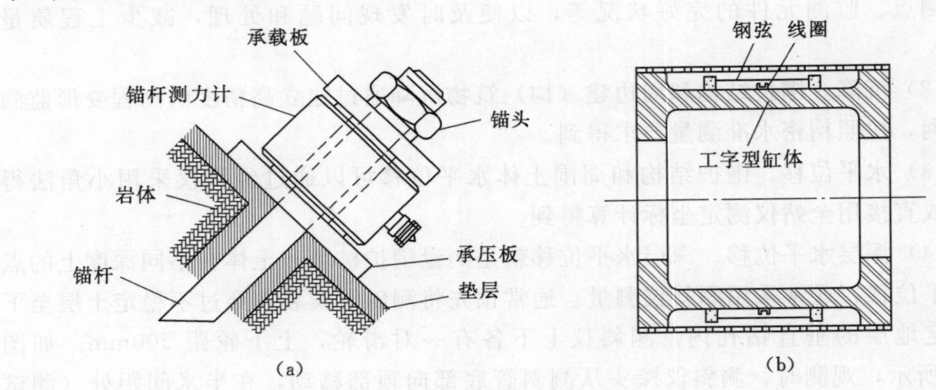

图 8.43 锚杆轴力计布置与结构

(a) 锚杆轴力计布置 (b) 锚杆轴力计结构

(7) 地下水位监测。地下水位监测可采用钢尺水位计量测，钢尺水位计的工作原理是在已埋设好的水管中放入水位计测头，当测头接触到水位时会自动启动讯响器，此时读取测量钢尺与管顶的距离，根据管顶高程即可计算地下水位高程。

(8) 地下管线（构筑物）变形监测等。可以采用图 8.44 所示的抱箍式或套筒式测定沉降变形值。

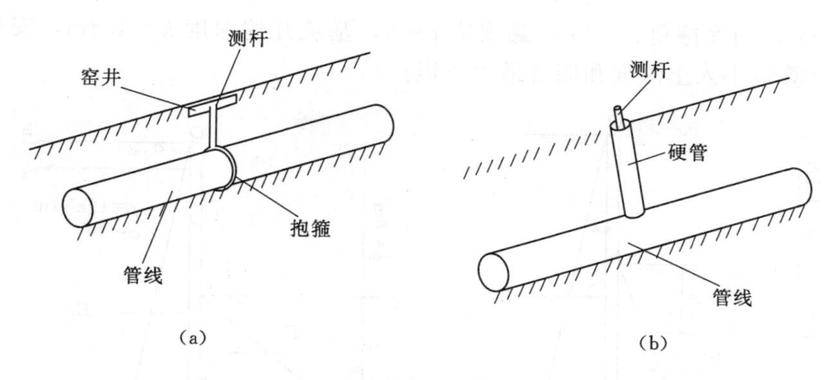

图 8.44 地下管线（构筑物）变形监测
(a) 抱箍式；(b) 套筒式

思考题

8-1 基坑支护结构的安全等级是如何划分的？

8-2 基坑支护的类型有哪些？

8-3 水土分算和水土合算有什么不同？

8-4 单支点支护结构如何计算？等值梁法的计算步骤有哪些？

8-5 基坑工程信息化施工包含哪些内容？有什么作用？

习题

8-1 某基坑剖面如习题 8-1 图所示，按水土分算原则并假定地下水为稳定渗流，E 点处内外两侧水压力相等，计算墙身内外水压力抵消后作用于每米支护结构的总水压力（按图中三角形分布计算）净值等于多少？（水的重度 $\gamma=10\text{kN/m}^3$）。

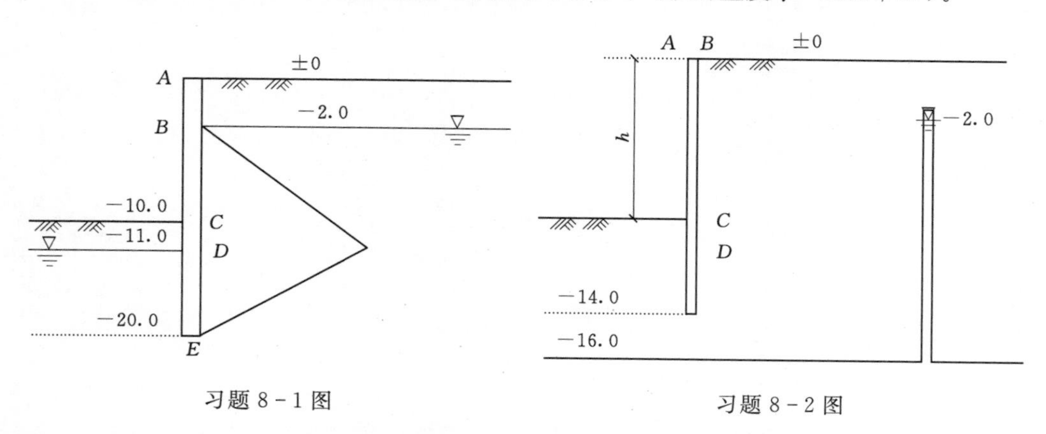

习题 8-1 图　　习题 8-2 图

8-2 基坑坑底下有承压含水层，如习题 8-2 图所示，已知不透水层土的天然重度 $\gamma_N=20\text{kN/m}^3$，水的重度 $\gamma=10\text{kN/m}^3$，如要求基坑抵抗突涌稳定系数 $K\geqslant 1.1$，则基坑开挖深度 h 不得超过多少？

8-3 一悬臂板桩挡土结构如习题 8-3 图所示，桩周围土为砂土，重度 $\gamma=$

1910kN/m³，内摩擦角 $\theta=30°$，黏聚力 $c=0$，基坑开挖深度 $h=1.8\text{m}$，安全系数 $K=2$，计算最小入土深度和墙身最大弯矩。

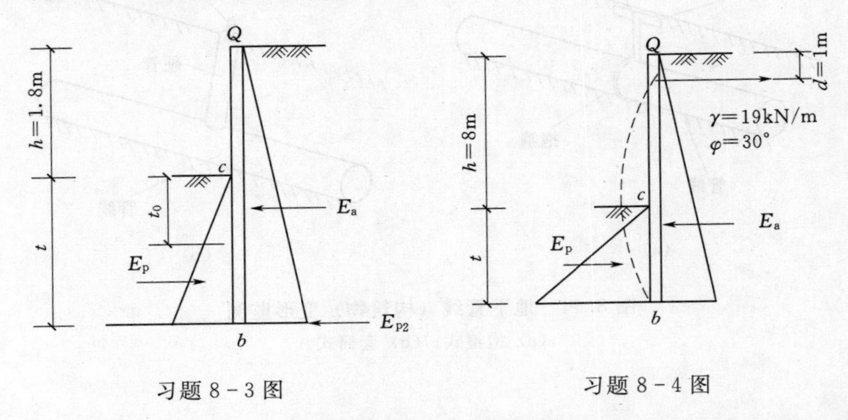

习题 8 - 3 图　　　习题 8 - 4 图

8 - 4　如习题 8 - 4 图所示的围护结构，其下端自由支承，上部有一锚定拉杆，周围土重度 $\gamma=19\text{kN/m}^3$，内摩擦角 $\varphi=30°$，黏聚力 $c=0$。锚定拉杆距地面 1.0m，其水平间距为 $a=2.5\text{m}$，基坑开挖深度为 $h=8.0\text{m}$，计算锚定拉杆拉力和围护结构最大弯矩。

第 9 章

特殊性土地基

9.1 概述

我国幅员辽阔，地域宽广，从沿海到内陆，从平原到山川，在不同的区域由于地理环境、气候条件、地质成因、历史过程等千差万别，在成壤过程中形成一些具有特殊的成分、结构和性质的土，这些特殊土与一般土的工程性质有显著区别，其地理分布有一定的区域性。我国特殊土的种类很多，主要有软土、湿陷性黄土、膨胀土、红黏土、冻土、盐渍土等。它们各自具有一些特殊的成分、结构和性质，比如：软土具有高压缩性、黄土具有湿陷性、膨胀土具有胀缩性、冻土具有冻胀性、盐渍土具有融陷性和腐蚀性等。由这些特殊土构成的地基称为特殊土地基。特殊土地基上进行工程建设时，应注意其独特的性质，采取必要的措施，以防发生工程事故。为保证建筑物的安全和正常使用，应根据特殊土的具体特点和工程要求，因地制宜，综合治理。

此外，我国分布着面积广大的山区、丘陵地带，这些地区的地基常常是工程地质、水文地质条件更为复杂的山区地基，经常出现多种不良地质现象，如滑坡、泥石流、崩塌、岩溶和土洞等，给工程建设带来严重的威胁。因此，必须重视山区地基特点，合理利用、正确处理山区地基。

本章主要介绍这些特殊土地基的特征、分布、特殊的工程性质、产生的原因、给工程建设带来的影响和危害以及这些土用作建筑物地基的工程措施等。

9.2 软土地基

9.2.1 软土的形成与分布

软土指天然孔隙比不小于 1.0 且天然含水量大于液限的细粒土，包括淤泥、淤泥质土、泥炭、泥炭质土等。

软土一般是在静水或缓慢水流中沉积形成的。流速减缓与湿度变化使微细粒径的黏土矿物和有机质在悬浮液溶解力与黏滞性降低的条件下逐渐停积。根据其成因类型可分为海相沉积和陆相沉积。

海相沉积又可分为滨海相、三角洲相、泻湖相和溺谷相。滨海相沉积以天津塘沽新港和江苏的连云港地区最为典型，为厚层沉积，有的厚度达 60m 以上，夹粉砂薄层或透镜体。粉砂薄层厚度从几毫米至十几厘米，是与软土交错沉积形成的，对地基的渗透性有明显改善作用。三角洲相沉积以长江三角洲与珠江三角洲最为典型，是海相和陆相的交替沉积，分选性差，结构不稳定。由于海流与波浪的影响，多交错层及不规则透镜体，这些交错层和透镜体一般较滨海相厚而土颗粒粗。泻湖相沉积，如温州、宁波一带分布有泻湖相沉积，软土层较单一、均匀，厚度大。溺谷相沉积如闽江口的福州地区，软土层分布范围窄，软土层相对较薄且横向变化大。

陆相沉积又可分为湖相、河漫滩相和丘陵谷地相。湖相沉积，如云南滇池东部及其周围地区洞庭湖、洪泽湖及太湖流域的杭、嘉、湖地区，土层富含有机质，厚薄不均，如滇池湖边处淤泥夹泥炭，厚度逾 100m，向东逐渐减薄，最薄处 2m 左右，土质尤差。河漫滩相沉积，如南京长江河漫滩，沉积零乱，成分复杂，粉细砂层中夹淤泥质透镜体或淤泥质土层中夹砂、卵石透镜体，古河道、牛轭湖中土质甚至呈流塑状态，常掩埋于现有冲积层下部，须特别加以注意。丘陵谷地相沉积，如贵州六盘水地区，由于水流搬运盆地周围岩石风化产物和地表有机物质在低洼处沉积而成，分布面积不大，厚薄相差悬殊，底部硬层常有较大的横向坡度。

9.2.2 软土的工程特性

软土一般具有以下工程特性。

（1）结构性显著。尤其是滨海相软土，一旦受到扰动，原有结构受到破坏，土的强度显著降低或很快呈流变状态。软土受到扰动后强度降低的特性可用灵敏度表示。

（2）流变性显著。软土具有流变性，在不变荷载作用下，变形持续发生，并可导致抗剪强度的衰减。表现为在固结沉降之后，还会继续发生较大的次固结沉降。

（3）压缩性高。软土的压缩系数 $a_{1-2} > 0.5\text{MPa}^{-1}$。

（4）抗剪强度低。软土的天然不排水抗剪强度一般小于 20kPa。

（5）渗透性差。其渗透系数一般在 $i \times 10^{-6} \sim i \times 10^{-8}$ cm/s 内，在自重或荷载作用下固结速率很慢。

（6）土层不均匀。软土中常夹有厚薄不等的粉土、粉砂、细砂层，使土层在水平和竖直方向上呈现差异性，易使建筑物地基产生不均匀沉降。

9.2.3 软土地基的工程评价

软土地基的工程评价应包括下列内容。

（1）判定地基产生失稳和不均匀变形的可能性；当工程位于池塘、河岸、边坡附近时应验算其稳定性。

（2）软土地基承载力应根据室内试验、原位测试和当地经验，并结合下列因素综合确定。

1）软土的成层条件、应力历史、结构性、灵敏度等力学特性和排水条件。

2）上部结构的类型、刚度、荷载性质和分布，对不均匀沉降的敏感性。

3）基础的类型、尺寸、埋深和刚度等。

4）施工方法和程序。

（3）当建筑物相邻高、低层荷载相差较大时，应分析其变形差异和相互影响。当地面有大面积堆载时，应分析对相邻建筑物的不利影响。

（4）地基沉降计算可采用分层总和法或土的应力历史法，并应根据当地经验进行修正，必要时应考虑土的次固结效应。

（5）选择适宜的基础形式和持力层；对上硬下软地基应进行下卧层验算。

9.2.4 软土地基的工程措施

软土具有强度低、压缩性高、渗透性差等特性，因此在软土地基上修建建筑物时，应特别重视地基的变形和稳定问题，可采用以下工程措施：采用换土垫层、排水固结、深层搅拌、高压喷射等地基处理方法或采用桩基础；尽可能设法减小基底附加应力，如采用轻型结构、轻质墙体、扩大基础底面、设置地下室等。

9.3 湿陷性黄土地基

9.3.1 黄土的特征和分布

黄土在世界各地分布很广，面积达 1300 万 km^2，约占陆地总面积的 9.3%，分布区域一般气候干燥、降雨量少、蒸发量大，属于干旱和半干旱气候类型。我国黄土分布面积约 64 万 km^2，其中湿陷性黄土约占 3/4。主要分布在我国黄河流域的山西、陕西、甘肃地区，青海、宁夏、河南也有部分分布，河北、山东、辽宁、黑龙江、内蒙古和新疆等地也有零星分布。

黄土是一种产生于第四纪地质历史时期干旱条件下的沉积物，一般认为黄土应具备以下特征。

（1）为风力搬运沉积，无层理。

（2）颜色以黄色、褐黄色为主，有时呈灰黄色。

（3）颗粒组成以粉粒为主，含量一般在60%以上，几乎没有粒径大于0.25mm的颗粒。

（4）富含碳酸钙盐类。

（5）垂直节理发育。

（6）一般有肉眼可见的大孔隙。

当缺少其中的一项或几项特征时，称为黄土状土或次生黄土，满足前述所有特征的称为原生黄土或典型黄土。

黄土一般在天然含水状态下具有较高的强度和较小的压缩性，但遇水浸湿后，有的即使在自身重力作用下也会发生剧烈而大量的变形，强度也随之迅速降低。在一定压力下受水浸湿，土的结构迅速破坏，并发生显著附加下沉的黄土称为湿陷性黄土，它主要属于晚更新世（Q_3）的马兰黄土及属全新世（Q_4）中各种成因的次生黄土。在一定压力下受水浸湿，土结构不破坏，并无显著附加下沉的黄土称为非湿陷性黄土。非湿陷性黄土地基的设计和施工与一般黏性土地基差别不大。湿陷性黄土又分为自重湿陷性和非自重湿陷性两种。在上覆土的自重应力下受水浸湿发生湿陷的黄土称为自重湿陷性黄土；在上覆土的自重应力下受水浸湿不发生湿陷的黄土称为非自重湿陷性黄土。我国甘肃、陕西、山西等省大部分地区的黄土是在第四纪时期形成的，按形成年代的早晚，有老黄土和新黄土之分。黄土形成年代越久，大孔结构退化，土质越趋密实，强度高而压缩性小，湿陷性减弱甚至不具湿陷性；形成年代越短，其湿陷性越显著。黄土的地层划分见表 9.1。

表 9.1　　　　黄土的地层划分

时代		地层的划分	说明
全新世（Q_4）黄土	新黄土	黄土状土	一般具湿陷性
晚更新世（Q_3）黄土		马兰黄土	
中更新世（Q_2）黄土	老黄土	离石黄土	上部部分土层具湿陷性
早更新世（Q_1）黄土		午城黄土	不具湿陷性

注　全新世（Q_4）黄土包括湿陷性（Q_4^1）黄土和新近堆积（Q_4^2）黄土。

湿陷性黄土上进行工程建设时，若不事先进行有效的地基处理，浸水后常引发严重的工程事故。

9.3.2　黄土湿陷的机理及影响因素

1. 黄土的湿陷机理

黄土的湿陷现象是一个复杂的地质、物理、化学过程，其湿陷机理国内外学者有各种不同的假说，如毛细管假说、溶盐假说、胶体不足假说、水膜楔入假说、欠压密理论和结构学假说等，但每种理论都有不完善的地方，至今尚未获得能够充分解释所有湿陷现象和本质的统一理论。以下仅简要介绍几种被公认为比较合理的假说。

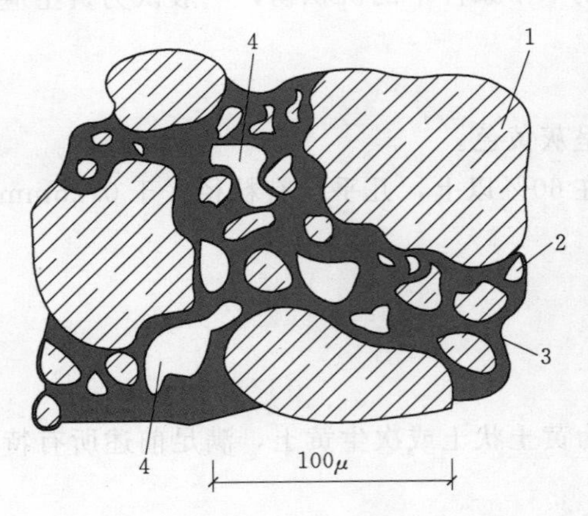

图 9.1　黄土结构示意图
1—砂粒；2—粗粉粒；
3—胶结物；4—大孔隙

（1）黄土的欠压密理论认为，在干旱、少雨气候下，黄土沉积过程中水分不断蒸发，土粒间盐类析出，胶体凝固，形成固化黏聚力，在土湿度不大时，固化黏聚力阻止了上面土对下面的压密作用而成为欠压密状态，时间久了，堆积的欠压密土层越来越厚，形成这种高孔隙比、低湿度的湿陷性黄土，一旦受水浸湿，固化黏聚力消失，就产生了沉陷。

（2）溶盐假说认为，黄土湿陷是由于黄土中存在大量的易溶盐。黄土中含水量较低时，易溶盐处于微晶状态，附于颗粒表面，起胶结作用。而受水浸湿后，易溶盐溶解，胶结作用丧失，从而产生湿陷。但溶盐假说并不能解释所有湿陷现象，如我国湿陷性黄土中易溶盐含量就较少。

（3）结构学说认为，黄土湿陷的根本原因是其特殊的粒状架空结构体系造成的。该结构体系由集粒和碎屑组成的骨架颗粒相互连接形成（图 9.1），含有大量架空孔隙。颗粒间的连接强度是在干旱、半干旱条件下形成，来源于上覆土重的压密，少量的水在粒间接触处形成毛管压力、粒间电分子引力、粒间摩擦及少量胶凝物质的固化黏聚等。该结构体系在水和外荷载作用下，必然导致连接强度降低、连接点破坏，致使整个结构体系失去稳定。

尽管解释黄土湿陷原因的观点各异，但归纳起来可分为外因和内因两个方面。黄土受水浸湿和荷载作用是湿陷发生的外因，黄土的结构特征及物质成分是产生湿陷性的内因。

2. 影响黄土湿陷性的因素

（1）黄土的物质成分。黄土中胶结物的多少、成分以及颗粒的组成和分布，对于黄土的结构特点和湿陷性的强弱有重要的影响。胶结物含量大，可把骨架颗粒包围起来，则结构致密。黏粒含量特别是胶结能力较强的小于0.001mm的颗粒含量多，其均匀分布在骨架之间，也起了胶结物的作用，使湿陷性降低并使力学性质得到改善；反之，粒径大于0.05mm的颗粒多，胶结物多呈薄膜状分布，骨架颗粒多数彼此直接接触，其结构疏松、强度降低而湿陷性增强。我国黄土湿陷性存在着由西北向东南递减的趋势，就是与自西北向东南方向砂粒含量减少而黏粒含量增多是一致的。此外，黄土中的盐类及其存在状态对湿陷性也有着直接影响，如比较难溶解的碳酸钙为主而具有胶结作用时，湿陷性减弱，但石膏及其他碳酸盐、硫酸盐和氯化物等易溶盐的含量越大时，湿陷性越强。

（2）黄土的物理性质。黄土的湿陷性与其孔隙比和含水量等物理性质有关。天然孔隙比越大，或天然含水量越小，则湿陷性越强。例如，兰州地区的黄土，$e<0.86$时，湿陷性一般不明显。

（3）外加压力。黄土的湿陷性还与外加压力有关。随着外加压力的增大，黄土的湿陷量也显著增加，但当压力超过某一数值后，再增加压力，湿陷量反而减少。

9.3.3 湿陷性黄土地基的勘察与评价

湿陷性黄土地基的勘察与评价具有重要的工程意义，其内容主要包括3个方面：①查明黄土是否具有湿陷性；②判别场地的湿陷类型，是自重湿陷性还是非自重湿陷性；③判定湿陷性黄土地基的湿陷等级，即其强弱程度。

1. 湿陷性黄土地基的勘察

湿陷性黄土地区的地基勘察除满足一般勘察要求外，还需针对湿陷性黄土的特点进行以下勘察工作。

（1）研究地形的起伏和地面水的积聚、排泄条件，调查洪水淹没范围及其发生规律。

（2）划分不同的地貌单元，确定其与黄土分布的关系，查明湿陷凹地、黄土溶洞、滑坡、崩坍、冲沟、泥石流及地裂缝等不良地质现象的分布、规模、发展趋势及其对建设的影响。

（3）划分黄土地层或判别新近堆积黄土。

（4）调查地下水位的深度、季节性变化幅度、升降趋势及其与地表水体、灌溉情况和开采地下水强度的关系。

（5）调查既有建筑物的现状。

(6) 了解场地内有无地下坑穴，如古墓、井、坑、穴、地道、砂井和砂巷等。

(7) 采取原状土样，保持其天然的湿度、密度和结构，进行相关室内试验。

勘察阶段可分为场址选择或可行性研究、初步勘察、详细勘察 3 个阶段，各阶段的勘察成果应符合各相应设计阶段的要求。

2. 湿陷性黄土地基的评价

(1) 湿陷系数。黄土是否具有湿陷性以及湿陷性的强弱程度如何，需要用一个指标来判定。如前所述，黄土的湿陷量与所受的压力大小有关。所以需要评价黄土是否具有湿陷性，以及具有湿陷性的黄土其湿陷性强弱时，就需要给定某一固定的压力，讨论黄土在该压力作用下浸水后的湿陷性及其大小。衡量黄土是否具有湿陷性及湿陷性大小的指标是湿陷系数 δ_s。

湿陷系数应按室内浸水（饱和）压缩试验，在压缩仪中将原状试样逐级加压到规定的压力 p，按式（9.1）计算土的湿陷系数 δ_s，即

$$\delta_s=\frac{h_p-h_p'}{h_0} \tag{9.1}$$

式中 h_p——保持天然湿度和结构的试样，加至一定压力时下沉稳定后的高度，mm；

h_p'——上述加压稳定后的试样，在浸水（饱和）作用下，附加下沉稳定后的高度，mm；

h_0——试样的原始高度，mm。

当 $\delta_s<0.015$ 时，应判定其为非湿陷性黄土；当 $\delta_s\geqslant0.015$ 时，应判定其为湿陷性黄土。

湿陷性黄土的湿陷程度，可根据湿陷系数 δ_s 值的大小分为下列 3 种。

1) 当 $0.015<\delta_s\leqslant0.03$ 时，湿陷性轻微。

2) 当 $0.03<\delta_s\leqslant0.07$ 时，湿陷性中等。

3) 当 $\delta_s>0.07$ 时，湿陷性强烈。

测定湿陷系数时的试验压力 p 采用黄土地基实际受到的压力是比较合理的，但由于在初步勘察阶段，建筑物的平面位置、基础尺寸和埋深等尚未确定，以实际压力测定湿陷系数、评定黄土的湿陷性存在不少具体问题和困难。因而《湿陷性黄土地区建筑规范》（GB 50025—2004）规定以下几点。

1) 自基础底面（如基底标高不确定时，自地面下 1.5m）算起。

2) 基底下 10m 以内的土层应用 200kPa，10m 以下至非湿陷性黄土层顶面，应用其上覆土的饱和自重压力（当大于 300kPa 压力时仍应用 300kPa）。

3) 当基底压力大于 300kPa 时，宜用实际压力。

4) 对压缩性较高的新近堆积黄土，基底下 5m 以内的土层宜用 100～150kPa 压力，5～10m 和 10m 以下至非湿陷性黄土层顶面，应分别用 200kPa 和上覆土的饱和自重压力。

(2) 湿陷起始压力。如上所述，黄土的湿陷量是压力的函数。因此，即使对于具有湿陷性的黄土，也存在着一个压力界限值，压力低于这个数值，黄土即使浸水也不会发生湿陷变形，只有当压力超过某个界限值时黄土才开始产生湿陷变形，这个界限压力值称为湿陷起始压力 p_{sh}。

湿陷起始压力可根据室内压缩试验或野外载荷试验确定，不论是室内试验还是野外试验，分析方法都有双线法或单线法两种。

1）双线法。在同一取土点的同一深度处，以环刀切取两个试样。一个试样在天然湿度下分级加荷，另一个试样在天然湿度下加第一级荷重，下沉稳定后浸水，至湿陷稳定后再分级加荷。分别测定两个试样在各级压力作用下，下沉稳定后的试样高度 h_p 和浸水下沉稳定后的试样高度 h'_p，绘制不浸水试样的 $p-h_p$ 曲线和浸水试样的 $p-h'_p$ 曲线如图 9.2 所示。按式（9.1）计算各级荷载下的湿陷系数 δ_s，并绘制 $p-\delta_s$ 曲线。在 $p-\delta_s$ 曲线上取 $\delta_s=0.015$ 所对应的压力即为湿陷起始压力 p_{sh}。以上测定 p_{sh} 的方法，因需要绘制两条压缩曲线，故被称为双线法。

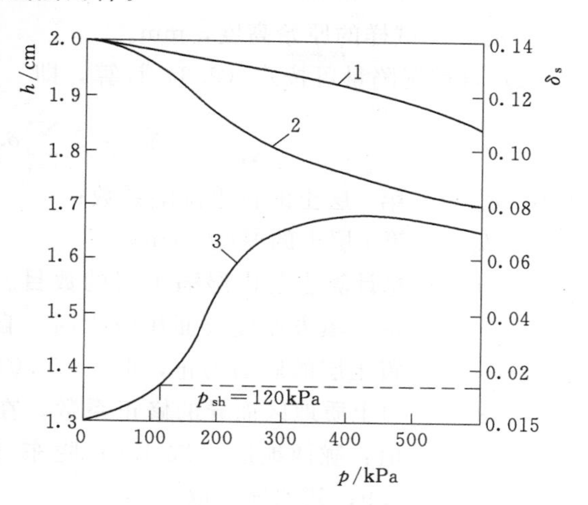

图 9.2 双线法压缩试验曲线

1—不浸水试样 $p-h_p$ 曲线；2—浸水试样 $p-h'_p$ 曲线；3—$p-\delta_s$ 曲线

2）单线法。在同一取土点内的同一深度处，至少以环刀切取 5 个试样。各试样均分别在天然湿度下分级加荷至不同的规定压力。下沉稳定后测定土样高度 h_p，再浸水至湿陷稳定为止，测试样高度 h'_p，绘制 $p-\delta_s$ 曲线。p_{sh} 的确定方法与双线法相同。

上述方法是针对室内压缩试验而言，野外载荷试验与此相同，不再赘述。我国各地湿陷起始压力相差较大，如兰州地区一般为 20～50kPa、洛阳地区一般在 120kPa 以上。此外，大量试验结果表明，黄土的湿陷起始压力随土的密度、湿度、胶结物含量以及土的埋藏深度等的增加而增加。

（3）场地湿陷类型的划分。工程实践表明，自重湿陷性黄土无外荷载作用时，浸水后也会迅速发生剧烈的湿陷，甚至一些很轻的建筑物也难免遭受其害，而对非自重湿陷性黄土地基则很少发生。对这两种湿陷性黄土地基所采取的设计和施工措施是有区别的。因此，必须正确划分场地的湿陷类型。

建筑物场地的湿陷类型应按实测自重湿陷量或计算自重湿陷量 Δ_{zs} 判定。实测自重湿陷量应根据现场试坑浸水试验确定。其结果可靠，但费水费时，且有时受各种条件限制而不易做到。因此，规范规定，除在新建区对甲、乙类建筑物宜采用现场试坑浸水试验外，对一般建筑物可按计算自重湿陷量划分场地类型。

1）自重湿陷系数。自重湿陷系数 δ_{zs} 应根据室内浸水压缩试验按式（9.2）计算，即

$$\delta_{zs}=\frac{h_z-h'_z}{h_0} \tag{9.2}$$

式中 h_z——保持天然湿度和结构的试样，加压至该试样上覆土的饱和自重压力时，下沉稳定后的高度，mm；

h_z'——上述加压稳定后的试样，在浸水（饱和）作用下附加下沉稳定后的高度，mm；

h_0——试样的原始高度，mm。

2）自重湿陷量可按式（9.3）计算，即

$$\Delta_{zs}=\beta_0\sum_{i=1}^{n}\delta_{zsi}h_i \tag{9.3}$$

式中 δ_{zsi}——第 i 层土的自重湿陷系数；

h_i——第 i 层土的厚度，cm；

n——总计算土层内湿陷土层的数目。总计算厚度应从天然地面算起（当挖、填方厚度及面积较大时，自设计地面算起）至其下全部湿陷性黄土层的底面为止，但 δ_s<0.015 的土层不计；

β_0——因土质地区而异的修正系数。在缺乏实测资料时，可按下列规定取值：陇西地区可取 1.5；陇东-陕北-晋西地区取 1.2；关中地区取 0.9；其他地区取 0.5。

Δ_{zs}应自天然地面（当挖、填方的厚度和面积较大时应自设计地面）算起，至其下非湿陷性黄土层的顶面上，其中自重湿陷系数 δ_{zs} 的值小于 0.015 的土层不累计。

当 $\Delta_{zs}\leqslant$7cm 时，该建筑场地被判定为非自重湿陷性黄土场地；当 $\Delta_{zs}>$7cm 时，判定为自重湿陷性黄土场地。

（4）黄土地基的湿陷等级。湿陷性黄土地基的湿陷等级，应根据基底下各土层累计的总湿陷量 Δ_s 和计算自重湿陷量的大小等因素按表 9.2 判定。总湿陷量可按式（9.4）计算，即

$$\Delta_s=\sum_{i=1}^{n}\beta\delta_{si}h_i \tag{9.4}$$

式中 δ_{si}——第 i 层土的湿陷系数；

h_i——第 i 层土的厚度，cm；

β——考虑基底下地基土的受水浸湿可能性和侧向挤出等因素的修正系数，在缺乏实测资料时，可按下列规定取值：基底下 0～5m 深度内，取 β=1.5；基底下 5～10m 深度内，取 β=1；基底下 10m 以下至非湿陷性黄土层顶面，在自重湿陷性黄土场地可取工程所在地区的 β_0 值。

表 9.2　湿陷性黄土地基的湿陷等级　　单位：cm

总湿陷量 Δ_s	计算自重湿陷量 Δ_{zs}		
	非自重湿陷性场地	自重湿陷性场地	
	$\Delta_{zs}\leqslant7$	$7<\Delta_{zs}\leqslant35$	$\Delta_{zs}>35$
$\Delta_s\leqslant30$	Ⅰ（轻微）	Ⅱ（中等）	
$30<\Delta_s\leqslant60$	Ⅱ（中等）	Ⅱ或Ⅲ	Ⅲ（严重）
$\Delta_s>60$	—	Ⅲ（严重）	Ⅳ（很严重）

注 1. 当总湿陷量 30cm<Δ_s<50cm，计算自重湿陷量 7cm<Δ_{zs}<30cm 时，可判为Ⅱ级。
2. 当总湿陷量 $\Delta_s\geqslant$50cm，计算自重湿陷量 $\Delta_{zs}\geqslant$30cm 时，可判为Ⅲ级。

总湿陷量 Δ_s 的计算深度应自基础底面（如基底标高不确定时，自地面下

1.50m）算起；在非自重湿陷性黄土场地，累计至基底下 10m（或地基压缩层）深度止；在自重湿陷性黄土场地，累计至非湿陷性黄土层顶面止。其中湿陷系数 δ_s（10m 以下为 δ_{zs}）<0.015 的土层不累计。

总湿陷量 Δ_s 是湿陷性黄土地基在规定压力下充分浸水后可能发生的湿陷变形值。设计时应根据黄土地基的湿陷等级考虑相应的设计措施。相同情况下湿陷等级越高，设计措施要求也越高。

9.3.4 湿陷性黄土地基的工程措施

湿陷性黄土地基的设计和施工，除了必须遵循一般地基的设计和施工原则外，还应针对黄土湿陷性这个特点和工程要求，采取以地基处理为主的综合措施，以防止地基湿陷，保证建筑物的安全和正常使用。这些措施有以下几个方面。

1. 地基处理措施

地基处理的目的在于破坏湿陷黄土的大孔结构，以便全部或部分消除地基的湿陷性，从根本上避免或削弱湿陷现象的发生。根据建筑物的重要性及地基受水浸湿可能性的大小和在使用上对不均匀沉降限制的严格程度，将建筑物划分为甲、乙、丙、丁四类。甲类建筑应消除地基的全部湿陷量，或采用桩基础穿透全部湿陷土层，或将基础设置在非湿陷性黄土层上；乙类、丙类建筑应消除地基的部分湿陷量。丁类属次要建筑物，地基可不做处理。常用地基处理方法列于表 9.3 中。

表 9.3　湿陷性黄土地基常用的处理方法

名称	适　用　范　围	可处理的湿陷性黄土层厚度/m
垫层法	地下水位以上，局部或整片处理	1～3
强夯法	地下水位以上，$S_r \leqslant 60\%$ 的湿陷性黄土，局部或整片处理	3～12
挤密法	地下水位以下，$S_r \leqslant 65\%$ 的湿陷性黄土	5～15
预浸水法	自重湿陷性黄土场地，地基湿陷等级为Ⅲ级或Ⅳ级，可消除地面下 6m 以下湿陷性黄土层的全部湿陷性	6m 以上，尚应采用垫层或其他方法处理
其他方法	经试验研究或工程实践证明行之有效	

2. 防水措施

防水措施是为了消除黄土发生湿陷变形的外在条件，防止地基受水浸湿。基本防水措施要求在建筑布置、场地排水、地面排水、散水等方面防止雨水或生产生活用水渗入浸湿地基。对重要建筑物场地和高级别湿陷地基，应采用严格防水措施，即在检漏防水措施基础上还要对防水地面、排水沟、检漏管沟和井等设施方面提高设计标准。

3. 结构措施

从地基基础和上部结构相互作用的概念出发，在建筑结构设计中采取适当措施，以减小建筑物的不均匀沉降或使结构能适应地基的湿陷变形，是前两项措施的补充手段。如建筑平面布置力求简单，加强建筑上部结构整体刚度，预留沉降净空等。

4. 施工措施及使用维护

湿陷性黄土地基的建筑物施工应根据地基土的特性和设计要求合理安排施工程

序，防止施工用水和场地雨水流入建筑物地基引起湿陷。在使用期间，对建筑物和管道应经常进行维护和检修，确保防水措施的有效发挥，防止地基浸水湿陷。

在上述措施中，地基处理是主要的工程措施。防水、结构措施的采用，应根据地基处理的程度不同而有所差别。若通过地基处理消除了全部地基土的湿陷性，就不必再考虑其他措施；若只消除了地基的部分湿陷量，则还应辅以其他措施。

【例 9.1】 陕西北部某快捷酒店项目经勘察为黄土地基。由探井取3个原状土样进行浸水压缩试验。取样深度分别为 2.0m、4.0m、6.0m，实测数据见表 9.4。试判别该黄土地基是否属湿陷性黄土。

表 9.4　　黄土浸水压缩试验结果

试样编号	1	2	3
加 200kPa 压力后百分表稳定读数	45	60	40
浸水后百分表稳定读数	168	198	96

解 按式（9.1）计算各试样的湿陷系数。

（1）$\delta_{s1}=\dfrac{h_{p1}\ h'_{p1}}{h_0}=\dfrac{19.55-18.32}{20.00}=0.0615>0.015$。

判别为湿陷性黄土。

（2）$\delta_{s2}=\dfrac{h_{p2}-h'_{p2}}{h_0}=\dfrac{19.40-18.02}{20.00}=0.069>0.015$。

判别为湿陷性黄土。

（3）$\delta_{s3}=\dfrac{h_{p3}-h'_{p3}}{h_0}=\dfrac{19.60-19.04}{20.00}=0.028>0.015$。

判别为湿陷性黄土。

式中 h_0——土样的原始高度，即压缩试验环刀高度，均为 20mm；

h_p——原状土加压下沉稳定后的高度。土样深度分别为 2.0mm、4.0mm 与 6.0mm，均小于 10m；故压力都应用 200kPa。1 号试样加压后百分表稳定读数为 40，则土样高 $h_{p1}=20.00-0.45=19.55$(mm)。同理可得 $h_{p2}=20.00\ 0.60=19.40$(mm)、$h_{p3}=20.00-0.40=19.60$(mm)；

h'_p——上述加压稳定后的试样，在浸水下沉稳定的高度。1 号试样浸水下沉稳定百分表读数为 168，则 $h'_{p1}=20.00-1.68=18.32$(mm)。同理可得 $h'_{p2}=20.00-1.98=18.02$(mm)、$h'_{p3}=20.00-0.96=19.04$(mm)。

【例 9.2】 某地区一建筑场地，工程地质勘察中探坑每隔 1m 取土样，测得各土样 δ_{zs} 见表 9.5，已知修正系数 $\beta_0=1.5$，试判别该场地的湿陷类型。

表 9.5　　土样 δ_{zs} 值

取土深度/m	2	3	4	5	6	7	8	9	10	11	12
δ_{zs}	0.013	0.010	0.025	0.034	0.052	0.012	0.024	0.016	0.050	0.002	0.004

解 从表 9.5 中可以看出，在深度 2m、3m、7m、11m 和 12m 处，$\delta_{zs}<0.015$，在计算 Δ_{zs} 时不予累计，故计算自重湿陷量为

$$\Delta_{zs}=\beta_0\sum_{i=1}^{n}\delta_{zsi}h_i=1.5\times(0.025+0.034+0.052+0.024+0.016+0.050)\times 100=30.15(\text{cm})$$

因该值大于 7cm，应判别为自重湿陷性黄土场地。

9.4 膨胀土地基

9.4.1 膨胀土的特征及分布

膨胀土一般指黏粒成分主要由亲水性矿物（黏土矿物）组成，同时具有显著的吸水膨胀和失水收缩两种变形特性的黏性土，其自由膨胀率通常大于 40%。一般强度较高，压缩性低，易被误认为是良好的天然地基。膨胀土的膨胀—收缩—再膨胀的周期性变化非常显著，易造成膨胀土地基上的建筑物损坏。

膨胀土具有显著的吸水膨胀和失水收缩的变形特性，使建造在其上的构筑物反复不断地产生不均匀升降，致使大量房屋开裂、倾斜，公路路基发生破坏，堤岸、路堑产生滑坡，涵洞、桥梁等刚性结构物产生不均匀沉降等。据不完全统计，在我国膨胀土地区修建的各类工业与民用建筑物，因地基土胀缩变形而导致损坏的有 1000 万 m^2。其破坏具有以下特征和规律。

(1) 膨胀土反复的吸水膨胀和失水收缩会造成围墙、室内地面以及轻型建（构）筑物的破坏。在膨胀土地区易于破坏的大多为低层建筑物，一般在 3 层以下。4 层以上的房屋及构筑物发生破坏的极为罕见。这是由于低层建筑物一般重量轻、整体性较差、基础埋置较浅的缘故。在膨胀土地基上的建筑物一旦破坏，简单的修复往往效果不好，这是由于造成建筑物破坏的根本问题没有得到解决。

(2) 膨胀土地区建筑物的裂缝具有特殊性。建筑物的角端常产生斜向裂缝，表现为山墙上的对称或不对称的倒“八”字形裂缝，上宽下窄，伴随有一定的水平位移或转动；建筑物纵墙上常出现水平裂缝，一般在窗台下或地坪以上两三皮砖处出现较多，同时伴有墙体外倾、外鼓、基础外转和内墙脱开，以及内横墙倒“八”字形裂缝；在靠近建筑物端部处常发育有上宽下窄的竖向或斜向裂缝，越往角端越严重；常造成独立柱的水平断裂，并伴随有水平位移和转动；底层室内地坪隆起开裂，越近室内中心点隆起越多，沿四周隔墙一定距离出现裂缝，长而窄的地坪则出现纵长裂缝，有时出现网格状裂缝；地裂通过房屋处，墙上出现竖向或斜向裂缝。

(3) 膨胀土地区斜坡上的建筑物破坏比平地上更为严重。这是因为膨胀土地区边坡不稳定，易产生滑动，伴随着地基土的膨胀或收缩，使建筑物的破坏更为严重。

膨胀土地区的气候条件主要为温和湿润，雨量分配较均匀，年降雨量为 700～1700mm，昼夜温差小，年平均气温 14～17℃，具备化学风化的良好条件。膨胀土在我国分布广泛，主要分布在黄河以南地区，北方分布较少。广西、云南、湖北、河南、安徽、四川、河北、山东、陕西、江苏、贵州和广东等地均有不同范围的分布。美国、印度、澳大利亚以及南美洲、非洲和中东广大地区也有不同程度的分

布。目前，世界上已有40多个国家发现膨胀土造成的危害。据报道，每年给工程建设带来的经济损失已超过百亿美元，比洪水、飓风和地震所造成的损失总和的两倍还多。膨胀土的工程问题已成为世界性的研究课题。我国在总结大量勘察、设计、施工和维护等方面实践经验的基础上，制订出《膨胀土地区建筑技术规范》(GB 50112—2013)，使勘查、设计、施工等方面的工作有章可循。

9.4.2 影响膨胀土胀缩性的主要因素

膨胀土具有胀缩变形特性可归因于膨胀土的内在机制和外部因素两个方面。

内在机制主要指矿物成分及微观结构。由于膨胀土含有大量的蒙脱石、伊利石等亲水性黏土矿物，比表面积大，活动性强，既易吸水又易失水。膨胀土中黏土矿物多呈晶片状，颗粒彼此叠聚成一种微积聚体结构单元，其微观结构为颗粒彼此面面叠聚形成的分散结构，这种结构具有很大的吸水膨胀和失水收缩的能力。

外部因素是水对膨胀土的作用。土中原有含水量与土体膨胀时所需含水量相差越大，吸水后膨胀和失水后收缩越明显。造成土中水分变化的原因有环境因素、气候条件、地形地貌、地面植被以及地下水位等。比如，雨季土中水分增加，土体产生膨胀，旱季水分减少，土体产生收缩。同类膨胀土地基，地势低处胀缩变形比高处小，因为高地带临空面大，土中水分蒸发条件好，水分变化大。

膨胀土地区的植被对地基土胀缩的量和发生胀缩深度有很大的影响。深的树根的生长以及对已有植被的破坏，对土层的含水量有很大的影响，可造成地面的大幅度升降。距离建筑物很近的蒸腾量大、主根深、根系发达的阔叶树能大量吸收土中的水分，使土层变形的深度和面积明显增大。因此，在膨胀土地区进行绿化时，应慎重考虑建筑物周围的植树树种、与建筑物的距离、浇灌方法等对地基土含水量变化的影响。

9.4.3 膨胀土地基的勘察

工程地质勘察阶段应与设计阶段相适应，可分为选择场址勘察、初步勘察和详细勘察3个阶段。

选择场址勘察，应以工程地质调查为主，辅以少量探坑或必要的钻探工作，了解地层分布，采取适量的扰动土样，测定其自由膨胀率，初步判定场地内有无膨胀土，对拟选场址的稳定性和适宜性做出工程地质评价。

工程地质调查应包括下列内容：初步查明膨胀土的地质时代、成因和胀缩性能；划分地貌单元，了解地形形态；查明场地内有无浅层滑坡、地裂、冲沟和隐伏岩溶等不良地质现象；调查地表水排泄积聚情况、地下水类型、多年平均水位及其变化幅度；收集当地多年气象资料（包括降水量、蒸发力、干旱持续时间、气温和地温等)，了解其变化特点；调查当地建设经验，分析建筑物损坏的原因。

初步勘查阶段应确定膨胀土的胀缩性，对场地稳定性和工程地质条件作出评价，为确定建筑总平面布置、主要建筑物地基基础方案及对不良地质现象的防治方案提供工程地质资料。其主要工作应包括下列内容。

(1) 工程地质条件复杂并且已有资料不符合要求时应进行工程地质测绘，所用的比例尺可采用1/5000～1/1000。

（2）查明场地内不良地质现象的成因、分布范围和危害程度，预估地下水位季节性变化幅度和对地基土的影响。

（3）采取原状土样进行室内基本物理性质试验、收缩试验、膨胀力试验和50kPa压力下的膨胀率试验，初步查明场地内膨胀土的物理力学性质。

详细勘察阶段应详细查明各建筑物的地基土层及其物理力学性质，确定其胀缩等级，为地基基础设计、地基处理、边坡保护和不良地质地段的治理提供详细的工程地质资料。

9.4.4 膨胀土地基的评价

1. 膨胀土的工程特性指标

为判别及评价膨胀土的胀缩性，除一般物理力学指标外，还应确定下列胀缩性指标。

（1）自由膨胀率 δ_{ef}。将人工制备的烘干土浸泡于水中，在水中经过充分浸泡后增加的体积与原体积之比称为自由膨胀率，即

$$\delta_{ef}=\frac{V_w-V_0}{V_0}\times 100\% \tag{9.5}$$

式中 V_w——土样在水中膨胀稳定后的体积，mL；

V_0——土样原始体积，mL。

自由膨胀率表示膨胀土在无结构力影响下和无压力作用下的膨胀特性，可反映土的矿物成分及含量，用于初步判定是否为膨胀土。

（2）膨胀率 δ_{ep}。膨胀率指原状土样在一定压力下，处于侧限条件下的原状土样浸水膨胀稳定后，试样增加的高度与原高度之比，即

$$\delta_{ep}=\frac{h_w-h_0}{h_0}\times 100\% \tag{9.6}$$

式中 h_w——侧限条件下土样浸水膨胀稳定后的高度，mm；

h_0——土样的原始高度，mm。

膨胀率 δ_{ep} 可用于评价地基的胀缩等级，计算膨胀土地基的变形量以及测定其膨胀力。

（3）线缩率 δ_s 和收缩系数 λ_s。膨胀土失水收缩，其收缩性可用线缩率和收缩系数表示。它们是地基变形计算中的两项主要指标。线缩率指土的竖向收缩变形与原状土样高度之比，用百分数表示，即

$$\delta_s=\frac{h_0-h_i}{h_0}\times 100\% \tag{9.7}$$

式中 h_i——某含水量 ω_i 时的土样高度，mm；

h_0——土样的原始高度，mm。

根据不同时刻的线缩率及相应的含水量可绘制出收缩曲线（图 9.3），该曲线可分为收缩阶段、过渡阶段和微缩阶段。

利用曲线的收缩阶段可计算膨胀土的收缩系数 λ_s，即收缩阶段的斜率即为收缩系数 λ_s，即

$$\lambda_s = \frac{\Delta\delta_s}{\Delta\omega} \tag{9.8}$$

式中 $\Delta\delta_s$——收缩阶段与两点含水量之差对应的竖向线缩率之差，%；

$\Delta\omega$——收缩阶段两点含水量之差，%。

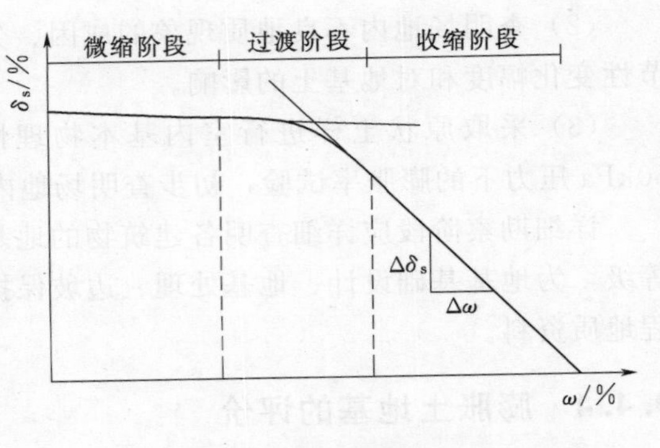

图 9.3 收缩曲线

(4) 膨胀力 p_e。原状土样在体积不变时，由于浸水产生的最大内应力称为膨胀力 p_e。

以试验结果中各级压力下的膨胀率 δ_{ep} 为纵坐标，压力 p 为横坐标，将试验结果绘制成 $p-\delta_{ep}$ 关系曲线，如图 9.4 所示。该曲线与横坐际的交点即为膨胀力 p_e。

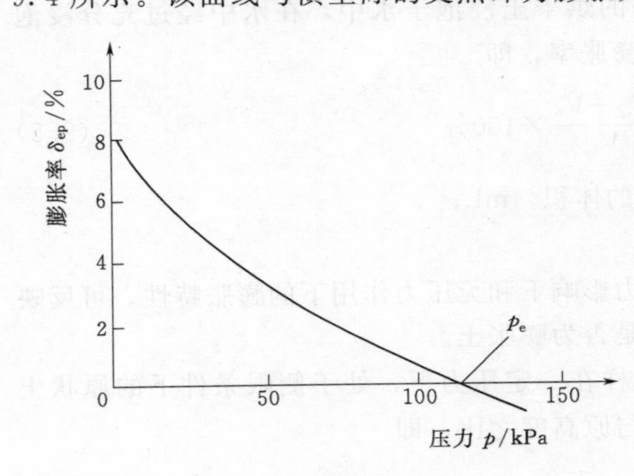

图 9.4 $p-\delta_{ep}$ 关系曲线

2. 膨胀土地基的评价

(1) 膨胀土的判别。膨胀土的判别是解决膨胀土地基勘察、设计的首要问题。判别膨胀土的主要依据是工程地质特征和自由膨胀率 δ_{ef}，《膨胀土地区建筑技术规范》（GB 50112—2013）给出判别标准为：场地具有下列工程地质特征及建筑物破坏形态，且土的自由膨胀率不小于 40%的黏性土，应判定为膨胀土。

1) 土的裂隙发育，常有光滑面和擦痕，有的裂隙中充填有灰白、灰绿等杂色黏土。在自然条件下呈坚硬或硬塑状态。

2) 多出露于二级或二级以上阶地、山前和盆地边缘的丘陵地带。地形较平缓，无明显自然陡坎。

3) 常见有浅层滑坡、地裂。新开挖坑（槽）壁易发生坍塌等现象。

4) 建筑物多呈“倒八字”形、“X”形或水平裂缝，裂缝随气候变化而张开和闭合。

(2) 膨胀土的膨胀潜势。膨胀土的胀缩性强弱对建筑物的危害程度不同，因此判定为膨胀土后，还要进一步确定膨胀土的胀缩性强弱。《膨胀土地区建筑技术规范》（GB 50112—2013）按自由膨胀率 δ_{ef} 的大小划分土的膨胀潜势强弱，以判别土的胀缩性高低，见表 9.6。

表 9.6 膨胀土的膨胀潜势分类

自由膨胀率 δ_{ef}/%	膨胀潜势	自由膨胀率 δ_{ef}/%	膨胀潜势
$40 \leqslant \delta_{ef} < 65$	弱	$\delta_{ef} \geqslant 90$	强
$65 \leqslant \delta_{ef} < 90$	中		

δ_{ef} 较小的膨胀土，膨胀潜势较弱，建筑物损坏轻微；δ_{ef} 较大的膨胀土，膨胀潜

势较强，建筑物损坏严重。

(3) 膨胀土地基的胀缩等级。评价膨胀土地基，应根据其膨胀、收缩变形对低层砖混结构的影响程度进行。《膨胀土地区建筑技术规范》(GB 50112—2013) 规定以 50kPa 压力下测定的土的膨胀率计算地基分级变形量 s_c，作为划分胀缩等级的标准，见表 9.7。

表 9.7　膨胀土地基的胀缩等级

地基分级变形量 s_c/mm	级别	地基分级变形量 s_c/mm	级别
$15 \leqslant s_c < 35$	Ⅰ	$s_c \geqslant 70$	Ⅲ
$35 \leqslant s_c < 70$	Ⅱ		

膨胀土地基变形量可按下列 3 种情况分别计算。

1) 天然地表下 1m 处土的天然含水量等于或接近最小值时，或地面有覆盖且无蒸发可能时，以及建筑物在使用期间经常有水浸湿的地基，可按膨胀变形量计算。根据《膨胀土地区建筑技术规范》(GB 50112—2013)，地基土的膨胀变形量应按式 (9.9) 计算，即

$$s_e = \psi_e \sum_{i=1}^{n} \delta_{epi} h_i \tag{9.9}$$

式中 s_e——地基土的膨胀变形量，mm；

ψ_e——计算膨胀变形量的经验系数，宜根据当地经验确定，无可依据经验时，3 层及 3 层以下建筑物可采用 0.6；

δ_{epi}——基础底面下第 i 层土在该层土的平均自重压力与对应于荷载效应准永久组合时的平均附加压力之和作用下的膨胀率 (用小数计)，由室内试验确定；

h_i——第 i 层土的计算厚度，mm；

n——自基础底面至计算深度内所划分的土层数，计算深度应根据大气影响深度确有浸水可能时可按浸水影响深度确定。

2) 场地天然地表下 1m 处土的天然含水量大于 1.2 倍塑限含水量，或直接受高温作用的地基，可按收缩变形量计算，地基土的收缩变形量应按式 (9.10) 计算，即

$$s_s = \psi_s \sum_{i=1}^{n} \lambda_{si} \Delta\omega_i h_i \tag{9.10}$$

式中 s_s——地基土的收缩变形量，mm；

ψ_s——计算收缩变形量的经验系数，宜根据当地经验确定，无可依据经验时，3 层及 3 层以下建筑物可采用 0.8；

λ_{si}——基础底面下第 i 层土的收缩系数，由室内试验确定；

$\Delta\omega_i$——地基土收缩过程中，第 i 层土可能发生的含水量变化平均值 (用小数表示)；

n——基础底面至计算深度内所划分的土层数。

3) 其他情况下可按胀缩变形量计算，按式 (9.11) 计算，即

$$s_{es} = \psi_{es} \sum_{i=1}^{n} (\delta_{epi} + \lambda_{si} \Delta\omega_i) h_i \tag{9.11}$$

式中 s_{es}——地基土的胀缩变形量，mm；

ψ_{es}——计算胀缩变形量的经验系数，宜根据当地经验确定，无可依据经验时，3层及3层以下建筑物可采用0.7；

δ_{epi}——基础底面下第 i 层土在压力为 p_i（该层土的平均自重压力与平均附加压力之和）作用下的膨胀率，由室内试验确定；

λ_{si}——第 i 层土的收缩系数，由室内试验确定；

$\Delta\omega_i$——地基土收缩过程中，第 i 层土可能发生的含水量变化的平均值，以小数表示；

n——基础底面至计算深度内所划分的土层数。

9.4.5 膨胀土地基计算

根据场地的地形、地貌条件，可将膨胀土建筑场地分为：①平坦场地，地形坡度小于5°；或地形坡度为5°～14°，且距坡肩水平距离大于10m的坡顶地带；②坡地场地，地形坡度不小于5°；或地形坡度小于5°，但同一建筑物范围内局部地形高差大于1m。膨胀土地基的胀缩变形量可按式（9.11）计算。

位于平坦场地的建筑物地基，承载力可由现场浸水荷载试验、饱和三轴不排水试验或《膨胀土地区建筑技术规范》（GB 50112—2013）承载力表确定，变形则按胀缩变形量控制。而位于斜坡场地上的建筑物地基，除按上述计算控制外，还应进行地基的稳定性计算。

9.4.6 膨胀土地基的工程措施

膨胀土地基的工程建设应根据当地的气候条件、地基胀缩等级、场地工程地质和水文地质条件，结合当地建筑施工经验，因地制宜采取综合措施，一般从以下两个方面考虑。

1. 设计措施

（1）建筑场地。应避开地质条件不良的地段，如浅层滑坡、地裂发育、地下水位变化剧烈的地段。尽量布置在地形条件比较简单、土质较均匀、胀缩性较弱的场地。坡地建筑应避免大开挖，依山就势建造，同时应利用和保护天然排水系统，并设置必要的排洪、借流和导流等排水措施，加强隔水、排水措施，防止局部浸水和渗漏现象。

（2）建筑措施。建筑体型力求简单。在地基土显著不均匀处、建筑平面转折处和高差较大处以及建筑结构类型不同处，应设置沉降缝。民用建筑层数宜多于1～2层，以加大基底压力，防止膨胀变形。合理确定建筑物与周围树木间距离，绿化时避免选用吸水量大、蒸发量大的树种。

（3）结构措施。结构上应加强建筑物的整体刚度，承重墙体宜采用拉结较好的实心砖墙，不得采用空斗墙、砌块墙或无砂混凝土砌体，避免采用对变形敏感的砖拱结构、无砂大孔混凝土和无筋中型砌块等。基础顶部和房屋顶层宜设置圈梁，其他层隔层设置或层层设置。建筑物的角段和内外墙的连接处，必要时可增设水平钢筋。

（4）地基基础措施。加大基础埋深且不应小于1m。当以基础埋深为主要防治措施时，基础埋置深度宜超过大气影响深度或通过变形验算确定。较均匀的膨胀土地基，可采用条基；基础埋深较大或条基基底压力较小时，宜采用墩基。可采用地基处理方法减小或消除地基胀缩对建筑物的危害，常用的方法有换土垫层、土性改良、深基础等。换土应采用非膨胀性黏土、砂石或灰土等材料，厚度应通过变形计算确定，垫层宽度应大于基底宽度。土性改良可通过在膨胀土中掺入一定量的石灰来提高土的强度；也可采用压力灌浆将石灰浆液灌注入膨胀土的裂缝中起加固作用。当大气影响深度较深，膨胀土层较厚，选用地基加固或墩式基础施工困难时，可选用桩基础穿越。

2. 施工措施

膨胀土地区的建筑物，应根据设计要求、场地条件和施工季节，做好施工组织设计。在施工中应尽量减少地基中含水量的变化，以减少土的胀缩变形。基坑开挖施工宜分段快速作业，避免基坑岩土体受暴晒或泡水。雨季施工应采取防水措施。当基坑开挖接近基底设计标高时，宜预留 150～300mm 厚土层，待下一工序开始前挖除；基坑验槽后应及时封闭坑底和坑壁；基坑施工完毕后应及时分层回填夯实。

由于膨胀土坡地具有多向失水性和不稳定性，坡地建筑比平坦场地的建筑破坏严重，故应尽量避免在坡坎上建筑。若无法避开，则应通过排水措施、支护措施等将环境整治后再开始兴建建筑物。

9.5 山区地基

我国山区面积广大，山区地基与平原相比，其差异主要表现为地基的不均匀性和场地的不稳定性两个方面，工程地质条件更复杂，如岩溶、土洞、土岩组合地基等，对构筑物具有直接和潜在的危险，为保证山区构筑物的安全和正常使用，有必要了解山区地基的特点。

9.5.1 土岩组合地基

当建筑地基（或被沉降缝分隔区段的建筑地基）主要受力层范围内存在下列情况之一者，属于土岩组合地基。

（1）下卧基岩表面坡度较大的地基。

（2）石芽密布并有出露的地基。

（3）大块孤石或个别石芽出露的地基。

1. 土岩组合地基的工程特性

土岩组合地基在山区建设中较为常见，主要特征是地基在水平方向和垂直方向具有不均匀性，其主要工程特性如下。

（1）下卧基岩表面坡度较大。若下卧基岩表面坡度较大，其上覆土厚薄不均，将使地基承载力和压缩性相差悬殊而引起建筑物不均匀沉降，致使建筑物倾斜或土层沿岩面滑动而丧失稳定。

例如，建筑物位于沟谷部位，基岩呈 V 形，岩石坡度较平缓，上覆土层强度较高时，对中小型建筑物，只需适当加强上部结构刚度，不必做地基处理。若基岩呈“八”字形倾斜，建筑物极易在两个倾斜面交界处出现裂缝，此时可在倾斜交界处用沉降缝将建筑物分开。

(2) 石芽密布并有出露的地基。该类地基多系岩溶的结果，我国贵州、广西和云南等省的广泛分布。其特点是基岩表面凹凸不平，起伏较大，石芽间多被红黏土充填，即使采用很密集的勘探点，也不易查清岩石起伏变化全貌。其地基变形目前理论上尚无法计算。若填充于石芽间的土强度较高，则地基变形较小；反之变形较大，有可能使建筑物产生过大的不均匀沉降。

(3) 大块孤石。地基中夹杂着大块孤石，多出现在山前洪积层中或冰渍层中。该类地基类似于岩层面相背倾斜和个别石芽出露地基，其变形条件最为不利，在软硬交接处极易产生不均匀沉降，造成建筑物开裂。

2. 土岩组合地基的处理

土岩组合地基的处理可分为结构措施和地基处理措施两个方面。

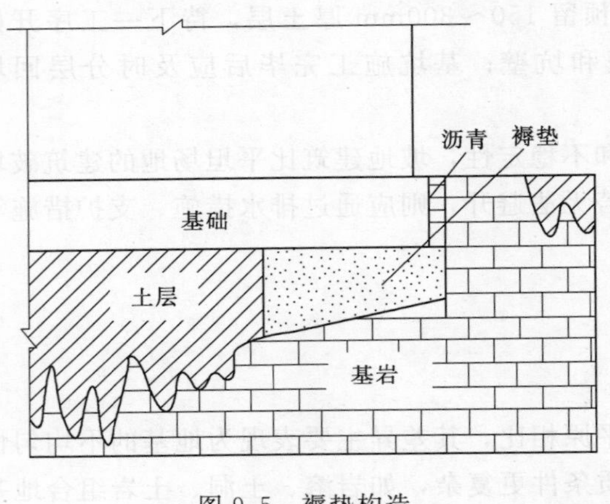

图 9.5　褥垫构造

(1) 结构措施。对建造在软硬相差比较悬殊的土岩组合地基上的长度较大或造型复杂的建筑物，为减小不均匀沉降所造成的危害，宜结合建筑平面形状、荷载条件设置沉降缝，将建筑物分开，缝宽 30～50mm，特殊情况下可适当加宽。必要时应加强上部结构的刚度，如加密隔墙、增设圈梁等。

(2) 地基处理措施。地基处理措施可分为两大类：一类是处理压缩性较低的那部分地基，使之适应压缩性较高的地基，如采用褥垫法，在石芽露出部位做褥垫（图 9.5），褥垫可采用炉渣、中砂、粗砂或土夹石等材料，厚度宜取 300～500mm，采用分层夯实，夯填度应根据试验确定；另一类土是处理压缩性较高那部分的地基，使之适应压缩性较低的地基，如采用桩基础、局部深挖、换填或用梁、板、拱跨越等，这类处理方法效果较好，费用也较高。

9.5.2　岩溶

岩溶指可溶性岩层，如石灰岩、白云岩、石膏、岩盐等受地表水和地下水的长期化学溶蚀和机械侵蚀作用而形成的溶洞、溶沟、裂隙、暗河、石芽、石林、漏斗、钟乳石等特殊地貌形态的总称。

我国岩溶分布较广，尤其是碳酸盐类岩溶，总面积约为 344.4km^2，遍及 26 个省（自治区、直辖市），西南、东南地区均有分布，贵州、云南、广西等省（自治区）岩溶最为集中。

1. 岩溶的发育条件和规律

岩溶发育必须具备的条件是：岩石具有可溶性，岩石裂隙发育且具有透水性；岩层中水循环交替条件好，水具有溶蚀性。具备这两个条件就可能出现岩溶现象。

影响岩溶发育的主要因素有岩性、地下水活动、气候、地质构造及地形等。岩溶的形成条件中，地下水的活动是最基本的。若降水丰富，地下水源充沛，岩溶发展就快。地质构造上具有裂隙和背斜顶部和向斜轴部、断层破碎带、岩层接触面和构造断裂带等，地下水流动快，有利于岩溶的发育。地形的起伏直接影响地下水的流速和流向，如地势高差大、地表水和地下水流速大也将加速岩溶发育。

可溶性岩层不同，岩石的性质和形成条件不同，岩溶的发育速度也就不同。一般情况下，石灰岩、泥灰岩、白云岩及大理石发育较慢。岩盐、石膏及石膏质岩层发育很快，经常存在有漏斗、洞穴并发生塌陷现象。岩溶的发育和分布规律主要受岩性、裂隙、断层以及不同可溶性岩层接触面的控制。其分布常具有带状和成层性，当不同岩性的倾斜岩层相互成层时，岩溶在平面上呈带状分布。

2. 岩溶地基稳定性评价和处理措施

首先要了解岩溶的发育规律、分布情况和稳定程度。岩溶对地基稳定性的影响主要表现在：①地基主要受力层范围内若有溶洞、暗河等，在附加荷载或振动作用下，溶洞顶板可能塌陷，造成地基突然下沉；②溶洞、溶槽、石芽、漏斗等岩溶形态使基岩面起伏较大，或分布有软土，导致地基不均匀；③基础埋置在基岩上，其附近有溶沟、竖向岩溶裂痕、落水洞等，可能使基础下岩层沿倾向临空面的软弱结构面产生滑动；④基岩和上覆土层内，因岩溶地区较复杂的水文地质条件，易产生新的工程地质问题。

在山区进行工程建设时，首先应考虑避开不稳定的岩溶地区，若无法避开时，应结合岩溶的发育情况、工程要求、施工条件、经济与安全的原则，采取下述必要的防护和处理措施。

（1）“清爆换填”。适用于处理顶板不稳定的浅埋溶洞地基。即清除覆土，爆开顶板，挖去松软填充物，回填块石、碎石、黏土或毛石混凝土等，并分层密实。对地基岩体内的裂隙，可灌注水泥浆、沥青或黏土浆等。

（2）梁、板跨越。对于洞壁完整、强度较高而顶板破碎的岩溶地基，宜采用钢筋混凝土梁、板跨越，但支承点必须落在较完整的岩面上。

（3）洞底支撑。对于跨度较大、顶板具有一定厚度，但稳定条件差的溶洞地基，若能进入洞内，可用石砌柱、拱或钢筋混凝土柱支撑洞顶，但应查明洞底的稳定性。

（4）水流排导。岩溶水的处理应采取疏导的原则，一般宜采用排水隧洞、排水管道等进行疏导，以防止水流通道堵塞，造成动水压力对基坑底板、地坪及道路等的不良影响。

9.5.3 土洞

土洞是岩溶地区上覆土层在地表水冲蚀或地下水潜蚀作用下形成的洞穴。土洞的形成和发育与土层的性质、地质构造、水的活动、岩溶的发育等因素有关，且以土层、岩溶的存在和水的活动三因素最为重要。土洞继续发展，逐渐扩大，就会引起地表塌陷。

1. 土洞的分类

土洞按其成因可分为以下3类。

（1）地表水形成的土洞。当地下水深埋于基岩面之下，岩溶以垂直形态为主的山区，土洞以地表水潜蚀为主。地表水通过土中裂隙、生物孔洞、石芽边缘等通道渗入地下，借冲蚀作用自上而下逐渐形成漏斗形土洞，或形成地面塌陷。

（2）地下水形成的土洞。当地下水埋藏浅，略具承压性，岩溶以水平形态为主的准平原地区，土洞以地下水潜蚀为主。即地下水位频繁升降于岩土交界面附近，加剧水的潜蚀和吸蚀作用，为土洞的形成和发展提供了必要条件。

（3）人工降水形成的土洞。如地下动、静水位高于基岩面，且岩石裂隙及岩溶较发育，则人工降水可使地下水位迅速下降和水动力条件急剧变化，同样造成水力梯度增大，地下水潜蚀作用加强，从而在岩土界面附近形成土洞。

2. 影响土洞发育的因素

土洞的形成和发展受到地区地质构造、水文地质、岩溶发育、地表排水以及人为改变地下水动力条件等诸因素的影响，其中，土、岩溶与水的活动是最重要的因素。

（1）土质和土层厚度的影响。土洞多位于黏性土层中，黏性土的黏粒成分、黏聚力、水稳性不同，是使得同一地区在其他条件相似的情况下土洞分布不均匀的原因之一。凡颗粒细、黏性大、胶结好、水理性稳定的土层，不易形成土洞。在溶槽处，经常有软黏土分布，其抗冲蚀能力弱，且处于地下水流首先作用的场所，是土洞发育的有利部位。当形成土洞的其他条件相似而土的性质不同时，仅反映为土洞的发展速度不同，并不能得出某种土不可能形成土洞的结论。

土层厚薄对土洞的形成、由土洞发展到地表塌陷所需时间以及塌陷形成后的断面形状等都有一定影响。一般土层越厚，土洞发展至地面塌陷所需时间越长，且易形成自然拱而不易扩展到地表。由地表水作用形成的土洞，只要具备土洞发展条件，水的补给充足，不论土层厚薄均可形成塌陷，仅表现为出现塌陷的时间不同而已。

（2）基岩中岩溶发育的影响。土洞是岩溶作用的产物，因此它的分布同样受到决定岩溶发育的岩性、岩溶水、地质构造等因素的制约。土洞发育区必然是岩溶发育区，土洞或塌陷下的基岩中必有岩溶水通道，尽管这一通道不一定是巨大的裂隙或岩溶空间，尤其是对地表水形成的土洞。

（3）水的影响。由于水是形成土洞的外因和动力，所以土洞的分布规律服从于土与水相互作用的规律。许多土洞的开挖显示，空洞洞顶标高一般在地下水位变动幅度以内，而大多位于高水位与平水位之间。由地表水形成的土洞或塌陷，其规模及发育速度取决于水的补给条件，其作用和发展过程大多是随着水流自上而下地发生，只有地表水渗入土中流经一段水平距离再注入基岩时可出现自下而上发育的土洞。由地下水作用形成的土洞，其规模和发育速度与水动力条件、水位升降幅度及频率有关。由人工降水形成的土洞，由于流速和水位升降幅度及频数都较自然条件下大得多，因此土洞与塌陷的发育强度也要大得多。

3. 土洞地基的工程措施

在土洞地区进行工程建设，勘察单位应提出场地土洞发育程度的资料，如土洞的发育程度和分布规律，土洞及地表塌陷的形状、大小、深度和密度。施工时，应沿基槽认真查明基础下土洞的分布位置。建筑场地最好选择在地势较高或最高水位低于基岩面的地段，并避开岩溶强烈发育及基岩面软黏土厚而集中的地段。若地下水位高于基岩面，在建筑施工或使用期间，应考虑由人工降低地下水引起土洞或发生地表塌陷的可能性。土洞地基可采取以下工程措施。

(1) 处理地表水和地下水。做好地表水截流、防渗和堵漏等，杜绝地表水渗入。对形成土洞的地下水，当地质条件许可时，可采用截流、改道方法，防止土洞和地表塌陷的发展。

(2) 挖填处理。对地表水形成的浅层土洞和塌陷先挖除软土，然后用石块或片石混凝土回填。对地下水形成的土洞或塌陷，可采用挖除软土和抛填块石后做反滤层，面层用黏性土夯实。有些土洞若挖除工程量太大，可采用强夯实法将土洞夯塌，加固地基。

(3) 灌砂处理。对于埋藏深、洞径大的土洞，施工时在洞体板上钻两个或多个钻孔，其中之一作为气孔，孔径为 50mm 左右，另一个用来灌砂，孔径大于 100mm，灌砂同时冲水，直到排气孔冒砂为止。如土洞内有水灌砂困难时，可采用压力罐注强度等级为 C15 的细石混凝土，也可灌注水泥和砾石。

(4) 垫层处理。在基础底面下夯填黏性土夹碎石作垫层，以扩散土洞顶板的附加压力，碎石骨架还可降低垫层沉降量，增加垫层强度。

(5) 梁板跨越。当塌陷区范围较大、地下岩溶强烈发育的地段，或者直径和危险性都较小的深埋土洞，当土层的稳定性较好时，可不处理洞体，而在洞顶上以梁、板形式跨越土洞群和塌陷区，以支撑上部建筑物。

(6) 采用桩基等深基础。对重要建筑物，当土洞较深时，可采用桩基或其他深基础穿过覆盖土层，将建筑物荷载直接传至稳定岩层。

9.6 红黏土地基

9.6.1 红黏土的形成与分布

红黏土是炎热湿润气候条件下的石灰岩、白云岩等碳酸盐岩系出露区的岩石经过长期复杂的成土化学风化作用（红土化作用）下形成的棕红、褐黄等色的高塑性黏土。其液限一般大于 50%，具有表面收缩、上硬下软、裂隙发育等特征。当原生红黏土层受间歇性水流的冲蚀作用，土粒被带到低洼处堆积成新的土层，其颜色较未经搬运者浅，并仍保留红黏土的基本特征，且液限大于 45%的土称次生红黏土。

红黏土形成和分布于湿热的热带、亚热带地区，主要分布在我国长江以南（即北纬 33°以南）的地区，以贵州、云南、广西等省（自治区）最为广泛和典型，湖南、湖北、安徽、四川等也有部分分布。通常堆积在山坡、山麓、盆地或洼地中，主要为残积、坡积类型。红黏土常为岩溶地区的覆盖层，因受基岩起伏的影响，厚度变化较大。次生红黏土主要分布在溶洞、沟谷和河谷低级阶地，覆盖于基岩或其他沉积物之上。

9.6.2 红黏土的工程地质特征

1. 矿物成分

红黏土的矿物成分主要为石英和高岭石（或伊利石），化学成分以 SiO_2、Fe_2O_3、Al_2O_3 为主。土中基本结构单元除静电引力和吸附水膜连接外，还有铁质胶结，使土体具有较高的连接强度，抑制土粒扩散层厚度和晶格扩展，在自然条件下具有较好的水稳性。由于红黏土分布区气候潮湿多雨、含水量远高于缩限，在自然条件下失水，土粒结合水膜减薄，颗粒距离缩小，使红黏土具有明显的收缩性和裂隙发育等特征。

2. 物理力学性质

红黏土具有不同于一般黏性土的物理力学特性。红黏土的孔隙比较大（1.1～1.7），天然含水量（30%～60%）、液限（60%～110%）、塑限（30%～60%）都很高，常处于饱和状态（$S_r>85\%$），但液性指数较小（−0.1～0.4）。其含水量虽高，但土体一般仍处于硬塑或坚硬状态，具有较高的强度和较低的压缩性，渗透性差。在孔隙比相同时，其承载力为软黏土的2～3倍。此外，红黏土的各种性能指标变化幅度很大，具有较高的分散性。

3. 不良工程特征

从土的性质来说，红黏土是较好的建筑物地基，但也存在一些不良工程特征。

（1）有些地区的红黏土具有胀缩性，如贵州的贵阳、遵义、铜仁，广西的桂林、柳州、来宾、贵县等，这些地区由于红黏土地基的胀缩变形，致使一些单层民用建筑物和少数热工建筑物出现开裂破坏，其中以广西最为严重，贵州较轻，有些地区的红黏土的胀缩量微小，可不作膨胀土对待，红黏土的胀缩性能表现以收缩为主，即在天然条件下，膨胀量微小，收缩量较大，经收缩后的土试样浸水时，可产生较大的膨胀量。在坚硬和硬塑状态的红黏土层由于胀缩作用形成了大量裂隙，裂隙发育深度一般为3～4m，已见最深者达6m，裂隙面光滑，有的带擦痕，有的被铁锰质浸染；裂隙的发生和发展速度极快，在干旱气候条件下，新挖坡面数日内便可被收缩裂隙切割得支离破碎，使地面水易浸入，土的抗剪强度降低，常造成边坡变形和失稳。

（2）厚度分布不均，常因石灰岩表面石芽、溶沟等的存在，其厚度在近距离内相差悬殊（有的1m之间相差竟达8m）。

（3）上硬下软，从地表向下由硬至软明显变化，接近下卧基岩面处，土常呈软塑或流塑状态，土的强度逐渐降低，压缩性逐渐增大。

（4）因地表水和地下水的运动引起的冲蚀和潜蚀作用，岩溶现象一般较为发育，在隐伏岩溶上的红黏土层常有土洞存在，影响场地稳定性。

9.6.3 红黏土地基的勘察与评价

红黏土地基的勘察，应着重查明其状态分布、裂隙发育程度及地基均匀性。工程地质测绘和调查应着重查明下列内容。

（1）不同地貌单元红黏土的分布、厚度、物质组成、土性等特征及差异。

（2）下伏基岩岩性、岩溶发育特征及其与红黏土土性、厚度变化的关系。

（3）地裂分布、发育特征及其成因，土体结构特征，土体中裂隙的密度、深度、延展方向及其发育规律。

（4）地表水体和地下水的分布、动态及其与红黏土状态垂向分带的关系。

（5）现有建筑物开裂原因分析，当地勘察、设计、施工经验等。

红黏土地基评价包括地基稳定性、地基承载力和地基均匀性。呈坚硬、硬塑状态的红黏土由于收缩作用可形成大量裂隙，且裂隙的发育和发展速度极快，这使得土体连续性和整体性被破坏，所以在进行整体稳定性分析时应将土体的抗剪强度指标作相应折减。

红黏土地基承载力在同样孔隙比条件下高于一般软黏土，确定方法主要有原位实验法、承载力公式法和经验方法，应在土质单元划分基础上根据实际情况综合选用。采用原位实验时，一般对于浅层土进行静载荷试验，对于深层土进行旁压试验；按承载力公式计算时，抗剪强度指标最好由三轴试验确定，若采用直剪试验指标需对 c、φ 进行折减；按经验表格确定时需考虑现场鉴别土的干湿状态。

红黏土地基均匀性主要是针对由红黏土和下伏基岩组成的Ⅱ类地基，对于地基全部由红黏土组成的Ⅰ类地基可不作均匀性评价。Ⅱ类地基的评价内容主要是根据不同情况验算其沉降差是否满足要求。

9.6.4 红黏土地基的工程措施

工程建设中，应根据具体情况充分利用红黏土上硬下软的分布特征，基础尽量浅埋。对基础下红黏土厚度变化较大的地基，以及红黏土地基中存在的石芽、土洞和土层不均匀等不利因素，可采用调整基础沉降差的办法，或加强基础和上部结构的刚度或采用桩基础和其他深基础等。

施工时必须做好防水排水措施，避免水分渗透进地基中。基坑开挖时宜采取保温保湿措施，防止失水收缩。基坑开挖后，不得长久暴露使地基干缩开裂或浸水软化，应迅速清理基坑修筑基础，并及时回填夯实。对于天然土坡和人工边坡，必须注意土体中裂隙发育情况，避免水分渗入引起滑坡或崩塌事故。边坡应及时维护，防止失水干缩。

9.7 冻土地基

温度低于0℃，土中含有冰的土称为冻土。根据冻土的冻结延续时间，可分为季节性冻土和多年冻土两大类。土层冬季冻结，夏季全部融化，称为季节性冻土层。季节性冻土在我国分布很广，东北、华北和西北是季节性冻土的主要分布区。土层冻结延续时间在3年或3年以上称为多年冻土。多年冻土主要分布在黑龙江的大小兴安岭一带、青藏高原、内蒙古、甘肃、新疆的高山区等纬度或海拔较高地区。

9.7.1 季节性冻土

季节性冻土地区，当土体受冻时在土层中形成冰夹层，土体随之发生隆起，即冻胀现象。当土层解冻时，土中积聚的冰晶体融化，土体随之下陷，出现溶陷现象。土的冻胀现象和融陷现象是季节性冻土的特性。

冻胀和融陷对工程都产生不利影响。发生冻胀后，路基会隆起，柔性路面鼓包、开裂，刚性路面错缝或折断，建筑物会开裂、倾斜，轻型建筑物甚至会倒塌。发生融陷后，路基在车辆反复碾压下，轻者路面变软，重者路面翻浆冒泥，建筑物会发生大量下沉或不均匀下沉，引起建筑物开裂破坏。

1. 季节性冻土的分类

冻胀率 η 是评价季节性冻土工程性质的重要指标，按式（9.12）计算，即

$$\eta=\frac{\Delta z}{z_{d}}\times 100\% \tag{9.12}$$

式中 Δz——地表冻胀量，mm；

z_d——设计冰结深度，mm，$z_d=h-\Delta z$；

h——冻层厚度，mm。

根据冻胀率 η 可将季节性冻土分为以下五类。

Ⅰ不冻胀土：$\eta\leqslant 1\%$，冻结时基本无水分迁移，冻胀变形很小，对各种浅埋基础无任何危害。

Ⅱ弱冻胀土：$1\%<\eta\leqslant 3.5\%$，冻结时水分迁移很少，地表无明显冻胀隆起，对一般浅埋基础也无危害。

Ⅲ冻胀土：$3.5\%<\eta\leqslant 6\%$，冻结时水分有较多迁移，形成冰夹层，如建筑物自重轻、基础埋置过浅，会产生较大的冻胀变形，冻深大时会由于切向冻胀力而使基础上拔。

Ⅳ强冻胀土：$6\%<\eta\leqslant 12\%$，冻结时水分大量迁移，形成较厚冰夹层，冻胀严重，即使基础埋深超过冻结线，也可能由于切向冻胀力而上拔。

Ⅴ特强冻胀土：$\eta>12\%$，冻胀量很大，是使桥梁基础冻胀上拔破坏的主要原因。

2. 季节性冻土地基的工程措施

季节性冻土地区防治冻胀可采取以下措施。

（1）改变地基冻胀性的措施。

1）为了防止施工和使用期间的雨水、地表水、生产废水和生活污水浸入地基，应配置排水设施。在山区应设置截水沟或在建筑物下设置暗沟，以排走地表水和潜流水，避免因基础堵水而造成冻害。

2）用强夯法消除土的冻胀性。

3）对低洼场地，可采用非冻胀性土填方，填土高度不应小于0.5m，其范围不应小于散水坡度加1.5m。

（2）结构措施。

1）增加建筑物整体刚度。设置钢筋混凝土圈梁和基础梁，控制建筑物的长高比。

2）平面图形力求简单，体型复杂时，宜用沉降缝隔开。

3）宜采用独立基础。

4）加大上部荷重。

5）外墙长度不小于7m、高度不小于4m时，宜增加内横隔墙或扶壁柱。

6）外门斗、室外台阶和散水坡等附属结构应与主体结构断开。

（3）减小和消除冻胀力的措施。

1）基础侧面回填非冻胀性的中砂和粗砂。

2）改善基础侧表面平滑度，可进行压平、抹光处理；基础侧面在冻土范围内还可以用工业凡士林、渣油等涂刷以减少切向冻胀力，对桩基础也可用混凝土套管

来减除切向冻胀力。

3）选用抗冻胀性基础，改变基础断面形状，利用冻胀反力的自锚作用增加基础抗冻拔的能力。

9.7.2 多年冻土

1. 多年冻土的分类

多年冻土的融陷性是评价其工程性质的重要指标，可用融沉系数 δ_0 表示，δ_0 用式（9.13）计算，即

$$\delta_0=\frac{h_1-h_2}{h_1}\times 100\% \tag{9.13}$$

式中 h_1——冻土试样融化前的高度，mm；

h_2——冻土试样融化后的高度，mm。

根据融沉系数 δ_0 可将多年冻土分为以下5级。

Ⅰ不融沉，$\delta_0\leqslant 1\%$，是仅次于基岩的地基土，在其上修筑建筑物时可不考虑冻融问题。

Ⅱ弱融沉，$1\%<\delta_0\leqslant 3\%$，是多年冻土中较好的地基土，可直接作为建筑物的地基，当控制基底最大融深在3m以内时，建筑物不会遭受明显融沉破坏。

Ⅲ融沉，$3\%<\delta_0\leqslant 10\%$，具有较大的融化下沉量，而且冬季回冻时有较大的冻胀量。作为地基的一般基底，融深不得大于1m，并采用专门措施，如深基、保温防止基底融化等。

Ⅳ强融沉，$10\%<\delta_0\leqslant 25\%$，融化下沉量很大，常造成建筑物破坏，设计时应保持冻土不融或采用桩基础。

Ⅴ融陷，$\delta_0>25\%$，为含土冰层，融化后呈流动、饱和状态，不能直接作为地基，应进行专门处理。

2. 多年冻土地基的工程措施

多年冻土地区的地基应根据建筑物的特点和冻土的性质，选用下列准则进行设计。

（1）保持冻结。即保持多年冻土在施工和使用期间处于冻结状态。宜用于冻层较厚、多年低温较低和多年冻土相对稳定的地带，适用于不采暖的建筑，在富冰冻土、饱冰冻土和含土冰层地基上的采暖建筑和按容许融化原则设计有困难的建筑物。施工时宜选择在冬季，注意保护地表上覆盖植被，供热与给排水管道应采取绝热措施，选用保温隔热地板，减少热渗入。

（2）容许融化。即容许基底下的多年冻土在施工和使用期间处于融化状态，按其融化方式可分为两种：一种是自然融化，宜用于少冰冻土或多年冻土地基，当估计的地基总融陷量不超过规定的地基容许变形值时，均允许基底下多年冻土在施工和使用期间自行逐渐融化；另一种是预先融化，宜用于冻土层厚度较薄，多年地温较高，多年冻土不够稳定地带的富冰冻土、饱冰冻土和含土冰层地基，可根据具体情况在施工前采用人工融化压密或挖除换填处理。施工时宜选择在夏季，并应采取预防不均匀变形的措施。

9.7.3　冻土地基基础设计

根据《冻土地区建筑地基基础设计规范》(JGJ 118—2011) 进行冻土地基基础的设计。其基本设计步骤与其他类似基础设计相同，只是确定基础的最小埋置深度和地基强度验算有所区别，现分别介绍如下。

(1) 确定基础的最小埋置深度。为防止冻胀融沉对建筑物的影响，基础的最小埋置深度 d_m 宜超过冻土地基的最大融化深度，即

$$d_m = d_t + d_0 \tag{9.14}$$

式中　d_t——冻土地基最大融化深度，通过查表或根据经验确定，m；

d_0——安全储备值，一般桩基础采用 2.0m，其他基础采用 1.0m。

(2) 地基强度验算。地基强度按照下列公式进行校核，即

$$N + G \leqslant fA + u\sum_{i=1}^{n} q_i l_i \tag{9.15}$$

式中　N——基础承受的最大荷载，通过试验或查规范计算确定，kN；

G——基础的自重，kN；

f——基底的冻土承载力，无资料时按照《冻土地区建筑地基基础设计规范》(JGJ 118—2011) 确定，kPa；

A——基础底面面积，m^2；

u——桩基周长；

n——基础穿过多年冻土的层数；

q_i——第 i 层冻土与基础侧面的冻结强度，无资料时按照《冻土地区建筑地基基础设计规范》(JGJ 118—2011) 确定，kPa；

l_i——第 i 层冻土与基础的接触深度，m。

9.8　盐渍土地基

9.8.1　盐渍土的形成和分布

盐渍土指易溶盐的含量大于 0.3% 时，并具有溶陷、盐胀、腐蚀等工程特性的土。

盐渍土是由于矿化度较高的地下水，沿着土层的毛细管上升至地表，经蒸发作用，水中盐分凝析出来，聚集于地表和地表下不深的土层中而形成的。故其形成条件为：地下水的矿化程度较高，有充足的盐分来源；地下水位较高，毛细作用能达到地表或接近地表，有被蒸发的可能；气候比较干燥，一般年降水量小于蒸发量的地区易形成盐渍土。盐渍土厚度一般不大，自地表向下 1.5～4.0m，其厚度与地下水埋深、土的毛细作用上升高度以及蒸发作用影响(蒸发强度)等有关。

盐渍土一般分布在地势比较低且地下水位较高的地段，如内陆洼地，盐湖和河流两岸的漫滩、低阶地、牛轭湖以及三角洲洼地、山间洼地等地段。盐渍土在俄罗斯、美国、伊拉克、埃及、沙特阿拉伯、阿尔及利亚、印度以及非洲、欧洲等许多国家和地区均有分布，在我国分布面积较广，按地理区域划分，可分为沿海盐渍土

和内陆盐渍土两个大区。它们主要分布在西北干旱地区的青海、新疆、西藏北部、甘肃、宁夏、内蒙古等地势低洼的盆地和平原中，其次分布在华北平原、松辽平原等地，在滨海地区的辽东湾、渤海湾、莱州湾、杭州湾等地也有相当面积的盐渍土存在。

9.8.2 盐渍土对工程的危害

盐渍土对工程的危害主要体现在溶陷性、盐胀性和腐蚀性3个方面。

1. 溶陷性

天然状态下的盐渍土在自重应力或附加应力下，受水浸湿时所产生的附加变形称为盐渍土的溶陷变形。溶陷量的大小取决于浸水量、土中盐的性质和含量以及土的原始结构状态等。盐渍土的溶陷性可以用单一的有荷载作用时的溶陷系数 δ 来衡量，δ 的测定与黄土的湿陷系数相似，由室内压缩试验确定，即

$$\delta=\frac{h_p-h_p'}{h_0} \tag{9.16}$$

式中 h_p——原状土样在压力 p 作用下，沉降稳定后的高度，mm；

h_p'——在同一压力下加压稳定后的土样，经浸水溶滤沉降稳定后的高度，mm；

h_0——土样的原始高度，mm。

溶陷系数也可以通过现场试验确定，即

$$\delta=\frac{\Delta_s}{h} \tag{9.17}$$

式中 Δ_s——荷载板压力为 p 时盐渍土浸水后的溶陷量，mm；

h——荷载板下盐渍土的湿润深度，mm。

当 $\delta \geqslant 0.01$ 时可判定为溶陷性盐渍土；当 $\delta < 0.01$ 时可判定为非溶陷性盐渍土。

根据溶陷系数计算地基的溶陷量 s，即

$$s=\sum_{i=1}^{n}\delta_i h_i \tag{9.18}$$

式中 δ_i、h_i——第 i 层土的溶陷系数及其厚度，mm；

n——基础底面上地基溶陷范围内土层数目。

根据溶陷量，可把盐渍土分为3个等级，见表9.8。

表9.8 盐渍土地基的溶陷等级

溶陷等级	Ⅰ	Ⅱ	Ⅲ
溶陷量 s/mm	$70<s\leqslant150$	$150<s\leqslant400$	$s>400$

2. 盐胀性

盐渍土地基的盐胀一般可分为两类，即结晶膨胀与非结晶膨胀。结晶膨胀是指盐渍土因温度降低或失去水分后，溶于土中孔隙中的盐分浓缩并析出而结晶所产生的体积膨胀，具有代表性的是硫酸盐渍土。非结晶膨胀是指由于盐中存在着大量吸附性阳离子，具有较强的亲水性，遇水后很快地与胶体颗粒相互作用，在胶体颗粒

和黏土颗粒周围形成稳固的结合水膜，从而减小颗粒黏聚力，使之相互分离，引起土体膨胀，具有代表性的是碳酸盐渍土（碱土）。

对于盐渍土地基上的路面、路基、室外球场、机场跑道等，建设时一定要采取有效的防治膨胀措施；否则后果是相当严重的。

3. 腐蚀性

盐渍土中含有大量的无机盐，使其具有明显的腐蚀性，从而对建筑物基础和地下设施构成一种严重的腐蚀环境，影响其耐久性和安全性。

盐渍土中的氯盐是易溶盐，在水溶液中全部离解为阴、阳离子，属于电解质，具有很强的腐蚀作用，对于金属类的管线、设备以及混凝土中的钢筋都会造成严重损坏。

盐渍土中的硫酸盐，主要是指钠盐、镁盐和钙盐，这些属于易溶盐和中溶盐，对水泥、黏土制品有很强的腐蚀作用。

9.8.3 盐渍土地基的评价

盐渍土地基的评价应包括下列内容：

（1）盐渍土的含盐类型、含盐量及主要含盐矿物对岩土工程特性的影响。

（2）盐渍土的溶陷性、盐胀性、腐蚀性和场地工程建设的适宜性。

（3）盐渍土地基的承载力宜采用载荷试验确定，当采用其他原位测试方法时，应与载荷试验结果进行对比。

（4）确定盐渍土地基的承载力时，应考虑盐渍土的水溶性影响。

（5）盐渍土边坡的坡度宜比非盐渍土的软质岩石边坡适当放缓，对软弱夹层、破碎带应部分或全部加以防护。

（6）盐渍土对建筑材料的腐蚀性评价。

9.8.4 盐渍土地基的工程措施

1. 设计措施

设计良好的排水系统，避免基础附近积水。因地制宜选取消除或减小溶陷性的各种地基处理方法或穿透溶陷性盐渍土层，以及隔断盐渍土中毛细水上升的各种方法，如浸水预溶、强夯、换土及桩基础等。

2. 施工措施

（1）做好施工防水措施。防止施工用水和雨水流入基坑或基础周围，包括场地排水、地面防水，地下管道、沟和集水井的敷设，检漏井、检漏沟设置以及地基隔水层设置等。施工所用的各种水源都要与在建的建筑物和现有的建筑物之间保持足够的距离。

（2）做好施工防侵蚀措施。对搅拌混凝土或砂浆的用水和砂子的含盐量要予以控制。要注意提高钢筋混凝土、素混凝土和水泥砂浆自身的防盐类侵蚀能力，采用的方法主要是选用优质水泥、提高密实性，增大保护层厚度，提高钢筋的防锈能力等。如果提高自身的防侵蚀能力有困难或提高后仍不能满足要求时，可采取在混凝土或砖石砌体表面做防腐涂层等方法。防盐类侵蚀的重点部位是接近地面或水位线的干湿交替区段。基础混凝土采用外加剂时，应根据盐渍土地基的侵蚀等级而选用外加剂。当为强侵蚀的盐渍土地基时，应选用无氯盐和硫酸盐的外加剂；当为中等或弱侵蚀性的盐渍土地基时，若使用含氯盐和硫酸盐的外加剂，除应遵守有关规范、规定外，还必须采取其他相应措施，如使用钢筋阻锈剂等，以确保在掺量范围内对钢筋混凝土的质量及耐久性无危害作用。具体措施见表 9.9。

表 9.9　盐渍土地区防腐蚀措施

腐蚀等级	防腐等级	水泥品种	水泥用量/(kg/m³)	水灰比	外加剂	外部防腐蚀措施	
						干湿交替	深埋
弱	3	普通水泥 矿渣水泥	280～330	≤0.60		常规防护	常规或 不防护
中	2	普通水泥 矿渣水泥 抗腐蚀水泥	330～370	≤0.50	酌情选用 减水剂 阻锈剂 引气剂	沥青类 防水涂层	常规或 不处理
强	1	普通水泥 矿渣水泥 抗腐蚀水泥	370～400	≤0.40	减水剂 阻锈剂	沥青或 树脂类 防腐涂层	沥青类 涂层

安排好施工的时间和顺序，其中特别要注意以下几点：尽量避免在冬季或雨季进行施工，否则应该采取可靠的保温或防雨（雪）水和排洪措施，以防给排水设施冻裂漏水或突发性山洪侵入地基；对于埋置较深、荷重较大或需要采取地基处理措施的基础可先进行施工，要考虑到后期施工的相邻建筑物或设施可能对其产生的不利影响；一旦基础施工完成，要立即回填基坑，夯实填土；敷设管道时，先施工排水管道，并保证畅通。

思　考　题

9-1　软土的主要工程性质是什么？在工程中可采取哪些措施处理软土地基？

9-2　湿陷性黄土的主要工程性质是什么？如何判定黄土是否具有湿陷性？湿陷性黄土地基施工时应采取哪些措施？

9-3　膨胀土具有哪些工程特征？膨胀土对建筑物有哪些危害？膨胀土地基有哪些处理措施？

9-4　什么是土岩组合地基、岩溶和土洞？在这些地区进行工程建设时应采取哪些工程措施？

9-5　什么是红黏土？红黏土地基有何不良工程特性？

9-6　季节性冻土和多年冻土有何区别？建筑物防治冻害可采取哪些措施？

9-7　什么是盐渍土地基？盐渍土地基有何工程特性？

习　　题

9-1　某黄土试样原始高度为 20mm，加压至 200kPa，下沉稳定后的土样高度为 19.6mm，然后浸水，下沉稳定后的高度为 19.4mm，试判断该土是否为湿陷性黄土。

9-2 某膨胀土地区有一住宅楼项目，取土样进行室内土工实验，测得土样的原始体积为10mL，膨胀稳定后体积增大为17.6mL，该土样原始高度为20mm，在压力100kPa作用下膨胀稳定后的高度为21.8mm。求此土样的自由膨胀率和膨胀率，并确定该膨胀土的膨胀潜势。

第 10 章

地基基础抗震设计

10.1 概述

场地是指工程群体所在地，其范围相当于一个厂区、居民小区和自然村或不小于 1.0km^2 的平面面积。地震对建筑物的破坏作用是通过场地、地基传递给上部结构的。同时，场地与地基在地震时又支撑着上部结构，场地条件和地基情况对基础和上部结构的震害有着直接的影响。国内外的震害资料表明，建筑物在不同地质条件的场地上，地震时的破坏程度是明显不同的。于是，人们自然就会想到，如果能选择对抗震有利的场地和避开不利场地进行建设，就能减轻震害。但必须认识到，建设用地还受到地震以外许多因素的制约，除极不利和有严重危险性的场地外，往往不能排除其作为建设用地。

《建筑抗震设计规范》（GB 50011—2010）按场地上建筑物震害轻重的程度，把建筑场地进行了划分。以便从宏观上指导设计人员趋利避害，合理选择建筑场地或按照不同场地特点采取抗震措施。

10.1.1 场地地段的划分

场地地段的划分是在选择建筑场地的勘察阶段进行的，一般要根据地震活动情况和工程地质资料进行综合评价。场地地段按其上建筑物震害程度的轻重分为对抗震有利、一般、不利和危险地段，见表 10.1。

表 10.1　场地地段的划分

地段类别	地质、地形、地貌
有利地段	稳定基岩，坚硬土，开阔、平坦、密实、均匀的中硬土等
一般地段	不属于有利、不利和危险的地段
不利地段	软弱土，液化土，条状突出的山嘴，高耸孤立的山丘，陡坡，陡坎，河岸和边坡的边缘，平面分布上成因、岩性、状态明显不均匀的土层（含故河道、疏松的断层破碎带、暗埋的塘浜沟谷和半填半挖地基），高含水量的可塑黄土，地表存在结构性裂缝等
危险地段	地震时可能发生滑坡、崩塌、地陷、地裂、泥石流等及发震断裂带上可能发生地表位错的部位

选择建筑场地时，应根据工程需要，对场地的地形、地貌和岩土特性影响综合在一起加以评价。显然，应选择对抗震有利的地段，避开不利地段。当无法避开时

应采取有效措施，不应在危险地段建造甲、乙、丙类建筑。

10.1.2 发震断裂带的影响

断裂带是地质构造上的薄弱环节，根据其活动情况可分为发震断裂带和非发震断裂带。具有潜在地震活动的断裂带通常称为发震断裂带，地震时可能产生新的错动直通地表，在地面产生位错，对建在位错带上的建筑，其破坏是不易用工程措施加以避免的。因此，当场地内存在发震断裂带时，应对断裂的可能性和对建筑物的影响进行评价。

断裂带是否错动和出露到地表与很多因素有关，一般地震震级越高，出露于地表的断层长度越长，断层位错就越大；覆盖层厚度越大，出露于地表的位错与断层长度就越小。综合国内外多次地震中的破坏现象和一些试验，《建筑抗震设计规范》（GB 50011—2010）规定，对符合下列规定之一的情况，可忽略发震断裂错动对地面建筑的影响。

（1）抗震设防烈度小于 8 度。

（2）非全新世活动断裂。

（3）抗震设防烈度为 8 度和 9 度时，隐伏断裂的土层覆盖厚度分别大于 60m 和 90m。

当不符合上述规定的情况时，应避开主断裂带，其避让距离不宜小于表 10.2 的规定。在避让的距离范围内确有需要建造分散的、低于 3 层的丙、丁类建筑时，应按提高一度采取抗震措施，并提高基础和上部结构的整体性，且不得跨越断层线。

表 10.2 发震断裂的最小避让距离 单位：m

建筑抗震设防类别 / 烈度	甲	乙	丙	丁
8	专门研究	200	100	—
9	专门研究	400	200	—

10.1.3 局部突出地形的影响

局部突出地形主要是指山包、山梁和悬崖、陡坎等地段。由宏观震害调查和理论分析表明，岩质地形与非岩质地形对烈度的影响有所不同。例如，在云南通海地震的大量宏观调查中，发现非岩质地形对烈度的影响比岩质地形的影响更明显。另外，高度达数十米的条状突出的山脊和高耸孤立的山丘，由于鞭梢效应明显，振动有所加大，烈度有增高趋势。例如，1920 年宁夏海原发生 8.5 级地震，处于渭河谷地姚庄的烈度为 7 度，而 2km 外的牛家庄因位于高出百米的黄土梁上，烈度则达 9 度。此外，云南通海地震、东川地震、辽宁海城地震等地震调查也发现，位于局部孤突地形上的建筑物，其震害明显加重。1975 年辽宁海城地震时，中国地震局工程力学研究所在大石桥龙盘山高差达 58m 的两个测点测得的强余震加速度记录表明，局部突出地形上的地面最大加速度与坡脚下的地面最大加速度比值为1.84。

依据宏观震害调查的结果和对不同地形条件和岩土构成的形体所进行的二维地震反应分析结果所反映的总趋势，大致可以归纳为以下几点。

(1) 高突地形距离基准面的高度越大，高处的反应越强烈。

(2) 离陡坎和边坡顶部边缘的距离越大，反应相对越小。

(3) 从岩土构成方面看，在同样地形条件下，土质结构的反应比岩质结构大。

(4) 高突地形顶面越开阔，远离边缘的中心部位的反应明显越小。

(5) 边坡越陡，其顶部的放大效应相应越大。

综上所述，局部突出地形对抗震不利，在这种不利地段上建造丙类及丙类以上建筑时，除保证其在地震作用下的稳定性外，还应估计不利地段对地震动参数的放大作用，具体计算内容可参考《建筑抗震设计规范》(GB 50011—2010)。

10.2 建筑场地类别

如10.1节所述，应选择对抗震有利的场地和避开对抗震不利的场地进行建设，以便减轻震害。但由于建设用地还受到地震以外的许多因素的限制，除了极不利和危险地段以外，一般不能排除其他场地作为建筑用地。这样就有必要将建筑场地按其对建筑物地震作用的强弱和特征进行分类，以便根据不同的建筑场地类别采用相应的设计参数，进行建筑物的抗震设计和采取抗震措施。这就是在抗震设计中要对场地进行划分的目的。

10.2.1 建筑场地的地震影响

不同场地上建筑物的震害差异是很明显的。通过对建筑物震害现象进行总结，会发现以下的规律性：在软弱地基上，柔性结构最容易遭到破坏，刚性结构表现较好，而在坚硬地基上柔性结构表现较好，刚性结构表现不一，有的表现较差，有的又表现较好，常出现矛盾现象。在坚硬地基上，建筑物的破坏通常是因结构破坏所致，在软弱地基上，则有时是由于结构破坏而有时是由于地基破坏所致。就地面建筑总的破坏现象来说，在软弱地基上的破坏比坚硬地基上的破坏要严重。

场地覆盖层厚度不同，其震害表现也明显不同。场地覆盖层厚度指地表到坚硬土层顶面的距离。一般来讲，位于深厚覆盖层上的建筑物震害较重。例如，1976年唐山地震时，市区西南部基岩深度达500～800m，房屋倒塌率近100%，而市区东北部大城山一带，则因覆盖层较薄，多数厂房虽然也位于极震区，但房屋倒塌率仅为50%。又如，1967年委内瑞拉地震中，加拉加斯高层建筑的破坏主要集中在市内冲积层最厚的地方，具有明显的地区性。在覆盖层厚度为中等厚度的一般地基上，中等高度房屋的破坏要比高层建筑的破坏严重，而在基岩上各类房屋的破坏普遍较轻。

场地土指场地下的岩石和土。从震源传来的地震波是由许多频率不同的分量组成的，场地土对于从基岩传来的某些入射波具有放大作用，而地震波中与场地土层固有周期相近的谐波分量放大最多，使该波引起表土层的振动最强烈。也可以说，一个场地的地面运动，存在一个破坏性最强的主振周期，即地震动卓越周期。它相当于根据地震时某一地区地面运动记录计算出来的反应谱的主峰位置所对应的周期。一个地区的地震动卓越周期与震源特性、传播介质和该地区场地条件有关，一般随震级大小和震中距远近而变化。但因其与场址的场地土性质存在某种相关性，一般可利用场地的固有周期来估计地震动卓越周期，即认为场地的固有周期约为地震动的卓越周期。当地震动卓越周期与该地点土层的固有周期一致时，产生共振现象，使地表面振幅大大增加。另外，场地土对于从基岩传来的入射波中与场地土层固有周期不同的谐波分量又具有滤波作用。因此，土质条件对于改变地震波的频率特性具有重要作用。当基岩入射来的大小和周期不同的波群进入表土层时，土层会使一些具有与土层固有周期一致的某些频率波群放大并通过，而将另一些与土层固有周期不一致的频率波群缩小或滤掉。

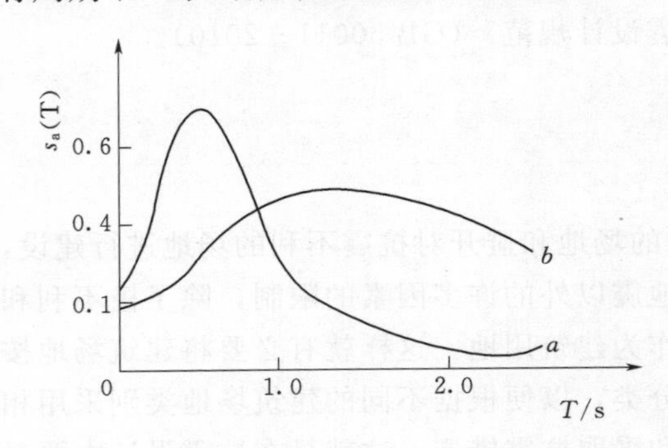

图10.1　软硬场地的加速度反应谱

a—坚硬场地；b—软弱场地；

$S_a(T)$—质点加速度；T—建筑物自振周期

由于表层土的滤波作用，使坚硬场地的地震动，以短周期为主，而软弱场地以长周期为主。又由于表层土的放大作用，使坚硬场地土地震动加速度幅值在短周期内局部增大，而软弱场地土地震动加速度幅值在长周期范围内局部增大，如图10.1所示，当地震波中占优势的波动分量的周期与建筑物自振周期接近时，建筑物将由于共振效应而导致震害。由此可以解释坚硬场地上刚性建筑物震害较重，而软弱场地上柔性建筑物震害较重。此外，建筑物的地震反应是往复振动过程。在地震作用下建筑物开裂或损坏，其刚度逐步下降，自振周期增大。由图10.1可以看出，坚硬场地上的建筑物，因自振周期增大，建筑物受到的地震作用却大大减小，而软弱场地上的建筑物所受到的地震作用将有所增加，使建筑物的损伤进一步加重。所以，一般来讲，软弱地基上的建筑物震害要重于硬土地基上的建筑物。

10.2.2　场地土类型和覆盖层厚度

1. 场地土类型

由上述分析可以看出，场地土对建筑物震害的影响主要与场地土的坚硬程度和土层的组成有关，而对于场地土类型的划分，则根据常规勘探资料按其等效剪切波速或参照一般土性描述来分类，见表10.3。在场地初步勘察阶段，对大面积的同一地质单元，测试土层剪切波速的钻孔数量不宜少于3个；在场地详细勘察阶段，单幢建筑测试土层剪切波速的钻孔数量不宜少于两个，数据变化较大时可适量增加；对小区中处于同一地质单元的密集高层建筑群，测试土层剪切波速的钻孔数量可适量减少，但每幢高层建筑和大跨空间结构的钻孔数量均不得少于一个。而对于丁类建筑及丙类建筑中层数不超过10层、高度不超过24m的多层建筑，当无实测剪切波速时，可根据岩土名称和性状，按表10.3中土的性状描述来划分土的类型。再利用当地经验在表10.3的剪切波速范围内估计各土层的剪切波速。

表 10.3　　土的类型划分和剪切波速范围

土的类型	岩石名称和性状	土层剪切波速范围/(m/s)
岩石	坚硬、较硬且完整的岩石	$v_s>800$
坚硬土或软质岩石	破碎或较破碎的岩石或软和较软的岩石，密实的碎石土	$800\geqslant v_s>500$
中硬土	中密、稍密的碎石土，密实、中密的砾、粗、中砂，$f_{ak}>150$ 的黏性土和粉土，坚硬黄土	$500\geqslant v_s>250$
中软土	稍密的砾、粗、中砂，除松散外的细、粉砂，$f_{ak}\leqslant 150$ 的黏性土和粉土，$f_{ak}>130$ 的填土、可塑新黄土	$250\geqslant v_s>150$
软弱土	淤泥和淤泥质土，松散的砂，新近沉积的黏性土和粉土，$f_{ak}\leqslant 130$ 的填土，流塑黄土	$v_s\leqslant 150$

注　f_{ak}为由载荷试验等方法得到的地基承载力特征值，kPa；v_s 为岩土剪切波速，m/s。

地基只有单一性质场地土的情况是很少见的，且地表土层的组成也比较复杂。所以，对多层土组成的地基，不应用其中一种土的剪切波速来确定土的类型，也不能简单地用几种土的剪切波速平均值，而应按等效剪切波速来确定土的类型。等效剪切波速是指以剪切波在地面至计算深度各层土中传播的时间不变的原则确定的土层平均剪切波速。等效剪切波速可按式（10.1）计算，即

$$v_{se}=\frac{d_0}{t} \tag{10.1}$$

$$t=\sum_{i=1}^{n}\frac{d_i}{v_{si}} \tag{10.2}$$

式中　v_{se}——土层等效剪切波速，m/s；

d_0——计算深度，m，取覆盖层厚度和 20m 两者的较小值；

t——剪切波在地面至计算深度之间的传播时间；

d_i——计算深度范围内第 i 土层的厚度，m；

v_{si}——计算深度范围内第 i 土层的剪切波速，m/s；

n——计算深度范围内土层的分层数。

2. 覆盖层厚度

场地覆盖层厚度指地面到坚硬土层顶面的距离。在确定场地覆盖层厚度时，应符合以下要求。

（1）一般情况下，应按地面至剪切波速大于 500m/s 且其下卧各层岩土的剪切波速均不小于 500m/s 的土层顶面的距离确定。

（2）当地面 5m 以下存在剪切波速大于其上部各土层剪切波速 2.5 倍的土层，且该层及其下卧各层岩土的剪切波速均不小于 400m/s 时，可按地面至该土层顶面的距离确定。

（3）剪切波速大于 500m/s 的孤石、透镜体，应视同周围土层。

（4）土层中的火山岩硬夹层应视为刚体，其厚度应从覆盖土层中扣除。

10.2.3　场地类别

场地类别是重要的抗震设计参数之一，它表示了建筑场地条件对基岩地震动的

放大作用。场地类别主要根据场地土等效剪切波速和场地覆盖层厚度两个因素确定，可分为四类。表 10.4 列出了建筑场地的类别与场地的等效剪切波速、场地覆盖层厚度的关系。

表 10.4　　各类建筑场地的覆盖层厚度　　单位：m

等效剪切波速 /(m/s)	场地类别				
	Ⅰ$_0$	Ⅰ$_1$	Ⅱ	Ⅲ	Ⅳ
$v_{se}>800$	0				
$800\geqslant v_{se}>500$		0			
$500\geqslant v_{se}>250$		<5	≥5		
$250\geqslant v_{se}>150$		<3	3～50	>50	
$v_{se}\leqslant 150$		<3	3～15	>15～80	>80

场地类别划分的原则是按地面加速度反应谱相近者划为一类，这样对同一类的场地就可以用一个标准反应谱确定建筑物上的地震作用以进行抗震设计。

【例 10.1】　已知某建筑场地的钻孔土层资料见表 10.5，试确定该建筑场地的类别。

表 10.5　　土层钻孔资料

土层底部深度/m	土层厚度/m	土的名称	土层剪切波速 v_{si}/(m/s)
2.5	2.5	填土	120
5.5	3.0	粉质黏土	180
7.0	1.5	黏质粉土	200
11.0	4.0	砂质粉土	220
18.0	7.0	粉细砂	230
21.0	3.0	粗砂	290
48.0	27.0	卵石	510
51.0	3.0	中砂	380
58.0	7.0	粗砂	420
60.0	2.0	砂岩	800

解　(1) 确定地面下 20m 土层的等效剪切波速。

由表 10.5 知，覆盖层厚度大于 20m，故取计算深度 $d_0=20$m。

根据表 10.5 计算深度范围内土层厚度和相应的剪切波速，由式 (10.2) 得

$$t=\frac{2.5}{120}+\frac{3.0}{180}+\frac{1.5}{200}+\frac{4.0}{220}+\frac{7.0}{230}+\frac{2.0}{290}=0.101(\text{s})$$

由式 (10.1) 得等效剪切波速 v_{se} 为

$$v_{se}=\frac{20}{0.101}=198.02(\text{m/s})$$

(2) 确定覆盖层厚度。由表 10.5 知，21m 以下的 $v_{si}=510\text{m/s}>500\text{m/s}$，但其下面还分布有波速小于 500m/s 的砂层，故覆盖层厚度应为 58m。

(3) 确定建筑场地类别。由于本场地土层的等效剪切波速为 $250\geqslant v_{se}>150$，

覆盖层厚度大于 50m，查表 10.4 知，该建筑场地类别属于Ⅲ类。

10.3 地基土的液化

10.3.1 地基土的液化现象

处于地下水位以下的饱和砂土和粉土在地震时容易发生液化现象。地震时砂土和粉土的土颗粒结构受到地震作用趋于密实，当土颗粒处于饱和状态时，颗粒结构压密使孔隙水压力急剧上升，而地震作用时间短暂，这种急剧上升的孔隙水压力来不及消散，使原先由土颗粒通过其接触点传递的压力（有效压力）减小，当有效压力完全消失时，土颗粒局部或全部处于悬浮状态，此时土体抗剪强度等于零，犹如“液体”，即称为地基土达到液化状态。此时液化区下部的水头压力比上部高，所以水向上涌，并把土粒带到地面上来，出现喷水冒砂现象。随着水和土粒不断涌出，孔隙水压力逐渐降低。当降至一定程度时，就会出现只冒水而不喷土粒的现象。此后，随着孔隙水压力进一步消散，冒水终将停止，土粒渐渐沉落并重新堆积排列，压力重新由孔隙水传给土粒承受，砂土或粉土又达到一个新的稳定状态，土的液化过程结束。

土层液化可引起一系列震害。喷出的水砂可冲走家具、淹没农田和沟渠；地上结构常因此产生不均匀沉陷和下沉，如日本新潟地震时几座公寓严重倾斜或平卧于地表。不均匀沉降还可能引起建筑物上部结构破坏，使梁板等结构构件破坏，墙体开裂和建筑物体形变化处开裂。个别情况下还可引起地下或半地下结构物的上浮，如 1975 年海城地震时一座半地下排灌站就有上浮现象；液化还常常对河岸、边坡的滑动有重要影响，如 1964 年美国阿拉斯加地震时安科雷奇市的大滑坡使部分地基滑入海中等。

10.3.2 影响地基液化的因素

震害调查表明，影响地基液化的主要因素有以下几个方面。

1. 土层的地质年代

地质年代的新老表示土层沉积时间的长短。较老的沉积土，经过长时间固结作用和历次大地震影响，土较密实，还往往具有一定的胶结紧密结构。因此，地质年代越久的土层，其固结度、密实度和结构性越好，抗液化能力越强。震害调查表明，在我国和国外的历次大地震中，位于地质年代第四纪晚更新世（Q_3）的冲积平原砂土层，由于年代老，砂层密实度好，标准贯入锤击数均较高，虽然有些地区为水位较高的饱和砂土，但在地震烈度 7～11 度时皆未发生液化，而地质年代较近的饱和砂土层，则发生液化。例如，唐山地震震中区（路北区），地层年代为晚更新世（Q_3）地层，钻探测试表明，地下水位为 3～4m，表层为 3.0m 左右的黏性土，其下即为饱和砂土层，在 10 度情况下没有发生液化，而在地质年代较新的地层，地震烈度虽然只有 7 度和 8 度，却发生了大面积液化。

2. 土的组成和密实程度

颗粒均匀单一的土比颗粒级配良好的土容易液化；松砂比密砂容易液化；细砂

比粗砂容易液化，这是因为细砂的渗透性较差，地震时容易产生孔隙水的超压作用。

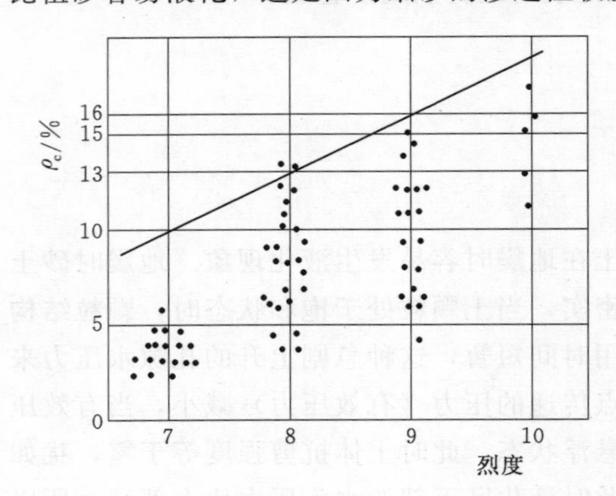

图 10.2　海城、唐山粉土液化点黏粒含量与烈度分布

粉土是黏性土与砂类土之间的过渡性土，粉土的黏性颗粒（粒径小于 0.005mm）含量多少决定了这类土的性质。粉土中黏性颗粒含量超过一定限值，土的黏聚力增加，其性质接近黏性土，抗液化性能增强。图 10.2 所示为海城、唐山两个震区粉土液化点黏粒含量与烈度关系分布。由图 10.2 可以看出，液化点在不同烈度区的黏粒含量上限不同。随着烈度增加，黏粒含量上限值也增大。7～9 度时的黏粒含量界限值分别为 10%、13% 和 16%。因此，可根据粉土的黏粒含量的多少，大致判别地基土的液化可能性。

3. 上覆非液化土层的厚度和地下水位的深度

上覆非液化土层的厚度是指地震时能抑制可液化土层喷水冒砂的土层厚度。构成覆盖层的非液化层除天然地层外，还包括堆积 5 年以上，或地基承载力大于 100kPa 的人工填土层。通过对海城、唐山两地震区中液化与非液化的砂土与粉土的实际地下水位以及上覆非液化土层厚度的情况进行分析比较表明，液化土层埋深越大地下水位越深，其饱和砂土层上的有效覆盖压力越大，就越不容易液化。因此，地下砂层的液化绝大多数仅见于地表面下十几米之内。并且就砂土而言，地下水位深度超过 4m 时或覆盖厚度超过 6m 时，没有发生液化现象。而对于粉土来说，7～9 度地区内的地下水位深度分别大于 1.5m、2.5m 和 6.0m 时，或覆盖层厚度超过 7.0m 时，也没有液化现象发生。在下面即将讲到的液化判别中，初步判别的条件即由这些震害资料再考虑留有一定的安全储备给出，如图 10.3 所示。

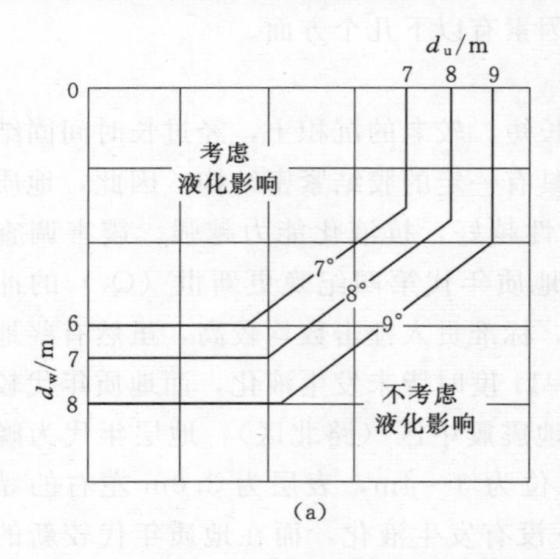

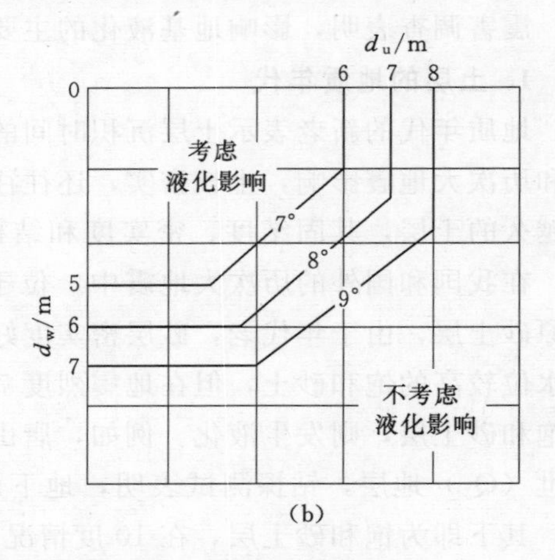

图 10.3　地下水位深度和上覆非液化土层厚度对液化的影响

(a) 砂土；(b) 粉土

4. 地震烈度和地震持续时间

地震烈度越高，地震持续时间越长，饱和砂土越容易发生液化。日本新潟在过去的 300 多年中曾发生过 25 次地震，其中只有在地面运动加速度大于 $0.13g$ 的 3 次地震中发生过液化现象，且地面运动加速度越大，其液化现象越严重。试验结果还说明，地震持续时间越长，即使地震烈度较低，也可能会出现液化问题。

10.3.3 液化的判别

当建筑物的地基土中含有饱和砂土或粉土时，应经过勘察试验预测其在未来地震时是否会出现液化，并确定是否需要采取相应的抗液化措施。鉴于许多资料表明，在 6 度区液化对房屋结构所造成的震害是比较轻的，因此，《抗震规范》规定，饱和砂土和粉土的液化判别，6 度时一般情况下可不进行判别和处理，但对液化沉陷敏感的乙类建筑可按 7 度的要求进行判别和处理，7～9 度时，乙类建筑可按本地区抗震设防烈度的要求进行判别和处理。

为了减少判别场地土液化的勘察工作量，饱和砂土或粉土的液化判别可分两步进行，即初步判别和标准贯入试验判别。凡经初步判别定为不液化或不考虑液化影响的场地土，一般不再进行标准贯入试验的判别。但粉、细砂中有时黏粒含量可能超过 10%，在初判时不宜判为不考虑液化，因缺乏这方面的实际经验，该情况下应进行标准贯入法判别是否液化。

1. 初步判别

由上文所述的影响地基液化的因素可以看出，场地土是否液化与土层的地质年代、地貌单元、黏粒含量、上覆非液化土层的厚度和地下水位的深度等有密切关系。利用这些关系即可对土层液化进行判别，这属于初步判别。初步判别的作用是排除一大批不会液化的工程，可少做标准贯入试验，以减少勘察工作量，达到省时、省钱的目的。

对饱和的砂土或粉土（不含黄土），当符合下列条件之一时，可初步判别为不液化或可不考虑液化影响。

（1）地质年代为第四纪晚更新世（Q_3）及其以前时，设防烈度为 7 度、8 度时可判为不液化。

（2）粉土的黏粒（粒径小于 0.005mm 的颗粒）含量百分率，7 度、8 度和 9 度分别不小于 10%、13%和 16%时，可判为不液化土。其中用于液化判别的黏粒含量系采用六偏磷酸钠作分散剂测定，采用其他方法时应按有关规定换算。

（3）浅埋天然地基的建筑，当上覆非液化土层厚度和地下水位深度符合下列条件之一时，可不考虑液化影响，即

$$d_u > d_0 + d_b - 2 \tag{10.3}$$

$$d_w > d_0 + d_b - 3 \tag{10.4}$$

$$d_u + d_w > 1.5d_0 + 2d_b - 4.5 \tag{10.5}$$

式中 d_w——地下水位深度，m，宜按设计基准期内年平均最高水位采用，也可按近期内年最高水位采用；

d_b——基础埋置深度，m，不超过 2m 时应采用 2m；

d_0——液化土特征深度，m，可按表 10.6 采用；

d_u——上覆非液化土层厚度，m，计算时宜将淤泥和淤泥质土层扣除。因为当上覆土层中夹有软土层时，软土对抑制液化过程中的喷水冒砂作用很小，且其本身在地震中也很可能发生软化现象，故应将其从上覆土层中扣除。上覆土层厚度一般从第一层可液化土层的顶面算至地表。

表 10.6　　**液化土特征深度 d_0**　　单位：m

饱和土类别 \ 烈度	7度	8度	9度
粉土	6	7	8
砂土	7	8	9

上述公式由图 10.3 可以体现出来。当天然地基的基础埋置深度 d_b 不超过 2m 时，根据建设场地的地下水位深度 d_w 和上覆非液化土层厚度 d_u 两个条件来判别属于图 10.3 中的哪个区域，当位于图 10.3 中不考虑液化影响的区域时，可认为地基土不液化或可不考虑液化影响；如果天然地基的基础埋置深度 d_b 超过 2m 时，要将 d_w 和 d_u 分别减去差值 (d_b-2) 后，再按图 10.3 进行初步判别。至于 (d_b-2) 项，则是考虑基础埋置深度 $d_b>2$m 时，对不考虑土层液化时液化土特征深度界限值的修正项，因液化土特征深度 d_0 是在基础埋置深度 d_b 小于 2m 的条件下确定的。此时饱和土层位于地基主要受力层之下，它的液化与否不会引起房屋的有害影响，但当基础埋置深度 $d_b>2$m 时，液化土层有可能进入地基主要受力层范围内而对房屋造成不利影响。因此，应考虑此修正项。

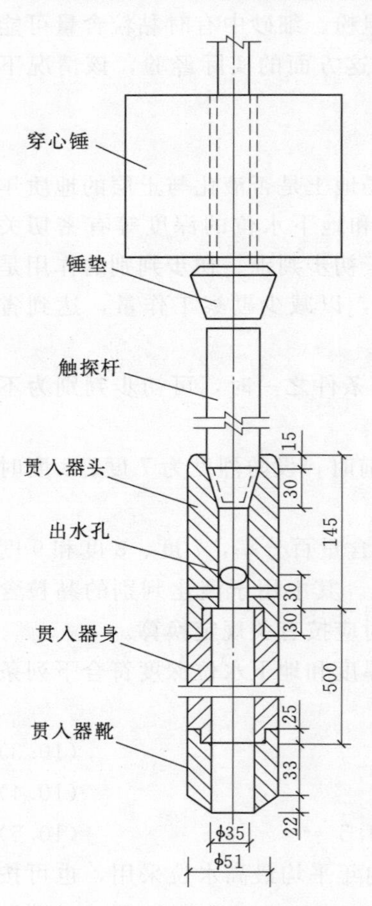

图 10.4　标准贯入试验设备示意（单位：mm）

2. 标准贯入试验判别

凡土层初判为可能液化或需要考虑液化影响时，应采用标准贯入试验判别法判别地面下 20m 深度范围内土的液化；但对规范规定可不进行天然地基及基础的抗震承载力验算的各类建筑，可只判别地面下 15m 范围内土的液化。

标准贯入试验设备如图 10.4 所示，它由标准贯入器、触探杆和重 63.5kg 的穿心锤等部分组成。操作时，先用钻具钻至试验土层标高以上 15cm 处，然后将贯入器打至标高位置，最后在锤的落距为 76cm 的条件下，打入土层 30cm，记录锤击数为 $N_{63.5}$，记录下的锤击数即为标贯值。由此可见，当标贯值越大，说明土的密实程度越高，土层就越不容易液化。当饱和土标准贯入锤击数（未经杆长修正）不大于液化判别标准贯入锤击数临界值时，应判为液化土；否则即为不液化土。当有成熟经验时，也可采用其他判别方法。

地面下 20m 深度范围内，液化判别标准贯入锤击数的临界值 N_{cr} 可按式（10.6）计算，即

$$N_{cr}=N_0\beta[\ln(0.6d_s+1.5)-0.1d_w]\sqrt{\frac{3}{\rho_c}} \tag{10.6}$$

式中 N_{cr}——液化判别标准贯入锤击数临界值；

N_0——液化判别标准贯入锤击数基准值，应按表 10.7 采用；

d_s——饱和土标准贯入点深度，m；

ρ_c——黏粒含量百分率，当小于 3 或为砂土时，应采用 3；

β——调整系数，设计地震第一组取 0.80，第二组取 0.95，第三组取 1.05。

表 10.7　　液化判别标准贯入锤击数基准值 N_0

设计基本地震加速度 g	0.10	0.15	0.20	0.30	0.40
液化判别标准贯入锤击数基准值	7	10	12	16	19

式（10.6）是以对数曲线的形式来表示液化临界锤击数随深度的变化。可以看出，在确定标准贯入锤击数临界值 N_{cr} 时，主要考虑了土层所处的深度、地下水位的深度、饱和土的黏粒含量及震级等影响场地土液化的主要因素。当地下水位深度越浅，黏粒含量百分率越小，地震烈度越高，地震加速度越大，地震作用持续时间越长，土层越容易液化，则标准贯入锤击数临界值 N_{cr} 就越大。标准贯入锤击数临界值 N_{cr} 越大，就越容易被判别为液化土层。此外，公式中乘项 $\sqrt{3/\rho_c}$ 具有以下 3 点明确的物理意义。

（1）使公式同时适用于饱和砂土和粉土的判别。

（2）常数 3 表示 $\rho_c(\%)=3$，是砂土与粉土的分界线，当 $\rho_c(\%)<3$ 时取 $\rho_c(\%)=3$，则上述公式适用于砂土液化的判别。

（3）随着土中黏粒含量的增加，土层的相应标准贯入锤击数临界值 N_{cr} 将减小，土层越不容易液化，这就反映了粉土的液化趋势。

10.3.4 液化地基的评价

以上是对地基是否液化进行的判别，而对液化土层可能造成的危害不能作出定量的评价。尤其是建筑场地一般由多层土组成，其中一些土层被判别为液化，而另一些土层判别为不液化，这是经常遇到的情况。显然，地基土液化程度不同，对建筑的危害就不同。因此，需要有一个可判定土的液化可能性和危害程度的定量指标，这样才能对地基的液化危害性作出定量评价，从而采取相应的抗液化措施。

1. 液化指数

震害调查结果表明，在同一地震强度的作用下，可液化土层的厚度越大，埋藏越浅，土的密度越低，则实测标准贯入锤击数比液化标准贯入锤击数临界值小得越多，地下水位越高，液化所造成的沉降量越大，对建筑物的危害程度也就越大。土层的沉降量与土的密实度有关，而标准贯入锤击数实测值可反映土的密实程度，如标准贯入锤击数实测值越小，土层的沉降量越大。为此，引入液化强度比 F_{lE} 为

$$F_{lE}=\frac{N}{N_{cr}} \tag{10.7}$$

式中　N、N_{cr}——实测标准贯入锤击数和标准贯入锤击数临界值。

液化强度比越小，说明实测标准贯入锤击数相对于标准贯入锤击数临界值越小。对于同一标高的土层，当液化强度比F_{lE}越小，则$1-F_{lE}$的值越大，说明单位厚度液化土所产生的液化沉降量越大。若将$1-F_{lE}$的值沿土层深度求和，并在求和过程中引入反映层位影响的权函数，其结果就能反映整个可液化土层的危害性，这样抗震规范中用以衡量液化场地危害程度的液化指数的表达式为

$$I_{lE}=\sum_{i=1}^{n}\left(1-\frac{N_i}{N_{cri}}\right)d_iW_i \tag{10.8}$$

式中　I_{lE}——液化指数；

n——在判别深度范围内每一个钻孔标准贯入试验点的总数；

N_i、N_{cri}——i点标准贯入锤击数的实测值和临界值，当实测值大于临界值时应取临界值的数值；当只需要判别15m范围以内的液化时，15m以下的实测值可按临界值采用；

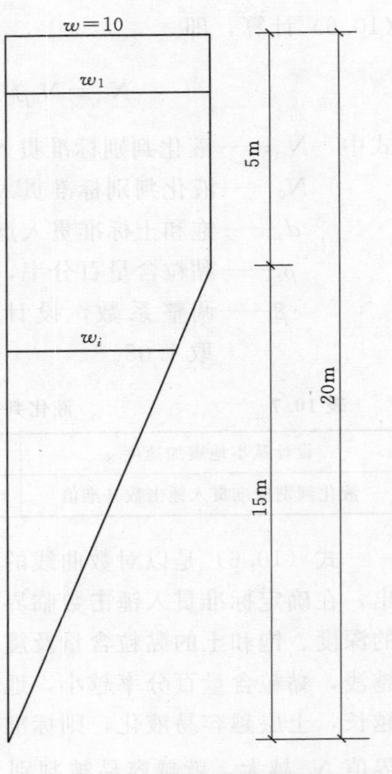

图10.5　层位影响权函数图形

d_i——i点所代表的土层厚度，m，可采用与该标准贯入试验点相邻的上下两标准贯入试验点深度差的一半，但上界不高于地下水位深度，下界不深于液化深度；

W_i——i土层单位土层厚度的层位影响权函数值，m^{-1}，当该层中点深度不大于5m时应采用10，等于20m时应采用零值，5～20m时应按线性内插法取值，如图10.5所示。

2. 液化等级

液化指数与液化危害之间有着明显的对应关系。一般地，液化指数越大，场地的喷冒情况和建筑物的液化震害就越严重。按液化指数的大小，液化等级分为轻微、中等和严重三级，见表10.8。然后可根据液化等级采取相应的技术措施。

表10.8　　液化等级

液化等级	轻微	中等	严重
液化指数 I_{lE}	$0<I_{lE}\leqslant 6$	$6<I_{lE}\leqslant 18$	$I_{lE}>18$

当液化等级为轻微时，地面一般无喷水冒砂现象，或仅在洼地、河边有零星的喷水冒砂点。场地上的建筑物一般没有明显的沉降或不均匀沉降，液化危害很小。

当液化等级为中等时，液化危害增大，喷水冒砂频频出现，常导致建筑物产生

明显的不均匀沉降或裂缝，尤其是那些直接用液化土作地基持力层的建筑和农村简易房屋，受到的影响普遍较重。

当液化等级为严重时，液化危害普遍较重，场地喷水、冒砂严重，涌砂量大，地面变形明显，覆盖面广，建筑物的不均匀沉降很大，高重心建筑物还会产生不容许的倾斜。在唐山地震和美国、日本的大地震中都发生过这样的地震灾害。

10.3.5　地基抗液化措施

抗液化措施是对液化地基的综合治理。应当根据建筑物的重要性和地基的液化等级，并结合当地的施工条件、习惯采用的施工方法和施工工艺等具体情况予以确定。当液化土层较平坦均匀时，宜按表10.9选用地基抗液化措施；尚可计入上部结构重力荷载对液化危害的影响，根据液化震陷量的估计适当调整抗液化措施。

表10.9　　抗液化措施

建筑抗震设防类别 \ 地基的液化等级	轻微	中等	严重
乙类	部分消除液化沉陷，或对基础和上部结构处理	全部消除液化沉陷，或部分消除液化沉陷且对基础和上部结构处理	全部消除液化沉陷
丙类	基础和上部结构处理，也可不采取措施	基础和上部结构处理，或更高要求的措施	全部消除液化沉陷，或部分消除液化沉陷且对基础和上部结构处理
丁类	可不采取措施	可不采取措施	基础和上部结构处理，或其他经济的措施

注　甲类建筑的地基抗液化措施应进行专门研究，但不宜低于乙类的相应要求。

不宜将未经处理的液化土层作为天然地基持力层。

1. 全部消除地基液化沉陷的措施应符合的要求

（1）采用桩基时，桩端伸入液化深度以下稳定土层中的长度（不包括桩尖部分）应按计算确定，且对碎石土，砾、粗、中砂，坚硬黏性土和密实粉土尚不应小于0.8m，对于其他非岩石土尚不宜小于1.5m。

（2）采用深基础时，基础底面应埋入液化深度以下的稳定土层中，其深度不应小于0.5m。

（3）采用加密法（如振冲、振动加密、挤密碎石桩、强夯等）加固时，应处理至液化深度下界；振冲或挤密碎石桩加固后，桩间土的标准贯入锤击数不宜小于液化判别标准贯入锤击数临界值。

（4）用非液化土替换全部液化土层，或增加上覆非液化土层的厚度。

（5）采用加密法或换土法处理时，在基础边缘以外的处理宽度，应超过基础底面下处理深度的1/2且不小于基础宽度的1/5。

2. 部分消除地基液化沉陷的措施应符合的要求

（1）处理深度应使处理后的地基液化指数减少，其值不宜大于5；大面积筏基、箱基的中心区域（中心区域指位于基础外边界以内沿长、宽方向距外边界大于相应方向1/4长度的区域），处理后的液化指数可比上述规定降低1；对独立基础和条形基础，还不应小于基础底面下液化土特征深度和基础宽度的较大值。

（2）采用振冲或挤密碎石桩加固后，桩间土的标准贯入锤击数不宜小于相应液化判别标准贯入锤击数临界值。

（3）基础边缘以外的处理宽度，应超过基础底面下处理深度的1/2且不小于基础宽度的1/5。

（4）采取减小液化震陷的其他方法，如增厚上覆非液化土层的厚度和改善周边的排水条件等。

3. 减轻液化影响的基础和上部结构处理措施

（1）选择合适的基础埋置深度。

（2）调整基础底面积，减少基础偏心。

（3）加强基础的整体性和刚度，如采用箱基、筏基或钢筋混凝土交叉条形基础，加设基础圈梁等。

（4）减轻荷载，增强上部结构的整体刚度和均匀对称性，合理设置沉降缝，避免采用对不均匀沉降敏感的结构形式等。

（5）管道穿过建筑处应预留足够尺寸或采用柔性接头等。

以上是抗液化影响的措施及要求，可根据实际工程情况采用，但上述措施不适用于坡度大于10°的倾斜场地和液化土层严重不均的情况。因倾斜场地的土层液化往往带来大面积土体滑动，造成严重后果，而水平场地土层液化的后果一般只造成建筑的不均匀下沉和倾斜。因此，在故河道及临近河岸、海岸和边坡等有液化侧向扩展或流滑可能的地段内不宜修建永久性建筑；否则应进行抗滑动验算，采取防土体滑动措施或结构抗裂措施等。

10.3.6 软弱黏性土液化或震陷的判别

国内外多次震害表明，软土层震陷是造成场地震害的重要原因之一。例如，1989年Loma Prieta地震、1994年Northridge地震，特别是1999年中国台湾集集地震和土耳其Kocaeli地震之后，软土在地震中的变形和失效引起了地震学者的高度重视。抗震规范增加了软弱黏性土层的震陷判别方法，即当设防烈度8度（0.30g）和9度时，当塑性指数小于15且符合下式规定的饱和粉质黏土可判为震陷性软土，即

$$W_s \geqslant 0.9W_L \tag{10.9}$$

$$I_L \geqslant 0.75 \tag{10.10}$$

式中 W_s——天然含水量；

W_L——液限含水量，采用液、塑限联合测定法测定；

I_L——液性指数。

上式适用于对塑性指数在10～15的软弱饱和粉质黏土的震陷判别。软弱饱和粉质黏土的震陷不仅与低塑性土的特性有关，而且也与地震作用强度及持续时间等因素有关。因此，对于重要工程还应进行专门的研究，同时应根据沉降和横向变形大小等因素综合确定抗震陷措施。

10.4 地基基础抗震设计

大量震害调查表明，在天然地基上只有少数房屋是因地基的原因而导致上部结构破坏的。这类导致上部结构破坏的地基多半为液化地基、易产生震陷的软弱黏性土地基或不均匀地基，而大量一般性地基均具有较好的抗震能力，地震时并没有发现由于地基失效而造成上部结构的明显破坏。这可能是由于一般天然地基在静力荷载作用下，具有相当大的安全储备，且在建筑物自重的长期作用下，地基固结，其承载力还会有所提高。地震时尽管地基所受到的荷载有所增加，但由于地震作用历时短暂且属于动力作用，动载下地基承载力会有所提高。在上述因素的影响下，一般地基遭受地震破坏的可能性还是大大降低了。

应该指出，尽管由于地基原因造成的建筑物震害仅占建筑震害总数中的一小部分，但这类震害却不能忽视。因为一旦地基发生破坏，震后的修复加固是很困难的，有时甚至是不可能修复的。因此，应对地基的震害现象进行具体分析，设计时采取相应的抗震措施。

10.4.1 可不进行天然地基及基础抗震验算的范围

如上所述，大量的天然地基具有较好的抗震能力，按地基静力承载力设计的地基能够满足抗震要求，所以，为简化和减少抗震设计的工作量，《建筑抗震设计规范》(GB 50011—2010) 规定，下列建筑物可不进行天然地基及基础的抗震承载力验算。

(1) 抗震规范规定可不进行上部结构抗震验算的建筑。

(2) 地基主要受力层范围内不存在软弱黏性土层的下列建筑。

1) 一般的单层厂房和单层空旷房屋。

2) 砌体房屋。

3) 不超过 8 层且高度在 24m 以下的一般民用框架和框架-抗震墙房屋。

4) 基础荷载与 3) 项相当的多层框架厂房和多层混凝土抗震墙房屋。

软弱黏性土层是指 7 度、8 度和 9 度时，地基承载力特征值分别小于 80kPa、100kPa 和 120kPa 的土层。

10.4.2 天然地基的抗震验算

地基和基础的抗震验算，一般采用“拟静力法”。此法假定地震作用如同静力作用，一般只考虑水平方向的地震作用，只有个别情况下才计算竖向地震作用。承载力的验算方法与静力状态下的验算相似，即基础底面压力不超过地基承载力设计值。《建筑抗震设计规范》(GB 50011—2010) 规定，验算天然地基地震作用下的竖向承载力时，按地震作用效应标准组合的基础底面平均压力和边缘最大压力应符合式 (10.11) 和式 (10.12) 的要求，即

$$p \leqslant f_{aE} \tag{10.11}$$

$$p_{max} \leqslant 1.2 f_{aE} \tag{10.12}$$

式中 p——地震作用效应标准组合的基础底面平均压力；

p_{max}——地震作用效应标准组合的基础边缘的最大压力；

f_{aE}——调整后的地基抗震承载力。

此外，还需限制地震作用下过大的基础偏心荷载。对于高宽比大于 4 的高层建筑，在地震作用下基础底面不宜出现脱离区（零应力区）；其他建筑，基础底面与地基土之间脱离区（零应力区）面积不应超过基础底面面积的 15%。

地震作用是动力作用，要确定地基的抗震承载力值，就需要知道地震作用下土的动力强度。国内外研究资料表明，除十分软弱的土之外，地震作用下一般土的动强度比静强度高。同时基于地震作用的偶然性和短暂性以及工程的经济性考虑，地基在地震作用下的可靠度可比静力荷载下有所降低，因此地基的抗震承载力可采用静力荷载下确定的地基承载力特征值乘以调整系数来计算，即

$$f_{aE}=\zeta_a f_a \tag{10.13}$$

式中 f_a——深宽修正后的地基承载力特征值，应按现行国家标准《建筑地基基础设计规范》(GB 50007—2011) 采用；

ζ_a——地基抗震承载力调整系数，应按表 10.10 采用。

表 10.10　地基抗震承载力调整系数

岩石名称和性状	ζ_a
岩石，密实的碎石土，密实的砾、粗、中砂，$f_{ak}\geqslant$300kPa 的黏性土和粉土	1.5
中密、稍密的碎石土，中密和稍密的砾、粗、中砂，密实和中密的细、粉砂，150kPa$\leqslant f_{ak}<$300kPa 的黏性土和粉土，坚硬黄土	1.3
稍密的细、粉砂，100kPa$\leqslant f_{ak}<$150kPa 的黏性土和粉土，可塑黄土	1.1
淤泥，淤泥质土，松散的砂，杂填土，新近堆积黄土及流塑黄土	1.0

表 10.10 中的地基抗震承载力调整系数 ζ_a 是综合考虑了土在动荷载下强度的提高和可靠度指标的降低两个因素而确定的。

【例 10.2】 某厂房柱采用现浇独立基础，基础底面为正方形，边长 2m，基础埋深 1.0m。地基承载力特征值为 226kPa，地基土的其余参数如图 10.6 所示。考虑地震作用效应标准组合时柱底荷载为：$F_k=600$kN，$M=80$kN·m，$V_k=13$kN。试按《建筑抗震设计规范》(GB 50011—2010) 验算地基的抗震承载力。

解　(1) 求基底压力。

计算基础和回填土 G_k 时的基础埋深。

$$d=\frac{1.0+1.3}{2}=1.15(\mathrm{m})$$

基础和回填土重为

$$G_k=\gamma_G dA=20\times1.15\times2\times2=92(\mathrm{kN})$$

基底平均压力为

$$P=\frac{F+G}{A}=\frac{600+92}{4}=173(\mathrm{kPa})$$

基底边缘压力为

$$p_{\substack{max\\min}}=\frac{F_k+G_k}{A}\pm\frac{M_k+V_kh}{W}=173\pm\frac{80+13\times0.6}{\frac{2\times2^2}{6}}=\frac{238.85}{107.15}(\text{kPa})$$

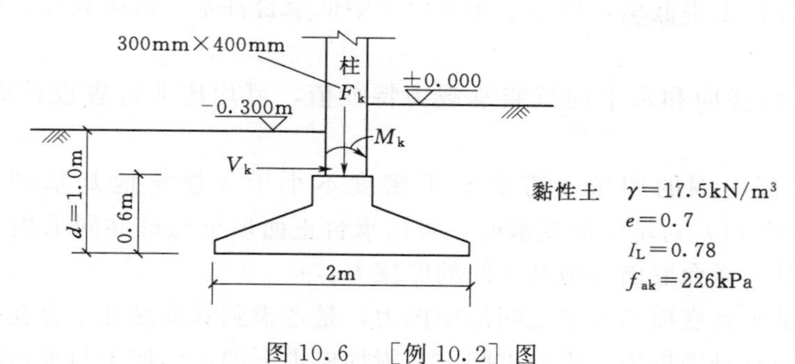

图 10.6 ［例 10.2］图

(2) 求地基抗震承载力。

查《建筑地基基础设计规范》(GB 50007—2011) 中承载力修正系数表得 $\eta_b=0.3$，$\eta_d=1.6$，则经深、宽修正后，黏性土的承载力特征值为

$$\begin{aligned}f_a&=f_{ak}+\eta_b\gamma(b-3)+\eta_d\gamma_m(d-0.5)\\&=226+0.3\times17.5\times0+1.6\times17.5\times(1-0.5)\\&=240(\text{kPa})\end{aligned}$$

又由表 10.10 查得地基抗震承载力调整系数 $\zeta_a=1.3$，故地基抗震承载力 f_{aE} 为

$$f_{aE}=\zeta_a f_a=1.3\times240=312(\text{kPa})$$

(3) 验算。

由于：

$$p=173\text{kPa}<f_{aE}=312\text{kPa}$$

$$P_{max}=238.15\text{kPa}<1.2f_{aE}=374.4\text{kPa}$$

$$P_{min}=107.15\text{kPa}>0$$

故地基承载力满足抗震要求。

10.4.3 桩基础抗震设计

1. 桩基不需进行验算的范围

震害调查表明，桩基在建筑抗震中是一种较好的基础类型。在我国唐山地震中，一般高承台桩基的震害普遍严重，而主要承受竖向荷载的低承台桩基，其抗震性能好，震后沉降量很小。因此，抗震规范规定，对承受以竖向荷载为主的低承台桩基，当地面下无液化土层且桩承台周围无淤泥、淤泥质土和地基承载力特征值不大于 100kPa 的填土时，下列建筑可不进行桩基抗震承载力验算。

(1) 7 度和 8 度时的下列建筑。

1) 一般的单层厂房和单层空旷房屋。

2) 不超过 8 层且高度在 24m 以下的一般民用框架房屋。

3) 基础荷载与 2) 项相当的多层框架厂房和多层混凝土抗震墙房屋。

(2)《建筑抗震设计规范》(GB 50011—2010) 规定可不进行上部结构抗震验算的建筑和采用桩基的砌体房屋这类建筑。

此外，则应按下面介绍的方法对桩基抗震承载力进行验算。

2. 桩基抗震承载力的验算

（1）非液化土中低承台桩基。非液化土中低承台桩基的抗震验算，应符合下列规定。

1）单桩的竖向和水平向抗震承载力特征值，可均比非抗震设计时承载力提高25％。

2）当承台周围的回填土夯实至干密度不小于《建筑地基基础设计规范》（GB 50007—2011）对填土的要求时，可由承台正面填土与桩共同承担水平地震作用；但不应计入承台底面与地基土间的摩擦力。

不计桩基承台底面与地基土间的摩擦力，是考虑到软弱黏性土存在震陷，一般黏性土可能因桩身摩擦力产生的桩间土在附加应力下的压缩使土与承台脱空，欠固结土可能产生固结下沉，非液化的砂砾则可能振密等因素，使承台底面与地基间的摩擦力不可靠，故不计这部分摩擦阻力。

对于目前大力推广应用的疏桩基础，如果桩的设计承载力按极限荷载取用则可以考虑承台与土的摩阻力。因为此时承台与土之间不会脱空，且桩、土的竖向荷载分担比也比较明确。

（2）存在液化土层的低承台桩。存在液化土层的低承台桩基的抗震验算，应符合下列规定。

1）承台埋深较浅时，不宜计入承台周围土的抗力或刚性地坪对水平地震作用的分担作用。

2）当桩承台底面上、下分别有厚度不小于1.5m、1.0m的非液化土层或非软弱土层时，可按下列两种情况进行桩的抗震验算，并按不利情况设计。

a. 桩承受全部地震作用，桩承载力按上述确定非液化土中低承台桩基抗震承载力规定采用，液化土的桩周摩擦阻力及桩水平抗力均应乘以表10.11中的折减系数；表10.11中所列出的土层液化影响折减系数，是根据地震反应分析和振动台试验结果提出的。根据试验，地面加速度最大时刻出现在液化土的孔压比为0.5～0.6时，此时土尚未充分液化，而刚度比未液化时下降很多，因此需对液化土的刚度作折减。

表10.11 土层液化影响折减系数

实际标贯锤击数/临界标贯锤击数	深度d_s/m	折减系数
≤0.6	$d_s \leqslant 10$	0
	$10 < d_s \leqslant 20$	1/3
＞0.6～0.8	$d_s \leqslant 10$	1/3
	$10 < d_s \leqslant 20$	2/3
＞0.8～1.0	$d_s \leqslant 10$	2/3
	$10 < d_s \leqslant 20$	1

b. 地震作用按水平地震影响系数最大值的10％采用，桩承载力仍按非液化土中低承台桩基抗震承载力第（1）条规定取用，但应扣除液化土层的全部摩擦阻力及桩承台下2m深度范围内非液化土的桩周摩擦阻力。这是考虑液化土中孔隙水压

力消散而导致沿桩与基础四周出现排水现象，使桩身摩擦阻力大为减少。

(3) 打入式预制桩及其他挤土桩，当平均桩距为 2.5～4 倍桩径且桩数不少于 5×5 时，可计入打桩对土的加密作用及桩身对液化土变形限制的有利影响。当打桩后桩间土的标准贯入锤击数值达到不液化的要求时，单桩承载力可不折减，但对桩尖持力层做强度校核时，桩群外侧的应力扩散角应取为零。打桩后桩间土的标准贯入锤击数宜由试验确定，也可按式 (10.14) 计算，即

$$N_1 = N_p + 100\rho(1 - e^{-0.3N_p}) \tag{10.14}$$

式中 N_1——打桩后的标准贯入锤击数；

ρ——打入式预制桩的面积置换率；

N_p——打桩前的标准贯入锤击数。

3. 桩基的抗震措施及构造要求

处于液化土中的桩基承台周围，宜用密实干土填筑夯实，若用砂土或粉土则应使土层的标准贯入锤击数不少于式 (10.6) 所确定的液化判别标准贯入锤击数临界值。

桩基理论分析证明，地震作用下的桩基在软、硬土层交界面处最易受到剪、弯损害。为保证震陷软土和液化土层附近桩身的抗弯和抗剪承载力，《建筑抗震设计规范》(GB 50011—2010) 规定，液化土中桩的配筋范围应自桩顶至液化深度以下符合全部消除液化沉陷所要求的深度，其纵向钢筋应与桩顶部相同，箍筋应加粗、加密。

在有液化侧向扩展的地段，桩基除应满足本节规定外，还应考虑土流动时的侧向作用力，且承受侧向推力的面积应按边桩外缘间的宽度计算。

思 考 题

10-1 什么是场地？如何划分场地类别？

10-2 简述天然地基基础抗震验算的一般原则。哪些建筑可不进行天然地基基础的抗震承载力验算？为什么？

10-3 怎样确定地基土的抗震承载力？

10-4 什么是地基土的液化？怎样判别？液化对建筑物有哪些危害？

10-5 如何确定地基的液化指数和液化等级？

10-6 简述可液化地基的抗液化措施。

10-7 哪些建筑可不进行桩基的抗震承载力验算？为什么？

习 题

10-1 某场地地层条件如习题 10-1 表所示，试确定该场地类别。

10-2 例 10.2 中某厂房柱采用现浇独立基础，参数改为：基础底面为正方形，边长 3m，基础埋深 2.0m。地基承载力特征值为 230kPa，考虑地震作用效应标准组合时柱底荷载为：$F_k = 800$kN，$M = 100$kN·m，$V_k = 15$kN。其余参数不变。试按《建筑抗震设计规范》验算地基的抗震承载力。

习题 10.1 表　　　　场 地 地 质 资 料

土层编号	岩土名称	土层底部深度/m	剪切波速/(m/s)
1	粉质黏土	1.5	90
2	粉质黏土	3.0	140
3	粉砂	6.0	160
4	细砂	11.0	350
5	岩石	未钻穿	80

参 考 文 献

［1］华南理工大学，浙江大学，湖南大学．基础工程［M］．第3版．北京：中国建筑工业出版社，2014．

［2］张思平．基础工程［M］．北京：中国建筑工业出版社，2012．

［3］莫海鸿，杨小平．基础工程［M］．北京：中国建筑工业出版社，2010．

［4］陈小川，刘华强，张玲玲，等．基础工程［M］．北京：机械工业出版社，2014．

［5］张克恭，刘松玉．土力学［M］．北京：中国建筑工业出版社，2010．

［6］东南大学，浙江大学，湖南大学，苏州科技学院（张克恭主编）．土力学［M］．第3版．北京：中国建筑工业出版社，2010．

［7］王协群，章宝华．基础工程［M］．北京：北京大学出版社，2006．

［8］赵明华，等．土力学与基础工程［M］．第4版．武汉：武汉理工大学出版社，2014．

［9］王士杰，党进谦．基础工程［M］．北京：中国农业出版社，2008．

［10］罗晓辉．基础工程设计原理［M］．武汉：华中科技大学出版社，2006．

［11］王秀丽．基础工程［M］．重庆：重庆大学出版社，2004．

［12］钱德玲．基础工程［M］．北京：中国建筑工业出版社，2012．

［13］常士骠，张苏尼．工程地质手册［M］．第4版．北京：中国建筑工业出版社，2007．

［14］中华人民共和国国家标准．岩土工程勘察规范（GB 50021—2001）［S］．北京：中国建筑工业出版社，2002．

［15］中华人民共和国国家标准．混凝土结构设计规范（GB 50010—2010）［S］．北京：中国建筑工业出版社，2011．

［16］中华人民共和国国家标准．建筑地基基础设计规范（GB 50007—2011）［S］．北京：中国建筑工业出版社，2013．

［17］中华人民共和国国家标准．建筑结构荷载规范（GB 5009—2012）［S］．北京：中国建筑工业出版社，2012．

［18］中华人民共和国行业标准．建筑桩基技术规范（JGJ 94—2008）［S］．北京：中国建筑工业出版社，2008．

［19］中华人民共和国国家标准．复合地基技术规范（GB/T 50783—2012）［S］．北京：中国建筑工业出版社，2013．

［20］中华人民共和国行业标准．建筑地基处理技术规范（JGJ 79—2012）［S］．北京：中国建筑工业出版社，2013．

［21］中华人民共和国国家标准．土工合成材料应用技术规范（GB/T 50290—2014）［S］．北京：中国建筑工业出版社，2014．

［22］中华人民共和国国家标准．建筑边坡工程技术规范（GB 50330—2013）［S］．北京：中国建筑工业出版社，2013．

［23］中华人民共和国国家标准．砌体结构设计规范（GB 50003—2011）［S］．北京：中国建筑工业出版社，2011．

［24］中华人民共和国行业标准．建筑基坑支护技术规程（JGJ 120—2012）［S］．北京：中国建筑工业出版社，2012．

［25］中华人民共和国国家标准．建筑抗震设计规范（GB 50011—2010）［S］．北京：中国建筑工业出版社，2010．

［26］中华人民共和国国家标准．湿陷性黄土地区建筑规范（GB 50025—2004）［S］．北京：中国建筑工业出版社，2004．

[27] 中华人民共和国国家标准. 膨胀土地区建筑技术规范（GB 50112—2013）[S]. 北京：中国建筑工业出版社，2013.

[28] 中华人民共和国行业标准高层建筑混凝土结构技术规程（JGJ 3—2002）[S]. 北京：中国建筑工业出版社，2002.